普通高等教育农业部“十二五”规划教材

机械设计基础

第 2 版

张祖立　程玉来　陶栋材　主编

中国农业大学出版社
·北京·

内容简介

本书是普通高等教育农业部“十二五”规划教材，是在第1版的基础上，根据国家教育部课程教学指导委员会审定通过，并经教育部批准颁发的《机械设计基础课程教学基本要求（多学时）》（2007年修订版）和各高等农林院校使用本教材的实践经验进行修订的。

本书的体系结构和基本内容与第1版相同。全书除绪论外，共分18章。第1章至第8章介绍了机械中常用机构及机器动力学的基本知识；第9章至第18章介绍了通用机械零部件的类型、特点、工作原理、应用及设计理论与计算方法等。

本书可作为高等农林院校近机械类和非机械类各专业机械设计基础课程的教材，也可供有关工程技术人员参考。

图书在版编目(CIP)数据

机械设计基础/张祖立，程玉来，陶栋材主编. —2版. —北京：中国农业大学出版社，2014.6
ISBN 978-7-5655-0899-8

Ⅰ.①机… Ⅱ.①张…②程…③陶… Ⅲ.①机械设计 Ⅳ.①TH122

中国版本图书馆CIP数据核字(2014)第022718号

书　名 机械设计基础　第2版
作　者 张祖立　程玉来　陶栋材　主编

策划编辑 张秀环　　**责任编辑** 张秀环
封面设计 郑　川　　**责任校对** 陈　莹　王晓凤
出版发行 中国农业大学出版社
社　址 北京市海淀区圆明园西路2号　　**邮政编码** 100193
电　话 发行部 010-62818525,8625　　读者服务部 010-62732336
编辑部 010-62732617,2618　　出　版　部 010-62733440
网　址 http://www.cau.edu.cn/caup　　**e-mail** cbsszs@cau.edu.cn
经　销 新华书店
印　刷 北京时代华都印刷有限公司
版　次 2014年6月第2版　2014年6月第1次印刷
规　格 787×1 092　16开本　23.25印张　576千字
定　价 48.00元

第2版前言

本书是普通高等教育农业部“十二五”规划教材，主要用作高等农林院校近机械类和非机械类各专业机械设计基础课程的教材，也可供有关工程技术人员参考。

本书是在第1版的基础上，根据国家教育部课程教学指导委员会审定通过，并经教育部批准颁发的《机械设计基础课程教学基本要求（多学时）》（2007年修订版）和各高等农林院校使用本教材的实践经验进行修订的。

修订后的教材基本上保留了第1版的体系结构和基本内容。既保留了第1版的特色和风格，又体现拓宽基础，加强素质教育和能力培养的改革精神，力求做到精选内容，联系实际，叙述简明，便于教学。

本书修订的主要方面和内容如下：

1)在第1章中增加了绘制机构运动简图的注意事项，加强了学生设计能力和动手能力的培养。

2)在第4章和第13章中，分别增加了渐开线标准直齿圆柱、斜齿圆柱、直齿锥齿轮传动以及圆柱蜗杆传动的几何尺寸计算公式表，方便教学和课程设计时使用。

3)在第5章中增加了定轴轮系的设计一节，适度拓宽知识面。

4)在第9章中删除了极限应力的经验公式表，增加了公差与配合和表面粗糙度一节，以适应非机械类专业需要。

5)在第10章中更换了例题，使之更能准确恰当地反映本章特点和螺栓组的设计。

6)在第11章中增加了V带与平带传动的摩擦力比较与分析；增加了带的离心拉力的分析；更换了链传动的极限功率曲线，补充和完善了带传动和链传动的理论分析与实验研究。

7)在第13章中增加了蜗轮齿根弯曲强度计算，以满足农业生产的实际需要。

8)适度增加了能够反映农林专业特色的习题，加强实践能力培养。

9)更正了第1版中文字、图、表及计算中的疏漏和印刷错误。

书中小字号部分为论证和拓宽知识面内容，使用时可酌情取舍。

参加本书修订工作的人员有：张祖立（沈阳农业大学）——绪论、第9章；王洪波（内蒙古农业大学）——第1章和第2章；张晓莹（郑州科技学院）——第3章和第6章；程玉来（沈阳农业大学）——第4章；杨文敏（湖南农业大学）——第5章；杨玲（西南大学）——第7章和第8章；王君玲（沈阳农业大学）——第10章；陶栋材（湖南农业大学）——第11章；李传峰（塔里木大学）——第12章和第14章；杨文敏、吴志立（湖南农业大学）——第13章；白晓虎（沈阳农业大学）——第15章和第18章；廖念禾（四川农业大学）——第16章；王伟（塔里木大学）——第17章。本书由张祖立、程玉来、陶栋材担任主编，王君玲、王伟、廖念禾担任副主编，由张和远教授担任主审。

由于编者的水平和时间所限，书中难免有不妥和误漏之处，诚恳希望广大读者提出宝贵意见和建议，以便再版时修改。

编　者

2014年2月

第1版前言

本书是根据国家教育部课程教学指导委员会审定通过，并经教育部批准颁发的《机械设计基础课程教学基本要求（多学时）》（1995年修订版）编写而成。本书主要用作高等农林院校近机械类和非机械类各专业机械设计基础课程的教材，也可供有关工程技术人员参考。

本书在编写过程中，以培养“厚基础、强能力、高素质、广适应”的创造性专门人才为指导思想，充分考虑高等农林院校近机械类和非机械类各专业的特点，突出本门课程所必需的基本理论、基本知识和基本技能，以满足教学基本要求为前提，精选编写内容，适当拓宽知识面，体现课程改革精神。

全书除绪论外，共分18章。第1章至第8章介绍常用机构及机器动力学的基本知识；第9章至第18章介绍通用机械零部件的类型、特点、工作原理、应用及设计计算方法等。

为方便教学，书中有些公式、图、表的表达方式是经过适当的归纳、简化和整理，并在有关章节中做了说明。实际设计时，均应以当时的现行标准、规范为依据。由于农林院校近机械类和非机械类各专业本课程的教学时数不尽相同，各校可根据自己的实际情况，在教学中对教材内容做适当取舍。书中小字号部分为论证和拓宽知识面内容，亦可酌情选用。

本书采用最新国家标准和资料，并采用我国法定计量单位。

参加本书编写工作的人员有：张祖立（沈阳农业大学）——绪论、第9章；孙永（云南农业大学）——第1章和第2章；张秀花（河北农业大学）——第3章和第6章；程玉来（沈阳农业大学）——第4章；王君玲（沈阳农业大学）——第5章；杨玲（西南农业大学）——第7章和第8章；刘军（河南农业大学）——第10章；陶栋材（湖南农业大学）——第11章；李静（河北农业大学）——第12章；杨文敏（湖南农业大学）——第13章；张雷（内蒙古农业大学）——第14章和第15章；廖念禾（四川农业大学）——第16章；林静（沈阳农业大学）——第17章和第18章。本书由张祖立、程玉来、陶栋材担任主编，李静、刘军、张雷担任副主编，由张和远教授担任主审。

限于编者的水平和时间，书中难免有不妥和误漏之处，殷切希望广大教师和读者提出宝贵意见和建议，以便再版时修改。

编　者

2004年6月

目　录

0 绪论

0.1 概述

人类在长期的生产实践中创造了机器，并使其不断发展形成当今多种多样的类型。在现代生产和生活中，机器已经成为代替或减轻人类劳动、改善劳动条件和提高劳动生产率，提高产品质量的主要工具。机器的发展水平是衡量一个国家和地区社会生产力和科学技术发展程度的重要标志之一。

机器是执行机械运动的装置，用来变换或传递能量、物料、信息。凡将其他形式的能量变换为机械能的机器称为原动机，如内燃机、电动机等都是原动机。凡利用机械能去变换或传递能量、物料、信息的机器称为工作机，如发电机、起重机、金属切削机床等都属于工作机。

图 0-1 所示为单缸四冲程内燃机，主要由气缸 1、活塞 2、连杆 3、曲轴 4、齿轮 5 和 6、进排气凸轮 7 和 8、进排气推杆 9 和 10 等组成。工作时，燃气燃烧推动活塞在气缸内作往复移动，并通过连杆使曲轴转动，从而将燃气产生的热能转换为曲轴回转的机械能。为保证曲轴每转 2 周内，进、排气门各启闭 1 次，在曲轴和凸轮轴之间安装了齿数比为 1∶2 的齿轮 5 和 6，分别与曲轴和凸轮轴固连。当燃气推动活塞运动时，齿轮 5 带动齿轮 6 转动，凸轮轴上的凸轮 7 和 8 分别推动推杆 9 和 10 使进排气门有规律地开启和关闭，使可燃气体定时地进入气缸燃烧和使燃烧后的废气排出，这样就实现了曲轴的连续转动。从而将热能转换为曲轴回转的机械能。

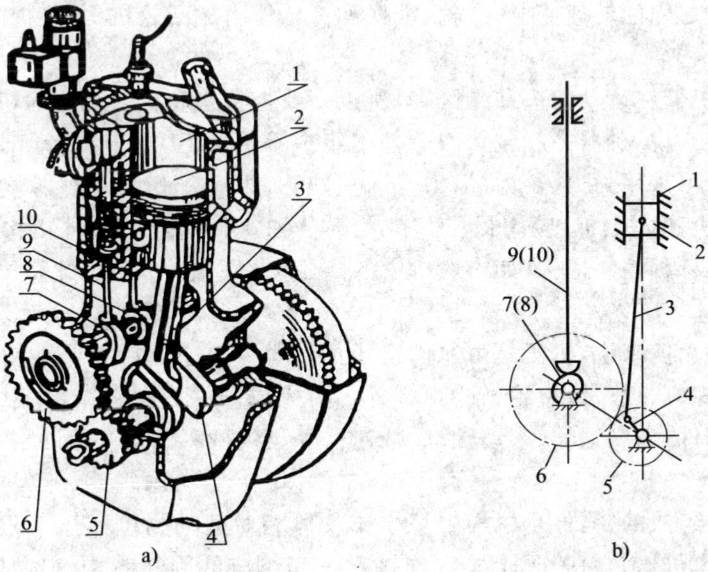

图 0-1 单缸内燃机

图 0-2 所示为颚式破碎机，主要由电动机 1、带轮 2 和 4、带 3、偏心轴 5、动颚 6、定颚 7 等组成。V 带轮 2 安装在电动机轴上，它与电动机轴一起转动，通过 V 带 3 驱动大带轮 4 转动，大带轮与偏心轴 5 固连在一起，从而带动动颚 6 运动，动颚被连接在肘板 8 上，动颚与固定不动的定颚 7 之间形成了破碎腔，动颚在运动过程中把物料破碎。颚式破碎机是利用机械能变换物料外形的一种破碎机械，广泛应用于各行各业中。

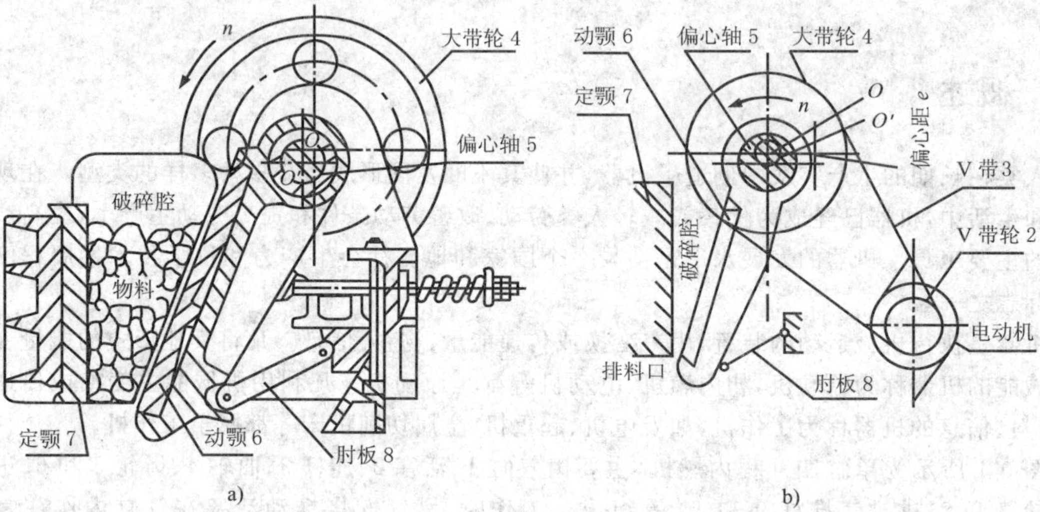

图 0-2　颚式破碎机

从运动的角度来说，机器是由机构组成的，一部机器可以包含一个或若干个机构。机构是用构件间能够相对运动的连接方式组成的构件系统，能实现确定的相对运动，从而完成运动的传递或变换。如图 0-1 所示的内燃机中，活塞、连杆、曲轴和汽缸体组成的曲柄滑块机构，能把活塞的往复移动转换成为曲轴的旋转运动；曲轴和凸轮轴上的齿轮与汽缸体组成齿轮机构，能实现曲轴和凸轮轴之间的转速变换；凸轮、推杆和汽缸体组成凸轮机构，能把凸轮的转动转换成推杆有规律的间歇移动。

显然，机构和机器在运动学上并无区别，所以一般把机构和机器统称为机械。

从功能的角度来说，机器一般包含四个基本组成部分：动力部分、传动部分、执行部分和控制部分。动力部分可采用人力、畜力、风力、液力、热力、电力等作为动力源，其中利用热力和电力的原动机（电动机和内燃机）应用最广。传动部分和执行部分由各种机构组成，是机器的主体。控制部分包括各种控制机构（如内燃机中的凸轮机构）、电气装置、计算机和液压系统、气压系统等。

从制造加工的角度来说，机器是由零件组成的。零件是机器中每个能单独加工的单元体，即制造的单元，如螺钉、键、带、齿轮、轴、弹簧等。为完成同一使命在结构上组合在一起并协同工作的零件称为部件，如联轴器、滚动轴承、减速器等。机械零件这一术语也常用来泛指零件和部件。

机构是由构件组成的，构件是机构中每个作整体相对运动的单元体，即运动的单元。构件可以是一个零件，也可以是由若干个零件连接在一起组成的刚性结构。例如图 0-3a 所示的曲轴和图 0-3b 所示的连杆都是一个构件。曲轴构件只有一个零件，而连杆则是由连杆体 1、轴瓦

2 和 6、螺栓 3、螺母 4 和垫圈 5、垫片 7 和连杆盖 8 等零件组成的刚性结构。这些零件之间没有相对运动，成为一个构件。

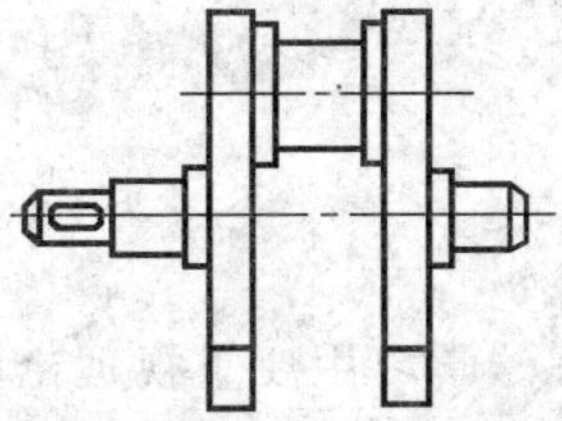
a)

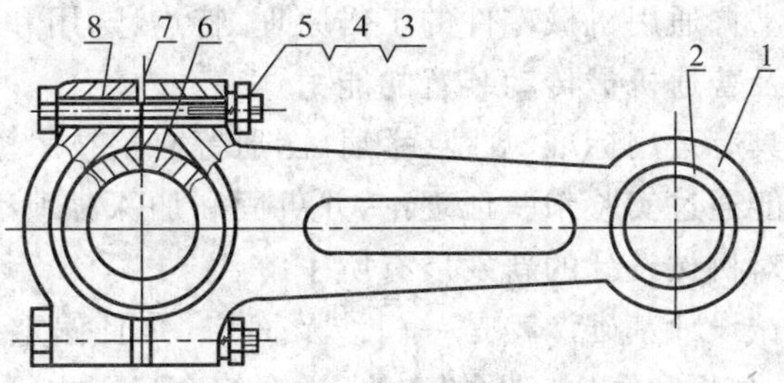

b)

图 0-3 构件与零件

机械中普遍使用的机构称为常用机构，如连杆机构、齿轮机构、凸轮机构等。在各种机械中普遍使用的零件称为通用零件，如齿轮、轴、螺栓等。只能在一定类型的机械中使用的零件称为专用零件，如内燃机中的曲轴、活塞等。此外，经过优化、简化、统一，并给予标准代号的零件和部件称为标准件，如螺栓、滚动轴承等。在正常运转过程中容易损坏，并在规定期限内必须更换的零件和部件称为易损件。

0.2 本课程的内容、性质和任务

0.2.1 本课程的研究内容

机械设计基础课程的主要研究内容是：机械设计的基本原则、基本理论及方法；常用机构和通用零件的工作原理、性能特点、结构类型、基本设计理论和计算方法；机械动力学（如调速和平衡）的基本知识；简要介绍有关国家标准及规范的运用，以及一些标准零部件的选用原则和方法等。

本书第 1 章至第 8 章着重研究机械中的常用机构（平面连杆机构、凸轮机构、齿轮机构、轮系及间歇运动机构）及机器动力学（机械的调速和平衡）的基本知识；第 9 章及其后各章着重研究常用的机械连接（螺纹连接、键连接和花键连接）、机械传动（螺旋传动、带传动、链传动、齿轮传动和蜗杆传动）、轴系零部件（轴、滑动轴承、滚动轴承、联轴器和离合器）和其他零部件（弹簧）等。

0.2.2 本课程的性质和任务

机械设计基础课程是一门技术基础课。本课程综合运用机械制图、工程力学、工程材料、机械制造基础等先修课程的知识，来研究解决机械设计中的一些共性问题，为以后进一步学习各专业课程中有关机械的内容或各有关专业机械设备的课程打下一定的理论基础。为从事工艺、运行、管理工作的技术人员，在了解各种机械的传动原理、设备的正确使用和维护及设备的故障分析等方面提供必要的基本知识。

本课程的主要任务是培养学生：

1)掌握机构的结构原理、运动特性和机械动力学的基本知识,初步具有分析和设计基本机构的能力,并对机械运动方案的确定有所了解。

2)掌握通用机械零件的工作原理、特点、选用和设计计算的基本知识,并初步具有设计简单的机械及普通机械传动装置的能力。

3)具有运用标准、规范、手册、图册等有关技术资料的能力。

4)能通过实验来验证理论,并巩固和加深对理论的理解。

5)对机械设计的新发展有所了解。

机械设计基础课程是一门涉及面广,并且偏重于应用的课程。学习中要重视理论联系实际,注重分析和解决问题的方法,学会综合运用本课程的知识来解决具体的机械设计问题能力的培养。

0.3 机械设计的基本要求和一般过程

0.3.1 机械设计应满足的基本要求

机械设计应满足的基本要求有以下几个方面:

1)具有预定功能的要求:所设计制造的机器必须实现预定的功能,这是机械设计的最基本出发点。为此,靠合理地选择机械的工作原理,正确地设计或选用能够实现预定功能要求的执行机构、传动机构和原动机,以及合理地配置必要的辅助系统来实现。

2)经济性要求:机器的经济性是一个综合指标,在机器的设计、制造、使用、销售、维修、管理等各个环节均有体现。在设计制造方面机械的成本要低;在使用维修等方面机械的生产率、效率要高、耗能及管理和维护费用要低等。

3)安全性要求:安全就是指使用机器的人的安全及机器工作时本身的安全。因此,要采取各种各样的防护措施,如防护罩、过载保护装置等。

4)可靠性要求:关于可靠性的要求是在机器的组成日趋复杂的背景下发展起来的。可靠性是指机器在规定的条件下和规定的时间内,完成规定功能的能力。可靠性水平高说明机器在使用过程中发生故障的概率小,能正常工作的时间长。

5)操作使用方便的要求:在设计机器时应注意操作要轻便省力;操作机构要适应人的生理条件;改善操作者及机器的环境,降低机器运转时的噪声等。

6)其他特殊要求:有些机器各自还有一些特殊的要求。如食品机械有保持清洁和防止污染的要求,建筑机械有便于拆装和搬运的要求,交通运输机械有减轻重量的要求等。机械设计时,在满足基本要求的前提下,还应着重满足这些特殊要求,以提高机械的使用性能和保证机械的工作质量。

0.3.2 机械设计的一般过程

一部新的机器从着手设计到制造出来,大致要经过以下几个阶段:

1)制订设计工作计划:在深入调查研究的基础上,根据社会、市场的需求确定所设计机器的功能范围和性能指标;根据现有的技术、资料及研究成果研究其实现的可能性,明确设计中要解决的关键问题;拟订设计工作计划和设计任务书。

2)方案设计:按照设计任务书的要求,了解、分析同类机械的设计、生产和使用情况以及制造厂的生产技术水平;在功能分析的基础上,提出可采取的实现功能的方案;拟定机器系统的组成、总体布置;确定有关的机构和传动方式。

这一阶段往往需要制定多种方案进行比较,进行技术经济评价和可行性评价,从中选出最优方案。

3)技术设计:对已选定的设计方案进行运动学和动力学分析;确定机构和零件的功能参数,必要时进行模拟实验、现场测试,修改参数;计算零件的工作能力,进而确定机器的主要结构尺寸,绘制设计总图。

4)施工设计:根据技术设计的结果,考虑零件的工作能力和结构工艺性,确定零件的形状和结构尺寸以及配合件间的公差;完成零、部件及整机的全部工作图;编写设计说明书和计算书等有关技术文件。

5)试制、试验、鉴定:所设计的机器能否实现预期的全部功能,能否满足所提出的设计要求,其可靠性、经济性如何等,都必须通过样机试制、试验来加以验证。再经过鉴定,进行全面技术经济评价,以决定设计方案是否可用或进行必要的改进设计。即使是可用的方案,一般还需作适当的修改,以便使设计达到最佳化。

6)定型产品设计:经过试制、试验和鉴定,对设计进行必要的修改后,可进行小批量的试生产。经过实际条件下的使用,将取得的数据和使用意见反馈回来,再进一步修改设计,即定型产品设计,然后正式投产。

实际上机械设计的各个阶段是互相联系的,在某个阶段发现问题后,必须返回到前面的有关阶段进行设计的修改。因此,机械设计的过程是一个不断修改、不断完善以至逐渐接近最佳结果的过程。

1 平面机构的自由度及速度分析

如前所述，机器是由各种机构组合而成的，机构又是一个构件系统，各构件间能实现确定的相对运动。在这一章里将首先研究机构是怎样组成的，机构的自由度、机构运动简图及机构速度分析等有关知识。按照机构中各构件是否在同一个平面(或互相平行的平面)内运动，可以将机构分为平面机构和空间机构两大类。本章只讨论平面机构的一些有关问题。

1.1 运动副及其分类

虽然各种机构的形式、结构各不相同，但从前面的分析可以看出，机构是具有相对运动的构件组合体，而这种“构件组合体”，实际上是将各构件按一定方式连接而成的。总的说来，机构是由构件和运动副 2 个要素组成的。

1.1.1 构件的平面运动

构件是组成机构的基本要素之一。构件可以是一个独立运动的零件，也可以是由若干个零件刚性地连接在一起的一个运动整体。所以从运动的观点来看，任何机器可以说都是由若干个构件组合而成的。

为了研究机构，先来研究组成机构的构件。设一构件作平面运动，如图 1-1 所示。在构件上任取一点 A 作为基点，由理论力学可知，该构件的平面运动，可以分解为跟随基点 A 的平移运动和绕基点 A 的转动。A 点的平移运动可由直角坐标系 xOy 中 2 个独立的参数(坐标)x、y 来决定，绕 A 点的转动可由构件上过 A 点的任一直线 AB 与轴 x 的夹角 θ 来决定，所以，作平面运动构件的位置，可由 3 个独立的参数来决定，也就是它具有 3 个独立运动。构件具有独立运动的数目称为自由度。显然，一个作平面运动的自由构件具有 3 个自由度。

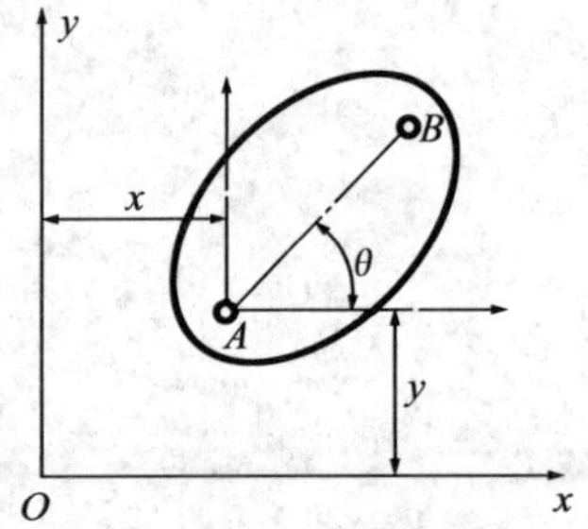

图 1-1 构件的平面运动

1.1.2 运动副及其分类

1.1.2.1 运动副

机构中的各个构件是以一定方式相互连接起来的，从而使各构件之间具有确定的相对运动。为了实现相对运动，组成机构的各构件的连接显然不能是刚性的，如铆接、焊接或螺纹紧固连接等，而是能保证彼此连接的两构件保持直接接触又可以产生一定的相对运动的连接。我们把两构件直接接触形成的可动连接称为运动副；并把两构件上参与接触而构成运动副的表面称为运动副元素。

例如图 1-2a 中轴 2 与轴承 1 的配合，图 1-2b 中滑块 1 与导轨 2 的接触，图 1-2c 中两齿轮轮齿的啮合等，都构成了运动副。它们的运动副元素分别为圆柱面和圆孔面，棱柱面和棱孔面，两齿廓曲面。很显然，两构件间的运动副所起的作用是限制构件间的相对运动，这种限制作用称为约束。例如图 1-2a 中轴承 1 限制了轴 2 沿坐标轴 x、y 的移动，而轴 2 只能绕 O 轴（垂直于 xOy 平面）转动。这说明两构件以某种方式相连接而构成运动副后，其相对运动便受到约束，其自由度就相应减少，减少的数目等于该运动副所引入的约束数目。

构件与构件之间通过运动副连接在一起，进而才能构成机构。可见，运动副也是组成机构的一个基本要素。

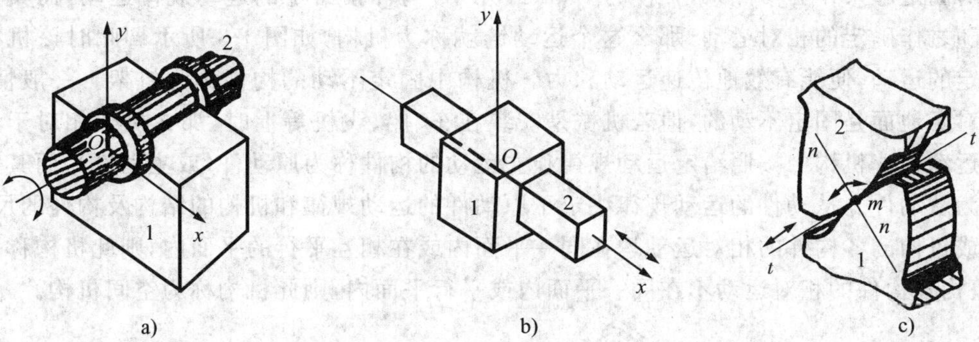

图 1-2　平面运动副的类型

1.1.2.2　平面运动副的类型

如果构成运动副的两构件之间的相对运动为平面运动，则称其为平面运动副，否则为空间运动副。平面机构中的运动副，即为平面运动副。如前述当一个构件在平面上自由运动时，其自由度有 3 个，由于两构件构成运动副后仍需具有一定的相对运动，故平面运动副引入的约束数目最多只能为 2，而剩下的自由度至少为 1 个。因此，平面运动副只有 3 种型式：转动副、移动副和平面高副。

（1）转动副（也称回转副或铰链）

如图 1-2a 所示，轴 2 与轴承 1 配合构成的运动副（两构件以铰链连接起来也构成这种运动副），两构件沿轴 x 和轴 y 的相对移动被约束掉了，只能绕垂直于 xOy 平面的轴相对转动，这种运动副称为转动副。转动副的典型几何特征是两圆柱面配合，其运动特征是两构件绕圆柱轴线相对转动，它的约束数为 2。

（2）移动副

如图 1-2b 所示，滑块 1 与导轨 2 接触构成的运动副，两构件沿轴 y 的相对移动和绕垂直于 xOy 平面的轴的相对转动被约束掉了，只能沿轴 x 相对移动，这种运动副称为移动副。移动副的典型几何特征是两平面配合，运动特征是两构件沿直线导轨相对移动。它的约束数为 2。

转动副和移动副所具有的共同点是：①都约束掉 2 个自由度（虽然约束的内容有所不同）；②都是面与面的接触（转动副中是圆柱面的接触，移动副中是平面的接触）。

面接触的运动副在承受载荷之后，其压强要比点或线相接触时低得多，因此这种面与面相接触的运动副称为低副。显然，由于低副的压强低，因此比较耐磨损。

（3）平面高副

如图 1-2c 所示，由两构件的曲面轮廓接触形成的运动副，两构件沿接触点公法线 $n—n$ 方向的相对移动被约束掉了，而可以沿公切线 $t-t$ 相对移动，和绕接触点 m 相对转动，因此它的约束数为1。这种运动副的几何特征是两曲面配合，作点或线接触。由于以点或线相接触，接触部分的压强较高，因此称其为高副。又因上述两构件的相对运动为平面运动，故称为平面高副。显然，高副的接触表面不如低副那样耐磨损。

1.1.3　运动链及机构的组成

若干个构件通过运动副连接组成的构件系统称为运动链。在运动链中，如果将一个构件固定或相对固定起来作为参照系，并使另一个（或几个）构件按给定的运动规律运动，而其余的构件都能随之作确定的相对运动，那么这个运动链就称为机构，如图1-3所示。此时该机构就具有了确定的运动，便能有效地传递运动和力。机构中固定不动的构件称为机架。一般情况下，机架相对于地面是固定不动的，但若机械是安装在车、船、飞机等上时，那么机架相对于地面则可能是运动的。机构中按照给定运动规律独立运动的构件称为原动件（或主动件），而其余活动构件称为从动件。从动件的运动规律决定于原动件的运动规律和机构的结构及构件的尺寸。

组成机构的各构件的相对运动均在同一平面内或在相互平行的平面内，则此机构称为平面机构；机构各构件的相对运动不在同一平面内或平行平面内，则此机构称为空间机构。

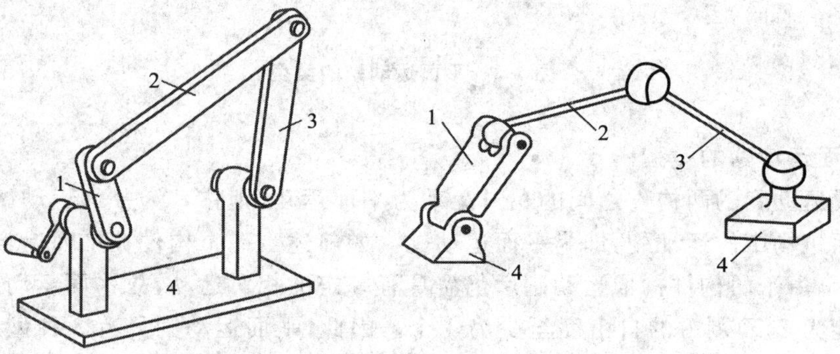

a)平面机构　　b)空间机构

图1-3　机构

1.原动件　2,3.从动件　4.机架

1.2　平面机构运动简图

1.2.1　常用机构构件、运动副表示符号

在研究机构运动时，由于机构各部分的运动是由其原动件的运动规律、组成该机构中各运动副的类型和相对位置来决定的，所以就可以不考虑那些与运动无关的因素，例如构件的外形和断面尺寸、组成构件的零件数目及固连方式、运动副的具体构造等。

机构运动简图是指根据机构的运动尺寸（确定各运动副相对位置的尺寸），按一定的比例尺定出各运动副的位置，再用运动副及常用机构运动简图的代表符号（表1-1及表1-2所示）和构件的表示方法（表1-3所示）将机构的运动传递情况表示出来的简化图形。而把只为了表明机构的结构情况，不严格按比例绘制出的简图称为机构示意图。

通过机构运动简图我们可以了解机构由哪些构件和运动副组成，由已知的比例尺得出各构件和运动副的相对位置，进而对机构的结构、运动和动力等情况进行分析。它是从事机构研究和设计新机构的重要工具。

表 1-1　常用运动副的模型及符号

名称	运动副模型	运动副符号	
		两构件均为活动构件	两构件之一为固定构件
转动副		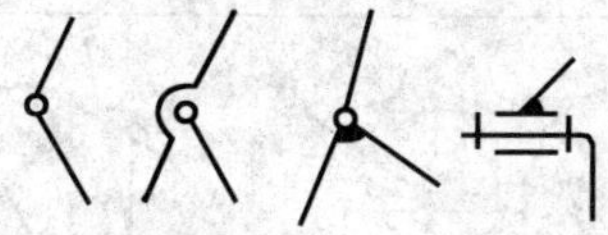	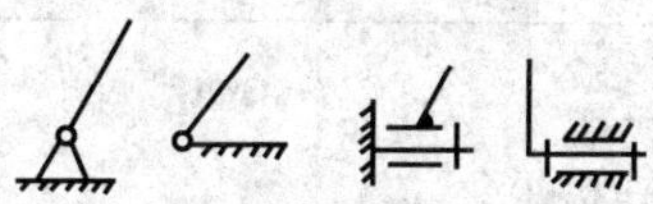
移动副	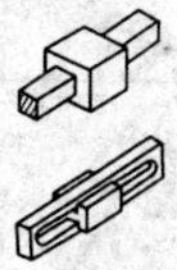	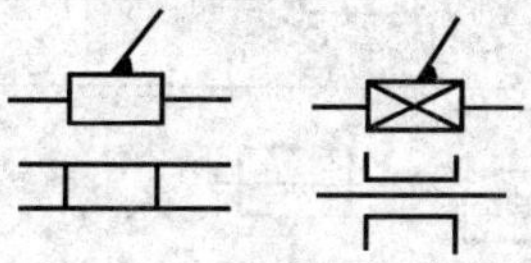	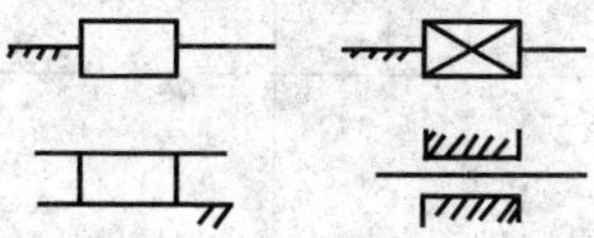
平面高副	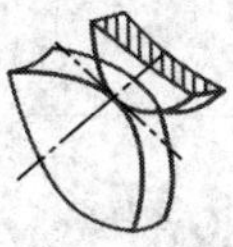	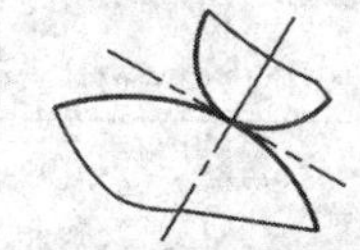	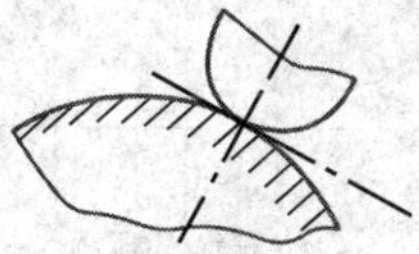

表 1-2　常用机构运动简图符号

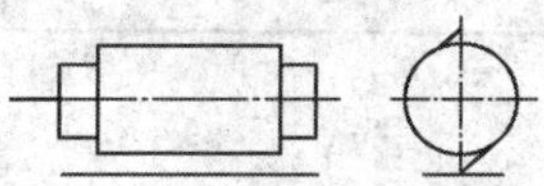 支架上的电机	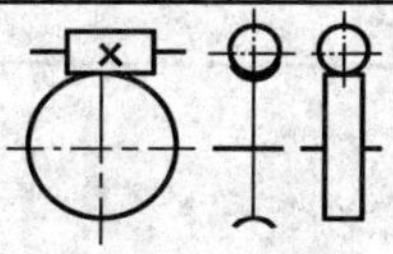 圆柱蜗杆传动	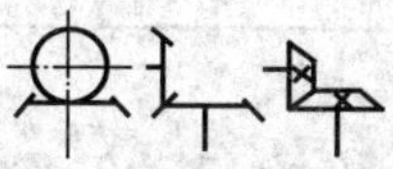 圆锥齿轮传动
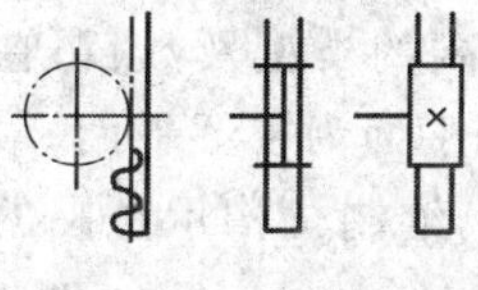 齿轮齿条传动	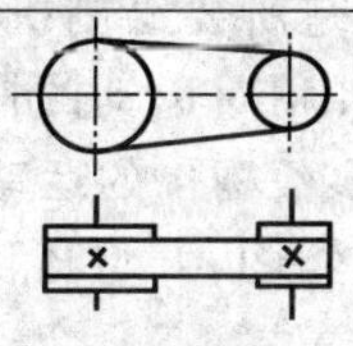 带传动	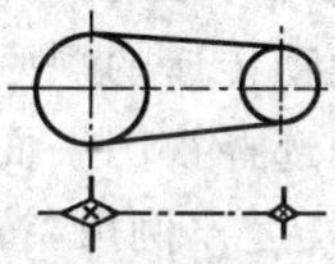 链传动
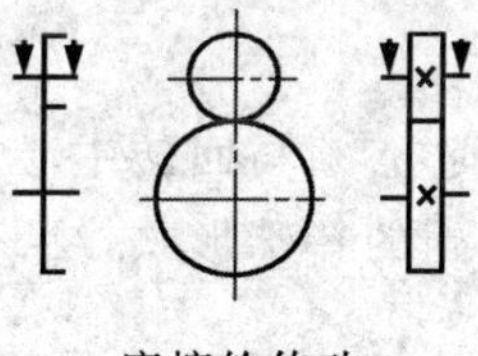 摩擦轮传动	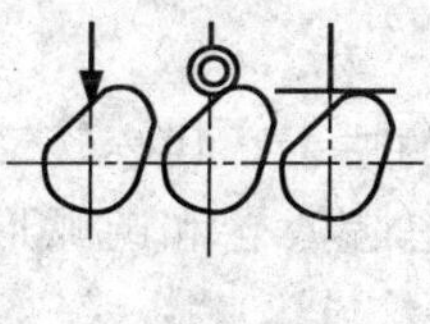 凸轮机构	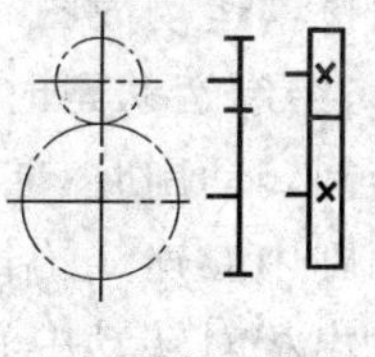 外啮合圆柱齿轮传动
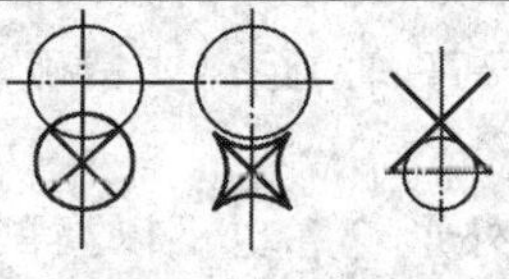 外啮合　内啮合 槽轮机构	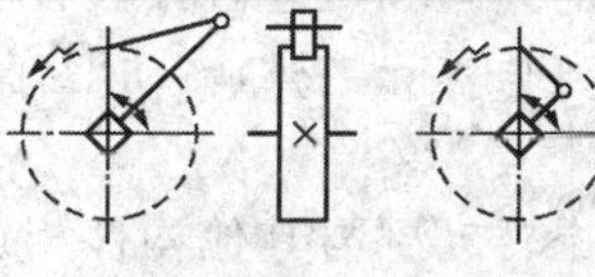 外啮合　内啮合 棘轮机构	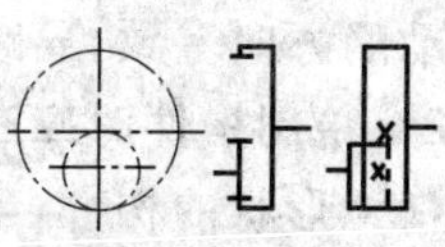 内啮合圆柱齿轮传动

表 1-3 一般构件的表示方法

杆和轴类构件	
固定构件	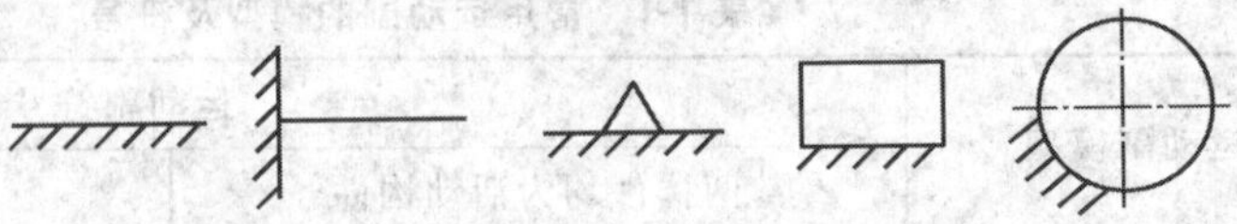
同一构件	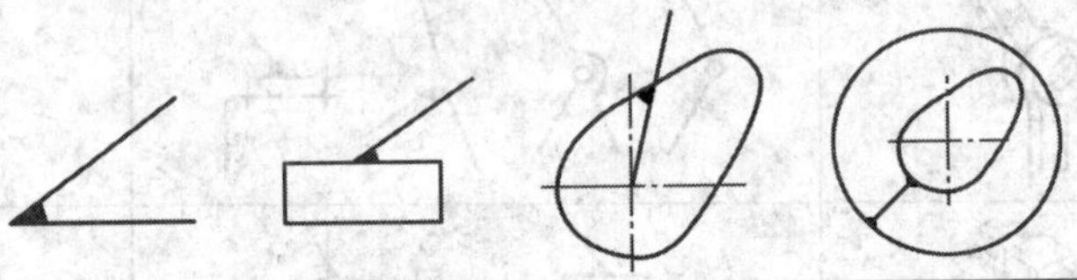
二副构件	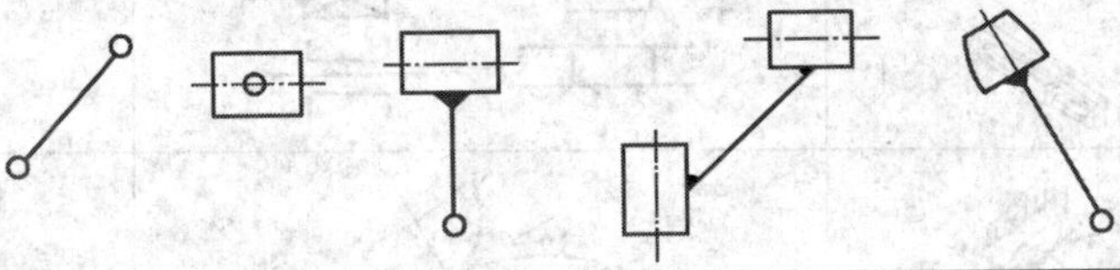
三副构件	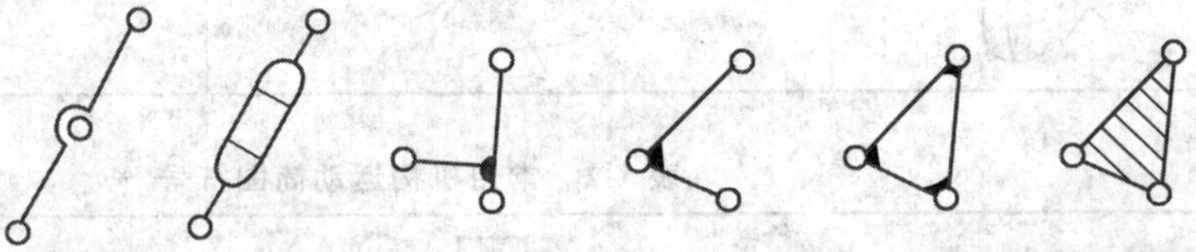

1.2.2 机构运动简图的绘制步骤

在绘制机构运动简图时，首先要搞清楚所要绘制机械的结构和动作原理；然后从原动件开始，按照运动传递的顺序，仔细分析各构件相对运动的性质，确定运动副的类型及数目；在此基础上，合理选择视图平面，通常选择与大多数构件的运动平面相平行的平面为视图平面；最后选取适当的长度比例尺，按一定的顺序进行绘图，并将比例尺标注图上。绘制机构示意图的方法与上述类似，但不需要严格按比例绘图。

绘制机构运动简图时，注意以下事项。

1.2.2.1 绘制运动副时应注意的事项

1)绘制转动副时，准确确定转动副的位置。代表转动副小圆的中心必须与回转中心重合，两个转动副中心连线的长度一定要精确，偏心轮和圆弧形滑块是转动副的特殊形式，绘制时关键是要找出相对转动中心。

2)绘制移动副时，准确确定导路的方向和位置。代表移动副的滑块，其导路的方向必须与相对移动的方向一致，导路间的夹角要与实际一样，转动副到移动副导路间的距离要精确。

1.2.2.2 绘制构件时应注意的事项

1)任意形状的构件，当它只以 2 个转动副与其他构件相连接，且外形轮廓也不以高副与其他构件相接触时，简图中只需以 2 个转动副几何中心的连线代表此构件即可。

2)尽量减少构件前后重叠时虚线可能引起的误会。例如，有时可变通地把小齿轮或外形小的凸轮、棘轮等移至大齿轮的前面，即画成实线，这在机械制图中是绝对不允许的，但在绘制运动简图时，只要不影响表达机构的组成和运动特性，这种变通是允许的，如图 1-4b 所示。

3)当同一轴上安装若干零件时，必须明确表明哪些零件为同一构件。当不便以焊接符号表示时，还可用构件编号来表达，即不同构件标不同编号，同一构件中的不同零件标同样的构件编号，并在编号右上角加上不同的撇号以示区别，如 3、3′、3″。

1.2.2.3　绘制机构运动简图时应注意的事项

1)当设计者只是为了表达机构的组成，讨论初步的设计构思，表达机构的动作原理而不需精确进行运动学、动力学计算时，可不必严格地按比例绘制运动副的精确位置和构件的准确尺寸，只需绘制机构示意图。在正式提交设计方案或要作定量的运动分析和动力分析时，则必须严格按比例绘制机构运动简图。

2)为保证机构运动简图与实际机构有完全相同的结构和运动特性，对绘制好的简图需进一步检查与核对。如简图上的构件数目与原机构的构件数是否相等；简图上的构件间的连接形式，即运动副及其数目和相对位置与原机构是否一致；简图上原动件和固定件与原机构是否一致；根据机构运动简图计算机构自由度，看其与实际机构的原动件数目是否相等，等等。

以下举例说明机构运动简图的绘制方法及步骤。

例题 1-1　绘出图 1-4a 所示内燃机的机构运动简图。

解：1)分析机构的组成情况和运动原理，确定其组成的各构件、运动副及种类，识别机架、原动件和传动、执行部分；并沿着运动传递路线，逐一分析每 2 个构件间相对运动的性质，以确定运动副的类型、数目及其位置。

由图 1-4a 可知内燃机的运动是由气缸 7 内气体燃烧，体积膨胀推动活塞 1 移动，通过连杆 2 使曲轴 3 转动，再通过齿轮啮合传动使凸轮轴 4 转动，进而通过推杆 5 和 6 控制进气和出气。该机构由 7 个构件组成，即气缸 7、活塞 1、连杆 2、曲轴(固连着小齿轮)3、凸轮轴(固连着大齿轮)4、推杆 5 和 6，其中气缸 7 为机架，活塞 1 为原动件，其余为从动件。共包括 4 个转动副(活塞 1 与连杆 2、连杆 2 与曲轴 3、曲轴 3 与气缸 7(机架)以及凸轮轴 4 与气缸 7 之间形成的转动

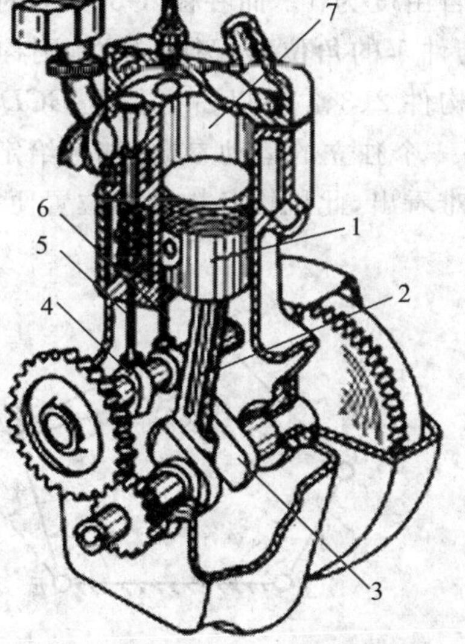

a)

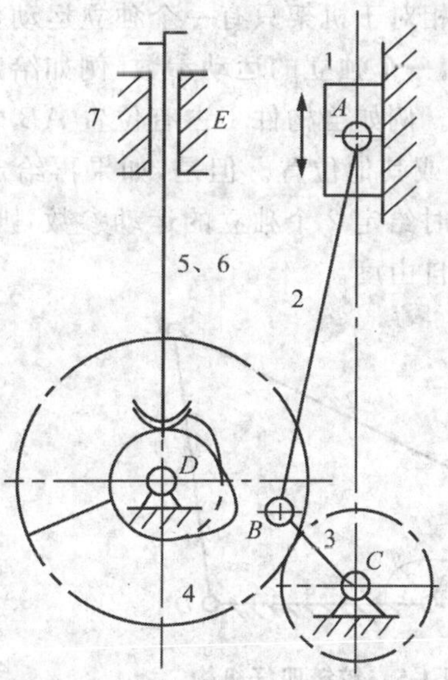

b)

图 1-4　内燃机

副)、3 个移动副(活塞 1 与气缸 7、推杆 5 及 6 与气缸 7 之间形成的移动副)、1 个齿轮高副(大小齿轮之间形成的齿轮高副)和 2 个凸轮高副(推杆 5 及 6 与凸轮之间形成的凸轮高副)。

2)选择合适的运动简图的视图平面(即投影面)。通常选择机械中多数构件的运动平面为视图平面,必要时也可选择 2 个或 2 个以上的视图平面,然后将其展示到同一图面上。

这里选择连杆的运动平面作为视图平面。

3)选择适当的长度比例尺。在绘制机构运动简图时,按机构实际尺寸及给定图纸的大小确定合适的长度比例尺 μ_l,并应在图旁注明,其定义为:

$$\mu_l=\frac{\text{实际尺寸(m)}}{\text{图长(mm)}} \text{或} \ \mu_l=\frac{\text{实际尺寸(mm)}}{\text{图长(mm)}}$$

根据长度比例尺确定出各运动副在图上的相对位置,并用各运动副的代表符号、常用机构的运动简图符号和简单线条,绘制机构运动简图,如图 1-4b 所示。

4)标注。从原动件开始,按传动顺序标出各构件的编号(用阿拉伯数字)和运动副的代号(用大写的英文字母),并在原动件上标出箭头以表示其运动方向,如图 1-4b 所示。

1.3 平面机构的自由度

1.3.1 机构自由度

如前所述,一个作平面自由运动构件的位置,可由 3 个独立的参数来决定,也就是它具有 3 个独立运动,即具有 3 个自由度。同理,机构自由度(即机构相对机架的独立运动数目)是指确定机构中各构件相对机架的位置(运动)时,所需要的独立的运动参数的数目。

图 1-5 所示,为一由 4 个构件组成的铰链四杆机构。在此机构中,如果给定一个独立的运动参数,例如给定构件 1 的角位移规律 $\varphi_1(t)$,则不难看出,此时其余构件的位置便都可完全确定。即该机构相对于机架只有一个独立运动,其自由度为 1。而在图 1-6 所示的铰链五杆机构中,如也只给定一个独立的运动参数,例如给定构件 1 的角位移规律 $\varphi_1(t)$,则构件 2、3、4 的运动并不能确定。例如当构件 1 占有位置 AB 时,构件 2、3、4 可以占有位置 $BCDE$,也可以占有位置 $BC'D'E$,或其他位置。但是,如果再给定另一个独立的运动参数,如再给定构件 4 的角位移 $\varphi_4(t)$,即同时给定 2 个独立的运动参数,则不难看出,此机构各构件的位置便完全确定了,即该机构有 2 个自由度。

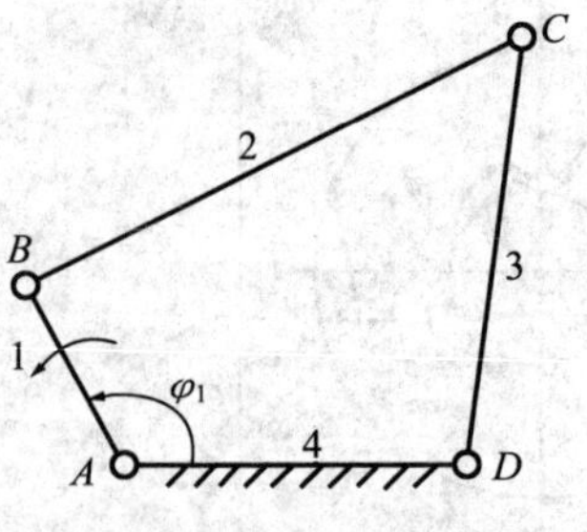

图 1-5 铰链四杆机构

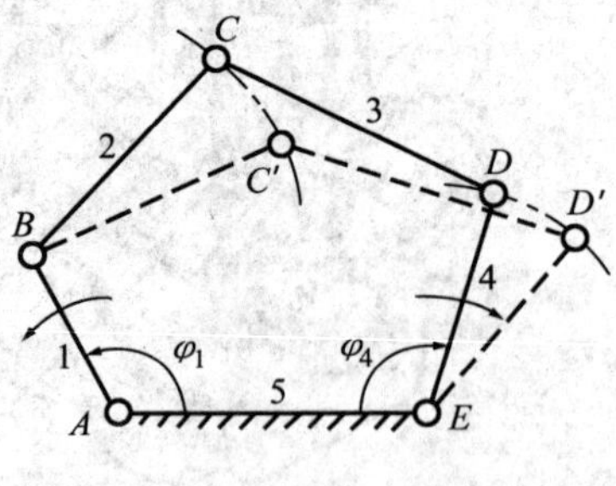

图 1-6 铰链五杆机构

1.3.2 机构具有确定运动的条件

机构是指一种用来传递与变换运动和力的可动装置，其自由度必须大于零。为了按照一定的要求进行运动的传递及变换，当机构的原动件按给定的运动规律运动时，该机构的其余构件的运动一般也应是完全确定的。那么，一个机构在什么条件下才能实现确定的运动呢?

通常机构的原动件都是与机架连接的，一般在平面机构中这类原动件以转动副或移动副与机架连接，因此每个原动件只能输入一个独立运动。在这种情况下，保证只有 1 个自由度的机构具有确定的运动，只要指定 1 个原动件；对于 2 个自由度的机构，只要指定 2 个原动件；依此类推，保证自由度为 F 的机构具有确定的运动，必须在其中指定 F 个原动件。这就是保证机构具有确定运动的条件。在这种条件下，当机构的原动件按预定规律运动时，其从动件将作完全确定的运动。

所以为了使机构具有确定的运动，则机构的原动件数目应等于机构的自由度的数目，这就是机构具有确定运动的条件。当机构不满足这一条件时，如果机构的原动件数目小于机构的自由度，机构的运动将不完全确定。如果原动件数大于机构的自由度，则机构中最薄弱的环节会损坏。

1.3.3 平面机构自由度的计算

机构是用来传递运动和力的可动装置。因此，不仅机构中的活动构件要相对于机架能运动，而且还得具备确定的运动，这样才能有效地传递运动和力。我们把机构具有的独立运动的数目称为机构的自由度。显然机构的自由度与组成构件的数目、运动副的类型和数量有关，以下讨论平面机构的自由度。

在平面机构中，各构件只作平面运动。平面中每个自由构件具有 3 个自由度，当各构件通过平面运动副(高副和低副)相连时，构件的自由度就会受到运动副的约束。设平面机构中共有 n 个活动构件(注意：机架不是活动构件，所以组成机构的构件数目为活动构件数再加一个机架)，在各活动构件尚未通过运动副连接时，它们共有 $3n$ 个自由度；当各构件经 P_L 个低副(每个低副会引入 2 个约束)和 P_H 个高副(每个高副会引入 1 个约束)连接之后，这些运动副就会引入 $(2P_L+P_H)$ 个约束，所以机构的自由度(用 F 表示)应为活动构件自由度的总数减去运动副引入的约束的数目，如式(1-1)所示，该式即为计算平面机构自由度的一般公式。

$$F=3n-(2P_L+P_H)=3n-2P_L-P_H \tag{1-1}$$

式中：n 为机构中活动构件的数目；P_L 为机构中低副的数目；P_H 为机构中高副的数目。

这就是平面机构自由度的计算公式。利用这一公式不难算得前述铰链四杆机构(图 1-5)和铰链五杆机构(图 1-6)的自由度分别为 1 和 2，与前分析一致。

下面再举一例说明此公式的应用。

例题 1-2 试计算图 1-4 所示内燃机的自由度。

解：由前所述，此机构共有 7 个构件组成，除机架外，有 6 个活动构件，通过 7 个低副(4 个转动副、3 个移动副)和 3 个高副(1 个齿轮高副、2 个凸轮高副)连接起来，所以此机构的自由度为

$$F=3n-(2P_L+P_H)=3\times6-(2\times7+3)=1$$

1.3.4 计算机构自由度时应注意的事项

在计算平面机构的自由度时，还有一些应注意的事项必须正确处理，否则得不到正确的结果。现将应注意的主要事项简述如下。

1.3.4.1 复合铰链

图 1-7a 表示构件 1 和构件 2、3 组成 2 个转动副。当这 2 个转动副之间的距离缩小到零，且轴线重合时，在机构运动简图中形成图 1-7b 所示状况，但其实际连接状况应为图 1-7c 所示。在计算自由度时，必须把这个转动副当成 2 个来计算。像这种由 2 个以上构件在同一处构成的重合转动副称为复合铰链。不难推想，由 m 个构件汇集而成的复合铰链应当包含$(m-1)$个转动副。

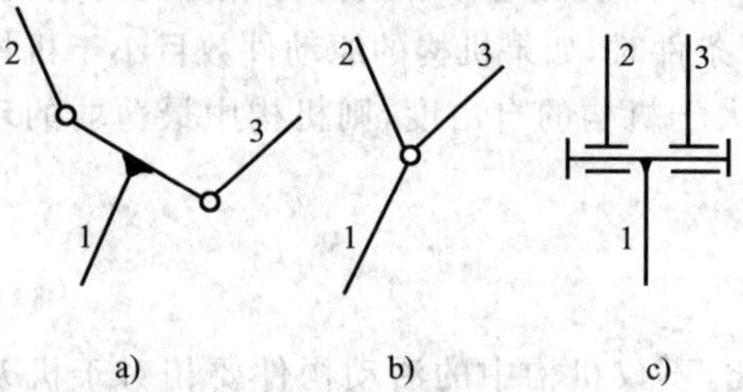

图 1-7 复合铰链

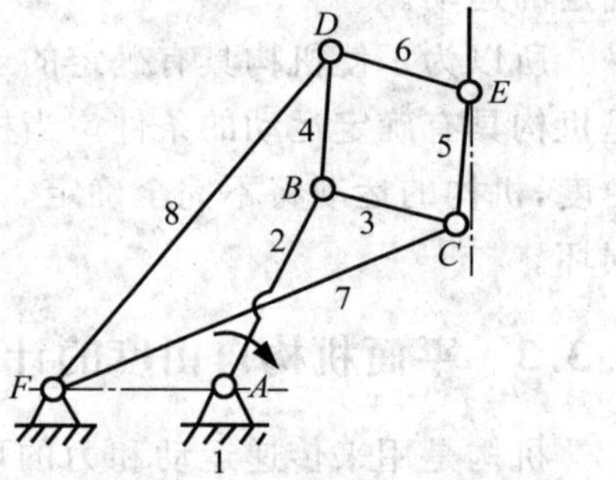

图 1-8 例题 1-3 图

例题 1-3 计算图 1-8 所示机构的自由度。

解：在本机构中 B、C、D、F 4 处都是由 3 个构件组成的复合铰链，它们各具有 2 个转动副，所以在该机构中 $n=7$，$P_L=10$，$P_H=0$，由式(1-1)可得

$$F=3n-2P_L-P_H=3\times7-2\times10-0=1$$

1.3.4.2 局部自由度

如图 1-9a 所示的凸轮机构，为了减少高副元素接触处的摩擦磨损，在凸轮和从动件之间安装了圆柱形滚子。可以看出，滚子绕其本身轴线的自由转动丝毫不影响其他构件的运动。这种对机构其他构件运动无关的自由度，称为局部自由度。在计算机构自由度时，局部自由度应当舍弃不计。

为了防止计算差错，在计算自由度时，可以设想将滚子与从动件焊成一体，如图 1-9b 所示，预先排除局部自由度，然后进行计算。

1.3.4.3 虚约束

在机构中，有些运动副所加的约束，对机构的运动所起的限制作用是重复的。这种对机构的运动起重复限制作用的约束称为虚约束。如图 1-10a 所示的平行四边形机构中，连杆 3 作平移运动，其上各点的轨迹均为圆心在 AD 线上而半径等于 AB 的圆。若在该机构中再加上一个构件 5，使其与构件 2、4 相互平行，且长度相等，如图 1-10b 所示。由于杆 5 上 M 点的轨迹与 BC 杆上 M 点的轨迹是相互重合的，因此加上杆 5 并不影响机构的运动，但此时若按式(1-1)计算机构的自由度却为

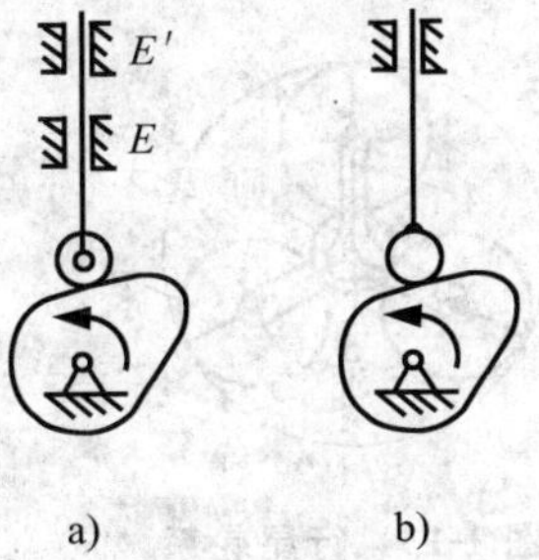

图 1-9 凸轮机构

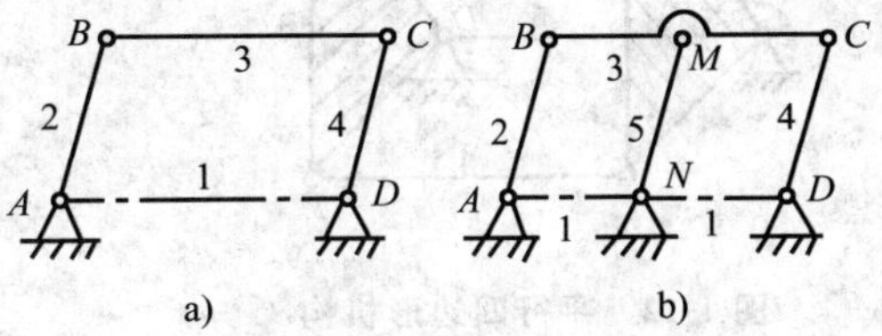

图 1-10 平行四边形机构

$$F=3n-2P_{\mathrm{L}}-P_{\mathrm{H}}=3\times4-2\times6-0=0$$

这个结果与实际情况不符，造成这个结果的原因是加入了一个构件 5，引入了 3 个自由度，但同时又增加了 2 个转动副，形式上引入了 4 个约束，即多引入了 1 个约束。但实际上这个约束对机构的运动起重复限制作用，因而它是一个虚约束。由此可以看出，在利用式(1-1)计算机构自由度时，应先将产生虚约束的构件和运动副去掉，然后再进行计算。如在图 1-10b 所示的机构中去掉产生虚约束的构件 5 和运动副 M、N 后，即成为图 1-10a 所示的平行四边形机构，其自由度为

$$F=3n-2P_{\mathrm{L}}-P_{\mathrm{H}}=3\times3-2\times4-0=1$$

即该平行四边形机构的自由度为 1。

常见的虚约束有以下几种情况：

1)当两构件组成多个移动副，且其导路互相平行或重合时，则只有 1 个移动副起约束作用，其余都是虚约束，图 1-9a 中凸轮机构的从动件与机架形成 2 个移动副便属于这种情况。

2)当两构件组成多个转动副，且轴线互相重合时，则只有一个转动副起作用，其余转动副都是虚约束。例如在图 1-11 中四缸发动机的曲轴 1 和轴承 2、2′和 2″组成 3 个转动副，由于这 3 个转动副的中心轴线相互重合，因此只起到 1 个转动副的约束作用。

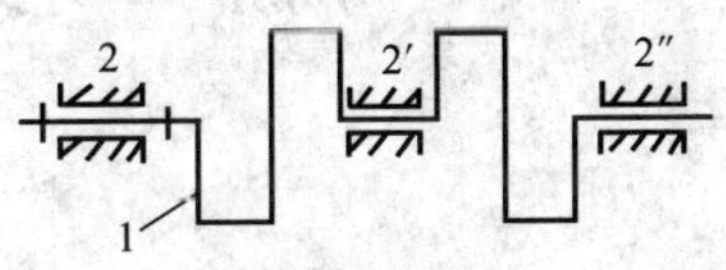

图 1-11 四缸发动机曲轴的支承情况

3)用具有 2 个转动副的附加构件来连接机构中两构件上距离始终保持不变的 2 个点(定点或动点)，则将会引入一个虚约束。如在图 1-12 所示的机构中，$\triangle ABF\cong\triangle DCE$，当机构运动时，构件 1 和 3 上 F、E 两点间的距离始终保持不变，如果将 E、F 两点用具有 2 个转动副的附加构件 4 相连，则由此多引入的一个约束显然是虚约束。在计算自由度时，该机构可看作如图 1-10a 所示的机构进行计算。前面分析的 5 杆机构(图 1-10b 所示)也属于这种情况。

必须注意，为使两动点间的距离始终保持不变，除要求它们具有相同的轨迹之外，还必须有相同的运动规律。

4)机构中对运动起重复限制作用的对称部分也往往会引入虚约束。如图 1-13 所示的行星轮系，为了受力均衡，采取 3 个行星轮 2、2′和 2″对称布置的结构，而事实上只要一个行星轮便满足运动要求，其他 2 个行星轮则引入 2 个虚约束。

加入虚约束的目的经常是为了增加构件的刚度或改善机构的受力情况，但在此要特别指出，机构中的虚约束都是在一些特定几何条件下出现的，如果这些几何条件不能满足，则虚约束

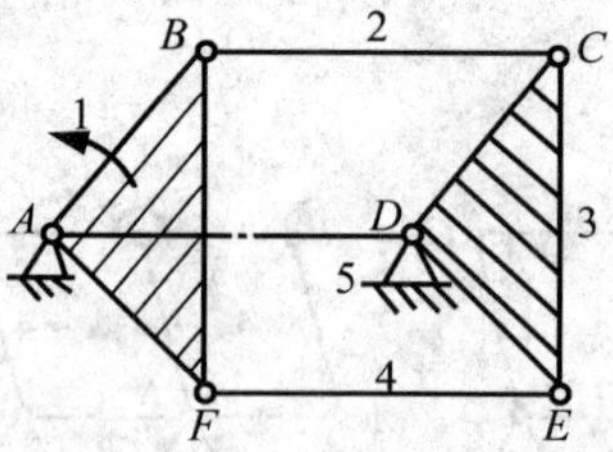

图 1-12 平行四边形机构

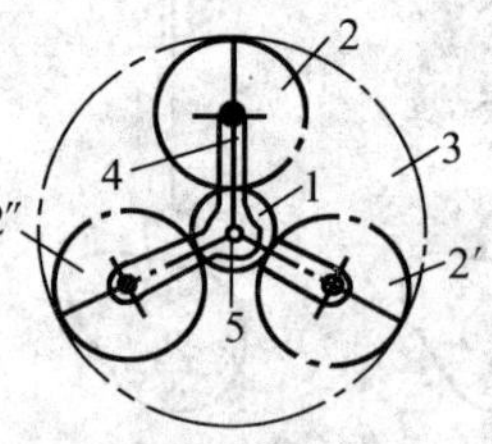

图 1-13 行星轮系

就会成为实际有效的约束，从而使机构卡住不能运动。如图 1-10b 中，若所加构件 5 不与构件 2、4 平行，则机构就不能运动。

例题 1-4 试计算图 1-14a 所示大筛机构的自由度。

解： 1）分析机构的组成情况：机构各构件均在同一平面运动，活动构件数 $n=8$（含滚子），A、B、C、D、G、K、J 为转动副，E、F、M 为移动副，H 为高副。其中 C 处为复合铰链，其包含的转动副应为 $3-1=2$ 个；G 处滚子具有局部自由度；E、F 处活塞及活塞杆与气缸组成 2 个平行移动副，其中有 1 个是虚约束。

2）画出去掉虚约束 F 和 G 处局部自由度的机构运动简图，如图 1-14b 所示。

3）按图 1-14b 分析并计算机构自由度。此时 $n=7$，$P_L=9$，$P_H=1$，由此得

$$F=3n-2P_L-P_H=3\times7-2\times9-1=2$$

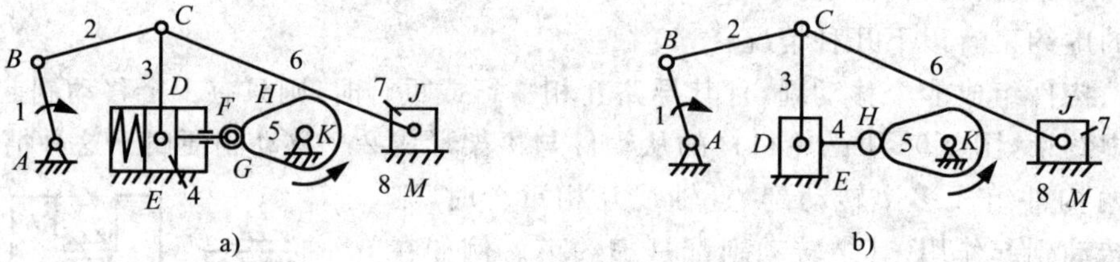

图 1-14 例题 1-4 图

1.4 速度瞬心及其在机构速度分析中的应用

无论是设计新的机械，还是要了解现有机械的工作性能，都必须进行机构的运动分析，即在已知机构尺寸及原动件运动规律的情况下，分析机构中其他构件上某些点的轨迹、位移、速度及加速度，以及这些构件的角位移、角速度和角加速度。其中通过速度分析，可以了解机构中从动件的速度变化是否满足工作要求。例如牛头刨床，要求刨刀在刨削工件的工作行程中其速度接近等速，从而提高加工质量和刀具寿命，而刨刀空行程时，又希望其能快速返回，以提高生产效率，节省能耗。同时速度分析也是机构的加速度分析和受力分析的基础。

机构运动分析的方法很多，其中利用速度瞬心对构件数目少的机构（凸轮机构、齿轮机构、平面四杆机构等）进行速度分析，既直观又简便。所以下面仅介绍怎样利用速度瞬心进行机构速度分析。

1.4.1 速度瞬心和机构中瞬心的数目

由理论力学可知，当两构件(刚体)作平面相对运动时(图 1-15)，在任一瞬时都可认为它们是在绕某一重合点作相对转动。该点即为两构件的速度瞬心，简称瞬心。显然，两构件在瞬心处的相对速度为零，或者说两构件在瞬心处的绝对速度相等。故瞬心可定义为作平面相对运动的两构件上的瞬时等速重合点。绝对速度为零(两构件之一是静止的)的瞬心称为绝对瞬心，绝对速度不等于零(两构件都是运动的)的瞬心称为相对瞬心，并用符号 P_{ij} 表示构件 i 与 j 的瞬心。

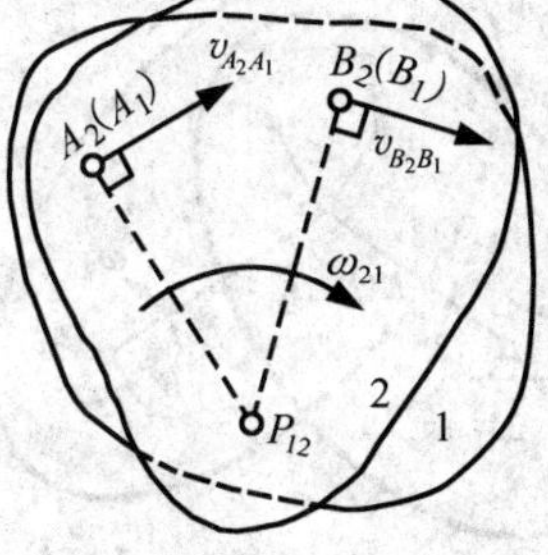

图 1-15 两刚体作平面相对运动

因为机构中每 2 个构件之间就有一个瞬心，故根据排列组合的知识，由 N 个构件(含机架)组成的机构的瞬心总数 K 应为

$$K=\frac{N(N-1)}{2} \tag{1-2}$$

1.4.2 机构中瞬心位置的确定

1.4.2.1 直接用瞬心定义确定机构瞬心的位置

(用于确定通过运动副直接连接的两构件间的瞬心位置)

1)当两构件直接连接构成转动副时(图 1-16a)，转动中心即为该两构件瞬心 P_{12}。

2)当两构件构成移动副时(图 1-16b)，构件 1 上各点相对于构件 2 的速度均平行于移动副导路，故瞬心 P_{12} 必在垂直导路方向上的无穷远处。

3)两构件以平面高副相连接时，当两构件作纯滚动时(图 1-16c)，接触点相对速度为零，该接触点 M 即为瞬心 P_{12}；若两构件既作相对滑动又作滚动(图 1-16d)，由于相对滑动速度沿接触点的切线方向，则瞬心 P_{12} 必位于过接触点的公法线(切线的垂线)$n-n$ 上，具体在法线上哪一点，尚需根据其他条件再作具体分析确定。

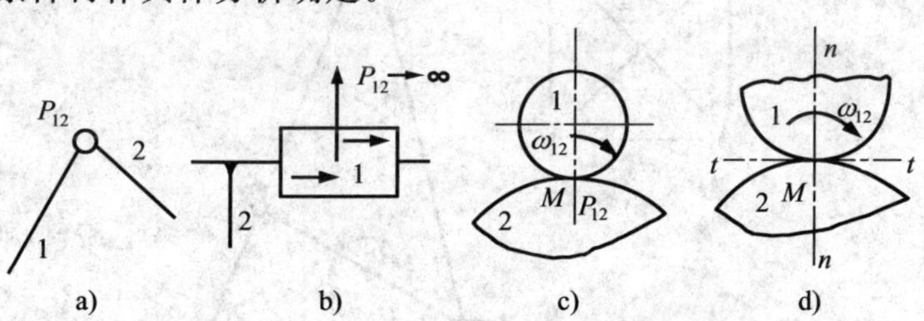

图 1-16 以运动副相连接的两构件间的瞬心位置

1.4.2.2 用三心定理确定机构瞬心的位置

(用于确定不通过运动副直接连接的两构件间的瞬心位置)

如图 1-17 所示，3 个作相对平面运动的构件，为研究方便设构件 3 是固定的，构件 1、2 分别以转动副 A、B 与构件 3 相连接，而构件 1、2 间不通过运动副直接连接。它们共有 3 个瞬心

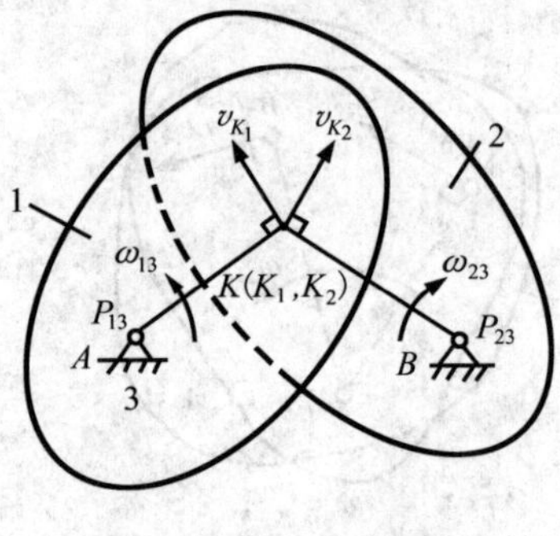

图 1-17　三心定理证明

P_{13}、P_{23}、P_{12}，转动副 A、B 的中心即为瞬心 P_{13} 和 P_{23}。由于构件 1、2 分别绕转动副 A、B 回转，该二构件上任一重合点 K(K_1、K_2)的速度 v_{K_1}、v_{K_2} 分别垂直该点到 $A(P_{13})$、$B(P_{23})$ 2 点的连线，因此，如图示，v_{K_1}、v_{K_2} 的方向不相同。由瞬心的定义可知，P_{12}应是构件 1 和 2 上的绝对速度相等的重合点，只有重合点 $K(K_1$、$K_2)$位于 P_{13}、P_{23}的连线上才能保证速度 v_{K_1} 和 v_{K_2} 的方向相同。由此可证明第 3 个瞬心 P_{12}必与另 2 个瞬心 P_{13}、P_{23}共线。可见，3 个作相对平面运动的构件的 3 个瞬心必在同一条直线上，这一结论即为三心定理。

下面举例说明怎么用三心定理确定机构瞬心的位置。

例题 1-5　求图 1-18a 所示铰链四杆机构的全部瞬心。

解：机构的瞬心数

$$K=N(N-1)/2=4(4-1)/2=6$$

即该机构共有 6 个瞬心，它们是 P_{12}、P_{13}、P_{14}、P_{23}、P_{24}、P_{34}。由前述可知：P_{12}、P_{23}、P_{34}、P_{14}分别位于 4 个转动副的转动中心上，如图 1-18a 所示。瞬心 P_{13}、P_{24} 可用三心定理确定，即 P_{13} 应位于 3 个构件 1、2、3 的 2 个瞬心 P_{12}、P_{23} 的连线上，同时也位于 3 个构件 1、4、3 的 2 个瞬心 P_{14}、P_{34} 的连线上，故这 2 条线的交点就是瞬心 P_{13}。同理 P_{24} 应在 P_{12}、P_{14} 和 P_{23}、P_{34} 2 条连线的交点上。在这 6 个瞬心中，凡下标中带机架标号“4”的是绝对瞬心，其余为相对瞬心。

为了不遗漏和便于寻求瞬心的位置，可利用辅助多边形法：如图 1-18b 所示，将机构中所有构件的标号作为多边形的各个顶点，而各顶点之间的连线代表这 2 个构件之间的瞬心。其中每 3 个顶点可组成一个三角形，若在该三角形中已求出两边(即 2 个瞬心)，则第 3 条边所代表的瞬心一定位于另 2 个瞬心的连线上。如该多边形中连线 1-2、2-3、3-4、1-4 分别代表瞬心 P_{12}、P_{23}、P_{34}、P_{14}。因为每 2 个构件有一个瞬心，所以连接顶点 1、3 和 2、4，则连线 1-3、2-4 分别代表

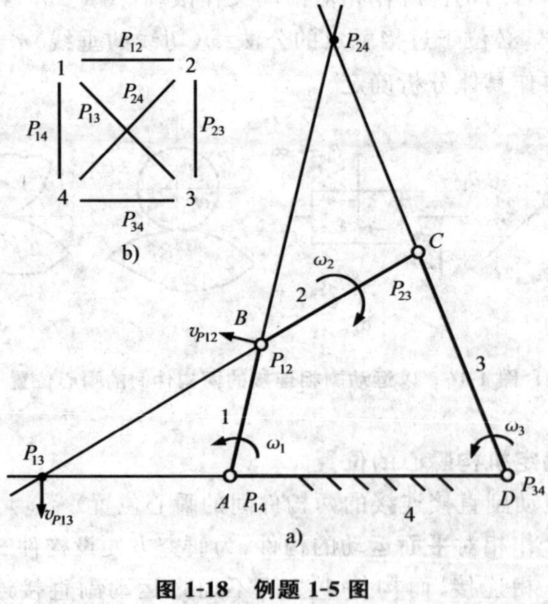

图 1-18　例题 1-5 图

瞬心 P_{13}、P_{24}。又因顶点 1、2、3 和 1、4、3 形成 2 个三角形，而这 2 个三角形中都已知 2 条边，所以代表第 3 条边的瞬心 P_{13} 应在 P_{12}、P_{23} 和 P_{34}、P_{14} 2 条连线的交点上。同理 P_{24} 可通过 1-2-4、2-3-4 2 个三角形的关系求出。

1.4.3 速度瞬心在平面机构速度分析中的应用

1.4.3.1 求构件的角速度

在图 1-18 所示铰链四杆机构中，若已知各杆长度，设原动件(曲柄)1 以角速度 ω_1 逆时针方向回转，求图示位置从动件(摇杆)3 的角速度 ω_3。在例题 1-5 中已求出各瞬心位置如图 1-18 所示。由瞬心定义可知 P_{13} 为构件 1 和 3 的等速重合点，则有

$$v_{P_{13}}=\omega_1\ \overline{P_{14}P_{13}}\mu_l=\omega_3\ \overline{P_{34}P_{13}}\mu_l$$

式中：μ_l 为长度比例尺。由该式即可求得从动件 3 的角速度为

$$\omega_3=\omega_1\ \frac{\overline{P_{14}P_{13}}}{\overline{P_{34}P_{13}}}$$

及主、从动件角速度之比

$$\frac{\omega_1}{\omega_3}=\frac{\overline{P_{34}P_{13}}}{\overline{P_{14}P_{13}}}$$

可见主、从动件角速度之比(传动比)等于该两构件的绝对瞬心(P_{14}、P_{34})到它们相对瞬心(P_{13})距离的反比。任何两构件间均有如上关系，如构件 1 与 2 有

$$\frac{\omega_1}{\omega_2}=\frac{\overline{P_{24}P_{12}}}{\overline{P_{14}P_{12}}}$$

1.4.3.2 求移动构件的速度

在图 1-19 所示的凸轮机构中，若已知各构件的尺寸，设原动件凸轮 1 以角速度 ω_1 作逆时针方向回转，求从动件 2 的移动速度 v_2。该凸轮机构有 3 个瞬心，构件 1、3 直接接触组成转动副，该转动副中心即为瞬心 P_{13}，构件 2、3 组成移动副，其瞬心 P_{23} 在垂直移动轨道的无穷远处。由于凸轮 1 和从动件 2 是高副接触(既有滚动又有滑动)，则 P_{12} 应在过接触点 M 的公法线 $n-n$ 上，再根据三心定理可确定 P_{12} 在 $\overline{P_{13}P_{23}}$ 直线和法线 $n-n$ 的交点处。又因瞬心 P_{12} 应是凸轮 1 和从动件 2 的等速重合点，且构件 2 为移动构件，其上各点速度均相等，故可求得从动件 2 的移动速度

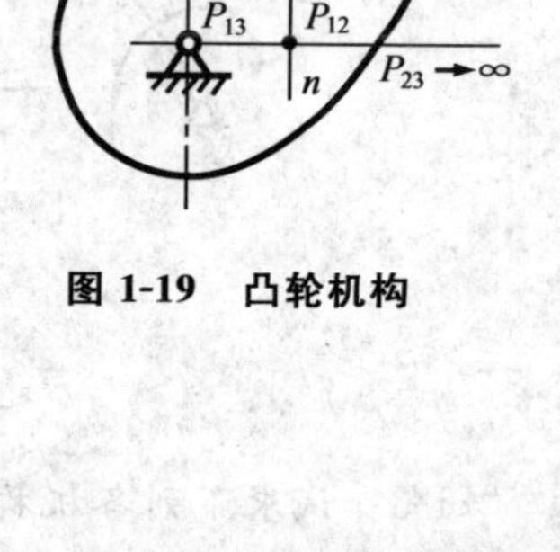

图 1-19 凸轮机构

$$v_2=v_{P_{12}}=\omega_1\ \overline{P_{13}P_{12}}\mu_l$$

由上述分析可见，利用速度瞬心作平面机构的速度分析很方便。但当机构的构件较多时，就显得很繁琐，且无法作加速度分析，另外需要作图求解，故精度较低。避免这些缺点可采用解析法进行机构的运动分析。解析法可参看相关资料。

习题 1

1-1　绘出下列机构的运动简图，并计算其自由度（其中构件 1 为机架）。

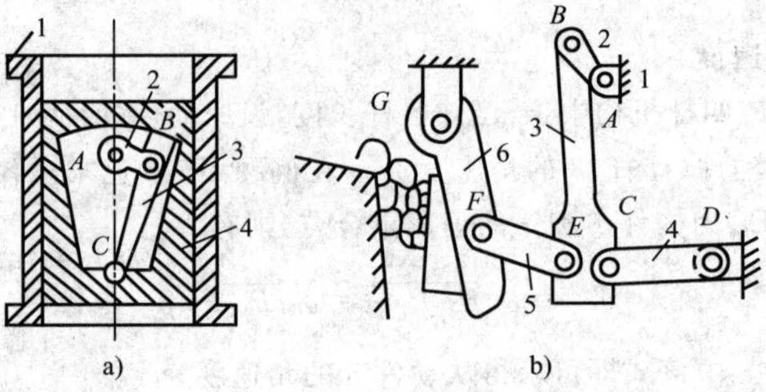

题 1-1 图

1-2　计算下列机构的自由度，并指出存在的复合铰链、局部自由度和虚约束。

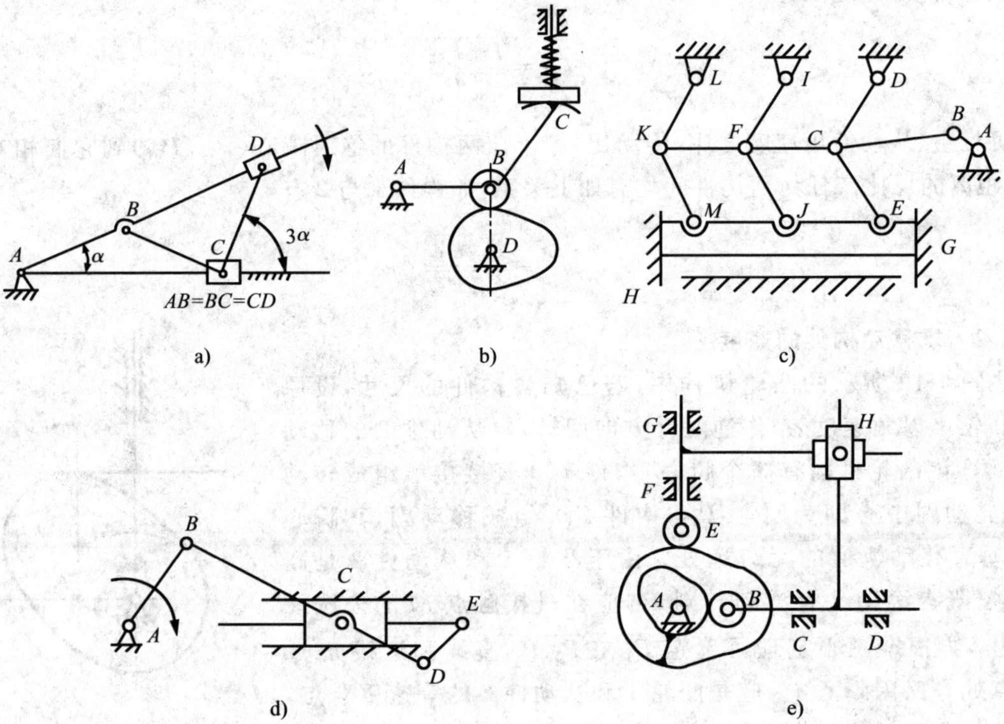

题 1-2 图

1-3　试求下列各机构在图示位置时全部瞬心的位置。

1-4　在图示机构中，设构件 2 以等角速度 $\omega_2=40$ rad/s 逆时针方向转动。试用瞬心法求图示位置构件 4 的速度 v_4（按图示比例尺计算）。

1-5　在图示凸轮机构中，已知 $r=50$ mm，$l_{OA}=22$ mm，$l_{AC}=80$ mm，$\varphi_1=90°$，凸轮 1 以角

速度 $\omega_1=10$ rad/s 逆时针方向转动。试用瞬心法求从动件 2 的角速度 ω_2。

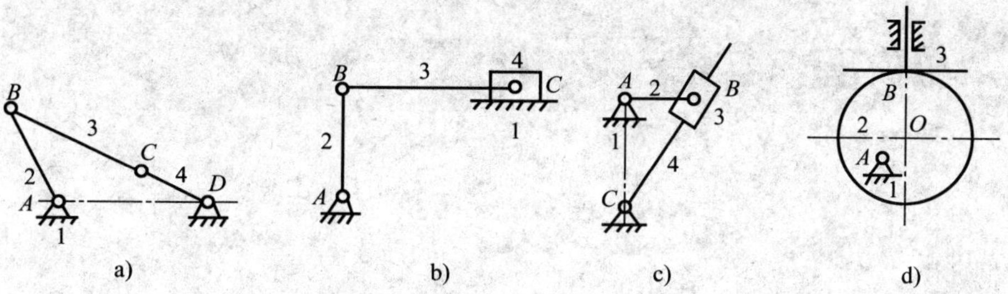

题 1-3 图

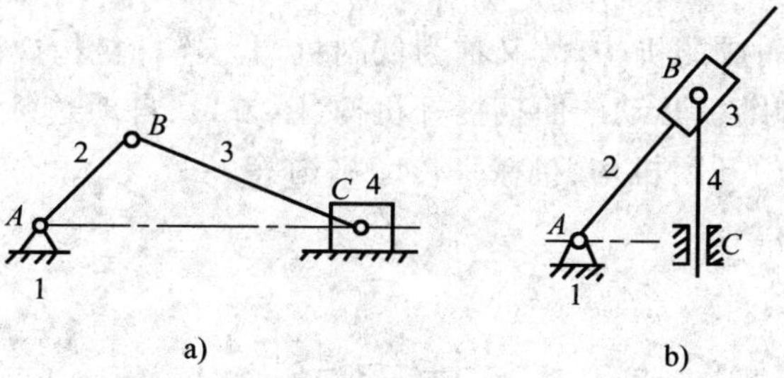

题 1-4 图

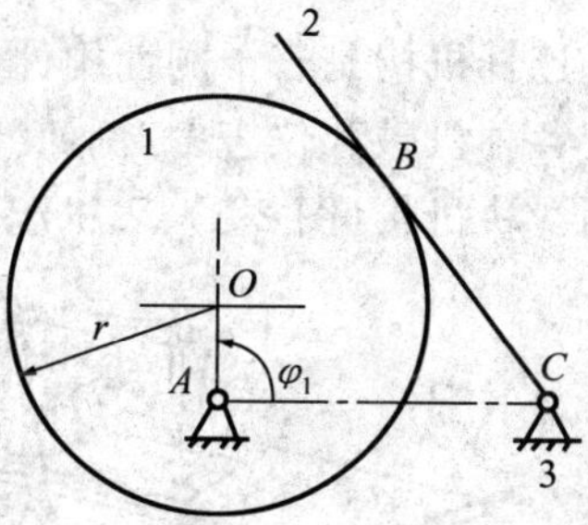

题 1-5 图

2 平面连杆机构

2.1 概述

2.1.1 平面连杆机构

连杆机构是若干刚性构件用低副连接而成的机构，故又称为低副机构。连杆机构广泛地应用于各种机械和仪表中，例如缝纫机中由脚踏板驱动的曲柄摇杆机构（图 2-1）、自动送料机中的曲柄滑块机构（图 2-2）、飞机起落架和汽车门开闭机构、机械手传动机构等。

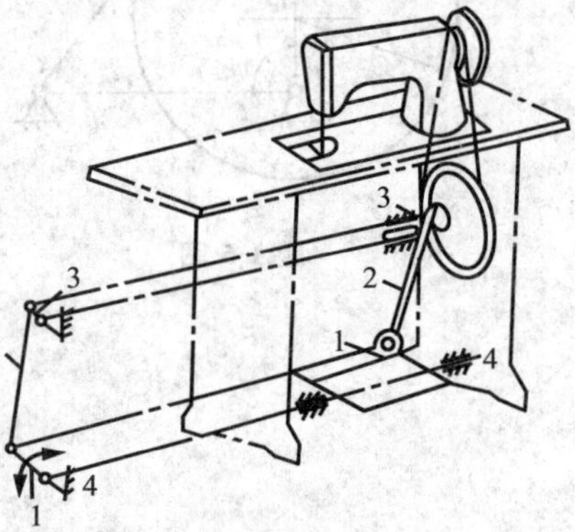

图 2-1 缝纫机脚踏板机构

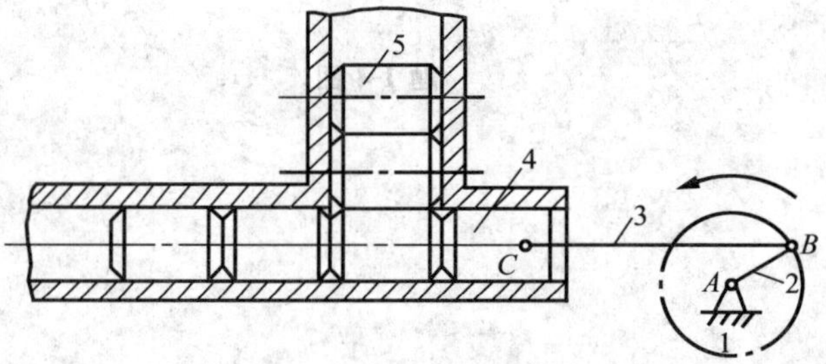

图 2-2 自动送料机构

连杆机构分为平面连杆机构和空间连杆机构两大类，在一般机械中应用最多的是平面连杆机构，故本章仅讨论平面连杆机构。而平面连杆机构中结构最简单、应用最广的是四杆机构，其他多杆机构都是在它的基础上扩充而成的，因此，本章重点讨论平面四杆机构及其设计。

2.1.2 平面连杆机构的特点

连杆机构之所以应用如此广泛，是因为它具有如下显著的优点：①由于两构件之间是面接触，所以单位面积所承受的压力（压强）小，可以承受大载荷，并且便于润滑，故磨损小。②由于两构件接触面是圆柱面或平面，加工制造比较容易，易获得较高的精度。③两构件之间的接触可以靠本身几何封闭来实现。④能较好地实现生产实际中多种运动规律和运动轨迹的要求。此外，连杆机构还可以很方便地用来达到增力、扩大行程和实现远距离传动等目的。但由于连杆机构存在一定的缺点，使得它的应用范围受到一些限制。例如为了满足实际生产的要求，需增加构件和运动副，这样不仅机构复杂，而且积累误差较大，影响其传动精度；又如连杆机构的惯性力不容易平衡而不适合于高速传动（高速时易引起较大的振动和动载荷）；再有连杆机构的设计也较复杂，不易精确地满足各种运动规律和运动轨迹的要求。

2.2 平面四杆机构的基本型式及其应用

平面四杆机构最基本的型式是铰链四杆机构，即由 4 个转动副连接 4 个构件而成的机构，如图 2-3 所示。其他各种各样形态不同的四杆机构均可认为是它的演化型式，因此应先来研究铰链四杆机构。

如图 2-3 所示，在此机构中，固定不动的构件 AD 称为机架，与机架相连接的构件 AB、CD 称作连架杆，连接两连架杆的构件 BC 称作连杆。而两连架杆中能作整周回转运动的称为曲柄，只能在一定范围内作往复摆动的称为摇杆，连杆 BC 则作平面运动。

铰链四杆机构根据其两连架杆的不同运动情况，又可分为以下 3 种类型。

2.2.1 曲柄摇杆机构

在铰链四杆机构中，若两连架杆中之一为曲柄，另一为摇杆，则称为曲柄摇杆机构，其在各种机械中应用广泛。当以曲柄为原动件时，可将曲柄的连续转动转变为摇杆的往复摆动，图 2-4 所示的雷达天线俯仰机构即为一例。若以摇杆为原动件时，可将摇杆的摆动转变为曲柄的整周转动，此种机构在以人力为动力的机械中应用较多，图 2-1 所示的缝纫机踏板机构即为一例。

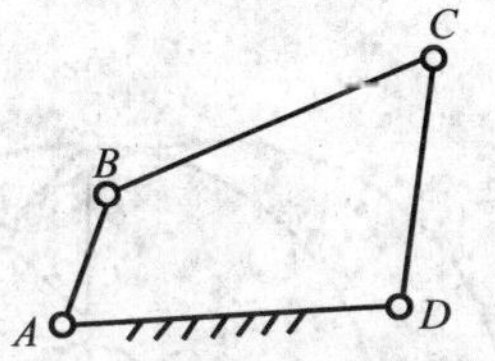

图 2-3 铰链四杆机构

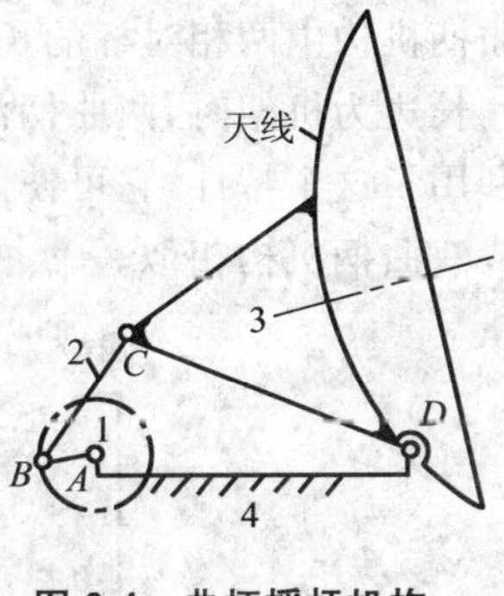

图 2-4 曲柄摇杆机构

2.2.2 双曲柄机构

在铰链四杆机构中，若 2 个连架杆都是相对机架作整周回转的曲柄，则此机构称为双曲柄机构。在一般形式的双曲柄机构中，如图 2-5 所示的惯性筛中，当原动曲柄 AB 等速回转时，从动曲柄 CD 作变速转动，从而使筛体 6 具有较大的加速度，利用加速度所产生的惯性力，使被筛材料达到理想的筛分效果。

在双曲柄机构中，若相对两杆平行且长度相等则称其为平行四边形机构(图 2-6)，它有 2 个显著特性：一是两曲柄以相同速度同向转动；另一是连杆作平动。此两特性在机械工程上均获得广泛应用。如图 2-7a 所示的机车车轮的联动机构就利用了其第 1 个特性；而图 2-7b 所示的摄影平台升降机构则是利用了其第 2 个特性。

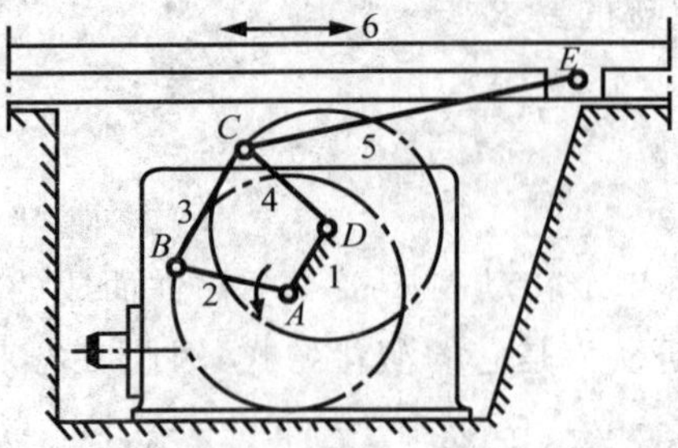

图 2-5 双曲柄机构

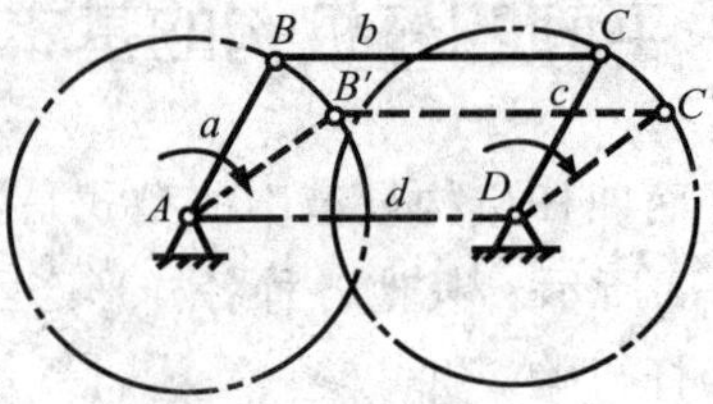

图 2-6 平行四边形机构

图 2-7 平行四边形机构应用实例

如双曲柄机构中两相对杆的长度分别相等但不平行，则称其为逆平行（或反平行）四边形机构。当以其长边为机架时，两曲柄沿相反的方向转动，如图 2-8a 所示。如图 2-8b 所示的车门开闭机构就利用了这个特性，它可使两扇车门同时敞开或关闭。当以其短边为机架时（图 2-9），其性能和一般双曲柄机构相似。

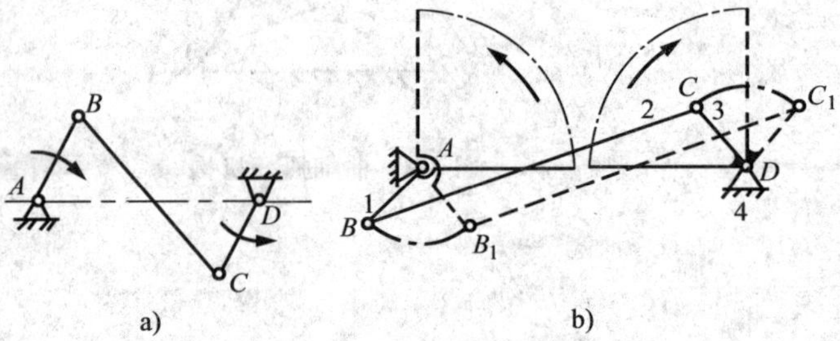

图 2-8 逆平行四边形机构(1)

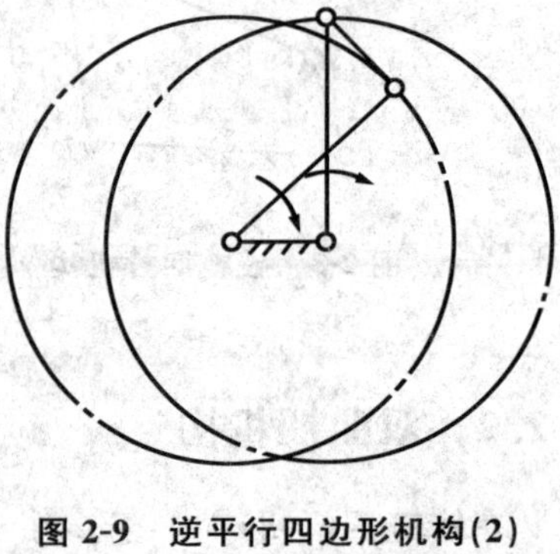

图 2-9 逆平行四边形机构(2)

2.2.3 双摇杆机构

当铰链四杆机构中的两连架杆都是摇杆时，称为双摇杆机构。如图 2-10 所示鹤式起重机的双摇杆机构 $ABCD$，它可使悬挂的重物作近似水平直线移动，避免不必要的升降而消耗能量。在双摇杆机构中，若两摇杆的长度相等，则称为等腰梯形机构，如图 2-11 中的汽车前轮转向机构。

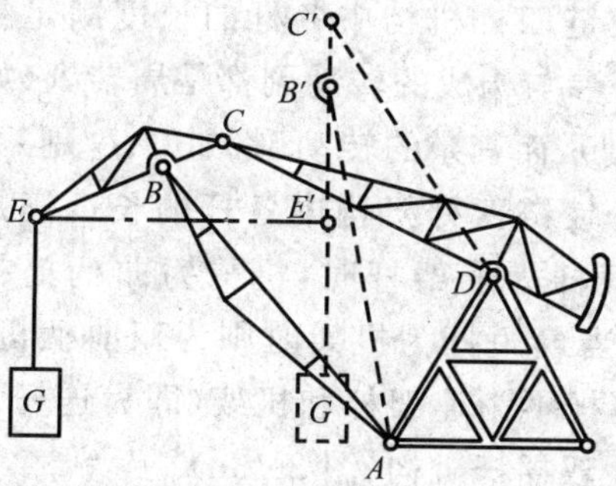

图 2-10 双摇杆机构

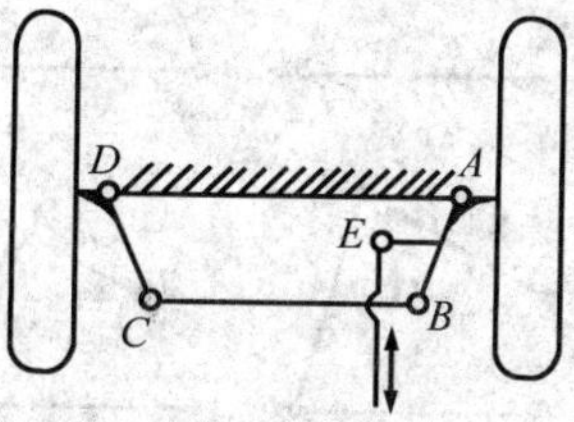

图 2-11 等腰梯形机构

2.3 铰链四杆机构中存在曲柄的条件

2.3.1 铰链四杆机构中存在曲柄的条件

前面介绍了铰链四杆机构的 3 种类型：曲柄摇杆机构、双曲柄机构和双摇杆机构。它们的区别就在于其是否存在曲柄及存在几个曲柄，下面就来分析铰链四杆机构中存在曲柄的条件。

在图 2-12 所示的铰链四杆机构中，设构件 1，2，3，4 的长度分别为 a,b,c,d，若构件 1 为曲柄，它必能绕铰链 A 相对机架作整周转动，这就必须使铰链 B 能转过 B_2 点(距离 D 点最远)和 B_1 点(距离 D 点最近)2 个特殊位置，此时，杆 1 和杆 4 共线。

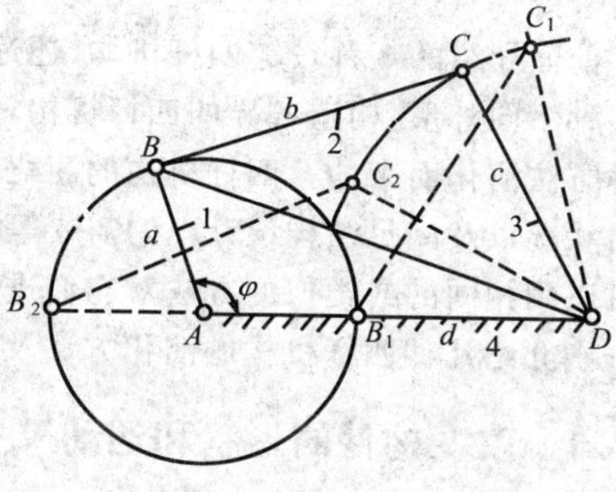

图 2-12 铰链四杆机构存在曲柄的条件分析

由$\triangle B_2C_2D$ 和$\triangle B_1C_1D$ 的边长关系可得

$$a+d\leqslant b+c \tag{2-1}$$

$$b\leqslant(d-a)+c \quad 即 \quad a+b\leqslant d+c \tag{2-2}$$

$$c\leqslant(d-a)+b \quad 即 \quad a+c\leqslant d+b \tag{2-3}$$

将式(2-1)、式(2-2)和式(2-3)分别两两相加，则又得

$$a\leqslant b,a\leqslant c,a\leqslant d \tag{2-4}$$

即 AB 杆为最短杆，也就是组成能作整周转动的铰链 A 的两杆中必有一杆为最短杆。

综合分析式(2-1)至式(2-4)及图 2-12，可得出铰链四杆机构存在曲柄的条件：

1)最短杆和最长杆长度之和小于或等于其余两杆长度之和(此即杆长条件)；

2)最短杆是连架杆或机架。

2.3.2 铰链四杆机构几种形式的相互转化

机构中能作整周转动的转动副称为周转副，只能作来回摆动的转动副称为摆转副。上述分

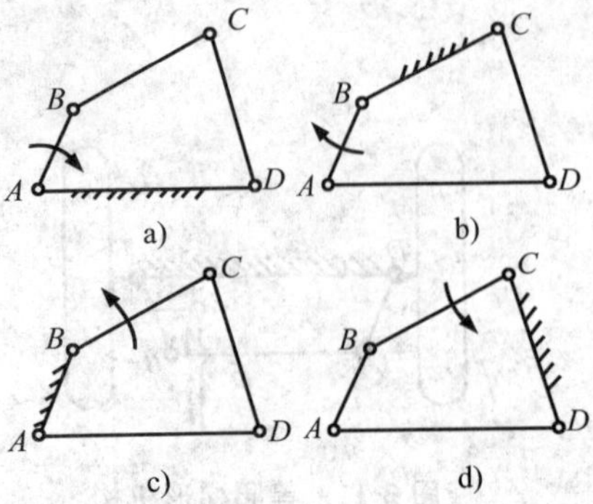

图 2-13　选不同构件为机架时的机构形式

析还表明：当铰链四杆机构中各杆的长度满足杆长条件时，有最短杆参与构成的转动副都是周转副（如图 2-13 中的 A、B 副），而其余的转动副（如 C、D 副）则是摆转副。于是，若铰链四杆机构中各杆的长度满足杆长条件，则当最短杆为连架杆时，机构为曲柄摇杆机构（图 2-13a、b）；当最短杆为机架时则为双曲柄机构（图 2-13c）；当最短杆不为连架杆和机架（即为连杆）时，无曲柄存在，则为双摇杆机构（图 2-13d）。

上述 3 种情况也可看作为铰链四杆机构在各杆长度不变的情况下，选用不同的构件作机架，可以得到不同的机构。但当铰链四杆机构各杆的长度不满足杆长条件时，则机构中无曲柄存在，此时，不论选哪一个构件作机架，均为双摇杆机构。

2.4　平面四杆机构的演化

前面介绍的 3 种铰链四杆机构，还远远满足不了实际工作的需要。在实际应用中，常常采用多种不同外形、构造各异的四杆机构，这些类型的四杆机构可以看作是由铰链四杆机构通过各种方法演化而来的。四杆机构的演化，不仅是为了满足运动方面的要求，还往往是为了改善受力状况以及满足结构设计上的需要等。认识了各种四杆机构与铰链四杆机构的内在联系后，就可以用相同的或类似的方法对它们进行分析和设计，这就为连杆机构的研究提供了方便。下面分别介绍几种四杆机构的演化方法及演化后的变异机构。

2.4.1　改变构件的形状和运动尺寸

在图 2-14a 所示的曲柄摇杆机构中，当曲柄 1 绕轴 A 回转时，铰链 C 将沿圆弧 $\beta-\beta$ 往复运动。现如图 2-14b 所示，设将摇杆 3 做成弧形滑块形状，使其沿圆弧导轨 $\beta-\beta$ 往复滑动，显然机构的运动性质并未发生改变，但此时铰链四杆机构已演化为具有曲线导轨的曲柄滑块机构了。

又若将图 2-14a 中摇杆 3 的长度增至无穷大，则图 2-14b 中的曲线导轨将变成直线导轨，于是铰链四杆机构就演化成为常见的具有一个移动副的曲柄滑块机构，如图 2-14c 所示。图 2-14c 为具有偏距 e 的偏置曲柄滑块机构，图 2-14d 则为无偏距的对心曲柄滑块机构。曲柄滑块机构在冲床、内燃机、空压机等机械中得到广泛应用。

用同样的方法，图 2-14d 所示的曲柄滑块机构还可进一步演化为图 2-14f 所示的具有 2 个移动副的双滑块四杆机构，演化过程如图 2-14e 所示。在图 2-14f 所示的机构中，从动件 3 的位移与原动件 1 的转角 φ 的正弦成正比（$s=l_{AB}\sin\varphi$），故称为正弦机构。它多用于仪表和解算装置等。

由上所述可知，移动副可认为是由回转中心在无穷远处的转动副演化而来。

2.4.2　选用不同的构件为机架

前面介绍了铰链四杆机构通过选用不同的构件为机架，而得到了不同类型的机构。同理，

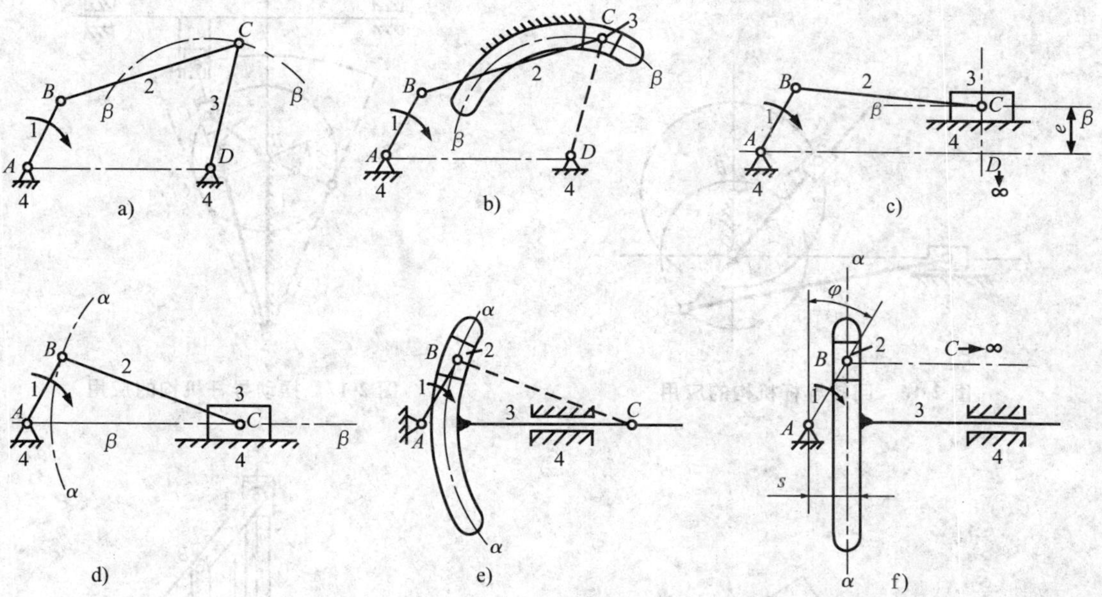

图 2-14 铰链四杆机构中转动副演化为移动副的过程

具有移动副的四杆机构，也可通过用相同的方法来得到不同类型的机构。

在图 2-15a 所示的曲柄滑块机构中，若改选构件 AB 为机架（图 2-15b），此时构件 4 绕轴 A 转动，而构件 3 则以构件 4 为导轨沿其相对移动，构件 4 称为导杆，该机构称为导杆机构。

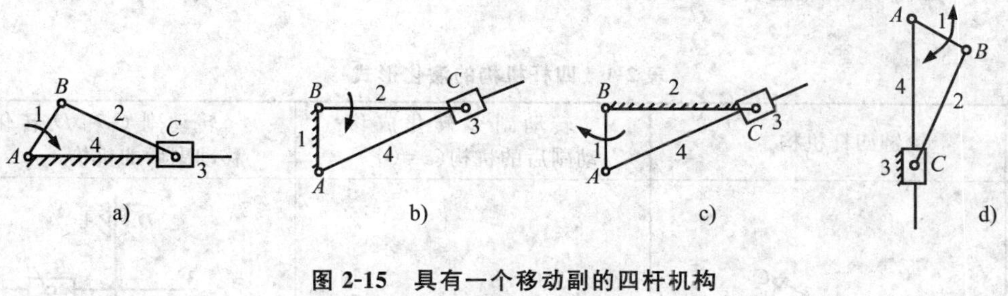

图 2-15 具有一个移动副的四杆机构

在导杆机构中，如果导杆能作整周转动，则称为回转导杆机构。图 2-16 所示的小型刨床中的 ABC 部分即为回转导杆机构。如果导杆仅能在某一角度范围内摆动，则称为摆动导杆机构。图 2-17 所示牛头刨床的导杆机构 ABC 即为一例。

如果在图 2-15a 所示的曲柄滑块机构中，改选构件 BC 为机架（图 2-15c），则演化成为曲柄摇块机构。其中构件 3 仅能绕点 C 摇摆。图 2-18 所示的自卸卡车车厢的举升机构 ABC 即为一例，其中摇块 3 为油缸，用压力油推动活塞使车厢翻转。

若在图 2-15a 所示的曲柄滑块机构中改选滑块 3 为机架（图 2-15d），则演化成为移动导杆机构。图 2-19 所示的手摇唧筒即为一应用实例。

具有 2 个移动副的双滑块四杆机构（图 2-14f），也可用上述方法演化成不同类型的四杆机构，这里不再赘述。为便于对照，现将以上介绍的演化机构归纳于表 2-1 中。

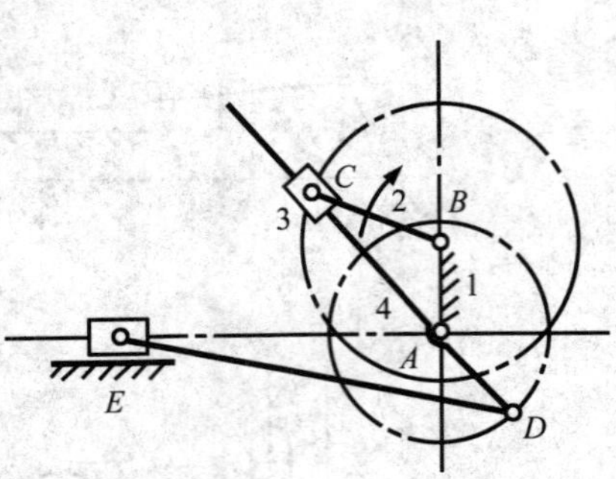

图 2-16 回转导杆机构的应用

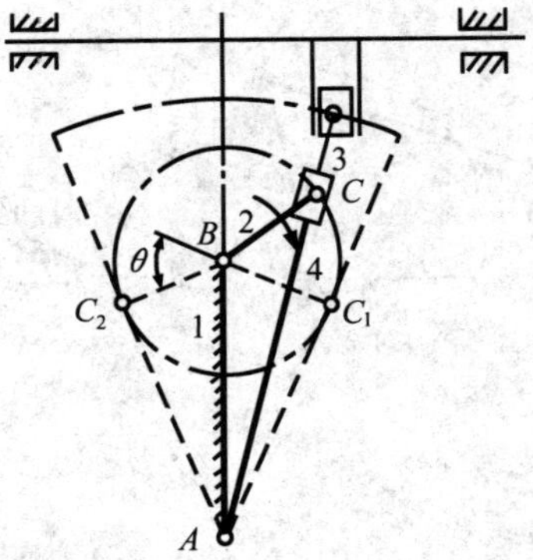

图 2-17 摆动导杆机构的应用

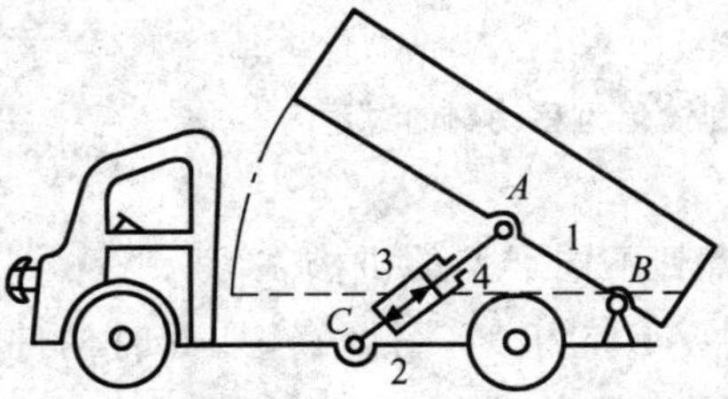

图 2-18 曲柄摇块机构的应用

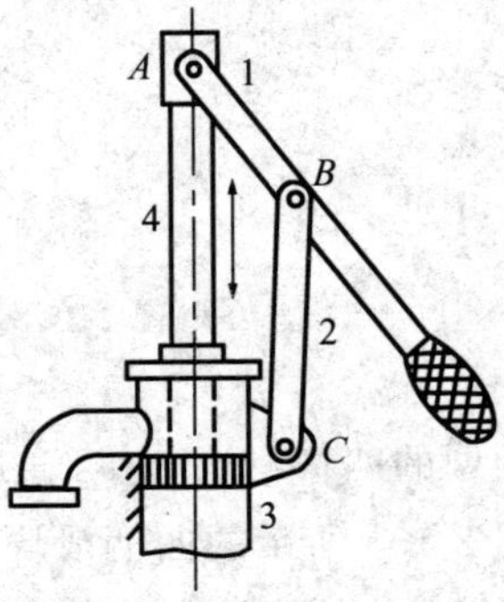

图 2-19 移动导杆机构的应用

表 2-1 四杆机构的演化形式

项目		铰链四杆机构	转动副 D 转化成移动副后的机构($e=0$)	转动副 C 和 D 转化成移动副后的机构
构件4为机架	示意图	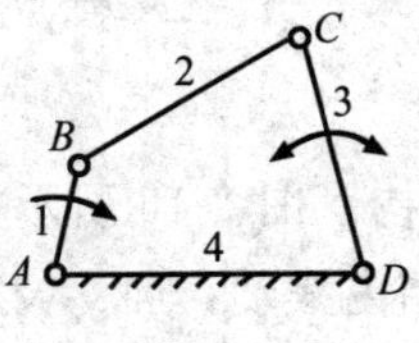 曲柄摇杆	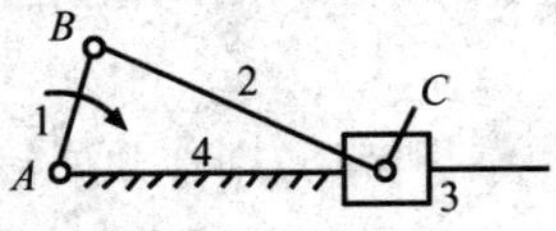 曲柄滑块	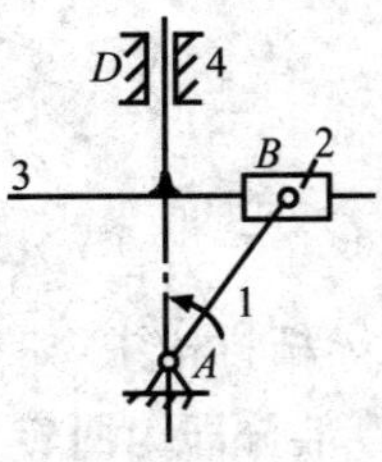 正弦
	用途	搅拌机、颚式碎矿机等	冲床、内燃机、空气压缩机等	仪表、解算装置、织布机构、印刷机械等
构件1为机架	示意图	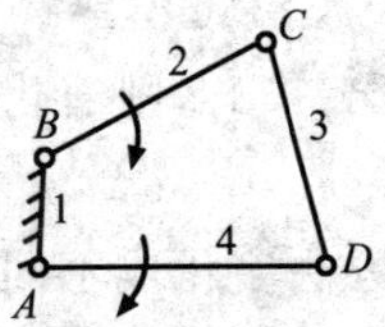 双曲柄	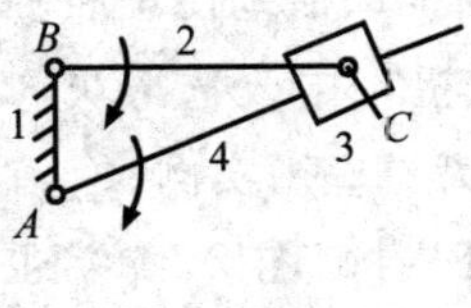 转动导杆	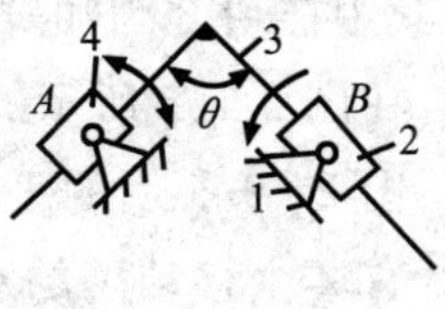 双转块

续表 2-1

项目		铰链四杆机构	转动副 D 转化成移动副后的机构($e=0$)	转动副 C 和 D 转化成移动副后的机构
	用途	插床、惯性筛、平行双曲柄机构用于机车车轮联动机构,反向双曲柄机构用于车门开关机构等	回转式油泵、小型刨床、插床等	十字滑块联轴节等
构件2为机架	示意图	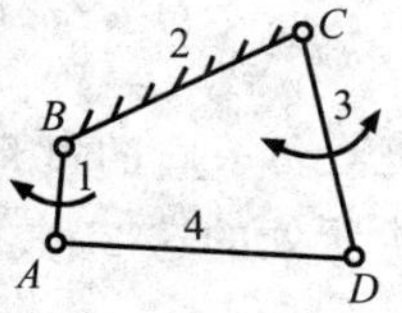 曲柄摇杆	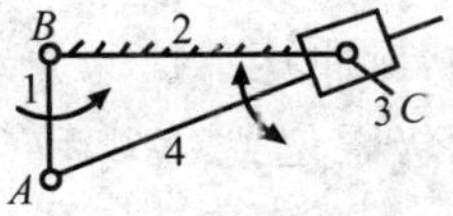 曲柄摇块	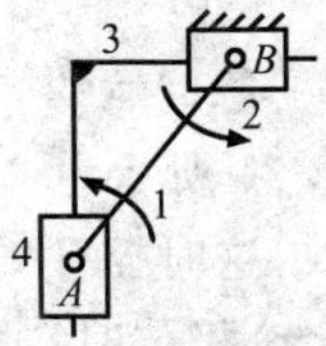 曲柄移动导杆
	用途	同前面曲柄摇杆机构	摆缸式原动机,液压驱动装置,气动装置、插齿机主传动等	仪表、解算装置等
构件3为机架	示意图	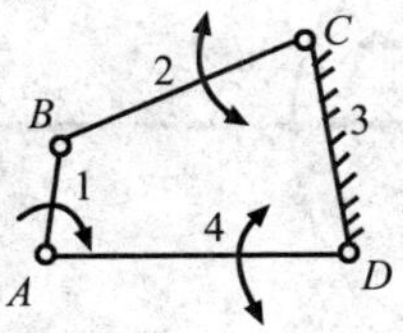 双摇杆	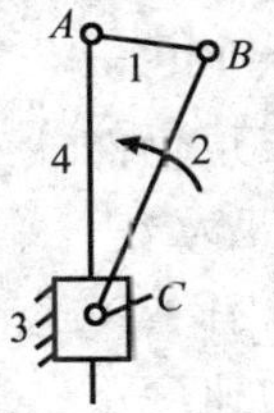 移动导杆	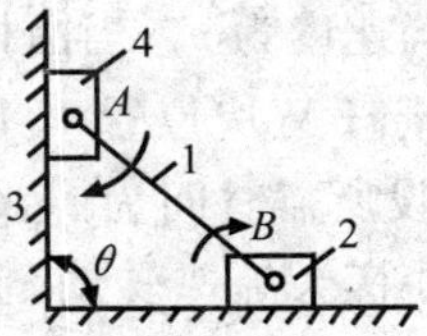 双滑块
	用途	鹤式起重机、飞机起落架及汽车、拖拉机上操纵前轮转向等	手摇唧筒、双作用式水泵等	椭圆仪等

2.4.3 改变运动副的尺寸

在图 2-20a 所示的曲柄滑块机构中,当曲柄 AB 的尺寸较小,而又要承受较大的载荷时,由于结构的需要,常将曲柄制作为如图 2-20b 所示的偏心盘,其回转中心至几何中心的偏心距等于曲柄的长度,这种机构称为偏心轮机构,其运动特性与曲柄滑块机构完全相同。偏心轮机构可认为是将曲柄滑块机构中的转动副 B 的半径扩大,使之超过曲柄长度演化而成。偏心轮机构在锻压设备和柱塞泵等中应用较广。

由上述可见,四杆机构的型式虽然多种多样,但根据演化的概念,可为归类研究这些四杆机构提供方便;反之,也可根据演化的概念,设计出型式各异的四杆机构。

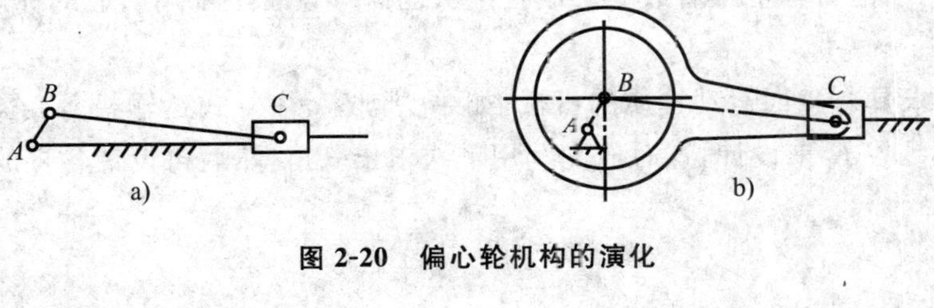

图 2-20 偏心轮机构的演化

2.5 平面四杆机构的几个基本特性

平面四杆机构的某些特性关系到其运动或传力情况，在分析和设计平面四杆机构时，常常要考虑这些特性。

2.5.1 急回特性与行程速比系数

2.5.1.1 急回运动

图 2-21 所示为一曲柄摇杆机构，设曲柄 AB 为原动件，在其转动一周的过程中，有 2 次与连杆共线，这时摇杆 CD 分别处于两极限位置 C_1D 和 C_2D。机构所处的这 2 个位置称为极位。机构在 2 个极位时，原动件 AB 所在 2 个位置之间所夹的锐角 θ 称为极位夹角。

如图 2-21 所示，当曲柄以等角速度 ω_1 逆时针转过 $\varphi_1=180°+\theta$ 时，摇杆将由位置 C_1D 摆到 C_2D，其摆角为 ψ，设所需时间为 t_1，C 点的平均速度为 v_1；当曲柄继续转过 $\varphi_2=180°-\theta$ 时，摇杆又从位置 C_2D 回到 C_1D，摆角仍然是 ψ，设所需时间为 t_2，C 点的平均速度为 v_2。由于曲柄为等速转动，而 $\varphi_1>\varphi_2$，所以有 $t_1>t_2$，则 $v_2>v_1$。摇杆在反正行程中平均速度不同，这种运动称为急回运动，或称摇杆具有急回特性。

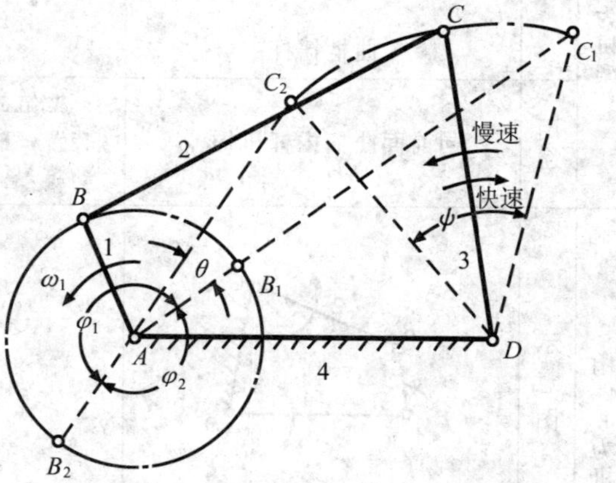

图 2-21 四杆机构的极位

2.5.1.2 行程速比系数

为了表明急回运动的急回程度，可用反正行程速比系数（简称行程速比系数或行程速度变化系数）K 来衡量，即

$$K=\frac{v_2}{v_1}=\frac{\widehat{C_1C_2}/t_2}{\widehat{C_1C_2}/t_1}=\frac{t_1}{t_2}=\frac{\varphi_1}{\varphi_2}=\frac{180°+\theta}{180°-\theta} \tag{2-5}$$

式(2-5)表明，当机构存在极位夹角 θ 时，机构便具有急回运动特性。θ 角越大，K 值越大，机构的急回运动性质也越显著。用同样方法进行分析，可以看出偏置曲柄滑块机构和导杆机构均有急回运动特性，见图 2-22。

机构的这种急回作用，在机械中常被用来节省空回行程的时间，以提高劳动生产率。例如在牛头刨床中采用摆动导杆机构就有这种目的。但要注意，急回运动有方向性，当原动件的回转方向改变时，急回的行程也跟着改变。故在牛头刨床等设备上都用明显的标志标出了原动件的正确回转方向。

对于一些要求具有急回运动性质的机械，如牛头刨床、往复式运输机等，在设计时，要根据所需的行程速比系数 K 来设计，这时应先利用下式求出 θ 角，然后再设计各杆的尺寸。

$$\theta=180°\,\frac{K-1}{K+1} \tag{2-6}$$

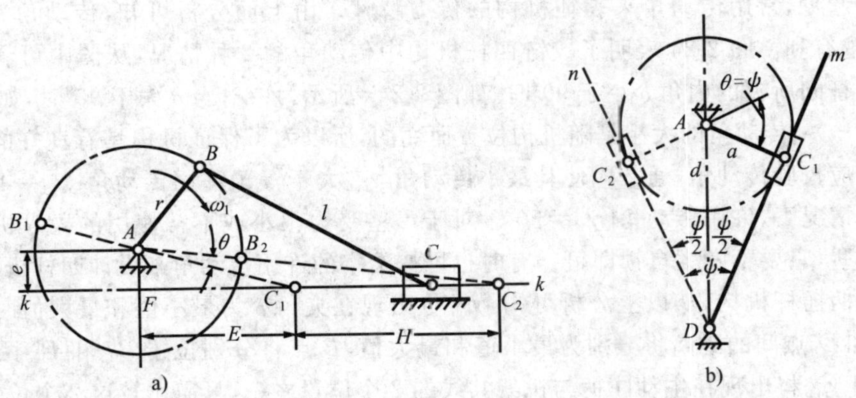

图 2-22 偏置曲柄滑块机构和导杆机构

2.5.2 压力角和传动角

实际使用的连杆机构，不仅要保证实现预期的运动，而且要求传动时具有轻便省力、效率高等良好的传力性能。机构的传力特性通常用其压力角和传动角来表征。

2.5.2.1 压力角

机构从动件受力方向和受力点速度方向间所夹的锐角 α 称为机构的压力角。

在图 2-23 所示的铰链四杆机构中，如不计运动副中摩擦和构件质量，则原动件 AB 通过连杆 BC 作用到从动件 CD 上的力 F 将沿 BC 方向，该力的作用线与力作用点 C 点绝对速度 v_C 所夹的锐角 α 即为压力角。该力可分解为沿着速度方向驱动从动件的有效分力 $F_t=F\cos\alpha$ 和沿杆 CD 方向的分力 $F_n=F\sin\alpha$。可看出分力 F_n 将会使转动副 C、D 的反力增加，因此压力角 α 越小对机构传动越有利。

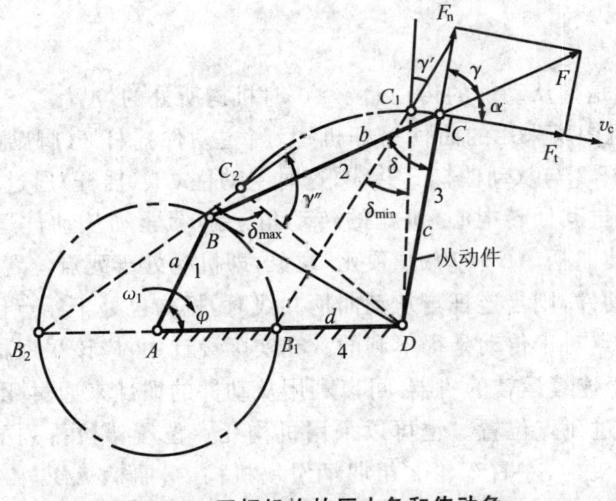

图 2-23 四杆机构的压力角和传动角

2.5.2.2 传动角

压力角的余角 γ 定义为传动角，见图 2-23。

为方便起见，常用传动角来表征机构的传力特性。由上面分析可知，传动角 γ 越大（α 越小）对传动越有利。图 2-24 表明了铰链四杆机构中传动角的 2 种情况，从图中可看出，当连杆和从动连架杆间所夹的内角 δ 小于 90°时，如图 2-24a 所示，$\gamma=\delta$；当 δ 大于 90°时，如图 2-24b 所示，$\gamma=180°-\delta$。传动角的大小是随机构位置而变的，所以为了保证机构具有良好的传动性能，设计机构时应校验传动角，通常应使其最小传动角 γ_{min} 大于等于许用传动角$[\gamma]=40°$。在传递力矩较大的情况下，许用传动角$[\gamma]=50°$。对于一些受力很小或不常使用的操纵机构，则可允许传动角小些，只要不发生自锁即可。有时也可按给定的许用传动角来设计四杆机构。

对于曲柄摇杆机构，从以上分析可知，γ_{min} 将出现在夹角 δ 为最小值和最大值时，在这 2 个位置时，B 和 D 点间的距离将分别为最小值和最大值，B 点将分别位于 B_1 和 B_2 两点，如图 2-23 所示。即 γ_{min} 将出现在主动曲柄与机架共线的 2 个位置之一，只需比较这 2 个位置的传动角 γ' 和 γ''，即可找出 γ_{min}。γ_{min} 的大小可在主动曲柄与机架共线时机构的 2 个位置图（按比例作）上直接量取 γ' 和 γ''，比较后求出，或者按图 2-23 所示的几何关系计算求出。

根据四杆机构演化的概念可知，曲柄滑块机构最小传动角的位置应在主动曲柄与滑块轨道相垂直的 2 个位置之一，如图 2-25 所示。

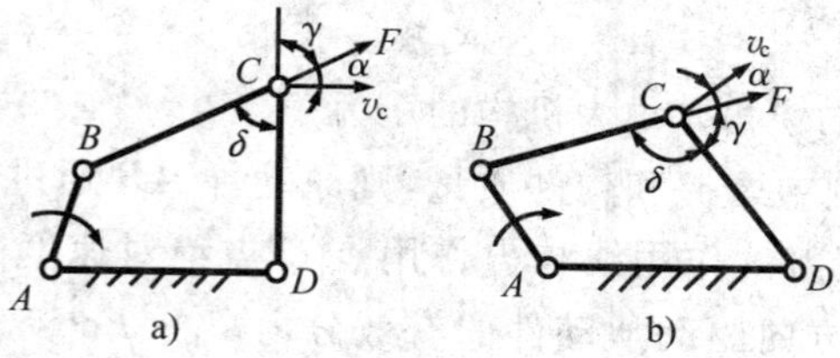

图 2-24　传动角的 2 种情况

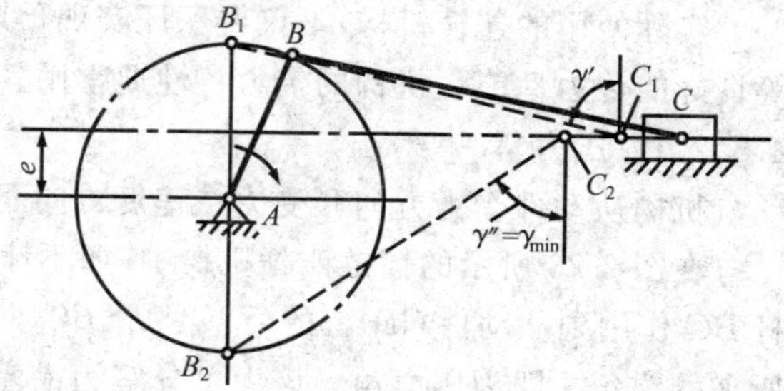

图 2-25　曲柄滑块机构最小传动角的位置

2.5.3　死点位置

机构的死点位置是指从动件的传动角 $\gamma=0°$时机构所处的位置。

图 2-26 为缝纫机中所采用的曲柄摇杆机构，当主动件摇杆 1（脚踏板）位于 2 个极限位置（DC_1 和 DC_2）时，连杆 2 与从动曲柄 3 共线，这时主动件 CD（摇杆）通过连杆作用于从动件 AB（曲柄）上的力恰好通过其回转中心，机构的传动角 $\gamma=0°$，驱动从动件运动的有效回转力矩为零，所以出现了不能使曲柄 AB 转动的“顶死”现象，即机构处于死点位置。同样，对于曲柄滑块机构，若以滑块为主动件，则当连杆与从动曲柄共线时，机构也处于死点位置。

可见机构出现死点对于传动是很不利的。在实际设计中，应该采取措施使其能顺利地通过死点位置。例如，对于连续运转的机器，可以利用从动件的惯性来通过死点位置，如缝纫机借助于大带轮的惯性来通过死点位置。也可以采用机构死点位置错位排列的办法，如图 2-27 所示的蒸汽机车车轮联动机构，左右车轮 2 组曲柄滑块机构中，曲柄 AB 与 $A'B'$ 位置错开 90°。双摇杆机构也有死点位置，在实际设计中常采取限制摇杆的摆动角度来避免死点位置。

机构在死点位置时本不能运动，但如因冲击、振动等原因使其离开死点位置而继续运动时，这时从动件的运动方向是不确定的，既可能正转也可能反转，故机构的死点位置也是机构运动的转折点。

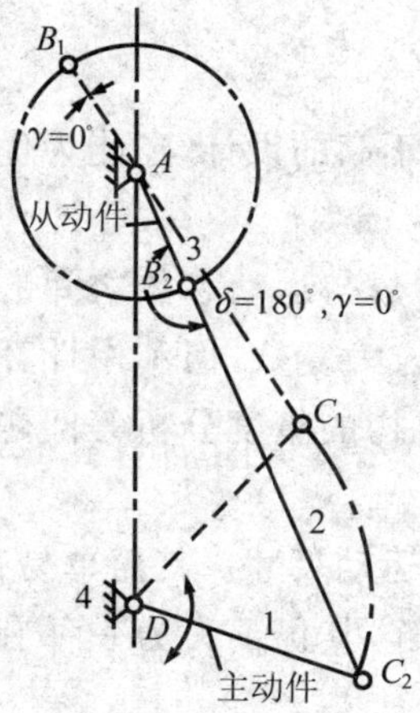

图 2-26 机构的死点位置

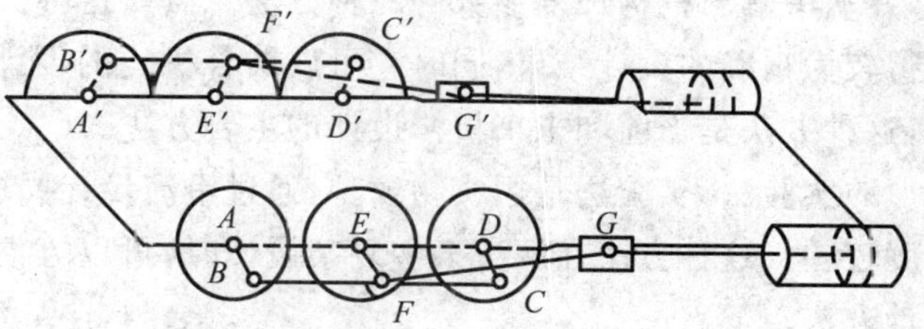

图 2-27 机车车轮联动机构

机构中死点位置并非总是起消极作用。在工程实际中，也常利用死点位置来实现一定的工作要求。例如飞机的起落架机构(图 2-28)，在机轮放下时机构处于死点位置，当机轮承受大的冲力时，起落架不会反转(折回)，从而使飞机起落和停放更加可靠。又如钻床夹具(图 2-29)也是利用死点位置来夹紧工件，以保证钻削时工件不松脱。

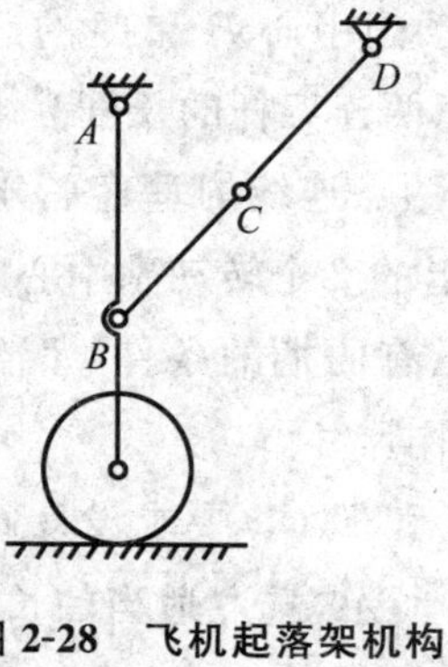

图 2-28 飞机起落架机构

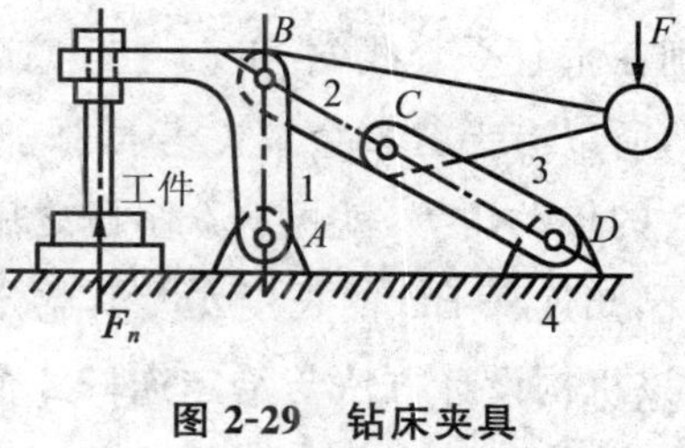

图 2-29 钻床夹具

2.6 平面连杆机构的设计

平面连杆机构设计的基本问题是：根据机构工作要求所提出的设计条件(如运动条件、几何条件、动力条件等)选定平面连杆机构的类型，并确定出所选平面连杆机构各构件的尺寸。

平面连杆机构的设计可以归纳为以下 3 类问题：

1)要求实现连杆的给定位置。即要求在机构运动过程中，连杆能占据一系列的预定位置。

2)要求实现连架杆的给定运动规律。如要求两连架杆的转角能够满足预定的对应位置关系，或要求在原动件运动规律一定的条件下，从动件能够准确地或近似地满足预定的运动规律要求。

3)要求实现给定的轨迹。即要求在机构运动过程中，连杆上某些点的轨迹能符合预定的轨迹要求。如图 2-10 所示的鹤式起重机机构，为避免货物作不必要的上、下起伏运动，连杆上吊

钩滑轮的中心点 E 应沿水平直线 EE' 移动。

平面连杆机构设计的方法主要有：

1)图解法：图解法形象直观、易懂，但精度较差，可满足精度要求不高的设计，还能为优化设计求解提供必要的计算初值。

2)解析法：解析法是根据给定的运动参数，建立起机构各尺度参数与运动参数之间的关系式，并从中解出机构尺度参数的一种方法。虽然这种方法求解过程较为复杂，但利用计算机可获得较为精确的设计结果，同时它可以结合机构的设计过程，解决机构的精度分析等问题。因此，这种方法是当前和未来机构设计的主要方法。

3)实验法：实验法是用实物模型，通过重演设计要求来确定机构运动尺寸。其简单易行，但精度较差。这种方法在解决某些复杂设计时，可以方便地得出近似解，其仍不失为一种有用的设计方法。

以上方法各有特点，设计时应根据具体情况来选择使用哪种方法。下面介绍平面连杆机构的几种常见设计问题及其常用的设计方法。

2.6.1　按给定连杆的长度和位置设计四杆机构

设已知连杆 BC 的长度为 b，给定的 2 个位置为 B_1C_1 和 B_2C_2，如图 2-30 所示，要求设计一铰链四杆机构。解决这类问题常用图解法，现介绍如下。

铰链四杆机构中连杆的运动虽然比较复杂，但连杆上两转动副中心 B 和 C 的运动却比较简单，它们分别沿以机架上两固定铰链中心 A 和 D 为圆心，而以两连架杆的长度为半径的圆弧运动。据此，分别作 B_1、B_2 两点连线的垂直平分线 b_{12} 和 C_1、C_2 两点连线的垂直平分线 c_{12}。显然，分别在垂直平分线 b_{12} 和 c_{12} 上任意各取一点，都可作为机架上的 2 个转动副中心 A 和 D，如图所示，所以有无穷多个解。若再添加某些附加条件，例如满足有曲柄的条件、紧凑的机构尺寸、较大的传动角等，就可从众多解之中选取满足附加条件的机构尺寸。

若已知连杆 BC 的长度 b 及其给定的 3 个位置 B_1C_1、B_2C_2 和 B_3C_3，要求设计此铰链四杆机构。该机构设计方法与给定连杆 2 个位置时相同。如图 2-31 所示，选取适当的长度比例尺，画出连杆的 3 个给定位置。然后分别作出 B_1、B_2 两点和 B_2、B_3 两点连线的垂直平分线 b_{12} 和

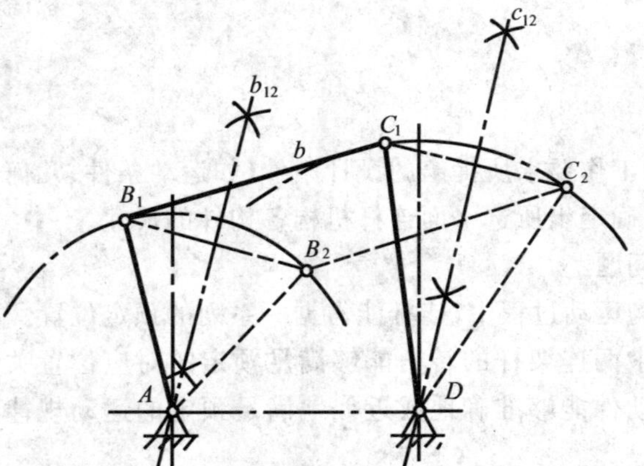

图 2-30　按给定连杆的 2 个位置设计四杆机构

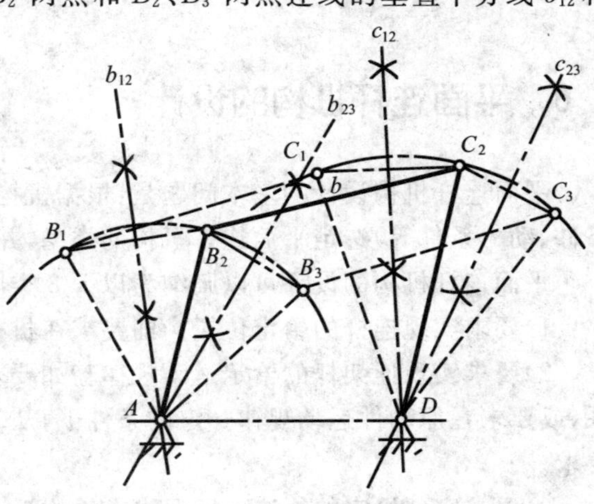

图 2-31　按给定连杆的 3 个位置设计四杆机构

b_{23}；再作 C_1、C_2 两点和 C_2、C_3 两点连线的垂直平分线 c_{12} 和 c_{23}，则垂直平分线 b_{12} 与 b_{23} 的交点 A 以及 c_{12} 与 c_{23} 的交点 D，即为所要求的机架上 2 个转动副的中心，从而得到图示的铰链四杆机构 AB_2C_2D，将由图量得的长度乘以比例尺，即可得到所求各杆的长度。

由上可知，当已知连杆长度及其 3 个位置时，所求得的四杆机构是唯一解。如果要求满足某些附加条件，则可按这些条件进行检验。当不能满足时，可根据实际设计情况改变连杆长度或改变某些不必须满足的位置，使其满足必须的附加条件。

例题 2-1 图 2-32a 所示为热处理加热炉的炉门启闭机构。如要求炉门能处于关闭位置Ⅰ和开启位置Ⅱ，见图 2-32b，设炉门 2 的尺寸及其上的转动副中心 B 和 C 的位置已选定，试设计此四杆机构。

解：此设计问题是：已知连杆 BC 的长度及其 2 个位置 B_1C_1 和 B_2C_2，要求设计铰链四杆机构的问题。其设计步骤如下：

1）取长度比例尺 μ_l 计算出连杆的图示长度 BC，按炉门处于关闭和开启 2 个位置Ⅰ和Ⅱ作出连杆的 2 个给定位置 B_1C_1 和 B_2C_2，如图 2-32b 所示。

2）分别作点 B_1、B_2 和 C_1、C_2 连线的垂直平分线 b_{12} 和 c_{12}。则机架上 2 个转动副中心 A 和 D 应分别在垂直平分线 b_{12} 和 c_{12} 上选取，故有无穷多个解。

在选择转动副中心 A 和 D 时，应考虑一些附加条件，例如：应使所选的固定转轴 A 和 D 能便于安装在炉体上，且有较紧凑的机构尺寸，如选在图 2-32b 所示的位置；还须检验是否满足最小传动角 $\gamma_{min} \geqslant [\gamma]$ 等。如不满足必须的附加条件，则应重选点 A 和 D，甚至重选点 B 和 C 再进行设计，直到满足要求为止。

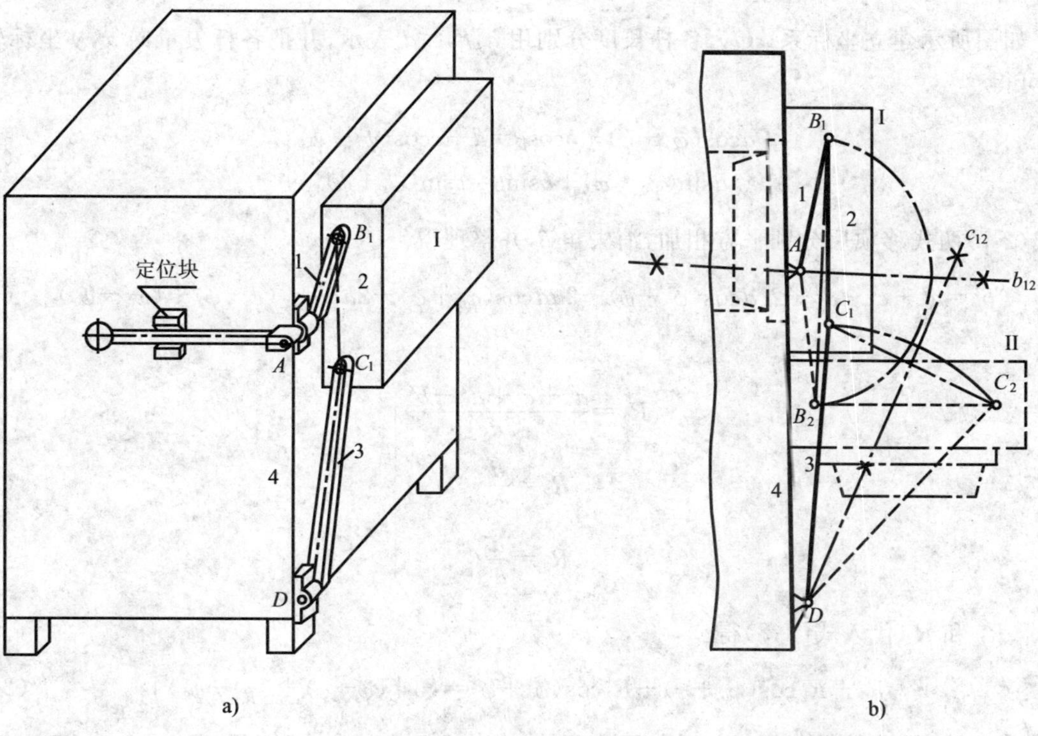

图 2-32 例题 2-1 图

2.6.2 按给定两连架杆的对应位置设计四杆机构

如图 2-33 所示为车床进给箱中用于操纵滑移齿轮块的机构，拨叉 4 与摇杆 3 固连在一起。如要求滑动齿轮 6 可以在轴上移动到给定的 2 个或 3 个位置，以便与从动轴上不同的齿轮啮合，从而满足从动轴有不同转速的要求。以上要求即为给定了摇杆 CD 的 2 个或 3 个位置，而从结构和操纵方便上考虑，同时也规定了手柄 AB 相应的 2 个或 3 个位置。那么，这个操纵机构的设计便属于按给定两连架杆的 2 组或 3 组对应位置设计四杆机构的问题。这类问题在一些机械和仪表中经常遇到。解决这类问题常用解析法，其容易理解，也较为方便，现介绍如下。

如图 2-34 所示，设要求从动连架杆与主动连架杆的转角之间满足一系列的对应位置关系，即 $\psi_i = f(\varphi_i)$，$i=1,2,\cdots,n$，试设计此四杆机构。

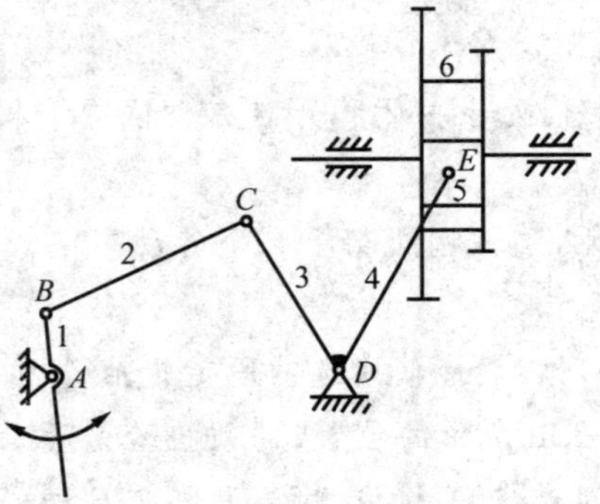

图 2-33 滑移齿轮块操纵机构

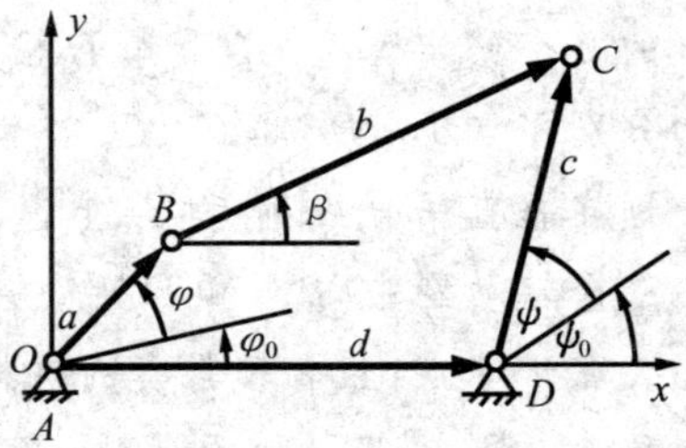

图 2-34 四杆机构解析法设计示意图

如图所示建立坐标系 xOy，各杆长度分别用 a,b,c,d 表示，并把各杆矢量向 x,y 坐标轴投影，可得

$$\left.\begin{aligned}a\cos(\varphi_0+\varphi)+b\cos\beta&=d+c\cos(\psi_0+\psi)\\a\sin(\varphi_0+\varphi)+b\sin\beta&=c\sin(\psi_0+\psi)\end{aligned}\right\}\tag{2-7}$$

将式(2-7)两式移项后分别平方相加，消去角 β，并整理得

$$b^2=a^2+c^2+d^2+2cd\cos(\psi_0+\psi)-2ad\cos(\varphi_0+\varphi)-2ac\cos[(\varphi-\psi)+(\varphi_0-\psi_0)]\tag{2-8}$$

令

$$\left.\begin{aligned}R_1&=\frac{a^2+c^2+d^2-b^2}{2ac}\\R_2&=\frac{d}{c}\\R_3&=\frac{d}{a}\end{aligned}\right\}\tag{2-9}$$

将 R_1、R_2 和 R_3 代入式(2-8)得

$$R_1-R_2\cos(\varphi_0+\varphi)+R_3\cos(\psi_0+\psi)=\cos[(\varphi-\psi)+(\varphi_0-\psi_0)]\tag{2-10}$$

式(2-10)即为铰链四杆机构的位置方程，式中共有 5 个待定参数：R_1、R_2、R_3、φ_0 和 ψ_0，这说明它最多能满足两连架杆的 5 组对应角位置（φ_i、ψ_i，$i=1,2,\cdots,5$），若给定 3 组对应角位置时，

可令 φ_0 和 ψ_0 为常数，式(2-10)变为线性方程组，求得 R_1、R_2、R_3 后，再设定曲柄长度 a 或机架长度 d，就可以按式(2-9)求出机构的尺寸。

例题 2-2 图 2-35 所示为用于某操纵装置中的铰链四杆机构，要求其主、从动两连架杆满足如下 3 组对应位置关系：$\varphi_1=45°$，$\varphi_2=90°$，$\varphi_3=135°$；$\psi_1=52°$，$\psi_2=82°$，$\psi_3=112°$，并设初始角 $\varphi_0=\psi_0=0°$，机架长度 $l_{AD}=500$ mm，试设计此铰链四杆机构。

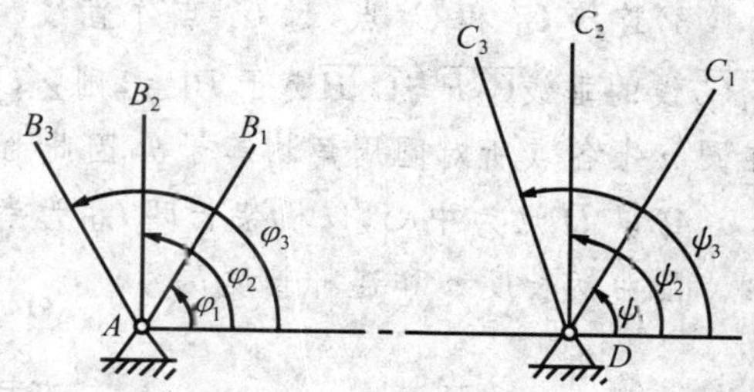

图 2-35 例题 2-2 图

解：将给定的主从动连架杆 3 组对应位置代入式(2-10)得

$$R_1-R_2\cos45°+R_3\cos52°=\cos(45°-52°)$$
$$R_1-R_2\cos90°+R_3\cos82°=\cos(90°-82°)$$
$$R_1-R_2\cos135°+R_3\cos112°=\cos(135°-112°)$$

解此线性方程组得

$$R_1=0.738\,4,R_2=1.216\,0,R_3=1.809\,38$$

将 R_1、R_2、R_3 之值和 $d=l_{AD}=500$ mm 代入式(2-9)，解得该铰链四杆机构的尺寸为 $a=276.3$ mm，$b=572.4$ mm，$c=411.1$ mm，$d=500$ mm。

如对所求得的解不满意时，可重选 φ_0、ψ_0 的值再算，直至较为满意为止。

在上例中，如果只给定两连架杆的 2 组对应位置，则可在 a、b、c 中再任意选定一个，因此可有无穷多解。如果给定两连架杆的 4 组或者 5 组对应位置，则因式(2-10)中 φ_0、ψ_0 两者之一(或两者)为未知数，故该式为非线性方程组，这时，可用牛顿-拉普逊数值法或其他方法求解。当两连架杆的对应位置数超过 5 组时，一般不能求得精确解，此时可用最小二乘法等进行近似设计，或用优化设计的方法求出误差最小的解(参看有关资料)。

2.6.3 按给定的行程速比系数设计四杆机构

为了提高机构的工作效率，当主动件作等速转动时，要求从动件作具有急回特性的往复摆动或移动，这时就要按给定的行程速比系数 K 设计四杆机构。这种情况用图解法简单、直观，并可获得足够的精度。其可利用机构在极位时的几何关系，再结合其他辅助条件进行设计，现举例将几种常见的急回机构的作图设计方法介绍如下。

例题 2-3 设计一曲柄摇杆机构。已知：行程速比系数 K、摇杆长度 l_{CD}、摇杆摆角 ψ、机架长度 l_{AD}，试确定该机构的尺寸。

解：1) 由式(2-6)求出极位夹角 θ

$$\theta=180°\frac{K-1}{K+1}$$

2) 取长度比例尺 μ_l，任选一点 D，按比例尺和摆角 ψ，作出摇杆的两极限位置 DC_1 和 DC_2(图 2-36)；

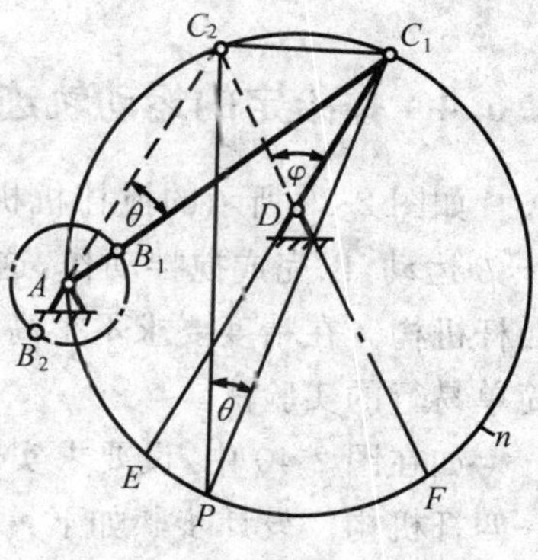

图 2-36 按给定的行程速比系数 K 设计四杆机构

3)连接 C_1 和 C_2 点，过 C_1 点作直线 $\overline{C_1P}$ 与 $\overline{C_1C_2}$ 线夹角为 $\angle C_2C_1P=90°-\theta$，再过 C_2 点作 $\overline{C_1C_2}$ 线的垂线 $\overline{C_2P}$ 与 $\overline{C_1P}$ 交于 P 点，则 $\angle C_1PC_2=\theta$；过 C_1、C_2 和 P_3 点作一辅助圆 n，则弦 $\overline{C_1C_2}$ 在圆 n 上各点所对圆周角均等于 θ，因此曲柄转动中心 A 可在圆 n 上选取；

4)以 D 点为中心，以机架长度 l_{AD} 为半径画弧交圆 n 于 A 点，点 A 即为所求机构的曲柄中心。则曲柄长度 a 和连杆长度 b 为

$$a=\frac{1}{2}(\overline{AC_1}-\overline{AC_2})\mu_l$$

$$b=\frac{1}{2}(\overline{AC_1}+\overline{AC_2})\mu_l$$

若不给定机架尺寸，曲柄转动中心 A 可在圆 n 上任意选取，因此有无穷多解，这时可结合其他辅助条件确定点 A 位置，如最小传动角 $\gamma_{\min}\geqslant[\gamma]$ 等。但考虑到运动的连续性，曲柄转动中心 A 不能选在 EF 圆弧段之内。另外，当 A 点向 $E(F)$ 点靠近时，机构的最小传动角将随之减小趋向零，故曲柄转动中心 A 适当远离 $E(F)$ 点较为有利。

对于给定行程速比系数 K、滑块行程 H 及偏距 e 时，可以用同样的方法设计曲柄滑块机构，见图 2-37。

对于摆动导杆机构，由于其导杆的最大摆角 ψ 刚好等于其极位夹角 θ。因此，只要给定机架长度 l_{AC}（或给定曲柄长度 l_{AB}）和行程速比系数 K 就可以按图 2-38 所示方法进行设计。

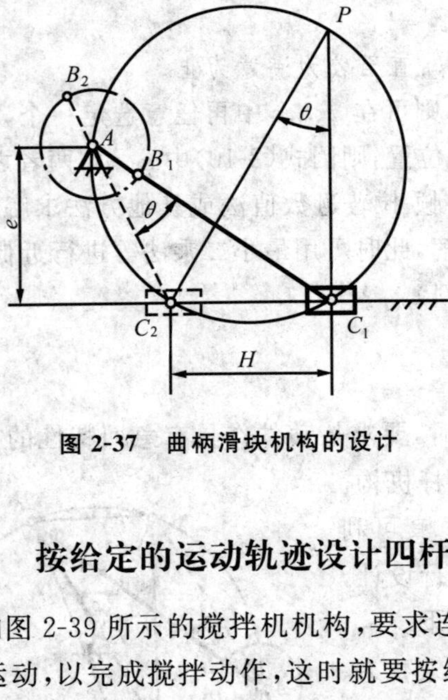

图 2-37 曲柄滑块机构的设计

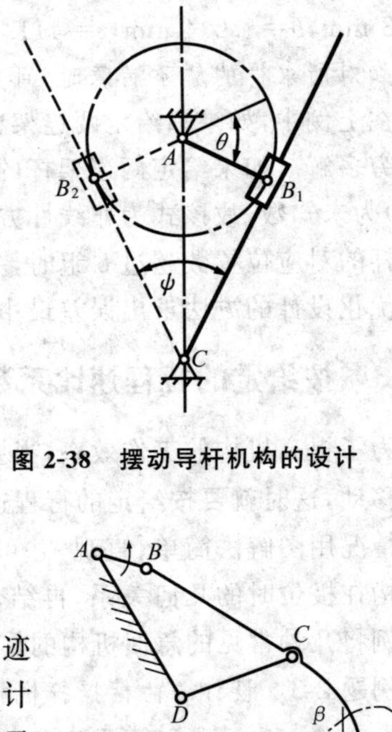

图 2-38 摆动导杆机构的设计

2.6.4 按给定的运动轨迹设计四杆机构

如图 2-39 所示的搅拌机机构，要求连杆上的 E 点沿轨迹 $\beta-\beta$ 运动，以完成搅拌动作，这时就要按给定的运动轨迹设计四杆机构。在精度要求不很高的场合，通常采用比较直观而又简单易行的实验法。

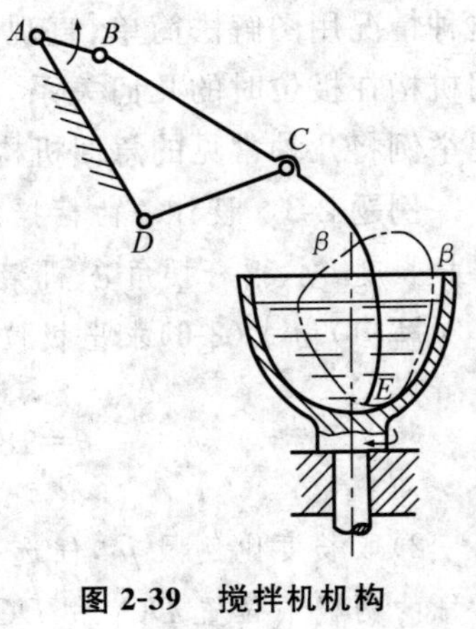

图 2-39 搅拌机机构

如在图 2-40 中，设要求实现的轨迹是曲线 $m-m$，试设计一四杆机构。设计步骤如下：

1)在给定轨迹 $m-m$ 的附近合适位置上选定一点 A，作为固定铰链中心，在其上安装一个二自由度辅助机构 ABM。其

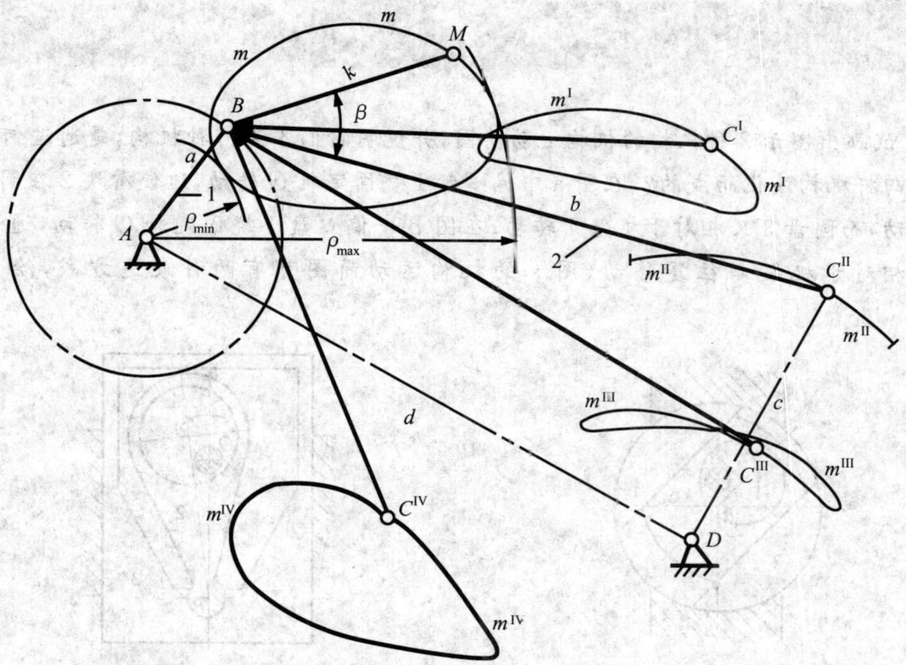

图 2-40 试验法设计四杆机构示意图

中连架杆 1 的长度 a 可调，构件 2 则具有若干个分支杆，各个分支杆的长度及相互之间的夹角也可调。由点 A 作两个圆弧分别与给定轨迹 $m-m$ 相切于最远点和最近点，量取这 2 个圆弧的半径 ρ_{max} 和 ρ_{min}，如图 2-40 所示。然后调整构件 1 的长度 a 和构件 2 上分支杆 BM 的长度 k，使它们满足下列关系

$$k+a\geqslant\rho_{max}$$

$$k-a\geqslant\rho_{min}$$

即

$$a\geqslant\frac{\rho_{max}-\rho_{min}}{2}$$

如要求构件 1 是能作整周转动的曲柄(通常均如此)，则上列不等式取等号。

2)设上述二自由度机构中的构件 1 为曲柄，构件 2 为连杆。令构件 1 在绕 A 点回转的同时，构件 2 上的 M 点沿给定轨迹 $m-m$ 顺序运动一周。与此同时作出与构件 2 固结在一起的各分支杆上 C^{I}、C^{II} 等点的轨迹曲线(即连杆曲线)。

3)在上述各点的轨迹中找出全长为近似圆弧或近似直线的连杆曲线。如图中的 C^{II} 点的轨迹 $m^{II}-m^{II}$ 为近似圆弧，该圆弧的中心 D 即可作为所求四杆机构另一固定铰链中心位置，则 $ABC^{II}D$ 即为所求机构。若连杆 2 上有某一点 C^{I} 的轨迹为近似直线，则可用曲柄滑块机构实现所要求的轨迹。

实际实验时，如果找不到一条圆弧曲线(或直线)，则可调整构件 2 的其他各个分支的长度和夹角，或者另行选择点 A 的位置，重新进行实验求解。

习题 2

2-1 试画出图示 2 种机构的机构运动简图，并说明它们各为何种机构，是通过何种演化方法由铰链四杆机构演化而成的？在图 a 中偏心盘 1 绕固定轴 O 转动，迫使滑块 2 在圆盘 3 的槽中来回滑动，而圆盘 3 又相对于机架 4 转动；在图 b 中偏心盘 1 绕固定轴 O 转动，通过构件 2，使滑块 3 相对于机架 4 往复移动（图 a 的机构运动简图可有两种表达方式，绘出其中之一即可）。

a)　　b)

题 2-1 图

2-2 试根据图中标明的各构件的尺寸（单位为 mm），判断各铰链四杆机构属于哪一种类型？

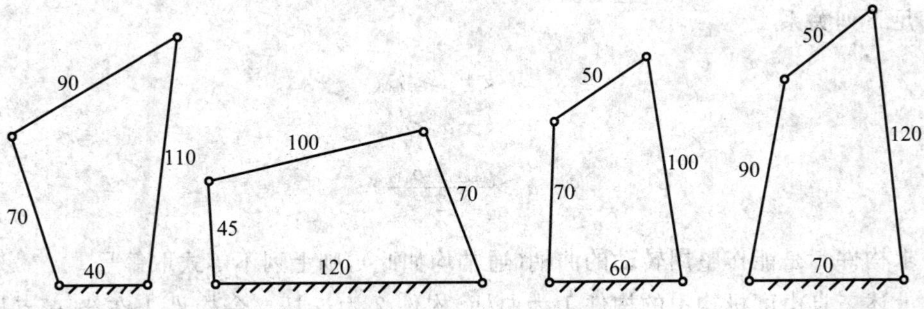

a)　　b)　　c)　　d)

题 2-2 图

2-3 如图所示，设已知四杆机构各构件的长度 $a=240$ mm，$b=600$ mm，$c=400$ mm，$d=500$ mm，试回答下列问题：

1）当取杆 4 为机架时，是否有曲柄存在？（　　）。若有曲柄，则杆（　　）为曲柄，此时该机构为（　　）机构。

2）要使此机构成为双曲柄机构，则应取杆（　　）为机架。

3）要使此机构成为双摇杆机构，则应取杆（　　）为机架，且其

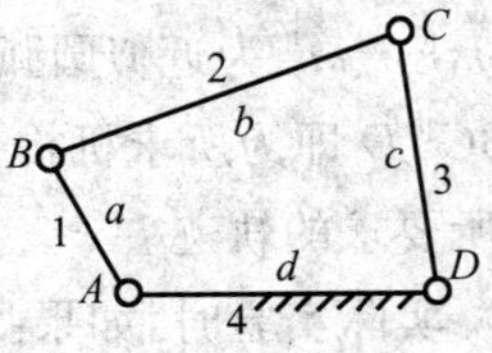

题 2-3 图

长度的允许变动范围为(　　)。

4)如将杆 4 的长度改为 $d=400$ mm,而其他各杆的长度不变,则分别以 1、2、3 杆为机架时,所获得的机构为(　　)机构。

2-4　图示为一偏置曲柄滑块机构,试求杆 AB 为曲柄的条件。若偏距 $e=0$,则杆 AB 为曲柄的条件又如何?

2-5　在图示的铰链四杆机构中,各杆的长度为 $a=28$ mm,$b=52$ mm,$c=50$ mm,$d=72$ mm。试问此为何种机构?请用作图法求出此机构的极位夹角 θ、杆 CD 的最大摆角 ψ、机构的最小传动角 γ_{min}和行程速比系数 K。

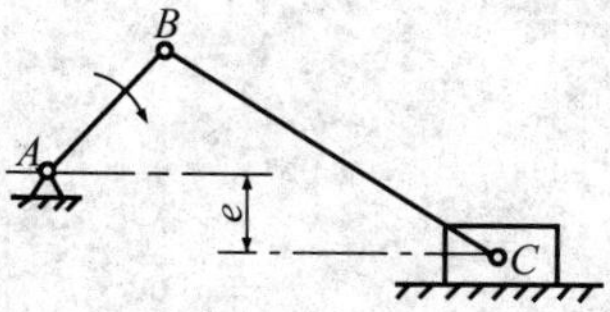

题 2-4 图

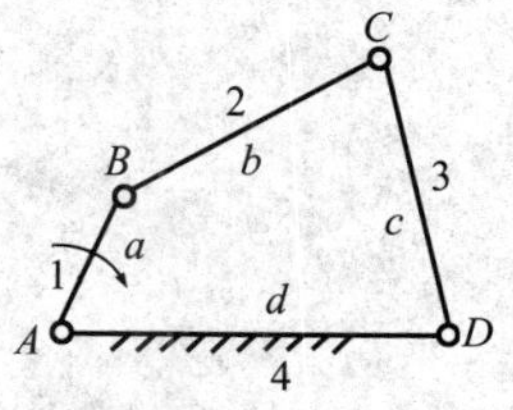

题 2-5 图

2-6　在 2-4 题所示的偏置曲柄滑块机构中,若已知 $l_{AB}=20$ mm,$l_{BC}=60$ mm,$e=10$ mm,试确定:

1)此机构有无急回运动?若有,请用作图法求出此机构的极位夹角 θ 和行程速比系数 K。

2)当以 AB 杆为原动件时,标出此机构的最小传动角 γ_{min}和最小压力角 α_{min}。

3)作出当滑块为主动件时机构的死点位置。

4)若 $e=0$,此机构是否还有急回运动?是否还有死点位置?

2-7　已知两连架杆的 3 组对应位置为:$\varphi_1=60°$,$\psi_1=30°$;$\varphi_2=90°$,$\psi_2=50°$;$\varphi_3=120°$,$\psi_3=80°$,若取机架 AD 长度 $l_{AD}=100$ mm,试用解析法确定此铰链四杆机构各杆的长度。

2-8　如图所示为公共汽车车门启闭机构。已知车门上铰链 C 沿水平直线移动,铰链 B 绕固定铰链 A 转动,车门关闭位置与开启位置夹角为 $\alpha=115°$,$AB_1//C_1C_2$,$l_{BC}=400$ mm,$l_{C_1C_2}=550$ mm。试用作图法确定构件 AB 的长度。

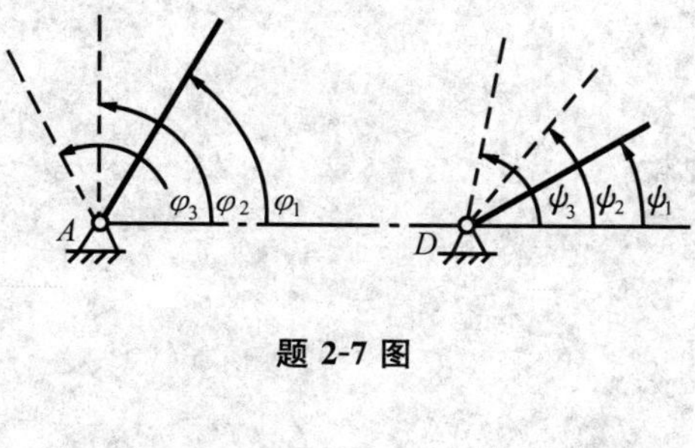

题 2-7 图

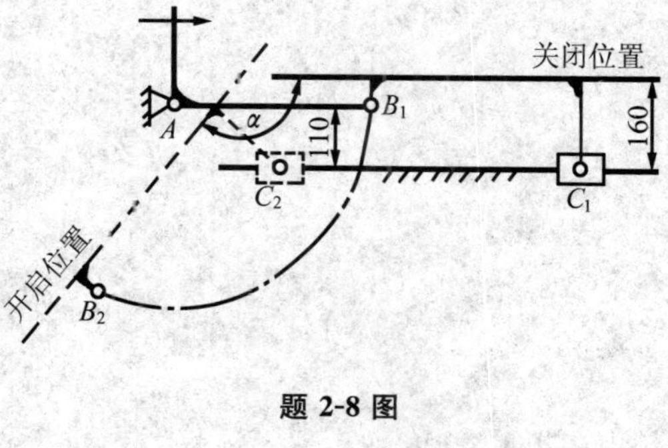

题 2-8 图

2-9　如图所示,现欲设计一铰链四杆机构,设已知摇杆 CD 的长度 $l_{CD}=75$ mm,行程速比系数 $K=1.5$,机架 AD 的长度为 $l_{AD}=100$ mm,摇杆的一个极限位置与机架间的夹角为 $\psi=45°$,试求曲柄的长度 l_{AB}和连杆的长度 l_{BC}(有两组解)。

2-10 试设计一偏置曲柄滑块机构，已知滑块的行程速比系数 $K=1.5$，滑块的冲程 $l_{C_1C_2}=50$ mm，导路的偏距 $e=20$ mm，求曲柄长度 l_{AB} 和连杆长度 l_{BC}。

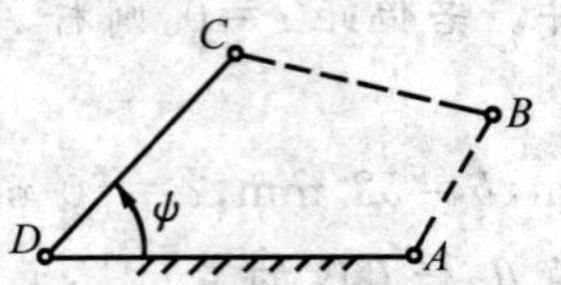

题 2-9 图

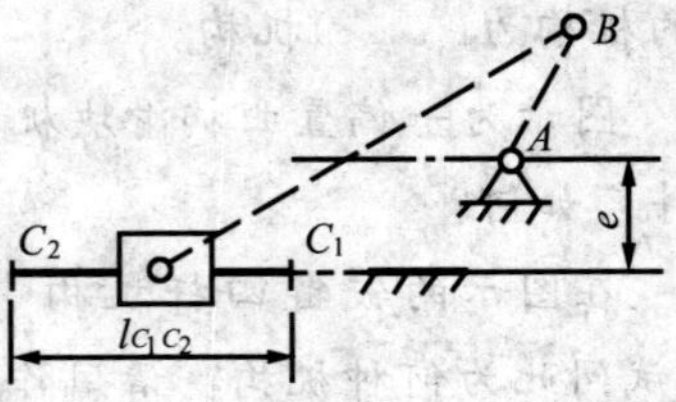

题 2-10 图

3 凸轮机构

3.1 概述

3.1.1 凸轮机构的应用

凸轮机构是机械中的一种常用机构，在自动化和半自动化机构中应用非常广泛。

图 3-1 所示为一内燃机的配气机构。凸轮 1 以等角速度回转，其轮廓驱使从动件 2（阀杆）按预期的运动规律启闭阀门，以控制可燃物质在适当的时间进入汽缸或排出废气。至于气阀开启或关闭时间的长短及其速度和加速度的变化规律，则取决于凸轮廓线的形状。

图 3-2 所示为绕线机构中用于排线的凸轮机构。当绕线轴 3 快速转动时，经齿轮带动凸轮 1 缓慢转动，通过凸轮轮廓与尖顶 A 之间的作用，驱使从动件 2 往复摆动，从而使线均匀地缠绕在绕线轴上。

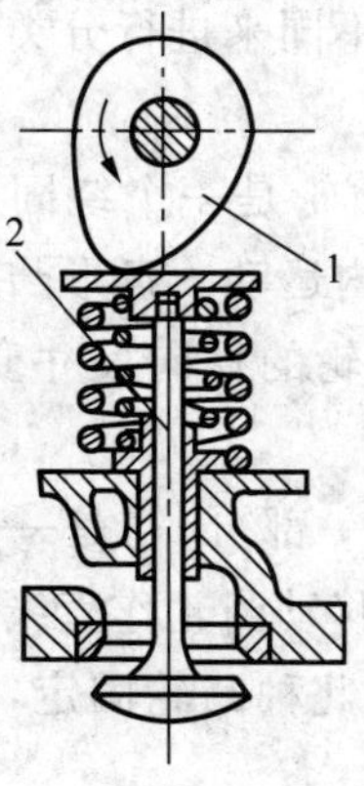

图 3-1 内燃机配气机构

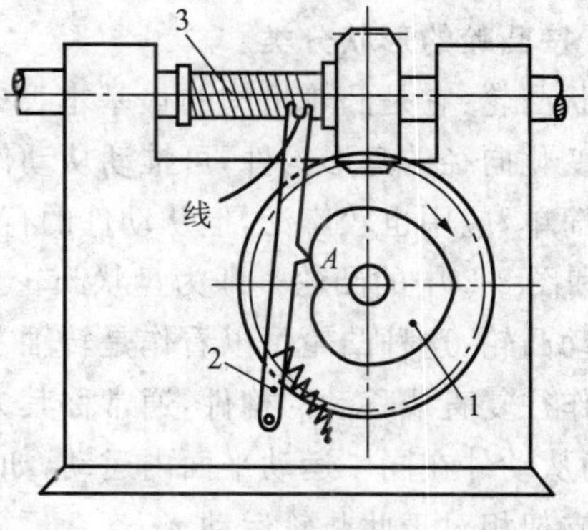

图 3-2 绕线机构

图 3-3 所示为录音机卷带装置中的凸轮机构。凸轮 1 随放音键上下移动。放音时，凸轮 1 处于图示最低位置，在弹簧 6 的作用下，安装于带轮轴上的摩擦轮 4 紧靠卷带轮 5，从而将磁带卷紧。停止放音时，凸轮 1 随按键上移，其轮廓压迫从动件 2 顺时针摆动，使摩擦轮与卷带轮分离，从而停止卷带。

图 3-4 所示为一自动机床的进刀机构，当具有凹槽的圆柱凸轮 1 回转时，其凹槽的侧面通过嵌于凹槽中的滚子 3 迫使推杆 2 绕点 O 作往复摆动，从而控制刀架的进刀和退刀运动。至于进刀和退刀的运动规律如何，则决定于凹槽曲线的形状。

由以上所举的例子可以看出：凸轮是一个具有曲线轮廓或凹槽的构件。凸轮通常做等速转动，但也有做往复摆动或往复直线移动的。被凸轮直接推动的构件称为从动件（或称推杆）。凸

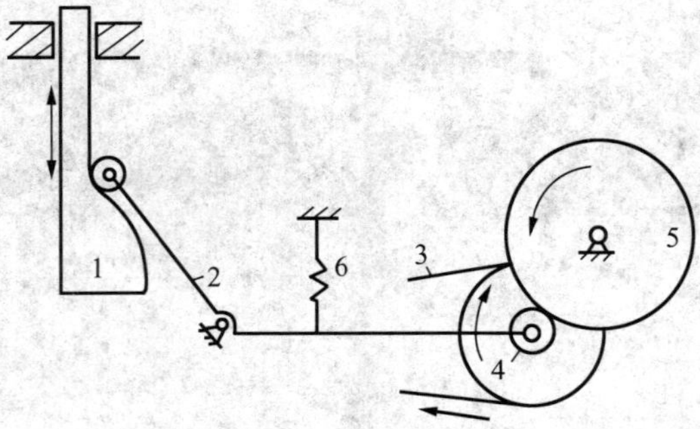

图 3-3 录音机卷带机构

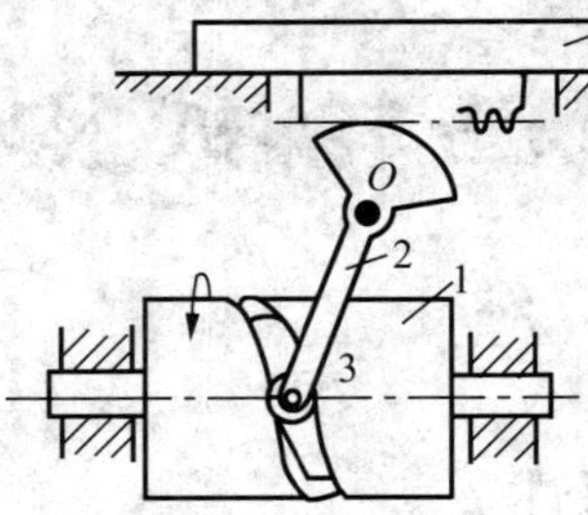

图 3-4 进刀机构

轮机构是由凸轮、从动件和机架 3 个主要构件所组成的高副机构。当凸轮运动时，通过其曲线轮廓与从动件的高副接触，使从动件得到预期的运动。

凸轮机构的最大优点是：只要适当地设计出凸轮的轮廓曲线，就可以使从动件得到预期的运动规律，并且结构简单、紧凑、设计方便。

凸轮机构的缺点是：凸轮轮廓与从动件之间为点接触或线接触，易于磨损，所以凸轮机构多用于传递动力不大的控制机构。

3.1.2 凸轮机构的分类

凸轮机构的类型很多，常按凸轮和从动件的形状及其运动型式的不同来进行分类。

3.1.2.1 按凸轮的形状分类

1）盘状凸轮：它是凸轮机构的最基本型式（图 3-5a 所示）。这种凸轮是一个绕固定轴转动并且具有变化向径的盘形构件，可推动从动件在垂直于凸轮轴的平面内运动。盘形凸轮机构的结构比较简单，应用也较广泛，但从动件的行程不能太大，否则将使凸轮的径向尺寸变化过大。如图 3-1 和图 3-2 中的凸轮 1 即为盘状凸轮。

2）移动凸轮：这种凸轮可以看作是转轴在无穷远处的盘形凸轮的一部分，它是一个具有曲线轮廓的作往复直线移动的构件，通常称其为移动凸轮（图 3-5b）。当移动凸轮作直线往复运动时，可推动从动件在同一运动平面内运动，如图 3-3 所示。有时也常将此种凸轮固定，而使从动件连同其支架相对于此凸轮运动。

3）圆柱凸轮：这种凸轮是一个在圆柱面上开有曲线凹槽或是在圆柱端面上做出曲线轮廓的构件（图 3-5c）。当其转动时，其曲线凹槽或轮廓曲面可推动从动件产生预期的运动，如图 3-4 所示。由于凸轮与从动件的运动不在同一平面内，所以这是一种空间凸轮机构。利用圆柱凸轮可使其从动件得到较大的行程。圆柱凸轮可以看作是将移动凸轮卷于圆柱体上而形成的。

此外，还有圆锥凸轮机构（图 3-6）、球形凸轮机构等。

3.1.2.2 按从动件的形状分类

1）尖顶从动件：如图 3-7a、b 所示，这种从动件的构造最简单，但易磨损，所以只适用于作用力不大和速度较低的场合，如用于仪表等机构中。如图 3-8a 中的从动件。

2）滚子从动件：如图 3-7c、d 所示，这种从动件由于滚子与凸轮轮廓之间为滚动摩擦，所以磨损较小，故可用来传递较大的动力，因而应用较广。如图 3-8b 中的从动件。

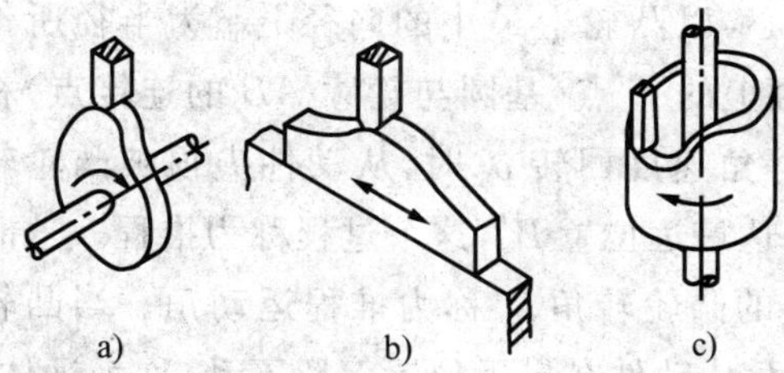

图 3-5 凸轮形状不同的凸轮机构

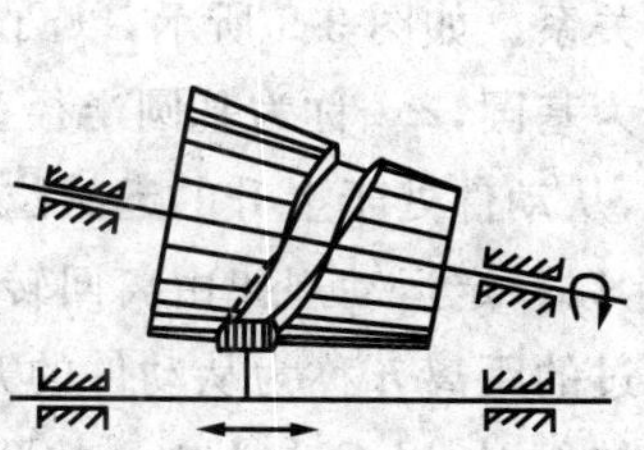

图 3-6 圆锥凸轮机构

3)平底从动件：如图 3-7e、f 所示，这种从动件的优点是凸轮对从动件的作用力始终垂直于从动件的底边(不计摩擦时)，故受力比较平稳。而且凸轮与平底接触面间容易形成油膜，润滑较好，所以常用于高速传动中。如图 3-8c 中的从动件。

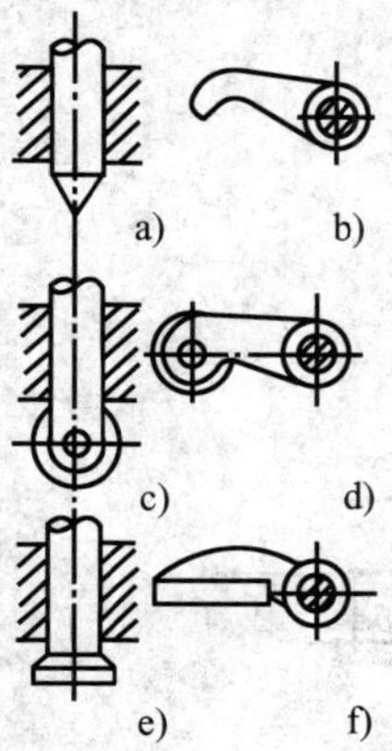

图 3-7 不同的从动件形状

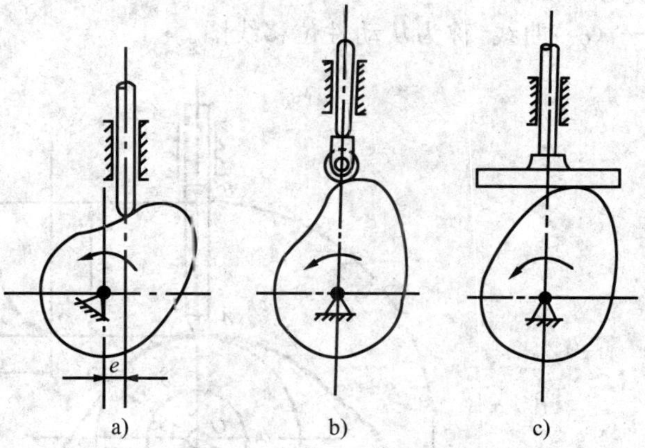

图 3-8 从动件形状不同的凸轮机构

根据从动件的运动型式不同，把作往复直线运动的从动件称为直动从动件(图 3-8)，把作往复摆动的从动件称为摆动从动件(图 3-2 至图 3-4)。在直动从动件中，若其轴线通过凸轮的回转轴心，则称其为对心直动从动件(图 3-8b、c)，否则称其为偏置直动从动件(图 3-8a)。

综合上述分类方法，将不同类型的凸轮和从动件组合起来，就可以得到各种不同型式的凸轮机构。例如图 3-2 所示为尖顶摆动从动件盘状凸轮机构。

根据在运动过程中凸轮与从动件保持接触方式的不同，凸轮机构又可分为力封闭的凸轮机构(图 3-1 至图 3-3)和几何形状封闭的凸轮机构(图 3-4)。

3.2 从动件的常用运动规律

从动件的运动规律是指从动件的位移、速度和加速度随时间或凸轮转角变化的规律。凸轮的设计任务是根据工作要求选定合适的凸轮机构型式、从动件运动规律和有关的基本尺寸，然后根据选定的从动件运动规律设计出凸轮应具有的轮廓曲线。

3.2.1 基本术语

下面以尖顶直动从动件盘形凸轮机构为例，说明从动件的运动规律与凸轮轮廓曲线之间的相互关系。如图 3-9 所示，以凸轮的回转中心为中心，以凸轮上最小的向径 r_{rmin} 为半径所作的圆称为基圆，r_{rmin} 称为基圆半径。当尖顶与凸轮轮廓上的 A 点(基圆与轮廓 AB 的连接点)相接触时，从动件处于上升的起始位置。当凸轮以 ω_1 等角速度回转 δ_t 时，从动件尖顶被凸轮轮廓推动，以一定运动规律由离回转中心最近位置 A 到达最远位置 B'，这个过程称为推程。这时它所走过的距离 h 称为从动件的升程，而与推程对应的凸轮转角 δ_t 称为推程运动角。当凸轮继续回转 δ_S 时，以 O 点为中心的圆弧 $\widehat{BC}$ 与尖顶相作用，从动件在最远位置停留不动，称为远休，对应的凸轮转角 δ_S 称为远休止角。凸轮继续回转 δ_h 时，从动件在弹簧力或重力作用下以一定运动规律回到起始位置，这个过程称为回程，δ_h 称为回程运动角。当凸轮继续回转 $\delta_{S'}$ 时，以 O 点为中心的圆弧 $\widehat{DA}$ 与尖顶相作用，从动件在最近位置停留不动，称为近休，$\delta_{S'}$ 称为近休止角。当凸轮继续回转时，从动件重复上述运动。

如果以直角坐标系的横坐标表示时间 t(或凸轮转角 δ_1)，以纵坐标表示从动件位移 s_2 作出的 $s_2-t(\delta_1)$ 曲线，称为从动件位移线图。

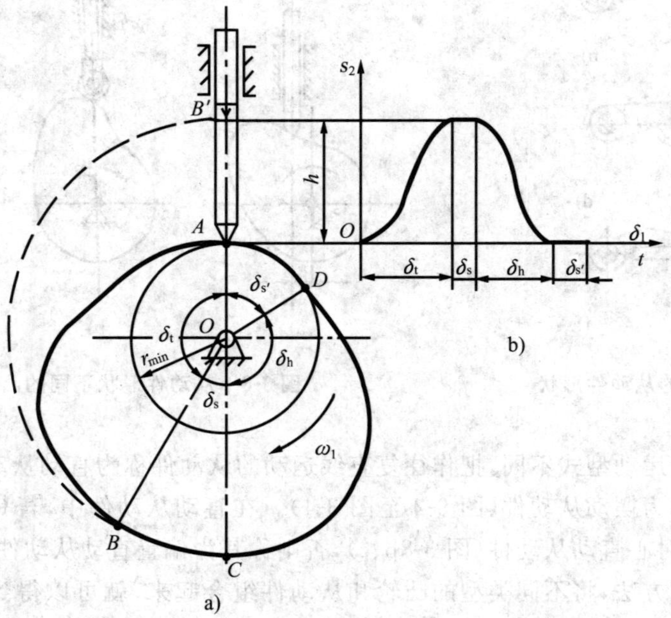

图 3-9 从动件的位移线图

由以上分析可知，从动件的位移线图取决于凸轮轮廓曲线的形状。也就是说，从动件的不同运动规律要求凸轮具有不同的轮廓曲线。下面介绍几种从动件的常见运动规律。

3.2.2 从动件等速运动规律(一次多项式运动规律)

推程时，凸轮转过推程运动角 δ_t，从动件升程为 h。若以 T 表示推程运动时间，则等速运动时，从动件的速度 $v_2=v_0=\dfrac{h}{T}$；从动件的位移 $s_2=v_0t=h\dfrac{t}{T}$；从动件的加速度 $a_2=\dfrac{\mathrm{d}v_2}{\mathrm{d}t}=0$。其运动线图如图 3-10 所示。

凸轮匀速转动时，ω_1 为常数，故 $\delta_1=\omega_1 t$；$\delta_t=\omega_1 T$。将这些关系代入上式便可得出以凸轮转

角 δ_1 表示的从动件运动方程

$$\left.\begin{aligned} s_2&=\frac{h}{\delta_t}\delta_1 \\ v_2&=\frac{h}{\delta_t}\omega_1 \\ a_2&=0 \end{aligned}\right\} \tag{3-1}$$

回程时，凸轮转过推程运动角 δ_h，从动件相应由 $s_2=h$ 逐渐减小到 0。参照式(3-1)，可导出从动件运动方程

$$\left.\begin{aligned} s_2&=h\left(1-\frac{\delta_1}{\delta_h}\right) \\ v_2&=-\frac{h}{\delta_h}\omega_1 \\ a_2&=0 \end{aligned}\right\} \tag{3-2}$$

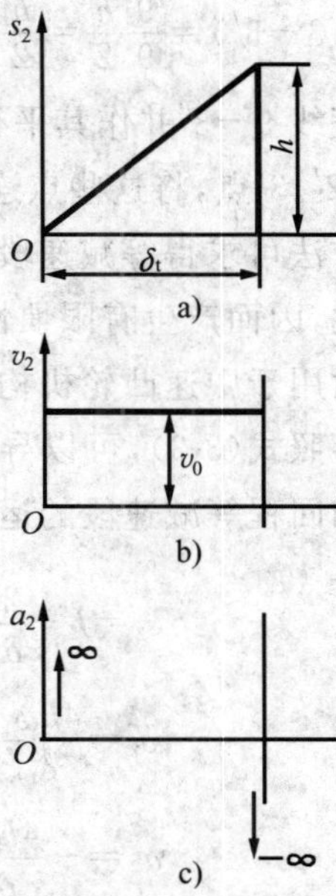

图 3-10 从动件等速运动

由图 3-10 可见，从动件运动开始时，速度由 0 突变为 v_0，故 $a_2=+\infty$；运动终止时，速度由 v_0 突变为 0，$a_2=-\infty$（由于材料有弹性变形，实际上不可能达到无穷大），使凸轮机构受到极大的冲击，这种冲击称为刚性冲击。因此这种运动规律适用于低速轻载情况，不宜单独使用，在运动开始和终止段应当用其他运动规律过渡。

3.2.3 等加速等减速运动规律(二次多项式运动规律)

为保证凸轮机构运动的平稳性，通常应使从动件先作等加速运动，后作等减速运动。设加速段与减速段凸轮的运动角及从动件的行程各占一半(即各为 $\delta_t/2$ 及 $h/2$)。

从动件推程的前半行程作等加速运动时，经过的运动时间为 $T/2$，对应的凸轮转角为 $\delta_t/2$。将这些参数代入位移方程 $s_2=\frac{1}{2}a_0t^2$ 可得 $\frac{h}{2}=\frac{1}{2}a_0\left(\frac{T}{2}\right)^2$，故

$$a_2=a_0=\frac{4h}{T^2}=4h\left(\frac{\omega_1}{\delta_t}\right)^2$$

将上式积分 2 次，并令 $\delta_1=0$ 时，$v_2=0$，$s_2=0$，可得前半行程从动件作等加速运动时的运动方程为

$$\left.\begin{aligned} s_2&=\frac{2h}{\delta_t^2}\delta_1^2 \\ v_2&=\frac{4h\omega_1}{\delta_t^2}\delta_1 \\ a_2&=\frac{4h\omega_1^2}{\delta_t^2} \end{aligned}\right\}\text{(推程等加速段)} \tag{3-3}$$

由于从动件的位移 s_2 与凸轮转角 δ_1 的平方成正比，所以其位移曲线为一抛物线，如图 3-11a 所示。等加速段抛物线可按如下方法作图：在横坐标轴上将长度为 $\delta_t/2$ 的线段分成若干等

份(图中为 3 等份),得到 1、2、3 各点,过这些点作横轴的垂直线,并取$(1-1')=\frac{1}{9}\frac{h}{2}$,$(2-2')=\frac{4}{9}\frac{h}{2}$,$(3-3')=\frac{9}{9}\frac{h}{2}=\frac{h}{2}$(作图时可在过 O 点的任一斜线 OO' 上,以任意间距截取 9 个等份点,连接直线 9—3″并作其平行线 4—2″和 1—1″,最后由 1″、2″、3″分别向过 1、2、3 点的垂线投影)得到 1′、2′、3′点,将这些点连成光滑曲线便得到前半段等加速运动的位移曲线。如图所示,用同样的方法可求得等减速段的位移曲线。这种运动规律在 O、m、e 各点处加速度出现有限值的突然变化,因而产生有限惯性力的突变,结果将引起所谓的柔性冲击。所以等加速等减速运动规律只适用于中速凸轮机构。

参照式(3-3),可以导出推程等减速段、回程等加速段和回程等减速段的运动方程:

$$\left.\begin{aligned} s_2&=h-\frac{2h}{\delta_t^2}(\delta_t-\delta_1)^2\\ v_2&=\frac{4h\omega_1}{\delta_t^2}(\delta_t-\delta_1)\\ a_2&=-\frac{4h\omega_1^2}{\delta_t^2}\end{aligned}\right\}\qquad(3\text{-}4)$$

$$\left.\begin{aligned} s_2&=h-\frac{2h}{\delta_h^2}\delta_1^2\\ v_2&=-\frac{4h\omega_1}{\delta_h^2}\delta_1\\ a_2&=-\frac{4h\omega_1^2}{\delta_h^2}\end{aligned}\right\}\qquad(3\text{-}5)$$

$$\left.\begin{aligned} s_2&=\frac{2h}{\delta_h^2}(\delta_h-\delta_1)^2\\ v_2&=-\frac{4h\omega_1}{\delta_h^2}(\delta_h-\delta_1)\\ a_2&=\frac{4h\omega_1^2}{\delta_h^2}\end{aligned}\right\}\qquad(3\text{-}6)$$

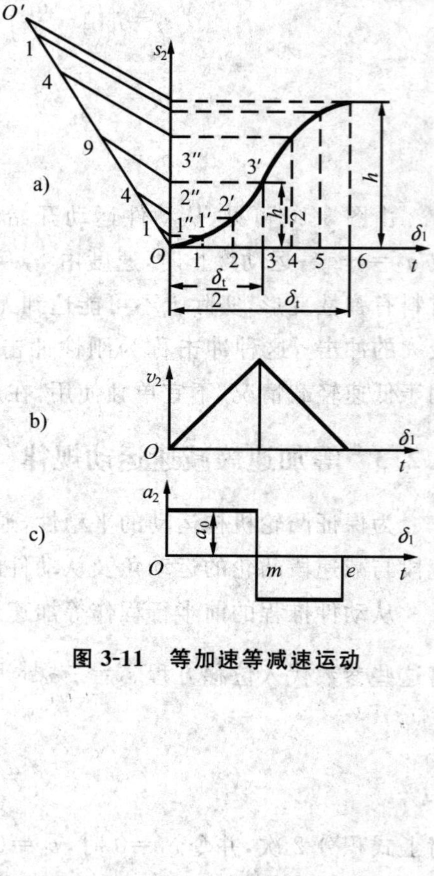

图 3-11 等加速等减速运动

3.2.4 简谐运动规律(余弦加速度运动规律)

点在圆周上作匀速运动时,它在该圆的直径上的投影所构成的运动称为简谐运动。简谐运动规律位移线图的作法如下:把从动件的行程 h 作为直径画半圆,将此半圆分成若干等份(如图 3-12 所示)得 1″、2″、3″…点。再把凸轮运动角 δ_t 也分成若干等份,并作垂线 11′、22′、33′…,然后将圆周上的等份点投影到相应的垂直线上得到 1′、2′、3′…点。用光滑曲线连接这些点,即得到从动件的位移曲线,其方程为

$$s_2=\frac{h}{2}(1-\cos\theta)$$

由图可知,当 $\theta=\pi$ 时,$\delta_1=\delta_t$,故 $\theta=\frac{\pi}{\delta_t}\delta_1$。由此可导出从动件推程作简谐运动的运动方程为

$$\left.\begin{aligned} s_2 &= \frac{h}{2}\left[1-\cos\left(\frac{\pi}{\delta_t}\delta_1\right)\right] \\ v_2 &= \frac{\pi h\omega_1}{2\delta_t}\sin\left(\frac{\pi}{\delta_t}\delta_1\right) \\ a_2 &= \frac{\pi^2 h\omega_1^2}{2\delta_t^2}\cos\left(\frac{\pi}{\delta_t}\delta_1\right) \end{aligned}\right\} \tag{3-7}$$

同理可求得从动件在回程作简谐运动的运动方程为

$$\left.\begin{aligned} s_2 &= \frac{h}{2}\left[1+\cos\left(\frac{\pi}{\delta_h}\delta_1\right)\right] \\ v_2 &= -\frac{\pi h\omega_1}{2\delta_h}\sin\left(\frac{\pi}{\delta_h}\delta_1\right) \\ a_2 &= -\frac{\pi^2 h\omega_1^2}{2\delta_h^2}\cos\left(\frac{\pi}{\delta_h}\delta_1\right) \end{aligned}\right\} \tag{3-8}$$

由加速度线图可见，一般情况下，这种运动规律的从动件在行程的始点和终点有柔性冲击；只有当加速度曲线保持连续时（如图 3-12c 虚线所示），这种运动规律才能避免冲击。

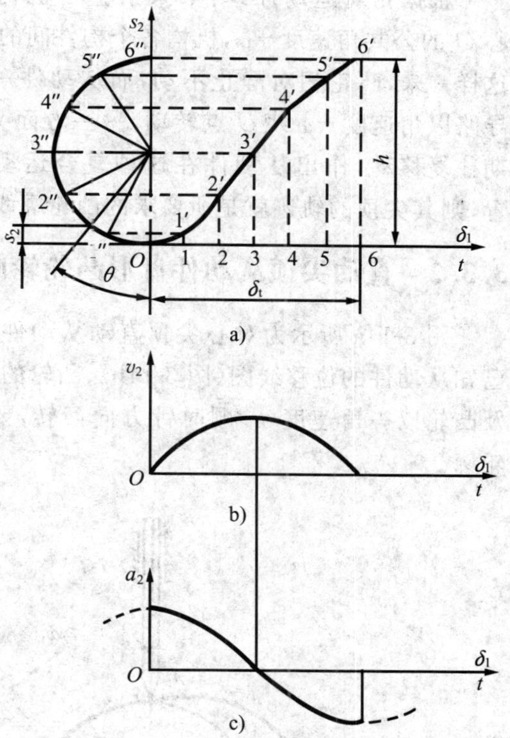

图 3-12　简谐运动

除上面介绍的从动件的几种运动规律外，根据工作需要，还可以选择其他类型的运动规律，或者将上述的运动规律组合使用，以改善从动件的运动特性，满足生产上的要求。

在选择从动件的运动规律时，除考虑刚性冲击和柔性冲击之外，还应注意各种运动规律的最大速度和最大加速度的影响，因为最大速度将决定从动件系统的最大动量，当动量较大时，在从动件起动和停止时都会产生较大的冲击；最大加速度将决定从动件系统的最大惯性力，而由其引起的动压力，对机构零件的强度和运动副的磨损，都有较大的影响。因此，在选择时必须综合地给予考虑。

3.3　图解法设计凸轮轮廓

如果已经根据工作要求和结构条件选定了凸轮的型式，并已决定了凸轮的基圆半径等基本尺寸，在选定了从动件的运动规律和凸轮的转向之后，就可进行凸轮轮廓曲线的设计了。方法有图解法和解析法。本节先介绍图解法。

3.3.1　反转法

凸轮轮廓曲线设计的基本原理是反转法原理。

图 3-13 所示为偏距 $e=0$（e 为从动件导路偏离凸轮回转中心的距离，称为偏距）的对心直动尖顶从动件盘形凸轮机构。当凸轮以角速度 ω 绕 O 点转动时，从动件在凸轮的推动下按一定规律运动。由于凸轮是运动的，而绘制凸轮轮廓时却需要凸轮与图纸相对静止。为此，在设计中采用“反转法”。

根据相对运动原理：如果给整个机构加上绕凸轮轴心 O 的公共角速度 $-\omega$，机构各个构件间的相对运动不变。这样一来，凸轮相对静止不动，而从动件一方面随机架和导路以角速度 $-\omega$ 绕 O 点转动，另一方面又在导路内作预期往复移动，作出从动件在这种复合运动中的一系列位置，则其尖顶的轨迹就是所要求的凸轮廓线。

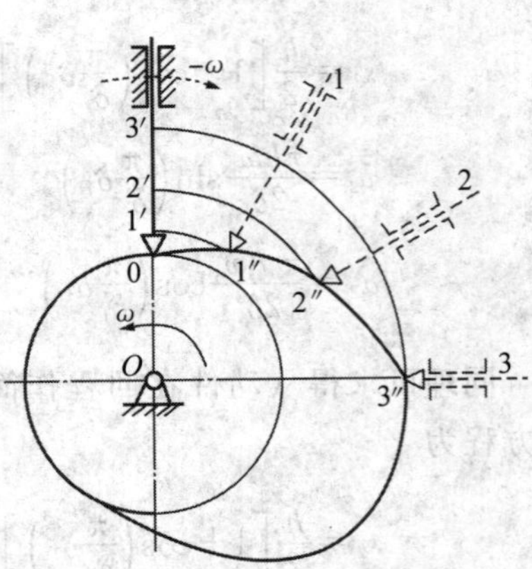

图 3-13 反转法原理

3.3.2 直动尖顶从动件盘形凸轮轮廓的设计

图 3-14a 所示为对心尖顶直动从动件盘形凸轮机构。已知从动件的位移线图（图 3-14b）、凸轮的基圆半径 r_{min} 以及凸轮以等角速度 ω_1 顺时针方向回转，要求绘出凸轮的轮廓。

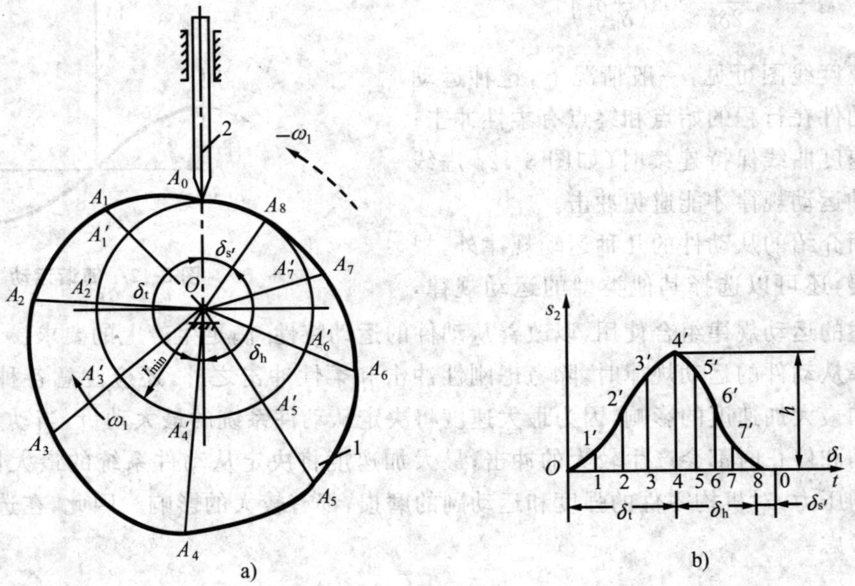

图 3-14 对心尖顶直动从动件盘形凸轮

根据“反转法”原理，可以设计凸轮轮廓线如下：

1）选合适的比例尺 $\mu_l=\mu_s$（μ_s 为 $s_2-\delta_1$ 曲线的纵坐标比例），以 r_{min} 为半径作凸轮的基圆，此基圆与导路的交点 A_0 便是从动件尖顶的起始位置。

2）确定从动件在反转运动中占据的各个位置。自 OA_0 沿 $-\omega_1$ 的方向取角度 δ_t、δ_s、δ_h、$\delta_{s'}$，并将它们各分成与图 3-14b 对应的等份，得到 A_1'、A_2'、A_3'…点。连接 OA_1'、OA_2'、OA_3'、…，此即代表从动件在反转运动中依次占据的位置。

3）量取各个位移量。由基圆开始向外量取各个位移量，即 $A_1'A_1=11'$、$A_2'A_2=22'$、$A_3'A_3=33'$…，得点 A_1、A_2、A_3、…，此即为推杆的尖顶在复合运动中依次占据的位置。

4）用光滑的曲线连成轮廓曲线。将起始点 A_0 和 A_1、A_2、A_3、…连成一光滑曲线，此即所要求的凸轮轮廓曲线。

若偏距 $e \neq 0$(图 3-15),则成为偏置尖顶直动从动件盘形凸轮机构。显然,从动件在反转运动中,其导路始终与凸轮轴心 O 保持偏距 e。因此设计这种凸轮轮廓时,首先以凸轮的轴心 O 为圆心及偏距 e 为半径作圆(称为偏距圆)切于从动件导路,其次以 r_{min} 为半径作基圆,基圆与导路的交点 A_0 即为从动件的起始位置。自 OA_0 沿 $-\omega_1$ 方向取角度 δ_t、δ_s、δ_h、$\delta_{s'}$,并将它们各分成与图 3-14b 对应的等份,在基圆上得到 A_1'、A_2'、A_3'、… 点。过这些点作偏距圆的切线,它们便是反转后从动件导路的一系列位置。从动件的相应位移应在这些切线上由基圆开始向外量取,即 $A_1'A_1 = 11'$、$A_2'A_2 = 22'$、$A_3'A_3 = 33'$、…。最后将得到的点 A_0 和 A_1、A_2、A_3、…连成一光滑曲线,此即所要求的凸轮轮廓曲线。

3.3.3 直动滚子从动件盘形凸轮轮廓的设计

若将图 3-14 中的尖顶改为滚子,如图 3-16 所示。则其凸轮轮廓可按下述方法绘制:首先,把滚子中心视为尖顶,按前述方法求出一条轮廓曲线 β_0;再以 β_0 上各点为圆心,以滚子半径为半径作一系列的圆;最后作此圆族的包络线 β,即为使用滚子从动件时凸轮实际轮廓曲线。其中的曲线 β_0 称为此凸轮的理论轮廓。由作图过程可知,滚子从动件的凸轮的基圆半径 r_{min} 和压力角 α 都应该在理论轮廓上度量。

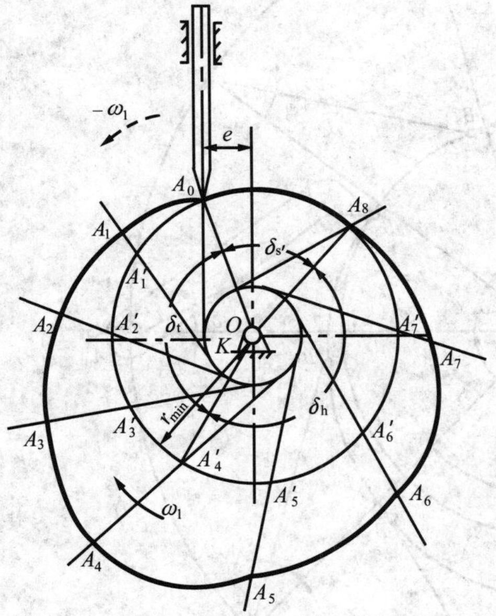

图 3-15 偏置尖顶直动从动件盘形凸轮

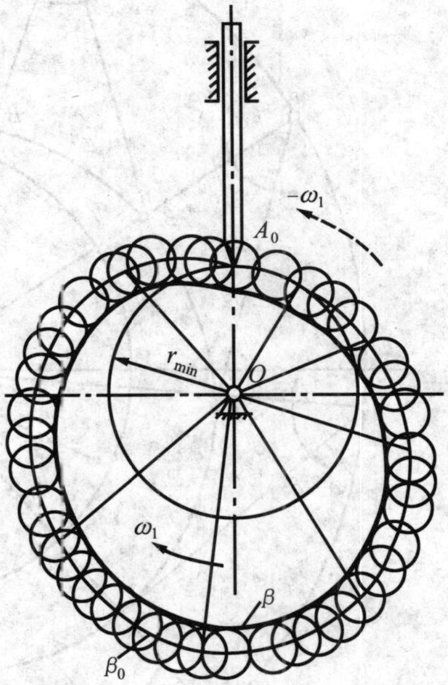

图 3-16 对心直动滚子从动件盘形凸轮

3.3.4 直动平底从动件盘形凸轮轮廓的设计

如图 3-17 所示,对平底从动件盘形凸轮,首先在平底上选一固定点 A_0 视为尖顶,按照尖顶从动件凸轮轮廓的绘制方法,求出理论轮廓上一系列点 A_1、A_2、A_3、…;其次,过这些点画出一系列平底 A_1B_1、A_2B_2、A_3B_3、…;然后作这些平底的包络线,便得到凸轮的实际轮廓曲线。图中位置 1、6 是平底分别与凸轮轮廓相切于平底的最左位置和最右位置。为了保证平底始终与轮廓接触,平底左侧长度应大于 m,右侧长度应大于 l。

3.3.5　摆动从动件盘形凸轮轮廓的设计

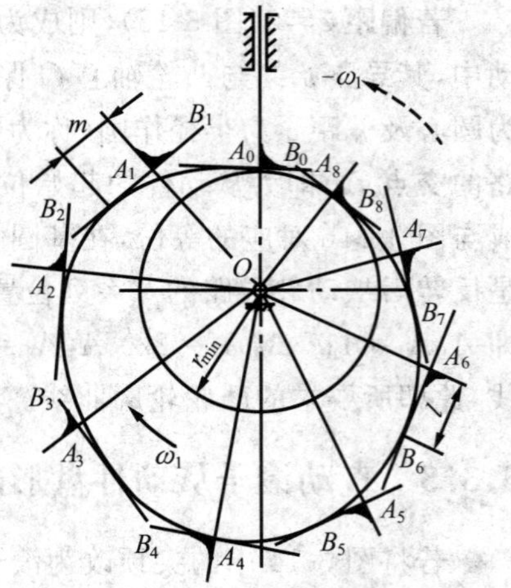

图 3-17　对心直动平底从动件盘形凸轮

已知从动件的位移线图(图 3-18b)、凸轮与摆动从动件的中心距 l_{OA}，摆动从动件的长度 l_{AB}，凸轮的基圆半径 r_{min} 以及凸轮以等角速度 ω_1 逆时针方向回转，要求绘出凸轮的轮廓。

用"反转法"求凸轮轮廓。令整个凸轮机构以角速度 $-\omega_1$ 绕 O 点回转，结果凸轮不动而摆动从动件一方面随机架以等角速度 $-\omega_1$ 绕 O 点回转，另一方面又绕 A 点摆动。因此，尖顶摆动从动件盘形凸轮轮廓曲线的绘制可按以下步骤进行。

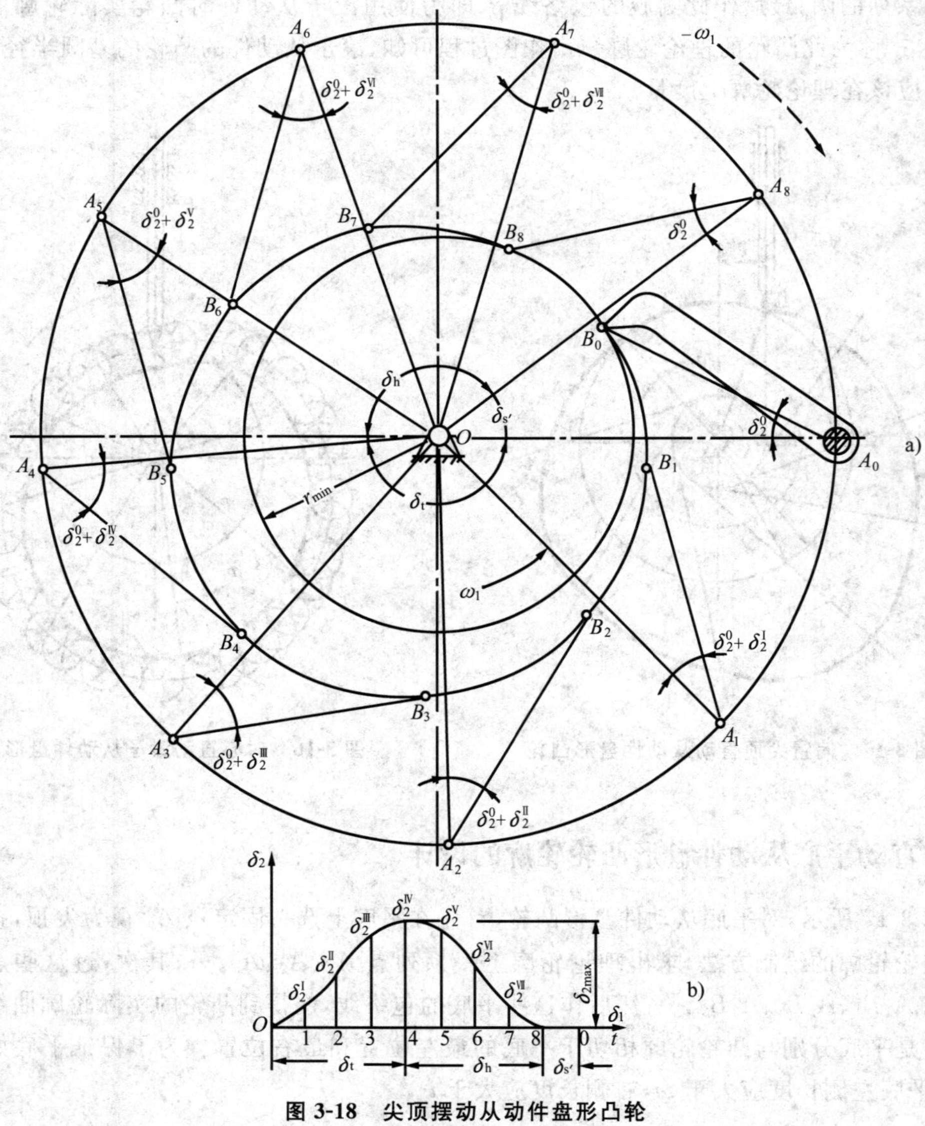

图 3-18　尖顶摆动从动件盘形凸轮

1)根据 l_{OA} 定出 O 点与 A_0 点的位置,以 O 为圆心、以 r_{min} 为半径作基圆,再以 A_0 为中心及 l_{AB} 为半径作圆弧交基圆于 B_0 点,该点即为从动件尖顶的起始位置,δ_2^0 称为从动件的初位角。

2)以 O 为圆心及 OA_0 为半径画圆(称为转轴圆或辅助圆),自 OA_0 沿 $-\omega_1$ 的方向取角度 δ_t、δ_S、δ_h、$\delta_{S'}$,并将它们各分成与图 3-18b 对应的等份,得到径向线 OA_1、OA_2、OA_3、…,这些线即为机架 OA_0 在反转运动中依次占据的位置。

3)由图 3-18b 求出从动件摆角 δ_2 在不同位置的数值。据此画出摆动从动件相对于机架的一系列位置 A_1B_1、A_2B_2、A_3B_3、…,即 $\angle OA_1B_1=\delta_2^0+\delta_2^{\mathrm{I}}$、$\angle OA_2B_2=\delta_2^0+\delta_2^{\mathrm{II}}$、$\angle OA_3B_3=\delta_2^0+\delta_2^{\mathrm{III}}$…。

4)以 A_1、A_2、A_3、…为圆心、l_{AB} 为半径画圆弧截 A_1B_1 于 B_1 点、截 A_2B_2 于 B_2 点、截 A_3B_3 于 B_3 点,…。最后将 B_0、B_1、B_2、B_3、…点连成光滑曲线,便得到尖顶摆动从动件的盘形凸轮轮廓。

同上所述,如果采用滚子或平底从动件,则上述凸轮轮廓即为理论轮廓,只要在理论轮廓上选用一系列点作滚子或平底,最后作它们的包络线,便可求出相应的实际轮廓曲线。

3.4 解析法设计凸轮轮廓

随着近代工业的不断进步,机械也日益朝着高速、精密、自动化方向发展,因此对机械中的凸轮机构的转速和精度要求也不断提高。显然,用作图法设计凸轮的轮廓曲线已难以满足要求。因而需要用解析法进行设计,以提高凸轮廓线的设计精度。用解析法设计凸轮机构的实质是建立凸轮廓线的数学方程式,据此方程式可以准确地计算出凸轮廓线上各点的坐标值,以便对凸轮进行加工和检验。另外,当在数控铣床上铣削凸轮或在凸轮磨床上磨削凸轮时,需要根据凸轮的轮廓曲线求出刀具中心轨迹的方程式,所以也需要先求出凸轮的廓线方程。

3.4.1 偏置直动滚子从动件盘形凸轮机构

如图 3-19 所示建立 xOy 坐标系,B_0 点为凸轮推程段廓线的起始点。开始时推杆滚子中心处于 B_0 点处,当凸轮转过 δ 角度时,推杆相应地产生位移 s。由反转法作图可看出,此时滚子中心应处于 B 点,其直角坐标为

$$\left.\begin{aligned} x&=(s_0+s)\sin\delta+e\cos\delta \\ y&=(s_0+s)\cos\delta-e\sin\delta \end{aligned}\right\} \tag{3-9}$$

式中:e 为偏距;$s_0=\sqrt{r_{min}^2-e^2}$。式(3-9)即为凸轮的理论廓线方程式。

因为工作廓线与理论廓线在法线方向的距离处处相等,且等于滚子半径 r_T。故当已知理论廓线上任意一点 $B(x,y)$ 时,只要沿理论廓线在该点的法线方向取距离为 r_T(如图 3-19 所示),即得工作廓线上的相应点 $B'(x',y')$。由高等数学可知,理论廓线 B 点处的法线 $n-n$ 的斜率(与切线斜率互为负倒数)应为

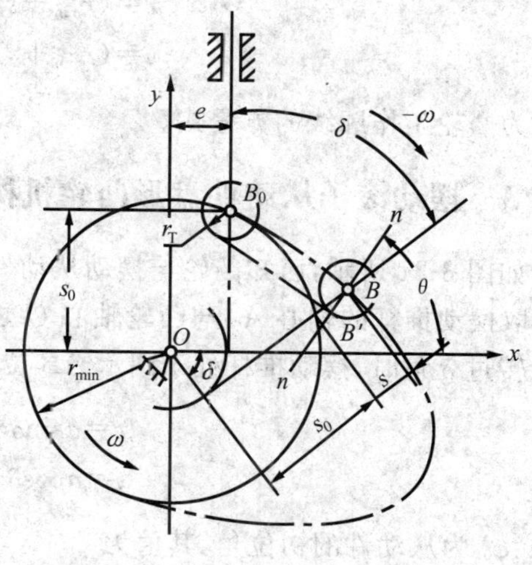

图 3-19 偏置直动滚子从动件盘形凸轮机构

$$\tan\theta=-\frac{dx}{dy}=\frac{dx/d\delta}{-dy/d\delta}=\frac{\sin\theta}{\cos\theta} \tag{3-10}$$

根据式(3-9)有

$$\left.\begin{aligned}dx/d\delta&=(ds/d\delta-e)\sin\delta+(s_0+s)\cos\delta\\dx/d\delta&=(ds/d\delta-e)\cos\delta-(s_0+s)\sin\delta\end{aligned}\right\} \tag{3-11}$$

可得

$$\left.\begin{aligned}\sin\theta&=\frac{dx/d\delta}{\sqrt{(dx/d\delta)^2+(dy/d\delta)^2}}\\\cos\theta&=\frac{-dy/d\delta}{\sqrt{(dx/d\delta)^2+(dy/d\delta)^2}}\end{aligned}\right\} \tag{3-12}$$

工作廓线上对应点 $B'(x',y')$ 的坐标为

$$\left.\begin{aligned}x'&=x\mp r_T\cos\theta\\y'&=y\mp r_T\sin\theta\end{aligned}\right\} \tag{3-13}$$

此即为凸轮的工作廓线方程式。式中“－”号用于内等距曲线，“＋”号用于外等距曲线。

另外，式(3-11)中 e 为代数值，其正、负规定如下：如图 3-18 所示，当凸轮沿逆时针方向回转时，若从动件处于凸轮回转中心的右侧，e 为正，反之为负；若凸轮沿顺时针方向回转，则相反。

3.4.2 对心平底从动件盘形凸轮机构

如图 3-20 所示，取坐标系的 y 轴与从动件轴线重合，当凸轮转角为 δ 时，从动件的位移为 s，而根据反转法作法可知，此时从动件平底与凸轮在 B 点相切。又由瞬心知识可知，此时凸轮与从动件的相对瞬心在 P 点，故知从动件的速度为

$$v=v_P=\overline{OP}\omega$$

或

$$\overline{OP}=v/\omega=ds/d\delta$$

而由图可知 B 点的坐标为

$$\left.\begin{aligned}x&=(r_{min}+s)\sin\delta+(ds/d\delta)\cos\delta\\y&=(r_{min}+s)\cos\delta-(ds/d\delta)\sin\delta\end{aligned}\right\} \tag{3-14}$$

此即为凸轮工作廓线的方程式。

3.4.3 摆动滚子从动件盘形凸轮机构

如图 3-21 所示，已知凸轮与摆动从动件的中心距 a，摆动从动件的长度 l，凸轮的基圆半径 r_{min}，取摆动推杆的轴心 A_0 与凸轮轴心 O 之连线为坐标系的 y 轴，在反转运动中，当推杆对于凸轮转过 δ 角时，摆动推杆处于图示 AB 位置，其角位移为 φ；则 B 点之坐标为

$$\left.\begin{aligned}x&=a\sin\delta-l\sin(\delta+\varphi+\varphi_0)\\y&=a\cos\delta-l\cos(\delta+\varphi+\varphi_0)\end{aligned}\right\} \tag{3-15}$$

式中：φ_0 为从动件的初位角，其值为

$$\varphi_0=\arccos\sqrt{\frac{a^2+l^2-r_{min}^2}{2al}} \tag{3-16}$$

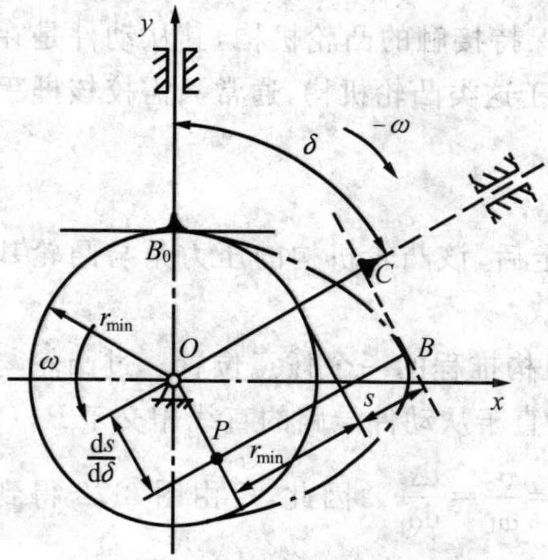

图 3-20 对心平底从动件盘形凸轮机构

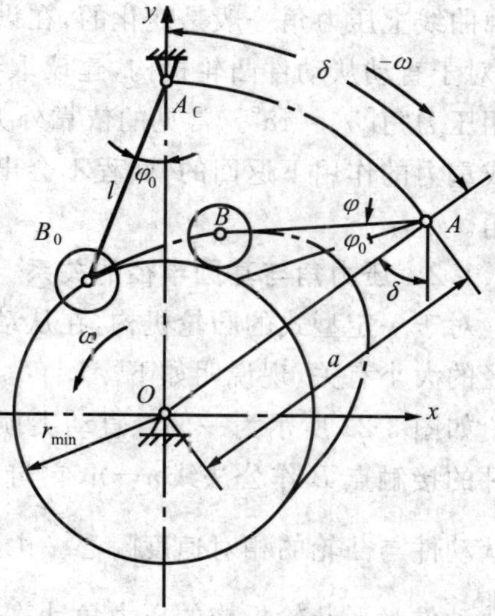

图 3-21 摆动滚子从动件盘形凸轮机构

式(3-15)为凸轮理论廓线的方程式，工作廓线的方程式仍按式(3-13)计算。

3.5 凸轮机构基本参数的确定

前面我们在讨论凸轮轮廓曲线的设计时，凸轮的基圆半径，滚子从动件的滚子半径和平底从动件的平底尺寸等，都假设是给定的，而实际上这些尺寸，还有凸轮机构的其他一些基本尺寸的确定是要考虑机构的受力情况是否良好、动作是否灵活、尺寸是否紧凑等许多因素由设计者确定的。因此，本节将讨论凸轮机构基本参数的确定原则及方法。

3.5.1 凸轮机构的压力角

3.5.1.1 压力角与作用力的关系

如图 3-22 所示为一尖顶直动从动件盘形凸轮机构。当不计凸轮与从动件之间的摩擦时，凸轮给从动件的力 F 是沿法线方向的，从动件运动方向与力 F 之间的锐角 α 即压力角。力 F 可分解为沿从动件运动方向的有用分力 F' 和使从动件紧压导路的有害分力 F''，且

$$F''=F'\tan\alpha \tag{3-17}$$

式(3-17)表明，驱动从动件的有用分力 F' 一定时，压力角 α 越大，则有害分力 F'' 越大，机构的效率越低。当 α 增大到一定程度，以致 F'' 在导路中所引起的摩擦阻力大于有用分力 F' 时，无论凸轮加给从动件的作用力多大，从动件都不能运动，这种现象称为自锁。在生产实际中，为保证机构正常工作并具有一定的传动效率，必须对压力角加以限制。凸轮

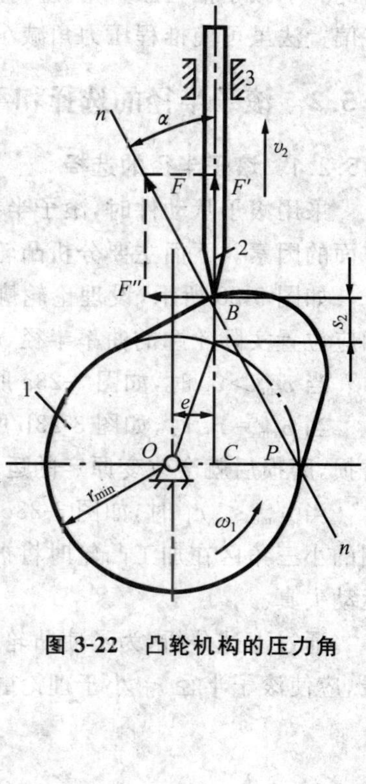

图 3-22 凸轮机构的压力角

轮廓曲线上压力角一般是变化的，在设计时应使最大的压力角不超过许用值，即 $\alpha_{max} \leqslant [\alpha]$。通常，对于直动从动件凸轮机构，建议取许用压力角 $[\alpha]=30°$；对于摆动从动件凸轮机构，建议取许用压力角 $[\alpha]=45°$。常见的依靠外力使从动件与凸轮保持接触的凸轮机构，其从动件是在弹簧或重力的作用下返回的，回程不会出现自锁。因此，对于这类凸轮机构，通常只需校核推程压力角。

3.5.1.2　压力角与基圆半径的关系

对于一定型式的凸轮机构，在从动件的运动规律选定后，该凸轮机构的压力角与凸轮基圆半径的大小有关，现说明如下。

如图 3-22 所示为一偏置直动尖顶从动件盘形凸轮机构推程的一个任意位置。过凸轮与从动件的接触点 B 作公法线 $n-n$，它与过凸轮轴心 O 且垂直于从动件导路的直线相交于 P，P 就是从动件与凸轮的相对速度瞬心。由瞬心知识可知 $l_{OP}=\dfrac{v_2}{\omega_1}=\dfrac{ds_2}{d\delta_1}$。因此，可由图 3-22 得到直动从动件盘形凸轮机构的压力角计算公式为

$$\tan\alpha=\frac{\dfrac{ds_2}{d\delta_1}\mp e}{s_2+\sqrt{r_{min}^2-e^2}} \tag{3-18}$$

式中：s_2 为对应于凸轮转角 δ_1 的从动件位移。

式(3-18)说明，在其他条件不变的情况下，基圆 r_{min} 越小，压力角 α 越大。基圆半径过小，压力角就会超过许用值。因此实际设计中，只能在保证凸轮轮廓的最大压力角不超过许用值的前提下，考虑缩小凸轮的尺寸。

如图 3-22 所示，当导路和瞬心 P 在凸轮轴心 O 的同侧时，式(3-18)中取“－”号，可使压力角减小；反之，当导路和瞬心 P 在凸轮轴心 O 的异侧时，式(3-18)中取“＋”号，压力角将增大。因此为了减小推程压力角，应将从动件导路向推程相对速度瞬心的同侧偏置。但须注意，用导路偏置法虽可使推程压力角减小，但同时却使回程压力角增大，所以偏距 e 不宜过大。

3.5.2　滚子半径的选择和平底尺寸的确定

3.5.2.1　滚子半径的选择

采用滚子从动件时，滚子半径的选择，要考虑滚子的结构、强度及凸轮轮廓曲线的形状等多方面的因素。下面主要分析凸轮轮廓曲线与滚子半径的关系。

如图 3-23 所示，设理论轮廓外凸部分的最小曲率半径用 ρ_{min} 表示，滚子半径用 r_T 表示，则相应位置实际轮廓的曲率半径 $\rho'=\rho_{min}-r_T$。

当 $\rho_{min}>r_T$ 时，如图 3-23a 所示，这时 $\rho'>0$，实际轮廓为一光滑曲线。

当 $\rho_{min}=r_T$ 时，如图 3-23b 所示，这时 $\rho'=0$，在凸轮实际轮廓上产生了尖点，这种尖点极易磨损，磨损后就会改变原定的运动规律。

当 $\rho'_{min}<r_T$ 时，如图 3-23c 所示，这时 $\rho'<0$，实际轮廓曲线发生自交。图中实际廓线所包围的小三角区在加工凸轮时将被切去，致使从动件不能按预期的运动规律运动，这种现象称为运动失真。

通过上述分析，为了使凸轮轮廓在任何位置既不变尖，更不自交，对于外凸的凸轮轮廓曲线，应使滚子半径 r_T 小于理论廓线的最小曲率半径 ρ_{min}（对于内凹的凸轮轮廓曲线，不论滚子半

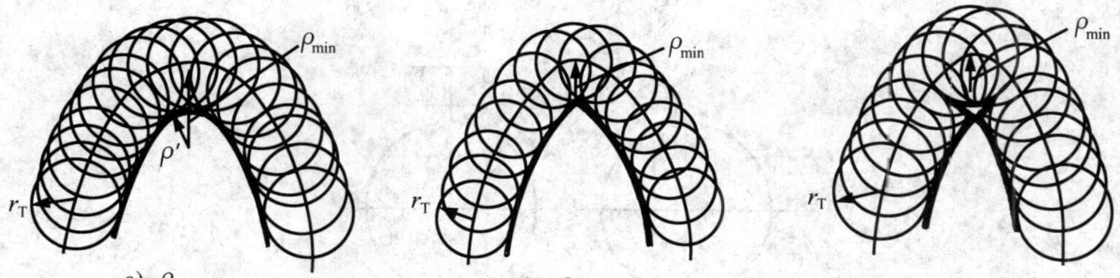

a) $\rho_{min}>r_T$　　b) $\rho_{min}=r_T$　　c) $\rho_{min}<r_T$

图 3-23 滚子从动件滚子半径的选择

径大小如何,凸轮的工作廓线总是可以平滑地作出的)。如果 ρ_{min} 过小,按上述条件选择的滚子半径太小而不能满足安装和强度要求,就应当把凸轮基圆半径加大,重新设计凸轮轮廓。

3.5.2.2 平底尺寸的确定

如图 3-17 所示,当用作图法将凸轮廓线作出后,即可确定出从动件平底中心至从动件平底与凸轮廓线的接触点间的最大距离 $l_{max}=\max(l,m)$。设平底两侧取同样的长度,则从动件平底长度 l 应取为

$$l=2l_{max}+(5\sim7)\text{mm} \tag{3-19}$$

平底长度也可用公式计算。

对于平底从动件凸轮机构,有时也会产生失真现象。如图 3-24 所示,当取凸轮的基圆半径为 r_{min} 时,由于从动件的平底在 B_1E_1 和 B_3E_3 的位置相交于 B_2E_2 之内,因而使凸轮的工作廓线不能与平底的 B_2E_2 位置相切,所以在这些位置时,从动件将不能按预期的运动规律运动,即出现运动失真现象。为了解决这个问题,可适当增大凸轮的基圆半径。图中将基圆半径由 r_{min} 增大到 r'_{min},即避免了失真现象。

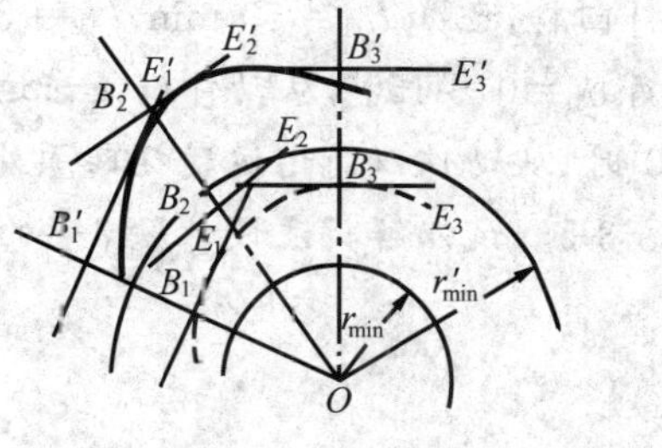

图 3-24 平底从动件凸轮机构的失真现象

根据以上的讨论,在进行凸轮廓线设计之前,需先选定凸轮基圆的半径,而凸轮基圆半径的选择,需要考虑实际的结构条件、压力角以及凸轮的工作廓线是否会出现变尖和失真等因素。除此之外,当为直动从动件时,应在结构许可的条件下,尽可能取较大的导轨长度和较小的悬臂尺寸;当为滚子从动件时,应恰当地选取滚子半径;当为平底从动件时,应正确地确定平底尺寸等。当然,上述这些尺寸的确定,还必须考虑到强度和工艺等方面的要求。合理选择这些尺寸是保证凸轮机构具有良好的工作性能的重要因素。

习题 3

3-1 图示机构为偏置直动滚子从动件盘形凸轮机构,试在 a)图中标出凸轮的基圆半径,凸轮机构的压力角,凸轮从图示位置转过 90°后推杆的位移;在 b)图中标出推杆从图示位置升高位移 s 时,凸轮的转角和凸轮机构的压力角。

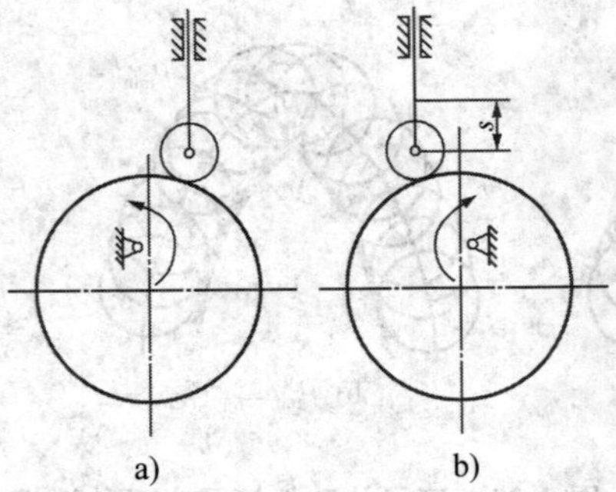

题 3-1 图

3-2 已知从动件升程 $h=30$ mm，$\delta_t=150°$，$\delta_s=30°$，$\delta_h=120°$，$\delta_{s'}=60°$，从动件在推程作等加等减速运动，在回程作等速运动，试用作图法或公式计算绘出其运动线图 $s_2-\delta_1$、$v_2-\delta_1$ 和 $a_2-\delta_1$。

3-3 试以作图法设计一偏置直动滚子推杆盘形凸轮机构的凸轮轮廓曲线。已知凸轮以等角速度逆时针回转，正偏置 $e=10$ mm，基圆半径 $r_{min}=60$ mm，滚子半径 $r_T=10$ mm。从动件运动规律为：凸轮转角 $\delta_1=0°\sim150°$，从动件等速上升 16 mm；$\delta_1=150°\sim180°$ 时，从动件远休；$\delta_1=180°\sim300°$ 时，从动件等加速等减速回程 16 mm；$\delta_1=300°\sim360°$ 时，从动件近休。

3-4 试以作图法设计一摆动滚子推杆盘形凸轮机构的凸轮轮廓曲线。凸轮以等角速度逆时针回转，已知 $l_{OA}=50$ mm，$l_{AB}=30$ mm，$r_{min}=40$ mm，$r_T=10$ mm。从动件运动规律为：凸轮转角 $\delta_1=0°\sim150°$，从动件以简谐运动向上摆动 15°；$\delta_1=150°\sim180°$ 时，从动件远休；$\delta_1=180°\sim300°$ 时，从动件以简谐运动摆回原处；$\delta_1=300°\sim360°$ 时，从动件近休。

3-5 试以解析法设计题 3-4 的凸轮轮廓曲线。

4 齿轮机构

4.1 齿轮机构的特点、应用和分类

4.1.1 齿轮机构的特点和应用

齿轮机构是由一对齿轮、机架组成的高副机构，它可以用来传递空间任意两轴之间的运动和动力，是机械系统中应用最早、最广的传动机构之一。其主要特点是：①传动性能好，可以实现任意两轴间的传动、速度快、传动平稳；②承载能力强，可以传动的功率范围广（从几瓦到几十万千瓦）、传动效率高且工作可靠；③寿命长；④要求较高的制造和安装精度，成本较高。

4.1.2 齿轮机构的分类

按不同的方法可以将齿轮机构分成不同的类型。按传动比（$i_{12}=\omega_1/\omega_2$）是否为常量可将其分为定传动比齿轮机构和变传动比齿轮机构两大类。实际机械传动中很少采用变传动比齿轮机构，其绝大多数采用定传动比齿轮机构。本章仅限于研究和讨论定传动比齿轮机构。

理论上可按 2 个齿轮轴在空间的相对位置将齿轮机构分为：①平行轴齿轮机构；②相交轴齿轮机构；③交错轴齿轮机构。工程上习惯于按照两齿轮的相对运动形式将齿轮机构可分为平面齿轮机构和空间齿轮机构两大类。同理还可以将齿轮机构分成不同的类型，这里就不一一列举。各种类型的齿轮机构如图 4-1 所示。

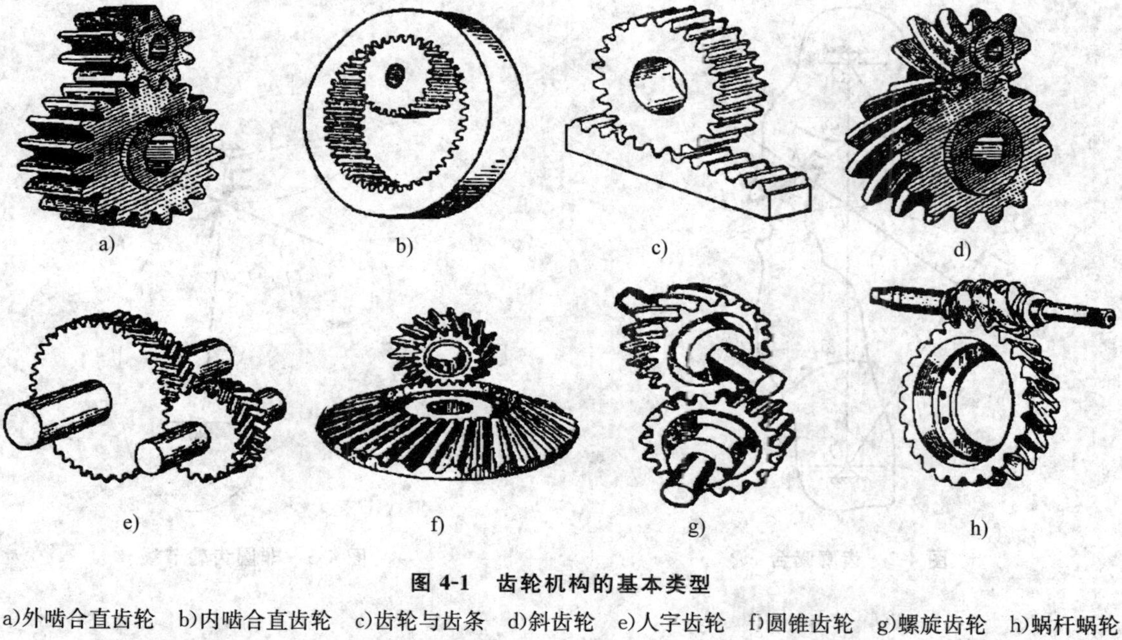

图 4-1 齿轮机构的基本类型

a)外啮合直齿轮 b)内啮合直齿轮 c)齿轮与齿条 d)斜齿轮 e)人字齿轮 f)圆锥齿轮 g)螺旋齿轮 h)蜗杆蜗轮

4.2　齿廓啮合基本定律

一对齿轮的传动是依靠主动轮齿廓顺序推动从动轮齿廓而进行的。两轮的瞬时角速度比称为传动比。齿廓形状不同,则两齿轮的传动比变化规律不同。齿廓啮合基本定律即是对齿廓与传动比之间关系的一种表述。

4.2.1　齿廓啮合基本定律

为研究问题方便,取平面齿轮齿面与垂直于齿轮轴横截面的交线为齿廓曲线。图 4-2 表示一对相互啮合的齿廓曲线在 K 点接触。过 K 点作两齿廓曲线的公法线 $n-n$,它与连心线 O_1O_2 交点 P 称为节点。由 1.4 节可知 P 点是齿轮 1、2 的相对速度瞬心。这时该对齿轮的传动比为

$$i=\frac{\omega_1}{\omega_2}=\frac{O_2P}{O_1P} \tag{4-1}$$

由式(4-1)可知,一对传动齿轮的瞬时角速度比等于其连心线 O_1O_2 被齿廓接触点的公法线所分割为 2 段长度的反比。这个规律称为齿廓啮合基本定律。当要求传动比按给定的规律变化时,则意味着节点 P 的位置也要按相应的规律在两齿轮的连心线上移动。若传动比为常量,则节点 P 的位置在两齿轮的连心线上固定不动。

取两平面分别固连于两齿轮并随之转动,当两齿轮轮齿齿廓啮合时其节点 P 必在两平面上描出 2 条封闭曲线,称这 2 条封闭曲线为节线。两齿轮的传动比为变量,则节线是非圆曲线,如图 4-3 所示。两齿轮的传动比为常量,则节线是圆(亦称为节圆,节圆半径用 r_1' 和 r_2' 表示),如图 4-2 所示。实际生产中应用的绝大多数齿轮机构的传动比均为常量,由于其节线是圆,这种齿轮被称为圆形齿轮。

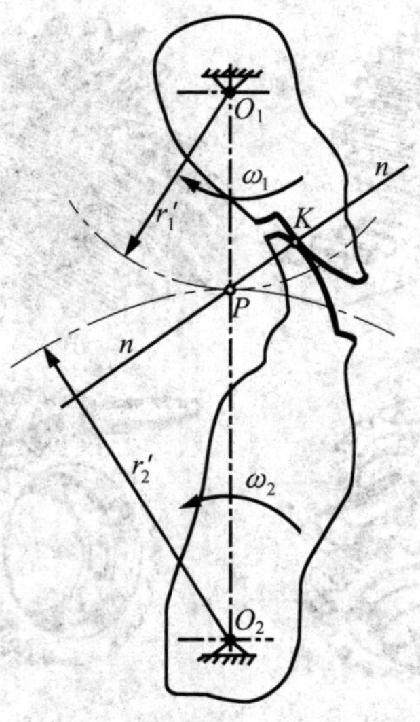

图 4-2　齿廓啮合

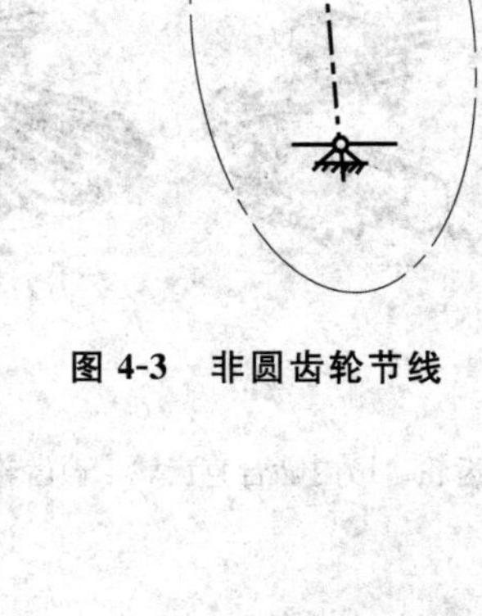
图 4-3　非圆齿轮节线

4.2.2 共轭齿廓

凡能满足齿廓啮合基本定律的齿廓称为共轭齿廓。理论上讲，当给出任意一条曲线作为一个齿轮的齿廓，我们总可以根据齿廓啮合基本定律找出与该齿廓共轭的另一齿轮的齿廓曲线，因此能够作为共轭齿廓的曲线有无穷多。但齿廓曲线的选择除要求满足传动比之外，还必须考虑制造、安装、强度、效率、寿命以及互换性等要求。在机械中，常用的齿廓曲线有渐开线、摆线和圆弧。由于渐开线齿廓基本上能满足上述要求，因此在实际生产中应用最广。

4.3 渐开线及渐开线齿廓

4.3.1 渐开线的形成及其极坐标方程

如图 4-4 所示，取一直线在一圆周上作纯滚动（直线从位置Ⅰ滚动到位置Ⅱ），此直线上任一点的轨迹称为该圆的渐开线。这一直线称为发生线，该圆称为渐开线的基圆。

在图 4-4 中取 OA 为极坐标轴，O 为极点。渐开线上任一点 K 的极坐标分别用 r_K（任意圆半径或极径）和 θ_K（展角或极角）表示。取渐开线的基圆半径为 r_b，$\angle KOB$ 用 α_K（压力角）表示，则渐开线的极坐标方程为

$$r_K=\frac{r_b}{\cos\alpha_K} \tag{4-2}$$

$$\mathrm{inv}\alpha_K=\theta_K=\tan\alpha_K-\alpha_K \tag{4-3}$$

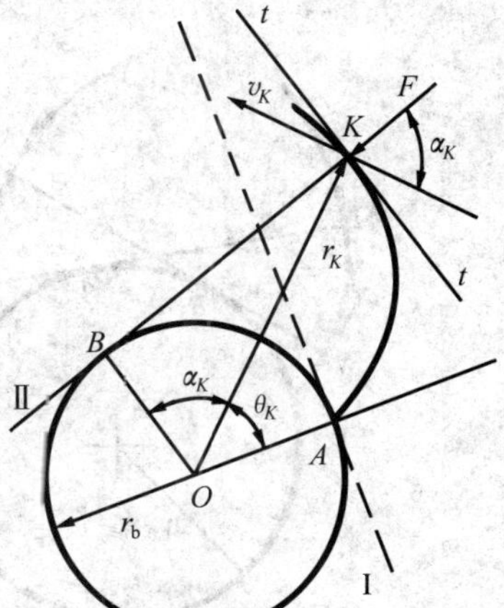

图 4-4 渐开线的生成

式(4-2)、式(4-3)是以 α_K 为参数的渐开线极坐标参数方程。式(4-3)表明 θ_K 随 α_K 变化而变化，工程上常将 θ_K 称为角 α_K 的渐开线函数，用 $\mathrm{inv}\alpha_K$ 表示。为方便工程上的使用，将不同压力角的渐开线函数计算出来列成表，见附表 1。

4.3.2 渐开线的性质

由如图 4-4 所示的渐开线形成过程可归纳出渐开线具有下列性质：

1) $\overline{BK}=\widehat{AB}$；因为发生线从位置Ⅰ相对于基圆纯滚动到位置Ⅱ时没有相对滑动。

2) 渐开线上任意点的法线必与基圆相切（发生线是渐开线在 K 点的法线）；我们知道，沿曲线运动的点的速度方向即是该点所在位置曲线的切线方向；发生线沿基圆作纯滚动时其上任意点 K 的速度垂直于发生线。

3) $\overline{BK}$ 为渐开线上任意点 K 的曲率半径（B 点是渐开线上 K 点的曲率中心）；由于发生线在基圆上作纯滚动，B 点是其瞬心点。渐开线上越远离基圆的点其曲率半径越大，渐开线越平直；反之，渐开线上越靠近基圆的点其曲率半径越小，渐开线越弯曲。

4) 渐开线的形状决定于基圆的大小。基圆越小，生成的渐开线越弯曲；基圆越大，生成的渐开线越平直。当基圆半径趋于无穷大时，其渐开线最平直而成为直线。

5) 基圆内无渐开线。

当渐开线作为齿廓曲线时，还可以从上面的 5 条性质中推出下面性质：

6)同一基圆生成的 2 条渐开线其公法线的长度相等，如图 4-5 所示。

7)如图 4-4 所示，当渐开线作为齿轮轮齿一侧的齿廓曲线时，齿轮绕 O 点转动，齿廓上任意点 K 的速度为 v_K，则 K 点的压力角为

$$\cos\alpha_K=\frac{r_b}{r_K}=\frac{d_b}{d_K} \tag{4-4}$$

式(4-4)表示渐开线齿廓上各点压力角随齿廓半径变化而变化，r_K 越大，其压力角越大；基圆处压力角为零。

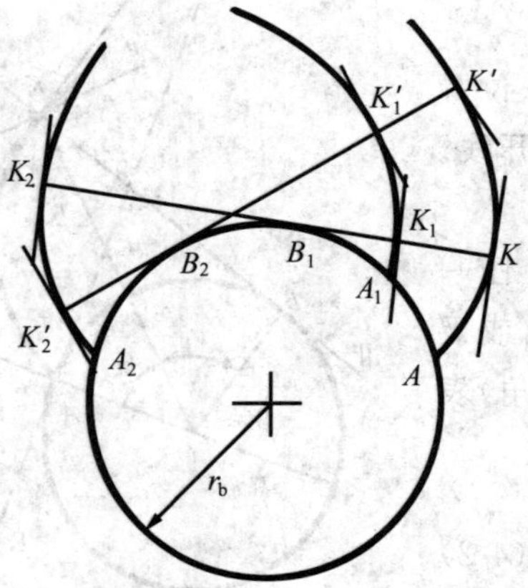

图 4-5 渐开线的等距性

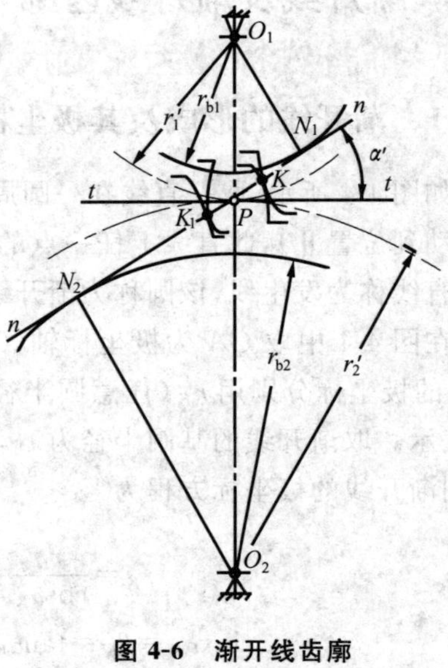

图 4-6 渐开线齿廓

4.3.3 渐开线齿廓

4.3.3.1 满足齿廓啮合基本定律

如图 4-6 所示，一对齿轮的 2 个渐开线齿廓在啮合过程中分别在任意点 K 和 K_1 接触，过接触点作其公法线 $n-n$。根据渐开线性质 2 可知，这一公法线必与生成两齿廓渐开线的基圆相切，切点分别为 N_1 和 N_2，即为两轮基圆的内公切线。当两齿轮的齿廓曲线确定后，则意味着形成齿廓曲线的基圆确定；而当齿轮安装后，其转动中心固定。因此在两齿廓啮合过程中内公切线和两齿轮的连心线都为定直线，两线的交点 P 为定点，即传动比

$$i=\frac{\omega_1}{\omega_2}=\frac{O_2P}{O_1P}=\frac{r_2'}{r_1'}=\frac{O_2N_2}{O_1N_1}=\frac{r_{b2}}{r_{b1}}=\text{常量} \tag{4-5}$$

满足齿廓啮合基本定律，角速比为定值。式(4-5)中 r_1'，r_2' 分别为两齿轮的节圆半径。

4.3.3.2 可分性

当一对渐开线齿轮相互啮合时，意味着该对齿轮渐开线确定，形成该渐开线的基圆半径是不会改变，即使两齿轮传动的中心距稍有改变，两线的交点 P 仍为定点（P 点位置有变化），由式(4-5)可知，其角速度比仍保持原值不变。这种性质称为渐开线齿轮的可分性。

实际上，由于制造安装误差或轴承磨损，常常导致中心距的微小改变，但由于渐开线齿轮具有可分性，故仍能保持良好的传动性能。

齿轮传动时其齿廓接触点的轨迹称为啮合线。对于渐开线齿轮，无论其齿廓在哪一点接触，过接触点所作的公法线总是两基圆的内公切线 $n-n$。因此齿轮传动时的啮合线必重合于两基圆的内公切线。

过节点 P 作两齿轮节圆的公切线 $t-t$，它与啮合线间的夹角称为啮合角，用 α' 表示。由前所述可知，两渐开线齿轮传动中其啮合角为常数。由图 4-6 中几何关系可知，啮合角在数值上等于渐开线在节圆上的压力角。

4.4　渐开线标准齿轮的尺寸计算

4.4.1　齿轮各部分名称

图 4-7 为直齿圆柱齿轮的一部分。

1)齿顶圆：过齿轮齿顶所作的圆，其直径和半径分别用 d_a 和 r_a 表示。

2)分度圆：计算齿轮几何尺寸的基准圆，其直径和半径分别用 d 和 r 表示。

3)齿根圆：过齿轮齿根所作的圆，其直径和半径分别用 d_f 和 r_f 表示。

4)基圆：齿轮齿数不同时，基圆可能大于或小于齿根圆，其直径和半径分别用 d_b 和 r_b 表示。

5)分度圆齿厚：分度圆上轮齿两侧齿廓之间的弧长，用 s 表示。

6)分度圆齿间宽：分度圆上相邻两齿之间的弧长，用 e 表示。

7)分度圆周节(齿距)：分度圆上相邻两齿同侧齿廓间的弧长，用 p 表示。

8)齿顶高：轮齿在分度圆到齿顶圆之间的径向高度，用 h_a 表示。

9)齿根高：轮齿在分度圆到齿根圆之间的径向高度，用 h_f 表示。

10)齿全高：轮齿在齿顶圆到齿根圆之间的径向高度，用 h 表示。

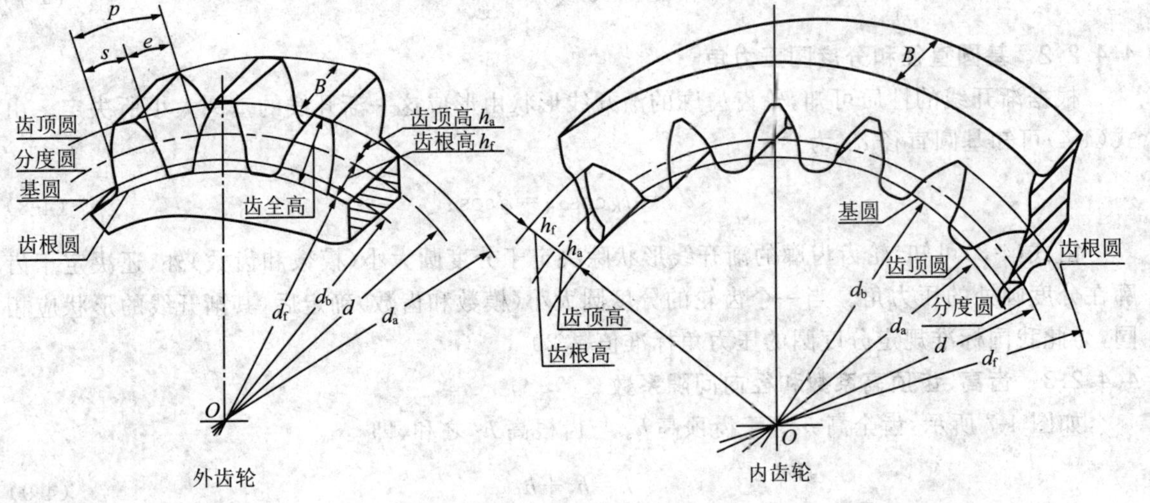

图 4-7　齿轮各部名称

11)齿宽:轮齿的轴向宽度,用 B 表示。

12)齿数:齿轮表面凸出部分称为齿,其总数为齿数,用 z 表示。

4.4.2 齿轮参数、标准齿轮的尺寸计算

4.4.2.1 分度圆直径和模数

为了计算齿轮各部分的几何尺寸,必须先在齿轮上选定一个圆(分度圆)作基准。该圆上的周长分别等于 pz 和 πd,可得

$$d=\frac{p}{\pi}z \tag{4-6}$$

由式(4-6)可知,z 为整数,当取一定 p 值时可得不同 d 值;但由于 π 是无理数,除非取 p 值也为无理数,否则分度圆直径亦为无理数,这会给齿轮的设计、测量和制造等造成很多麻烦。为了简便起见,把齿轮分度圆的周节 p 与 π 的比值规定为标准值(整数或较完整的有理数,尾数是 0 或 5),用 m 表示,称其为模数。模数是计算齿轮的最基本参数,模数越大齿轮轮齿越大。我国已规定了标准模数系列,表 4-1 为其中的一部分。

表 4-1 标准模数系列(GB 1357—87)

mm

第一系列	1	1.25	1.5	2	2.5	3	4
	5	6	8	10	12	16	20
	25	32	40	50			
第二系列	1.75	2.25	2.75	(3.25)	3.5	(3.75)	4.5
	5.5	(6.5)	7	9	(11)	14	18
	22	28	36	45			

注:1)本表适用于渐开线圆柱齿轮。对斜齿轮是指法向模数。

2)优先采用第一系列,括号内的模数尽可能不用。

这时分度圆的计算式即为

$$d=mz \text{ 或 } m=\frac{d}{z} \tag{4-7}$$

4.4.2.2 基圆直径和分度圆压力角

根据渐开线的性质可知,轮齿齿廓的渐开线形状由形成这一渐开线的基圆大小所决定。由式(4-4)可知基圆直径 d_b 为

$$d_b=d_K\cos\alpha_K=d\cos\alpha \tag{4-8}$$

由式(4-8)可知,轮齿齿廓的渐开线形状除决定于分度圆大小(模数和齿数)外,还决定于齿廓在分度圆处的压力角。当一个齿轮的分度圆大小(模数和齿数)确定后,其渐开线的形状应相同,为此我国标准规定分度圆的压力角标准值是 20°。

4.4.2.3 齿高、齿顶高系数和径向间隙系数

如图 4-7 所示,齿全高 h 等于齿顶高 h_a 与齿根高 h_f 之和,即

$$h=h_a+h_f \tag{4-9}$$

而齿顶高 h_a 与齿根高 h_f 分别为

$$h_a = h_a^* m \tag{4-10}$$

$$h_f = (h_a^* + c^*)m \tag{4-11}$$

式中：h_a^* 和 c^* 分别称为齿顶高系数和径向间隙系数。国家标准规定，对于标准正常齿其齿顶高系数和径向间隙系数分别为 $h_a^* = 1$；$c^* = 0.25$。

4.4.2.4 其他尺寸计算

齿顶圆直径 $$d_a = d + 2h_a \tag{4-12}$$

齿根圆直径 $$d_f = d - 2h_f \tag{4-13}$$

分度圆周节 $$p = \pi m \tag{4-14}$$

分度圆齿厚 $$s = \frac{\pi m}{2} \tag{4-15}$$

分度圆齿间宽 $$e = s = \frac{\pi m}{2} \tag{4-16}$$

例题 4-1 已知一渐开线标准直齿圆柱齿轮的齿数 $z=18$，模数 $m=3$ mm。试求这一齿轮的基圆直径、齿轮在半径为 $r_K=28$ mm 处齿廓曲线的曲率半径以及齿轮的几何尺寸。

解：齿轮的分度圆直径为 $d = mz = 3\times 18 = 54(\text{mm})$

齿轮的基圆直径为 $d_b = d\cos\alpha = 54\times\cos 20° = 50.74(\text{mm})$

由图 4-4 可知，渐开线齿轮任意半径处齿廓曲线的曲率半径即为直线 $\overline{BK}$，其长度用 ρ_K 表示，则

$$\rho_K = r_b \tan\alpha_K = r_K \sin\alpha_K$$

由 $\cos\alpha_K = \frac{r_b}{r_K} = \frac{d_b}{d_K} = \frac{50.74}{56} = 0.906$，得 $\alpha_K = 25.03°$，故 $\rho_K = 28\times\sin 25.03° = 11.85(\text{mm})$

齿顶圆直径为 $d_a = d + 2h_a^* m = 54 + 2\times 1\times 3 = 60(\text{mm})$

齿根圆直径为 $d_f = d - 2(h_a^* + c^*)m = 54 - 2\times(1+0.25)\times 3 = 46.5(\text{mm})$

其余尺寸从略。

4.5 渐开线标准齿轮的啮合传动

一对齿轮传动，除其轮齿齿廓满足齿廓啮合基本定律外，在其安装和传动过程中还要满足一定条件。

4.5.1 正确啮合条件

一对齿轮传动时，其轮齿是一对进入啮合和退出啮合。一对轮齿能否正确进入和退出啮合是齿轮传动的必要条件。如图 4-8 所示，一对轮齿在 K' 点开始进入啮合，经过一段时间啮合传动这对轮齿到达 K 点啮合，这时后一对轮齿接替进入 K' 点啮合。为了保证前、后两对轮齿能同时在啮合线上接触，相邻两齿同侧齿廓沿法线的距离相等，即

$$\overline{K_1K_1'} = \overline{K_2K_2'} = \overline{KK'}$$

设 m_1、m_2，α_1、α_2，p_{b1}、p_{b2} 分别为两轮的模数、压力角和基圆齿距，根据渐开线的性质 1 可得

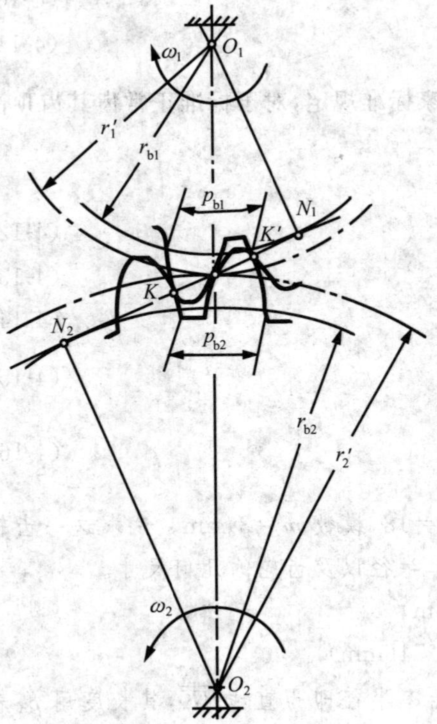

图 4-8 正确啮合条件

$$\overline{KK'}=p_{b1}=p_{b2}$$

由 $p_{b1}=p_{b2}$ 可推得

$$\frac{\pi d_{b1}}{z_1}=\frac{\pi d_{b2}}{z_2}$$

$$\frac{\pi d_1}{z_1}\cos\alpha_1=\frac{\pi d_2}{z_2}\cos\alpha_2$$

$$p_1\cos\alpha_1=p_2\cos\alpha_2$$

$$\pi m_1\cos\alpha_1=\pi m_2\cos\alpha_2$$

此即为一对齿轮轮齿满足正确啮合的条件。实际上渐开线齿轮的模数和压力角已经标准化，若满足上式关系必须使两齿轮的模数和压力角分别相等，因此，一对渐开线齿轮正确啮合的条件是：两渐开线齿轮的模数和压力角必须分别相等，即

$$\left.\begin{aligned}m_1=m_2=m\\ \alpha_1=\alpha_2=\alpha\end{aligned}\right\}\tag{4-17}$$

因此，一对齿轮的传动比可表示为

$$i=\frac{\omega_1}{\omega_2}=\frac{d_2'}{d_1'}=\frac{d_{b2}}{d_{b1}}=\frac{d_2}{d_1}=\frac{z_2}{z_1}\tag{4-18}$$

4.5.2 连续传动条件

一对齿轮的传动是靠其各对轮齿“前仆后继”的相互啮合实现的。如图 4-9 所示，齿轮 1 为主动，齿轮 2 为从动。一对齿廓开始进入啮合时是主动轮的齿根部分与从动轮的齿顶接触，所以，开始啮合点是从动轮的齿顶圆与啮合线的交点 B_2。当两轮继续转动时，啮合点的位置沿啮合线向 N_2 方向移动，从动轮齿廓上的接触点由齿顶向齿根移动，而主动轮齿廓上的接触点则由齿根向齿顶移动。当这对齿廓的啮合点到达 C 点时，另一对齿廓又进入 B_2 点。一对齿廓终止啮合点是主动轮的齿顶圆与啮合线的交点 B_1。当前对齿廓的啮合点到达 B_1 点时，后一对齿廓到达了 D 点。一对齿廓啮合点的实际轨迹是 $\overline{B_1B_2}$，故称这段线为实际啮合线。当两齿轮的顶圆加大时，点 B_2 和点 B_1 趋近于点 N_1 和点 N_2（不会超过 N_1 点和 N_2 点，因基圆以内无渐开线）。故线段 $\overline{N_2N_1}$ 为实际啮合线的极限长度，因此称其为理论啮合线。

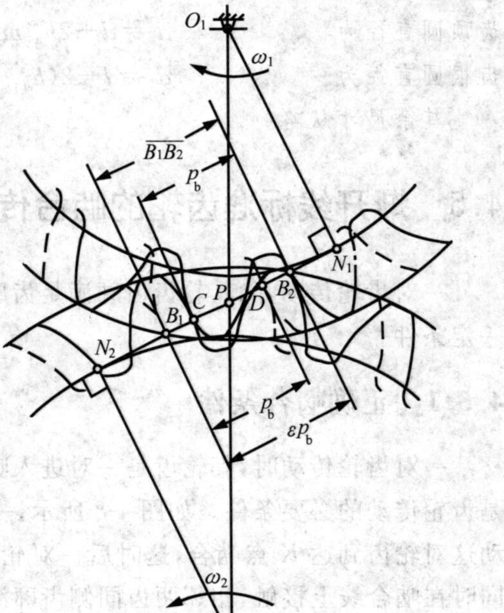

图 4-9 连续传动条件

如前所述，一对齿轮若要连续传动，其临界条件是，前对轮齿齿廓的啮合点到达其终止啮合点 B_1 时，至少后一对轮齿齿廓要同时到达开始啮合点 B_2，即 $p_b=\overline{B_1B_2}$。p_b 为两轮齿同侧齿廓之间的法向的距离（基圆上相邻两齿同侧齿廓间的弧长，即基圆周节）。

若前对轮齿齿廓的啮合点还未到达其终止啮合点 B_1 时（到达 C 点），而后一对轮齿齿廓已到达开始啮合点 B_2，则连续传动更加可靠，这时一对齿轮传动在啮合线上就有两对齿廓在两点同时啮合，即 $p_b<\overline{B_1B_2}$。

因此，一对齿轮连续传动的条件是：两轮齿同侧齿廓之间的法向距离 p_b 要小于或等于实际啮合线长度 $\overline{B_1B_2}$，即 $p_b\leqslant\overline{B_1B_2}$。为表达一对齿轮连续传动的状况，通常用 $\overline{B_1B_2}$ 与 p_b 的比值 ε_α 表示，ε_α 称为重合度。一对齿轮连续传动的条件可以表达为

$$\varepsilon_\alpha=\frac{\overline{B_1B_2}}{p_b}\geqslant 1 \tag{4-19}$$

将一对外啮合直齿圆柱齿轮的几何条件代入式(4-19)可得重合度的计算公式为

$$\varepsilon_\alpha=\frac{1}{2\pi}[z_1(\tan\alpha_{a1}-\tan\alpha')+z_2(\tan\alpha_{a2}-\tan\alpha')] \tag{4-20}$$

齿轮的重合度表示了一对齿轮传动时同时参与啮合的轮齿对数，重合度越大，表示同时啮合的轮齿对数越多。对于标准齿轮传动，因其重合度恒大于 1，故可不必验算。

4.5.3 标准中心距

由前所述可知，一对齿轮传动的中心距为两齿轮的节圆半径之和。一对齿轮安装时，为了避免齿轮反向传动时出现空程和冲击，理论上要求啮合的轮齿间没有齿侧间隙（实际上需要的间隙通过制造公差保证），即要求两啮合齿轮的轮齿中，一个轮齿的节圆齿厚等于另一个轮齿的节圆齿间宽。由于标准齿轮分度圆的齿厚与齿间宽相等，当两标准齿轮正确安装时其分度圆与节圆重合，恰好满足轮齿间没有齿侧间隙的条件。一对标准齿轮分度圆相切时的中心距称为标准中心距，用 a 表示，即

$$a=r_1'+r_2'=\frac{1}{2}(d_1+d_2)=\frac{m}{2}(z_1+z_2) \tag{4-21}$$

4.6 渐开线标准齿轮的齿厚和公法线

在设计和检验渐开线齿轮时，需要知道渐开线齿轮上某些圆的齿厚以及齿轮公法线的长度。例如，为了测量齿侧间隙需要测量节圆的齿厚；而加工圆柱直齿轮时，通过测量公法线长度来控制切深等。

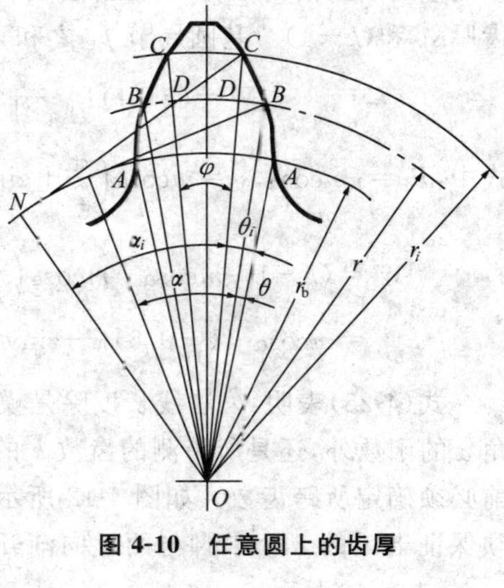

图 4-10 任意圆上的齿厚

4.6.1 轮齿任意圆上的齿厚

4.6.1.1 任意圆上的弧齿厚

如图 4-10 所示为渐开线齿轮上的一个轮齿。根据几何关系可得任意半径 r_i 上的弧齿厚 s_i 为

$$s_i=\widehat{CC}=r_i\varphi$$

式中：
$$\varphi=\angle BOB-2\angle COB=\frac{s}{r}-2(\theta_i-\theta)=\frac{s}{r}-2(\mathrm{inv}\alpha_i-\mathrm{inv}\alpha)$$

故
$$s_i=r_i\varphi=s\frac{r_i}{r}-2r_i(\mathrm{inv}\alpha_i-\mathrm{inv}\alpha) \tag{4-22}$$

4.6.1.2 固定弦齿厚

实际测量中，弧齿厚较难测量。因此通常用量具测量齿厚的弦长，称为固定弦齿厚的测量。

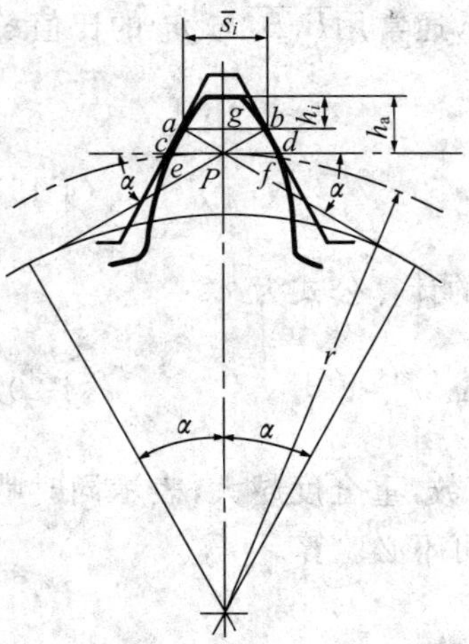

图 4-11 固定弦齿厚

所谓固定弦齿厚是指标准齿条的齿廓与齿轮齿廓对称相切时，两切点的距离，如图 4-11 中的$\overline{ab}$，用$\overline{s_i}$表示；固定弦$\overline{ab}$至齿顶的距离称为固定弦齿高，用 h_i 表示。根据图 4-11 的几何关系，固定弦齿厚$\overline{s_i}$为

$$\overline{s_i}=2\,\overline{aP}\cos\alpha$$

式中：$\overline{aP}=\overline{cP}\cos\alpha=\frac{\pi m}{4}\cos\alpha$，故

$$\overline{s_i}=\frac{\pi m}{2}\cos^2\alpha \tag{4-23}$$

固定弦齿高 h_i 为

$$h_i=h_a-\overline{Pg}=h_a-\overline{aP}\sin\alpha=h_a^* m-\frac{\pi m}{4}\cos\alpha\sin\alpha \tag{4-24}$$

由式(4-23)和式(4-24)可知，对于标准齿轮 h_a^* 和 α 是定值，因此，固定弦齿厚和固定弦齿高只与齿轮的模数有关，即模数相同的齿轮，具有相同的固定弦。

4.6.2 公法线长度

公法线长度是指两反向渐开线齿廓间的法向距离。根据渐开线的性质，公法线必与基圆相切，从图 4-12 可知，这个距离可用游标卡尺直接量出。设测量时所跨的齿数为 k，则公法线长度 W 为一个基圆齿厚 s_b 和$(k-1)$个基圆周节 p_b 之和，即

$$W=(k-1)P_b+s_b$$

式中：$P_b=\pi m\cos\alpha$，$s_b=m\cos\alpha\left(\frac{\pi}{2}+z\mathrm{inv}\alpha\right)$，故

$$\begin{aligned}W&=(k-1)\pi m\cos\alpha+m\cos\alpha\left(\frac{\pi}{2}+z\mathrm{inv}\alpha\right)\\&=m\cos\alpha[(k-0.5)\pi+z\mathrm{inv}\alpha]\end{aligned} \tag{4-25}$$

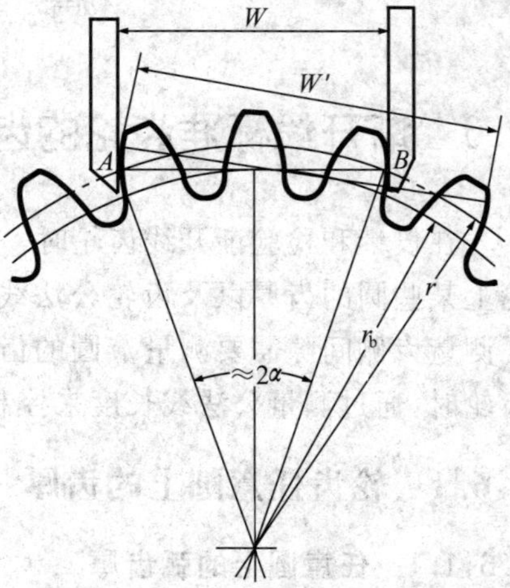

图 4-12 公法线长度

式(4-25)表明：公法线长度除是模数 m、齿数 z、压力角 α 的函数外，还是所跨测的齿数 k 的函数。因此，测量前必须确定所跨齿数。如图 4-12 所示，测量公法线时必须保证卡尺的 2 个卡脚与两反向渐开线齿廓相切；若所

跨齿数过多或过少，则会使卡脚在齿廓的顶部或根部接触，从而影响公法线的测量精度。为准确测量公法线长度，最好是两卡脚与两渐开线齿廓正好切于分度圆上，由图 4-12 可知

$$\widehat{AB}=2\alpha r=(k-0.5)p$$

即

$$2\alpha r=d\alpha=mz\alpha=(k-0.5)\pi m$$

因此合理的跨齿数 k 为

$$k=\frac{\alpha}{\pi}z+0.5=\frac{\alpha^{\circ}}{180^{\circ}}z+0.5 \tag{4-26}$$

由式(4-26)计算出来的 k 值必须圆整为整数，所以实际上两卡脚与齿廓只能切于分度圆附近。但这不影响测量结果。为了简化计算和使用方便，将 $\alpha=20°$ 和 $m=1$ 的标准齿轮公法线长度 W' 和跨齿数 k 计算并列表，如表 4-2 所示。若求实际公法线长度 W，则可先由表中查出 W' 值，然后乘上实际齿轮的模数即可。

表 4-2 标准齿轮公法线长度 W' 和跨齿数 k($\alpha=20°$, $m=1$ mm)

齿数	k	W'	齿数	k	W'	齿数	k	W'	齿数	k	W'
9	2	4.554 2	18	3	7.632 4	27	4	10.710 6	36	5	13.788 8
10	2	4.568 3	19	3	7.646 4	28	4	10.724 6	37	5	13.802 8
11	2	4.582 3	20	3	7.660 4	29	4	10.738 6	38	5	13.816 8
12	2	4.596 3	21	3	7.674 4	30	4	10.752 6	39	5	13.830 8
13	2	4.610 3	22	3	7.688 5	31	4	10.766 6	40	5	13.844 8
14	2	4.624 3	23	3	7.702 5	32	4	10.780 6	41	5	13.858 8
15	2	4.638 3	24	3	7.716 5	33	4	10.794 6	42	5	13.872 8
16	2	4.652 3	25	3	7.730 5	34	4	10.808 6	43	5	13.886 8
17	2	4.666 3	26	3	7.744 5	35	4	10.822 7	44	5	13.900 8

渐开线标准直齿圆柱齿轮的计算公式见表 4-3。

例题 4-2 已知一对渐开线标准直齿圆柱齿轮，$z_1=21$，$z_2=40$，$m=5$ mm。试求：这对齿轮的中心距、重合度以及齿轮 1 的顶圆齿厚和公法线的长度。

解：中心距

$$a=\frac{m}{2}(z_1+z_2)=\frac{5}{2}\times(21+40)=152.5(\text{mm})$$

重合度

$$\varepsilon_\alpha=\frac{1}{2\pi}[z_1(\tan\alpha_{a1}-\tan\alpha')+z_2(\tan\alpha_{a2}-\tan\alpha')]$$

$$\alpha_{a1}=\arccos\frac{r_{b1}}{r_{a1}}=\arccos\frac{mz_1\cos\alpha}{m(z_1+2h_a^*)}=\arccos\frac{5\times21\times\cos20^{\circ}}{5\times(21+2\times1)}$$
$$=\arccos(0.858)=30.91^{\circ}$$

$$\alpha_{a2}=\arccos\frac{r_{b2}}{r_{a2}}=\arccos\frac{mz_2\cos\alpha}{m(z_2+2h_a^*)}=\arccos\frac{5\times40\times\cos20^{\circ}}{5\times(40+2\times1)}$$
$$=\arccos(0.895)=26.50^{\circ}$$

$$\varepsilon_\alpha=\frac{1}{2\pi}[21\times(\tan30.91^{\circ}-\tan20^{\circ})+40\times(\tan26.50^{\circ}-\tan20^{\circ})]=1.65$$

$$s_{a1}=s\frac{r_{a1}}{r_1}-2r_{a1}(\text{inv}\alpha_{a1}-\text{inv}\alpha)$$

查附表 1 得：$\alpha_{a1}=30.91°=30°55'$，$\text{inv}30°55'=0.059\,285$，$\text{inv}20°=0.014\,904$，得齿轮 1 的齿顶圆齿厚

$$S_{a1}=\frac{1}{2}\times 3.14\times 5\times\frac{5\times(21+2\times 1)}{5\times 21}-5\times(21+2\times 1)\times(0.059\,285-0.014\,904)=3.49(\text{mm})$$

查表 4-2 可知：$z=21$ 时，$k=3$，$W'=7.674\,4$ mm，则齿轮 1 的公法线长度

$$W=W'm=7.674\,4\times 5=38.372(\text{mm})$$

表 4-3　渐开线标准直齿圆柱齿轮的计算公式

名称	代号	计算公式	
		外齿轮	内齿轮
分度圆直径	d_1,d_2	$d_1=mz_1,d_2=mz_2$	
齿顶高	h_a	$h_a=h_a^* m$	
齿根高	h_f	$h_f=(h_a^*+c^*)m$	
全齿高	h	$h=h_a+h_f$	
齿顶圆直径	d_{a1},d_{a2}	$d_{a1}=d_1+2h_a,d_{a2}=d_2+2h_a$	$d_{a1}=d_1-2h_a,d_{a2}=d_2-2h_a$
齿根圆直径	d_{f1},d_{f2}	$d_{f1}=d_1-2h_f,d_{f2}=d_2-2h_f$	$d_{f1}=d_1+2h_f,d_{f2}=d_2+2h_f$
基圆直径	d_{b1},d_{b2}	$d_{b1}=d_1\cos\alpha,d_{b2}=d_2\cos\alpha$	
分度圆、基圆周节	p、p_b	$p=\pi m,P_b=p\cos\alpha$	
分度圆齿厚、齿间宽	s、e	$s=\pi m/2,e=s$	
任意圆齿厚	s_i	$s_i=s\dfrac{r_i}{r}-2r_i(\text{inv}\alpha_i-\text{inv}\alpha)$	
公法线长度	W	$W=(k-1)\pi m\cos\alpha+m\cos\alpha\left(\dfrac{\pi}{2}+z\text{inv}\alpha\right)$	
跨齿数	k	$k=\dfrac{\alpha°}{180°}z+0.5$	
传动比	i_{12}	$i_{12}=\dfrac{\omega_1}{\omega_2}=\dfrac{d_2'}{d_1'}=\dfrac{d_{b2}}{d_{b1}}=\dfrac{d_2}{d_1}=\dfrac{z_2}{z_1}$	
标准中心距	a	$a=\dfrac{m}{2}(z_1+z_2)$	

4.7　渐开线齿轮的切齿原理

渐开线齿轮的加工有很多方法，如切削加工、铸造加工、冲压加工、成型加工等。切削加工是一种常用的齿轮加工方法，按其加工原理可分为成形法和范成法 2 类。

4.7.1　成形法

若用一刀具将齿轮轮坯按齿轮的齿槽形状切去，剩下的部分即成为齿轮。所谓成形法是指采用与所加工的渐开线齿轮齿槽形状相同的刀具直接切出齿形的方法。成形法加工所用的刀具称作成形刀具，常用的有指状铣刀和盘状铣刀 2 种，如图 4-13 所示。

加工时，铣刀绕本身轴线旋转，同时轮坯沿齿轮轴线方向直线移动。铣出一个齿槽后，将轮

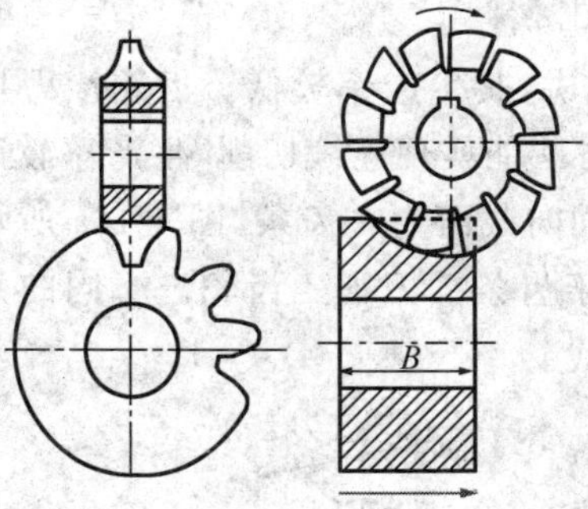

a) 盘状铣刀切齿

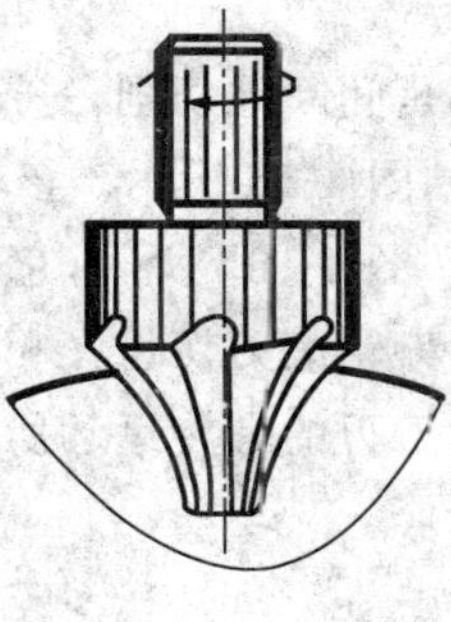
b) 指状铣刀切齿

图 4-13 成形法切齿

坯转过一定角度再铣第 2 个齿槽，直至加工完成所有齿槽。这种切齿方法简单，普通机床就可进行加工。但生产效率低，故仅适用于单件生产。

由于齿廓渐开线的形状决定于基圆大小，对于标准齿轮，基圆直径与齿轮的模数和齿数有关，同一模数下不同齿数的齿轮其齿廓渐开线的形状不同。因此.要想加工准确渐开线齿形，不同齿数需要不同的铣刀。这就需要大量的铣刀，即使是同一个模数实际上也是做不到的。工程中规定相同模数的铣刀，通常为 8 把(分别称 1～8 号铣刀)，每号铣刀对应加工不同齿数范围的齿轮，如表 4-4 所示。铣刀的齿形按所加工齿数最少的那个齿轮齿形制成，因此采用成形铣刀加工其他齿数的齿轮，其理论上就存在一定的误差。故此，成形法加工的齿轮精度低。

表 4-4 成形铣刀对应加工的齿数范围

铣刀号数	1	2	3	4	5	6	7	8
所切齿数范围	12～13	14～16	17～20	21～25	26～34	35～54	55～134	≥135

4.7.2 范成法

范成法亦称为展成法，是根据一对齿轮互相啮合时其齿廓曲线共轭互为包络线(因此范成法又称为共轭法或包络法)的原理来切齿的。用范成法切齿的常用刀具有齿轮插刀、齿条插刀和齿轮滚刀 3 种。

齿轮插刀加工齿轮的状态如图 4-14 所示。插齿时，插刀沿轮坯轴线方向作往复切削运动，同时保证插刀与轮坯按一对齿轮啮合传动(范成运动)，直至全部齿槽切削完毕。根据正确啮合条件，只要一对齿轮的模数和压力角相等就能实现啮合。因此，理论上一把插刀可以加工同一模数的所有齿数的齿轮。

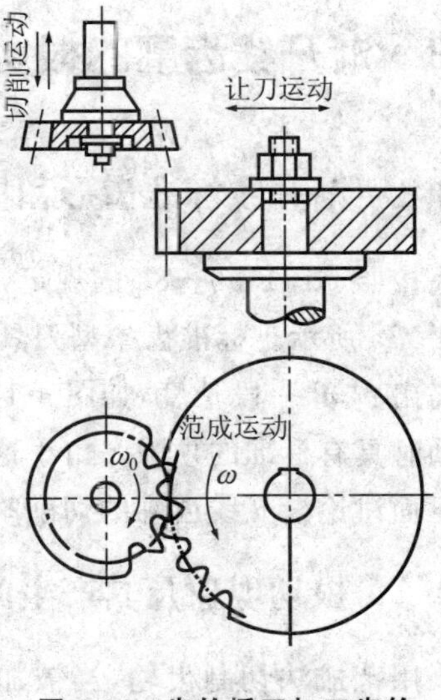

图 4-14 齿轮插刀加工齿轮

齿条插刀亦称为梳齿刀。用齿条插刀加工齿轮的状态如图 4-15 所示，其相对运动及相互啮合与齿轮插刀加工齿轮相似，区别在于齿轮插刀的范成回转运动变为齿条插刀的直线运动。

以上2种刀具都是间断地切削，一般地讲，其生产率较低。齿轮滚刀切齿是目前最广泛使用的齿轮加工方法，如图4-16所示。该种方法能实现连续切削，生产率较高。滚刀形状是一个具有轴向刃口的螺旋，图4-16b所示；它的轴向截面为一齿条，图4-16a所示。滚刀的转动就相当于齿条移动，因此，齿轮滚刀切齿又相当于齿条插刀加工齿轮。不同的是齿条插刀的切削运动和范成运动由滚刀刀刃的螺旋运动所替代。

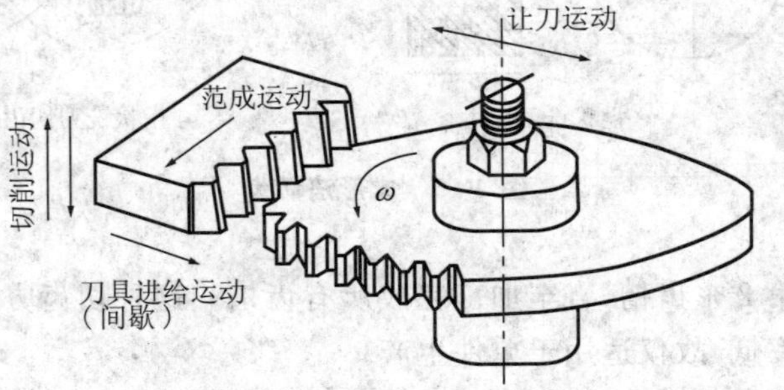

图4-15　齿条插刀加工齿轮

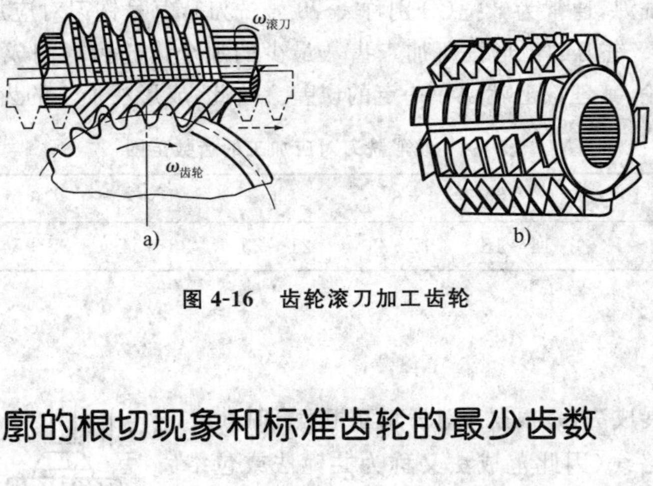

图4-16　齿轮滚刀加工齿轮

4.8　渐开线齿廓的根切现象和标准齿轮的最少齿数

4.8.1　渐开线标准齿形和标准齿条型刀具

按照GB 1356—88的规定，渐开线圆柱齿轮的基准齿形是用基准齿条的齿形来表示的，如图4-17a所示。标准齿条型刀具的齿形与基准齿形相似，差别在于齿条型刀具的齿形比基准齿形高出$c^* m$一段长度，如图4-17b所示。这是用来切制齿轮根部的过渡曲线部分，以保证齿轮传动时具有标准的顶隙。由于这部分刀刃是圆弧，所以这部分刀刃加工出的不是渐开线。因此在下面讨论渐开线齿廓的切削时，刀具顶部的这部分高度就不再计入。

4.8.2　根切现象及其产生的原因

用范成法切制齿轮，当被加工齿轮的齿数小于某一数值时，其轮齿根部的渐开线齿廓被切去一部分，如图4-18所示，这种现象被称为根切。产生根切的齿轮，除其轮齿的强度被严

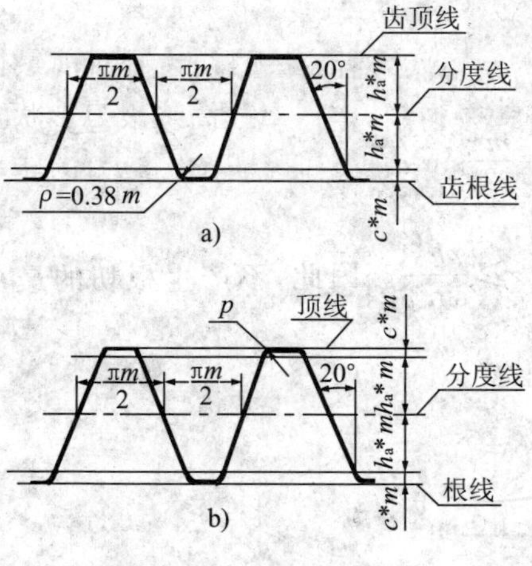

图 4-17　渐开线基准齿形和标准齿条型刀具

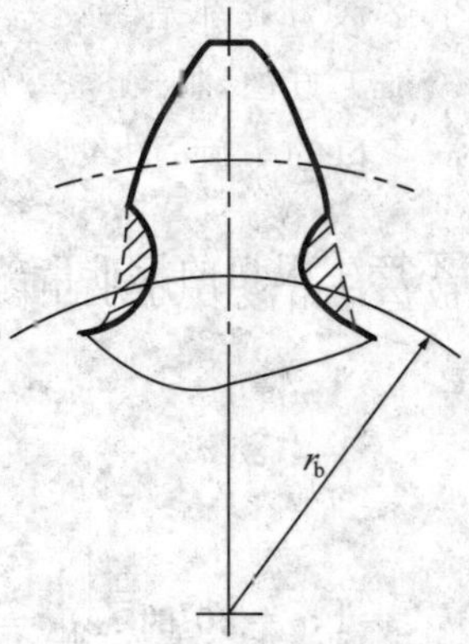

图 4-18　轮齿根切

重削弱外，还会使齿轮传动的重合度下降。齿轮根切对传动极为不利，因此，要避免根切现象发生。

根切产生的原因是：刀具的齿顶线与啮合线的交点超过了理论啮合线的极限点 N_1，如图 4-19(刀具实线位置)所示。由基圆内无渐开线的性质可知，超过 N_1 点的刀刃切不出渐开线齿廓，从而将根部已加工出的渐开线切去一部分(如图中阴影部分)。由此可知，要避免根切，则刀具的齿顶线与啮合线的交点不能超过理论啮合线的极限点 N_1。当被加工齿轮的齿数大于一定值时，则刀具的齿顶线与啮合线的交点不会超过 N_1。因此就不会产生根切。

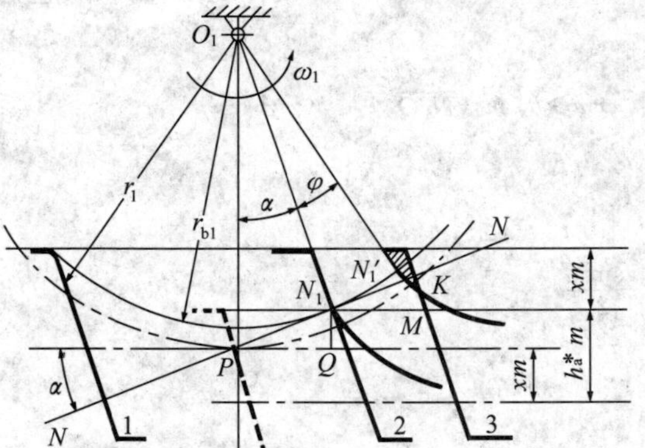

图 4-19　根切原因

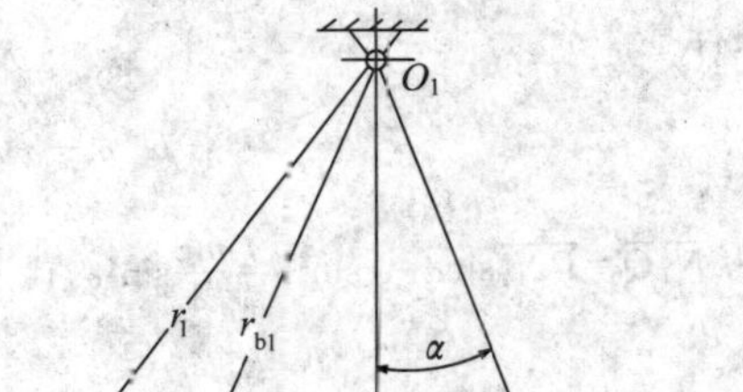

图 4-20　不根切的最少齿数

4.8.3　渐开线标准齿轮不根切的最少齿数

以标准齿条刀具切削标准齿轮为例，刀具与被加工齿轮的相互关系如图 4-20 所示。图中 N_1 为理论啮合线的极限点。若刀具齿顶线与啮合线的交点不超过 N_1 点，即

$$h_a^* m \leqslant PN_1 \sin\alpha$$

式中：$\overline{PN_1}=\overline{O_1P}\sin\alpha=\dfrac{mz}{2}\sin\alpha$，代入上式得

$$h_a^* m\leqslant\frac{mz}{2}\sin\alpha\sin\alpha=\frac{mz}{2}\sin^2\alpha$$

则加工不产生根切的标准齿轮，其齿数应满足条件 $z\geqslant\dfrac{2h_a^*}{\sin^2\alpha}$。因此，不产生根切的最少齿数 $z_{\min}$ 为

$$z_{\min}=\frac{2h_a^*}{\sin^2\alpha} \tag{4-27}$$

当 $h_a^*=1$，$\alpha=20°$时，$z_{\min}=17$。

4.9 渐开线变位齿轮

4.9.1 变位齿轮、齿轮不根切的最小变位系数

如前所述，若要加工的齿轮不产生根切，其齿数不能少于 17 个齿。在生产实践中往往要求加工少于 17 个齿的齿轮，又不能产生根切，这时采用标准齿轮就不能满足要求。如图 4-19 所示，由于刀具的齿顶线与啮合线的交点超过了理论啮合线的极限点 N_1（刀具实线位置），因此所切轮齿产生根切。现将刀具相对于被切齿轮沿径向外移一段距离（刀具虚线位置），用 xm 表示（xm 称为移距量，x 称为移距系数或变位系数），使得刀具的齿顶线与啮合线的交点不超过理论啮合线的极限点 N_1，从而避免所切轮齿产生根切。刀具外移距离 xm 应满足的条件是

$$h_a^* m-xm\leqslant\overline{N_1Q}\quad 或\quad xm\geqslant h_a^* m-\overline{N_1Q}$$

式中：$\overline{N_1Q}=\overline{PN_1}\sin\alpha=r\sin^2\alpha=\dfrac{mz}{2}\sin^2\alpha$，代入上式得

$$x\geqslant h_a^*-\frac{z\sin^2\alpha}{2}$$

由式(4-27)可知$\dfrac{\sin^2\alpha}{2}=\dfrac{h_a^*}{z_{\min}}$，代入上式可得

$$x\geqslant\frac{h_a^*(z_{\min}-z)}{z_{\min}} \tag{4-28}$$

则最小变位系数为

$$x_{\min}=\frac{h_a^*(z_{\min}-z)}{z_{\min}} \tag{4-29}$$

综合前述及由上两式可知：当被切齿轮的齿数 $z<z_{\min}$时，x 为正值，表示为了避免根切，刀具需相对被切齿轮外移；其最小移距量为 $x_{\min}m$。采用这种方法加工称为正移距（正变位）加工。当被切齿轮的齿数 $z>z_{\min}$（被加工的齿轮不会根切）时，x 为负值，表明即使刀具相对被切齿轮内移一段距离，只要满足条件 $xm\geqslant x_{\min}m$，被切齿轮也不会产生根切。采用这种方法加工称为负移距（负变位）加工。采用刀具需相对被切齿轮外移（或内移）方法加工的齿轮统称为变位齿轮。

与标准齿轮相比变位齿轮的各圆处的齿厚发生变化；为保证一定的全齿高，变位齿轮的齿顶高和齿根高也需要作相应变化；一对变位齿轮啮合传动的相互关系也随之相应变化，如传动的中心距、啮合角等。

4.9.2 变位齿轮传动的计算

4.9.2.1 齿轮传动的安装条件

无论是标准齿轮还是变位齿轮其安装都要满足两个啮合条件，即：①两齿轮啮合时轮齿间无齿侧间隙；②一齿轮的齿顶与另一齿轮齿根间的标准顶隙。一对齿轮啮合传动时相当于两齿轮的节圆相切并相对作纯滚动。要求啮合的轮齿间没有齿侧间隙，即要求两啮合齿轮的轮齿中，一个轮齿的节圆齿厚等于另一个轮齿的节圆齿间宽。当两标准齿轮正确安装时其分度圆与节圆重合，恰好满足轮齿间没有齿侧间隙以及标准顶隙的条件。当一对变位齿轮啮合时，在满足安装条件下，齿轮啮合时的传动参数及齿轮的各相关尺寸将发生变化。

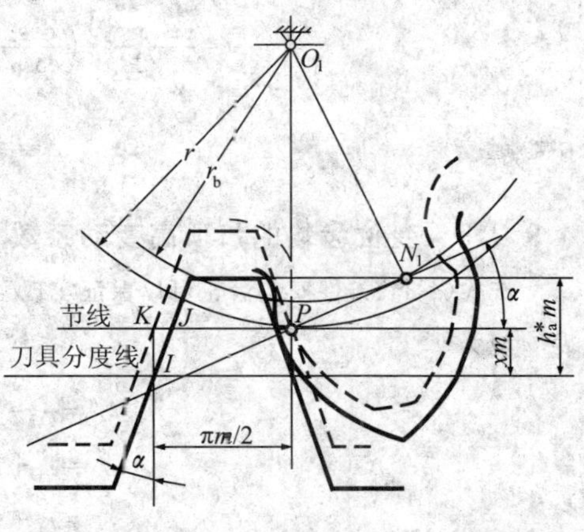

图 4-21 变位齿轮分度圆齿厚

4.9.2.2 变位齿轮的分度圆齿厚

如图 4-21 所示，用标准齿条型刀具切制变位齿轮时，刀具由其分度线与被切齿轮分度圆相切位置沿径向移开一距离 xm 后，刀具的节线与被切齿轮的分度圆相切。这时刀具的节线齿间宽比其分度线齿间宽增加了 $2KJ$，因此被切齿轮的分度圆齿厚也增加了 $2KJ$。由图可知变位后的分度圆齿厚为

$$s=\frac{\pi m}{2}+2\,\overline{KJ}=\frac{\pi m}{2}+2xm\tan\alpha=m\left(\frac{\pi}{2}+2x\tan\alpha\right) \tag{4-30}$$

同理，被切齿轮的分度圆齿间宽减少了 $2KJ$，分度圆齿间宽为

$$e=\frac{\pi m}{2}-2\,\overline{KJ}=\frac{\pi m}{2}-2xm\tan\alpha=m\left(\frac{\pi}{2}-2x\tan\alpha\right) \tag{4-31}$$

4.9.2.3 无侧隙啮合传动方程式

设两齿轮轮齿的节圆齿厚和齿间宽分别为 s_1'、s_2'，e_1'、e_2'，根据齿轮传动的安装条件有

$$p'=s_1'+e_1'=s_2'+e_2'=s_1'+s_2' \tag{4-32}$$

根据渐开线的性质和式(4-22)及式(4-30)可得出相互啮合两齿轮节圆的周节、齿厚与分度圆的周节、齿厚之间的关系并将其代入式(4-32)，经整理后得

$$p=s_1-2r_1(\mathrm{inv}\alpha'-\mathrm{inv}\alpha)+s_2-2r_2(\mathrm{inv}\alpha'-\mathrm{inv}\alpha)$$

将分度圆周节和两齿轮的分度圆齿厚、分度圆半径与模数和齿数的关系代入上式，经整理后可得

$$\mathrm{inv}\alpha'=\frac{2(x_1+x_2)\tan\alpha}{z_1+z_2}+\mathrm{inv}\alpha \tag{4-33}$$

式(4-33)被称为齿轮的无侧隙啮合方程式。该式表明，若两齿轮的变位系数和(x_1+x_2)不为零，则两齿轮的啮合角 α' 就不等于其分度圆压力角 α，表明两齿轮啮合时其分度圆和节圆不再重合。当齿轮的齿数和模数确定后其分度圆是一个固定圆，由于其分度圆和节圆不再重合两齿轮传动的中心距就不等于其分度圆半

径之和。

4.9.2.4 齿轮的分度圆分离系数 y 和中心距 a'

设变位齿轮传动的实际安装中心距 a' 与其标准齿轮的中心距 a 之差为 ym，则

$$ym=a'-a=(r_1'+r_2')-\frac{m(z_1+z_2)}{2}$$

由式(4-4)和式(4-21)可得 $a'\cos\alpha'=a\cos\alpha$ 或 $a'=a\ \frac{\cos\alpha}{\cos\alpha'}=\frac{m(z_1+z_2)}{2}\ \frac{\cos\alpha}{\cos\alpha'}$，代入上式得

$$y=\frac{(z_1+z_2)}{2}\left(\frac{\cos\alpha}{\cos\alpha'}-1\right)\quad 或：\ \cos\alpha'=\frac{(z_1+z_2)}{(2y+z_1+z_2)}\cos\alpha \tag{4-34}$$

中心距
$$a'=a+ym=\frac{m}{2}(z_1+z_2)+ym \tag{4-35}$$

4.9.2.5 变位齿轮的齿顶高变动系数 σ

按式(4-35)条件安装齿轮可以保证实现无侧隙啮合。但从保证标准顶隙方面看，其一对齿轮安装的中心距 a'' 应为

$$\begin{aligned}a''&=r_{a1}+c+r_{f2}=r_1+h_{a1}+c+r_2-h_{f2}\\&=r_1+r_2+(h_a^*+x_1)m+c^*m-(h_a^*+c^*-x_2)m\\&=r_1+r_2+(x_1+x_2)m\\&=\frac{m}{2}(z_1+z_2)+(x_1+x_2)m\end{aligned} \tag{4-36}$$

由式(4-35)和式(4-36)可知，若要同时保证齿轮传动的无侧隙啮合和标准顶隙，必须保证 $a'=a''$，即要求满足等式 $y=x_1+x_2$。可以证明，前面等式条件不能满足，即 $y<x_1+x_2$，$a'<a''$。显然，若按 a' 安装只能保证齿轮传动的无侧隙啮合，不能保证标准顶隙；若按 a'' 安装能保证标准顶隙，却不能保证齿轮传动的无侧隙啮合。设计变位齿轮时解决这一问题的方法是：按 a' 安装保证齿轮传动的无侧隙啮合，同时减少两个齿轮的齿顶高，以保证标准顶隙的要求。两个齿轮的齿顶高减少量用 σm 表示，则

$$\sigma m=a''-a'=(x_1+x_2)m-ym$$
$$\sigma=(x_1+x_2)-y \tag{4-37}$$

例题 4-3 已知一对渐开线齿轮 $z_1=12$，$z_2=43$，$m=5$ mm，要求实际安装中心距 $a'=138$ mm。试设计这对齿轮传动。

解：标准中心距
$$a=\frac{m}{2}(z_1+z_2)=\frac{5}{2}\times(12+43)=137.5(\text{mm})$$

由 $a'\cos\alpha'=a\cos\alpha$ 可得节圆压力角

$$\alpha'=\arccos\left(\frac{a\cos\alpha}{a'}\right)=\arccos\left(\frac{137.5\times\cos20^\circ}{138}\right)=\arccos(0.936\,3)=20.563^\circ$$

无侧隙啮合方程式为
$$x_1+x_2=\frac{(\text{inv}\alpha'-\text{inv}\alpha)(z_1+z_2)}{2\tan\alpha}$$

查附表 1 得：$\text{inv}20^\circ=0.014\,904$，$\text{inv}20^\circ30'=0.016\,092$，$\text{inv}20^\circ35'=0.016\,296$

$$\text{inv}20.563^\circ=\text{inv}20^\circ33.8'=\text{inv}20^\circ30'+\left(\frac{\text{inv}20^\circ35'-\text{inv}20^\circ30'}{5}\right)\times3.8=0.016\,247$$

则
$$x_1+x_2=\frac{(0.016\,247-0.014\,904)\times(12+43)}{2\times\tan 20^\circ}=0.101\,5$$

齿轮1不根切的最小变位系数为
$$x_{1\min}=\frac{17-12}{17}=0.294\,1$$

取 $x_1=0.3$，则 $x_2=0.101\,5-0.3=-0.198\,5$

$$d_1=mz_1=5\times12=60(\text{mm})$$

$$d_2=mz_2=5\times43=215(\text{mm})$$

$$y=\frac{a'-a}{m}=\frac{138-137.5}{5}=0.1$$

$$\sigma=x_1+x_2-y=0.101\,5-0.1=0.001\,5$$

$$d_{a1}=d_1+2(h_a^*+x_1-\sigma)m=60+2\times(1+0.3-0.001\,5)\times5=62.597(\text{mm})$$

$$d_{a2}=d_2+2(h_a^*+x_2-\sigma)m=215+2\times(1-0.198\,5-0.001\,5)\times5=219(\text{mm})$$

$$d_{f1}=d_1-2(h_a^*+c^*-x_1)m=60-2\times(1+0.25-0.3)\times5=50.5(\text{mm})$$

$$d_{f2}=d_2-2(h_a^*+c^*-x_2)m=215-2\times(1+0.25+0.198\,5)\times5=200.52(\text{mm})$$

其他尺寸从略。

4.9.3 变位齿轮传动的类型及应用

变位齿轮及其传动可以分为不同的类型。对于单个齿轮而言，当其齿轮的变位系数值为“正”时称其为正变位齿轮；变位系数值为“负”时称其为负变位齿轮。对于一对齿轮传动而言，当这对齿轮的变位系数值和为“正”时，称这对齿轮传动为正传动；当这对齿轮的变位系数值和为“负”时，称这对齿轮传动为负传动；当这对齿轮的变位系数值和为“零”时，称这对齿轮传动为零传动。

变位齿轮的问题是由加工小于17个齿的齿轮又不允许根切提出来的。但是根据上述关于变位齿轮的尺寸及安装条件的分析可知，变位齿轮轮齿的齿厚及变位齿轮传动的中心距都发生了变化。正是这些变化使得变位齿轮得到了更广泛的应用。

1)可以加工齿数 $z<z_{\min}$，又不产生根切的齿轮。

2)在满足齿轮传动的安装条件下，变位齿轮传动的实际安装中心距 a' 可以大于、小于或等于标准齿轮的中心距 a。当 $x_1+x_2>0$ 时，$a'>a$；$x_1+x_2<0$ 时，$a'<a$；$x_1+x_2=0$ 时，$a'=a$。

3)变位齿轮传动取代标准齿轮传动可以极大地改善传动质量，提高齿轮的强度。

4)变位齿轮传动的主要缺点是：没有互换性，必须成对设计、制造和使用，重合度略微减小。

4.10 斜齿圆柱齿轮机构

前面讨论的渐开线齿轮传动是取圆柱齿轮齿面与垂直于齿轮轴截面(齿轮的端面)的交线作为研究对象。当齿轮齿面在齿轮端面的投影集聚为渐开线时，称这个齿轮为渐开线直齿圆柱齿轮。斜齿圆柱齿轮的齿面在齿轮端面的投影不能集聚为渐开线，但其齿面与齿轮端面的交线仍为渐开线。因此在讨论斜齿圆柱齿轮时，就其端面而言与直齿圆柱齿轮相同。由于斜齿轮与直齿轮的齿面形成不同，其标准参数、几何尺寸的计算以及啮合传动的特点与直齿轮有所不同。下面分别予以介绍。

4.10.1　齿轮的共轭齿廓曲面形成

如图 4-22a、图 4-23a 所示，无论是直齿轮还是斜齿轮，其齿廓曲面都是发生面在基圆柱上作纯滚动时，发生面上的一条直线 KK 在空间所走过的轨迹而形成的渐开面。所不同的是：当发生面上的直线 KK 与基圆柱母线相平行时，则形成直齿轮的齿廓曲面；当发生面上的直线 KK 与基圆柱母线相交呈一定角度，则形成斜齿轮的齿廓曲面。很显然，直齿轮的齿廓曲面在齿轮端面的投影即为渐开线；而斜齿轮的齿廓曲面在齿轮端面的投影仍为一曲面。

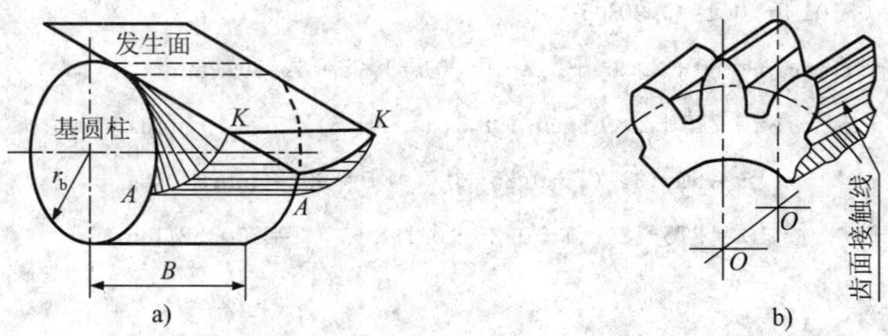

图 4-22　直齿轮齿廓曲面形成

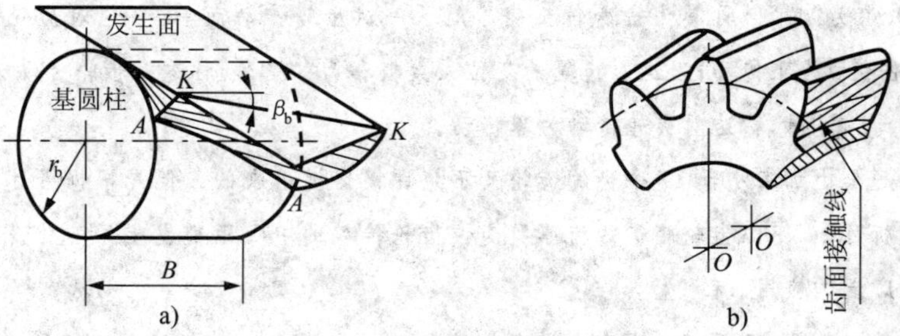

图 4-23　斜齿轮齿廓曲面形成

4.10.2　斜齿轮的基本参数和几何尺寸计算

由于斜齿轮的齿廓曲面是一渐开线的螺旋面，其齿轮端面的齿形和垂直于螺旋线方向的法面齿形不同，因而表达齿形端面和法面的参数就不同。基于齿轮加工的原因，国家标准规定斜齿轮法面的参数为标准值。但是计算斜齿轮的几何尺寸时要按照端面参数计算。

4.10.2.1　螺旋角、模数和压力角

螺旋角是斜齿轮的一个重要参数，当斜齿轮的螺旋角为零时该斜齿轮就成为了直齿轮。如图 4-23 所示，发生面上的直线 KK 与基圆柱母线相交成角度 β_b，其生成的渐开面与基圆柱的交线 AA 为一螺旋线。该螺旋线的螺旋角等于 β_b，称为斜齿轮基圆柱上的螺旋角。斜齿轮的齿廓曲面与分度圆柱面相交的螺旋线，其螺旋角称为分度圆柱上的螺旋角，简称斜齿轮的螺旋角，用 β 表示。基于螺旋的表达方法，斜齿轮可按其旋向分为左旋和右旋齿轮，如图 4-24

所示。

将斜齿轮沿其分度圆柱展开，如图 4-25 所示。由图可得法面模数 m_n 与端面模数 m_t 之间的关系为

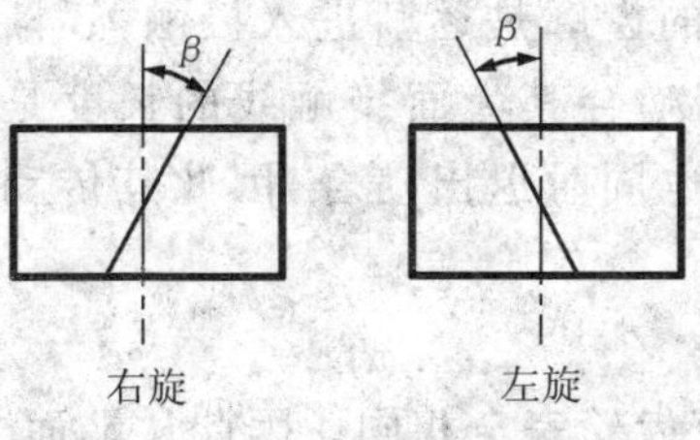

图 4-24 斜齿轮的旋向

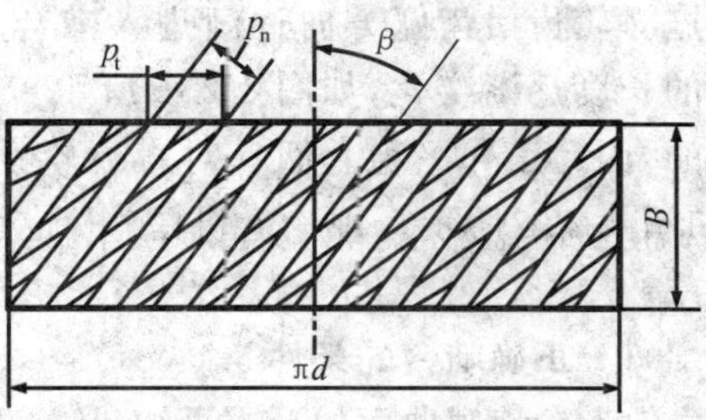

图 4-25 斜齿轮分度圆展开图

$$p_n = p_t \cos\beta$$

$$p_n = \pi m_n; \quad p_t = \pi m_t$$

$$m_n = m_t \cos\beta \tag{4-38}$$

同理可得分度圆的法面压力角 α_n 和端面压力角 α_t 之间的关系为

$$\tan\alpha_n = \tan\alpha_t \cos\beta \tag{4-39}$$

4.10.2.2 斜齿轮传动的几何尺寸计算

从端面上看，斜齿轮与直齿轮完全相同。因此，只要代入斜齿轮的端面参数，斜齿轮传动的几何尺寸计算与直齿轮的计算也完全相同。对于斜齿轮的齿顶高和齿根高而言，无论是从法面还是从端面上看其高度都是相同的。因此，计算斜齿轮的齿顶高和齿根高时代入标准参数即可。渐开线标准斜齿圆柱齿轮的计算公式见表 4-5。

表 4-5 渐开线标准斜齿圆柱齿轮的计算公式

名称	代号	计算公式
分度圆直径	d_1, d_2	$d_1 = m_t z_1 = \frac{m_n z_1}{\cos\beta}, d_2 = m_t z_2 = \frac{m_n z_2}{\cos\beta}$
齿顶高	h_a	$h_a = h_a^* m_n$
齿根高	h_f	$h_f = (h_a^* + c^*) m_n$
全齿高	h	$h = h_a + h_f$
齿顶圆直径	d_{a1}, d_{a2}	$d_{a1} = d_1 - 2h_a, d_{a2} = d_2 + 2h_a$
齿根圆直径	d_{f1}, d_{f2}	$d_{f1} = d_1 - 2h_f, d_{f2} = d_2 - 2h_f$
基圆直径	d_{b1}, d_{b2}	$d_{b1} = d_1 \cos\alpha_t, d_{b2} = d_2 \cos\alpha_t$
端面分度圆周节	p_t	$p_t = \pi m_t$
端面基圆周节	p_{bt}	$p_{bt} = p_t \cos\alpha_t$
标准中心距	a	$a = \frac{m_t}{2}(z_1 + z_2) = \frac{m(z_1 + z_2)}{2\cos\beta}$

4.10.3 斜齿轮的啮合传动

由于斜齿轮的齿廓沿齿宽方向倾斜，当齿廓进入啮合时，一对轮齿的一端先进入啮合，然后这对轮齿沿齿宽方向逐渐进入啮合直到另一端。斜齿轮两齿廓啮合过程中，其齿面接触线的长度逐渐变化，如图 4-23b 所示。这也说明斜齿轮的齿廓是逐渐进入接触，逐渐脱离接触的，因此工作平稳。而一对直齿轮的齿廓进入和脱离啮合其齿面接触线的长度是不变的，如图 4-22b 所示。理论上讲是整个齿宽同时进入啮合也同时退出啮合，因此其传动平稳性较差。

4.10.3.1 正确啮合的条件

由斜齿轮齿廓曲面的形成可知，从端面上看斜齿轮与直齿轮完全相同。因此从端面上讲，斜齿轮与直齿轮的正确啮合的条件也应是相同的，即两斜齿轮的端面模数 m_t 和端面压力角 α_t 分别相等即可满足斜齿轮正确啮合的条件。但是，由于斜齿轮的法面模数是标准值，其正确啮合的条件是：两斜齿轮的法面模数 m_n 和法面压力角 α_n 分别相等；两斜齿轮外啮合时其螺旋角 β 大小相等，方向相反；两斜齿轮内啮合时其螺旋角 β 大小相等，方向相同。即

$$m_{n1}=m_{n2};\alpha_{n1}=\alpha_{n2};\beta_1=-\beta_2(\text{外啮合});\beta_1=\beta_2(\text{内啮合})$$

4.10.3.2 重合度

从端面上看斜齿轮的重合度与直齿轮相同，但由于啮合时其轮齿沿齿宽方向逐渐进入啮合并逐渐脱离啮合，因此斜齿轮的一对轮齿参与啮合的时间增加，即一对轮齿啮合时走过的实际啮合线的长度增长。如图 4-26 所示为斜齿轮传动的啮合面，从端面Ⅰ上看一对轮齿从 B_2 点进入啮合到 B_1 点退出啮合，但从齿宽方向上看这对轮齿并未退出啮合，只有当端面Ⅱ上的同一对轮齿到达 B_1 点时（即端面Ⅰ轮齿到达 B_1'）才退出啮合。因此对于斜齿轮而言，一对轮齿的实际啮合线比直齿轮多了 ΔL 长度。比照直齿轮重合度的计算方法有

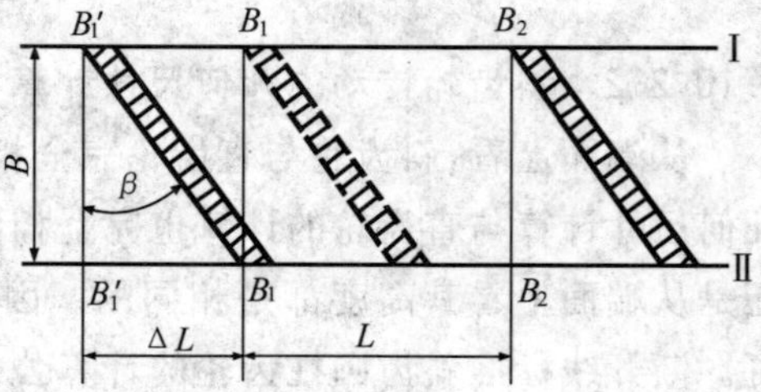

图 4-26 斜齿轮重合度

$$\varepsilon=\frac{L+\Delta L}{p_{bt}}=\frac{L}{p_{bt}}+\frac{\Delta L}{p_{bt}}=\varepsilon_\alpha+\varepsilon_\beta \tag{4-40}$$

$$\left.\begin{aligned}\varepsilon_\alpha&=\frac{1}{2\pi}[z_1(\tan\alpha_{at1}-\tan\alpha_t')+z_2(\tan\alpha_{at2}-\tan\alpha_t')]\\ \varepsilon_\beta&=\frac{B\tan\beta}{p_{bt}}\end{aligned}\right\} \tag{4-41}$$

式中：ε_α 为端面重合度；ε_β 为轴面重合度；其余参数除斜齿轮的端面参数外，与直齿轮重合度计算相同。

4.10.4 斜齿轮的当量齿数

用成形法加工斜齿轮时，刀具是沿齿槽（螺旋线）方向作切削运动；切出的齿形在法面上与刀具的刀刃形状相对应。因此，用成形法加工斜齿轮选择铣刀时，必须知道斜齿轮的法向齿形。

通常采用下述近似方法进行分析。

如图 4-27 所示，过斜齿轮分度圆柱上齿廓的任一点 c 作轮齿螺旋线的法面 $n-n$，该法面与分度圆柱的交线为一椭圆。其长半轴为 a，短半轴为 b。由高等数学可知，椭圆在 c 点的曲率半径 ρ 为

$$\rho=\frac{a^2}{b}=\frac{d}{2\cos^2\beta}$$

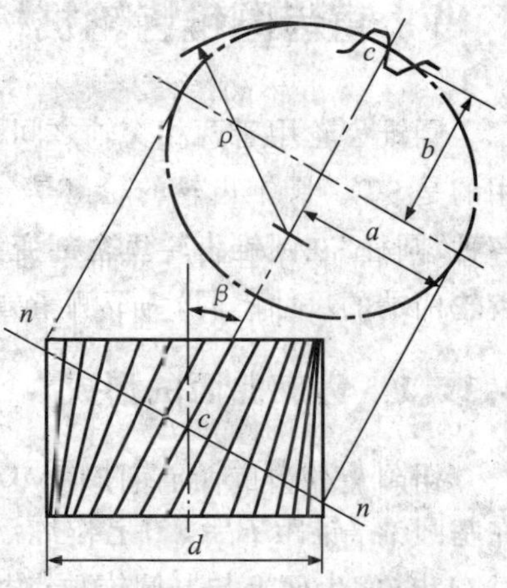

图 4-27 斜齿轮的当量齿数

若以 ρ 为分度圆半径，以斜齿轮法向模数 m_n 为模数，取标准压力角 α 作一直齿圆柱齿轮，该直齿轮的齿形即可认为近似于斜齿轮的法面齿形。该直齿轮称为斜齿轮的当量齿轮，其齿数称为斜齿轮的当量齿数。显然，若按斜齿轮的当量齿数选择铣刀型号即可加工出近似于斜齿轮的法面齿形的斜齿轮。斜齿轮的当量齿数用 z_v 表示，故

$$z_v=\frac{2\rho}{m_n}=\frac{d}{m_n\cos^2\beta}=\frac{m_t z}{m_n\cos^2\beta}=\frac{m_n z}{m_n\cos^3\beta}=\frac{z}{\cos^3\beta} \tag{4-42}$$

斜齿轮的当量齿数除用于选择铣刀型号外，在进行斜齿轮的强度计算时还用于选择相关的系数。

4.10.5 斜齿轮传动的优缺点

与直齿轮相比，斜齿轮具有下列主要优点：

1)传动平稳。由于齿廓啮合时的接触线是斜线，一对轮齿是逐渐进入啮合并逐渐脱离啮合的，故啮合时冲击小、噪声低。适用于高速传动。

2)承载能力大。随着斜齿轮的齿宽和螺旋角的增大，其重合度增大，即同时参与啮合的轮齿对数增加。适用于重载场合。

3)结构更紧凑。斜齿轮可以加工出比最少齿数还少的齿轮而不产生根切。

斜齿轮的主要缺点是在啮合时会产生轴向分力，如图 4-28a 所示。当传递功率一定时，轴向力随着螺旋角 β 的增大而增大，从而使传动效率下降。为克服轴向力，轴的支承需采用向心推力轴承，因而结构设计就更复杂。

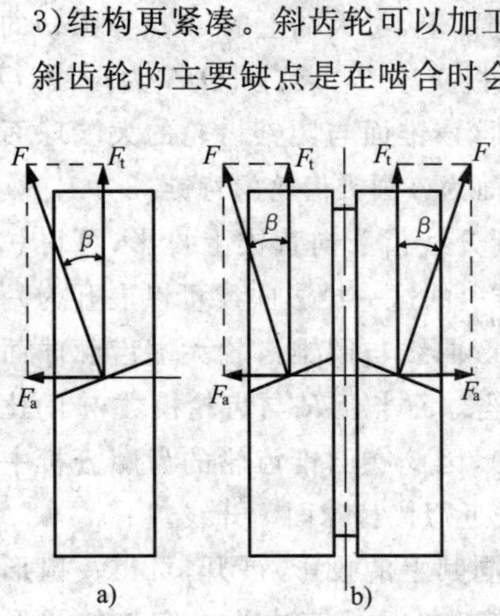

图 4-28 斜齿轮上的轴向力

从斜齿轮的主要优点方面上看，增大螺旋角可使其优点更突出。但由于产生的轴向力更大，其缺点也更突出。综合考虑，在斜齿轮设计时，通常取其螺旋角 $\beta=8°\sim20°$。为消除斜齿轮传动的这一缺点，人们采用人字齿轮，如图 4-28b 所示。由于这种齿轮的轮齿左右完全对称，啮合时所产生的轴向力相互抵消；因此人字齿轮可以采用较大的螺旋角。但人字齿轮的主要缺点是制造较困难、成本较高，主要用于高速、重载的传动中。

4.11　直齿圆锥齿轮机构

圆锥齿轮用于两相交轴之间的传动。两相交轴之间的夹角可以根据需要选取任意值，但常用的是 90°。圆锥齿轮的轮齿是分布在一个圆锥面上，如图 4-1f 所示。因此，前面所述齿轮的各种“圆柱”在圆锥齿轮里全部变为“圆锥”，如基圆锥、根圆锥、分度圆锥、齿顶圆锥。由于圆锥齿轮两端的尺寸不同，为了测量方便取大端参数为标准值。

4.11.1　齿廓曲面的形成

如图 4-29 所示，一发生面 S（圆平面，半径为 R'）在基圆锥（锥距 $R=R'$）上作纯滚动，发生面上一条过 O 点（发生面上与基圆锥顶点相重合的点）的直线 OK 在空间所形成的轨迹即为直齿圆锥齿轮的齿廓曲面。由其曲面形成过程可知：在纯滚动过程中 O 点是一固定点，直线 OK 上任意点的轨迹是一球面曲线，称之为球面渐开线，如图中 K 点所形成的轨迹 AK 即为一球面渐开线。因此，直齿圆锥齿轮的齿廓曲面亦可以看成是由一族球面渐开线集聚而成。

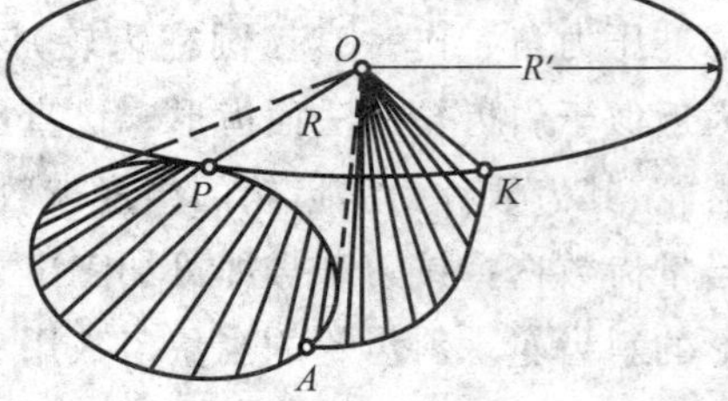

图 4-29　直齿圆锥齿轮齿廓曲面的形成

4.11.2　背锥和当量齿数

由于球面不能准确地展开成平面，使得圆锥齿轮设计计算以及加工产生了很多困难。因此采用近似方法将球面展开成平面，即将球面渐开线近似展成平面曲线。

如图 4-30 所示为一球形圆锥齿轮的轴剖面图，ΔOAB 表示分度圆锥，而 ΔOaa 及 ΔObb 分别代表齿顶圆锥和齿根圆锥。圆弧$\widehat{ab}$是其轮齿大端与轴剖面的交线，这时锥齿轮轮齿大端的齿廓曲线为球面渐开线。在轴剖面上，过大端上的 A 点作弧$\widehat{ab}$的切线，该切线与轴线相交于 O_1 点；以 O_1A 为母线，OO_1 为轴作一旋转锥面，该锥面与圆锥齿轮的大端球面相切，称这一旋转锥面为该圆锥齿轮的背锥。

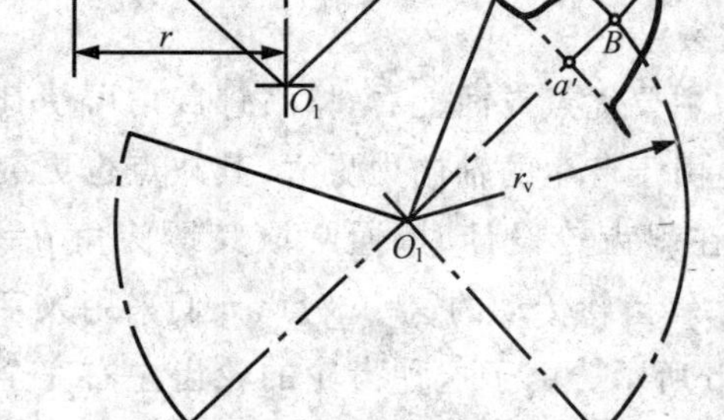

图 4-30　背锥和当量齿数

将球面上的渐开线齿廓向背锥上投影，可得一投影曲线。由于背锥上的这一投影曲线可以展开为一平面曲线，且这一投影曲线与圆锥齿轮大端齿廓球面渐开线的误差很小（当球面半径 R 与齿轮模数 m 的比值越大时，误差越小），因此在圆锥齿轮的齿廓分析中用背锥上的投影曲线近似代替球面渐开线。

如将背锥（连同其上的投影）展开，可得一扇形齿轮。将这一扇形齿轮补足使其成为一完整的圆形齿轮，称这一完整的圆形齿轮为圆锥齿轮的当量齿轮。

当量齿轮的半径为 r_v、齿数为 z_v，称齿数 z_v 为圆锥齿轮的当量齿数。

在当量齿轮上做出圆锥齿轮齿廓的投影曲线很难。实际上是取当量齿轮上的模数、压力角、齿顶高、齿根高与圆锥齿轮大端的模数、压力角、齿顶高、齿根高相同；并以当量齿数 z_v 为参数在当量齿轮上做出齿廓的渐开线，将这一齿廓曲线近似代替圆锥齿轮大端齿廓的球面渐开线。由图 4-30 可得

$$mz_v = 2r_v = \frac{2r}{\cos\delta} = \frac{mz}{\cos\delta}$$

故

$$z_v = \frac{z}{\cos\delta} \tag{4-43}$$

可见，一对圆锥齿轮的啮合就相当于一对当量齿轮的啮合。因此，一对圆锥齿轮的正确啮合条件同样是其大端的模数和压力角必须分别相等，此外，两轮的锥距还必须相等。

4.11.3 直齿圆锥齿轮的几何尺寸计算

由于圆锥齿轮的大端参数为标准值，因此在计算圆锥齿轮的几何尺寸时，是以其大端的尺寸为计算基准。如图 4-31 所示，两轴交角 $\Sigma=90°$ 的渐开线标准直齿圆锥齿轮的几何尺寸计算见表 4-6。

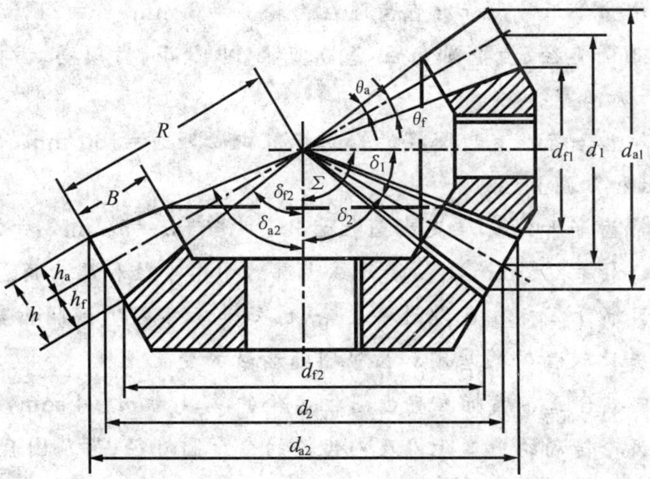

图 4-31 直齿圆锥齿轮的几何尺寸

表 4-6 $\Sigma=90°$渐开线标准直齿圆锥齿轮的计算公式

名称	代号	计算公式
分度圆直径	d_1, d_2	$d_1=mz_1, d_2=mz_2$
齿顶高	h_a	$h_a=h_a^* m=1\times m$
齿根高	h_f	$h_f=(h_a^*+c^*)m=(1+0.2)m$
全齿高	h	$h=h_a+h_f$

续表 4-6

名称	代号	计算公式
分度圆锥角	δ_1,δ_2	$\delta_2=\arctan\dfrac{z_2}{z_1},\delta_1=90°-\delta_2$
齿顶圆直径	d_{a1},d_{a2}	$d_{a1}=d_1+2h_a\cos\delta_1,d_{a2}=d_2+2h_a\cos\delta_2$
齿根圆直径	d_{f1},d_{f2}	$d_{f1}=d_1-2h_f\cos\delta_1,d_{f2}=d_2-2h_f\cos\delta_2$
顶锥角	θ_a	$\theta_a=\arctan\dfrac{h_a}{R}$
根锥角	θ_f	$\theta_f=\arctan\dfrac{h_f}{R}$
齿顶锥角	δ_{a1},δ_{a2}	$\delta_{a1}=\delta_1+\theta_a,\delta_{a2}=\delta_2+\theta_a$
齿根锥角	δ_{f1},δ_{f2}	$\delta_{f1}=\delta_1-\theta_f,\delta_{f2}=\delta_2-\theta_f$
传动比	i_{12}	$i_{12}=\dfrac{\omega_1}{\omega_2}=\dfrac{z_2}{z_1}=\dfrac{d_2}{d_1}=\dfrac{\sin\delta_2}{\sin\delta_1}=\tan\delta_2=\cot\delta_1$

习题 4

4-1 已知一对外啮合正常齿标准直齿圆柱齿轮 $m=3$ mm，$z_1=21$，$z_2=45$，试计算这对齿轮的分度圆直径、齿顶圆直径、齿根圆直径、基圆直径、中心距、齿顶高、齿根高、径向间隙、分度圆的周节以及齿厚和齿间宽。

4-2 已知一对外啮合标准直齿圆柱齿轮的标准中心距 $a=160$ mm，齿数 $z_1=20$，$z_2=60$，试求该对齿轮的模数和分圆直径。

4-3 已知一正常齿渐开线标准直齿圆柱齿轮 $z=40$，$m=5$ mm，$\alpha=20°$，试分别求出分度圆、基圆、齿顶圆以及 $d_K=205$ mm 上的渐开线齿廓的曲率半径和压力角。

4-4 一个正常齿渐开线标准直齿圆柱齿轮，已知其各参数。试问齿数为多少时该齿轮的基圆和齿根圆重合，并比较齿轮的基圆和齿根圆随齿数的变化规律。

4-5 已知一对内啮合正常齿标准直齿圆柱齿轮的参数为 $m=4$ mm，$z_1=20$，$z_2=61$，试参照图 4-1b 计算该对齿轮传动的中心距以及内齿轮的分度圆直径、齿顶圆直径和齿根圆直径。

4-6 已知一正常齿渐开线标准直齿圆柱齿轮 $z=36$，$m=4$ mm，$\alpha=20°$，试分别求出该齿轮的固定弦齿厚和公法线的长度。

4-7 采用成形法加工齿轮时，每号成形铣刀对应加工不同齿数的齿轮。已知铣刀的齿形是按所加工齿数范围中齿数最少的那个齿轮的齿形制成，试问这是为什么？试叙述其理由。

4-8 一对相互啮合的渐开线标准直齿圆柱齿轮，当两轮的齿数不同时其分度圆齿厚、齿顶圆齿厚和基圆齿厚是否相等？哪个较大？试根据渐开线的性质加以说明。

4-9 已知一对外啮合正常齿直齿圆柱齿轮 $z_1=11$，$z_2=45$，$m=3$ mm，要求其安装中心距 $a'=85$ mm，试设计该对齿轮的传动。

4-10 在某一机械传动中，有一对外啮合渐开线直齿圆柱齿轮传动。已知 $z_1=17$、$z_2=118$、$m=5$ mm、$h_a^*=1$、$c^*=0.25$、安装中心距 $a'=337.5$ mm。检修时发现小齿轮已严重磨损，现拟将其报废。大齿轮的磨损较轻（沿齿厚方向的磨损量为 0.75 mm），拟修复后使用。试问应如何修复这对齿轮传动？请给出具体设计方案。

4-11 已知一对正常齿渐开线标准斜齿圆柱齿轮 $a=250\ \text{mm}$，$z_1=23$，$z_2=98$，$m_n=4\ \text{mm}$，试计算其螺旋角、端面模数、端面压力角、当量齿数、分度圆直径、齿顶圆直径和齿根圆直径。

4-12 已知一对正常齿渐开线标准直齿圆锥齿轮 $\Sigma=90°$，$z_1=27$，$z_2=43$，$m=3\ \text{mm}$，试求分度圆锥角、分度圆直径、齿顶圆直径、齿根圆直径、齿顶角、齿根角、顶锥角、根锥角和当量齿数。

5 轮系

5.1 轮系的分类

由一对齿轮组成的机构是齿轮传动中最简单的形式。但在工程实际中，为了满足不同的工作需要(如将主动轴的一种转速变换为从动轴的多级转速、获得较大的传动比等)，仅用一对齿轮组成的传动机构往往是不够的，需要由一系列齿轮组成的传动系统来实现。这种由一系列的齿轮所组成的齿轮传动系统称为轮系。

通常根据轮系在运转过程中各轮几何轴线在空间的位置相对于机架是否固定，而将轮系分为三大类。

5.1.1 定轴轮系

在图 5-1 所示的轮系中，运动由齿轮 1 输入，通过一系列齿轮传动，带动从动齿轮 5 转动。在这个轮系中，虽然有多个齿轮，但在运转过程中，每个齿轮的几何轴线的位置都是固定不动的。这种所有齿轮几何轴线的位置在轮系运转过程中均固定不动的轮系称为定轴轮系。

5.1.2 周转轮系

在图 5-2 所示的轮系中，齿轮 1 和齿轮 3 的轴线相重合，它们均为定轴齿轮，而齿轮 2 的转轴装在构件 H 的端部，在构件 H 的带动下，它可绕齿轮 1 和 3 的轴线作周转。这种在运转过程中至少有一个齿轮几何轴线的位置不固定，而是绕着其他定轴齿轮轴线回转的轮系，称为周转轮系。由于齿轮 2 既绕自己的轴线自转，又绕定轴齿轮 1 和 3 的轴线公转，犹如行星绕太阳运转一样，故称其为行星轮；带动行星轮 2 作公转的构件 H 称为系杆或转臂；而行星所绕之作公转的齿轮 1 和 3 称为中心轮或太阳轮。

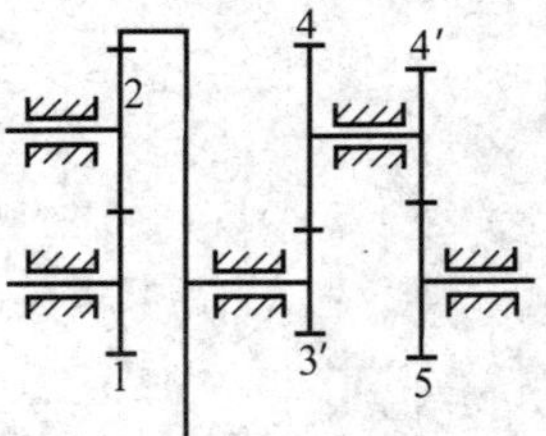

图 5-1　定轴轮系

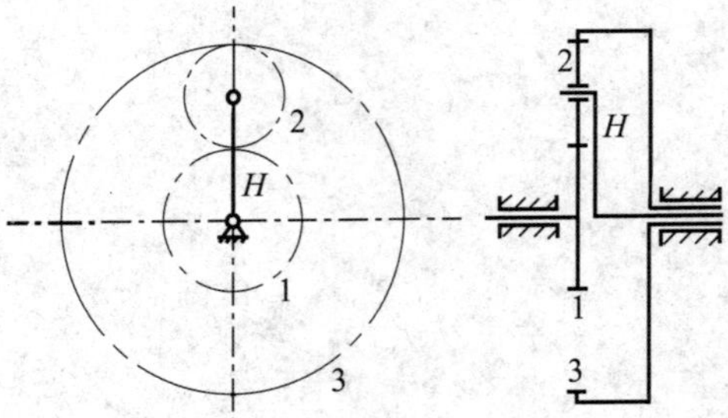

图 5-2　周转轮系

由于齿轮1、齿轮3和系杆 H 的回转轴线的位置均固定且重合,通常以它们作为运动的输入或输出构件,故称三者为周转轮系的基本构件。

周转轮系可根据其自由度的数目,作进一步的划分。若自由度为2,则称其为差动轮系;若自由度为1,则称其为行星轮系。在图5-2中,自由度 $F=3\times4-2\times4-2=2$,故是一种差动轮系;在图5-3中,自由度 $F=3\times3-2\times3-2=1$,故是一种行星轮系。

此外,周转轮系还常根据其基本构件的不同来加以分类。如图5-2和图5-3所示的轮系均有2个中心轮(K)和一个系杆(H),称为 $2K\text{-}H$ 型周转轮系;图5-4所示的轮系有3个中心轮(K),称为 $3K$ 型周转轮系。

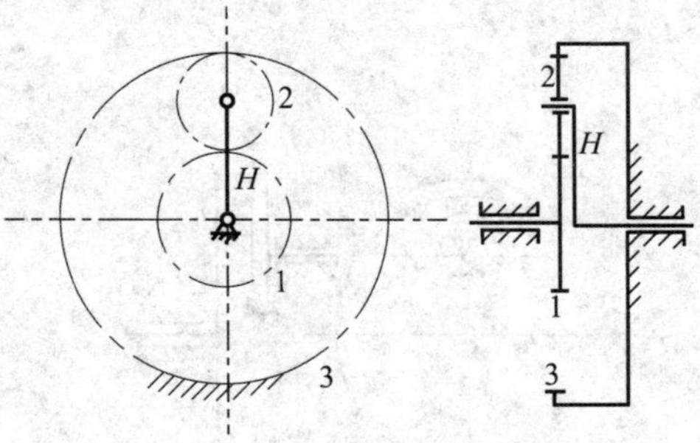

图5-3 行星轮系

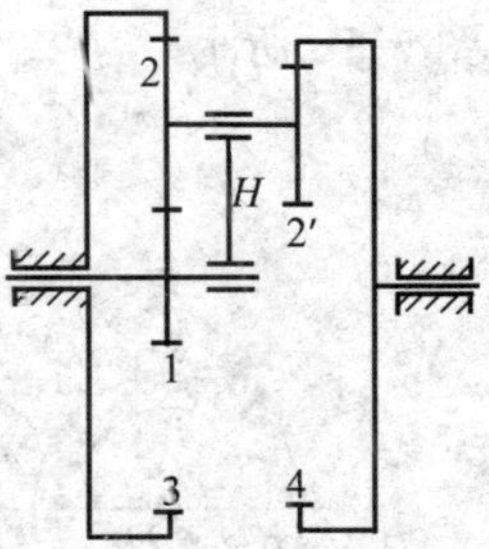

图5-4 3K型周转轮系

5.1.3 混合轮系

既包含定轴轮系部分,又包含周转轮系部分的轮系(图5-5a),或者是由几部分单一周转轮系组成的轮系(图5-5b),称为复合轮系或混合轮系。

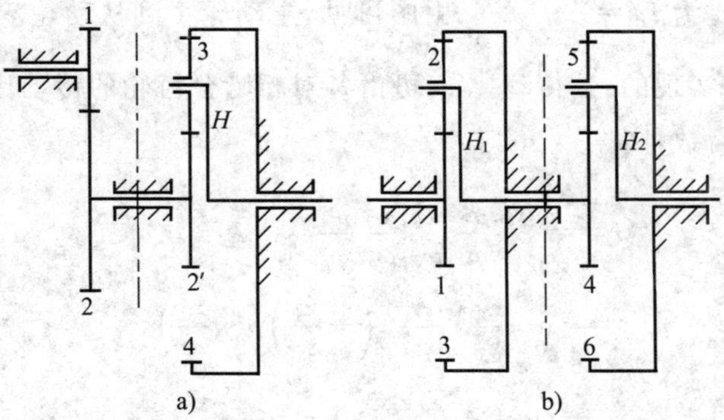

图5-5 混合轮系

5.2 定轴轮系及其传动比

所谓轮系的传动比,是指轮系中首轮的角速度(或转速)与末轮的角速度(或转速)之比,即

$$i_{io}=\frac{\omega_{in}}{\omega_{out}}=\frac{n_{in}}{n_{out}}$$

式中下角标 in 和 out 分别表示首轮和末轮。

轮系的传动比包括传动比大小和输入、输出轴转向关系两方面内容。

5.2.1 各轮轴线均平行的定轴轮系传动比的计算

由一对圆柱齿轮啮合组成的定轴轮系的传动比为

$$i_{12}=\frac{\omega_1}{\omega_2}=\pm\frac{z_2}{z_1}$$

式中:"－"用于外啮合,表示两轮转向相反,如图 5-6a 所示;"＋"用于内啮合,表示两轮转向相同,如图 5-6b 所示。

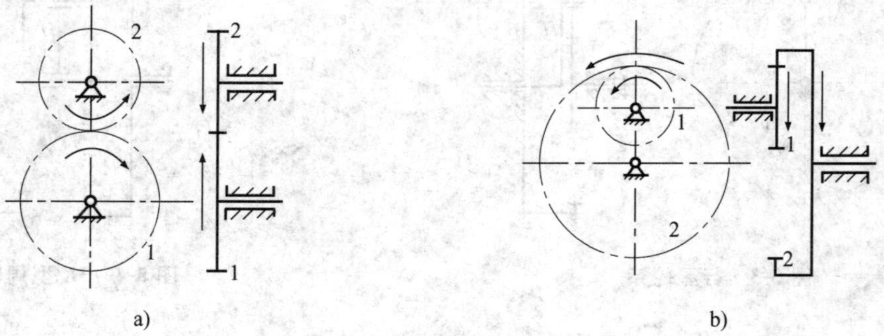

图 5-6 一对圆柱齿轮啮合组成的定轴轮系

如图 5-1 所示的轮系即为各轮轴线均平行的定轴轮系,设轮 1 为首轮(主动轮),齿轮 5 为末轮,则该轮系的传动比为 $i_{15}=\frac{\omega_1}{\omega_5}=\frac{n_1}{n_5}$。由图可见,主动轮 1 到从动轮 5 之间的传动,是通过一对对齿轮依次啮合来实现的,其传动比 i_{15} 可由各对相啮合齿轮的传动比求出。设 $z_1,z_2,z_3,z_3',z_4,z_4',z_5$ 为各轮的齿数,则

$$\begin{aligned}i_{15}&=\frac{\omega_1}{\omega_5}=\frac{\omega_1}{\omega_2}\ \frac{\omega_2}{\omega_3}\ \frac{\omega_3}{\omega_4}\ \frac{\omega_4}{\omega_5}=i_{12}\,i_{23}\,i_{3'4}\,i_{4'5}\\&=\left(-\frac{z_2}{z_1}\right)\left(\frac{z_3}{z_2}\right)\left(-\frac{z_4}{z_{3'}}\right)\left(-\frac{z_5}{z_{4'}}\right)\\&=(-1)^3\ \frac{z_2\,z_3\,z_4\,z_5}{z_1\,z_2\,z_{3'}\,z_{4'}}=-\frac{z_2\,z_3\,z_4\,z_5}{z_1\,z_2\,z_{3'}\,z_{4'}}\end{aligned}$$

"－"表示首、末两轮转向相反。

由此可见,各轮轴线均平行的定轴轮系传动比等于组成该轮系的各对啮合齿轮传动比的连乘积,其值等于各对啮合齿轮中所有从动轮齿数的连乘积与所有主动轮齿数的连乘积之比,首、末两轮的转向相同或相反。由于每经过一次外啮合转向关系就改变一次,所以,若用 m 表示轮系中外啮合的次数,则各轮轴线均平行的定轴轮系传动比的一般表达式为

$$\text{定轴轮系的传动比}=(-1)^m\,\frac{\text{首、末两轮间所有从动轮齿数的连乘积}}{\text{首、末两轮间所有主动轮齿数的连乘积}}\tag{5-1}$$

5.2.2 空间定轴轮系传动比的计算

在定轴轮系中有圆锥齿轮、螺旋齿轮、蜗轮蜗杆等空间齿轮传动时，由于空间齿轮的轴线不平行，其转向无所谓相同或相反，传动比中的正负号就没有意义，便不能用$(-1)^m$来确定首、末两轮的转向关系，此时只按式(5-1)计算传动比的大小，用标注箭头的方法(箭头方向表示齿轮可见侧的圆周速度的方向)表示首、末两轮的转向关系。若轮系中首、末两轮的几何轴线相互平行，其首、末两轮的转向仍可用正负号表示。因此，定轴轮系中当首、末两轮的几何轴线相互平行时，其传动比为

$$\text{定轴轮系的传动比}=\pm\frac{\text{首、末两轮间所有从动轮齿数的连乘积}}{\text{首、末两轮间所有主动轮齿数的连乘积}} \tag{5-2}$$

因此，图 5-7 轮系中轮 1 和轮 4 的传动比为

$$i_{14}=\frac{\omega_1}{\omega_4}=\frac{z_2 z_3 z_4}{z_1 z_{2'} z_{3'}}$$

轮 1 和轮 4 的转向关系如图所示。

图 5-8 所示轮系的传动比 i_{15} 为

$$i_{15}=\frac{\omega_1}{\omega_5}=-\frac{z_2 z_3 z_4 z_5}{z_1 z_2 z_{3'} z_{4'}}=-\frac{z_3 z_4 z_5}{z_1 z_{3'} z_{4'}}$$

在图 5-8 轮系中，齿轮 2 同时与齿轮 1 和 3 相啮合，相对于轮 1 而言它是从动轮，相对于轮 3 而言又是主动轮，其齿数在上式的分子、分母中各出现一次而被约去，所以其齿数的多少并不影响传动比的大小，而仅起中间过渡和改变从动轮转向的作用。通常把这种齿轮称为过轮或介轮。

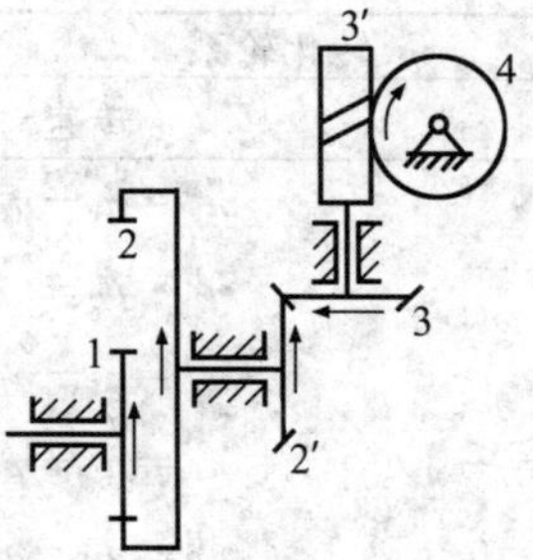

图 5-7 首、末两轮轴线不平行的定轴轮系

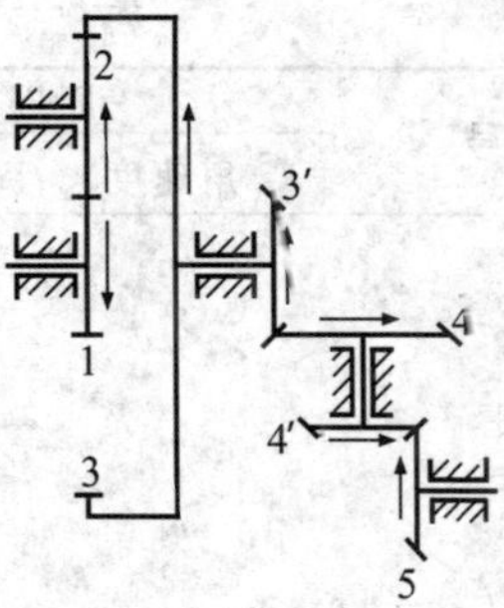

图 5-8 首、末两轮轴线平行的定轴轮系

5.3 周转轮系及其传动比

在周转轮系中，由于其行星轮的运动不是绕定轴转动的简单运动，因此，其传动比的计算不能像定轴轮系那样直接以简单的齿数反比的形式来表示。

5.3.1 周转轮系传动比计算的思路

周转轮系与定轴轮系的根本区别在于周转轮系中有一个转动着的系杆，因此使行星轮既自转又公转。如果能够设法使系杆 H 固定不动，那么周转轮系将转化为定轴轮系，则可按定轴轮系进行传动比计算。为此，假想给整个周转轮系绕其转动中心加上一个公共角速度 $-\omega_H$，根据相对运动原理可知，各构件间的相对运动关系未变，但此时系杆的角速度变为 $\omega_H-\omega_H=0$，即系杆可视为固定不动。于是，周转轮系转化为一个假想的定轴轮系，通常称这个假想的定轴轮系为原周转轮系的转化轮系或转化机构。

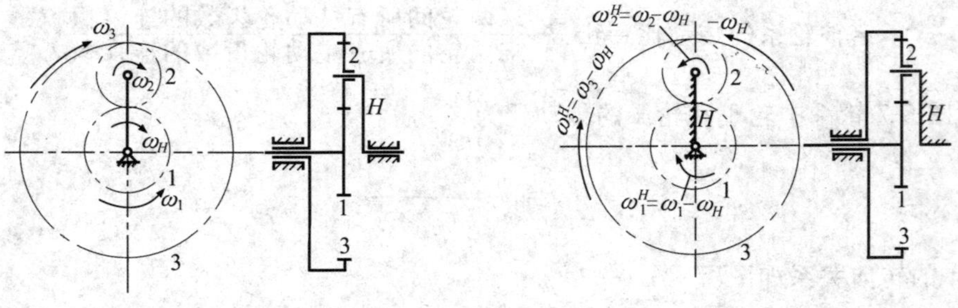

a) 周转轮系　　b) 转化轮系

图 5-9　周转轮系及转化转系

如图 5-9a 所示，当给整个轮系加上公共角速度 $-\omega_H$ 后，系杆固定不动，转化为如图 5-9b 所示的定轴轮系(即该周转轮系的转化轮系)。转化轮系的传动比就可以按定轴轮系传动比的计算方法来计算。其各构件的角速度、转速变化情况如表 5-1 所示。

表 5-1　周转轮系转化轮系中各构件的角速度、转速

构件代号	原周转轮系		转化轮系	
	角速度	转速	角速度	转速
齿轮 1	ω_1	n_1	$\omega_1^H=\omega_1-\omega_H$	$n_1^H=n_1-n_H$
齿轮 2	ω_2	n_2	$\omega_2^H=\omega_2-\omega_H$	$n_2^H=n_2-n_H$
齿轮 3	ω_3	n_3	$\omega_2^H=\omega_3-\omega_H$	$n_3^H=n_3-n_H$
机架 4	ω_4	n_4	$\omega_4^H=\omega_4-\omega_H=-\omega_H$	$n_4^H=n_4-n_H=-n_H$
系杆 H	ω_H	n_H	$\omega_H^H=\omega_H-\omega_H=0$	$n_H^H=n_H-n_H=0$

表 5-1 中 ω_1^H、ω_2^H、ω_3^H、ω_4^H、n_1^H、n_2^H、n_3^H、n_4^H 分别表示系杆固定后所得到的转化轮系中齿轮 1、2、3 和机架 4 的角速度和转速。

5.3.2 周转轮系传动比的计算

在图 5-9b 所示的转化轮系中，轮 1 主动、轮 3 从动时轮系的传动比为

$$i_{13}^H=\frac{\omega_1^H}{\omega_3^H}=\frac{\omega_1-\omega_H}{\omega_3-\omega_H}=-\frac{z_3}{z_1}$$

式中齿数比前的“—”表示在转化轮系中，轮 1 和轮 3 的转向相反。

根据上述原理，不难写出周转轮系转化轮系传动比的一般表达式。设 G、K 是周转轮系中任意 2 个齿轮，H 是系杆，则其在转化轮系中的传动比 i_{GK}^{H} 为

$$i_{GK}^{H}=\frac{\omega_G^H}{\omega_K^H}=\frac{\omega_G-\omega_H}{\omega_K-\omega_H}=\pm\frac{\text{在转化轮系中由 }G\text{ 到 }K\text{ 所有从动轮齿数的连乘积}}{\text{在转化轮系中由 }G\text{ 到 }K\text{ 所有主动轮齿数的连乘积}} \tag{5-3}$$

式(5-3)中包含了周转轮系中 G、K、H 3 个构件的角速度与各轮齿数之间的关系。而各轮齿数在计算轮系的传动比时一般都是已知的。因此，只要给定三者中任意 2 个参数，则第 3 个参数可求出，从而可以方便地得到周转轮系 3 个构件中任 2 个构件间的传动比。

应用式(5-3)计算周转轮系的传动比时，须注意以下几点：

1)应设 G 为主动轮，K 为从动轮。

2)“±”号应在转化轮系中由 G 和 K 两轮的转向关系确定。

3)G、K、H 3 个构件的轴线必须相互平行。

4)ω_G、ω_K、ω_H 是代数量，在使用中应带有相应的“±”号。在假定了某一方向为“+”后，与其相反方向即为“—”。

5.3.3 周转轮系传动比计算举例

例题 5-1 图 5-10 所示的行星轮系中，已知各轮的齿数为：$z_1=15$，$z_2=25$，$z_{2'}=20$，$z_3=60$，试求传动比 i_{1H}。

解： 这是一个 $2K$-H 型行星轮系，由式(5-3)得

$$i_{13}^{H}=\frac{\omega_1^H}{\omega_3^H}=\frac{\omega_1-\omega_H}{\omega_3-\omega_H}=-\frac{z_2z_3}{z_1z_{2'}}=-\frac{25\times60}{15\times20}=-5$$

因为 $\omega_3=0$，所以

$$i_{13}^{H}=\frac{\omega_1-\omega_H}{0-\omega^{H}}=-5$$

由此，得

$$i_{1H}=\frac{\omega_1}{\omega_H}=6$$

计算结果 i_{1H} 为正值，说明在周转轮系中系杆 H 和太阳轮 1 转向相同。

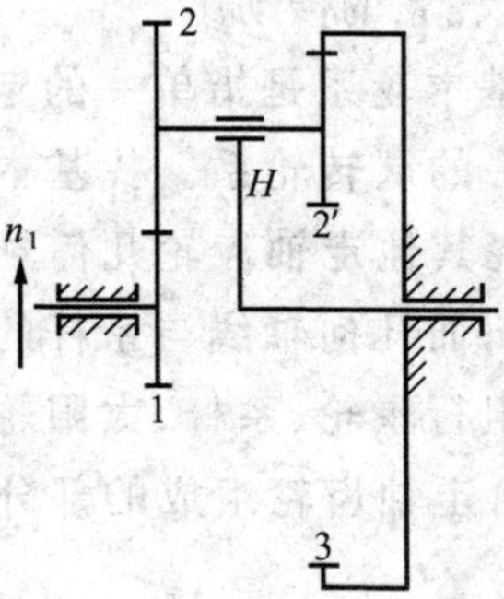

图 5-10 例题 5-1 图

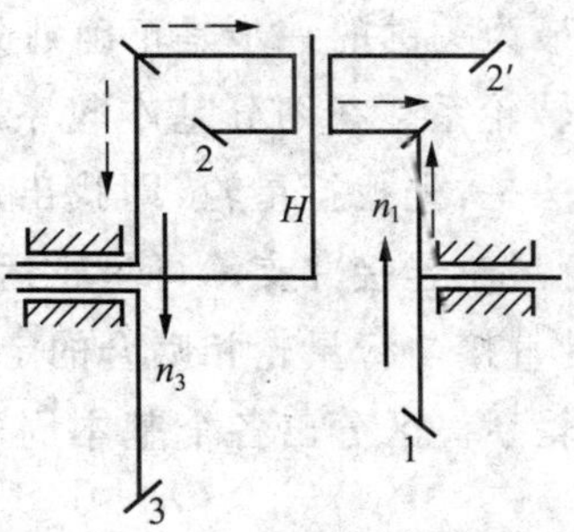

图 5-11 例题 5-2 图

例题 5-2 在图 5-11 所示的由锥齿轮组成的差动轮系中，已知各轮的齿数为：$z_1=20$，$z_2=30$，$z_{2'}=50$，$z_3=80$，又 $n_1=100$ r/min，$n_3=50$ r/min，转向如图示，求系杆 H 的转速 n_H。

解：在该轮系中，因齿轮1,3和系杆 H 的轴线相重合，故可用式(5-3)进行计算

$$i_{13}^{H}=\frac{n_1^H}{n_3^H}=\frac{n_1-n_H}{n_3-n_H}=-\frac{z_2z_3}{z_1z_{2'}}=-\frac{30\times 80}{20\times 50}=-\frac{12}{5}$$

将已知的 n_1，n_3 代入上式，因为 n_1，n_3 的实际转向相反，故一个取“+”，另一个取“−”，现设 n_1 为“+”，则

$$i_{13}^{H}=\frac{100-n_H}{-50-n_H}=-\frac{12}{5}$$

解得
$$n_H=-5.882\ \text{r/min}$$

负号表示系杆 H 的转向与齿轮1转向相反，与齿轮3的转向相同(图中虚线箭头表示在转化轮系中判断各轮的转向)。

应当指出的是：本例中行星齿轮2-2′的轴线和齿轮1(或齿轮3)的轴线及系杆 H 的轴线不平行，所以不能利用式(5-3)来计算行星轮的转速 n_2。

5.4 混合轮系及其传动比

5.4.1 混合轮系传动比的计算方法

由定轴轮系与周转轮系或几个单一的周转轮系组合而成的轮系称为混合轮系。在计算混合轮系的传动比时，既不能将整个轮系作为定轴轮系来处理，也不能对整个轮系采用转化轮系的方法。例如图5-5所示的混合轮系，若将整个轮系加上 $-\omega_H$ 的公共角速度，虽然周转轮系部分可以转化为定轴轮系，但同时又使定轴轮系部分转化为周转轮系，使问题仍未得到解决。计算混合轮系传动比的正确方法是：

1)将各个基本轮系正确区分开来；

2)分别列出计算各基本轮系传动比的方程式；

3)找到各基本轮系间的联系；

4)将各基本轮系传动比的方程式联立求解，即可求得混合轮系的传动比。

这里最为关键的一步是正确划分各个基本轮系。所谓基本轮系是指单一的定轴轮系或单一的周转轮系。在划分基本轮系时，首先要找出各个单一的周转轮系。找基本周转轮系的一般方法是：先找行星轮，即找出那些几何轴线不固定、绕其他定轴齿轮几何轴线转动的齿轮；与行星轮连接并支承行星轮运转的那个构件即为系杆；而几何轴线与系杆的回转轴线相重合，且直接与行星轮相啮合的定轴齿轮就是太阳轮；这组行星轮、系杆、太阳轮即构成一基本周转轮系。区分出各个基本周转轮系后，剩余的那些由定轴齿轮组成的部分即为定轴轮系。

5.4.2 混合轮系传动比计算举例

例题 5-3 图5-12所示为一电动卷扬机的减速器运动简图，已知各轮齿数 $z_1=24$，$z_2=33$，$z_{2'}=21$，$z_3=78$，$z_{3'}=18$，$z_4=30$，$z_5=78$，试求传动比 i_{15}。

解:由图可看出,双联齿轮 2-2′的几何轴线不固定,将随着内齿轮 5 的转动而绕中心轴转动,是一个双联行星齿轮,内齿轮 5 为系杆,与 2-2′相啮合的齿轮 1 和 3 为太阳轮,齿轮 1、2-2′、3、5 组成一周转轮系;齿轮 3′、4、5 的几何轴线均固定不动,组成一定轴轮系。

对周转轮系部分,有

$$i_{13}^{5}=\frac{\omega_1-\omega_5}{\omega_3-\omega_5}=-\frac{z_2z_3}{z_1z_{2'}}=-\frac{33\times78}{24\times21}=-\frac{143}{28}$$

对定轴轮系部分,有

$$i_{3'5}=\frac{\omega_{3'}}{\omega_5}=-\frac{z_5}{z_{3'}}=-\frac{78}{18}=-\frac{13}{3}\quad 即\quad \omega_{3'}=-\frac{13}{3}\omega_5$$

因为 $\omega_{3'}=\omega_3$,所以,联立求解得

$$i_{15}=\frac{\omega_1}{\omega_5}=28.24$$

正号表示齿轮 5 的转向与齿轮 1 转向相同。

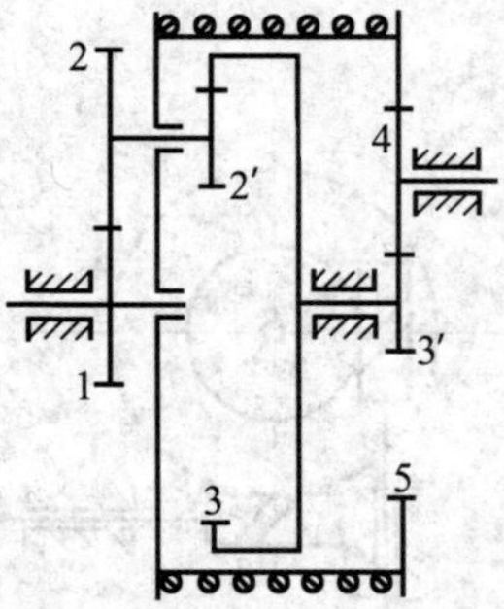

图 5-12　电动卷扬机的减速器

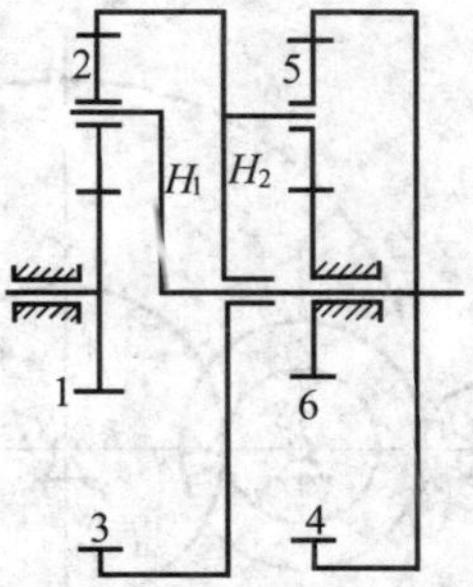

图 5-13　混合轮系

例题 5-4　如图 5-13 所示轮系中,已知各轮齿数 $z_1=25$,$z_2=20$,$z_3=65$,$z_4=60$,$z_5=20$,$z_6=20$,试求传动比 i_{14}

解:轮系中齿轮 1、2、3 和系杆 H_1 组成一周转轮系,齿轮 4、5、6 和 H_2 组成另一周转轮系。

在 4—5—6—H_2 组成的周转轮系中,$\omega_6=0$,则

$$i_{46}^{H_2}=\frac{\omega_4-\omega_{H_2}}{0-\omega_{H_2}}=-\frac{z_6}{z_4}=-\frac{20}{60}=-\frac{1}{3}$$

得

$$\omega_{H_2}=\frac{3}{4}\omega_4$$

在 1—2—3—H_1 组成的周转轮系中

$$i_{13}^{H_1}=\frac{\omega_1-\omega_{H_1}}{\omega_3-\omega_{H_1}}=-\frac{z_3}{z_1}=-\frac{65}{25}=-\frac{13}{5}$$

因为 $\omega_{H_2}=\omega_3$,$\omega_{H_1}=\omega_4$,所以联立求解得

$$i_{14}=\frac{\omega_1}{\omega_4}=1.65$$

5.5 轮系的功用

轮系广泛应用于各种机械中，其主要功用可概括为以下几个方面：

(1)获得大传动比传动

当两轴相距较远又需要较大的传动比时，若仅用一对齿轮传动，必将使两齿轮的齿数相差悬殊，外廓尺寸庞大(如图 5-14 虚线所示)，易使小齿轮损坏和发生齿根干涉等问题，所以一般一对齿轮的传动比不大于 8。当需要较大传动比时，就应采用轮系来实现(如图 5-14 实线所示)。特别是采用周转轮系，可用较少的齿轮，紧凑的结构，得到很大的传动比。

(2)实现分路传动

利用轮系可以通过一个主动轴的若干齿轮分别把运动传给多个工作部位，从而实现分路传动。如图 5-15 所示的滚齿机工作台中的传动机构，就是利用定轴轮系实现分路传动的一个实例。电机带动主动轴转动，通过该轴上的齿轮 1 和 3，分 2 路把运动传给单线滚刀 A 和轮坯 B，从而使刀具和轮坯之间具有确定的对滚关系。

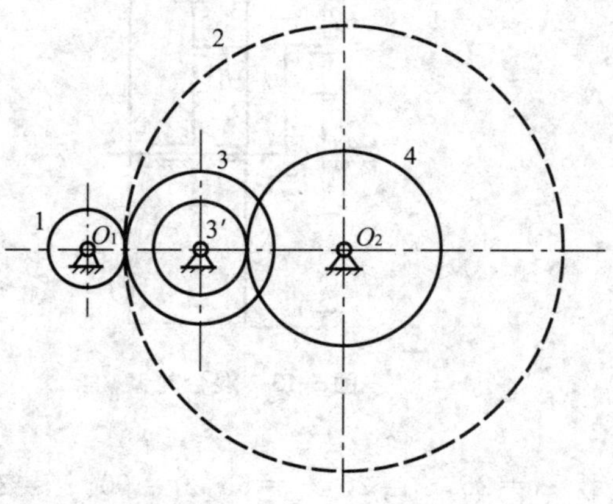

图 5-14　较大传动比的齿轮传动

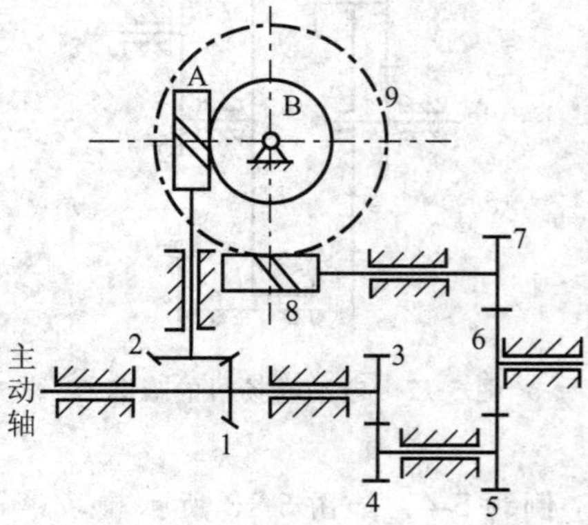

图 5-15　滚齿机工作台中的传动机构

图 5-16　汽车变速箱

(3)实现变速与换向传动

当主动轴转速不变的条件下，利用轮系可使从动轴获得多种转速，这种传动称为变速传动。汽车、机床、起重设备等都需要这种变速传动。

图 5-16 所示为汽车的四挡变速箱传动图，图中Ⅰ轴为动力输入轴，Ⅱ轴为输出轴，4、5 为滑移齿轮，A、B 为牙嵌离合器。该变速箱可使输出轴得到四挡转速：

Ⅰ挡：向左拨动 5，使齿轮 5、6 啮合，齿轮 3、4 和离合器 A、B 均脱离；运动传动路线为齿轮 1—2—6—5—Ⅱ轴，变速箱以大传动比减速，汽车以低速前进。

Ⅱ挡：向右拨动齿轮 4，使齿轮 3、4 啮合，齿轮 5、6 和离合器 A、B 均脱离；运动传递路线为齿轮 1—2—3—4—Ⅱ轴，轮系以小传动比减速，汽车以中速前进。

Ⅲ挡：离合器 A、B 相嵌合，齿轮 3、4 和齿轮 5、6 均脱离；变速箱输入轴转速等于输出轴转速，汽车以高速前进。

Ⅳ挡(倒退挡)：向右拨动齿轮 5，使齿轮 5、8 啮合，齿轮 3、4 和齿轮 5、6 及离合器 A、B 均脱离。运动传递路线为齿轮 1—2—7—8—5，变速箱以大传动比减速，并且输出轴 Ⅱ 的转动方向与上述三个前进挡相反时，汽车以最低速度倒退。

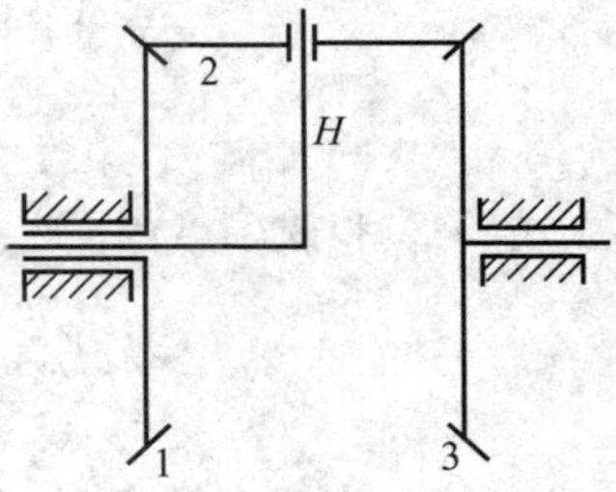

图 5-17 锥齿轮组成的差动轮系

(4)实现运动的合成与分解

在差动轮系中，3 个基本构件都能转动，给定其中任意 2 个基本构件的转动，第 3 个基本构件的转动才能确定。也即输入 2 个基本构件的运动，可以合成输出第 3 个基本构件的运动。图 5-17 所示的锥齿轮组成的差动轮系，就常被用来进行运动的合成。在该轮系中，2 个太阳轮 1 和 3 的齿数相等，由

$$i_{13}^{H}=\frac{n_1-n_H}{n_3-n_H}=-\frac{z_3}{z_1}=-1$$

得

$$n_H=\frac{n_1+n_3}{2}$$

上式说明，系杆 H 的转速是 2 个太阳轮转速的合成，故这种轮系可用作加法机构。又若在该轮系中，以系杆 H 和任一太阳轮(比如齿轮 3)作为主动件时，上式可改写为

$$n_1=2n_H-n_3$$

这说明该轮系又可用作减法机构。由于转速有正负之分，所以这种加减是代数量的加减。差动轮系的这种特性在机床、计算装置及补偿装置中得到了广泛应用。

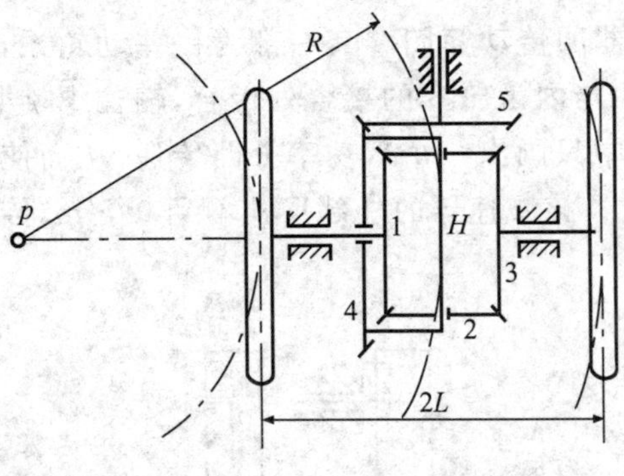

图 5-18 汽车后桥差速器

另一方面，利用差动轮系还可以将一个主动的基本构件的运动分解为另 2 个基本构件的运动。图 5-18 所示为汽车后桥的差动轮系(常称差速器)。汽车发动机通过传动轴驱动齿轮 5，再驱动齿轮 4 转动。齿轮 4 上固连着系杆 H，系杆上装有行星齿轮 2，与行星齿轮 2 直接啮合的齿轮 1、3 是太阳轮(齿轮 1、3 的齿数相等)。在差动轮系中

$$i_{13}^{H}=i_{14}^{4}=\frac{n_1-n_4}{n_3-n_4}=-\frac{z_3}{z_1}=-1$$

得

$$n_4=\frac{n_1+n_3}{2} \tag{5-4}$$

设车轮与地面不打滑，当汽车直线行驶时，其两后轮的转速应相等，即 $n_1=n_3$，则 $n_1=n_3=n_4$，即齿轮 1、3 和系杆 4 之间没有相对运动，整个差动轮系相当于同齿轮 2 固接在一起成为一个刚体，随齿轮 4 一起转动，此时行星轮 2 相对于系杆无转动。

当汽车转弯时，由转向机构确定了后轴线上的转弯中心 P 后，使处于弯道内侧的后轮走小

圆弧，处于弯道外侧的后轮走大圆弧，即两后轮所走的路程不同，因此齿轮 1 和 3 的转速不同，此时行星轮 2 除随齿轮 4(系杆)一起回转外，还绕自己的轴线转动。设汽车左转弯，两后轮中心距为 $2L$，弯道平均半径为 R，由于两后轮的转速与弯道半径成正比，由图可得

$$\frac{n_1}{n_3}=\frac{R-L}{R+L} \tag{5-5}$$

联立式(5-3)和式(5-4)，可求得此时齿轮 1 和 3 的转速分别为

$$n_1=\frac{R-L}{R}n_4, \quad n_3=\frac{R+L}{R}n_4$$

这说明，当汽车转弯时，可利用上述差速器自动将主轴的转动分解为两个后轮的不同转动。需要特殊说明的是，差动轮系可以将一个转动分解成另两个转动是有前提条件的，其前提条件是这两个转动之间必须具有一个确定的关系。在上述汽车差速器的例子中，两后轮转动之间的确定关系是汽车转弯时左右后轮与地面不打滑的约束条件确定的。这种功能在汽车、拖拉机、飞机等动力传动中有重要的应用。

(5)结构紧凑条件下实现大功率传动

在周转轮系中，多采用多个行星轮均匀分布在太阳轮四周的结构形式，如图 5-19 所示。这样，载荷由多对齿轮承担，可大大提高承载能力；多个行星齿轮均匀分布，可使因行星轮公转所产生的离心惯性力和各齿廓啮合处的径向力得以平衡，大大改善受力状况。此外，采用内啮合又有效地利用了空间，加之其输入轴与输出轴共轴线，故可减小径向尺寸。因此，可在结构紧凑条件下，实现大功率传动。这对于飞行器非常重要，在航空发动机的主减速器中获得了普遍应用。

图 5-20 所示为国产某涡轮螺旋桨发动机主减速器的传动简图。其右部为一差动轮系，左部为一定轴轮系。动力由太阳轮 4 输入后，经系杆 H 与内齿轮 3 的接合处汇合，输往螺旋桨。采用 4 个行星轮和 6 个中间轮均匀分布承担载荷(图中只画出一个)，功率分路传递，从而使整个装置在体积小、重量轻的情况下，实现了大功率传动。该减速器的外部尺寸不到 0.5 m，传递的功率可达 2 850 kW。

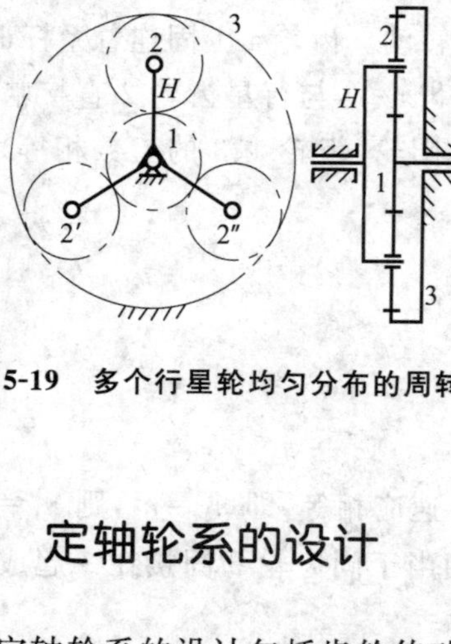

图 5-19　多个行星轮均匀分布的周转轮系

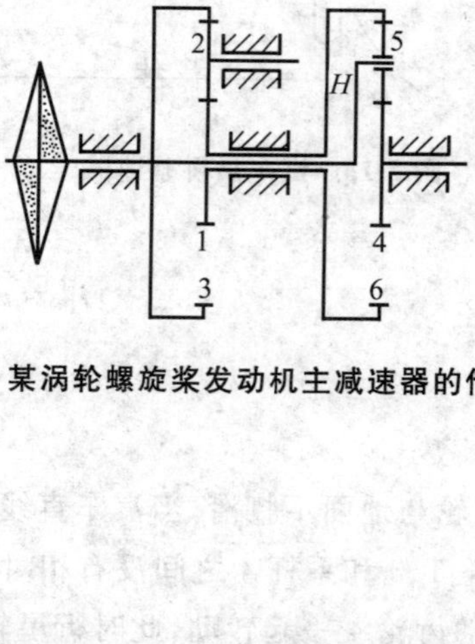

图 5-20　某涡轮螺旋桨发动机主减速器的传动简图

5.6　定轴轮系的设计

定轴轮系的设计包括齿轮传动类型的选择、各齿轮齿数的确定、运动参数和动力参数的计

算、齿轮布置方式的选择等内容。

5.6.1 齿轮传动类型的选择

在设计定轴轮系时，首先要根据工作要求和使用场合选择齿轮传动的类型。除了满足基本的使用要求外，还应考虑机构的外形轮廓尺寸、传动效率、重量、成本等因素。一般情况下，优先选用直齿圆柱齿轮传动；由于斜齿圆柱齿轮传动比直齿圆柱齿轮传动平稳性好、承载能力高，因此，高速、重载场合，优先选用斜齿圆柱齿轮传动；当需要改变传动的轴线方向时，可采用圆锥齿轮传动；当要求传动比较大、反行程自锁，或用来分度、微调时，应选用蜗杆传动来组成轮系。

5.6.2 各齿轮齿数的确定

先将定轴轮系的总传动比合理地分配到各级齿轮传动中，再综合考虑强度、重合度和避免根切等因素，根据经验数据确定小齿轮的齿数，再根据传动比就可计算出大齿轮的齿数。由于齿数只能是整数，按最终确定的齿数验算轮系总传动比，可能和要求实现的传动比有误差，实际设计时一般要求传动比误差在±(3～5)%内。

总传动比分配时通常需考虑以下几方面的问题：

(1)各级齿轮传动的传动比应在合理范围内选取(表 5-2)，不应超过最大值，以利于发挥其性能，并使结构紧凑。当传动比大于 8～10 时，一般设计成两级齿轮传动；当传动比大于 30 时，一般设计成两级以上的齿轮传动。

表 5-2　各类单级齿轮传动的传动比的合理范围

传动类型	圆柱齿轮传动		圆锥齿轮传动		蜗杆蜗轮传动	
	常用值	最大值	常用值	最大值	常用值	最大值
传动比	2～5	8	2～3	5	10～40	80

(2)当轮系为两级或两级以上的齿轮减速传动时，通常按照“前小后大”的原则分配传动比。同时，为了使减速器的外廓尺寸协调和结构匀称，相邻两级齿轮的传动比不宜相差太大。

(3)当设计闭式齿轮减速器时，为了便于润滑，应使各级齿轮传动的大齿轮的分度圆直径尽量接近。通常取 $i_1=\sqrt{(1.3\sim1.5)i}$，式中，i_1 为高速级传动比，i 为减速器总传动比。

各级传动的传动比确定后，即可确定各小齿轮的齿数。闭式齿轮传动一般转速较高，为了提高传动的平稳性，减少冲击振动，小齿轮齿数可在 20～40 中选取；开式齿轮传动，由于轮齿主要为磨损失效，为使轮齿不至于过小，又不产生根切，小齿轮齿数一般可取 17～20。

5.6.3 定轴轮系的效率

定轴轮系是由多对齿轮串联组成，其传动效率等于各对啮合齿轮效率的连乘积。即

$$\eta=\eta_1\cdot\eta_2\cdot\cdots\cdot\eta_k$$

式中：$\eta_1,\eta_2,\cdots,\eta_k$ 为各对齿轮的效率，单级圆柱齿轮和圆锥齿轮传动的效率概值为 0.96～0.99(闭式)，单头非自锁蜗杆传动的效率概值为 0.70～0.75(油润滑)。上式表明：定轴轮系中，啮合齿轮的对数越多，其传动的总效率越低。

5.6.4　定轴轮系运动和动力参数的计算

计算定轴轮系的运动和动力参数，就是计算各轴的转速、功率和转矩。设各轴由动力输入轴至输出轴依次为Ⅰ轴、Ⅱ轴、Ⅲ轴…，并设 i_{12}、i_{23}、…为相邻两轴间的传动比；η_{12}、η_{23}、…为相邻两轴间的传动效率；P_1、P_2、P_3、…为各轴的输入功率，kW；T_1、T_2、T_3、…为各轴的输入转矩，N·m；n_1、n_2、n_3、…为各轴的转速，r/min，则可由输入轴至输出轴方向依次推算，得到各轴的运动和动力参数如下。

(1)各轴的转速

$$n_2=\frac{n_1}{i_{12}}$$

$$n_3=\frac{n_2}{i_{23}}=\frac{n_1}{i_{12}i_{23}}$$

其余依此类推。

(2)各轴输入功率

$$P_2=P_1\eta_{12}$$

$$P_3=P_2\eta_{23}=P_1\eta_{12}\eta_{23}$$

其余依此类推。

(3)各轴输入转矩

$$T_2=T_1i_{12}\eta_{12}$$

$$T_3=T_2i_{23}\eta_{23}=T_1i_{12}\eta_{12}i_{23}\eta_{23}$$

其余依此类推。

当传动方案确定后，各级传动的运动和动力参数计算完成后，即可对各级齿轮传动进行工作能力计算和结构设计。

5.6.5　定轴轮系布置方式的选择

定轴轮系的布置方式不同，其性能和使用范围也不相同，设计时，可根据具体使用要求来选择。这里以两级齿轮传动减速器为例来说明。两级齿轮传动减速器有 3 种典型的布置方式(图 5-21)。

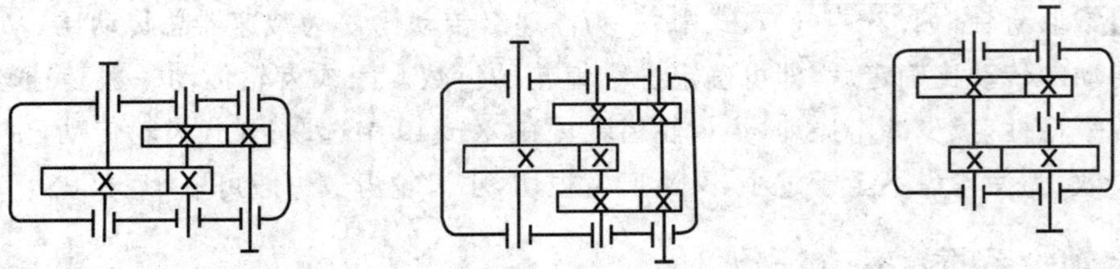

a)　　b)　　c)

图 5-21　两级圆柱齿轮减速器的布置方式

图 5-21a 为展开式。结构简单、但齿轮相对于轴承的位置不对称，因此要求轴有较大的刚度。高速级齿轮布置在远离转矩输入端，这样，轴在转矩作用下产生的扭转变形和轴在弯矩作用下产生的弯曲变形可部分地互相抵消，以减缓沿齿宽方向载荷分布不均匀的现象。用于载荷

比较平稳的场合，高速级一般做成斜齿，低速级可做成直齿。

图 5-21b 为高速级分流式。齿轮相对于轴承对称布置，与展开式相比载荷沿齿宽方向分布均匀，轴承受载较均匀。中间轴危险截面上的转矩只相当于轴所传递转矩的一半。适用于变载荷的场合。高速级一般用斜齿，低速级可用直齿或人字齿。

图 5-21c 为同轴式。减速器横向尺寸较小，两对齿轮浸入油中深度大致相同，但轴向尺寸大和重量较大，且中间轴较长、刚度差，使沿齿宽载荷分布不均匀。高速轴的承载能力难于充分利用。

5.7 几种常见的行星传动简介

5.7.1 渐开线少齿差行星齿轮传动

如图 5-22 所示的轮系，由齿数差很小($\Delta z = z_2 - z_1 = 1 \sim 4$)的渐开线内啮合变位齿轮副组成的行星传动，就称为渐开线少齿差行星齿轮传动。它一般采用 K—H—V 型传动，转臂 H 为输入轴，V 为输出轴。轴 V 与行星轮 1 用等角速比机构连接，所以轴 V 的转速就是行星轮 1 的绝对转速，其转化轮系的传动比为

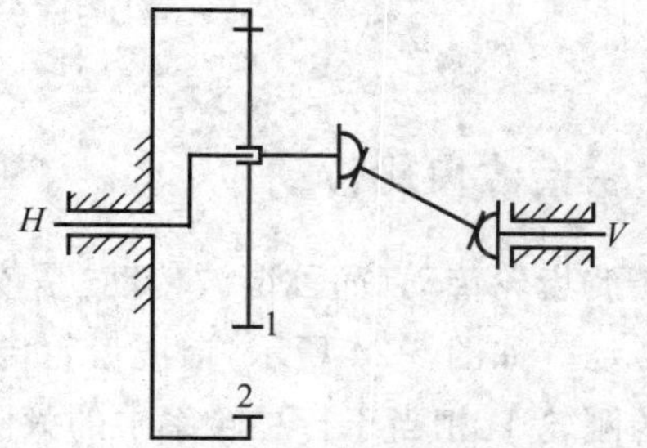

图 5-22 渐开线少齿差行星齿轮传动

$$i_{12}^{H} = \frac{n_1 - n_H}{n_2 - n_H} = \frac{z_2}{z_1}$$

因为 $n_2 = 0$，故 $i_{HV} = i_{H1} = -\dfrac{z_1}{z_2 - z_1}$

由上式可见，如齿数差 $z_2 - z_1$ 很少，就可以获得较大的单级减速比。当 $z_2 - z_1 = 1$(即一齿差)时，则 $i_{H1} = -z_1$。而且结构简单紧凑，渐开线齿廓的加工工艺又很成熟，装配也比较方便。

由于有上述优点，渐开线少齿差行星齿轮减速器得到了较为广泛的应用。但为了防止由于齿数差很少而引起的内啮合轮齿的干涉，需要采用具有较大啮合角(54°～56°)的正传动，因而导致较大的轴承压力和轮齿载荷。所以，它适用于中、小型的动力传动(一般≤45 kW)。其传动效率为 0.8～0.94。

5.7.2 摆线针轮行星传动

摆线针轮行星传动也为 K—H—V 型一齿差行星齿轮传动，图 5-23 为其传动示意图。其中 1 为针轮，2 为摆线行星轮，H 为系杆，3 为输出机构。运动由系杆输入，通过输出机构 3 由轴 V 输出。和渐开线一齿差行星齿轮传动的主要区别在于行星轮的齿廓曲线是短幅外摆线的等距曲线，而中心轮的内齿是带套筒的圆柱销形针轮。

摆线针轮行星传动具有如下一些优点：①没有齿顶相碰和齿廓重叠干涉问题；②同时啮合的齿数多，所以重合度大，承载能力高；③它的啮合角平均值约为 40°，远小于渐开线一齿差行星齿轮传动的啮合角，因而减轻了轴承的载荷，提高了传动的效率，其传动效率一般在 0.9 以上，传递的功率目前已达 100 kW。

摆线针轮行星传动已有系列商品规格生产，是目前世界各国产量最大的一种减速器。

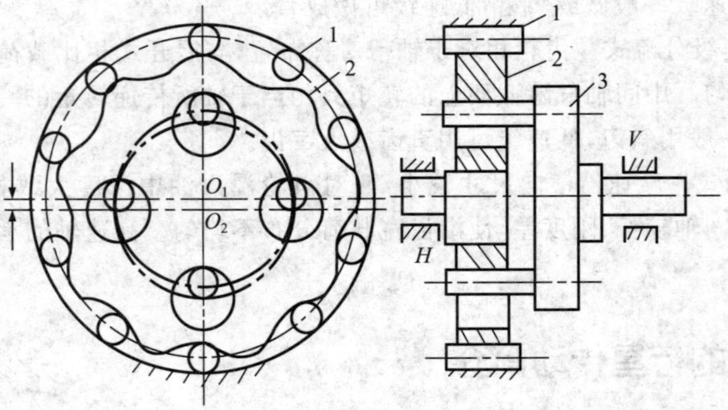

图 5-23 摆线针轮行星齿轮传动

5.7.3 谐波齿轮传动

谐波齿轮传动(简称谐波传动)是依靠柔性零件产生弹性波来传递动力和运动的一种行星齿轮传动。如图 5-24 所示,谐波齿轮传动主要由波发生器 H(相当于行星轮系中的系杆)、带有内齿的刚轮 1(相当于行星轮系中的太阳轮)和带有外齿的柔轮 2(相当于行星轮系中的行星轮)三个基本构件组成。波发生器 H 是一杆状构件,其两端装有滚动轴承构成的滚轮,与柔轮的内壁相互压紧。柔轮为可产生较大弹性变形的薄轮缘,其内孔直径略小于波发生器的总长。当波发生器装入柔轮内后,在柔轮与波发生器的接触区产生径向变形,使柔轮成椭圆形。在椭圆长轴两端附近,柔轮的外齿和刚轮的内齿相啮合;而在椭圆短轴两端附近,两轮的齿则完全脱离啮合;其他各处则处于啮合和脱离的过渡状态。当波发生器转动时,柔轮的变形部位也随之转动,使柔轮的齿依次进入啮合再退出啮合,实现啮合传动。由于在传动过程中,柔轮产生的弹性变形波近似于诸波,故称之为谐波齿轮传动。

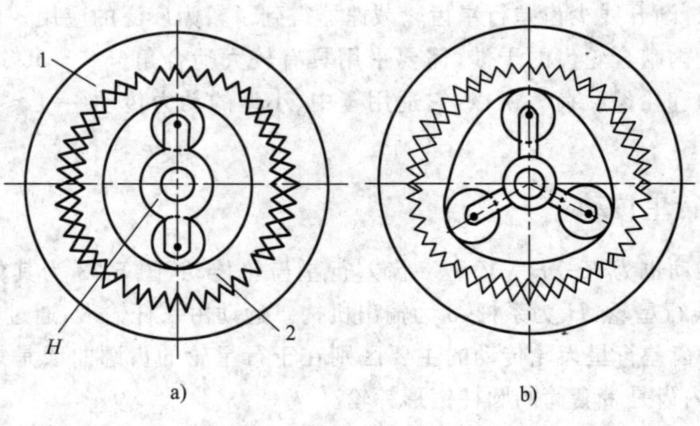

图 5-24 谐波齿轮传动

根据波发生器上装的滚轮数目,谐波齿轮传动可分为单波、双波、三波传动等,其中常用的是双波(图 5-24a)和三波传动(图 5-24b),但目前用的最多的是双波传动。

谐波齿轮传动中柔轮和刚轮的齿距相同，但齿数不等，刚轮与柔轮的齿数差通常等于柔轮一周上的变形波数 n，即 $z_1-z_2=n$。谐波齿轮传动的传动比可按周转轮系来计算。当刚轮 1 固定，波发生器 H 主动，柔轮 2 从动时，其传动比为

$$i_{21}^{H}=\frac{n_2-n_H}{0-n_H}=\frac{z_1}{z_2}$$

即

$$i_{H2}=-\frac{z_2}{z_1-z_2}=-\frac{z_2}{n}$$

柔轮与波发生器的转向相反。

谐波齿轮传动的优点是：单级传动比大，体积小，重量轻，结构紧凑，传动效率高；同时啮合的齿数多，承载能力高；传动平稳，传动精度高、磨损小；齿侧间隙小，适用于反向传动，并有良好的密封性。其缺点是：启动力矩较大，不适合于小功率传动；柔轮周期性地产生变形，易疲劳破坏；啮合刚度较差；装置发热较大。

习题 5

5-1　图示轮系中，已知各标准齿轮的齿数为 $z_1=z_2=20$，$z_{3'}=26$，$z_4=30$，$z_{4'}=22$，$z_5=34$，求齿轮 3 的齿数 z_3 和传动比 i_{15}。

5-2　图示为钟表传动机构，E 为擒纵轮，N 为发条盘，S、M、H 分别为秒针、分针、时针。已知各轮的齿数分别为 $z_1=72$，$z_2=12$，$z_3=64$，$z_4=z_6=z_9=8$，$z_5=z_7=60$，$z_8=z_{11}=6$，$z_{10}=24$，$z_{12}=24$，求秒针与分针的传动比 i_{SM} 及分针与时针的传动比 i_{MH}。

5-3　图示轮系中，已知各轮的齿数 $z_1=100$，$z_2=101$，$z_{2'}=100$，$z_3=99$，试求传动比 i_{H1}，若将齿轮 3 的齿数改为 $z_3=100$，传动比 i_{H1} 有何变化？

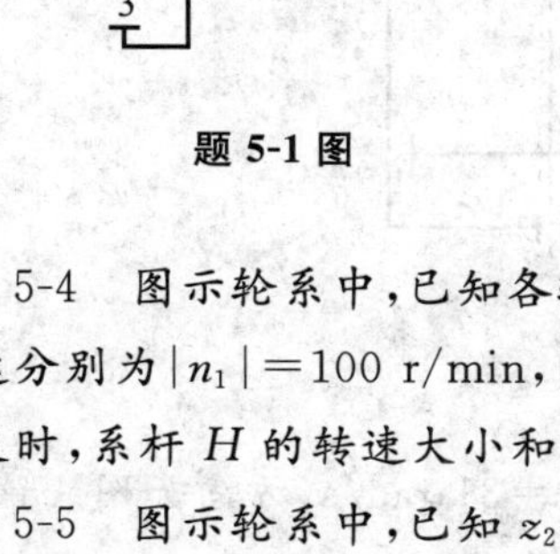

题 5-1 图

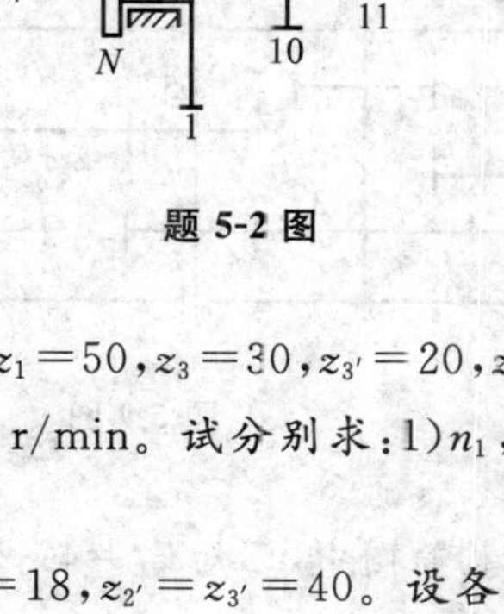

题 5-2 图

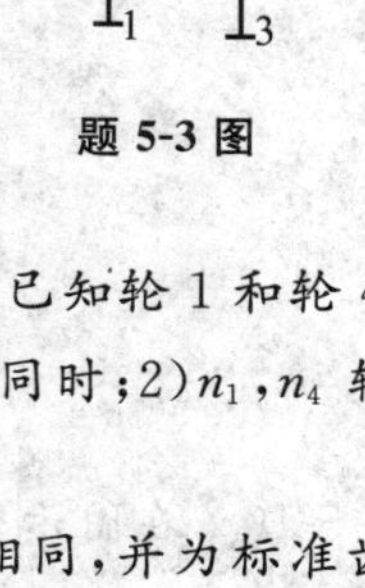

题 5-3 图

5-4　图示轮系中，已知各轮的齿数 $z_1=50$，$z_3=30$，$z_{3'}=20$，$z_4=100$，且已知轮 1 和轮 4 的转速分别为 $|n_1|=100$ r/min，$|n_2|=200$ r/min。试分别求：1）n_1，n_4 转向相同时；2）n_1，n_4 转向相反时，系杆 H 的转速大小和方向。

5-5　图示轮系中，已知 $z_2=z_3=z_4=18$，$z_{2'}=z_{3'}=40$。设各轮的模数相同，并为标准齿轮

传动，求齿轮 1 的齿数 z_1 及传动比 i_{1H}。

5-6　如图所示为一装配用电动螺丝刀的传动简图。已知各轮的齿数为 $z_1=z_4=7$，$z_3=z_6=39$，若 $n_1=3\ 000$ r/min，求螺丝刀的转速。

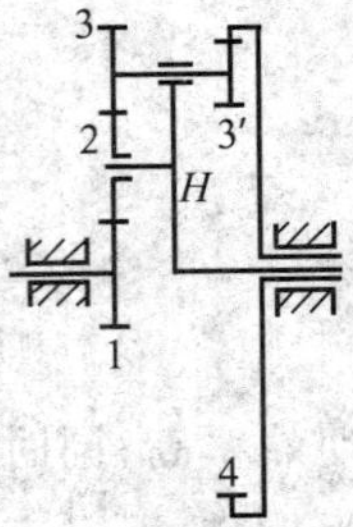

题 5-4 图

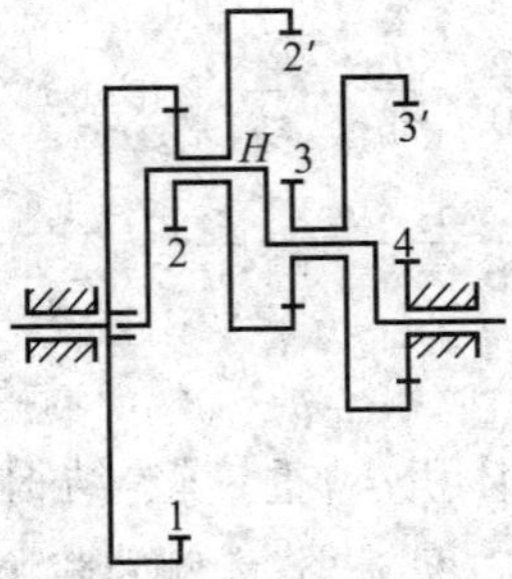

题 5-5 图

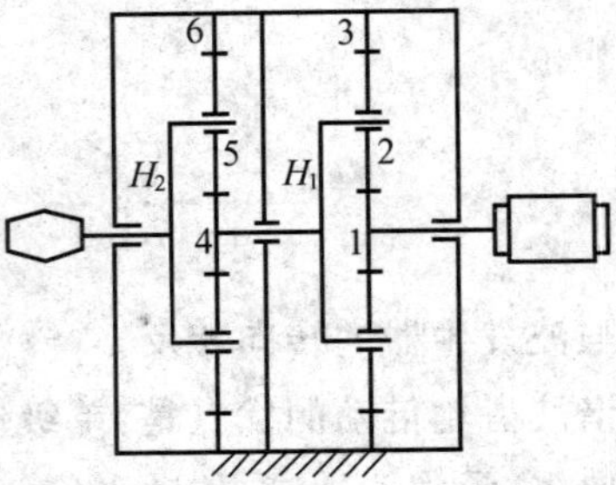

题 5-6 图

5-7　图示轮系中，已知各轮齿数为 $z_1=18$，$z_{1'}=z_{4'}=80$，$z_2=20$，$z_3=36$，$z_{3'}=24$，$z_4=70$，$z_5=50$，$z_6=2$（右旋），$z_7=58$。求传动比 i_{17}，并标出轮 7 的转向。

5-8　图所示轮系中，已知 $z_1=22$，$z_3=88$，$z_{3'}=z_5$，试求传动比 i_{15}。

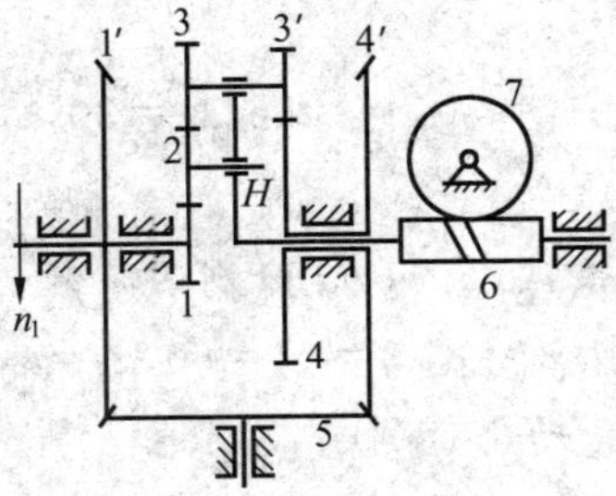

题 5-7 图

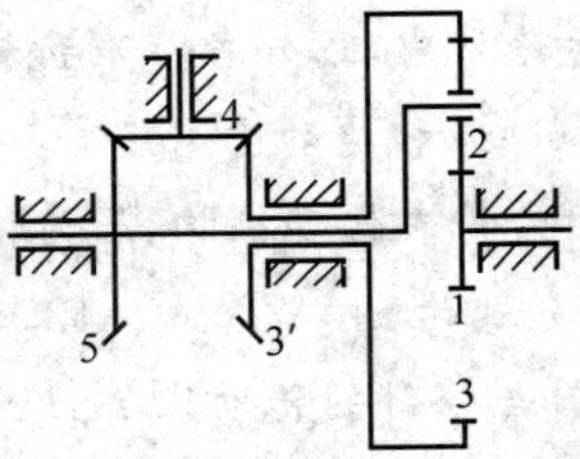

题 5-8 图

5-9　图示为 1BG-0.9 型机滚船的快、慢两挡变速箱传动简图。齿轮 1 和 2 为双联滑移齿轮，当齿轮 1 和齿轮 3 啮合时，为低速挡；用拨叉拨动双联齿轮 1(2) 使齿轮 2 和齿轮 4 啮合时，为高速挡。已知动力输入轴Ⅰ轴的转速为 $n_{\mathrm{I}}=1\ 116$ r/min，各齿轮的齿数为：$z_1=16$，$z_2=24$，$z_3=26$，$z_4=18$，$z_5=20$，$z_6=42$，$z_7=46$，$z_8=21$，$z_9=57$，求低速挡和高速挡时动力输出轴Ⅴ轴（蒲滚轴）的转速各是多少？

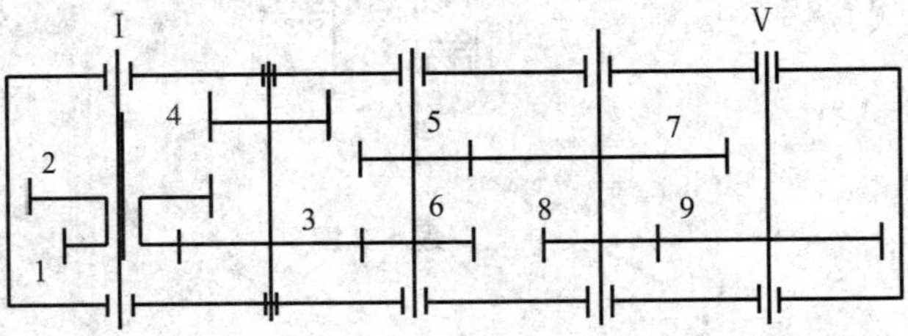

题 5-9 图

5-10　在图示行星搅拌机构简图中，已知 $z_1=40$，$z_2=40$，$\omega_H=31$ rad/s，方向如图。试求：

1)机构自由度 F;2)搅拌轴的角速度 ω_F 及转向。

5-11　图示汽车变速器的部分轮系机构,已知各齿轮的齿数 $z_1=30$,$z_2=z_3=z_{3'}=18$,$z_4=36$,$z_5=102$,求传动比 i_{15}。

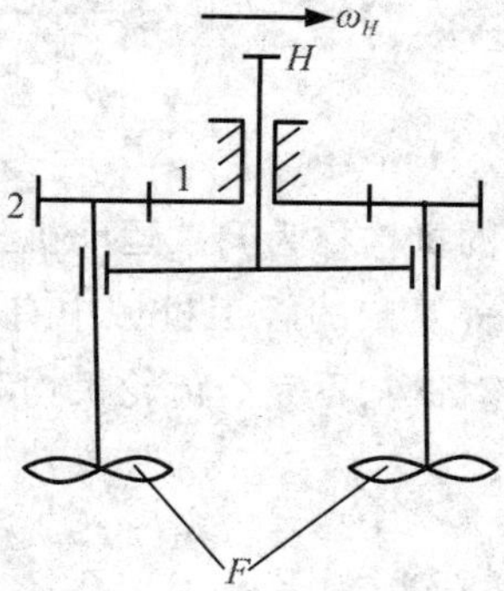

题 5-10 图

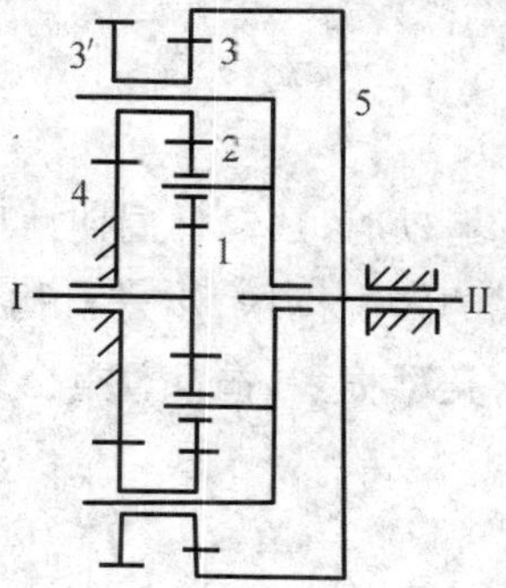

题 5-11 图

5-12　图示为 4LZ-1.0 型水稻联合收割机变速箱传动示意图。动力由大带轮 D 输入,齿轮 16 和 17 为双联倒挡齿轮;齿轮 1 为滑移齿轮可和齿轮 4 或 16 啮合;齿轮 2 和 3 为双联滑移齿轮,齿轮 2 可和 6 或 17 啮合,齿轮 3 可和 7 啮合;齿轮 9 和 10 为双联滑移齿轮,往左可和齿轮 8 同步转动,往右齿轮 10 可和 7 啮合,齿轮 9 为宽齿轮,在滑移过程中总是和齿轮 12 啮合;齿轮 11 和 13 为两差速齿轮,分别将动力传给半轴齿轮 14 和 15,带动左右两边的履带驱动轮转动。分析该变速箱有几个前进挡?有几个倒挡?若各齿轮齿数已知,试分别写出各挡传动比的表达式。

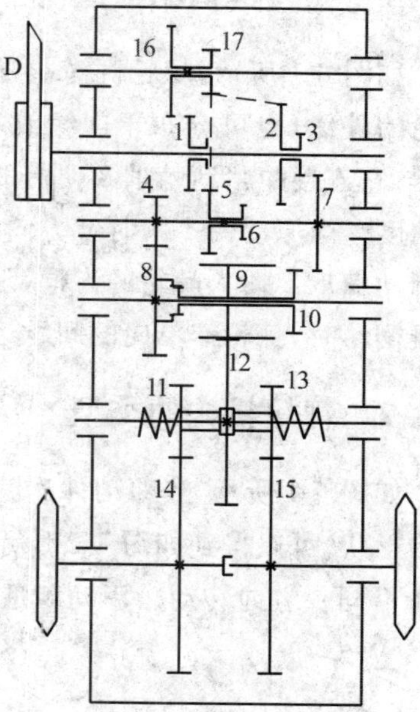

题 5-12 图

6 间歇运动机构

主动件连续运动时，从动件周期性地出现停歇状态的机构称为间歇运动机构。间歇运动机构在自动生产线的转位机构、步进机构、计数装置和许多复杂的轻工机械中有着广泛的应用。间歇运动机构的类型很多，本章着重介绍棘轮机构、槽轮机构、不完全齿轮机构和凸轮间歇运动机构。

6.1 棘轮机构

6.1.1 棘轮机构的组成与工作原理

如图 6-1 所示，棘轮机构主要由棘轮、棘爪和机架组成。棘轮 2 固连在轴 4 上，其轮齿分布在轮的外缘（也可分布于内缘或端面），原动件 1 空套在轴 4 上。当原动件 1 逆时针方向摆动时，与它连接的驱动棘爪 3 便借助弹簧或重力的作用插入棘轮的齿槽内，使棘轮随着转过一定的角度。当原动件 1 顺时针方向摆动时，驱动棘爪 3 便在棘轮的齿背上滑过。这时，簧片 6 迫使制动棘爪 5 插入棘轮的齿槽，阻止棘轮顺时针方向转动，故棘轮静止不动。当原动件连续地往复摆动时，棘轮作单向的间歇运动。

6.1.2 棘轮机构的类型

如图 6-1 所示，当原动件连续地往复摆动时，棘轮作单向的间歇运动。如果改变原动件的结构形状，可以得到如图 6-2 所示的双动式棘轮机构。原动件 1 连续地往复摆动时都能使棘轮 2 沿同一方向转动。驱动棘爪 3 可以做成直的（图 6-2a）或带钩头的（图 6-2b）。

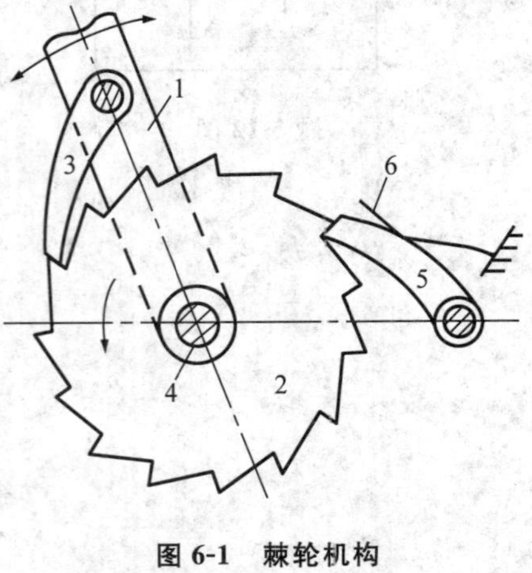

图 6-1　棘轮机构

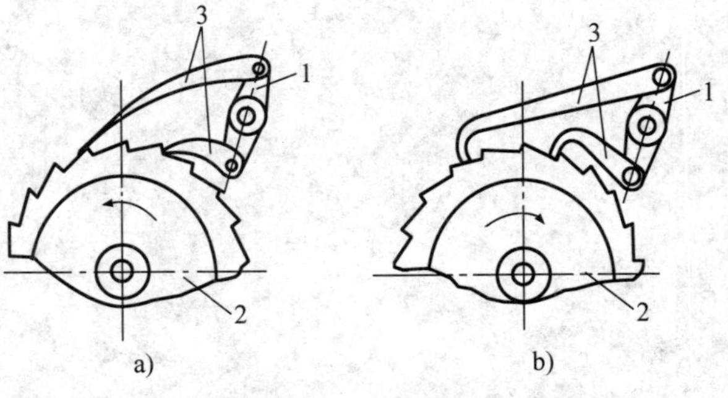

图 6-2　双动式棘轮机构

当棘轮轮齿制成方形时，成为可变向棘轮机构，如图 6-3a 所示。其特点是当棘爪 1 在实线位置时，棘轮 2 将沿逆时针方向作间歇运动；当棘爪翻转到虚线位置时，棘轮将沿顺时针方向作间歇运动。图 6-3b 所示为另一种可变向棘轮机构。当棘爪 1 在图示位置时，棘轮 2 将沿逆时针方向作间歇运动。若将棘爪提起并绕本身轴线转 180°后再插入棘轮齿中，则可实现棘轮沿顺时针方向的间歇运动。若将棘爪提起并绕本身轴线转 90°后放下，架在壳体顶部的平台上，使轮与爪脱开，则当棘爪往复摆动时，棘轮静止不动。这种棘轮机构常应用在牛头刨床工作台的进给装置中（图 6-4）。

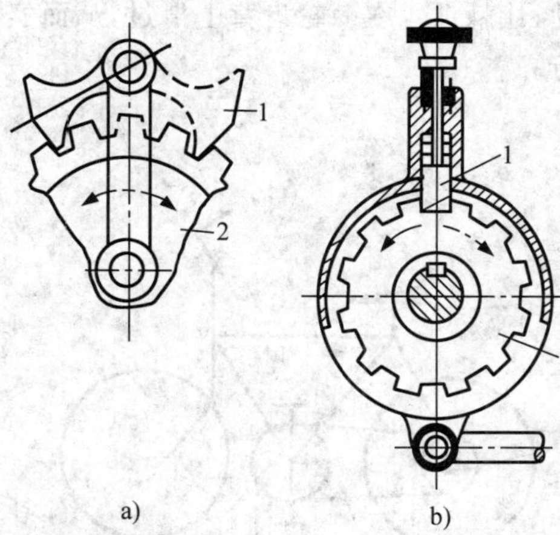

图 6-3　可变向棘轮机构

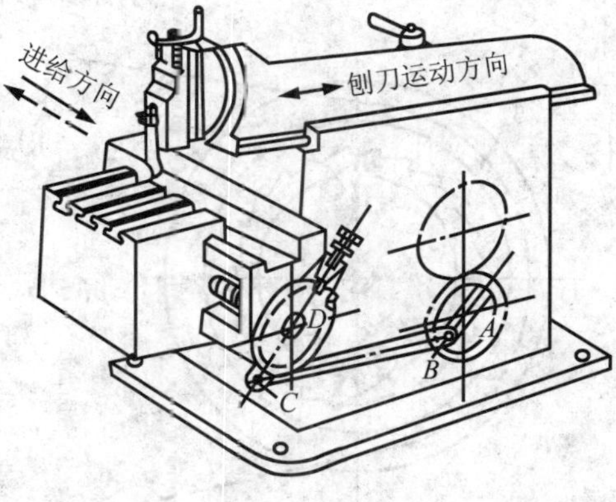

图 6-4　牛头刨床工作台送进机构

为改变棘轮每次转过角度的大小，可以通过改变曲柄长度调整摇杆摆角（图 6-5 中改变曲柄 O_2A 的大小）的方法来实现，也可以采用遮盖摇杆摆角范围内的一部分棘齿（图 6-6）的方法实现。

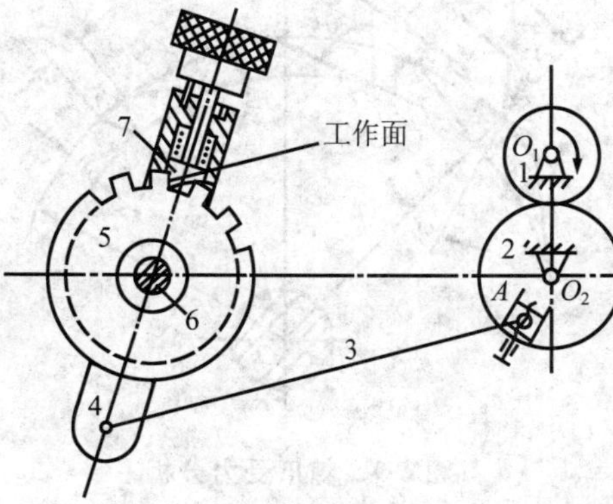

图 6-5　牛头刨床工作台送进机构

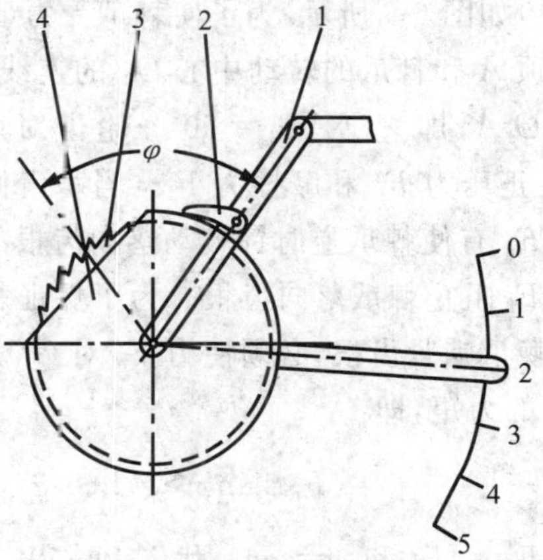

图 6-6　遮板式变角型棘轮机构

上述棘轮机构，称为轮齿式棘轮机构，棘轮的转角都是相邻两齿所夹中心角的倍数，也就是说，棘轮的转角是有级性改变的。如果要实现无级性改变，就需要采用无棘齿的棘轮（图 6-7）。这种机构是通过棘爪 1 与棘轮 2 之间的摩擦力来传递运动的（3 为制动爪），故又称为摩擦式棘

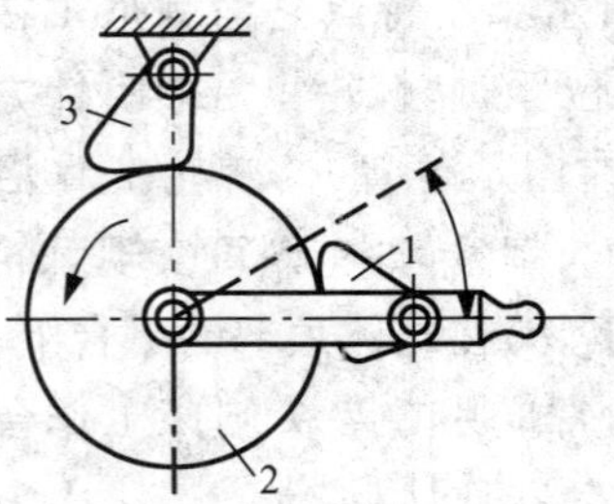

图 6-7 摩擦式棘轮机构

轮机构。这种机构在传动过程中很少发生噪声,但其接触表面间容易产生滑动。

棘轮机构除了常用于实现间歇运动外,还能实现超越运动。如图 6-8 所示为自行车后轮轴上的棘轮机构。当脚蹬踏板时,经链轮 1 和链条 2 带动内圈具有棘齿的链轮 3 顺时针转动,再通过棘爪 4 的作用,使后轮轴 5 顺时针转动,从而驱动自行车前进。自行车前进时,如果令踏板不动,后轮轴 5 便会超越链轮 3 而转动,让棘爪 4 在棘轮齿背上滑过,从而实现不蹬踏板的自由滑行。

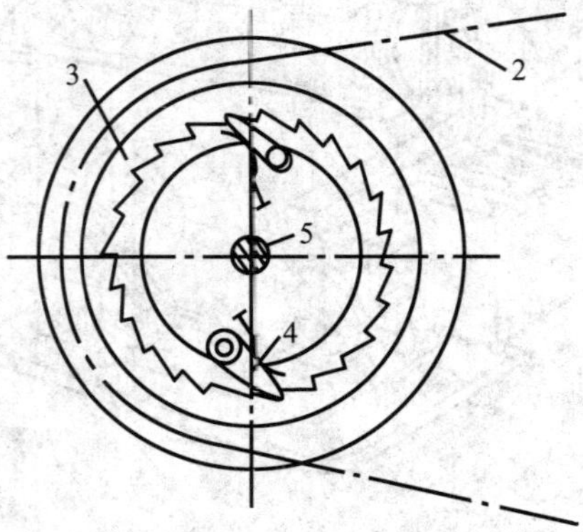

图 6-8 超越式棘轮机构

6.1.3 棘爪的工作条件

如图 6-9 所示,为了使棘爪受力最小,应使棘轮齿顶 A 和棘爪的转动中心 O_2 的连线垂直于棘轮半径 O_1A,即 $\angle O_1AO_2=90°$。轮齿对棘爪作用的力有:正压力 F_n 和摩擦力 F_f。当棘齿偏斜角为 φ 时,力 F_n 有使棘爪逆时针转动落向齿根的倾向;而摩擦力 F_f 阻止棘爪落向齿根。为了保证棘轮正常工作,使棘爪啮紧齿根,必须使力 F_n 对 O_2 力矩大于 F_f 对 O_2 的力矩,即

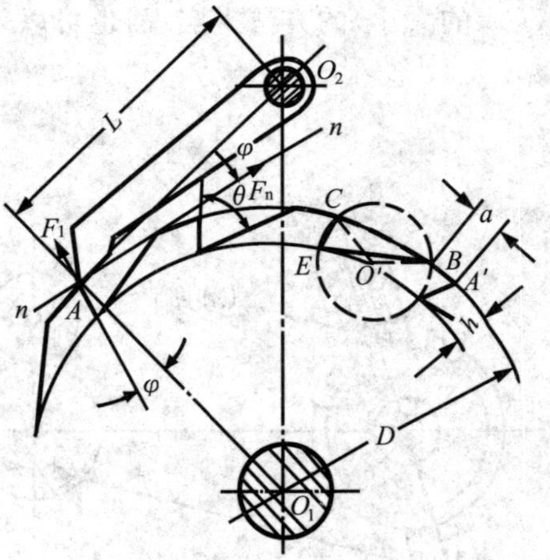

图 6-9 棘爪受力分析

$$F_nL\sin\varphi > F_fL\cos\varphi$$

因 $F_f=fF_n$ 和 $f=\tan\rho$,代入上式得

$$\tan\varphi > \tan\rho$$

故

$$\varphi > \rho \tag{6-1}$$

式中:ρ 为齿与爪之间的摩擦角。当摩擦系数 $f=0.2$ 时,$\rho\approx 11°30'$。为可靠起见,通常取 $\varphi=20°$(一般手册中介绍的棘轮机构尺寸,均能满足 $\varphi>\rho$ 的要求,可不必验算)。

6.2 槽轮机构

6.2.1 槽轮机构的工作原理和类型

槽轮机构又称为马尔他机构，如图 6-10 所示。它是由带有圆销 A 的拨盘 1、具有径向槽的槽轮 2 和机架组成。拨盘 1 作匀速转动时，驱动槽轮 2 作时转时停的间歇运动。拨盘 1 上的圆销 A 尚未进入槽轮 2 的径向槽时，由于槽轮 2 的内凹锁止弧 β 被拨盘 1 的外凸锁止弧 α 卡住，故槽轮 2 静止不动。图中所示位置是当圆销 A 开始进入槽轮 2 的径向槽的情况。这时锁止弧被松开，因此槽轮 2 受圆销 A 的驱使沿逆时针转动。当圆销 A 开始脱出槽轮的径向槽时，槽轮的另一内凹锁止弧又被拨盘 1 的外凸锁止弧卡住，致使槽轮 2 又静止不动，直到圆销 A 再进入槽轮 2 的另一径向槽时，两者又重复上述的运动循环。为了防止槽轮在工作过程中位置发生偏移，除上述锁止弧之外也可以采用其他专门的定位装置。

槽轮机构构造简单，外形尺寸小，机械效率高，并能平稳地、间歇地进行转位，因此在自动机床转位机构、电影放映机卷片机构等自动机械中得到广泛应用。图 6-11 所示为电影放映机卷片机构。当槽轮间歇运动时，胶片上的画面依次在方框中停留，通过视觉暂留而获得连续的场景。

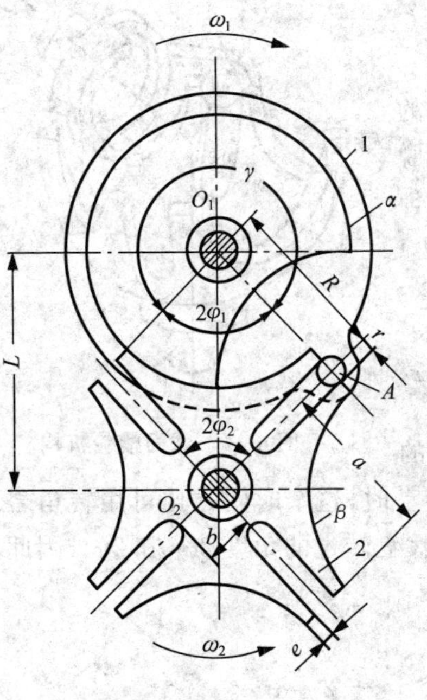

图 6-10 槽轮机构

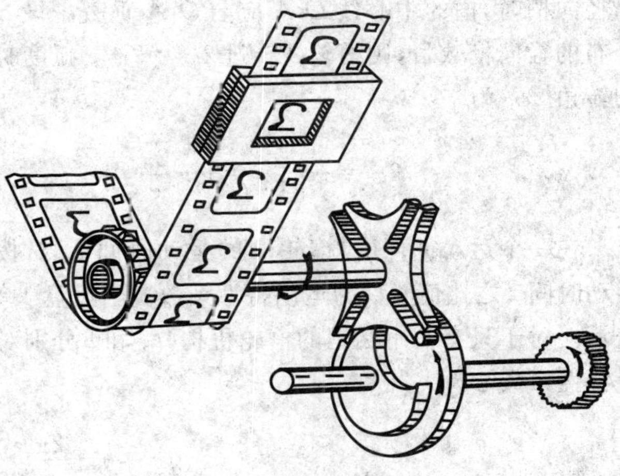

图 6-11 电影放映机卷片机构

普通槽轮机构有外槽轮机构（图 6-10）与内槽轮机构（图 6-12）两种类型，此外还有满足特殊工作要求的特殊型式的槽轮机构，如不等臂长的多销槽轮机构（图 6-13）、球面槽轮机构（图 6-14）等。

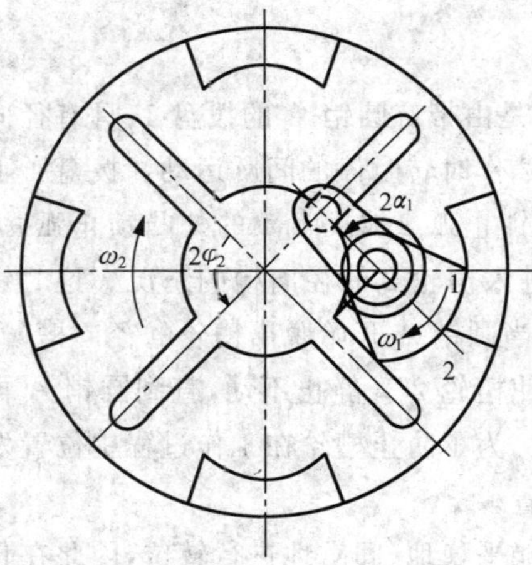

图 6-12 内槽轮机构

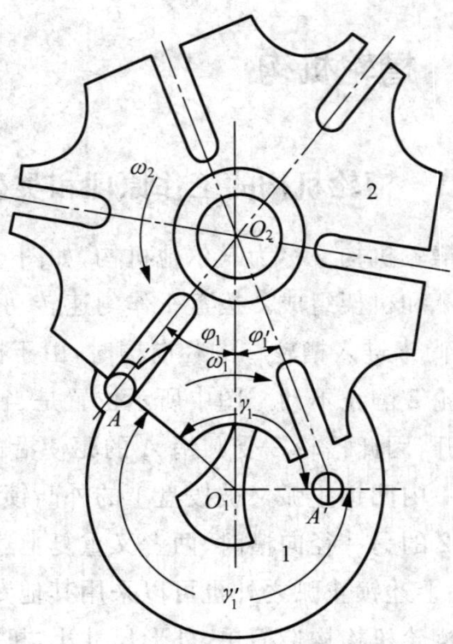

图 6-13 不等臂长的多销槽轮机构

6.2.2 槽轮机构的主要参数

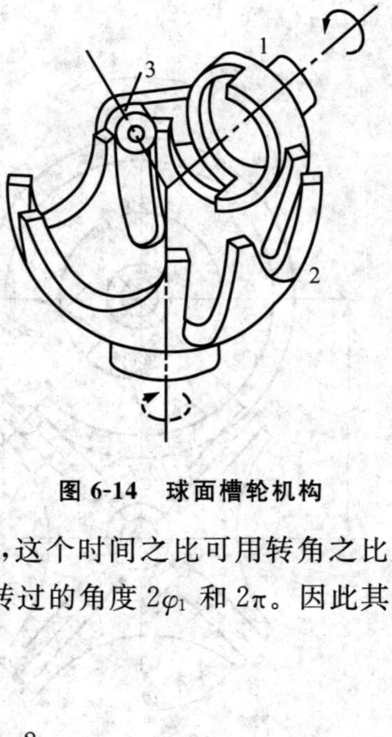

图 6-14 球面槽轮机构

槽轮机构的主要参数是槽数 z 和拨盘圆销数 K。

如图 6-10 所示，为了使槽轮 2 在开始和终止转动时的瞬时角速度为零，以避免圆销与槽发生撞击，圆销进入或脱出径向槽时，槽的中心线 O_2A 应与 O_1A 垂直。设 z 为均匀分布的径向槽数目，则槽轮 2 转过 $2\varphi_2=2\pi/z$ 弧度时，拨盘 1 的转角 $2\varphi_1$ 为

$$2\varphi_1=\pi-2\varphi_2=\pi-\frac{2\pi}{z} \tag{6-2}$$

在一个运动循环内，槽轮 2 的运动时间 t_m 对拨盘 1 的运动时间 t 之比值 τ 称为运动特性系数。当拨盘 1 等速转动时，这个时间之比可用转角之比来表示。对于只有一个圆销的槽轮机构，t_m 和 t 分别对应于拨盘转过的角度 $2\varphi_1$ 和 2π。因此其运动特性系数 τ 为

$$\tau=\frac{t_m}{t}=\frac{2\varphi_1}{2\pi}=\frac{\pi-\dfrac{2\pi}{z}}{2\pi}=\frac{1}{2}-\frac{1}{z}=\frac{z-2}{2z} \tag{6-3}$$

为保证槽轮运动，其运动特性系数 τ 应大于零。由式(6-3)可知，运动特性系数大于零时，径向槽的数目应等于或大于 3。但 $z=3$ 的槽轮机构，由于槽轮的角速度变化很大，圆销进入或脱出径向槽的瞬时，槽轮的角加速度也很大，会引起较大的振动和冲击，所以很少应用。又由式(6-3)可知，这种槽轮机构的运动特性系数 τ 总是小于 0.5，即槽轮的运动时间 t_m 总是小于其静止的时间 t_s。

如果拨盘 1 上装有数个圆销，则可以得到 $\tau>0.5$ 的槽轮机构。设均匀分布的圆销数目为 K，则一个运动循环内，槽轮 2 的运动时间为只有一个圆销时的 K 倍，即

$$\tau=\frac{K(z-2)}{2z} \tag{6-4}$$

运动特性系数 τ 还应当小于 1（$\tau=1$ 表示槽轮 2 与拨盘 1 一样作连续转动，不能实现间歇运动），故由式(6-4)得

$$K<\frac{2z}{z-2} \tag{6-5}$$

由式(6-5)可知，当 $z=3$ 时，圆销的数目可为 1～5；当 $z=4$ 或 5 时，圆销的数目可为 1～3；而 $z\geqslant6$ 时，圆销的数目可为 1 或 2。槽数 $z>9$ 的槽轮机构比较少见，因为当中心距一定时，z 越大槽轮的尺寸也越大，转动时的惯性力矩也越大。另由式(6-3)可知，当 $z>9$ 时，槽数虽增加，τ 的变化却不大，起不到明显的作用，故常取 $z=4\sim8$。

6.3 不完全齿轮机构

图 6-15 所示为不完全齿轮机构。这种机构是由齿轮机构演变而得的一种间歇运动机构，即在主动轮 1 上只做出一个或一部分齿，并根据运动时间与间歇时间的要求，在从动轮 2 上做出与主动轮轮齿相啮合的轮齿。当主动轮 1 的有齿部分作用时，从动轮 2 就转动；当主动轮的无齿圆弧部分作用时，从动轮停止不动，因而当主动轮作连续转动时，从动轮作时转时停的间歇运动。不难看出，每当主动轮 1 连续转过一圈时，如图 6-15a，b 所示机构的从动轮分别转过 1/8 圈和 1/4 圈。为了防止从动轮在停歇期间游动，两轮轮缘各装有锁止弧起定位作用。不完全齿轮机构也有外啮合（图 6-15）、内啮合（图 6-16）、圆柱不完全齿轮机构和圆锥不完全齿轮机构之分。

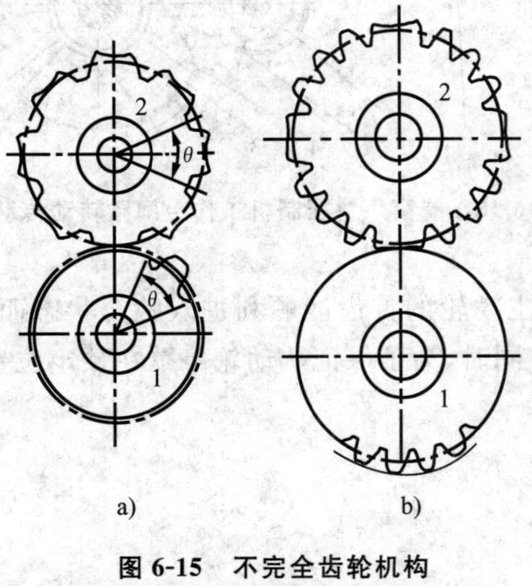

图 6-15 不完全齿轮机构

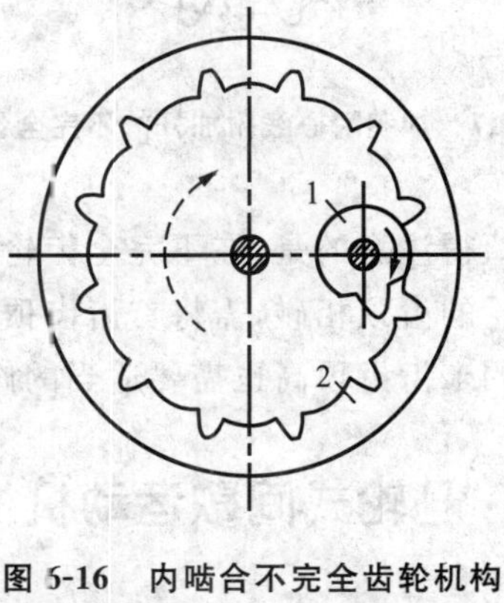

图 5-16 内啮合不完全齿轮机构

当主动轮匀速转动时，这种机构的从动轮在运动期间也保持匀速转动，但是在从动轮开始运动和终止运动的瞬间都存在刚性冲击，因此不适用于主动轮转速很高的场合。为了改善不完

全齿轮机构的这一缺点，可以在两轮上加装瞬心线附加杆（图 6-17），此附加杆的作用是使从动轮在开始运动阶段，由静止状态按某种预定的运动规律（取决于附加杆上瞬心线的形状）逐渐加速到正常运动速度；而在终止运动阶段，又借助于另一对附加杆的作用，使从动轮由正常运动速度按预定的运动规律逐渐减速到静止。由于不完全齿轮机构在从动轮开始运动阶段的冲击，一般都比终止运动阶段的冲击严重，故有时仅在开始运动处加装一对附加杆，图 6-17 所示的不完全齿轮机构即是如此。

图 6-18 所示为蜂窝煤饼压制机的工作台间歇转动的传动图。工作台 7 用五个工位来完成煤粉的填装、压制、退煤等动作，因此工作台需间歇转动，每次转动 1/5 转。为了满足这一运动要求，在工作台上装有一大齿圈 7，用中间齿轮 6 来传动。而主动轮 3 为不完全齿轮，它与齿轮 6 组成不完全齿轮机构。当齿轮 3 连续转动时，可以使工作台得到预期的间歇转动。又为了减轻工作台间歇起动时的冲击，在不完全齿轮 3 和齿轮 6 上加装一对瞬心附加杆 4 和 5。同时还分别装设了凸形和凹形圆弧板，以便起到锁止弧的作用。

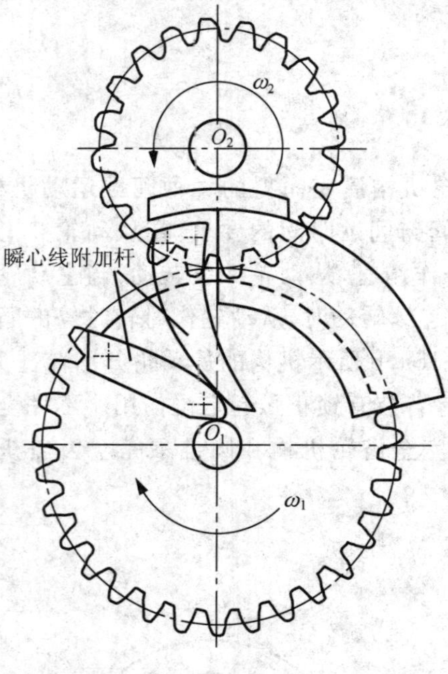

图 6-17　加装瞬心线附加杆的不完全齿轮机构

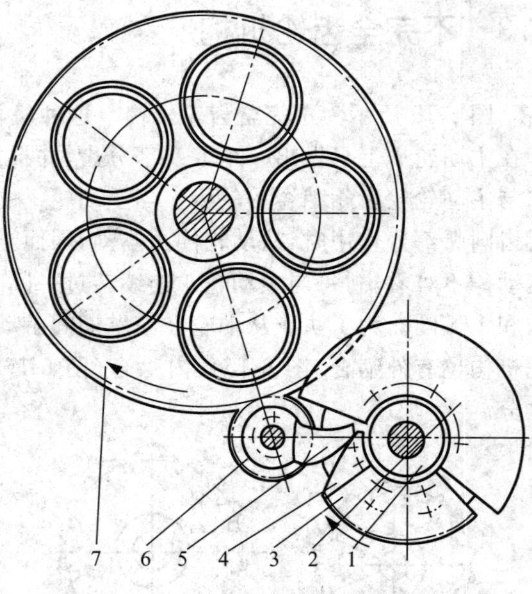

图 6-18　蜂窝煤饼压制机工作台间歇转动传动图

值得注意的是，在不完全齿轮机构中，为了保证主动轮的首齿能顺利进入啮合状态而不与从动轮的齿顶相碰，需将首齿齿顶高作适当的削减。同时，为了保证从动轮停歇在预定位置，主动轮的末齿齿顶高也需要适当的修正（图 6-15）。

6.4　凸轮式间歇运动机构

凸轮式间歇运动机构通常有 2 种型式。一种是图 6-19 所示的圆柱形凸轮间歇运动机构。凸轮 1 呈圆柱形，滚子 3 均匀分布在转盘的端面，滚子中心与转盘中心的距离等于 R_2。当凸轮转过角度 δ_t 时，转盘以某种运动规律转过角度 $\delta_{2\max}=2\pi/z$（式中 z 为滚子数目）；当凸轮继续转过其余($2\pi-\delta_t$)时，转盘静止不动。当凸轮继续转动时，第 2 个圆销与凸轮槽相作用，进入第 2 个运动循环。这样，当凸轮连续转动时，转盘作单向间歇转动。这种机构实质上是一个摆杆长度等于 R_2、只有推程和远休止角的摆动从动件圆柱凸轮机构。

另一种是蜗杆形凸轮间歇运动机构，如图 6-20 所示。凸轮形状如同圆弧面蜗杆一样，滚子均匀分布在转盘的圆柱面上，犹如蜗轮的齿。这种凸轮间歇运动机构可以通过调整凸轮与转盘的中心距来消除滚子与凸轮接触面间的间隙以补偿磨损。

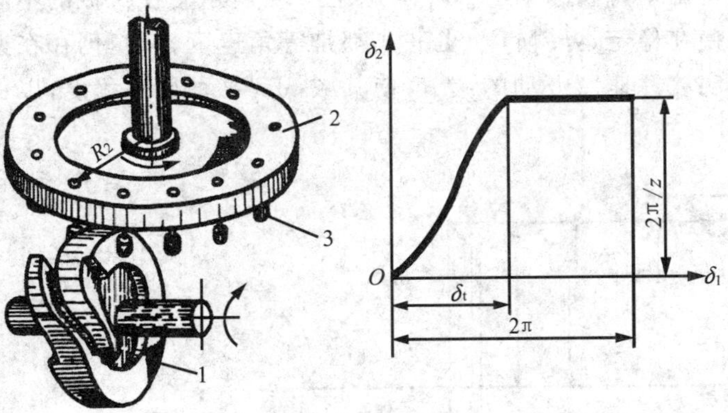

图 6-19 圆柱形凸轮间歇运动机构

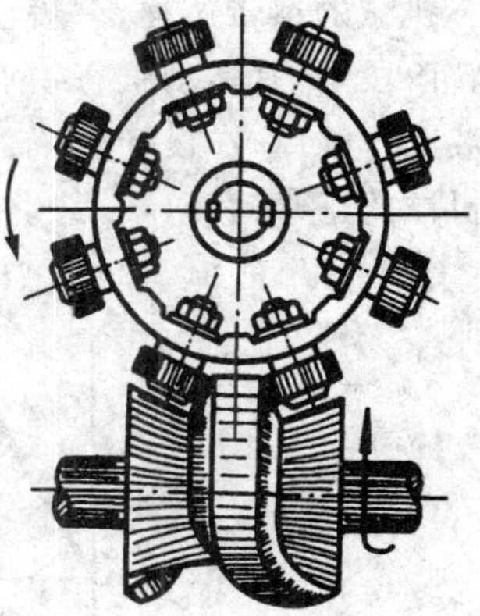

图 6-20 蜗杆形凸轮间歇运动机构

凸轮间歇运动机构的优点是运转可靠、传动平稳、转盘可以实现任意运动规律，还可以用改变凸轮推程运动角来得到所需要的转盘转动与停歇时间的比值。

凸轮间歇运动机构常用于传递交错轴间的分度传动和需要间歇转位的机械装置中。

习题 6

6-1 棘轮机构、槽轮机构、不完全齿轮机构及凸轮式间歇运动机构均能使执行构件获得间歇运动，试从各自的工作特点、运动及动力性能分析它们各自的适用场合。

6-2 在牛头刨床工作台进给机构中，有一棘轮丝杠串联机构，已知进给丝杠的导程 $S=6$ mm，如要求棘爪每往复摆动一次拨动棘轮转过一个齿时，所完成的最小进给量为 0.2 mm，试求棘轮的齿数 z。

6-3 已知槽轮的槽数 $z=6$，拨盘的圆销数 $K=1$，转速 $n_1=60$ r/min，求槽轮的运动时间 t_m 和静止时间 t_s。

6-4 有一外槽轮机构，已知槽轮的槽数 $z=6$，槽轮的停歇时间为每转 1 s，槽轮的运动时间为每转 2 s，试求：1)槽轮机构的运动系数 τ；2)所需的圆销数 K。

7 机械速度波动的调节

机械的运转过程，一般经历起动、稳定运转和停车三个阶段，如图7-1所示。在机械的不同运转阶段中，其运动状态差别很大，即使在稳定运转阶段，也并非都是等角速度转动，仍存在速度波动。因此，在设计机械时，必须切实注意速度波动的调节，使其减低到某种许可程度，以保证机械的正常运转。

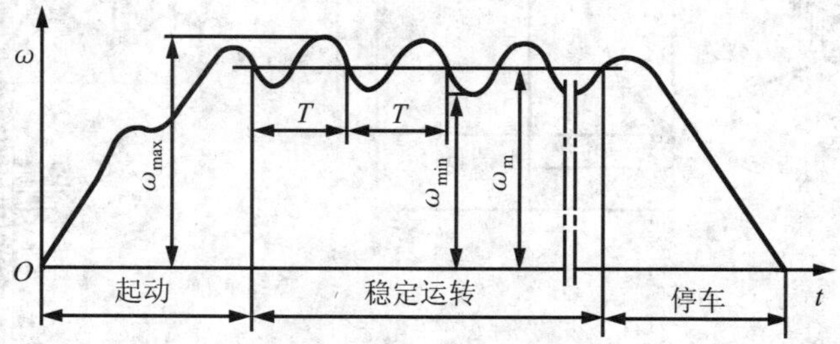

图 7-1 机械运转的三个阶段

7.1 机械速度波动调节的目的和方法

7.1.1 机械速度波动调节的目的

机械是在外力(驱动力和阻力)作用下运转的。由能量守恒定律可知，外力对机械所做功的增减，就是机械所具有的动能的增减。如果驱动力所做的功在每段时间内都等于阻力所做的功，机械的主轴将保持匀速运转。但大多数机械在运转时，其驱动力所做的功与阻力所做的功不是每一瞬时都是相等的。当驱动力所做的功大于阻力所做的功时，出现盈功；当驱动力所做的功小于阻力所做的功时，出现亏功。盈功和亏功将引起机械动能的增加和减少，从而引起机械运转速度的波动。

机械速度波动会使运动副中产生附加的动压力，引起机械振动，影响机械中零件的强度与寿命；降低机械效率和工作可靠性；降低机械的工作精度，使产品质量下降。因此应对机械的速度波动进行调节，将其速度波动量限制在工程容许范围内，以减少上述不良影响。

7.1.2 机械速度波动的类型及其调节方法

机械速度波动一般分为2类：周期性速度波动和非周期性速度波动，对于不同的速度波动应采取不同的调节方法。

(1)周期性速度波动

在机械运转中，当其动能增减作周期性变化时，其主轴的角速度也作周期性的波动，如图

7-2 中虚线所示。主轴角速度 ω 从某一数值变回到原值所经历的时间为一个运动周期 T。由图可知，在一个整周期中，机械的动能没有改变，驱动力所做的功与阻力所做的功是相等的，这是周期性速度波动的重要特征。但是，在周期中的某段时间内，驱动力所做的功与阻力所做的功却是不相等的，因而出现速度波动。机械的这种有规律的、周期性的速度变化称为周期性速度波动。其运动周期 T 通常对应于机械主轴回转一转（如冲床）、两转（如四冲程内燃机）或数转（如轧钢机）的时间。

调节周期性速度波动的常用方法是在机械中加上一个转动惯量 J 很大的回转体——飞轮。飞轮以角速度 ω 回转时的动能为 $E=\frac{1}{2}J\omega^2$，盈功时飞轮动能增加，亏功时飞轮动能减少，由于飞轮的转动惯量 J 很大，在动能变化量 ΔE 相同的条件下，其角速度波动值将减小。因此，安装飞轮可以使机械速度波动减小。图 7-2 中的虚线和实线分别表示未安装飞轮时和安装飞轮后机械主轴的速度波动。

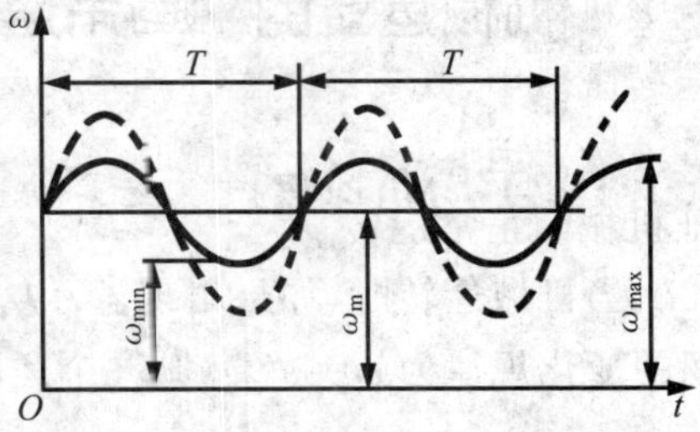

图 7-2　周期性速度波动

(2)非周期性速度波动

在机械运转中，如果驱动力所做的功在很长一段时间内总是大于阻力所做的功，则机械运转的速度将不断升高，直至超过机械强度所允许的极限转速而导致机械损坏；反之，如果驱动力所做的功总是小于阻力所做的功，则机械运转速度将不断下降，直至停车。例如汽轮发电机组在供气量不变而用户的用电量突然减少或增加时就会出现上述情况。这种速度变化是随机的、不规则的，没有一定的周期，故称为非周期性速度波动。它不能依靠飞轮进行调节，必须采用特殊的调节装置——调速器进行调节，使其驱动力所做的功与阻力所做的功趋于平衡，以达到新的稳定运转状态。

调速器的种类很多，现举一例简要说明其工作原理。图 7-3 所示为机械式离心调速器的工作原理图，方框 1 为原动机，方框 2 为工作机，框 5 内是由 2 个对称的摇杆滑块机构组成的调速器本体，两摇杆用拉簧连接，它们的端部各装有一个重球 K。原动机驱动工作机回转，同时通过圆锥齿轮机构驱动离心调速器轴回转。当原动机驱动工作机以额定转速回转时，两摇杆处于相应的张角位置，通过滑块 M、杠杆 OR 使节流阀 6 处于相应的位置，这时工作介质（水、蒸汽、燃气等）以相应的通量进入原动机内。当工作机的工作载荷减小时，原动机及调速器轴的转速增

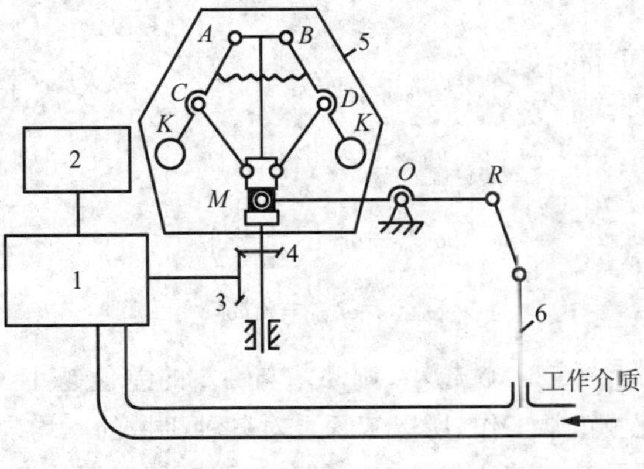

图 7-3　机械式离心调速器工作原理图

加，致使两重球在离心力作用下张角增大，滑块 M 上升，杆 OR 推动节流阀 6 下降，进入原动机的工作介质减少，结果使驱动力减小到与阻力相适应，从而使机械在略高的转速下重新达到稳定运转。反之，如果工作机的工作载荷增大，原动机及调速器轴的转速降低，两重球张角减小，节流阀 6 上升，进入原动机的工作介质增加，结果使驱动力上升到与阻力相适应，从而使机械在略低的转速下重新达到稳定运转。因此，从本质上讲，调速器是一种反馈控制机构。

7.2　机械运转的平均角速度和不均匀系数

7.2.1　平均角速度

当机械运转时，如果出现盈亏功，则其主轴的角速度会发生变化。若机械主轴角速度随时间的变化规律为 $\omega=\omega(t)$，则一个运动周期 T 中角速度的实际平均值 ω_m 可表示为

$$\omega_m=\frac{1}{T}\int_0^T\omega(t)\mathrm{d}t \tag{7-1}$$

由于 $\omega(t)$ 的变化规律很复杂，为简化计算，工程中常用算术平均值代替实际平均值，即

$$\omega_m=\frac{\omega_{max}+\omega_{min}}{2} \tag{7-2}$$

式中：ω_{max} 和 ω_{min} 分别为主轴的最大角速度和最小角速度。各种机器铭牌上所标注的转速，就是与 ω_m 相对应的转速，通常称为名义转速或额定转速。

7.2.2　不均匀系数

机械运行时速度波动的程度不能仅用一个周期内角速度的变化幅值 $\omega_{max}-\omega_{min}$ 来表示。因为当平均角速度的大小不同时，角速度的变化幅值对速度波动的影响程度是不同的。因此有必要引入速度不均匀系数 δ 来衡量机械速度波动的程度，其定义为角速度波动的幅度 $\omega_{max}-\omega_{min}$ 与平均角速度 ω_m 之比，即

$$\delta=\frac{\omega_{max}-\omega_{min}}{\omega_m} \tag{7-3}$$

由式(7-2)和式(7-3)可得：

$$\omega_{max}=\omega_m\left(1+\frac{\delta}{2}\right) \tag{7-4}$$

$$\omega_{min}=\omega_m\left(1-\frac{\delta}{2}\right) \tag{7-5}$$

$$\omega_{max}^2-\omega_{min}^2=2\delta\omega_m^2 \tag{7-6}$$

由式(7-6)可知，当 ω_m 一定时，δ 越小，则 ω_{max} 与 ω_{min} 的差值越小，即机械运转越平稳。反之，如果 δ 过大，将影响机械正常工作，所以工程上对各种机械的不均匀系数规定了许用值[δ]。这个许用值由机械的类型及其工艺要求确定。例如对驱动照明用的发电机，如果它的速度波动很大，则电压和电流的变化也很大，将使灯光忽明忽暗，因此其[δ]的数值将取得小些；而破碎机

和冲床、剪床这类机械，运转平稳性要求低些，[δ]的数值就可取得大些。表 7-1 列出了一些常用机械运转速度不均匀系数的许用值[δ]，供设计时参考。设计时，机械的速度不均匀系数不得超过许用值，即 $\delta \leqslant [\delta]$。

表 7-1 常用机械运转速度不均匀系数的许用值[δ]

机械的名称	[δ]	机械的名称	[δ]
汽轮发电机	<1/200	金属切削机床	1/30～1/40
交流发电机	1/200～1/300	汽车、拖拉机	1/20～1/60
直流发电机	1/100～1/200	农业机械	1/10～1/50
内燃机	1/80～1/150	轧钢机	1/10～1/25
纺纱机	1/60～1/100	冲床、剪床	1/7～1/10
水泵、鼓风机	1/30～1/50	破碎机	1/5～1/20

7.3 飞轮设计的近似方法

飞轮设计的基本问题是：根据作用在主轴上的驱动力矩和阻力矩的变化规律，确定安装在主轴上的飞轮的转动惯量，并保证机械运转的不均匀系数处于容许值范围之内。

7.3.1 飞轮设计的基本原理

如前所述，飞轮是一转动惯量很大的回转件。在机械运转过程中，其他活动构件的转动惯量与飞轮的转动惯量相比，其值甚小，可以忽略不计，因此在近似设计中，可以认为飞轮的动能即是整个机械的动能。飞轮的转动惯量 J 一经确定即为常数，所以当飞轮处于最大角速度 $\omega_{\max}$ 时，机械具有最大动能 $E_{\max}$；反之，当飞轮处于最小角速度 $\omega_{\min}$ 时，机械具有最小动能 $E_{\min}$。$E_{\max}$ 与 $E_{\min}$ 之差表示一个运动周期内机械动能的最大变化量，称为最大盈亏功，以 $A_{\max}$ 表示。因此

$$A_{\max}=E_{\max}-E_{\min}=\frac{1}{2}J(\omega_{\max}^2-\omega_{\min}^2) \tag{7-7}$$

设飞轮轴的转速为 n(r/min)，则其平均角速度 $\omega_m=\pi n/30$，将式(7-6)代入式(7-7)并经整理，可得飞轮的转动惯量

$$J=\frac{A_{\max}}{\omega_m^2\delta}=\frac{900A_{\max}}{\pi^2 n^2 \delta} \tag{7-8}$$

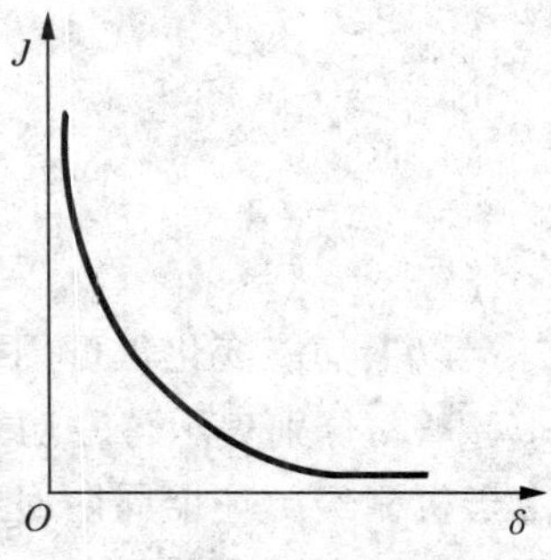

图 7-4 J-δ 变化曲线

由式(7-8)可知：

1）当 $A_{\max}$ 与 ω_m 一定时，飞轮转动惯量 J 与不均匀系数 δ 之间的关系为一等边双曲线，如图 7-4 所示。由图可见，飞轮的转动惯量 J 越大，不均匀系数 δ 越小，即机械运转越均匀。但当 δ 很小时，略微减小 δ 的数值就会使飞轮转动惯量激增。因此，过分追求机械运转的均匀性，将会使飞轮趋于笨重，从机械的结构和经济观点看都是不恰当的。所以 δ 值不宜过小，应以满足机械的工作要求为度。

2)当 J 与 ω_m 一定时,A_{max} 与 δ 成正比,即最大盈亏功越大,机械的运转越不均匀。

3)当 A_{max} 与 δ 一定时,J 与 ω_m 的平方成反比。即主轴的平均转速越高,所需安装在主轴上的飞轮转动惯量越小。

飞轮也可以安装在与主轴保持固定速比的其他轴上,但必须保证该轴上安装的飞轮与主轴上安装的飞轮具有相等的动能,即

$$\frac{1}{2}J'\omega'^2_m=\frac{1}{2}J\omega_m^2$$

得

$$J'=J\left(\frac{\omega_m}{\omega'_m}\right)^2 \tag{7-9}$$

式中:ω'_m 为任选飞轮轴的平均角速度,J'为安装在该轴上的飞轮的转动惯量。由上述可知,欲减小飞轮转动惯量,可以选取高于主轴转速的轴安装飞轮。鉴于主轴的刚性较好,所以多数机器的飞轮仍安装在主轴上。

7.3.2 最大盈亏功的确定

计算飞轮的转动惯量必须首先确定最大盈亏功 A_{max},下面具体说明最大盈亏功的确定方法。

图 7-5a 所示为某机组稳定运转一个周期中,作用在主轴上的驱动力矩 M_d 和阻力矩 M_r 随主轴转角 φ 变化的曲线。μ_M 为力矩比例尺,实际力矩值等于纵坐标高度乘以 μ_M,即 $M=y\mu_M$。μ_φ 为转角比例尺,实际转角等于横坐标长度乘以 μ_φ,即 $\varphi=x\mu_\varphi$。$M_d-\varphi$ 曲线与横坐标轴所包围的面积表示驱动力矩所做的功(输入功),$M_r-\varphi$ 曲线与横坐标轴所包围的面积表示阻力矩所做的功(输出功)。在 ab 区间,输入功与输出功之差为

$$A_{ab}=\int_a^b(M_d-M_r)\mathrm{d}\varphi=\int_a^b\mu_M(y_d-y_r)\mathrm{d}x\mu_\varphi=\mu_M\mu_\varphi[S_1]$$

式中:$[S_1]$为 ab 区间 $M_d-\varphi$ 与 $M_r-\varphi$ 曲线之间的面积,mm^2;A_{ab} 为 ab 区间的盈亏功,以绝对值表示。由图可见,ab 区间阻力矩大于驱动力矩,出现亏功,机械动能减小,故标注负号;而 bc 区间驱动力矩大于阻力矩,出现盈功,机械动能增加,故标注正号。同理,cd、ea 区间为负,de 区间为正。

如前所述,盈亏功等于机械动能的增减量。设 E_a 为主轴角位置 φ_a 时机械的动能,则主轴角位置 φ_b 时,机械的动能 E_b 应为

$$\begin{aligned}E_b&=E_a-A_{ab}=E_a-\mu_M\mu_\varphi[S_1]\\E_c&=E_b+A_{bc}=E_b+\mu_M\mu_\varphi[S_2]\\&\vdots\\E_a&=E_e-A_{ea}=E_e-\mu_M\mu_\varphi[S_5]\end{aligned}$$

以上动能变化也可用能量指示图表示。如图 7-5b 所示,从 a 点出发,顺次作向量$\overrightarrow{ab}$、$\overrightarrow{bc}$、$\overrightarrow{cd}$、$\overrightarrow{de}$、$\overrightarrow{ea}$分别表示盈亏功 A_{ab}、A_{bc}、A_{cd}、A_{de} 和 A_{ea}(盈功为正,箭头朝上;亏功为负,箭头朝下)。由于机械经历一个周期回到初始状态,其动能增减为零,所以该向量图的首尾应当封闭。由图可知,e 点具有最大动能,对应于 ω_{max},b 点具有最小动能,对应于 ω_{min},e、b 二位置动能之差即是最大盈亏功 A_{max}。

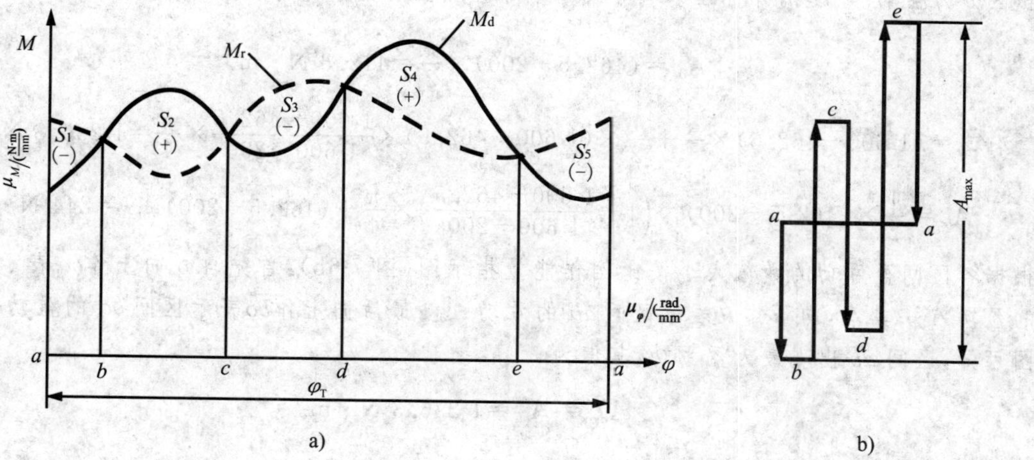

图 7-5 最大盈亏功的确定

例题 7-1 某机组作用在主轴上的阻力矩变化曲线 $M_r-\varphi$ 如图 7-6a 所示。已知主轴上的驱动力矩 M_d 为常数，主轴平均角速度为 $\omega_m=6.28$ rad/s，机械运转不均匀系数 $\delta=0.15$。1)求驱动力矩 M_d；2)求最大盈亏功 A_{max}；3)求安装在主轴上的飞轮的转动惯量 J；4)若将飞轮安装在转速为主轴 3 倍的辅助轴上，求飞轮的转动惯量 J'。

解:1)求 M_d：由于 M_d 为常数，则 $M_d-\varphi$ 为一水平直线。在一个运动周期中驱动力矩所做的功为 $2\pi M_d$，它应等于一个运动周期中阻力矩所做的功，即

$$2\pi M_d=200\times 2\pi+(1\ 600-200)\times\frac{\pi}{4}+\frac{1}{2}\times(1\ 600-200)\times\frac{\pi}{4}$$

解得 $M_d=462.5$ N·m。作出 $M_d-\varphi$ 水平直线，如图 7-6a 虚线所示。

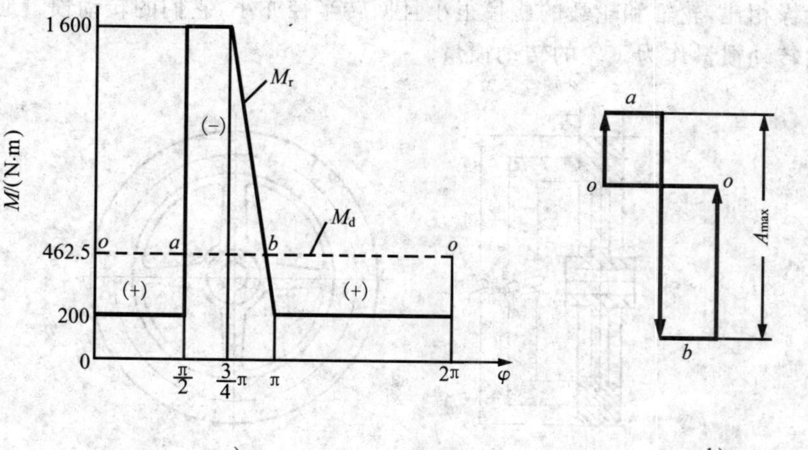

图 7-6 飞轮设计示例

2)求 A_{max}:将 $M_d-\varphi$ 与 $M_r-\varphi$ 曲线的交点标注为 a、b,将各区间 $M_d-\varphi$ 与 $M_r-\varphi$ 所围面积区分为盈功和亏功,并标注“+”号或“-”号。各区间盈亏功的数值分别为

$$A_{oa}=(462.5-200)\times\frac{\pi}{2}=412.3\ \text{N}\cdot\text{m}$$

$$A_{ab}=(1\,600-462.5)\times\frac{\pi}{4}+\frac{1}{2}\times(1\,600-462.5)\times\frac{1\,600-462.5}{1\,600-200}\times\frac{\pi}{4}=1\,256.3\ \text{N}\cdot\text{m}$$

$$A_{bo}=\frac{1}{2}\times(462.5-200)\times\left(1-\frac{1\,600-462.5}{1\,600-200}\right)\times\frac{\pi}{4}+(462.5-200)\times\pi=844\ \text{N}\cdot\text{m}$$

根据各区间盈亏功的数值大小按比例作能量指示图(图 7-6b):首先自 o 向上作 $\overrightarrow{oa}$ 表示区间 oa 的盈功 A_{oa};其次,向下作 $\overrightarrow{ab}$ 表示区间 ab 的亏功 A_{ab};最后向上作 $\overrightarrow{bo}$ 表示区间 bo 的盈功 A_{bo}。由图可知,区间 ab 出现最大盈亏功,其值为

$$A_{max}=A_{ab}=1\,256.3\ \text{N}\cdot\text{m}$$

3)求安装在主轴上的飞轮的转动惯量

$$J=\frac{A_{max}}{\omega_m^2\delta}=\frac{1\,256.3}{6.28^2\times0.15}=212.36\ \text{kg}\cdot\text{m}^2$$

4)求安装在辅助轴上的飞轮的转动惯量

$$J'=J\left(\frac{\omega_m}{\omega_m'}\right)^2=212.36\times\frac{1}{9}=23.60\ \text{kg}\cdot\text{m}^2$$

7.3.3 飞轮结构和主要尺寸的确定

飞轮的转动惯量确定后,就可确定飞轮的结构和尺寸。飞轮的结构主要有 2 种型式:轮辐式和圆盘式。

7.3.3.1 轮辐式飞轮

轮辐式飞轮如图 7-7 所示,由轮缘、轮辐和轮毂三部分组成,其结构尺寸较大,多用于大型机械。与轮缘相比,轮辐和轮毂的质量很小且回转半径亦小,它们的转动惯量通常可略去不计,即将轮缘的转动惯量作为飞轮的转动惯量。

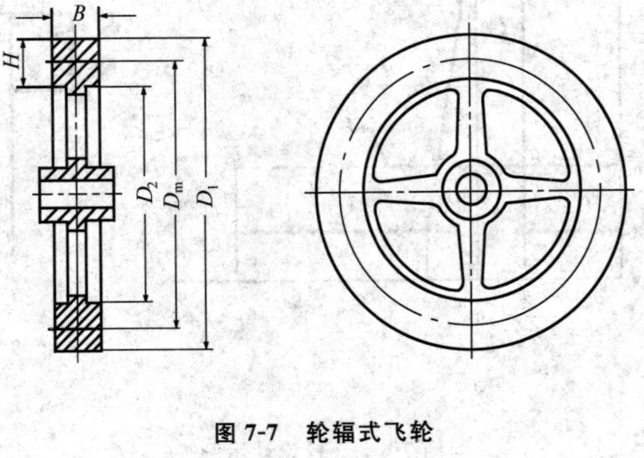

图 7-7 轮辐式飞轮

设轮缘外径为 D_1，内径为 D_2，其平均直径 $D_m=(D_1+D_2)/2$，则飞轮的转动惯量为

$$J=m\left(\frac{D_m}{2}\right)^2=\frac{mD_m^2}{4} \tag{7-10}$$

按照机械的结构和空间位置选定轮缘的平均直径 D_m 后，由式(7-10)便可求出飞轮的质量 m(kg)。

设轮缘为矩形断面，它的宽度为 B(m)，厚度为 H(m)，材料的密度为 ρ(kg/m^3)，则

$$m=\frac{1}{4}\pi(D_1^2-D_2^2)B\rho=\pi D_m HB\rho \tag{7-11}$$

在选定了 D_m 并由式(7-10)计算出 m 后，便可根据飞轮的材料和选定的比值 H/B 由式(7-11)求出飞轮的剖面尺寸 H 和 B。对于较小的飞轮，通常取 $H/B\approx2$，对于较大的飞轮，通常取 $H/B\approx1.5$。

7.3.3.2 圆盘式飞轮

对于转动惯量较小的飞轮，可采用圆盘式结构，如图7-8所示。设 m、D 和 B 分别为其质量、外径和宽度，整个飞轮的转动惯量为

$$J=\frac{m}{2}\left(\frac{D}{2}\right)^2=\frac{mD^2}{8} \tag{7-12}$$

当根据安装空间选定飞轮直径 D 后，即可由式(7-12)计算出飞轮的质量 m。又因 $m=\frac{\pi D^2 B\rho}{4}$，选定材料之后，便可求出飞轮的宽度 B 为

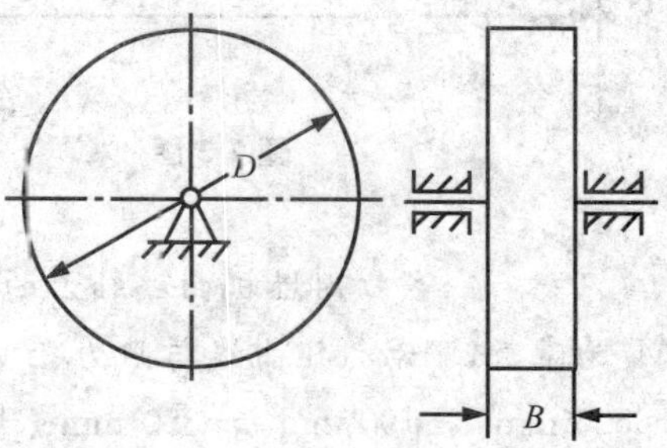

图 7-8 圆盘式飞轮

$$B=\frac{4m}{\pi D^2\rho} \tag{7-13}$$

飞轮的转速越高，其轮缘材质产生的离心力越大。当轮缘材料所受离心力超过其材料的强度极限时，轮缘便会爆裂。因此，在选择平均直径 D_m 和外缘直径 D 时，应使飞轮外缘的圆周速度不大于以下安全数值：

对于铸铁飞轮　　$v_{max}<36$ m/s；

对于铸钢飞轮　　$v_{max}<50$ m/s。

应当说明，飞轮不一定是外加的专门构件。实际机械中往往用增大带轮(或齿轮)的尺寸和质量的方法，使它们兼起飞轮的作用。还应指出，本章所介绍的飞轮设计方法，没有考虑除飞轮外其他构件动能的变化，因而是近似的。由于机械运转速度不均匀系数 δ 容许有一个变化范围，所以这种近似设计可以满足一般使用要求。

习题 7

7-1　何谓周期性速度波动？何谓非周期性速度波动？它们各自的调节原理和方法是什么？

7-2　为什么把本书介绍的飞轮设计方法称为近似设计方法？试说明哪些因素影响飞轮设计的精确性。

7-3　某内燃机曲柄轴上的驱动力矩 M_d 随曲柄转角 φ 的变化曲线如图所示，其运动周期 $\varphi_T=180°$，曲柄的转速为 620 r/min。若阻力矩 M_r 为常数，机械运转的不均匀系数 $\delta=0.01$，试求装在曲柄轴上的飞轮的转动惯量。

7-4　某剪床由电动机驱动，已知作用在剪床主轴上的阻力矩变化曲线 $M_r-\varphi$ 如图所示，设驱动力矩 M_d 为常数，电动机的转速为 1 500 r/min。求当机械运转的不均匀系数 $\delta=0.05$ 时，安装在电机轴上的飞轮的转动惯量。

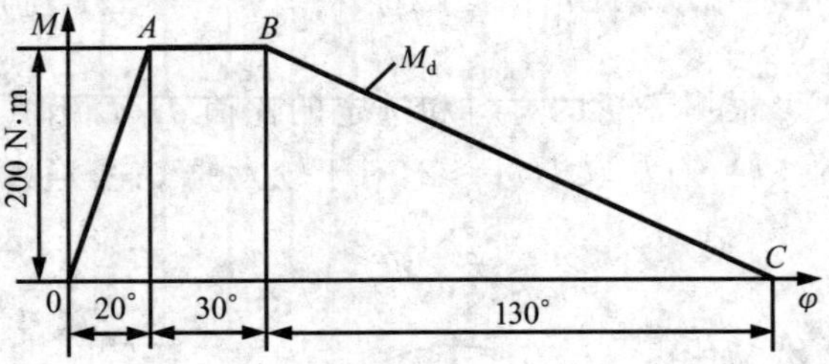

题 7-3 图

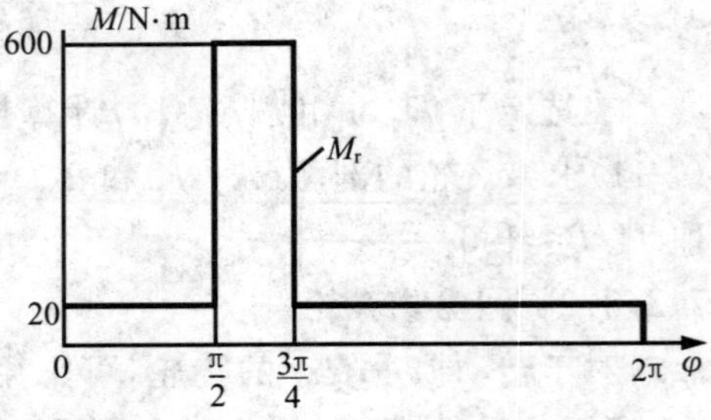

题 7-4 图

7-5　一多缸内燃机曲柄轴上的驱动力矩 M_d 和阻力矩 M_r 变化曲线如图所示，其中阻力矩 M_r 为常数，驱动力矩曲线与阻力矩曲线围成的面积依次为 $+580\ mm^2$、$-320\ mm^2$、$+390\ mm^2$、$-520\ mm^2$、$+190\ mm^2$、$-390\ mm^2$、$+260\ mm^2$ 及 $-190\ mm^2$，该图的比例尺 $\mu_M=100$ N·m/mm，$\mu_\varphi=0.01$ rad/mm。设曲柄转速为 120 r/min，试求当机械运转的不均匀系数 $\delta=0.06$ 时，装在该曲柄轴上的飞轮的转动惯量。

7-6　已知某机械一个稳定运动周期内的阻力矩 M_r 如图所示，驱动力矩 M_d 为常数，主轴的最大和最小角速度分别为：$\omega_{max}=200$ rad/s，$\omega_{min}=180$ rad/s。试求：(1)驱动力矩 M_d 的大小；(2)机械运转的不均匀系数 δ；(3)若要求 $\delta=0.05$，应装在主轴上的飞轮的转动惯量。

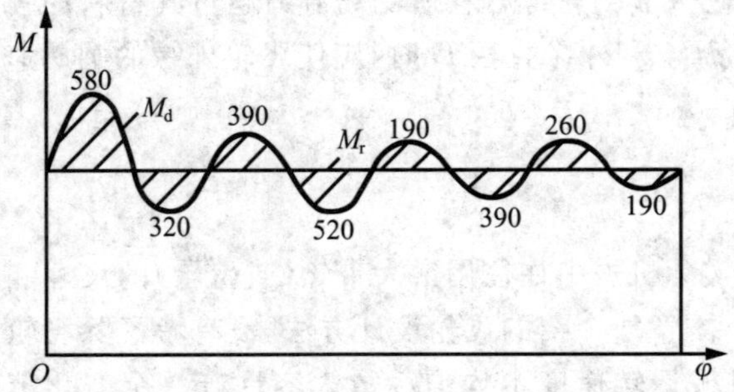

题 7-5 图

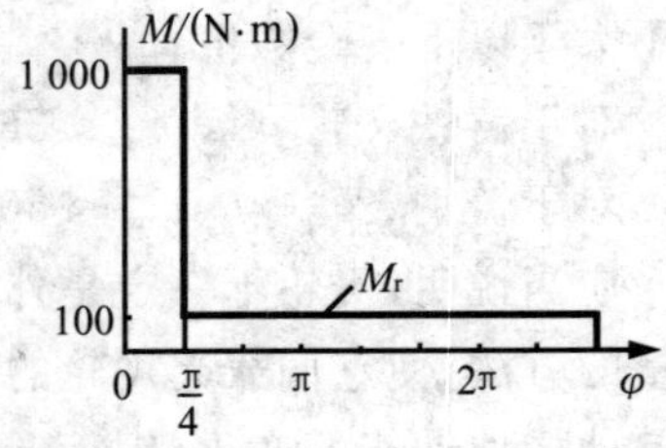

题 7-6 图

7-7　已知某轧钢机的原动机功率等于常数，$P'=1\ 900$ kW，钢材通过轧辊时消耗的功率为常数，$P''=2\ 940$ kW，钢材通过轧辊的时间 $t=5$ s，主轴的转速为 80 r/min，机械运转的不均匀系数 $\delta=0.1$。试求：(1)安装在主轴上的飞轮的转动惯量；(2)飞轮的最大转速和最小转速。

7-8　某机组主轴上作用的驱动力矩 M_d 为常数，它的一个运动周期中阻力矩 M_r 的变化曲线如图所示。给定 $\omega_m=35$ rad/s，$\delta=0.04$，采用平均直径 $D_m=0.5$ m 的轮辐式飞轮，试确定飞轮的转动惯量和质量。

7-9 设一发动机的驱动力矩 M_d 如图所示，阻力矩 M_r 为常数。若转速 $n=1\ 000$ r/min，$\delta=0.02$。试求：(1)阻力矩 M_r 的大小；(2)最大盈亏功 A_{max} 的大小；(3)飞轮的转动惯量。

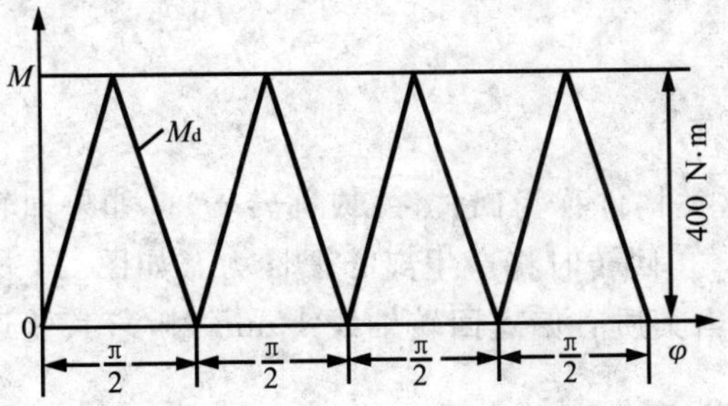

题 7-8 图

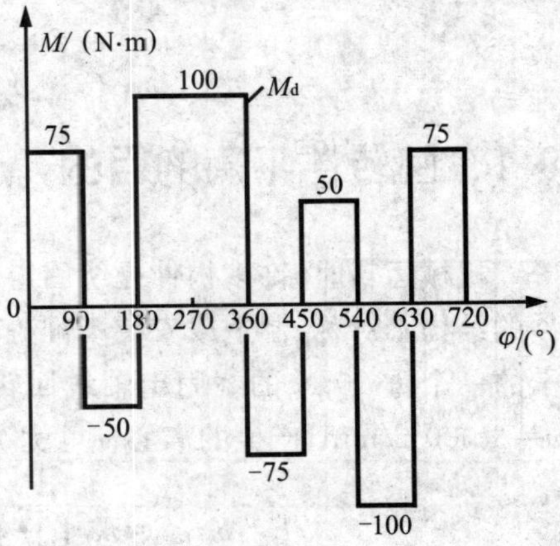

题 7-9 图

8 回转件的平衡

8.1 回转件平衡的目的

机械运转时，许多构件是绕固定轴线回转的，这类构件称为回转件(或称转子)。如果回转件的结构不对称、制造或安装不准确以及材料不均匀，回转时将产生离心惯性力。如图 8-1 所示的一个重 10 N 的绕固定轴线回转的盘形构件，当其质心偏离回转轴线 1 mm 时，若其转速 $n=3\ 000$ r/min，产生的离心惯性力为

$$F=mr\omega^2=mr\left(\frac{\pi n}{30}\right)^2=\frac{10}{9.8}\times 0.001\times\left(\frac{\pi\times 3\ 000}{30}\right)^2=100(\mathrm{N})$$

由此可见，当转速较高时，回转件不平衡产生的离心惯性力比回转件本身的重力大许多。离心惯性力的方向随着回转件的转动发生周期性变化，在轴承中引起附加的动压力，不仅会增加运动副中的摩擦、磨损，影响构件的强度并降低机械效率，而且使整个机械及其基础产生周期性振动，引起机械工作精度和可靠性的降低。特别是当较大离心惯性力的振动频率接近系统的固有频率时，将引起共振，破坏周围的设备和厂房建筑。近代高速重型和精密机械的发展，使上述问题显得更加突出。因此，调整回转件的质量分布，使其工作时离心惯性力达到平衡，以消除附加动压力，尽可能减轻有害的机械振动，这就是回转件平衡的目的。

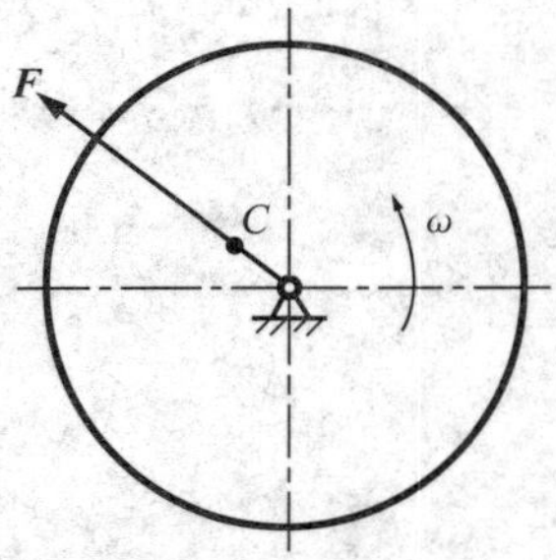

图 8-1 回转件的离心力

回转件平衡又分为刚性回转件和挠性回转件 2 类平衡问题。刚性回转件的工作转速较低，转动时不会有显著的弹性变形，其平衡可以用理论力学中力系的平衡原理处理。挠性回转件(如高速大型汽轮机和发电机转子)的工作转速接近或超过第一阶临界转速，转动时会产生较大的弯曲变形，其平衡问题要复杂得多。本章讨论的对象仅限于刚性回转件，挠性回转件的平衡原理和方法可参阅有关书籍。

8.2 回转件的平衡计算

对于绕固定轴线转动的刚性回转件，若已知该回转件的质量大小及其分布状况，可用力学方法确定回转件达到平衡的条件，并求出所需平衡质量的大小和位置。根据回转件的质量分布状况，按下列 2 种情况讨论。

8.2.1 回转件的静平衡计算

对于轴向尺寸较小的回转件(回转件轴向宽度 b 与其直径 D 之比 $b/D<0.2$)，如砂轮、飞

轮、齿轮、盘形凸轮等构件，可近似地认为其质量分布在同一回转平面内。若回转件的质心不在回转轴线上，当其转动时，其偏心质量就会产生离心惯性力，从而引起附加动压力和周期性振动，因这种不平衡现象在回转件静态时即可表现出来，故称其为静不平衡。为了消除离心惯性力的不利影响，首先需要根据回转件结构定出偏心质量的大小和方位，然后计算出为平衡偏心质量需添加的平衡质量的大小及方位，以使回转件在理论上达到静平衡。下面介绍静平衡计算的方法。

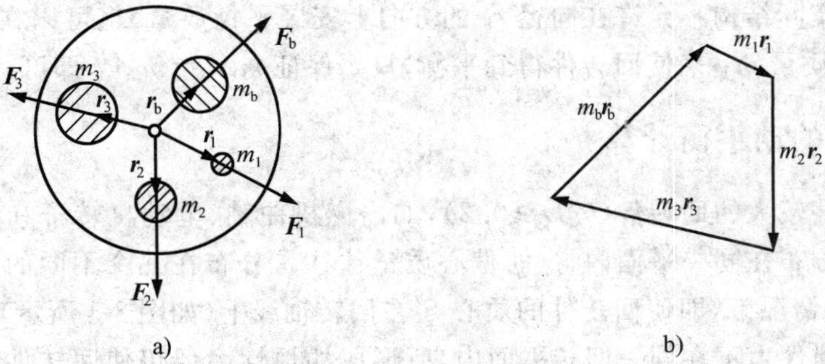

图 8-2 回转件的静平衡计算

图 8-2a 所示为一静不平衡的回转件，已知分布于同一回转平面内的偏心质量为 m_1、m_2 和 m_3，从回转中心到各偏心质量中心的向径为 $\boldsymbol{r}_1$、$\boldsymbol{r}_2$ 和 $\boldsymbol{r}_3$。当回转件以等角速度 ω 转动时，各偏心质量所产生的离心惯性力为

$$\boldsymbol{F}_i = m_i \boldsymbol{r}_i \omega^2 \qquad i=1,2,3$$

式中：m_i 和 $\boldsymbol{r}_i$ 分别表示第 i 个偏心质量及其质心的向径。

为了平衡这些离心惯性力，就必须在此平面内增加一个平衡质量 m_b，使其产生的离心惯性力 $\boldsymbol{F}_b$ 与各偏心质量产生的离心惯性力 $\boldsymbol{F}_i$ 相平衡。由于这些惯性力形成一平面汇交力系，故得静平衡条件为

$$\sum \boldsymbol{F} = \boldsymbol{F}_b + \sum \boldsymbol{F}_i = 0 \tag{8-1}$$

设平衡质量 m_b 的向径为 $\boldsymbol{r}_b$，则式(8-1)可写为

$$m\boldsymbol{e}\omega^2 = m_b \boldsymbol{r}_b \omega^2 + \sum m_i \boldsymbol{r}_i \omega^2 = 0$$

消去 ω^2 后可得

$$m\boldsymbol{e} = m_b \boldsymbol{r}_b + \sum m_i \boldsymbol{r}_i = 0 \tag{8-2}$$

式中：m 和 $\boldsymbol{e}$ 分别为回转件的总质量和总质心的向径。

式(8-2)中质量与向径的乘积称为质径积，它表示在同一转速下回转件上各个质量所产生的离心惯性力的相对大小和方位。

式(8-2)表明，回转件平衡后，其总质心将与回转轴线相重合，即 $\boldsymbol{e}=0$，此时回转件质量对回转轴线的静力矩 $mg\boldsymbol{e}=0$，该回转件可以在任何位置保持静止，不会自行转动，因此这种平衡称

为静平衡(工业上也称单面平衡)。由上述可知,回转件静平衡的条件是:分布于回转件上的各个质量的离心惯性力的合力等于零或质径积的向量和等于零。

在式(8-2)中,只有平衡质量的质径积 $m_b\boldsymbol{r}_b$ 为未知量,因此可用向量多边形求解。如图 8-2b 所示,依次作已知向量 $m_1\boldsymbol{r}_1$、$m_2\boldsymbol{r}_2$ 和 $m_3\boldsymbol{r}_3$,最后将 $m_3\boldsymbol{r}_3$ 的矢端与 $m_1\boldsymbol{r}_1$ 的尾部相连。这个封闭向量即表示 $m_b\boldsymbol{r}_b$。当求出平衡质量的质径积 $m_b\boldsymbol{r}_b$ 后,就可以根据回转件的结构特点来选定 $\boldsymbol{r}_b$,所需的平衡质量大小也就随之确定了,平衡质量的安装方向即为向量图上 $m_b\boldsymbol{r}_b$ 所指的方向。为了使回转件的质量不致过大,一般应尽可能将 $\boldsymbol{r}_b$ 选大些,这样可使 m_b 小些。

若回转件的实际结构不允许在向径 $\boldsymbol{r}_b$ 的方向上安装平衡质量,也可以在向径 $\boldsymbol{r}_b$ 的反方向 $\boldsymbol{r}'_b$ 处去掉一部分质量 m'_b 来使回转件得到平衡,只要保证 $m_br_b=m'_br'_b$ 即可。

8.2.2 回转件的动平衡计算

对于轴向尺寸较大的回转件($b/D\geqslant0.2$),如内燃机曲轴、电动机转子和机床主轴等,其质量就不能再视为分布在同一平面内,这时偏心质量往往是分布在几个不同的回转平面内,如图 8-3 所示。在这种情况下,即使回转件的质心 S' 在回转轴线上(如图 8-4 所示),但由于各偏心质量所产生的离心惯性力不在同一回转平面内,所形成的惯性力偶仍使回转件处于不平衡状态。由于这种不平衡只有在回转件运动的情况下才能显示出来,故称其为动不平衡。对回转件进行动平衡,要求其各偏心质量产生的惯性力和惯性力偶同时得以平衡。

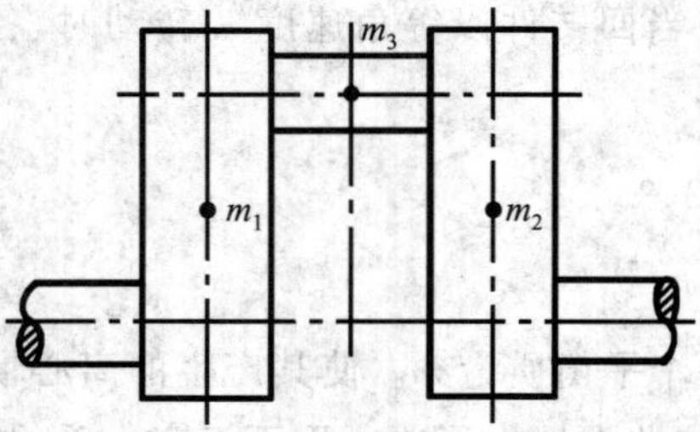

图 8-3 质量分布在不同回转平面的回转件

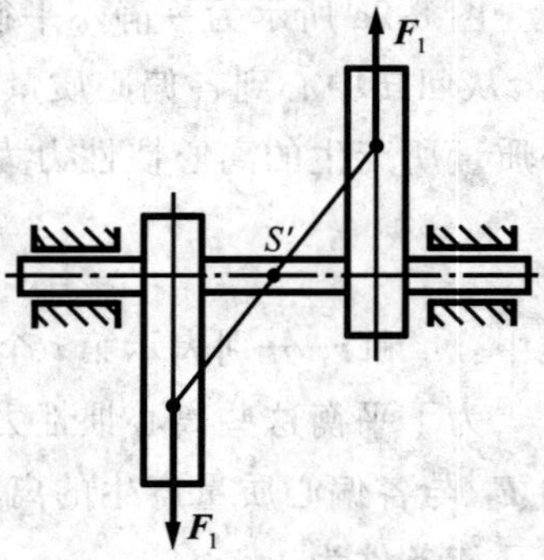

图 8-4 回转件的动不平衡

在图 8-5 a 中,设回转件上的偏心质量 m_1、m_2 和 m_3 分别分布在三个不同的回转平面 1、2、3 内,其质心的向径分别为 $\boldsymbol{r}_1$、$\boldsymbol{r}_2$ 和 $\boldsymbol{r}_3$。当回转件以等角速度 ω 转动时,平面 1 内的偏心质量 m_1 所产生的离心惯性力的大小为 $F_1=m_1\boldsymbol{r}_1\omega^2$。如果在回转件的两端选定 2 个垂直于回转件轴线的平面 T'、T'',并设 T' 与 T'' 相距 l,平面 1 到平面 T'、T'' 的距离分别为 l'_1、l''_1,则 $\boldsymbol{F}_1$ 可用分解到平面 T' 和 T'' 中的力 $\boldsymbol{F}'_1$、$\boldsymbol{F}''_1$ 来代替。由理论力学的知识可知

$$F'_1=\frac{l''_1}{l}F_1$$

$$F''_1=\frac{l'_1}{l}F_1$$

式中:F'_1、F''_1 分别为平面 T'、T'' 中向径为 $\boldsymbol{r}_1$ 的偏心质量 m'_1、m''_1 所产生的离心惯性力的大小。由此可得

$$F'_1 = m'_1 r_1 \omega^2 = \frac{l''_1}{l} m_1 r_1 \omega^2$$

$$F''_1 = m''_1 r_1 \omega^2 = \frac{l'_1}{l} m_1 r_1 \omega^2$$

即

$$\left.\begin{aligned} & m'_1 = \frac{l''_1}{l} m_1 \qquad m''_1 = \frac{l'_1}{l} m_1 \\ \text{同理可得} \quad & m'_2 = \frac{l''_2}{l} m_2 \qquad m''_2 = \frac{l'_2}{l} m_2 \\ & m'_3 = \frac{l''_3}{l} m_3 \qquad m''_3 = \frac{l'_3}{l} m_3 \end{aligned}\right\} \tag{8-3}$$

上述分析表明：原分布在平面 1、2、3 上的偏心质量 m_1、m_2、m_3，完全可以用平面 T'、T''上的 m'_1 和 m''_1、m'_2 和 m''_2、m'_3 和 m''_3 来代替。经过这样的处理后，回转件的动平衡计算问题就可以用静平衡计算的方法来解决了。

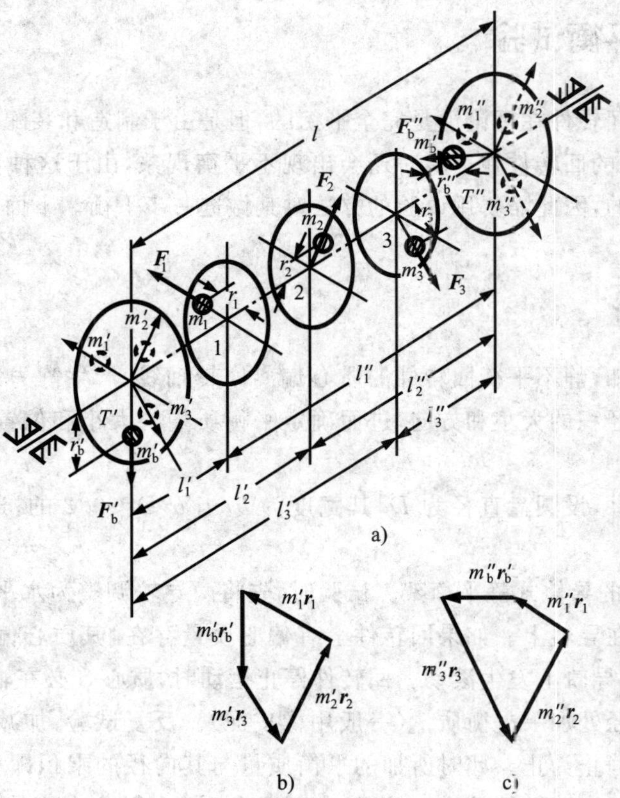

图 8-5 回转件的动平衡计算

对于平面 T'，其平衡方程为

$$m'_b \boldsymbol{r}'_b + m'_1 \boldsymbol{r}_1 + m'_2 \boldsymbol{r}_2 + m'_3 \boldsymbol{r}_3 = 0 \tag{8-4}$$

作向量图求出平衡质径积 $m'_b \boldsymbol{r}'_b$的大小和方位，如图 8-5b 所示。$\boldsymbol{r}'_b$选定后即可确定 m'_b。

同理，对于平面 T''，其平衡方程为

$$m''_b \boldsymbol{r}''_b + m''_1 \boldsymbol{r}_1 + m''_2 \boldsymbol{r}_2 + m''_3 \boldsymbol{r}_3 = 0 \tag{8-5}$$

作向量图求出平衡质径积 $m''_b \boldsymbol{r}''_b$ 的大小和方位，如图 8-5c 所示。$\boldsymbol{r}''_b$ 选定后即可确定 m''_b。此时，原平面 1、2、3 内的偏心质量 m_1、m_2 和 m_3 就可以被平面 T'、T'' 内的平衡质量 m'_b、m''_b 所平衡。用以校正不平衡质径积的垂直于回转件轴线的平面 T'、T'' 称为平衡平面或校正平面。平衡平面的选取需要考虑回转件的结构和安装空间，以便于安装或除去平衡质量。

由上述分析可知，对于动不平衡的回转件，无论它有多少个偏心质量，都只需要在任选的 2 个平衡平面 T'、T'' 内各增加或减少一个合适的平衡质量即可使回转件获得动平衡，故工业上又称其为双面平衡。动平衡的条件是：回转件上分布在不同平面内的各个质量所产生的离心惯性力的矢量和等于零；而且离心惯性力所引起的力偶矩的矢量和也等于零。

由于动平衡同时满足静平衡条件，所以经过动平衡的回转件一定静平衡；反之，经过静平衡的回转件则不一定是动平衡的，图 8-4 所示回转件即属此例。

8.3 回转件的平衡试验

经过平衡计算的回转件在理论上是完全平衡的，但是由于制造和装配误差以及材质不均匀等原因，实际生产出来的回转件在运转时还会出现不平衡现象，由于这种不平衡现象在设计阶段是无法确定和消除的，因此需要用试验的方法对其做进一步平衡。下面就静平衡试验和动平衡试验分别加以介绍。

8.3.1 静平衡试验

由静平衡原理可知，静不平衡回转件的质心偏离回转轴线，产生静力矩。可利用静平衡架找出回转件不平衡质径积的大小和方向，进而确定平衡质量的大小和位置，使其质心移到回转轴线上以达到静平衡。

对于圆盘形回转件，设圆盘直径为 D，其宽度为 b，当 $b/D<0.2$ 的，通常只需进行静平衡试验。

图 8-6a 为最常用的导轨式静平衡架。试验时，先将两导轨调整为水平且互相平行，然后将需要平衡的回转件放在导轨上。如果回转件上有偏心质量存在，其质心偏离旋转轴线，在重力的作用下，回转件将在导轨上发生滚动。回转件停止运动时，质心 S 必在轴心的正下方，这时在轴心的正上方任意向径处加一平衡质量（一般用橡皮泥）。反复试验，加减平衡质量，直至回转件能在任何位置保持静止为止。此时所加的平衡质量与其向径的乘积即为该回转件达到静平衡需加的质径积。根据该回转件的结构情况，也可以在质心偏移方向去掉同等大小的质径积实现静平衡。

导轨式静平衡架结构简单，其精度也能满足一般生产需要，但是当回转件两端轴径不相等时，便不能用其进行静平衡。

图 8-6b 所示为圆盘式静平衡架，待平衡回转件的轴放置在分别由 2 个圆盘组成的支承上，圆盘可绕其几何轴线转动，故回转件也可以自由转动。其平衡方法与上述相同。由于平衡架一端的支承高度可调，所以可用于平衡两端轴径不相等的回转件。这类设备安装和调整都很简

图 8-6 静平衡架

便,但圆盘中心的滚动轴承易于弄脏,致使摩擦阻力矩增大,故平衡精度不如导轨式静平衡架高。

8.3.2 动平衡试验

由动平衡原理可知,轴向宽度较大的回转件,必须分别在任意 2 个回转平面内各加一个适当的质量,才能使回转件达到平衡。令回转件在动平衡试验机上运转,然后在 2 个选定的平面内确定平衡质径积的大小和方位,使回转件达到动平衡。

对于 $b/D\geqslant 0.2$ 的圆盘形回转件或有特殊要求的重要回转件,一般都要进行动平衡试验。

生产中使用的动平衡试验机种类很多。机械式动平衡机,利用补偿原理求不平衡质径积,并利用共振放大振幅以提高精度。当前工业上使用较多的动平衡试验机是根据振动原理设计的,测振传感器将因回转件转动所引起的振动转换成电信号,通过电子线路加以处理和放大,最后用电子仪器显示出被测回转件的不平衡质径积的大小和方位。图 8-7 所示是一种动平衡试验机的工作原理示意图。

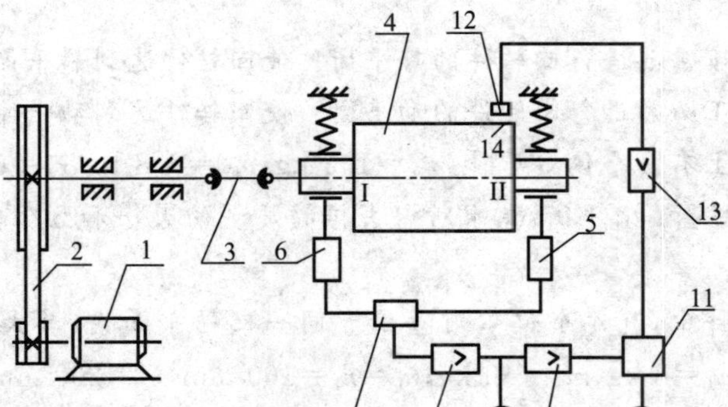

图 8-7 动平衡机工作原理示意图

被测回转件 4 放在两弹性支承上,由电动机 1 通过带传动 2 驱动,回转件与带轮之间用双万向联轴节 3 连接。试验时,回转件上的偏心质量所产生的惯性力使弹性支承产生振动,此机械振动通过传感器 5 与 6 转变为电信号，并同时传到解算电路 7。解算电路对信号进行处理，消除两平衡平面之间的相互影响，只反映出一个平衡平面(如平衡平面Ⅱ)中偏心质量引起的振动电信号。选频放大器 8 将该信号放大，并通过仪表 9 显示出不平衡质径积的大小。放大后的信号又经过整形放大器 10 转变为脉冲信号，并将此信号送到鉴相器 11 的一端。鉴相器的另一端接受的是基准信号。基准信号来自光电头 12 和整形放大器 13，它的相位与回转件上的标记 14 相对应，频率与回转件转速相同。鉴相器两端信号的相位差由相位表 15 读出。我们以标记 14 为基准，根据相位表的读数，可以确定出偏心质量的相位。

在将一个平衡平面中应加的平衡质量的大小、方位确定后，再以同样方法确定另一平衡平面中应加的平衡质量的大小及方位。

应当说明，任何转子，即使经过平衡试验也不可能达到完全平衡。实际应用中，过高的平衡要求既无必要，又增加成本。因此，对不同工作条件的转子规定不同的许用不平衡量是很必要的。

转子的许用不平衡量有 2 种表示方法：质径积表示法和偏心距表示法。如果转子的质量为 m，其质心至回转轴线的许用偏心距为 $[e]$，转子的许用不平衡质径积表示为 $[mr]$，两者的关系为 $[e]=\dfrac{[mr]}{m}$。可见，偏心距表示了单位质量的不平衡量。在比较不同转子平衡的优劣或者衡量平衡的检测精度时，使用偏心距表示法比较方便。

考虑到角速度 ω 是影响转子平衡效应的重要参数，工程上常用 $[e]\omega$ 值表示平衡精度。国际标准化组织制定了用 G 表示的相应等级标准。$G=\dfrac{[e]\omega}{1\,000}$(mm/s)。如汽车发动机曲轴的平衡精度为 $G40$，电机转子的平衡精度为 $G6.3$，精密磨床主轴的平衡精度为 $G0.4$。G 值越小，平衡精度越高。已知转子的最高工作角速度 ω，便可由 G 值求出许用偏心距 $[e]$。

习题 8

8-1　在什么条件下需要进行回转件的静平衡？使回转件达到静平衡的条件是什么？

8-2　在什么条件下必须进行回转件的动平衡？使回转件达到动平衡的条件是什么？

8-3　图示回转件上有 2 个偏心质量：$m_1=1.5$ kg，$m_2=0.8$ kg，$r_1=140$ mm，$r_2=180$ mm，方位如图所示。现用去重法来平衡，试求所需去掉的质量的大小和方位(设去掉质量处的半径 $r'_b=140$ mm)。

8-4　在图示回转件中，有 4 个偏心质量位于同一回转平面内，其大小和回转半径分别为 $m_1=5$ kg，$m_2=7$ kg，$m_3=8$ kg，$m_4=10$ kg；$r_1=r_4=100$ mm，$r_2=200$ mm，$r_3=150$ mm，方位如图所示。设平衡质量 m_b 的回转半径 $r_b=150$ mm，试求平衡质量 m_b 的大小和方位。

8-5　在图示回转件中，已知各偏心质量 $m_1=10$ kg，$m_2=15$ kg，$m_3=20$ kg，$m_4=10$ kg，它们的回转半径分别为 $r_1=400$ mm，$r_2=r_4=300$ mm，$r_3=200$ mm，各偏心质量所在的回转平面间的距离为 $l_{12}=l_{23}=l_{34}=300$ mm，各偏心质量间的方位角为 $\alpha_{12}=120°$，$\alpha_{23}=60°$，$\alpha_{34}=90°$，且 $\alpha_1=30°$。若置于平衡基面Ⅰ及Ⅱ中的平衡质量 $m_{b\mathrm{I}}$ 及 $m_{b\mathrm{II}}$ 的回转半径均为 500 mm，试求 $m_{b\mathrm{I}}$ 及 $m_{b\mathrm{II}}$ 的大小和方位。

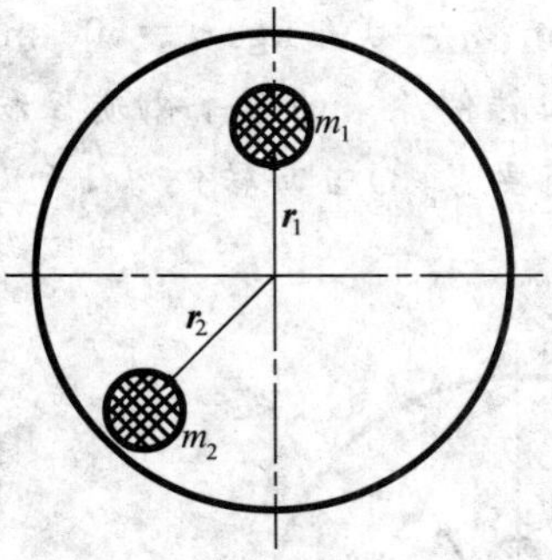

题 8-3 图

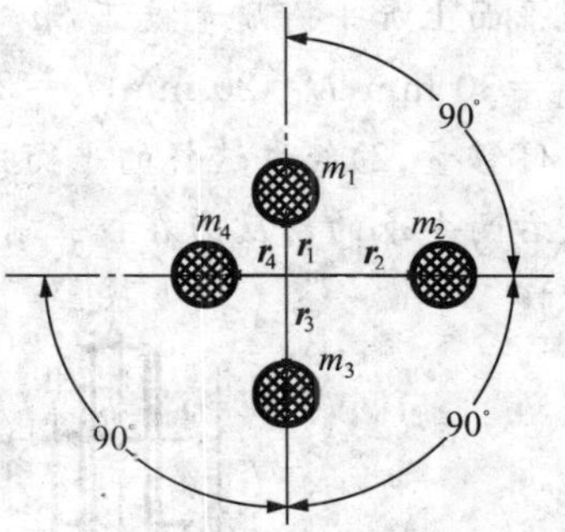

题 8-4 图

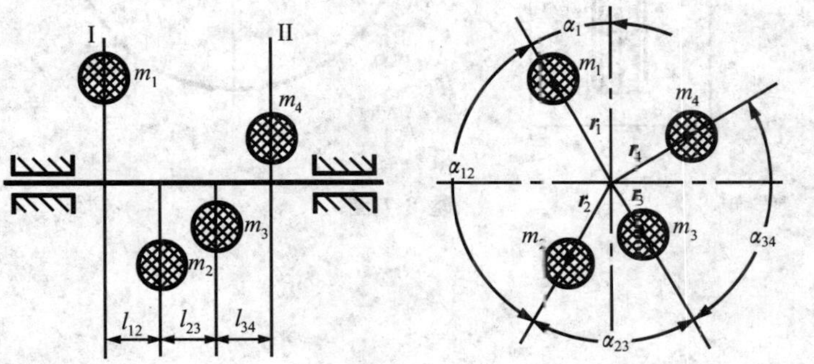

题 8-5 图

8-6　图示为一装有皮带轮的滚筒轴。已知皮带轮上有一偏心质量 $m_1=1$ kg；滚筒上具有 2 个偏心质量 $m_2=3$ kg，$m_3=4$ kg，各偏心质量的位置如图所示（各尺寸单位为 mm）。若将平衡平面选在滚筒的两端面，两平衡平面中平衡质量的回转半径取为 400 mm，试求两平衡质量的大小和方位。

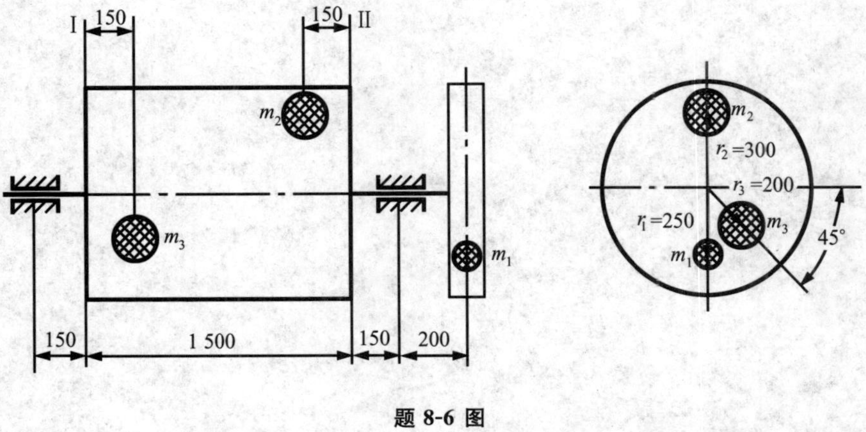

题 8-6 图

8-7　如图所示的回转件，已知其外径 D 和宽度 b 的比值 $D/b>5$，回转件的质量为 250 kg。由于回转件存在偏心质量，需作平衡校正。因结构原因，平衡平面只能选在Ⅰ、Ⅱ两平面。现若分别在两平面上加平衡质量校正：$m_1=0.8$ kg，$r_1=500$ mm；$m_2=0.6$ kg，$r_2=500$ mm。而 $l=80$ mm，$l_1=30$ mm，$l_2=20$ mm，$l_3=20$ mm。试求：1)该回转件原来的不平衡质径积大小和方向及质心偏移量；2)经过这样的平衡校正，能否满足动平衡要求；3)当回转件以 1 000 r/min 转动时，左、右两支承的动反力在校正前和校正后各是多少。

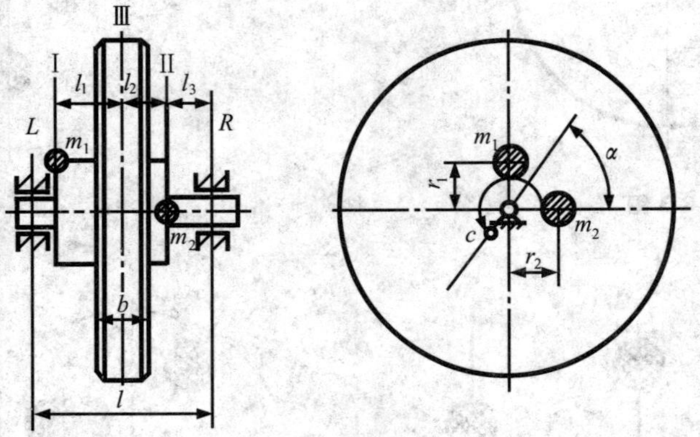

题 8-7 图

9 机械零件设计概论

前面几章着重介绍了常用机构和机器动力学的基本知识，以后各章主要从工作原理、承载能力、设计计算方法、构造和维护等方面，论述通用机械零部件的设计问题。其中包括通用零部件的结构及尺寸的确定、零件材料的选择、标准件的选用与计算等。本章将着重介绍机械零件设计中的一些共性问题。

9.1 机械零件的主要失效形式

机械零件在规定的使用期间内，在规定的条件下，不能完成规定的功能而丧失工作能力时，称为失效。失效并不单纯意味着破坏。机械零件常见的失效形式主要有以下几种：

1)整体断裂：零件在外载荷作用下，危险截面上应力大于零件材料的极限应力而引起的断裂称为整体断裂。如螺栓破断、齿轮断齿、轴断裂等。整体断裂分为静强度断裂和疲劳强度断裂。静强度断裂是由于静应力过大产生的，疲劳断裂是由于变应力的反复作用产生的。

2)塑性变形：塑性材料制成的零件，在过大的载荷作用下而使得零件的应力超过了材料的屈服极限时，零件将产生塑性变形。塑性变形使零件的尺寸和形状发生变化，严重时使零件丧失工作能力。

3)磨损：磨损是发生在机械零件工作表面上的一种失效。磨损将破坏零件表面精度，改变表面尺寸和形貌，使运动性能降低，摩擦阻力增大，能耗增加，严重时导致零件完全不能工作。

4)过大的弹性变形：机械零件受载时将产生弹性变形。当弹性变形量超过许用范围时将使零件或机器不能正常工作。弹性变形量过大将破坏零件之间的相互位置及配合关系，有时还会引起附加动载荷和振动。

5)破坏正常工作条件引起的失效：有些零件只有在一定的工作条件下才能正常地工作。例如，带传动，只有在传递的有效圆周力小于临界摩擦力时才能正常地工作；高速转动的零件，只有其转速与转动系统的固有频率避开一个适当的间隔时才能正常地工作等。若破坏了这些必备的条件，则将发生不同类型的失效。例如，带传动将发生打滑的失效；高速转子将发生共振从而使振幅增大，以致引起断裂的失效等。

同一种零件发生失效的形式可能有数种。例如，齿轮的失效形式有：轮齿折断、齿面点蚀、齿面胶合、齿面磨损、齿面或齿体塑性变形及齿轮其他部分的破坏等。在各种失效中，其主要的失效形式将由零件的材料、具体的结构及工作条件等决定。在多粉尘下工作的开式齿轮传动，齿面磨粒磨损可能是主要失效形式；润滑良好的闭式齿轮传动，疲劳点蚀可能是主要失效形式。

9.2 机械零件的工作能力及工作能力准则

零件不发生失效时安全工作的限度称为工作能力。对载荷而言的工作能力称为承载能力。

工作能力有时也对变形、速度、温度、压力等的限度而言。同一种零件既然可能有数种不同的失效形式，那么对应于各种失效形式也就有不同的工作能力。显然，起决定作用的将是工作能力中的较小值。

在设计时对零件进行计算所依据的准则是与零件的失效形式紧密地联系在一起的。对于一个具体零件，要根据其主要失效形式采用相应的计算准则。概括起来，机械零件的计算准则主要有以下几种：

1)强度准则：强度是零件在载荷作用下抵抗整体断裂、表面接触疲劳及塑性变形的能力。如果零件的强度不够，就会出现上述的某种失效而丧失工作能力。强度准则是指零件中的应力不得超过允许的限度。强度准则是零件设计最基本的准则。强度准则的一般表达式为

$$\left.\begin{aligned}\sigma\leqslant[\sigma]\\ \tau\leqslant[\tau]\end{aligned}\right\} \tag{9-1}$$

式中：σ、τ 分别为机械零件的工作正应力、工作剪应力；$[\sigma]$、$[\tau]$ 分别为机械零件的许用正应力、许用剪应力。

2)刚度准则：刚度是指零件在载荷作用下抵抗弹性变形的能力。刚度的大小常用产生单位变形所需的外力或外力矩来表示。零件的刚度不够，将改变其正常几何位置及形状，从而改变受力状态及影响正常工作。因此，对弹性变形、变形稳定性、精度等有一定要求的零件，都应进行刚度验算，刚度准则的一般表达式为

$$y\leqslant[y] \tag{9-2}$$

弹性变形量 y 可按各种求变形量的理论或实验方法来确定，而许用变形量 $[y]$ 则应随不同的使用场合，根据理论或经验来确定其合理的数值。

3)耐磨性准则：耐磨性是指磨损过程中材料抵抗脱落的能力。在滑动摩擦下工作的零件，磨损会改变其结构形状和几何尺寸，使机械的精度降低，效率下降，以致使零件失效。影响磨损的因素很多，而且比较复杂，目前尚无简单实用的计算方法，通常采用条件性计算。

滑动速度低，载荷大时，可只限制工作表面的压强 p，使其不超过许用值，以防止压强过大使零件工作表面油膜破坏而产生过快磨损，即

$$p\leqslant[p] \tag{9-3}$$

滑动速度 v 较高时，还要限制摩擦功耗，以防止摩擦表面工作温度过高使润滑失效而导致磨损加剧，严重时产生胶合。摩擦功耗与 fpv 成正比，摩擦系数 f 可视为常数，故可限制 pv 值不超过许用值，即

$$pv\leqslant[pv] \tag{9-4}$$

高速时还要限制滑动速度 v，以防止由于速度过高而加速摩擦表面磨损，降低零件的工作寿命，即

$$v\leqslant[v] \tag{9-5}$$

4)振动稳定性准则：机械中存在着很多周期性变化的激振源。例如齿轮的啮合，轴的偏心转动等。当零件的自振频率 f 与激振源的激振频率 f_p 相等或相接近时，零件就要发生共振。这时，振幅将急剧增大，此种现象称为失稳，即丧失振动稳定性，振动可在短期内使零件损坏或

机器工作条件失常。所谓振动稳定性准则，就是在设计时使机器中受激振作用的各零件的自振频率与激振源的激振频率错开，即

$$\left.\begin{aligned}0.85f &> f_p\\ 1.15f &< f_p\end{aligned}\right\} \tag{9-6}$$

如果不能满足上述条件，则可用改变零件及系统的刚性，改变支承位置，增加或减少辅助支承等方法来改变 f 值。或采取防振、减振措施，例如提高零件的制造精度，提高回转件动平衡精度，增加阻尼系统，采用隔振、减振装置等都可改善零件的振动稳定性。

9.3 机械零件设计的一般步骤

9.3.1 设计机械零件应满足的基本要求

设计机械零件应满足的要求是从设计机器的要求中引伸出来的，一般地讲，主要是工作可靠和成本低廉。要解决前一个问题，需要根据可能发生的失效，确定零件在强度、刚度、振动稳定性、耐磨性、温升等方面必须满足的条件，这些条件是判断零件工作能力的准则。

要想降低机械零件的制造成本，必须从设计和制造两方面着手。设计时应正确选择材料，合理规定公差等级以及认真考虑零件的加工工艺性和装配工艺性。

零件设计的好坏，将对机器使用性能的优劣起着决定性的作用。和设计机器时一样，设计机械零件时，也常需拟定出几种不同方案，认真分析比较后，选用其中最好的一种。

9.3.2 机械零件设计的一般步骤

由于零件的种类不同，其具体的设计步骤也不一样，但一般可按下列步骤进行：

1)类型选择　根据使用条件及载荷性质、尺寸大小选择零件的类型和结构。为此，必须在对各种零件的不同类型、特性与适用范围等有明确了解的基础上，进行综合对比并正确选用。

2)受力分析　根据机器的工作要求和简化的计算方案进行受力分析，求出作用在零件上的载荷。

3)选择材料　根据零件的工作条件及受力情况，选择合适的材料，并确定计算中的许用应力等。

4)确定计算准则　根据失效分析，确定零件的设计计算准则。

5)理论设计计算　由设计准则所得到的设计计算公式，确定出零件的主要几何尺寸和参数。

6)结构设计　根据功能要求、加工及装配工艺性要求、强度要求、标准化原则等进行零件的结构设计，确定出其结构尺寸。

7)校核计算　零件全部设计完成后，对有些重要的零件应进行详细的校核计算，以判定结构的合理性。

8)绘制零件工作图　理论设计和结构设计最终都要通过零件工作图体现出来。在工作图上除了标注详细的零件尺寸外，还需要对零件的配合尺寸等标注尺寸公差及必要的形位公差，标注表面粗糙度及技术条件等。

9)编写设计计算说明书 将设计计算的资料整理成简练的设计计算说明书,作为技术文件之一备查。

9.4 机械零件的强度

9.4.1 载荷及应力的分类

9.4.1.1 载荷的分类

载荷可分为静载荷和变载荷两类。大小和方向不随时间变化或变化缓慢的载荷称为静载荷,如锅炉所受压力、物体的重力等;随时间作周期性变化或非周期性变化的载荷称为变载荷,前者如内燃机气门弹簧所受的载荷,后者如汽车、拖拉机的齿轮和轴等所受的载荷。

在设计计算中,常把载荷分为名义载荷和计算载荷。根据机器原动机的额定功率或机器在稳定和理想工作条件下的工作阻力,用力学公式计算出作用在零件上的载荷称为名义载荷(如力 F、功率 P、转矩 T)。名义载荷没有反映动力机和工作机间的实际载荷随时间作用的不均匀性、载荷在零件上分布的不均匀性及其他影响零件受力情况等因素。这些因素的综合影响,常用载荷系数 K(或工作情况系数)来做概略估计。载荷系数 K 与名义载荷的乘积称为计算载荷(如 $F_C=KF, P_C=KP, T_C=KT$)。机械零件常按计算载荷进行计算。载荷系数的取值和计算在以后各有关章节中将具体说明。

9.4.1.2 应力的分类

与载荷相似,应力也可分为静应力和变应力两大类。不随时间变化或变化缓慢的应力称为静应力(如图 9-1a),它只能在静载荷作用下产生;随时间作周期性变化的应力称为稳定变应力,它可由变载荷产生,也可由静载荷产生。稳定变应力可分为非对称循环(图 9-1b)、脉动循环(图 9-1c)和对称循环(图 9-1d)三种典型变应力。

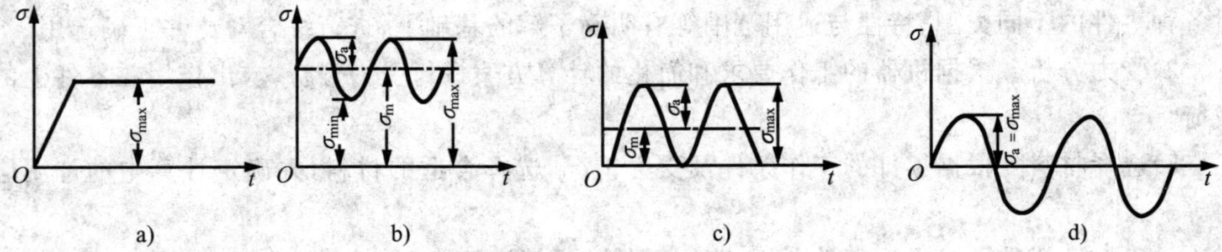

图 9-1 应力的类型

在稳定变应力中,最大应力 σ_{max}、最小应力 σ_{min}、平均应力 σ_m 和应力幅 σ_a 之间的关系为

$$\sigma_m=\frac{\sigma_{max}+\sigma_{min}}{2} \tag{9-7}$$

$$\sigma_a=\frac{\sigma_{max}-\sigma_{min}}{2} \tag{9-8}$$

最小应力与最大应力之比称为稳定变应力的循环特性 r,即

$$r=\frac{\sigma_{\min}}{\sigma_{\max}} \tag{9-9}$$

由上可知，5 个变应力参量中只要知道其中 2 个参量便可求出其余 3 个参量。变应力特性可用 5 个参量中的任意 2 个来描述。

几种典型变应力的变化规律见表 9-1。

表 9-1 几种典型变应力的变化规律

序号	循环名称	循环特性	应力特点	图 例
1	静应力	$r=+1$	$\sigma_{\max}=\sigma_{\min}=\sigma_m, \sigma_a=0$	图 9-1a
2	非对称循环	$-1<r<+1$	$\sigma_{\max}=\sigma_m+\sigma_a, \sigma_{\min}=\sigma_m-\sigma_a$	图 9-1b
3	脉动循环	$r=0$	$\sigma_m=\sigma_a=\sigma_{\mathrm{maxx}}/2, \sigma_{\min}=0$	图 9-1c
4	对称循环	$r=-1$	$\sigma_{\mathrm{maxx}}=\sigma_a=-\sigma_{\min}, \sigma_m=0$	图 9-1d

用材料力学公式，根据名义载荷求得的应力称为名义应力；根据计算载荷求得的应力称为计算应力。计算应力中有时还要计入应力集中等因素。零件的尺寸常取决于危险截面处的最大计算应力，以下简称最大应力。

9.4.2 静应力下机械零件的强度计算

在静应力作用下，机械零件的强度失效将是塑性变形或断裂，其强度条件为

$$\left.\begin{aligned}\sigma\leqslant[\sigma]=\frac{\sigma_{\lim}}{[S_\sigma]}\\ \tau\leqslant[\tau]=\frac{\tau_{\lim}}{[S_\tau]}\end{aligned}\right\} \tag{9-10}$$

式中：$\sigma_{\lim}$、$\tau_{\lim}$分别为极限正应力和极限切应力；$[S_\sigma]$、$[S_\tau]$分别为正应力和切应力时的许用安全系数。

对于塑性材料的零件，在静应力下的强度失效是塑性变形，按照不发生塑性变形的条件进行强度计算，式(9-10)中的极限应力应取为材料的屈服极限 σ_S 或 τ_S，即 $\sigma_{\lim}=\sigma_S$，$\tau_{\lim}=\tau_S$。

对于脆性材料的零件，在静应力下的强度失效将是脆性断裂，按照不发生脆性断裂的条件进行强度计算，式(9-10)中的极限应力应取为材料的强度极限 σ_B 或 τ_B，即 $\sigma_{\lim}=\sigma_B$，$\tau_{\lim}=\tau_B$。

9.4.3 许用安全系数与许用应力

合理选择许用安全系数是强度设计中的一项重要工作。安全系数过大，会使机器笨重，在用料、加工、运输等方面都不符合经济原则；安全系数过小，机器又可能不够安全。因此，许用安全系数的选取原则是：在保证机器安全可靠的前提下，尽可能选用较小的许用安全系数。

选择许用安全系数时，要考虑的因素有：①载荷和应力的性质及计算的准确性；②材料的性质和材质的不均匀性；③零件的重要程度；④工艺质量和探伤水平；⑤运行条件（平稳、冲击）；⑥环境状况（腐蚀、温度）等。所以，在确定许用安全系数时，应结合具体情况斟酌选取。

在各个不同的机器制造部门，常规定有自己的许用安全系数或许用应力的专用规范，有时还附有计算说明。一般都应严格按照这些规范中的规定来确定许用安全系数或许用应力。但

是，在使用这些规范时必须充分注意这些规范所规定的使用条件，决不能随意套用。通用机械零件的许用安全系数或许用应力详见以后各章。

许用安全系数也可用部分系数法来确定，即用考虑影响安全各方面因素的几个系数的连乘积来确定许用安全系数

$$[S]=S_1 S_2 S_3 \tag{9-11}$$

式中：S_1 为载荷和应力的计算准确性系数，取 $S_1=1\sim1.5$；S_2 为材料性质的均匀性系数，对于锻钢和轧钢件，取 $S_2=1.2\sim1.5$；对于铸铁件，取 $S_2=1.5\sim2.5$，材料性能可靠时取较小值；S_3 为零件的重要性系数，取 $S_3=1\sim1.5$。

9.4.4 变应力下机械零件的疲劳强度计算

9.4.4.1 疲劳断裂特征

在变应力下工作的零件，其强度失效将是疲劳断裂。

表面无缺陷的金属材料，其疲劳断裂的过程一般可分为 3 个阶段：第一阶段是在零件表面上应力集中处产生初始裂纹，形成疲劳源，疲劳源可以有一个或数个；第二阶段是裂纹尖端在切应力下发生反复塑性变形使裂纹逐渐扩展；第三阶段是当裂纹扩展到一定程度使剩余截面的静强度不足时就发生瞬断。

疲劳断裂截面呈现 2 个区域，即表面光滑的疲劳区和粗糙的脆性断裂区。图 9-2 为一旋转弯曲、载荷小和表面应力集中大并有 3 个初始裂纹的疲劳断裂截面。零件在变应力下反复变形，裂纹周期地压紧和分开，使裂纹疲劳区呈光滑状态，并留下标志裂纹发展过程的弧状前沿线；粗糙的脆性断裂区是由于静强度不足造成的，截面大小与所受载荷有关，载荷大，粗糙表面也大。

疲劳破坏的特点是：①在循环变应力多次反复作用下产生；②不存在宏观的、明显的塑性变形迹象；③循环变应力远小于材料的静强度极限；④对材料的组成、零件的形状、尺寸、表面状态、使用条件和外界环境等都非常敏感。

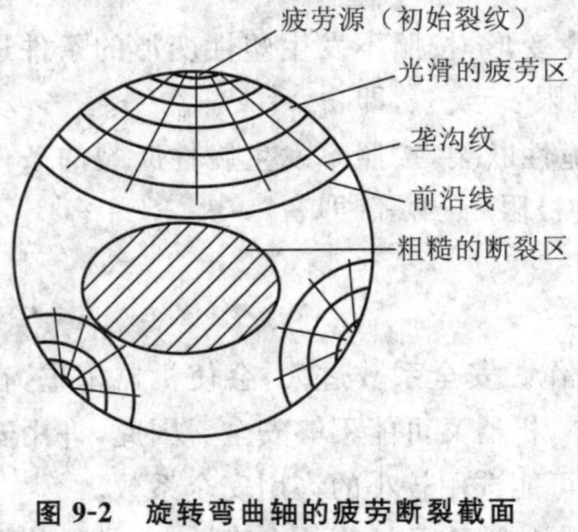

图 9-2 旋转弯曲轴的疲劳断裂截面

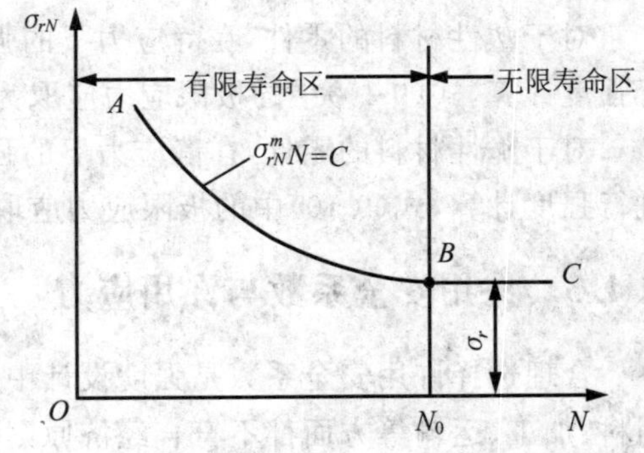

图 9-3 疲劳曲线

9.4.4.2 疲劳曲线和疲劳极限

在循环特性 r 下的变应力，经过 N 次循环后，材料不发生疲劳破坏的应力最大值称为疲劳极限 σ_{rN} 或 τ_{rN}。机械零件材料的疲劳极限是通过试验决定的。通过试验，记录出在循环特性 r

一定时，不同最大应力(通常是循环特性 $r=-1$ 的对称循环变应力或 $r=0$ 的脉动循环变应力)下引起试件疲劳破坏所经历的应力循环次数 N。由此得到的表示循环次数 N 与疲劳极限之间的关系曲线，称为疲劳曲线(σ—N 或 τ—N 曲线)。

典型的疲劳曲线如图 9-3 所示。疲劳曲线可以分成 2 个区域：$N<N_0$ 为有限寿命区，疲劳极限随循环次数的增加而降低，按照有限寿命区的疲劳极限所作的疲劳强度设计称为有限寿命设计；$N\geqslant N_0$ 为无限寿命区，疲劳曲线为水平线，即疲劳极限不再随循环次数的增加而降低，当最大工作应力小于这个区间的疲劳极限时，无论应力循环变化多少次，材料都不会发生疲劳破坏。无限寿命区的疲劳极限记为 σ_r、τ_r，对称循环时为 σ_{-1}、τ_{-1}，脉动循环时为 σ_0、τ_0。按照无限寿命区的疲劳极限所作的疲劳强度设计称为无限寿命设计。

N_0 为循环基数。材料性质不同，N_0 值也不同。钢的硬度(强度)越高，N_0 值越大。按硬度粗略分：$\leqslant$350HBS 的钢，$N_0\approx10^7$；$>$350HBS 的钢，$N_0\approx(10\sim25)\times10^7$。有色金属 $N_0\approx 25\times10^7$。

各种材料 N_0 时的疲劳极限可从有关材料机械性能数据表或设计手册中查得。

在有限寿命区范围内，疲劳曲线呈幂函数关系，其方程式为(以正应力为例)

$$\sigma_r^m N=\sigma_r^m N_0=C \tag{9-12}$$

式中：m 为随材料和应力状态而定的指数；C 为试验常数。

若已知循环基数 N_0 和疲劳极限 σ_r，则循环次数为 N 时的疲劳极限 σ_{rN} 为

$$\sigma_{rN}=\sqrt[m]{\frac{N_0}{N}}\sigma_r=K_N\sigma_r \tag{9-13}$$

$$K_N=\sqrt[m]{\frac{N_0}{N}} \tag{9-14}$$

式中：K_N 为寿命系数，当 $N>N_0$ 时，取 $N=N_0$，即 $K_N=1$；m 为材料常数，与应力状态、材料性质和热处理方法有关，其数值变化范围较大。在一般设计计算中，对于钢，受拉应力、弯曲应力和切应力时 $m=9$，接触应力时 $m=6$；对于青铜，弯曲应力时 $m=9$，接触应力时 $m=8$。

9.4.4.3 机械零件的疲劳强度计算

在变应力下，零件材料的极限应力取材料的疲劳极限 σ_r(无限寿命设计)或应力循环次数为 N 时的疲劳极限 σ_{rN}(有限寿命设计)。因此，对称循环($r=-1$)变应力下，材料的极限应力为

$$\left.\begin{aligned}\sigma_{\lim}&=K_N\sigma_{-1}\\ \tau_{\lim}&=K_N\tau_{-1}\end{aligned}\right\} \tag{9-15}$$

式中：σ_{-1}、τ_{-1}分别为材料的对称循环疲劳极限正应力和切应力。

与静强度不同的是，实际零件在危险截面处的几何突变、截面尺寸的大小及表面状态等均影响零件的疲劳极限。因此，在机械零件的疲劳强度计算中必须考虑这些因素对其疲劳强度的影响。方法是引入有效应力集中系数 k_σ、k_τ，绝对尺寸系数 ε_σ、ε_τ 和表面状态系数 β，对材料的疲劳极限进行修正。当零件的工作应力为对称循环变应力时，其对称循环变化的许用应力为

$$\left.\begin{aligned}[\sigma_{-1}]&=\frac{\varepsilon_\sigma\beta\sigma_{\lim}}{k_\sigma[S]}\\ [\tau_{-1}]&=\frac{\varepsilon_\tau\beta\tau_{\lim}}{k_\tau[S]}\end{aligned}\right\} \tag{9-16}$$

式中：k_σ、k_τ，ε_σ、ε_τ 和 β 等可查有关设计手册。

式(9-16)中的许用安全系数[S]的选择：当材料均匀，工艺质量好，载荷及应力计算精确时，[S]＝1.3～1.5；当材料均匀性和工艺质量中等，载荷及应力计算不够精确时，[S]＝1.5～1.8；当材料不均匀，载荷及应力计算精度很低时，[S]＝1.8～2.5。

零件在对称循环变应力下的疲劳强度条件为

$$\left.\begin{aligned}\sigma_{max}\leqslant[\sigma_{-1}]\\ \tau_{max}\leqslant[\tau_{-1}]\end{aligned}\right\}\tag{9-17}$$

在进行对称循环变应力下零件的疲劳强度计算时，首先求出危险截面的最大应力，根据式(9-15)求出材料的极限应力，再考虑零件危险截面的具体情况，由式(9-16)求出许用应力，最后根据式(9-17)计算零件的疲劳强度。

例题 9-1 一≤350HBS 硬度的钢制轴，其材料的机械性能为：$\sigma_B=770$ MPa，$\sigma_S=400$ MPa，$\sigma_{-1}=250$ MPa，循环基数 $N_0=10^7$，材料常数 $m=9$。已知零件危险截面的直径 $d=100$ mm，承受弯矩 $M=10^7$ Nmm。该危险截面的有效应力集中系数 $k_\sigma=1.45$，绝对尺寸系数 $\varepsilon_\sigma=0.85$，表面状态系数 $\beta=0.95$；轴的转速 $n=40$ r/min，要求工作时间 $t=800$ h。若取许用安全系数[S]＝1.5，试校核该轴的疲劳强度。

解：1)计算危险截面的最大工作应力

$$\sigma_{max}=\frac{M}{W}=\frac{M}{\frac{\pi d^3}{32}}=\frac{10^7}{\frac{\pi\times100^3}{32}}=101.86\ (\text{MPa})$$

轴转动时，若载荷的大小和方向不变，其危险截面上的弯曲应力为对称循环变应力，即循环特性 $r=-1$。

2)计算材料的疲劳极限应力

应力循环次数

$$N=60nt=60\times40\times800=1.92\times10^6<N_0=10^7$$

由式(9-14)计算寿命系数

$$K_N=\sqrt[m]{\frac{N_0}{N}}=\sqrt[9]{\frac{10^7}{1.92\times10^6}}=1.2$$

材料的疲劳极限应力

$$\sigma_{lim}=K_N\sigma_{-1}=1.2\times250=300(\text{MPa})$$

3)计算危险截面的许用应力

$$[\sigma_{-1}]=\frac{\varepsilon_\sigma\beta\sigma_{lim}}{k_\sigma[S]}=\frac{0.85\times0.95\times300}{1.45\times1.5}=111.38(\text{MPa})$$

4)校核危险截面的疲劳强度

$$\sigma_{max}=101.86\ (\text{MPa})<[\sigma_{-1}]=111.38(\text{MPa})$$

该轴的疲劳强度足够。

9.5 机械零件的接触强度

9.5.1 接触应力

零件受载时，若在较大体积范围内产生应力，这种应力状态下的零件强度称为整体强度(如9.4节所述)。机械中各零件之间力的传递，总是通过两零件的接触来实现的。高副零件工作时理论上力是通过点或线接触传递的。受载后，由于弹性变形而在接触处形成面接触，这种承载面积很小，在接触面的表层产生的局部应力却很大，这种应力称为接触应力。接触应力下的零件强度称为接触强度。如齿轮、滚动轴承等零件都是通过很小的接触面积来传递载荷的，它们的承载能力不仅取决于整体强度，还取决于表面的接触强度。

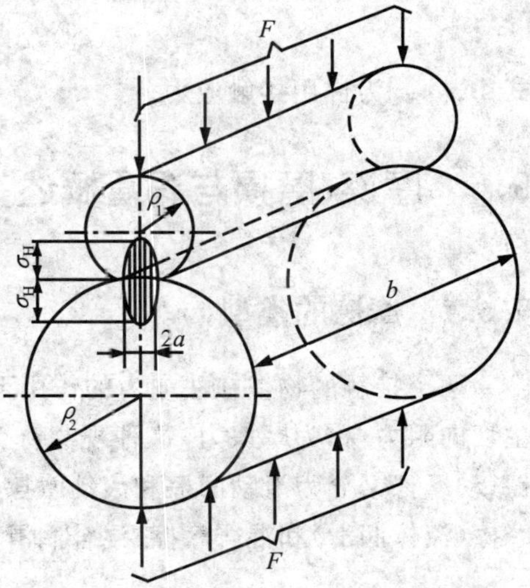

图 9-4 两圆柱体接触变形与应力分布

图 9-4 所示为外接触的 2 个轴线平行的圆柱体。未受力前，两圆柱体沿与轴线相平行的一条线相接触；受力后，由于材料的弹性变形，接触线变成宽度为 $2a$ 的矩形面。接触应力沿矩形接触面呈半椭圆柱形分布。最大接触应力 σ_H 位于接触面宽中线处，即初始接触线处。根据赫兹(Hertz)公式，最大接触应力 σ_H 为

$$\sigma_H=\sqrt{\frac{F}{\pi b}\left[\frac{\frac{1}{\rho_\Sigma}}{\frac{1-\mu_1^2}{E_1}+\frac{1-\mu_2^2}{E_2}}\right]} \tag{9-18}$$

当 $\mu_1=\mu_2=0.3$ 时

$$\sigma_H=0.418\sqrt{\frac{FE}{b\rho_\Sigma}} \tag{9-19}$$

式中：ρ_Σ 为综合曲率半径，$\frac{1}{\rho_\Sigma}=\frac{1}{\rho_1}\pm\frac{1}{\rho_2}$，“+”用于外接触，“−”用于内接触，$\rho_1$、$\rho_2$ 为两接触体初始接触线处的曲率半径；平面与圆柱体接触时，取平面曲率半径 $\rho_2=\infty$；E 为综合弹性模量，$E=\frac{2E_1E_2}{E_1+E_2}$，$E_1$、$E_2$ 为两接触体材料的弹性模量；μ_1、μ_2 为两接触体材料的泊松比；F 为作用于接触面上的总压力；b 为初始接触线长度。

9.5.2 接触疲劳强度

机械零件的表面接触应力通常是随时间作周期性变化的。由于接触应力的反复作用，首先在零件的表面或距表面约 20 μm 处的表层内产生初始疲劳裂纹；裂纹形成后，在接触过程中，

润滑油被挤进裂纹中而产生极高的压力，使裂纹加速扩展，最后使表面金属呈小片状脱落下来，从而在零件的表面形成一些小坑。这种现象称为疲劳点蚀(简称点蚀)。点蚀的产生，光滑表面被破坏，有效接触面积减少，因而降低了零件的承载能力，并引起振动和噪声。疲劳点蚀是齿轮、滚动轴承等点线接触零件的主要失效形式。

影响点蚀形成的最主要因素是接触应力的大小，所以，应限制接触应力不超过许用值。零件的表面接触疲劳强度条件为

$$\sigma_H \leqslant [\sigma_H] \tag{9-20}$$

式中：$[\sigma_H]$为许用接触应力。

9.6 摩擦、磨损与润滑概述

9.6.1 摩擦的类型

两个接触的物体在法向力的作用下，有相对移动的趋势或做相对移动时，其接触面上会产生切向阻力，称为摩擦力，这种现象称为摩擦。按摩擦副运动状态，摩擦可分为静摩擦和动摩擦；动摩擦又分为滑动摩擦和滚动摩擦；按摩擦状态可分为干摩擦、边界摩擦(边界润滑)、流体摩擦(流体润滑)和混合摩擦(混合润滑)(图 9-5)。

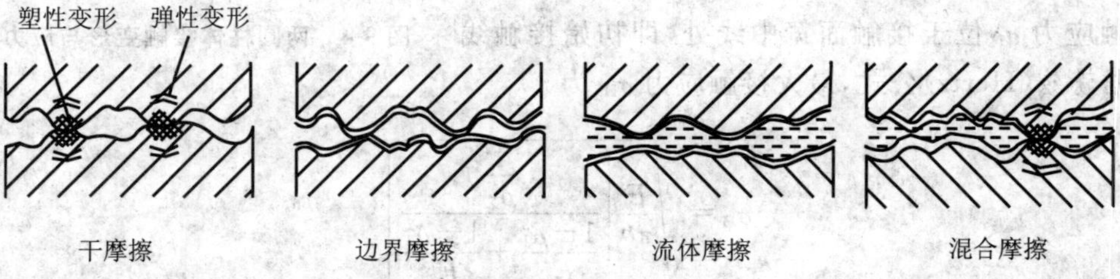

图 9-5 摩擦的种类

9.6.1.1 干摩擦

干摩擦是指两摩擦表面直接接触，摩擦面间不加任何润滑剂的摩擦。干摩擦的特点是摩擦系数大，发热多，磨损严重，零件寿命短等。对于要求减轻摩擦磨损，提高效率和寿命的摩擦副来说，应避免在干摩擦状态下工作。

9.6.1.2 边界摩擦(边界润滑)

两摩擦表面间有少量润滑剂时，由于润滑剂与金属表面的吸附作用或化学反应(如金属的氧化物、硫化物等)作用，在摩擦表面上生成一层薄膜称为边界膜。边界膜的性质取决于摩擦表面的性质和边界膜的结构及其物理化学性质。当两相对滑动表面在边界膜状态下接触并传递载荷时就处于边界摩擦状态。由于边界膜的存在，避免了部分表面金属的直接接触，两表面间的摩擦系数比干摩擦状态下的摩擦系数小得多，f 为 0.08～0.1，可大大减少摩擦磨损。

边界摩擦广泛地存在着，如普通滑动轴承、气缸与活塞环之间、凸轮与导杆之间以及机床导轨等处。

9.6.1.3 液体摩擦(液体润滑)

两摩擦表面被一液体层(油膜)完全隔开,表面微观凸峰不直接接触,摩擦的性质取决于液体内部分子间黏性阻力,由液体的压力传递两个表面间的相互作用力,这种摩擦状态称为液体摩擦。滑动表面处于液体摩擦状态时摩擦系数很小,没有磨损,使用寿命长,是理想的摩擦状态。按照压力油膜的形成方法不同液体摩擦润滑分为:液体动力润滑和液体静力润滑。液体动力润滑是靠摩擦表面间的相对运动把液体带到摩擦表面间建立压力油膜;液体静力润滑是由外界将具有一定压力的液体送入摩擦表面之间建立压力油膜。

9.6.1.4 混合摩擦(混合润滑)

当摩擦表面间有润滑油,但不能保证液体摩擦时,就可能有部分接触是边界摩擦,其余部分是液体摩擦,也可能在局部微观凸峰接触处是干摩擦而其余部分是边界摩擦与液体摩擦,这种摩擦状态统称为混合摩擦。

9.6.2 磨损

磨损是两接触表面由于摩擦的机械作用使表面物质逐渐损耗的过程。磨损使零件间的配合间隙增大,导致机械精度和可靠度降低,产生冲击载荷后又往往会加剧磨损,使机械零件丧失工作能力或遭到破坏。在机械中,磨损几乎是不可避免的。在规定的使用年限内,其磨损量不超过许用值,就属于正常磨损。磨损并非都是有害的,如跑合、研磨加工等,都是有益的磨损,它可以提高零件表面的质量,延长使用寿命。

磨损的材料损耗以体积、厚度、质量为单位来度量,称为磨损量。单位时间的磨损量称为磨损率。磨损率的倒数称为耐磨性,它是指材料抵抗磨损的能力。

按破坏的机理,磨损可分为:黏着磨损、磨粒磨损、接触疲劳磨损和腐蚀磨损。

9.6.2.1 黏着磨损

金属表面接触时,实际上只是少数凸起的峰顶在接触,因而局部受到很大的压力而产生塑性变形,因摩擦而产生的高温,造成了基体金属的“焊接”现象,当摩擦表面发生相对滑动时,切向力将黏着点切开,软金属被撕脱黏结到硬金属的表面上,形成凸起,在软金属的表面形成沟痕。这种由于黏着作用,使摩擦表面的材料由一个表面转移到另一个表面所引起的磨损称为黏着磨损,黏着磨损是机械中最为常见的一种磨损。载荷越大、温度越高、材料越软,黏着现象也就越严重。

黏着磨损按破坏程度不同分为轻微磨损、涂抹、划伤、撕脱和咬死,通常将后几种较严重的黏着磨损称为胶合。胶合是高速重载摩擦副常见的失效形式。

9.6.2.2 磨粒磨损

沙尘等硬质颗粒或摩擦表面上的硬质突出物,对较软表面进行“磨削或刮擦”引起摩擦表面材料脱落,这种现象称为磨粒磨损。除了液体润滑状态以外,其他摩擦状态下工作的零件都有可能出现磨粒磨损。干摩擦状态下工作的零件磨粒磨损是主要的失效形式,如开式齿轮传动经常因严重的磨损而失效。

9.6.2.3 接触疲劳磨损

点线接触的摩擦副,在循环变化的接触应力作用下,表面材料体积在重复变形时,因疲劳而剥落,这种现象称为接触疲劳磨损。其特征是在摩擦表面上出现一个个小的麻坑,故又称这种磨损为疲劳点蚀(见9.5节)。点蚀是滚动轴承、齿轮等点、线接触零件的主要失效形式之一。

9.6.2.4 腐蚀磨损

在磨损过程中与周围介质发生化学反应或电化学反应造成材料转移的现象称为腐蚀磨损。常见的有氧化磨损和特殊介质腐蚀磨损。

在生产实践中,磨损常常是许多现象的综合,磨损类型可能随着工作(如相对滑动速度和工作载荷)而发生变化。

9.6.3 润滑剂

润滑剂的主要作用是减小摩擦表面的摩擦磨损,有时还能起到防止摩擦表面锈蚀和散热降温作用。常用的润滑剂有液体(如油、水)、气体、半固体(如润滑脂)和固体(如石墨、二硫化钼)等。其中固体和气体润滑剂多应用在高温、高速及要求防止污染等特殊场合。对于橡胶、塑料制成的零件易用水进行润滑。绝大多数场合则采用润滑油或润滑脂润滑。

9.6.3.1 润滑油

润滑油主要是由基础油加各种添加剂组成,基础油有动物油、植物油、矿物油和合成油等。其中矿物油因来源充足,成本较低、适用范围广并且稳定性好而应用最广。润滑油的主要性能指标有:

1)黏度:流体流动时,流层间产生内摩擦阻力,阻碍流层之间相对运动,这种性质称为黏性。黏性的大小用黏度来度量。

黏度常用的表示方法有动力黏度和运动黏度2种。

动力黏度用η表示,单位为Pa·s,1 Pa·s=1 N·s/m²。因Pa·s单位较大,工程上常用P(泊)表示。P的基本单位为1 P=1 dyn·s/cm²,P的百分之一称为cP(厘泊)。它们之间的换算关系为

$$1\ \mathrm{P}=100\ \mathrm{cP}=0.1\ \mathrm{Pa\cdot s}$$

$$1\ \mathrm{cP}=10^{-2}\ \mathrm{P}=10^{-3}\ \mathrm{Pa\cdot s}$$

或

$$1\ \mathrm{Pa\cdot s}=10\ \mathrm{P}=1\ 000\ \mathrm{cP}$$

运动黏度ν是在相同温度下,润滑油的动力黏度与其密度的比值。运动黏度ν(m^2/s)的表达式为

$$\nu=\frac{\eta}{\rho} \tag{9-21}$$

式中:η为动力黏度,Pa·s;ρ为润滑油密度,kg/m³,对于矿物油,$\rho=850\sim900\ \mathrm{kg/m^3}$。

工程上常用的运动黏度单位是St(斯)和cSt(厘斯)

$$1\mathrm{St}=100\ \mathrm{cSt}=1\ \mathrm{cm^2/s}$$

$$1\ \mathrm{cSt}=10^{-2}\ \mathrm{St}=1\ \mathrm{mm^2/s}$$

润滑油的牌号是指该油在40℃时,运动黏度以cSt为单位的平均值,如L-AN46号机械油在40℃时的运动黏度为41.4～50.6 cSt。

温度对润滑油黏度的影响很大,温度升高时黏度降低。几种常用润滑油在不同温度下的运

动黏度-温度 t 曲线见图 9-6。

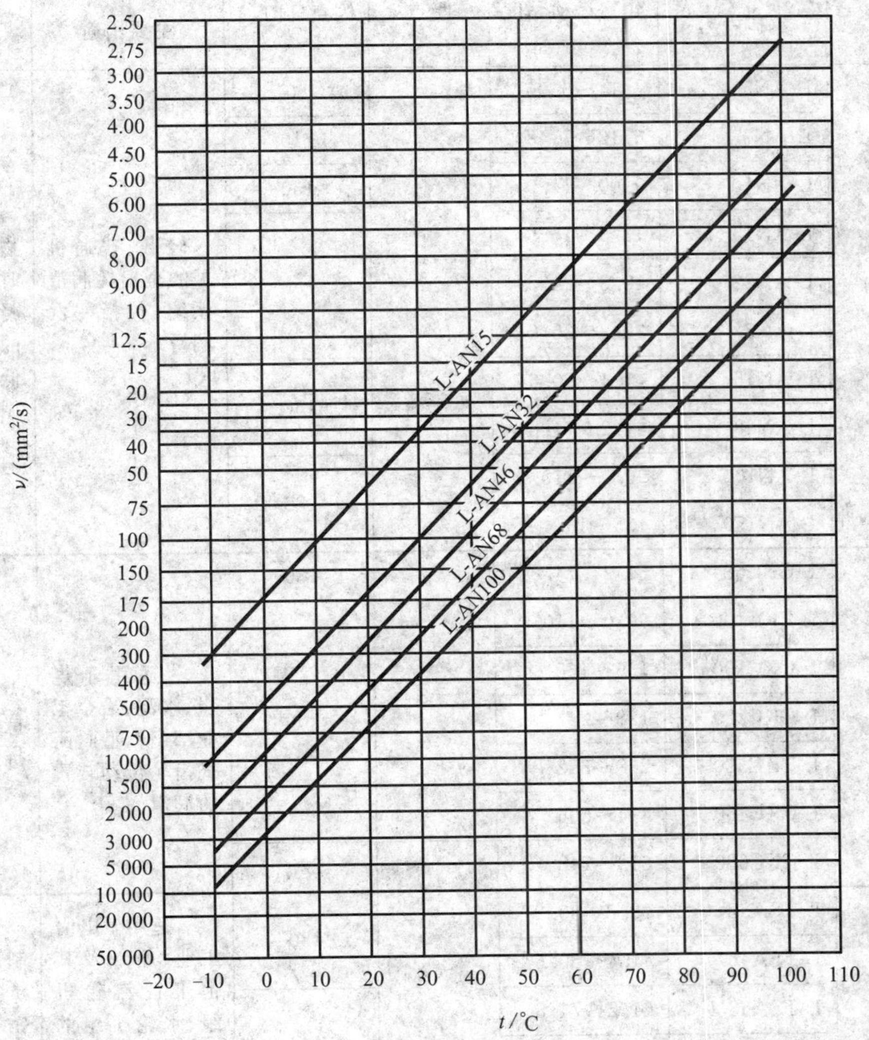

图 9-6 几种常用润滑油的黏度-温度关系曲线

2)闪点:润滑油在标准仪器内加热蒸发的油汽,遇到火焰发出闪光的最低温度称为润滑油的闪点,是衡量润滑油易燃性的尺度。对于高温下工作的机器,其工作温度应比润滑油的闪点低 30～40℃。

3)凝点:在规定的条件下,润滑油不能自由流动时所达到的最高温度,称为润滑油的凝点,是衡量润滑油在低温下工作的一个重要指标,直接影响机器在低温下的起动性能和磨损情况。

4)黏温特性:黏温特性是指润滑油的黏度随温度升高而降低的性质用黏度指数 VI 表示。VI 越大,黏度随温度的变化小,润滑油的黏温特性好。

润滑油常用牌号、性能和应用见表 9-2。

表 9-2 常用润滑油的主要性能和用途

名称	编码符号	40℃运动黏度/(mm^2/s)	凝点≤℃	闪点(开口)≥℃	主要用途	说明
全损耗系统用油(GB 443—89)	L-AN5	4.14～5.06	−5	80	轻载、普通机械的全损耗润滑系统(包括一次润滑)	用精制矿物油制得,有时加入少量降凝剂。AN油的技术要求很低,不能用于循环润滑系统
	L-AN7	6.12～7.48		110		
	L-AN10	9.00～11.0		130		
	L-AN15	13.5～16.5		150		
	L-AN22	19.8～24.2				
	L-AN32	28.8～35.2				
	L-AN46	41.4～50.6		160		
	L-AN68	61.2～74.8				
	L-AN100	90.0～110		180		
	L-AN150	135～165				
工业齿轮油(GB 5903—93)	L-CKC68	61.2～74.8	−8	180	适用于煤炭、水泥、冶金工业部门大型封闭式齿轮传动装置的润滑	以矿物油为基础,加入抗氧化、防锈、抗磨、极压等添加剂
	L-CKC100	90.0～110		200		
	L-CKC150	135～165				
	L-CKC220	198～242				
	L-CKC320	288～352				
	L-CKC460	414～506				
	L-CKC680	612～748	−5	220		
汽轮机油(GB 11120—89)	L-TSA32	28.8～35.2	−7	180	适用于电力工业、船舶及其他工业汽轮机组、水轮机组的润滑	由深度精制基础油加入抗氧化剂和防锈剂制成
	L-TSA46	41.4～50.6				
	L-TSA68	61.2～74.8		195		
	L-TSA100	90.0～110				

9.6.3.2 润滑脂

润滑脂是以润滑油作为基础油,再加入稠化剂制成的膏状润滑剂。润滑脂的主要性能指标有:

1)锥入度(或稠度):锥入度是表征润滑脂稠度的一个指标。测定锥入度方法为:在25℃恒温下,重量为1.5 N的标准锥体,从润滑脂表面自由沉下经过5 s后刺入的深度(以0.1 mm计)为锥入度。润滑脂的牌号即为该润滑脂锥入度的等级。

2)滴点:滴点是表示润滑脂受热后开始滴落的温度。润滑脂的滴点决定了它的工作温度。润滑脂的工作温度至少应低于滴点20℃。

常用润滑脂的牌号、性能和应用见表9-3。

表 9-3 常用润滑脂的主要性能和用途

名称	牌号	滴点/℃ 不低于	锥入度	主要用途
极压锂基润滑脂 (GB 7323—91)	0	170	355～385	具有良好的机械稳定性、抗水性、防锈性、极压性、抗磨性和泵送性.适用于温度范围为－20～120℃,用于压延机、锻造机、减速机等高负荷机械设备及齿轮、轴承润滑,0、1 号可用于集中润滑系统
	1		310～340	
	2		265～290	
通用锂基润滑脂 (GB 7324—91)	1	170	310～340	具有良好的抗水性、机械稳定性、防锈性和氧化安定性,适用于温度范围为－20～120℃的各种机械设备的滚动轴承、滑动轴承及其他摩擦部位的润滑
	2	175	265～295	
	3	180	220～250	
钠基润滑脂 (GB 492—91)	2	160	265～295	适用于－10～110℃温度范围的一般中等负荷机械设备的润滑,不适用于与水相接触器的润滑部位
	3		220～250	
钙基润滑脂 (SH 0396—92)	ZGN-1	120	250～290	用于工作温度在 80～100℃,有水分或较潮湿环境中工作的机械润滑,多用于铁路机车、列车、小电动机、发电机滚动轴承(温度较高者)润滑,不适用于低温工作
	ZGN－2	135	200～240	
石墨润滑脂 (SY 1514—82)	ZC-S	80	—	适用于低速、重载、高压下的简单机械润滑,如人字齿轮、起重机、挖掘机的底盘齿轮,矿山机械、绞车钢丝绳以及一般开式齿轮润滑,能耐潮湿
滚珠轴承脂 (SY1514—82)	ZGN69-2	120	250～290 －40℃时为 30	用于机车、汽车、电机及其他机械的滚动轴承润滑
7407 号齿轮润滑脂 (SY 4036—84)	—	160	75～90	用于各种低速、中载及重载齿轮、链和联轴器等部位的润滑,最高使用温度为 120 ℃,油膜可承受的冲击负荷为 25 000 N/m^2

9.6.4 添加剂

普通润滑剂在十分恶劣的工作条件下(如高温、低温、重载、真空等)会很快劣化变质,失去润滑能力,为了提高油的品质和使用性能,常在普通润滑油和润滑脂中加入少量物质,这些物质可以使润滑油的性能发生根本变化,这类物质称为添加剂。

添加剂的类型很多,抗氧化添加剂(如二烷基苯基、二硫代磷酸等)可抑制润滑油氧化变质;极压添加剂(如二烷苯化硫、二锌二硫化磷酸锌等)可以在金属表面上形成一层保护膜,以减轻磨损;降凝添加剂(如烷基萘等)可降低油凝点;油性添加剂(硬脂酸铝、磷酸三乙酸等)可提高油性等。使用添加剂是改善润滑剂润滑性能的重要手段。

9.7 机械零件的常用材料及其选择

机械零件的常用材料有黑色金属(钢和铸铁)、有色金属合金(如铝合金、铜合金等)和非金属材料(如塑料、橡胶等),其中最常用的是钢和铸铁。

9.7.1 钢

钢是含碳量小于2%的铁碳合金。钢具有高的强度、良好的韧性和塑性，可以轧制、锻造、铸造、冲压和焊接，可用热处理方法改善和提高其机械性能和加工性能。因此，钢的应用极为广泛。

钢的品种很多，分类较细。按用途，钢分为结构钢、工具钢和特殊钢。结构钢用于制造各种机械零件和工程结构的构件；工具钢用于制造各种刃具、模具和量具；特殊钢(如不锈钢、耐热钢、耐酸钢等)用于制造各种特殊环境下工作的零件。按化学成分，钢分为碳素钢和合金钢。按含碳量又分为低碳钢(含碳量<0.25%)、中碳钢(含碳量0.25%～0.6%)和高碳钢(含碳量>0.6%)。含碳量越高，钢的强度和硬度越高，但塑性和韧性越低。

9.7.1.1 碳素结构钢

碳素结构钢工艺性(如焊接性、冷成型性)好，价格低廉，但强度不高，含硫(S)、磷(P)等有害杂质较多，一般轧制成各种棒材、板材和型钢供货。碳素结构钢的标记由代表屈服极限的“屈”字的汉语拼音字头Q＋屈服极限＋质量等级代号＋脱氧方法组成。质量等级代号有A、B、C、D四个级别，由A至D，表示钢中S、P含量依次降低。脱氧方法用符号F、b、Z、Tz分别表示沸腾钢、半沸腾钢、镇静钢和特殊镇静钢，其中Z和Tz可以省略。如Q235AF碳素结构钢，表示屈服极限$\sigma_S=235$ MPa、质量等级为A级的沸腾钢。

9.7.1.2 优质碳素结构钢

优质碳素结构钢的机械性能和化学成分可同时得到保证，机械性能优于碳素结构钢，用于制造较重要的零件，应用很广。

优质碳素结构钢的牌号用两位数来表示钢中含碳量的万分数。如25、45、55分别表示平均含碳量为0.25%、0.45%、0.55%的优质碳素结构钢。低碳钢一般用于退火状态下强度不高的零件(如螺钉、螺母)、锻件和焊接件等；还可经渗碳淬火处理，用于制造表面耐磨并承受冲击载荷的零件。中碳钢的综合机械性能较好，可进行淬火、调质和正火处理，用于制造较重要的零件，如轴、齿轮等。高碳钢经热处理后，具有较高的强度、硬度和弹性，主要用于制造高强度的零件，如齿轮、曲轴、板弹簧、螺旋弹簧等。

9.7.1.3 合金结构钢

合金结构钢是由碳素结构钢中加入一些合金元素而成的，钢中加合金元素的作用在于改善钢的机械性能和热处理性能。例如：铬能提高钢的硬度、高温强度和耐腐蚀性，是不锈钢的主要成分；镍能提高钢的强度、耐热性，而不降低钢的韧性，是制造耐热钢的重要成分；锰能提高钢的强度、硬度、耐磨性和冲击韧性，常用锰钢制造耐磨零件和弹簧；硅能提高钢的强度、硬度、耐磨性和弹性极限，但会降低韧性，常用于弹簧钢中；钼能提高钢的强度、硬度和耐热性，略微降低塑性和韧性；钒能提高钢的韧性和强度等。应当指出，合金钢的优良性能不仅取决于其化学成分，而且在很大程度上取决于适当的热处理。

合金结构钢的牌号是由“两位数字＋元素符号＋数字”来表示的。前面的两位数字表示钢中含碳量的万分数，元素符号表示加入的合金元素，其后的数字表示该合金元素含量的百分数。合金元素含量<1.5%时不标明数字；若合金元素含量≥1.5%、≥2.5%、≥3.5%、…，则相应地以2、3、4、…表示。如20Cr表示平均含碳量＝0.2%、含铬量<1.5%的合金结构钢。

9.7.1.4 铸钢

铸钢是将炼钢时的钢水浇注到铸型中而获得的具有一定形状和尺寸的毛坯材料。铸钢的应用也较广，主要用于制造尺寸较大或形状复杂的零件毛坯。

铸钢的牌号用“ZG”表示，碳素铸钢后面的两组数字分别表示其屈服极限和抗拉强度极限。如铸造碳素钢 ZG279-500，合金铸钢 ZG35SiMn。

常用钢的机械性能及用途见表 9-4。

表 9-4 常用钢的牌号及性能

材料		机械性能			应用举例
名称	牌号	强度极限 σ_B /MPa	屈服极限 σ_S /MPa	硬度/HBS	
碳素结构钢	Q215 Q235 Q275	335～410 375～460 490～610	215 235 275		金属结构件、拉杆、铆钉、心轴、垫片、焊接件、齿轮、螺钉、盖等
优质碳素结构钢	25 35 45 55	450 530 600 645	275 315 355 390	170 197 229 255	轴、辊子、联轴器、垫片、螺钉等轴、销、连杆、螺栓、螺母等齿轮、链轮、轴、键、销等齿轮、凸轮等
合金结构钢	40Cr 35SiMn 30CrMo	980 885 930	785 735 785	207 229 229	重要的齿轮、连杆、螺栓、螺母、轴等
一般工程用铸钢	ZG270-500 ZG310-570 ZG340-640	500 570 640	270 310 340		机架、飞轮、联轴器、齿轮、轴承箱及座等

注：1）碳素结构钢 σ_S 为尺寸≤16 mm 时的值。当尺寸为 18～40 mm、为 40～60 mm、为 60～100 mm 时，σ_S 应逐段降低 10 MPa。

2）优质碳素结构钢及合金钢的 σ_B 及 σ_S 为式样毛坯尺寸 25 mm 时的值，硬度为交货状态值。

9.7.2 铸铁

铸铁是含碳量大于 2％的铁碳合金。工业中常用铸铁的含碳量为 2.2％～4％。铸铁具有良好的铸造性、切削加工性（白口铸铁除外）、减振性和耐磨性，且成本比钢低，因此在机械制造中应用广泛。根据碳在铸铁中存在的形态不同，铸铁可分为白口铸铁、灰铸铁、球墨铸铁、可锻铸铁、合金铸铁等，其中常用的是灰铸铁和球墨铸铁。

9.7.2.1 灰铸铁

碳在铸铁组织中以片状石墨的形态存在，因其断口呈灰色而称为灰铸铁。灰铸铁的牌号由“灰铁”二字的汉语拼音字头“HT”和试样的最低抗拉强度极限值（单位为 MPa）组成。如 HT200，表示为抗拉强度极限 $\sigma_B=200$ MFa 的灰铸铁。在铸铁中，灰铸铁的减振性能最好，应用也最为广泛，常用来制造受力不大、冲击载荷小、需要减振或耐磨的各种零件，如机床床身、机座、箱壳、阀体等。

9.7.2.2 球墨铸铁

碳在铸铁组织中以球状石墨的形态存在。球化处理是在浇注前向铁水中加入一定数量的球化剂（纯镁、镍镁或铜镁等合金）和墨化剂（硅铁或硅钙合金），以使碳呈球状石墨结晶而获得。球墨铸铁有较高的力学性能，常用来制造一些受力复杂、强度、韧性和耐磨性要求较高的零件。

球墨铸铁的牌号由“球铁”二字的汉语拼音字头“QT”与最低抗拉强度(单位为 MPa)和最低延伸率两组数字组成,如 QT500-7,其最低抗拉强度极限 $\sigma_B=500$ MPa,延伸率 $\delta=7\%$。

常用铸铁的机械性能及用途见表 9-5。

表 9-5 常用铸铁及其机械性能

材料		机械性能				应用举例
名称	牌号	抗拉强度 σ_B/MPa	屈服强度 σ_S/MPa	延伸率 δ/%	硬度 /HBS	
灰铸铁	HT150	145	—	—	163～229	底座、床身、手轮、工作台等
	HT200	195	—	—	170～241	汽缸、齿轮、底座、机体等
	HT250	240	—	—	170～241	油缸、汽缸、齿轮、轴承座、机体等
球墨铸铁	QT500-7	500	320	7	170～230	油泵齿轮、车辆轴瓦、阀体等
	QT600-3	600	370	3	190～270	
	QT700-2	700	420	2	225～305	连杆、曲轴、凸轮轴、齿轮轴等

9.7.3 有色金属合金

有色金属合金具有黑色金属所没有的某些特殊性能,如良好的导电性、导热性和减摩性等,是机械制造中不可缺少的零件材料,其中铜合金的应用较为广泛,主要用来制造各种摩擦零件。

铜合金分为黄铜和青铜。黄铜是以锌为主要合金元素的铜基合金,具有良好的塑性和流动性,可进行辗压和铸造。青铜可分为锡青铜、铝青铜等,具有较好的减摩性、耐腐蚀性和切削加工性。青铜又分为压力加工青铜和铸造青铜两大类。压力加工青铜的牌号用“Q”表示,如 QAl9-4;铸造青铜用“ZCu”表示(与铸造黄铜同),如 ZCuSn10P1。

轴承合金是用来制造滑动轴承衬的特定材料,可分为锡锑轴承合金、铅锑轴承合金和铝基轴承合金等。锡锑轴承合金和铅锑轴承合金又称为巴氏轴承合金,具有良好的嵌藏性、减摩性和耐腐蚀性。

常用的铜合金及其机械性能见表 9-6。

表 9-6 常用铜合金及其机械性能

材料		机械性能			应用举例
名称	牌号	抗拉强度 σ_B/MPa	延伸率 δ_S/%	硬度 /HBS	
黄铜	ZCuZn38Mn2Pb2	245(345)	10(18)	70(80)	轴瓦及其他减摩零件
	ZCuZn25Al6Fe3Mn3	725(740)	10(7)	160(170)	高强度耐磨零件
青铜	ZCuSn5Pb5Zn5	200(200)	13(13)	60(65)	滑动轴承、蜗轮、螺母等
	ZCuSn10P1	220(310)	3(2)	80(90)	高负荷高滑动速度工作的耐磨零件
	ZCuAl9Mn2	390(440)	20(20)	85(95)	高强度耐磨耐腐蚀零件,如轴承、蜗轮等
	QAl9-4	550	12～15	110～190	
轴承合金	ZchPbSb16Sn16Cu2	78	0.2	30	各种滑动轴承衬
	ZchPbSb15Sn5Cu3	68	0.2	32	
	ZchSnSb11Cu6	90	6	27	

注:黄铜和青铜表中值为砂模铸造,括号内为金属模铸造。

9.7.4 非金属材料

非金属材料在制造机械零件中的应用很多，主要有橡胶、塑料、木材、皮革等。

橡胶具有良好的弹性，能吸收较多的冲击能量，常用来制造缓冲减振元件和密封元件，如传动用的各种胶带、弹性联轴器中的弹性元件及各种密封圈等。

塑料是非金属材料中发展最快、应用日益广泛的一种材料，具有重量轻、减摩、耐磨、耐蚀和易于加工成形等特点，加入添加剂后可获得高的机械强度，常用来制造受力不大的齿轮、蜗轮、轴承以及支架壳体等。

9.7.5 钢的热处理

热处理就是将固态金属材料置于一定介质中，以适当的方式进行加热、保温和冷却，以改变其整体或表面组织、从而获得所需性能的一种工艺过程，如图 9-7 所示。钢的热处理是改善钢的机械性能、提高机械产品质量的一种重要手段。

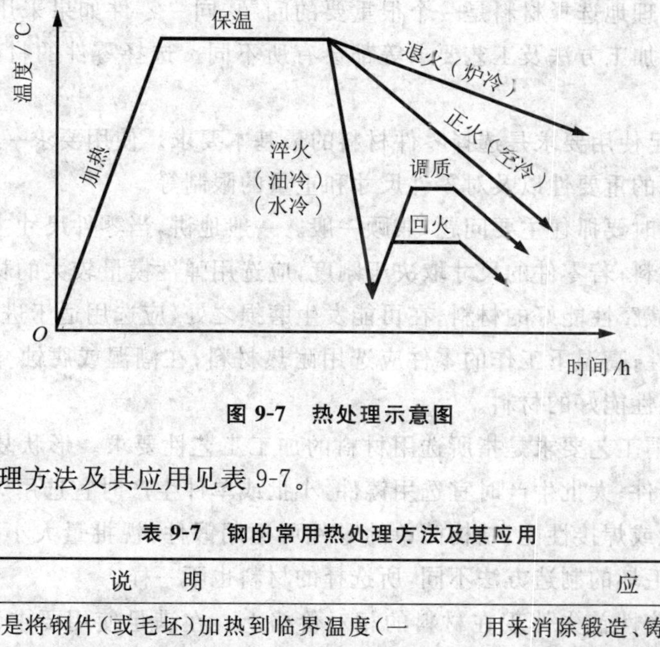

图 9-7 热处理示意图

钢的常用热处理方法及其应用见表 9-7。

表 9-7 钢的常用热处理方法及其应用

名称	说明	应用
退火	退火是将钢件（或毛坯）加热到临界温度（一般为 723℃）以上 30～50℃，保温一段时间，然后随炉一起缓慢冷却	用来消除锻造、铸造和焊接钢件的内应力，防止变形或开裂；降低硬度，以利于切削加工；细化晶粒，调整组织，改善机械性能
正火	正火是将钢件加热到临界温度以上，保温一段时间，然后在空气中冷却，冷却速度比退火快	用来处理低、中碳钢和渗碳零件，作用与退火相似。与退火相比，钢件的强度和硬度有所提高
淬火	淬火是将钢件加热到临界温度以上，保温一段时间，然后在水、盐水或油中急剧冷却	用来提高钢件的强度、硬度和耐磨性。但淬火后钢的塑性、韧性降低，脆性增加，并有很大的内应力，所以必须进行低温回火处理
回火	回火是将淬火后的钢件重新加热到临界点以下的温度，保温一段时间，然后在空气中或油中冷却。根据回火温度不同，回火分为低温（150～250℃）回火、中温（300～500℃）回火、高温（500～650℃）回火	用来消除淬火后的内应力，调整强度和硬度，提高钢件的塑性和韧性。低温回火，硬度可达 55～62HRC、中温回火，35～45HRC、高温回火，23～45HRC

续表 9-7

名称	说　明	应　用
调质	淬火后再进行高温回火,称为调质	可消除钢件的淬火应力,获得较高的综合机械性能,调质广泛用于处理各种重要的中碳钢零件
表面淬火	使零件表层具有高的硬度和耐磨性,而心部保持原有的强度和韧性的热处理方法。根据加热方法不同,分为火焰表面淬火和高频表面淬火	用来处理要求表面硬而耐磨、心部具有较好韧性的中碳钢和中碳合金钢零件,如齿轮、凸轮、花键等
渗碳	将低碳钢或低碳合金钢零件置于渗碳剂中,加热到 900～950℃保温,使碳原子渗入钢的表面层,然后再淬火和回火	可使零件的表面硬度很高,而心部的韧性很好。用于要求耐磨而又承受冲击的零件

9.7.6 材料的选择原则

在机械设计中合理地选择材料是一个很重要的问题,同一零件如果采用不同的材料制造,则零件的尺寸、结构、加工方法及工艺要求等都会有所不同。选择零件的材料主要应考虑以下3个方面的要求。

1)使用要求:满足使用要求是选择零件材料的最基本要求。使用要求一般是指零件的受载情况、工作状况、零件的重要性以及对零件尺寸和重量的限制等。

在考虑使用要求时要抓住主要问题,兼顾一般。一般地讲,当零件尺寸主要取决于强度时,应选用强度较高的材料;若零件的尺寸取决于刚度,应选用弹性模量较大的材料;在滑动摩擦下工作的零件,应选用减摩性能好的材料;在可能发生磨损之处,应选用适于进行表面硬化处理的材料,以提高其耐磨性;高温下工作的零件应选用耐热材料;在潮湿或腐蚀介质中工作的零件,应选用防锈和耐腐蚀性能好的材料。

2)工艺要求:所谓工艺要求是指所选用材料的加工工艺性要求。形状复杂,尺寸较大的零件宜选用铸件或焊接件;大批生产时宜选用铸件,小批或单件生产时宜选用焊接件,所选材料应具有良好的铸造性能或焊接性能;结构简单的零件可选用锻件,视批量大小而决定是采用模锻还是自由锻。显然,毛坯的制造方法不同,所选择的材料也不一样。

3)经济要求:经济性首先体现在材料的相对价格上。在满足使用要求和工艺要求的基础上,应尽可能选择价格低廉的材料,这对于大批量制造的零件尤为重要。其次是材料的加工费用,当零件的加工费用在零件的成本中占有很大比例时,选择材料要考虑零件的加工性能。例如箱体类零件通常采用灰铸铁铸造,但在小批或单件生产时,可采用钢板焊接箱体,以简化工艺,降低成本。

9.8 公差与配合和表面粗糙度

9.8.1 公差与配合

机器是由零件装配而成的。大规模生产要求零件具有互换性,以便在装配时不需要选择和附加加工,就能达到预期的技术要求。

为了实现零件的互换性，必须保证零件的尺寸、几何形状和相对位置以及表面粗糙度的一致性。就零件尺寸而言，它不可能做到绝对精确，但必须使尺寸介于两个允许的极限尺寸之间，这两个极限尺寸之差称为公差。因此互换性要求建立标准化的公差与配合制度。我国的公差与配合(GB 1800～1803—79、GB/T 1804—92)采用国际公差制，它既能适应于我国生产发展的需要，也有利于国际间的技术交流和经济协作。

现以孔与轴为例，简要地介绍相配圆柱表面的公差与配合。

如图 9-8 所示，设计给定的尺寸称为基本尺寸。零线代表基本尺寸的位置。由代表上下偏差的两条直线所限定的区域称为公差带。同一基本尺寸的孔与轴的结合称为配合。根据公差带的相对位置，配合分为间隙配合、过渡配合和过盈配合三大类。间隙配合的孔比轴大，用于动连接，如轴颈与滑动轴承孔。过盈配合的孔比轴小，用于静连接，如火车车轮与轴。过渡配合可能具有间隙，也可能具有过盈，用于要求具有良好同轴性而又便于装拆的静连接，如齿轮与轴。

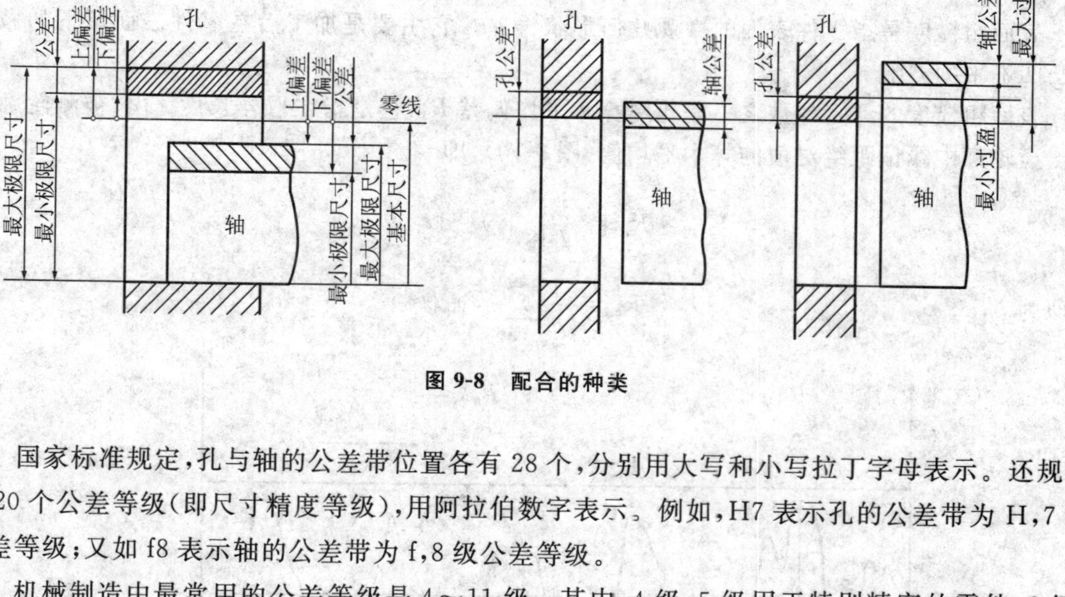

图 9-8 配合的种类

国家标准规定，孔与轴的公差带位置各有 28 个，分别用大写和小写拉丁字母表示。还规定了 20 个公差等级(即尺寸精度等级)，用阿拉伯数字表示。例如，H7 表示孔的公差带为 H，7 级公差等级；又如 f8 表示轴的公差带为 f，8 级公差等级。

机械制造中最常用的公差等级是 4～11 级。其中，4 级、5 级用于特别精密的零件；6 级、7 级、8 级用于重要的零件，是现代生产中采用的主要精度等级；8 级、9 级用于工作速度中等及精度要求中等的零件；10 级、11 级用于低精度的零件，主要用于低速机器中，允许直接采用棒材、管材或精密锻件而不需要再作切削加工的零件。

配合制度有基孔制和基轴制两种。基孔制的孔是基准孔，其下偏差为零，代号为 H，而各种配合特性是靠改变轴的公差带来实现的，如图 9-9 所示。基轴制的轴是基准轴，其上偏差为零，代号为 h，而各种配合特性是靠改变孔的公差带来实现的。为了减少加工孔用的刀具(如铰刀、拉刀等)品种，工程上广泛采用基孔制。但有时仍须采用基轴制，例如，光轴与具有不同配合特性的零件相配合时；滚动轴承外径与轴承孔配合时等。

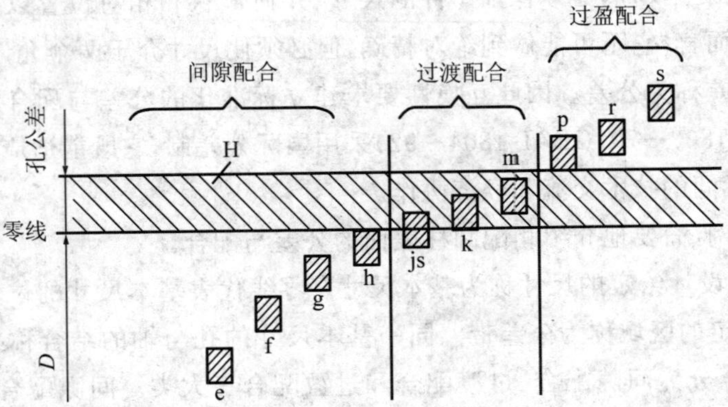

图 9-9 基孔制配合

9.8.2 表面粗糙度

表面粗糙度是指零件表面的微观几何形状误差。它主要是加工后在零件表面留下的微细而凸凹不平的刀痕。

表面粗糙度的评定参数之一是轮廓算术平均偏差 R_a，它是指在取样长度 l 内，被测轮廓上各点至轮廓中线偏距绝对值的算术平均值(图 9-10)，即

$$R_a = \frac{1}{l}\int_0^l |y| \, dx$$

近似为

$$R_a = \frac{1}{n}\sum_{i=1}^{n} |y_i|$$

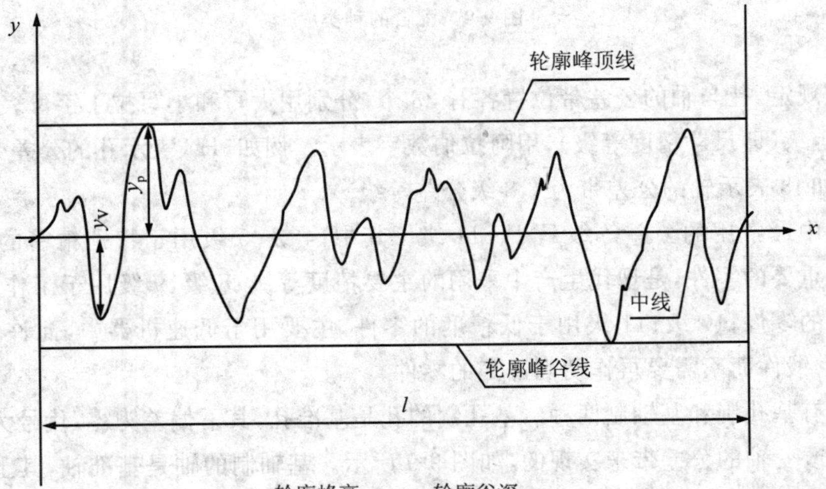

y_p. 轮廓峰高　y_V. 轮廓谷深

图 9-10 表征表面粗糙度的一些参数

表 9-8 列出了供优先选用的表面粗糙度 R_a 值及与其对应的加工方法。

表 9-8 用不同的加工方法得到的表面粗糙度 R_a 值

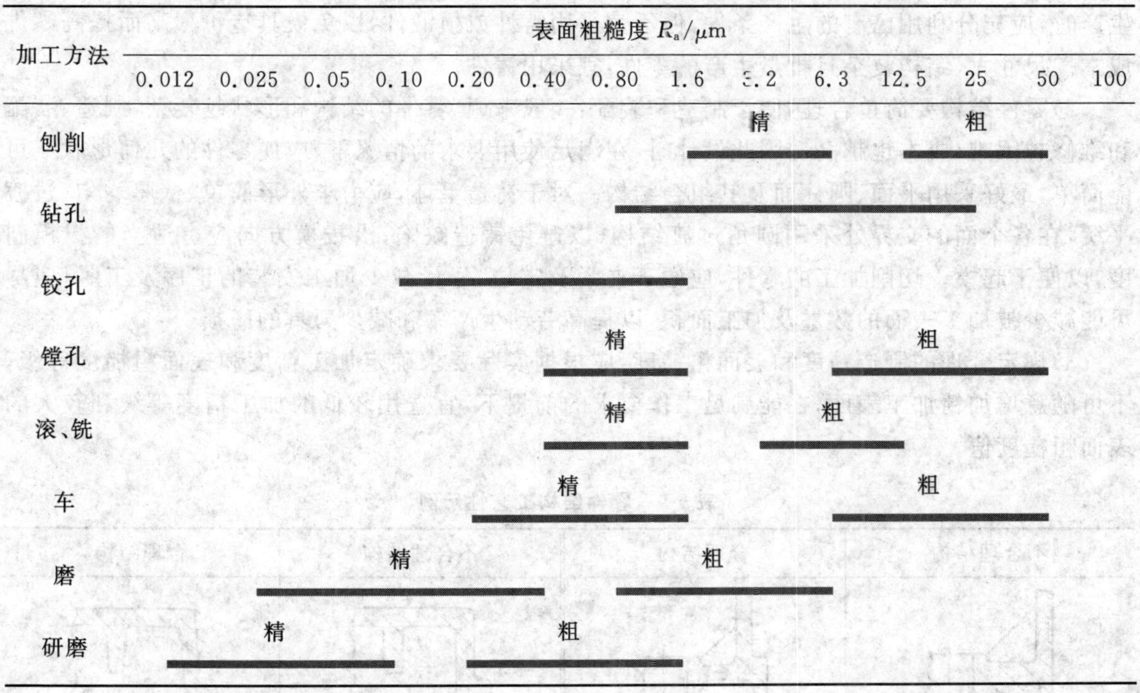

9.8.3 优先数系

优先数系是用来使型号、直径、转速、承载量和功率等量值得到合理的分级。这样可便于组织生产和降低成本。

GB 321—80 规定的优先数系有四种基本系列，即 R5 系列，公比为 $\sqrt[5]{10}\approx1.6$；R10 系列，公比为 $\sqrt[10]{10}\approx1.25$；R20 系列，公比为 $\sqrt[20]{10}\approx1.12$；R40 系列，公比为 $\sqrt[40]{10}\approx1.06$。例如，R10 系列的数值为 1、1.25、1.6、2、2.5、3.15、4、5、6.3、8、10，其他系列的数值详见一般设计手册。优先数系中任何一个数值称为优先数。对于大于 10 的优先数，可将以上数值乘以 10、100 或 1 000 等。优先数和优先数系是一种科学的数值制度，在确定量值的分级时，必须最大限度地采用上述优先数及优先数系。

9.9 机械零件的工艺性及标准化

9.9.1 机械零件的工艺性

在一定的生产规模和生产条件下，花费劳动量最小，加工、装配及维修费用最少的零部件，就认为具有良好的工艺性。生产规模不同，生产条件不同，零件工艺性能的好坏就不一样。在单件小批生产中认为工艺性好的结构，在大量生产中往往显得不好，反之亦然。零件的工艺性是关系到提高生产率的一个重要问题(表 9-9)。

零件制造一般包括毛坯生产、切削加工、热处理、装配等环节。各环节间都是有机联系的，设计时必须全面考虑。有关工艺性的基本要求如下：

1)合理选择毛坯种类:零件的毛坯可用铸造、锻造、轧制、焊接等方法制造。单件或小批量生产时,应充分利用已有的生产条件,但不宜采用铸件或模锻件,以免模具造价太高而提高零件成本。尺寸大、结构复杂且批量生产的零件,宜采用铸件。

2)零件结构要简单合理,便于制造和装配:一般来说,零件的结构和形状越复杂,制造、装配和维修越困难,成本也越高。因此设计时,在满足使用要求的情况下,应使零件的几何形状尽可能简单,最好采用平面、圆柱面及其组合结构。对于铸造毛坯,应力求外形简单、壁厚均匀、过渡平缓,在各个面的交界处采用圆角过渡结构,以避免铸造缺陷;沿拔模方向应有适当的拔模斜度,以便于起模。切削加工的零件,应便于夹紧及定位,尽量减少加工安装的工序及工时;应尽可能减少被加工表面的数量及加工面积,以提高劳动生产率和减少刀具的磨损。

3)规定合理的制造精度和表面粗糙度:应根据实际要求确定加工精度和表面粗糙度等级,不可随意增加精加工表面,在能满足工作要求的前提下,宜选用较低的加工精度等级和较大的表面粗糙度值。

表 9-9 零件结构工艺性示例

不合理结构	合理结构	不合理结构	合理结构
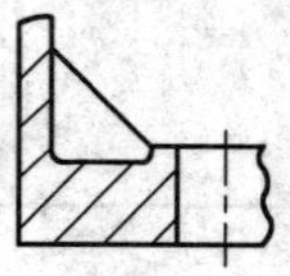	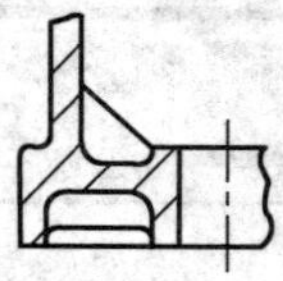	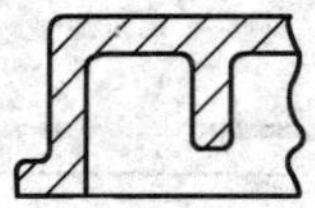	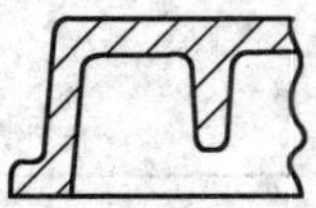
壁厚不均匀易出现缩孔	壁厚减薄加肋	内、外壁无起模斜度	内、外壁有起模斜度
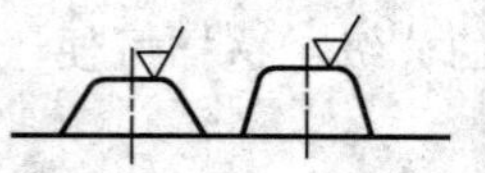	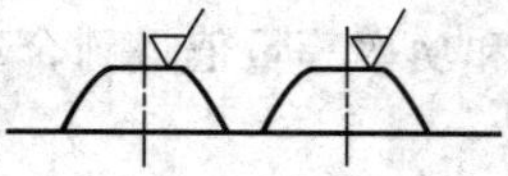	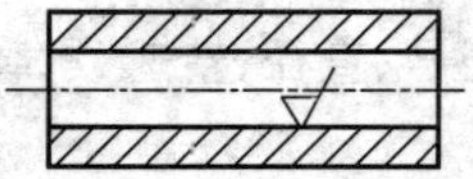	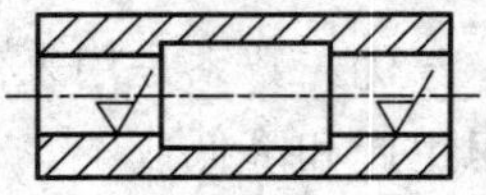
需要两次走刀	一次走刀	精车长度过长	减少精车长度

9.9.2 机械设计中的标准化

在机械设计中标准化的作用是十分重要的。实际上的标准化工作包括三个方面的内容,即标准化、系列化和通用化。标准化是对零部件的尺寸、结构要素、材料性能、检验方法、设计方法或参数、公差配合及机械一般规范等所制定出的标准。系列化是按零部件的规格尺寸大小分档,制成系列化产品。通用化是指系列之内或跨系列的产品之间尽量采用同一结构和尺寸的零部件,以较少的规格品种满足生产上的广泛需要。

国家标准化法规定我国实行四级标准化体制,即国家标准(代号为 GB)、行业标准(如 JB/ZZ 为重型机械行业标准)、地方标准(省或市级有关部门制定的标准)和企业标准。国际标准化组织还制定了国际标准(代号为 ISO)。国家标准将逐步与国际标准接轨。

贯彻标准化是一项重要的技术经济政策和法规。采用标准化的益处是:①可简化设计,减少设计工作量,缩短设计周期,使设计者的主要精力用在关键零部件的设计上。②可集中成功经验,减少设计和制造上的技术差错。③可采用最先进技术在专门化工厂中进行大规模集中生产标准零部件,以提高质量,降低成本。④扩大互换性,便于产品的维修工作。⑤有利于增加产品品种,扩大生产批量,实现产品优质、高产、低消耗等。

习题 9

9-1 一对齿轮作单向传动，试问：

1)轮齿弯曲应力可看成哪类循环变应力？

2)若两轮齿数为 $z_1=20$，$z_2=80$，小齿轮主动，转速 $n_1=120$ r/min，预定使用期限为 $t=500$ h，则两齿轮的应力循环次数应为多少？

9-2 图 5-8 所示的轮系中，介轮(或称惰轮)2 的轮齿弯曲应力可看成哪类循环变应力？为什么？

9-3 齿轮传动中，齿面接触应力可看成哪类循环变应力？

9-4 某钢材料的循环基数 $N_0=10^7$，材料指数 $m=9$，硬度为 240HB。试求应力循环次数 $N_1=8\ 000$，$N_2=25\ 000$，$N_3=650\ 000$ 和 $N_4=3\times10^7$ 次时的寿命系数。

9-5 某受对称循环弯曲变应力作用的零件，其危险截面上的最大弯曲应力 $\sigma_b=130$ MPa，应力循环次数为 $N=5\times10^5$，有效应力集中系数 $k_\sigma=1.2$，绝对尺寸系数 $\varepsilon_\sigma=0.85$，表面状态系数 $\beta=0.95$；零件材料的机械性能为：屈服极限 $\sigma_S=750$ MPa，对称循环疲劳极限 $\sigma_{-1}=445$ MPa，材料指数 $m=9$，硬度为 280HB，循环基数 $N_0=10^7$，取许用安全系数 $[S]=1.5$，试校核该零件危险截面的疲劳强度。

9-6 摩擦有哪几种类型？磨损有几种类型？各有什么特点？

9-7 润滑油黏度的意义是什么？黏度的单位有哪几种？影响黏度的主要因素是什么，它们是如何影响的？

9-8 钢、铸铁和铜合金等材料的牌号是怎样表示的？说明下列材料牌号的含义及材料的主要用途：Q235、45、35SiMn、ZG310-570、HT200、QT600-3、ZCuZn38Mn2Pb2、ZCuSn10P1、QAl9-4。

9-9 何谓钢的热处理？热处理的目的是什么？常用热处理方法有哪几种？它们各自的作用是什么？

10 连接

在工程机械中，连接是指将 2 个或 2 个以上的零件连成一体的结构。连接件一般也称为紧固件，如螺栓、螺母、销、铆钉、键等。被连接件通常为轴和轴上零件，如齿轮与轴、齿圈与轮毂、箱体与箱盖等。有些连接没有专用的紧固件，如利用分子结合力构成的焊接和黏接，利用相互配合的零件间的装配过盈量来达到连接目的的过盈连接等。

常见的机械连接可分为两大类：一类是被连接件间可以有相对位置的变化，这类连接称为机械动连接，各类运动副都属于机械动连接；另一类是被连接件间不允许有相对运动，被连接件间的相对位置固定不变，这类连接称为机械静连接。

从拆开时是否需要把连接件和被连接件损坏来看，机械静连接又分为可拆连接和不可拆连接。可拆连接是拆开时不需损坏连接中的任一零件，重新安装，即可继续使用的连接，常见的有：螺纹连接、键连接和销连接等；不可拆连接是至少要毁坏连接中的某一部分才能拆开的连接，有焊接、黏接和铆接等；过盈连接可做成可拆连接或不可拆连接。

本章仅讨论螺纹连接、键连接和销连接等可拆连接，重点讨论螺纹连接。受篇幅限制，铆接、焊接和黏接等不可拆连接形式的内容，本章不作介绍。

螺纹连接是利用螺纹零件构成的可拆连接，它的主要功能是把若干个零件连接在一起。这种连接构造简单，拆装方便，工作可靠，应用广泛。螺旋传动是常用的一种传动形式，它与螺纹连接虽用途不同，但有一个共同的特点，即都是利用螺纹工作的，其受力和几何关系有许多相似之处，故附在本章中一并介绍。

10.1 螺纹的形成、主要参数及其选择

10.1.1 螺纹的形成与分类

将一直角三角形绕在一圆柱体上，使三角形的底边与圆柱体底面周边重合，则三角形的斜边在圆柱体表面上就形成一条螺旋线(图 10-1)。

螺纹的分类有多种方法。按照在螺纹轴向平面上牙型的不同，可分为三角形螺纹(图 10-2a)、矩形螺纹(图 10-2b)、梯形螺纹(图 10-2c)和锯齿形螺纹(图 10-2d)等。三角形螺纹主要用于连接，矩形、梯形和锯齿形螺纹主要用于传动。

按照螺纹螺旋线方向不同，可分为左旋螺纹和右旋螺纹(图 10-3)。机械中一般多采用右旋螺纹，左旋螺纹则主要用于一些有特殊要求的场所。

按照螺旋线头数的不同，螺纹又可分为单头螺纹、双头螺纹和多头螺纹(图 10-4)。为了便于制造，螺纹的头数一般不超过 4 个。按照螺纹母体形状的不同，可分为圆柱螺纹和圆锥螺纹。在工程实际中，圆柱螺纹的使用更为广泛。本章主要讨论圆柱螺纹。

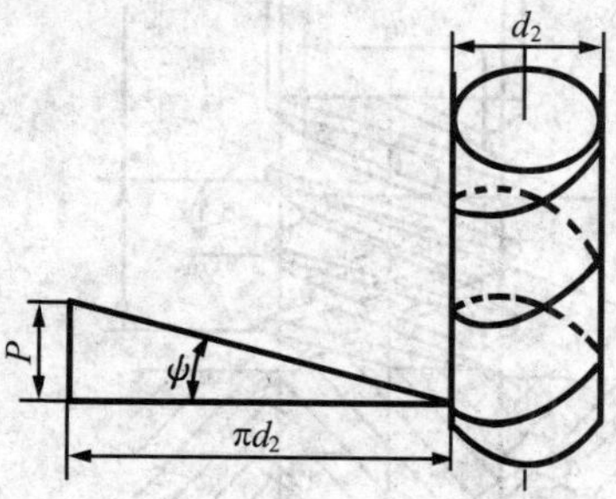

图 10-1　螺旋线的形成

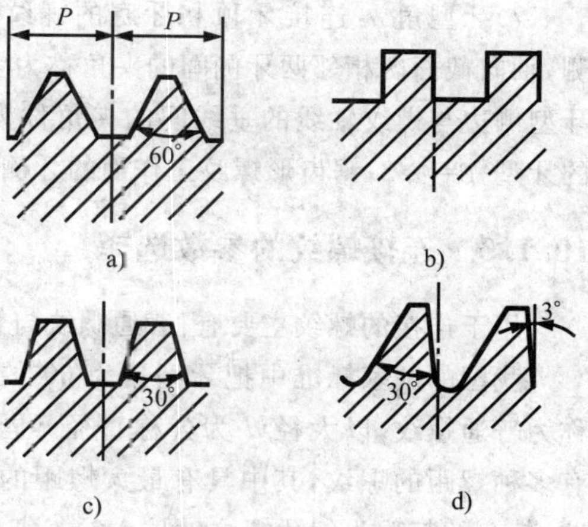

图 10-2　螺纹的牙型

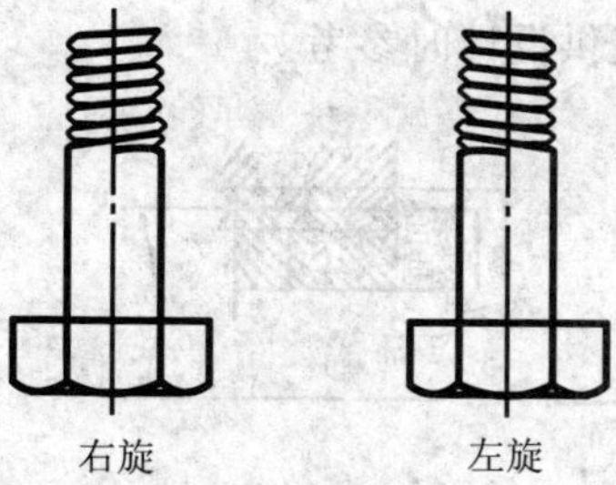

图 10-3　螺纹的旋向

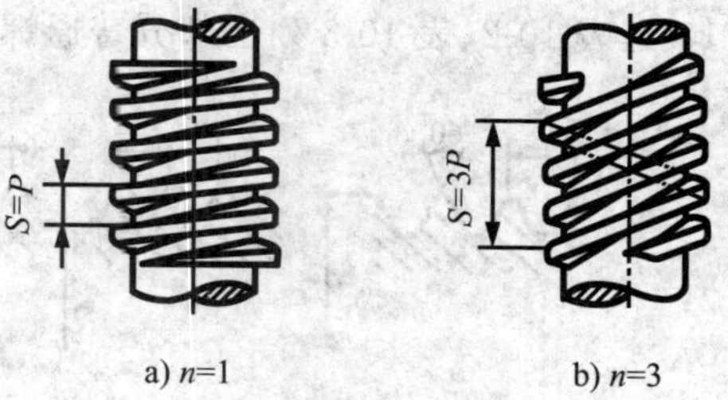

图 10-4　单头螺纹和多头螺纹

螺纹已经标准化，有公制螺纹和英制螺纹 2 种。公制螺纹以毫米为度量单位，英制螺纹以英寸为度量单位。我国采用公制，国际标准也采用公制。凡牙型、大径和螺距都符合国家标准的螺纹，称为标准螺纹。标准螺纹的基本尺寸可查阅有关标准或手册。

10.1.2　螺纹的主要参数

现以圆柱普通螺纹为例介绍螺纹的主要几何参数。

1）大径 d：与外螺纹牙顶（或内螺纹牙底）相重合的假想圆柱体的直径，在国标中定为公称直径。

2）小径 d_1：与外螺纹牙底（或内螺纹牙顶）相重合的假想圆柱体的直径，在强度计算中常作为危险截面的计算直径。

3）中径 d_2：为一假想圆柱体的直径，该圆柱的母线上牙型沟槽和凸起宽度相等，它是确定螺纹几何参数和配合性质的直径。

4）螺距 P：相邻两螺纹牙在中径线上对应两点间的轴向距离。

5）导程 S：同一条螺旋线上的相邻两牙在中径线上对应两点间的轴向距离。设螺旋线头数为 n，则 $S=nP$。

6）螺纹升角 ψ：为在螺纹中径圆柱面上，螺旋线的切线与端面间所夹的锐角。由图 10-1 可知

$$\tan\psi = nP/\pi d_2 \tag{10-1}$$

7)牙型角 α:连接牙顶和牙底的螺纹的侧表面称为牙侧,轴向截面内相邻两牙侧间的夹角称为牙型角(图 10-5)。牙型侧边与螺纹轴线的垂线间的夹角称为牙侧角 β。对称的牙型,$\beta=\alpha/2$;锯齿形螺纹工作面的牙侧角 $\beta=3°$。

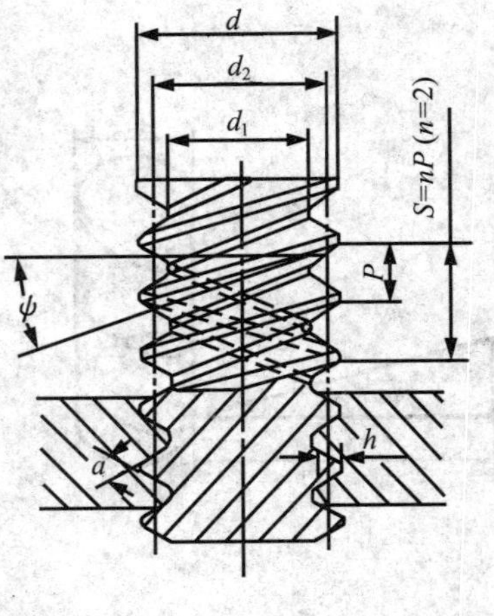

图 10-5 螺纹的主要几何参数

10.1.3 连接螺纹的参数选择

用于连接的螺纹主要有:普通螺纹与管螺纹。

我国的国家标准中把牙型角为 60°的三角形米制螺纹称为普通螺纹,以大径 d 为公称直径。同一公称直径可以有多种螺距的螺纹,其中具有最大螺距的螺纹称为粗牙螺纹,其余的都称为细牙螺纹(图 10-6)。细牙螺纹螺距小,升角小,自锁性能好,螺纹杆强度较高,但不耐磨,容易滑扣。细牙螺纹宜用于薄壁零件。一般连接螺纹常用粗牙螺纹,可根据公称直径查标准选用。表 10-1、表 10-2、表 10-3 列出部分普通螺纹和梯形螺纹的基本尺寸仅供设计时参考。

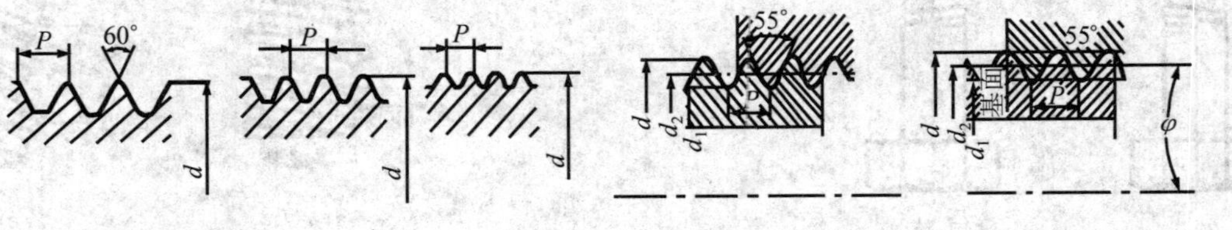

a) 普通螺纹 b) 非螺纹密封的管螺纹 c) 用螺纹密封的管螺纹

图 10-6 三角形螺纹

表 10-1 直径与螺距、粗牙螺纹基本尺寸 mm

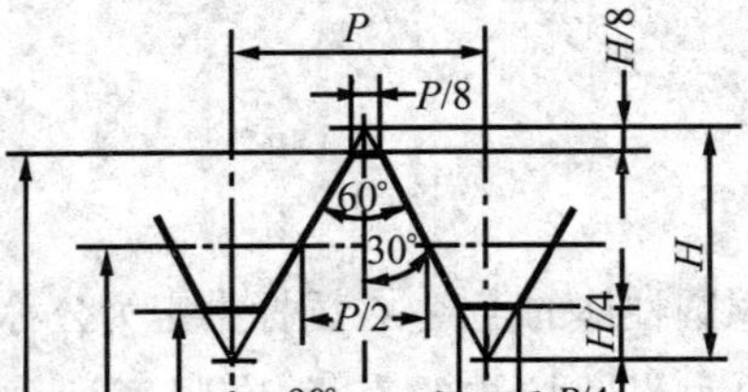

$H=0.866P$

$d_2=d-0.6495P$

$d_1=d-1.0825P$

D、d 为内、外螺纹大径;

D_2、d_2 为内、外螺纹中径;

D_1、d_1 为内、外螺纹小径;

P 为螺距

标记示例:M24(粗牙普通螺纹,直径 24,螺距 3)

M24×1.5(细牙普通螺纹,直径 24,螺距 1.5)

公称直径(大径)	粗牙			细牙
D、d	螺距 P	中径 D_2、d_2	小径 D_1、d_1	螺距 P
3	0.5	2.675	2.459	0.35
4	0.7	3.545	3.242	
5	0.8	4.480	4.134	0.5
6	1	5.350	4.918	
8	1.25	7.188	6.647	

续表 10-1

公称直径(大径) D、d	粗牙			细牙
	螺距 P	中径 D_2、d_2	小径 D_1、d_1	螺距 P
10	1.5	9.026	8.376	1.25,1,0.75
12	1.75	10.863	10.106	1.5,1.25,1,0.5
(14)	2	12.701	11.835	1.5,1
16	2	14.701	13.835	
(18)	2.5	16.376	15.294	2,1.5,1
20	2.5	18.376	17.294	
(22)	2.5	20.376	19.294	
24	3	22.052	20.752	
(27)	3	25.052	23.752	
30	3.5	27.727	26.211	

注:括号内的公称直径为第二系列。

管螺纹常用的有:牙型角为55°英制的细牙管螺纹;牙型角为55°的非螺纹密封的圆柱管螺纹;牙型角分别为55°、60°的用螺纹密封的圆锥管螺纹。管螺纹的公称直径为管子内径。圆柱管螺纹广泛用于水、气体、润滑管路系统中。圆锥管螺纹不用填料而依靠螺纹牙的变形来保证连接的紧密性,其密封性能比圆柱管螺纹好,并可迅速旋紧和旋松。

表 10-2 细牙普通螺纹基本尺寸 mm

螺距 P	中径 D_2、d_2	小径 D_1、d_1	螺距 P	中径 D_2、d_2	小径 D_1、d_1	螺距 P	中径 D_2、d_2	小径 D_1、d_1
0.35	$d-1+0.773$	$d-1+0.621$	1	$d-1+0.350$	$d-2+0.918$	2	$d-2+0.701$	$d-3+0.835$
0.5	$d-1+0.675$	$d-1+0.459$	1.25	$d-1+0.188$	$d-2+0.647$	3	$d-2+0.052$	$d-4+0.752$
0.75	$d-1+0.513$	$d-1+0.188$	1.5	$d-1+0.026$	$d-2+0.376$			

表 10-3 梯形螺纹的基本尺寸 mm

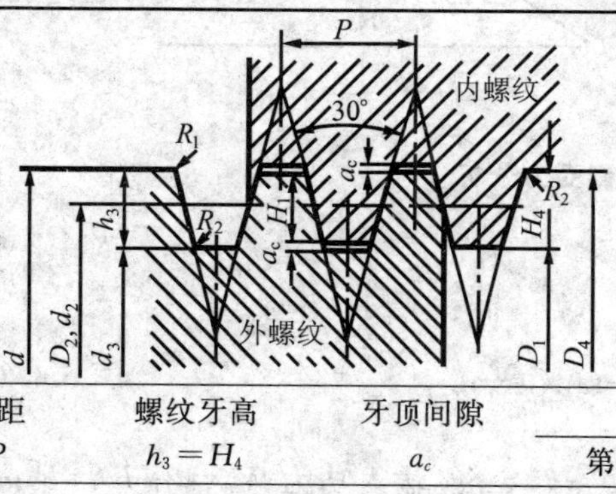

标记示例:
Tr48×8(梯形螺纹,直径48,螺距8)

螺距 P	螺纹牙高 $h_3=H_4$	牙顶间隙 a_c	公称直径 d 第1系列	公称直径 d 第2系列	中径 D_2、d_2	内螺纹小径 D_1
4	2.25	0.25	16、20	18	d-2	d-4
5	2.75	0.25	24、28	22、26	d-2.5	d-5
6	3.5	0.5	32、36	30、34	d-3	d-6
8	4.5	0.5	48、52	46、50	d-4	d-8
10	5.5	0.5	40、70、80	38、42、65	d-5	d-10
12	6.5	0.5	90、100	85、95	d-6	d-12

10.2 螺纹副的受力分析、效率和自锁

10.2.1 矩形螺纹

矩形螺纹在旋合时，可将螺母看作滑块，而将与其相旋合的外螺纹看作斜面，旋合螺纹间的相对运动可看作滑块沿斜面向上（旋紧时）或向下（松退时）滑动。螺纹副旋紧的过程为螺母在驱动力矩 T_1 作用下克服其上作用的轴向力 F'，绕螺杆等速旋转的过程（图 10-7a、b）。将螺纹沿中径打开，相当于滑块在水平力 F_t 的作用下克服阻力 F' 沿斜面等速上移（图 10-7c）。这时摩擦力方向沿斜面向下，总反力 F_R 与 F'之间夹角为螺旋升角 ψ 与摩擦角 ρ 之和。滑块在总反力 F_R、水平推力 F_t 和 F'三力的作用下处于平衡状态，由力封闭三角形（图 10-7c）可得水平推力（也为作用在螺纹中径处的圆周力）

$$F_t = F'\tan(\psi+\rho) \tag{10-2}$$

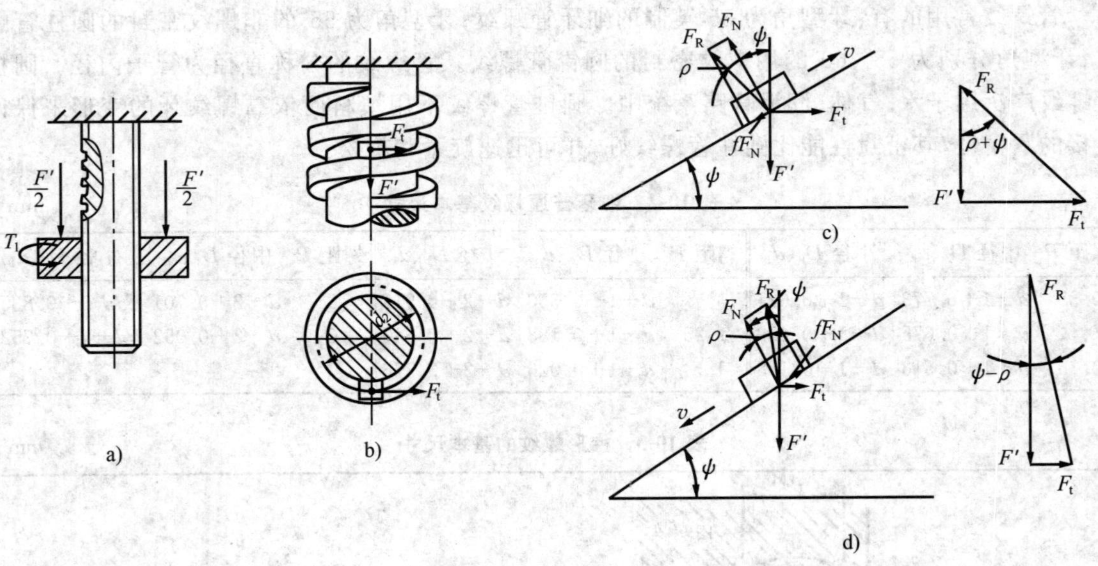

图 10-7 矩形螺纹副受力分析

拧紧螺母所需的驱动力矩

$$T_1 = F_t\frac{d_2}{2} = F'\frac{d_2}{2}\tan(\psi+\rho) \tag{10-3}$$

等速旋转螺纹一圈时，其有用功为 $W=F'P=F'\pi d_2\tan\psi$，输入功为 $W_d=2\pi T_1=F'\pi d_2\tan(\psi+\rho)$，故拧紧螺母时的效率为

$$\eta=\frac{W}{W_d}=\frac{\tan\psi}{\tan(\psi+\rho)} \tag{10-4}$$

当螺母松退时，相当于滑块在 F'作用下沿斜面等速下滑（图 10-7d），此时 F'为驱动力，而圆周力 F_t 则成为维持滑块等速下滑的支持力。总反力 F_R 与 F'之间所夹角度为 $(\psi-\rho)$。由力封

闭三角形可得作用在螺纹中径处的圆周力

$$F_t = F'\tan(\psi - \rho) \tag{10-5}$$

由式(10-5)可知,当 $\psi > \rho$ 时,F_t 为正值,滑块在重力作用下有加速下滑趋势。F_t 阻止滑块加速向下滑动并维持其等速下滑,此时 F_t 为阻力及维持力。当 $\psi < \rho$ 时,F_t 为负值。这说明,要使滑块在 F' 的作用下沿斜面等速下滑,必须施加一个与图示方向相反的 F_t。否则,无论 F' 多大,滑块都不会下滑。这种现象为螺纹副的自锁。故螺纹副的自锁条件为

$$\psi \leqslant \rho \tag{10-6}$$

10.2.2 非矩形螺纹

三角形螺纹、梯形螺纹和锯齿形螺纹都属于非矩形螺纹,它们的牙侧角 β 都不为零。略去螺旋升角 ψ 的影响,假设螺纹副间的摩擦系数均为 f,轴向载荷都为 F',通过对矩形和非矩形两种螺纹受力进行比较发现(图 10-8),矩形螺纹所受的法向力为 $F_N = F'$,其螺纹副间的摩擦力可近似地表示为

$$F_f = fF_N = fF'$$

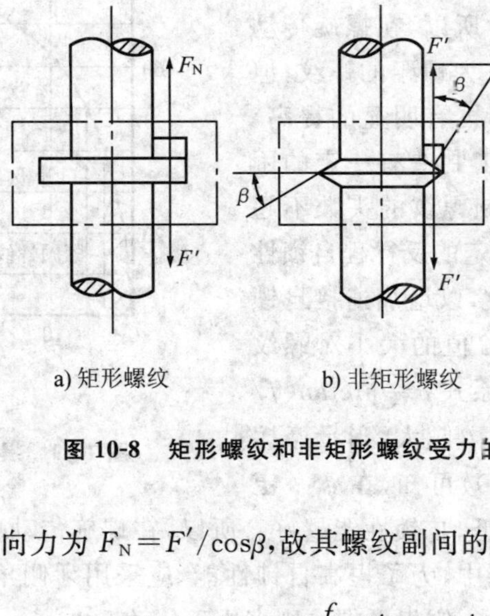

a) 矩形螺纹　　b) 非矩形螺纹

图 10-8　矩形螺纹和非矩形螺纹受力的比较

而非矩形螺纹所受的法向力为 $F_N = F'/\cos\beta$,故其螺纹副间的摩擦力为

$$F_{f'} = fF_{N'} = \frac{f}{\cos\beta}F' = f_v F'$$

比较上述两者的摩擦力可以发现,后者相当于其摩擦系数由 f 增加到 f_v,摩擦角由 ρ 增加到 $\rho_v\left(\rho_v = \text{arctam} f_v = \arctan\dfrac{f}{\cos\beta}\right)$,$f_v$、$\rho_v$ 分别称为当量摩擦系数和当量摩擦角。将 ρ_v 替换式(10-2)、式(10-3)、式(10-4)、式(10-5)中的 ρ,即可得到非矩形螺纹的相应计算公式。

当拧紧螺纹时,作用在中径上的圆周力

$$F_t = F'\tan(\psi + \rho_v) \tag{10-7}$$

相应的驱动力矩

$$T=F'\frac{d_2}{2}\tan(\psi+\rho_v) \tag{10-8}$$

拧紧时的效率

$$\eta=\frac{\tan\psi}{\tan(\psi+\rho_v)} \tag{10-9}$$

其自锁条件为

$$\psi\leqslant\rho_v \tag{10-10}$$

为了防止螺母在轴向力的作用下自动松脱，用于连接的紧固螺纹必须满足自锁条件。

10.2.3 影响效率和自锁的几何因素

由式(10-9)可知，当 ρ_v 一定时，螺旋升角 ψ 越大，螺纹副的效率 η 越高。影响 ψ 大小的是螺纹的头数 n(式 10-1)。螺纹头数越多，螺距越大，升角也越大，效率就越高。反之。头数越少，螺距越小，升角越小，效率也就越低，即自锁性能越好。根据式(10-9)绘出效率与螺旋升角的关系曲线如图 10-9 所示。由图可知，当 ψ 在 0°～25°的范围内时，η 随着 ψ 的增大而明显提高。所以，在螺旋传动中，为提高传动效率，应采用多头、大螺距的螺纹，但当 $\psi>25°$后，随着 ψ 的变大，η 不再有明显的提高，且当螺纹的头数 n 超过 4 后，加工制造有一定的困难。所以，在螺旋传动中一般限制螺纹的头数不超过 4。在螺纹连接中，为了保证一定的反行程自锁性能，应尽量采用单线小螺距的螺纹，以增加连接自锁的可靠性。此外，螺纹的牙侧角 β 值的大小对螺纹副的效率与自锁也有影响。由关系式 $\rho_v=\arctan(f/\cos\beta)$可知，当摩擦系数 f 一定时，β 越大，当量摩擦角 ρ_v 越大。由式(10-9)、式(10-10)可知，在 ψ 一定的情况下，ρ_v 越大，螺纹副效率越低，自锁性能越好。所以，在螺旋传动中，为了提高效率，应采用牙侧角 β 小的螺纹；在螺纹连接中，为了提高自锁性能，应采用牙侧角 β 大的螺纹。因此，三角形螺纹多用于连接，而矩形、梯形、锯齿形螺纹则多用于传动。

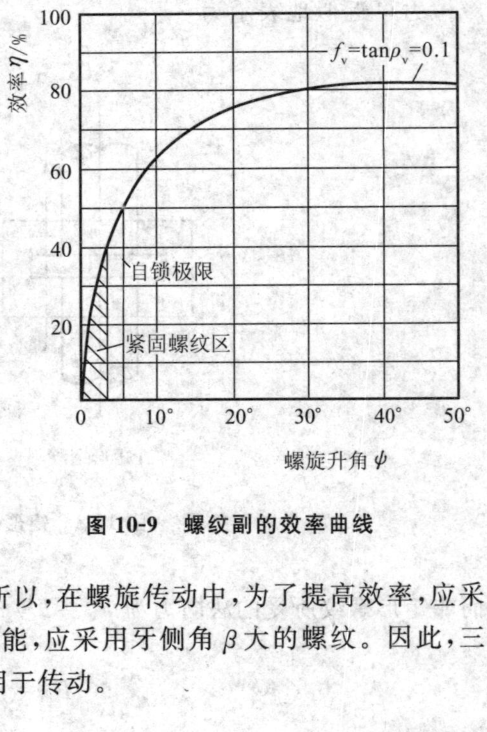

图 10-9 螺纹副的效率曲线

10.3 螺纹连接的基本类型和螺纹紧固件

10.3.1 螺纹连接的基本类型

(1)螺栓连接

螺栓连接是将螺栓杆穿过被连接件上的通孔，拧紧螺母，将几个被连接件连成一体。螺栓连接使用时不受被连接件材料的限制，通常用于被连接件不太厚，可以钻通孔且有足够装配空间的场合。

螺栓连接按照螺栓受力状况不同分为2种形式:普通螺栓连接(图10-10a)和铰制孔用螺栓连接(图10-10b)。普通螺栓连接的结构特点是螺栓杆与被连接件孔壁之间留有间隙,通孔加工精度要求较低,连接的结构简单,装拆方便,成本较低.适用于各种材料的被连接件,因而应用最广。在铰制孔用螺栓连接中,螺栓杆与被连接件孔壁之间多采用基孔制的过渡配合(H7/m6、H7/n6)。铰制孔用螺栓连接能较为精确地固定被连接件的位置,因而这种连接较普通螺栓连接更为可靠。但由于孔的加工精度要求较高,加工成本高,通常适用于较重要的连接。

(2)双头螺柱连接

如图10-11a所示,这种连接用于被连接件之一太厚不适宜钻通孔又经常拆装的场合。拆装时只需拆下螺母,不必将双头螺柱从被连接件中拧出。这种连接较普通螺栓连接的结构复杂,设计时应注意双头螺柱必须紧固,在拧松螺母时双头螺柱在螺孔中不得转动。

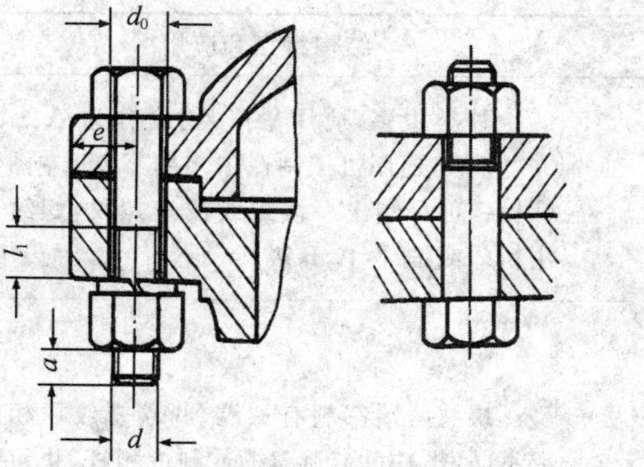

螺纹余留长度 l_1

静载荷 $l_1 \geqslant (0.3\sim0.5)d$;变载荷 $l_1 \geqslant 0.75\,d$;

冲击载荷或弯曲载荷 $l_1 \geqslant d$;

铰制孔用螺栓连接 $l_1 \approx d$。

螺纹伸出长度 $a = (0.2\sim0.3)d$;

螺栓轴线到被连接件边缘的距离 $e = d + (3\sim6)$mm;

通孔直径 $d_0 \approx 1.1d$。

图10-10 螺栓连接

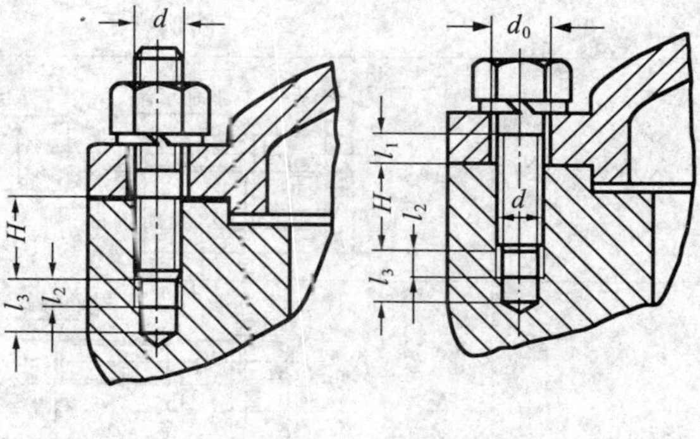

a) b)

拧入深度 H,当带螺纹孔件材料为:

钢或青铜 $H \approx d$;

铸铁 $H = (1.25\sim1.5)\,d$

铝合金 $H = (1.5\sim2.5)\,d$

图10-11 双头螺柱连接和螺钉连接

(3)螺钉连接

如图10-11b所示。这种连接与双头螺柱连接相似之处,它们都适用于被连接件之一太厚不宜钻通孔的场合。所不同的是,螺钉连接不宜经常拆装。经常拆装易使螺纹孔磨损,可能导致连接破坏。此外,螺钉连接在结构上比双头螺柱连接简单紧凑。

(4)紧定螺钉连接

紧定螺钉连接是利用拧入零件螺纹孔中的螺钉末端顶住另一零件的表面(图10-12a)或顶入相应的凹坑中(图10-12b),以固定2个零件的相对位置,并可传递不大的轴向力或转矩。多用于轴上零件的连接。

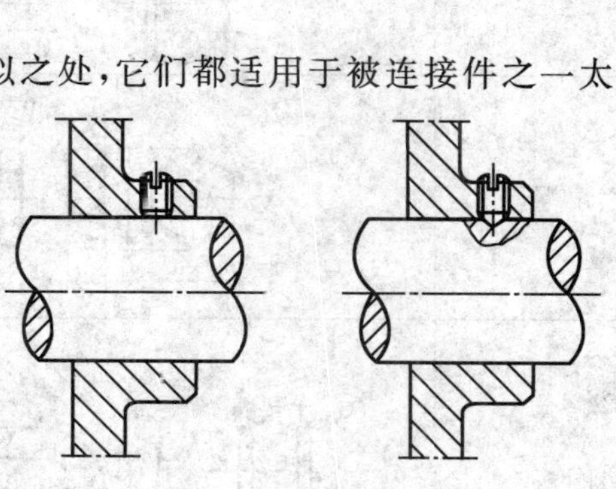

a) b)

图10-12 紧定螺钉连接

10.3.2 螺纹紧固件

螺纹紧固件也称螺纹连接件，其类型和品种很多，常见的有螺栓、双头螺柱、螺母、垫圈和防松零件等。这些连接件多数已经标准化，设计时可根据有关标准选用。表 10-4 中介绍一些常用紧固件的主要特点和结构形式。

根据 GB/T 3103.1—1982 的规定，螺纹连接件分为 3 个精度等级，其代号为 A、B、C 级。A 级的精度最高，用于要求配合精确、防止振动等重要零件连接的场合；B 级多用于受载较大且经常装拆、调整或承受变载荷的连接；C 级精度多用于一般的螺纹连接。常用的标准螺纹连接件通常选用 C 级精度。

表 10-4 常用标准螺纹连接件

类型	图例	结构特点和应用
六角头螺栓	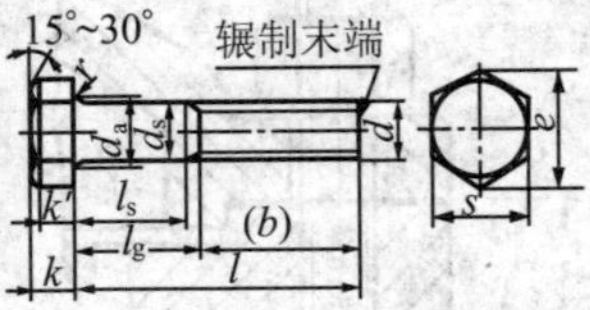	种类很多，应用最广，精度分为 A、B、C 3 个等级，通用机械制造中多用 C 级(左图)。螺栓杆部可制出一段螺纹或全螺纹，螺纹可用粗牙或细牙(A、B 级)
双头螺柱	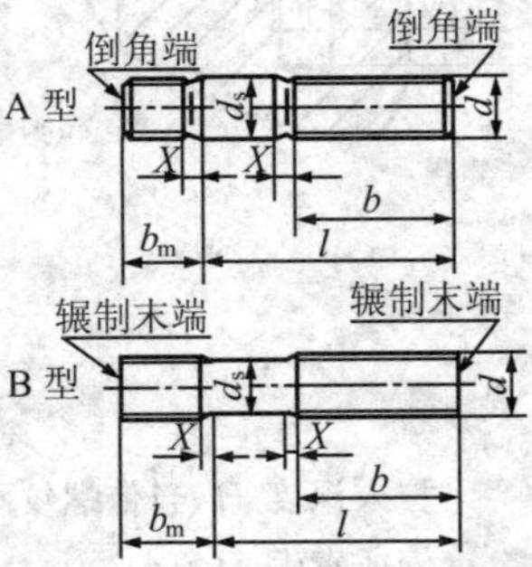	螺柱两端都制有螺纹，两端螺纹可相同或不同，螺柱可带退刀槽或制成腰杆，也可制成全螺纹的螺柱。螺柱的一端常用于旋入铸铁或有色金属的螺纹孔中，旋入后即不拆卸，另一端则用于安装螺母以固定其他零件
紧定螺钉	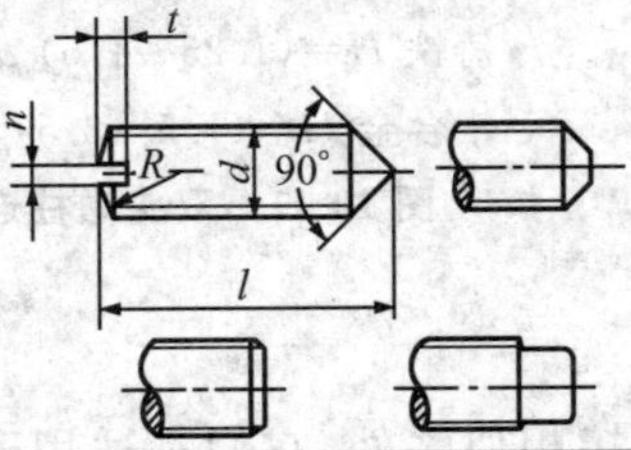	紧定螺钉的末端形状，常用的有锥端、平端和圆柱端。锥端适用于被紧定零件的表面硬度较低或不经常拆卸的场合；平端接触面积大，不伤零件表面，常用于顶紧硬度较大的平面或经常拆卸的场合；圆柱端压入轴上的凹坑中，适用于紧定空心轴上的零件位置
六角螺母	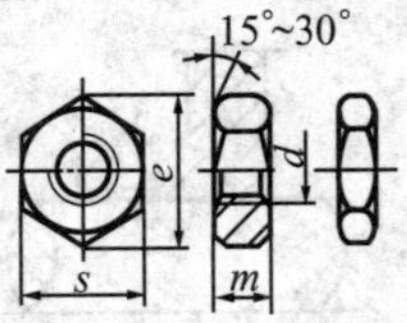	根据螺母厚度不同，分为标准的和薄的 2 种。薄螺母常用于受剪力的螺栓上或空间尺寸受限制的场合。螺母的制造精度和螺栓相同，分为 A、B、C 3 级，分别与相同级别的螺栓配用
垫圈	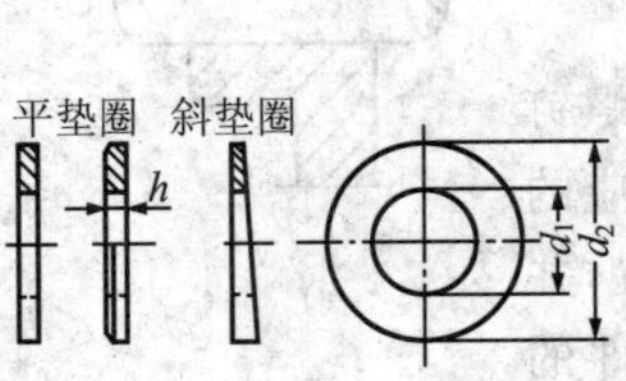	垫圈是螺纹连接中不可缺少的附件，常放置在螺母和被连接件之间，起保护支持表面作用。平垫圈按加工精度不同，分为 A 级和 C 级 2 种。用于同一螺纹直径的垫圈又分为特大、大、普通和小的 4 种规格，特大垫圈主要在铁木结构上使用，斜垫圈只用于倾斜的支持面上

10.4 螺纹连接的预紧和防松

10.4.1 螺纹连接的预紧

按螺栓连接装配时是否拧紧将螺纹连接分为松螺栓连接和紧蠕栓迮接。松螺栓连接应用较少。实际应用中,绝大多数螺纹连接都必须拧紧,以增强连接的刚性、紧密性和防松能力。拧紧时所施加的作用力称为预紧力。选用较大的预紧力对保证连接的可靠性及连接件的疲劳强度是有利的,但过大的预紧力会导致整个连接的结构尺寸增大,也会使连接件在装配时或偶然过载时被拉断。因此,为了保证连接所需的预紧力又不使螺纹连接过载,对重要的螺纹连接,在装配时要控制预紧力。

在拧紧螺母时,拧紧力矩 $T=FL$;F 为作用在手柄上的力;L 为力臂长度。力矩 T 要克服螺纹副间的摩擦阻力矩 T_1 和螺母环形端面与被连接件(或垫圈)支承面间的摩擦阻力矩 T_2(图 10-13)。即

$$T=T_1+T_2 \tag{10-11}$$

螺纹副间的摩擦阻力矩为

$$T_1=F'\frac{d_2}{2}\tan(\psi+\rho_v) \tag{10-12}$$

螺母与支承面间的摩擦力矩为

$$T_2=\frac{1}{3}f_cF'\left(\frac{D_1^3-d_0^3}{D_1^2-d_0^2}\right) \tag{10-13}$$

式中:d_2 为螺纹中径;ψ 为螺旋升角;ρ_v 为螺纹当量摩擦角;f_c 为螺母与被连接件支承面之间的摩擦系数,无润滑时可取 $f_c=0.15$;d_0、D_1 分别为支承面的内、外直径(图 10-13)。

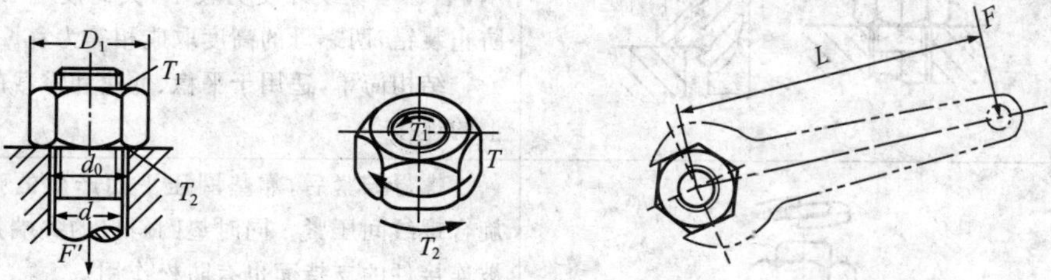

图 10-13 螺纹副拧紧时受力

对于 M10～M68 粗牙螺纹,拧紧力矩可简化为

$$T\approx 0.2F'd \tag{10-14}$$

式中:d 为螺纹的公称直径,mm;F'为螺纹连接的预紧力,N。

控制预紧力的方法很多,通常是借助定力矩扳手(图 10-14)和测力矩扳手(图 10-15),利用控制拧紧力矩的方法来控制预紧力的大小。定力矩扳手的工作原理是:当拧紧力矩超过规定值时,弹簧 3 被压缩,扳手卡盘 1 与圆柱销 2 之间打滑,如果继续转动手柄,卡盘即不再转动。拧

紧力矩的大小可利用螺钉 4 调整弹簧压紧力来加以控制；测力矩扳手的工作原理是：根据扳手上的弹性件 1，在拧紧力矩的作用下所产生的弹性变形来指示拧紧力矩的大小。为方便计量，可将指示刻度 2 直接以力矩值标出。

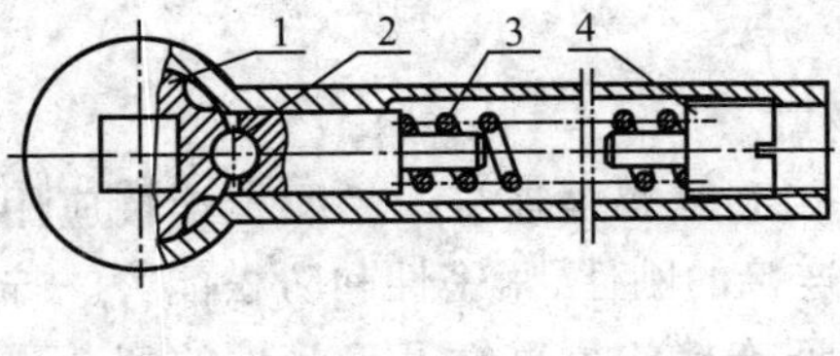

图 10-14　定力矩扳手

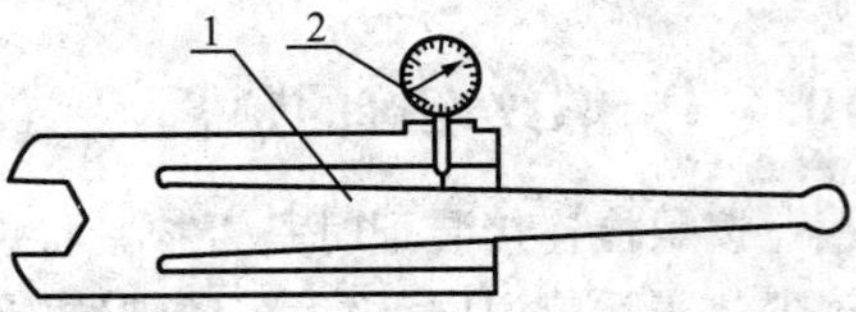

图 10-15　测力矩扳手

直径小的螺栓在拧紧时容易过载被拉断，因此对于重要的螺栓连接最好不要采用小于 M12 的螺栓。

10.4.2　螺纹连接的防松

在常温、静载情况下，连接采用螺纹标准件通常都能满足自锁条件，连接螺母一般不会自动松脱。但如果温度变化过大或承受振动或冲击载荷等都会使连接螺母逐渐松脱。螺母松脱的后果有时是相当严重的，如导致机器的严重破坏或重大人身事故等。所以在设计螺纹连接时必须考虑防松问题。

防松的根本问题在于防止螺纹副在受到外载时发生相对转动。防松的方法按其工作原理，主要可分为摩擦防松、机械防松和破坏螺纹副防松等。常用的防松方法见表 10-5。

表 10-5　螺纹连接常用的防松方法

防松方法		结构型式	特点和应用
摩擦防松	对顶螺母	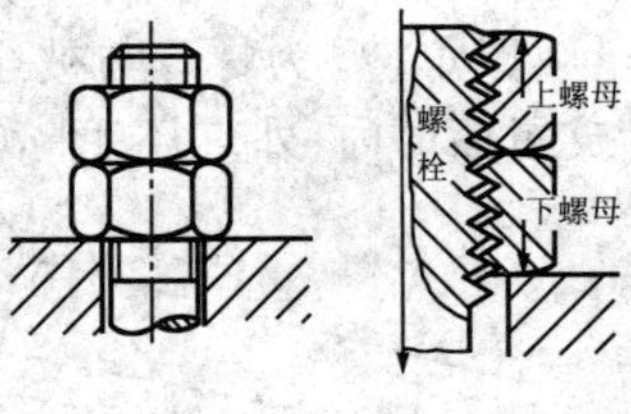	两螺母对顶拧紧后，使旋合螺纹间始终受到附加的压力和摩擦力的作用。工作载荷有变动时，该摩擦力仍然存在。旋合螺纹间的接触情况如图所示，下螺母螺纹牙受力较小，其高度可小些，但为了防止装错，两螺母的高度取成相等为宜。 结构简单，适用于平稳、低速和重载的固定装置上的连接
	弹簧垫圈	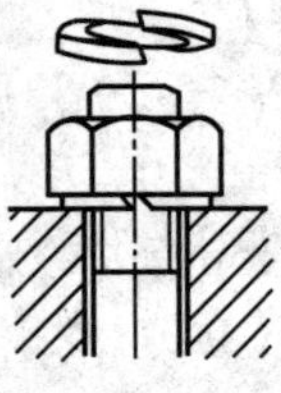	螺母拧紧后，靠垫圈压平而产生的弹性反力使旋合螺纹间压紧。同时垫圈斜口的尖端抵住螺母与被连接件的支持面也有防松作用。 结构简单、使用方便。但由于垫圈的弹力不均，在冲击、振动的工作条件下，其防松效果较差，一般用于不甚重要的连接
	自锁螺母	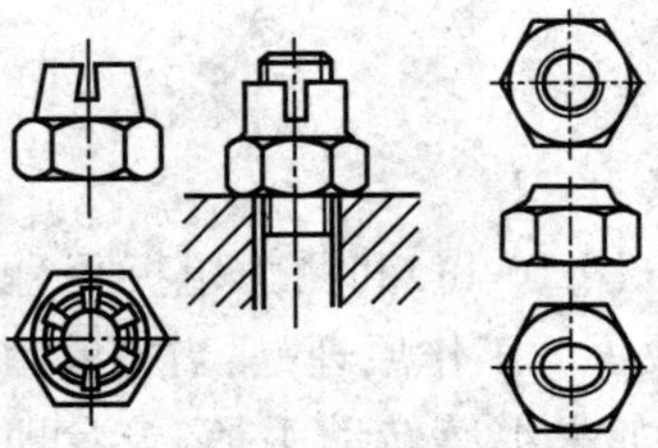	螺母一端制成非圆形收口或开缝后径向收口。当螺母拧后，收口胀开，利用收口的弹力使旋合螺纹间压紧。 结构简单，防松可靠，可多次装拆而不降低防松性能，适合于高强度螺纹连接的场合

续表 10-5

防松方法		结构型式	特点和应用
机械防松	开口销与六角槽螺母	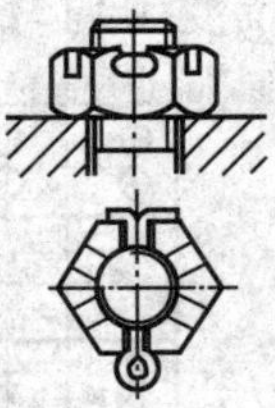	六角开槽螺母拧紧后，将开口销穿入螺栓尾部小孔和螺母的槽内，并将开口销尾部掰开与螺母侧面贴紧。也可以用普通螺母代替六角开槽螺母，但需拧紧螺母后再配钻销孔。 适用于较大冲击、振动的高速机械中运动部件的连接
	止动垫圈	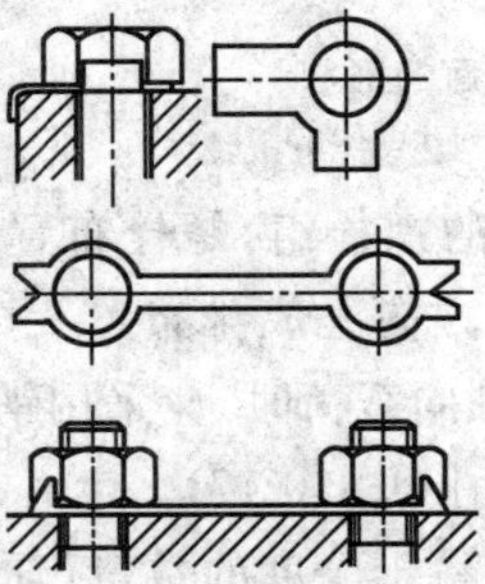	螺母拧紧后，将单耳和双耳止动垫圈分别向螺母和被连接件的侧面折弯贴紧，即可将螺母锁住。若2个螺母需要双联锁紧时，可采用双联止动垫圈，使2个螺母相互制动。 结构简单，使用方便，防松可靠
	串联钢丝	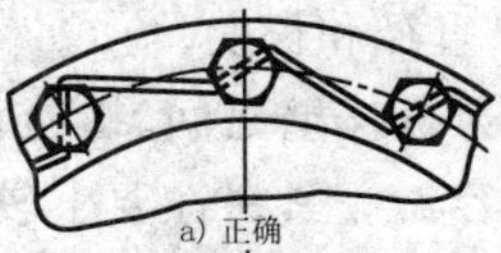 a) 正确 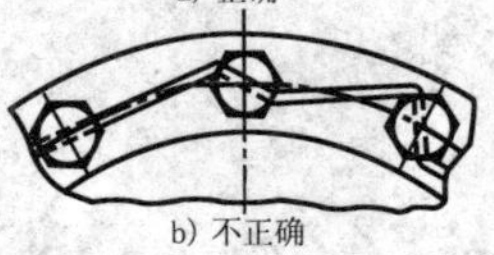 b) 不正确	用低碳钢丝穿入各螺钉头部的孔内，将各螺钉串联起来，使其相互制动。使用时必须注意钢丝的穿入方向(上图正确，下图错误)。 适用于螺钉组连接，防松可靠，但装拆不便
破坏螺纹副防松	冲点法焊接法	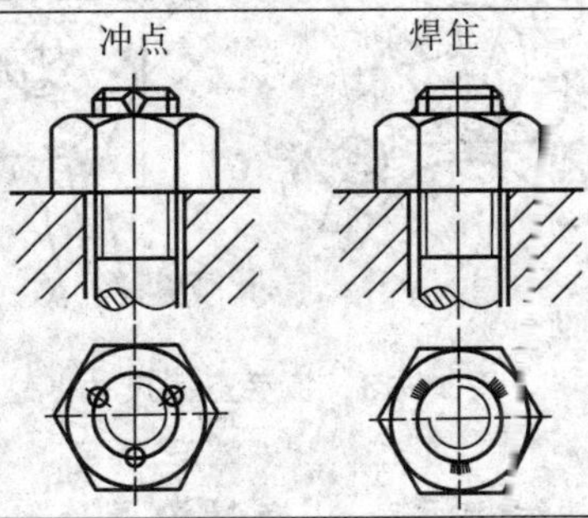	冲点法是螺母拧紧后，在螺栓末端与螺母的旋合缝处冲点或焊接，$d<8$ mm 时冲 2 点；$d>8$ mm 时冲 3 点。这种方法防松可靠，适用于不需拆卸的连接
	黏接	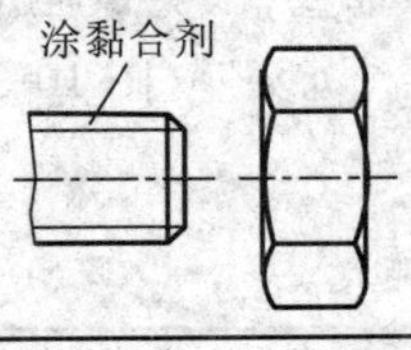	黏接法是在旋合的螺纹间涂以黏接剂，拧紧螺母后黏合剂自行固化，使螺纹副黏接成一体。这种方法防松可靠，且有密封作用

10.5 螺栓组连接的结构设计和受力分析

10.5.1 螺栓组连接的结构设计

螺栓组连接结构设计应使连接结构和受力合理，便于加工和装配。设计时应综合考虑以下几点：

1)连接接合面的几何形状应尽可能简单，并尽量设计成轴对称结构，如圆形、矩形等(图 10-16)。这样不仅加工制造方便，计算容易，同时使得连接接合面受力均匀并能提高连接的刚度。

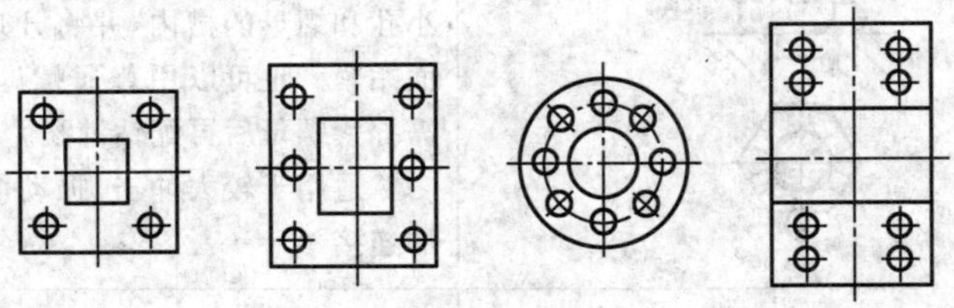

图 10-16 螺栓组连接接合面的形状

2)螺栓的布置应使各螺栓受力合理。受力矩作用的螺栓组，螺栓布置得应尽量远离对称轴。对于铰制孔用螺栓连接，不要在平行于工作载荷的方向上成排布置 8 个以上的螺栓，以免载荷分布过于不均。当普通螺栓同时承受横向载荷及轴向载荷时，应采用销、套筒、键等抗剪切零件来承受横向载荷，以减小螺栓的预紧力及其结构尺寸(图 10-17)。

3)分布在同一圆周上的螺栓数目，应取成 4、6、8 等易于分度的数，以便于在圆周上钻孔时的分度与划线。同一螺栓组中的螺栓，应取相同的材料、直径和长度。

4)螺栓的排列应有合理的间距和边距，螺栓中心线与机体壁之间、螺栓相互之间的距离等扳手空间的尺寸可查阅有关标准(图 10-18)。对于压力容器等紧密性要求较高的重要连接，螺栓间距 t_0 不得大于表 10-6 所推荐的数值。

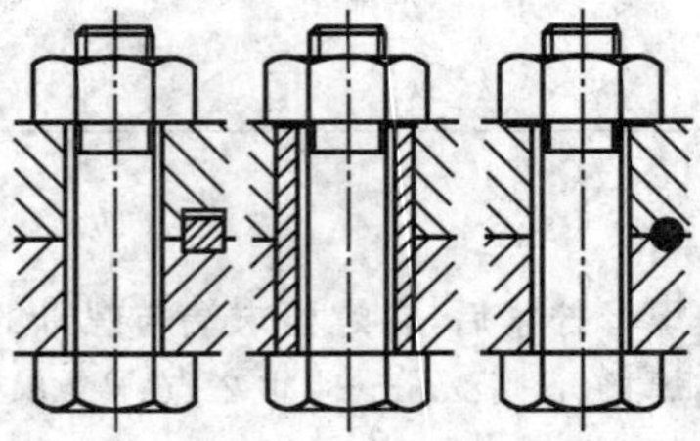

图 10-17 减载装置

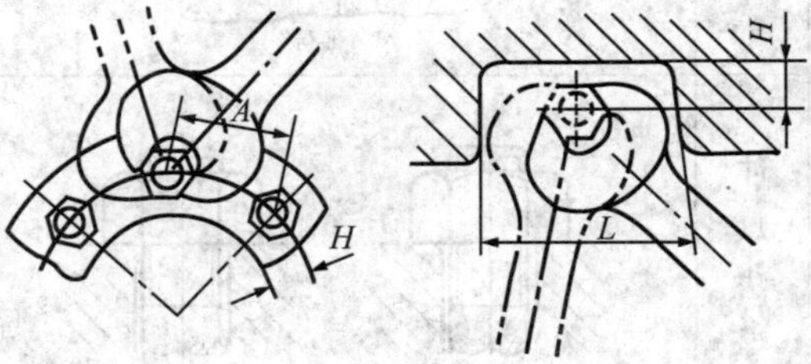

图 10-18 扳手空间尺寸

5)螺栓与螺母底面的接合面应平整，并与螺栓轴线相垂直，以免螺栓承受附加的弯曲应力从而削弱螺栓的强度。为此可将被连接件支承面做成凸台、沉头座(图 10-35)，或采用斜面垫圈或球面垫圈等(图 10-34)。

表 10-6 螺栓连接的最大间距 t_{0max}

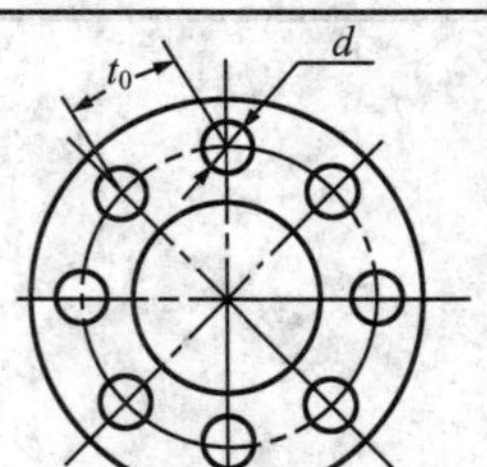

普通螺栓连接	压力容器					
	工作压力 p/MPa					
	≤1.6	>1.6～4	>4～10	>10～16	>16～20	>20～30
t_{0max}/mm						
$10d$	$7d$	$5.5d$	$4.5d$	$4d$	$3.5d$	$3d$

10.5.2 螺栓组连接的受力分析

螺栓组连接受力分析的目的是根据螺栓组受载情况，求出受力最大的螺栓及其所受的力，然后对单个螺栓进行强度计算。螺栓组连接受力分析时，一般作以下合理假设：

1)同一螺栓组中各个螺栓直径、长度、材料和所受预紧力 F' 均相同。

2)螺栓的应变没有超出弹性范围。

3)被连接件为刚体，受载后接合面仍保持为平面。

4)螺栓组的对称中心与连接接合面的形心重合。

以下针对四种典型的螺栓组受力情况分别进行分析。

10.5.2.1 受横向载荷 R 的螺栓组连接

图 10-19 所示为一由 4 个螺栓组成的受横向载荷 R 作用的螺栓组连接。横向载荷 R 的作用线与螺栓轴线垂直且通过螺栓组中心。载荷可通过 2 种不同方式传递。当采用普通螺栓连接时(图 10-19a)，其工作原理为：螺栓预紧后，在接合面间产生压紧力，靠摩擦力抵抗横向外载荷。对于铰制孔用螺栓连接(图 10-19b)，在横向外载荷 R 作用下，螺栓杆承受剪切和挤压。

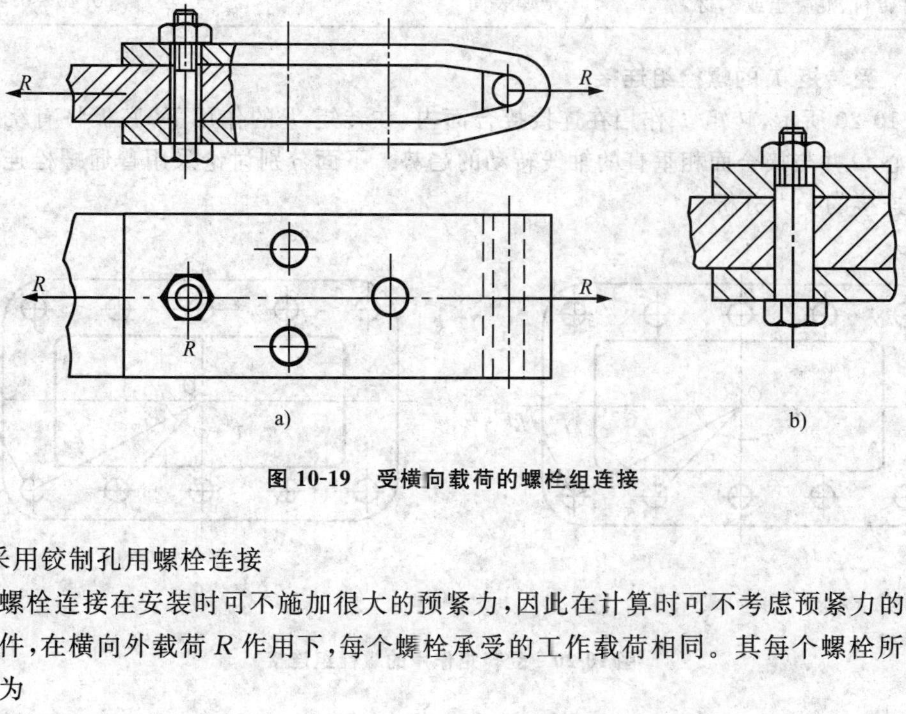

图 10-19 受横向载荷的螺栓组连接

(1)采用铰制孔用螺栓连接

这种螺栓连接在安装时可不施加很大的预紧力，因此在计算时可不考虑预紧力的作用。根据假设条件，在横向外载荷 R 作用下，每个螺栓承受的工作载荷相同。其每个螺栓所受的横向工作剪力为

$$F_S = \frac{R}{z} \tag{10-15}$$

式中：z 为连接所采用的螺栓数目。

(2)采用普通螺栓连接

应按在横向外载荷 R 作用下，被连接件接合面不产生滑移作为连接安全工作的条件。当连接预紧后，每个螺栓所受预紧力为 F'，接合面间的摩擦系数为 f_c，则连接不滑移条件为

$$zF'f_c m \leqslant K_f R$$

每个螺栓所需的预紧力为

$$F' \geqslant \frac{K_f R}{z f_c m} \tag{10-16}$$

式中：m 为被连接件接合面数目；f_c 为接合面间摩擦系数（表 10-7）；K_f 为可靠性系数，按载荷及工作要求等条件决定，通常取 $K_f=1.1 \sim 1.3$。

表 10-7 连接接合面的摩擦系数 f_c

被连接件	接合面的表面状态	摩擦系数 f_c
钢或铸铁零件	干燥的加工表面	0.10～0.16
	有油的加工表面	0.06～0.10
钢结构件	轧制表面，钢丝刷清理浮锈	0.30～0.35
	涂富锌漆	0.35～0.40
	喷砂处理	0.45～0.55
铸铁对砖料、混凝土或木材	干燥表面	0.40～0.45

10.5.2.2 受转矩 T 的螺栓组连接

如图 10-20 所示，转矩 T 作用在连接接合面内，在转矩 T 的作用下，底板将有绕通过螺栓组对称中心 O 并与接合面相垂直的轴线转动的趋势。下面分别讨论采用普通螺栓连接和铰制孔用螺栓连接的受力分析。

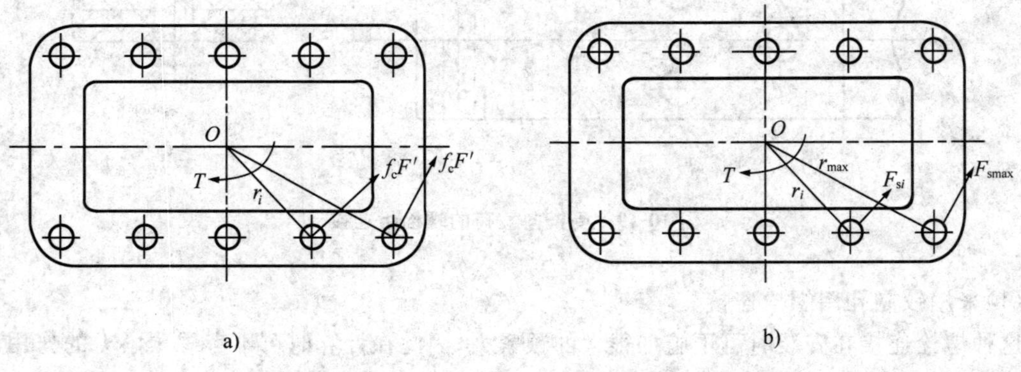

图 10-20 受转矩作用的螺栓组连接

(1)采用普通螺栓连接

采用普通螺栓连接时（图 10-20a），靠连接预紧后在接合面间产生的摩擦力矩来抵抗转矩 T。根据假设条件各螺栓的预紧力相等均为 F'，则各螺栓连接处的摩擦力均相等，并假定此摩擦力集中作用在螺栓中心处，且与各螺栓轴线到螺栓组对称中心 O 的连线相垂直。根据接合面不滑转条件可得

$$f_c F' r_1 + f_c F' r_2 + \cdots + f_c F' r_z \geqslant K_f T$$

由上式可得各螺栓所需的预紧力为

$$F' \geqslant \frac{K_{\mathrm{f}} T}{f_{\mathrm{c}}(r_1 + r_2 + \cdots + r_z)} = \frac{K_{\mathrm{f}} T}{f_{\mathrm{c}} \sum_{i=1}^{z} r_i} \tag{10-17}$$

式中：r_i 为第 i 的螺栓的轴线到螺栓组对称中心 O 的距离；其余符号的意义同前。

(2)采用铰制孔用螺栓连接

采用铰制孔用螺栓连接时(图 10-20b)，在转矩 T 的作用下，螺栓受到剪切和挤压作用。各螺栓所受的横向剪力与该螺栓轴线到螺栓组对称中心 C 的连线相垂直，受载后接合面仍保持为平面，即刚性底板协调了各螺栓的变形量，则各螺栓在 T 作用下的剪切变形量与其距螺栓组对称中心 O 的距离成正比。由于各螺栓的剪切刚度相同(各螺栓材料、直径均相同)，因而螺栓的剪切变形量越大、其承受的工作剪力越大。即

$$\frac{F_{\mathrm{S1}}}{r_1} = \frac{F_{\mathrm{S2}}}{r_2} = \cdots = \frac{F_{\mathrm{Smax}}}{r_{\mathrm{max}}} \tag{a}$$

式中：F_{S1}、F_{S2}、…、F_{Sz} 为各螺栓所受工作剪力；忽略连接中的预紧力和摩擦力，按底板受力矩平衡条件得

$$T = F_{\mathrm{S1}} r_1 + F_{\mathrm{S2}} r_2 + \cdots + F_{\mathrm{Sz}} r_z \tag{b}$$

联立式(a)，式(b)求得受力最大螺栓所受的工作剪力

$$F_{\mathrm{Smax}} = \frac{T r_{\mathrm{max}}}{r_1^2 - r_2^2 + \cdots + r_z^2} = \frac{T r_{\mathrm{max}}}{\sum_{i=1}^{z} r_i^2} \tag{10-18}$$

式中：r_{max} 为受力最大螺栓的轴线到螺栓组对称中心 O 的距离；其余符号的意义同前。

10.5.2.3 受轴向载荷 F_{Σ} 的螺栓组连接

该种类型连接一般采用普通螺栓连接。图 10-21 为气缸盖螺栓组连接。F_{Σ} 作用线与各螺栓的轴线平行且通过螺栓组的对称中心 O。由于各螺栓均布，所以每个螺栓的工作载荷 F 相同，即

$$F = \frac{F_{\Sigma}}{z} \tag{10-19}$$

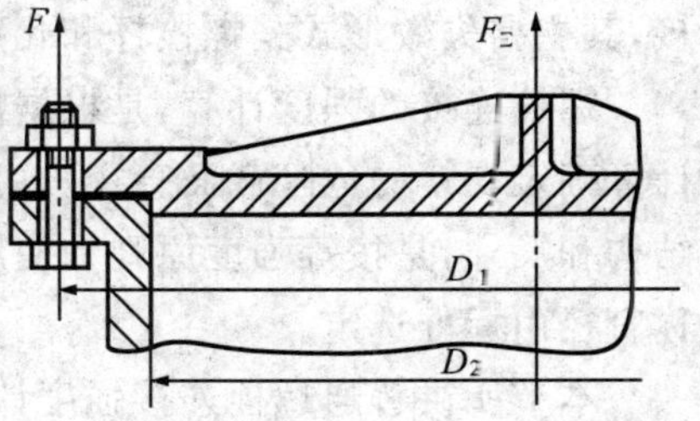

图 10-21 受轴向载荷作用的螺栓组连接

10.5.2.4 受翻转力矩 M 的螺栓组连接

该种连接类型一般采用普通螺栓连接，如图 10-22 所示。在翻转力矩 M 的作用下，底板有绕螺栓组对称轴线 O-O 翻转的趋势。故而 O-O 左侧的螺栓被拉紧，螺栓的轴向拉力增大；O-O 右侧的螺栓被放松，螺栓的预紧力减小。为了阻止底板翻转，左侧各螺栓及右侧支承面对底座绕 O-O 的反力矩之和必须与倾覆力矩 M 相平衡，即

$$M = F_1 l_1 + F_2 l_2 + \cdots + F_z l_z \tag{a}$$

式中：l_1、l_2、…、l_z 为各个螺栓轴线到接合面对称轴线 O-O 的垂直距离。

根据螺栓变形协调条件(在倾覆力矩作用下底板仍保持为平面)，各螺栓的轴向变形量与螺栓轴线到螺栓组对称轴线 O-O 的距离成正比。由于各螺栓的材料、直径、长度等相同，各螺栓

的拉伸刚度相等，所以，对称轴线 O-O 左侧螺栓所受的轴向工作拉力和底板右侧螺栓轴线处的压力也与这个距离成正比，即

$$\frac{F_1}{l_1}=\frac{F_2}{l_2}=\cdots=\frac{F_z}{l_z}=\frac{F_{\max}}{l_{\max}} \tag{b}$$

联立式(a)，式(b)，得对称轴线 O-O 左侧受力最大螺栓的工作拉力为

$$F_{\max}=\frac{Ml_{\max}}{l_2^1+l_2^2+\cdots+l_z^2}=\frac{Ml_{\max}}{\sum_{i=1}^{z}l_i^2} \tag{10-20}$$

式中：$l_{\max}$ 为受力最大螺栓轴线到对称轴线 O-O 的垂直距离；其余符号意义同前。

在确定预紧力 F' 时，需考虑连接受倾覆力矩 M 作用后(图 10-22)，接合面左侧边缘不应出现缝隙，右侧边缘处的挤压应力不应超过支承面材料的许用挤压应力等。

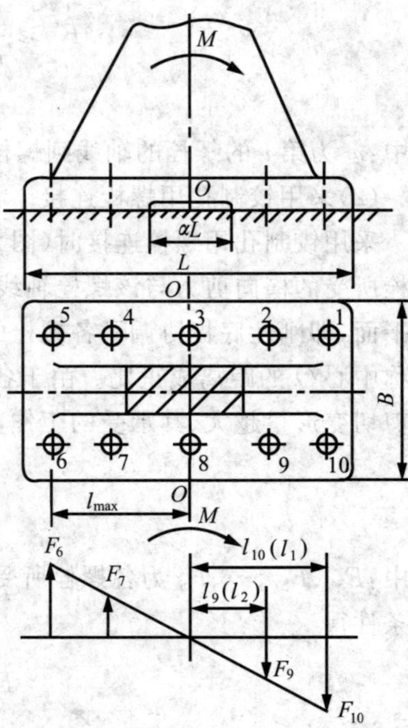

图 10-22　受倾覆力矩的螺栓组连接

10.6　螺栓连接的强度计算

由上节可知，对螺栓组连接而言，所受载荷可能包括轴向载荷、横向载荷、转矩和倾覆力矩等。但对单个螺栓而言，其受载的形式不外乎是轴向拉力(包括预紧力)或横向剪力。因此，对于普通螺栓连接，其主要失效形式是螺栓杆螺纹部分的塑性变形或断裂；对于铰制孔用螺栓连接，其主要失效形式是螺栓杆和孔壁的贴合面被压溃或螺栓杆被剪断。

螺栓连接的强度计算，是根据螺栓连接的类型、最大工作载荷等确定螺栓的受力，通过强度计算确定螺栓的危险截面直径。由于螺栓的其他部分(螺纹牙、螺栓头、光杆)和螺母、垫圈等的结构和尺寸，是按等强度原则和使用经验规定的，所以一般不进行强度计算，可按螺栓螺纹的公称直径由标准选定。

本节所讲普通螺栓连接强度计算的理论和方法同样适用于双头螺柱连接及螺钉连接。

10.6.1　普通螺栓连接

普通螺栓连接有松螺栓连接和紧螺栓连接之分，松螺栓连接装配时，螺母不需拧紧。这种螺栓连接应用很少。本节只讨论紧螺栓连接的强度计算问题。

10.6.1.1　仅受预紧力的紧螺栓连接

紧螺栓连接在装配时必须拧紧螺母。在拧紧力矩作用下，螺栓受预紧力产生的拉应力 σ 和扭矩 T_1 产生的剪应力 τ，即

$$\sigma=\frac{F'}{\frac{\pi}{4}d_1^2},\ \tau=\frac{T_1}{W_p}=\frac{F'\frac{d_2}{2}\tan(\psi+\rho_v)}{\frac{\pi d_1^3}{16}}=\tan(\psi+\rho_v)\cdot\frac{2d_2}{d_1}\cdot\frac{F'}{\frac{\pi}{4}{d_1}^2}$$

对于常用的 M10～M68 普通螺栓，取 d_2、d_1 和 ψ 的平均值，并取 $\tan\rho_v = f_v = 0.15$，得 $\tau \approx 0.5\sigma$。

由于螺栓材料是塑性材料，受拉伸和扭转复合应力，可按第四强度理论（最大变形能理论）确定螺栓螺纹部分的当量应力 σ_{ca}，即

$$\sigma_{ca} = \sqrt{\sigma^2 + 3\tau^2} \approx \sqrt{\sigma^2 + 3(0.5\sigma)^2} \approx 1.3\sigma$$

螺栓危险截面的拉伸强度条件为

$$\sigma_{ca} = \frac{1.3F'}{\pi d_1^2/4} \leqslant [\sigma] \tag{10-21}$$

设计公式为

$$d_1 \geqslant \sqrt{\frac{4 \times 1.3F'}{\tau \times [\sigma]}} \tag{10-22}$$

式中：F' 为螺栓所受的预紧力，N；d_1 为螺栓危险截面的直径，即为螺栓的小径，mm；$[\sigma]$ 为螺栓的许用拉应力，MPa，见表 10-11。

如上所述，对于常用的 M10～M68 普通螺栓，虽然预紧后螺栓受复合应力，但在计算时可将拉力增大 30%，当作纯拉伸计算螺栓的强度。

10.6.1.2 受预紧力和轴向工作载荷的紧螺栓连接

普通螺栓组连接受轴向载荷和倾覆力矩作用时，其单个螺栓连接就是受预紧力和轴向工作载荷的紧螺栓连接，这种受力形式的紧螺栓连接应用广泛。现取图 10-21 所示气缸盖螺栓组连接中的一个螺栓连接来分析其受载情况。

图 10-23a 所示为螺母刚好与被连接件接触，但尚未拧紧。此时螺栓与被连接件均未受力，故未有变形发生。图 10-23b 所示为螺栓被预紧后（气缸未进气），但未承受工作载荷，此时螺栓仅受预紧力 F' 的作用，其相应拉伸变形量为 δ_1。被连接件在预紧压力 F' 的作用下，其压缩变形量为 δ_2。虽然此时螺栓所受预紧拉力与被连接件所受的预紧压力均为 F'，但由于螺栓刚度 c_1 不等于被连接件刚度 c_2，所以它们的变形量不同，即 $\delta_1 \neq \delta_2$，其受力与变形关系见图 10-24。

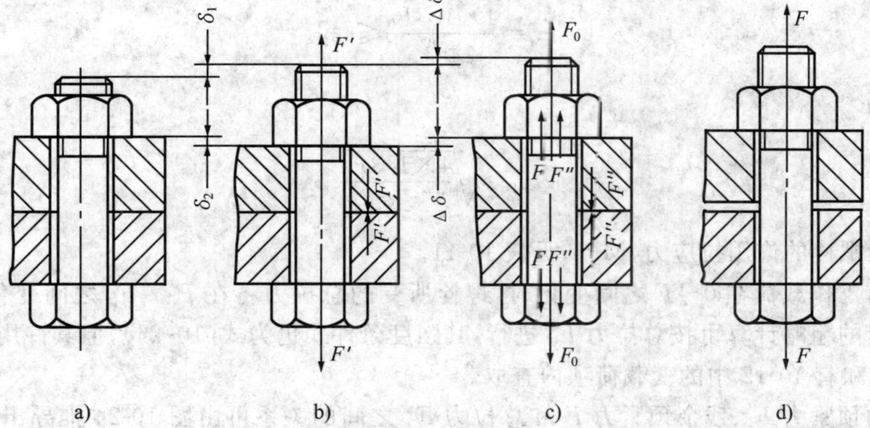

图 10-23 螺栓和被连接件的受力与变形

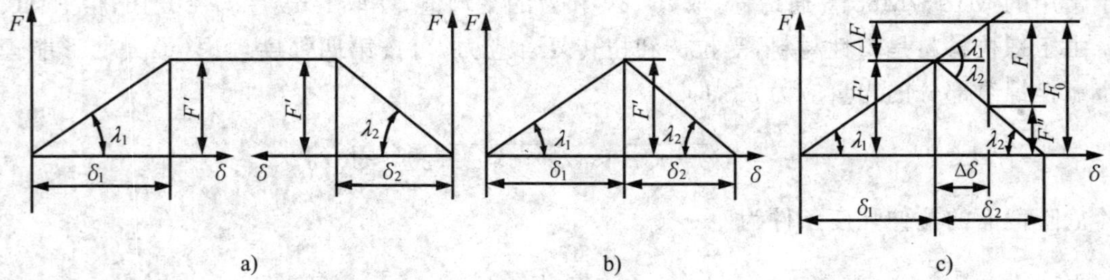

图 10-24　螺栓和被连接件的受力与变形关系

为了方便起见，将图 10-24a 中的 2 个图合并为图 10-24b。螺栓的刚度 $c_1=F'/\delta_1=\tan\lambda_1$，被连接件的刚度 $c_2=F'/\delta_2=\tan\lambda_2$。图 10-24c 所示为气缸充气以后，螺栓在原来受预紧力 F' 作用的基础上又受到工作载荷 F 的作用，螺栓进一步伸长变形，其伸长增量为 $\Delta\delta$，其所受拉力由 F' 增大为 F_0，总伸长量为 $\delta_1+\Delta\delta$。由于螺栓的伸长，被连接件即被放松，其压缩变形量由原来的 δ_2 减小为 $\delta_2-\Delta\delta$，被连接件接合面间的压力由原来的 F' 减小至 F''，F''称为残余预紧力。在弹性范围内，上述的变化都为线性态势，且工作载荷 F 和残余预紧力 F''同时作用在螺栓上，故螺栓的总拉力

$$F_0=F+F'' \tag{10-23}$$

由图 10-24c 可见，随着工作载荷 F 的增加，残余预紧力 F''将减小。当工作载荷增大到一定程度时，残余预紧力等于零，这时如工作载荷继续增大，则被连接件接合面就会出现缝隙（图 10-23d），致使连接失效。

为保证被连接件接合面不出现缝隙，残余预紧力 F''应大于零。当工作载荷 F 没有变化时，可取 $F''=(0.2\sim0.6)F$；当 F 有变化时，$F''=(0.6\sim1.0)F$；对于有紧密性要求的连接（如压力容器的螺栓连接），$F''=(1.5\sim1.8)F$。

由于螺栓连接在总拉力 F_0 作用下有可能会再次补充拧紧，考虑到拧紧力矩的作用，故其拉伸强度条件为

$$\sigma_{ca}=\frac{4\times1.3F_0}{\pi d_1^2}\leqslant[\sigma] \tag{10-24}$$

设计公式为

$$d_1\geqslant\sqrt{\frac{4\times1.3F_0}{\pi[\sigma]}} \tag{10-25}$$

式中：$[\sigma]$为螺栓的许用拉应力，MPa；见表 10-11。

当轴向工作载荷在 $0\sim F$ 之间变化时，螺栓所受的总拉力将在 $F'\sim F_0$ 之间变化。受轴向变载荷螺栓的粗略计算可按总拉力 F_0 进行，其强度条件式仍为式（10-24），但其许用应力$[\sigma]$应在表 10-11 和有 10-12 中的变载荷项内查取。

螺栓的预紧力 F'、残余预紧力 F''和总拉力 F_0 之间的关系可由图 10-24 推导出。由图 10-24a、b 可得

$$\tan\lambda_1=\frac{F'}{\delta_1}=c_1,\quad \tan\lambda_2=\frac{F'}{\delta_2}=c_2$$

由图 10-24c 可得

$$\tan\lambda_1=\frac{\Delta F}{\Delta\delta}=c_1 \tag{a}$$

$$\tan\lambda_2=\frac{F-\Delta F}{\Delta\delta}=c_2 \tag{b}$$

由(a)、(b)两式可得

$$\frac{c_1}{c_2}=\frac{\Delta F}{F-\Delta F}$$

整理后得

$$\Delta F=\frac{c_1}{c_1+c_2}F$$

$$F_0=F'+\Delta F=F'+\frac{c_1}{c_1+c_2}F \tag{10-26}$$

$$F'=F''+(F-\Delta F)=F''+\left(F-\frac{c_1}{c_1+c_2}F\right)=F''+(1-K_c)F \tag{10-27}$$

式中：K_c 为螺栓的相对刚度，$K_c=\frac{c_1}{c_1+c_2}$；K_c 的大小与螺栓及被连接件的材料、尺寸和结构形状有关，设计时可按表 10-8 选用。

表 10-8 螺栓相对刚度 K_c 值

被连接钢板间垫片材料	K_c
金属硬片(或无垫片)	0.2～0.3
皮革垫片	0.7
铜皮石棉垫片	0.8
橡胶垫片	0.9

10.6.2 铰制孔用螺栓连接

如图 10-25 所示为受横向载荷 F_S 的铰制孔用螺栓连接。这种连接是利用铰制孔用螺栓抗剪切和螺栓杆与孔壁贴合面互压来承受横向载荷的。其主要失效形式是螺栓杆被剪断及螺栓杆或孔壁贴合面被压溃。因此应分别按挤压及剪切强度条件进行计算。

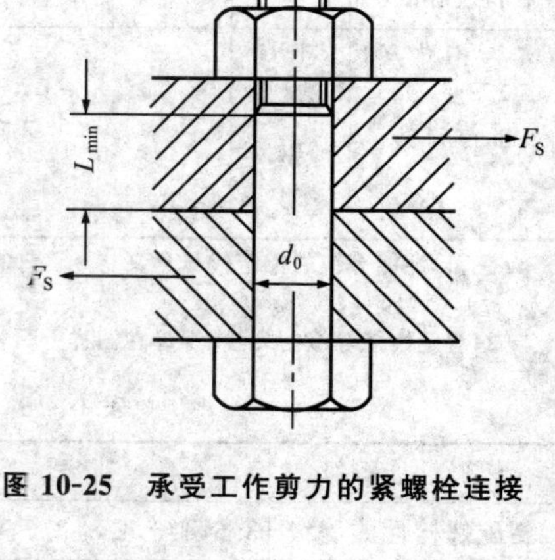

图 10-25 承受工作剪力的紧螺栓连接

由于装配时只需对连接中的螺栓施加较小的预紧力，所以可以不考虑预紧力和螺纹摩擦力矩的影响，故螺栓连接的挤压强度为

$$\sigma_p=\frac{F_S}{d_0L_{min}}\leqslant[\sigma_p] \tag{10-28}$$

螺栓杆的剪切强度为

$$\tau=\frac{4F_S}{\pi d_0^2}\leqslant[\tau] \tag{10-29}$$

式中：F_S 为螺栓所受的工作剪力，N；d_0 为螺栓剪切面的直径（可取为螺栓孔的直径），mm；L_{min} 为螺栓杆与孔壁挤压面的最小高度，mm，设计时应使 $L_{min}\geqslant 1.25d_0$；$[\sigma_p]$ 为螺栓或孔壁材料的许用挤压应力，MPa，见表 10-11；$[\tau]$ 为螺栓材料的许用剪应力，MPa，见表 10-11。

10.7 螺栓的材料及许用应力

螺栓材料应用最多的是中碳钢和低碳钢，如 35、45、Q235 钢和 Q215、10 钢。对于无特殊使用要求的螺栓连接，可采用低碳钢；对于精密机械或承受中等载荷的螺栓连接，可采用中碳钢；承受重载及高速工况的螺栓连接，可用合金钢螺栓，如 40Cr 调质处理。此外，有防腐蚀或导电等要求时，螺栓材料也可用铜及其合金或其他有色金属。

国家标准规定螺纹连接件按力学性能的不同分级。螺栓、螺柱和螺钉的性能等级分为十级，见表 10-9；螺母的性能等级分为七级，分别与相配螺栓的性能等级对应，见表 10-10。选用时须注意所用螺母的性能等级应不低于与其相配螺栓的性能等级。

螺栓的许用应力与许多因素有关，如螺栓的材料及热处理工艺、结构尺寸、载荷性质、工作温度、加工装配质量以及使用条件和场所等。以上这些因素在精确选定许用应力时，必须予以充分考虑。作一般设计时，可参考表 10-11、表 10-12 中的推荐值。

表 10-9 螺栓、螺钉、螺柱性能等级(摘自 GB 3098.1—82)

性能等级	3.6	4.6	4.8	5.6	5.8	6.8	8.8	9.8	10.9	12.9
抗拉强度极限 σ_{Bmin}/MPa	330	400	420	500	520	600	800	900	1 040	1 220
屈服点 σ_{Smin}/MPa	190	240	340	300	420	480	640	720	940	1 100
硬度 HBSmin	90	114	124	147	152	181	240	276	304	366
推荐材料	低碳钢	低碳钢或中碳钢					中碳钢或低碳合金钢		中碳钢、低碳钢或中碳合金钢	合金钢
							淬火并回火(回火温度 340～450℃)			

注：1)性能等级的标记代号含义："·"前的数字为公称抗拉强度极限 σ_B 的 1/100，"·"后的数字为屈强比的 10 倍，即 $(\sigma_S/\sigma_B)\times10$。

2)规定性能等级的螺栓、螺母在图样上只标注性能等级，不标注材料牌号。

表 10-10 螺母性能等级(摘自 GB 3098.2—82)

螺母性能等级	4	5		6	8	9		10	12
相配螺栓性能等级	3.6,4.6,4.8	3.6,4.6,4.8	5.6,6.8	6.8	8.8	8.8	9.8	10.9	12.9
直径范围/mm	>16	≤16	所有直径			>16	≤16	所有直径	≤39

注：螺母性能等级用于其相配的螺栓中最高性能等级的第一部分数字表示。

表 10-11 螺栓连接的许用应力

紧螺栓连接的受载情况		许用应力
受轴向载荷、横向载荷		$[\sigma]=\frac{\sigma_S}{S}$ 控制预紧力时 $S=1.2\sim1.5$；不能严格控制预紧力时 S 查表 10-12
铰制孔用螺栓受横向载荷	静载荷	$[\tau]=\frac{\sigma_S}{2.5}$ $[\sigma_p]=\frac{\sigma_S}{1.25}$（被连接件为钢） $[\sigma_p]=\frac{\sigma_B}{2\sim2.5}$（被连接件为铸铁）
	变载荷	$[\tau]=\frac{\sigma_S}{3.5\sim5}$ $[\sigma_p]$——按静载荷的$[\sigma_p]$降低 20%～30%

表 10-12 紧螺栓连接的安全系数 S(不能严格控制预紧力时)

材料	静载荷		变载荷	
	M6～M16	M16～M30	M6～M16	M16～M30
碳素钢	4～3	3～2	10～6.5	6.5
合金钢	5～4	4～2.5	7.6～5	5

例题 10-1 如图 10-21 所示钢制液压缸盖用普通螺栓组连接，缸体和缸盖间连接用铜皮石棉垫片密封。已知缸内油压 $p=2$ MPa（静载），液压缸内径 $D_2=250$ mm，螺栓分布圆直径 $D_1=320$ mm，装配时控制预紧力，试设计此螺栓组连接。

解：1）初定螺栓个数 $z=12$

2）确定螺栓的许用应力

初选螺栓性能等级 5.6 级，则 $\sigma_S=300$ MPa，由控制预紧力查表 10-11 取安全系数 $S=1.25$，则螺栓的许用应力 $[\sigma]=\frac{\sigma_S}{S}=\frac{300}{1.25}=240(\text{MPa})$

3）计算单个螺栓所受的工作拉力

缸盖螺栓组所受的载荷 $F_\Sigma=p\,\frac{\pi D_2^2}{4}=2\times\frac{\pi\times250^2}{4}=98.17\times10^3(\text{N})$

单个螺栓的工作拉力 $F=\frac{F_\Sigma}{z}=\frac{98.17\times10^3}{12}=8.18\times10^3(\text{N})$

4）求单个螺栓的总拉力

由于有紧密性要求，取残余预紧力 $F''=1.5F=1.5\times8.18\times10^3=12.27\times10^3(\text{N})$

由式(10-23)得单个螺栓的总拉力

$$F_0=F+F''=8.18\times10^3+12.27\times10^3=20.45\times10^3(\text{N})$$

5)由静强度条件确定螺栓的小径

由式(10-25)得 $$d_1 \geqslant \sqrt{\frac{4\times 1.3F_0}{\pi[\sigma]}}=\sqrt{\frac{4\times 1.3\times 20.45\times 10^3}{\pi\times 240}}=11.88(\mathrm{mm})$$

查表 10-1 选小径最接近且大于 11.87 mm 的粗牙普通螺纹，其中 M16 螺纹小径 $d_1=13.835\ \mathrm{mm}>11.88\ \mathrm{mm}$，满足静强度要求，螺栓的公称直径 $d=16$ mm。

6)校核螺栓间距 t_0

螺栓间距应满足 $$A\leqslant t_0\leqslant t_{0\max}$$

由表 10-6 知 p 为 1.6～4 MPa 时，螺栓最大间距 $t_{0\max}=5.5d=5.5\times 16=88$ mm，查设计手册知 M16 螺栓相互之间扳手空间尺寸 $A=48$ mm。

螺栓组实际螺栓间距 $t_0=\frac{\pi D_1}{z}=\frac{\pi\times 320}{12}=83.78(\mathrm{mm})$，符合要求，所以选取的螺栓数目 $z=12$ 是适宜的。

7)确定所需预紧力

查表 10-8 得螺栓相对刚度 $$K_c=\frac{c_1}{c_1+c_2}=0.8$$

由式(10-27)得所需预紧力

$$F'=F''+\left(1-\frac{c_1}{c_1+c_2}\right)F=12.27\times 10^3+(1-0.8)\times 8.18\times 10^3=13.9\times 10^3(\mathrm{N})$$

10.8 提高螺纹连接强度的措施

影响螺栓强度的因素主要有：螺纹牙间的载荷分配、应力变化幅度、应力集中现象、附加应力、材料的机械性能和制造工艺等几个方面。提高螺栓连接强度常用的措施主要有以下几种。

10.8.1 改善螺纹牙间载荷分配不均现象

连接完成后，螺栓和螺母旋合在一起，螺栓所受的拉力是通过螺栓和螺母的螺纹牙面相接触来传递的。由于螺栓和螺母的变形性质不同(螺栓受拉、螺母受压)、刚度不同，即使制造、装配都很精确，受载后螺纹牙间的载荷分布仍很不均匀。如图 10-26 所示，当连接受载时，螺栓受拉伸，外螺纹的螺距增大；而螺母受压缩，内螺纹的螺距减小。由于螺栓与螺母旋合成一体，两者螺距的变化差要靠旋合各圈螺纹牙的弯剪变形协调来补偿。已有的研究结果表明：从螺母支承面计起的第一圈螺纹牙变形最大，第二圈次之，以后各圈递减。而螺纹牙的受力也以第一圈为最大(约 1/3)，第八圈以后的螺纹牙几乎不受力。因此，采用螺纹牙圈数过多的加厚螺母，并不能提高连接的强度。旋合螺纹间的载荷分布，如图 10-27 所示。

具体改善螺纹牙上载荷分布不均的措施有：

1)悬置螺母(图 10-28a)：螺母悬置使母体和螺栓都受拉，从而减少了螺距变化差，使螺纹牙上的载荷分布趋于均匀。

2)内斜螺母(图 10-28b)：螺母旋入端制成 10°～15°的内斜角，原受力较大的下面几圈螺纹牙受力点外移，使刚性随之减小，受载后易发生变形，载荷将向上转移使得载荷分布趋于均匀。

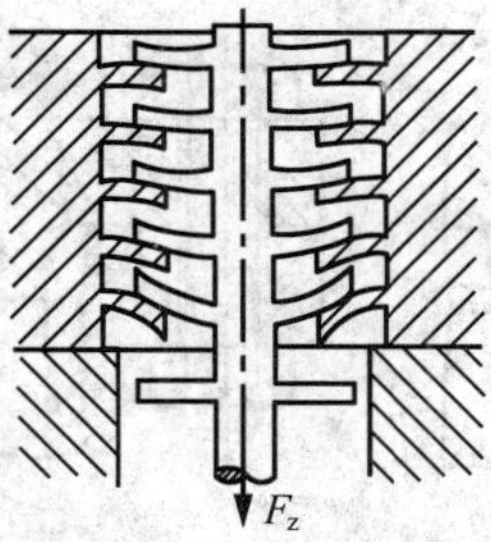

图 10-26 旋合螺纹的变形示意图

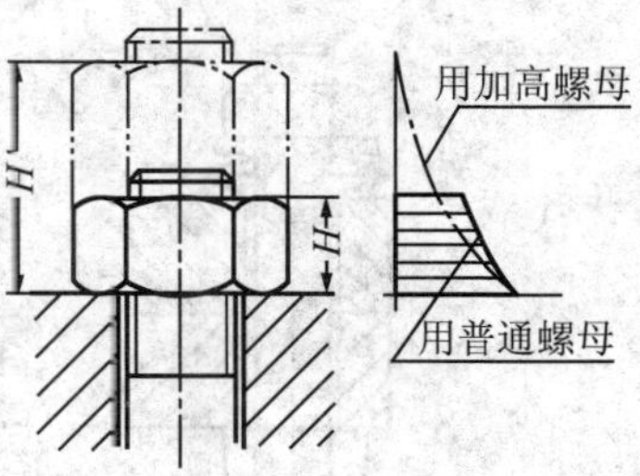

图 10-27 旋合螺纹间的载荷分布

3)环槽螺母(图 10-28c):螺母下端开槽后,螺母部分受拉,所起作用和悬置螺母相似。

以上 3 种特殊构造的螺母,能够改善螺纹牙间载荷分布不均现象,但加工复杂(特别是悬置螺母),因此,只适用于重要螺栓连接。

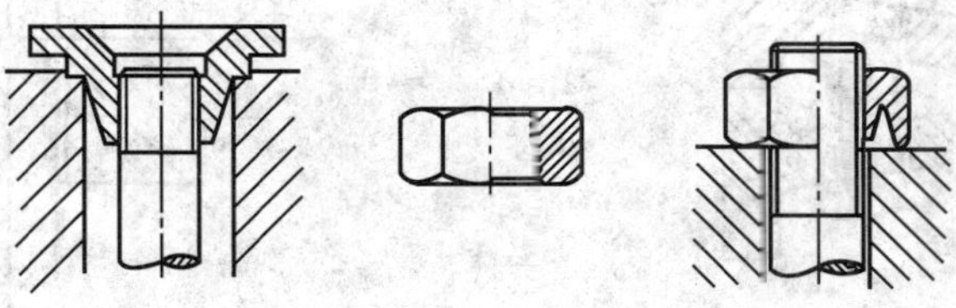

图 10-28 改善螺纹牙间载荷分布

10.8.2 减少螺栓的应力幅

当螺栓所受的轴向工作载荷 F 在 $0\sim F$ 之间变化时,由式(10-26)可知,螺栓的总拉力 F_0 在 $F'\sim\left(F'+\frac{c_1}{c_1+c_2}+F\right)$之间变化。降低螺栓的刚度 c_1 或增加被连接件的刚度 c_2 都可以缩小螺栓总拉力 F_0 的变化范围,能有效地防止螺栓的疲劳损坏。如果同时采用这 2 种措施效果会更好。

为了降低螺栓的刚度,可适当增加螺栓的长度或采用图 10-29 所示的腰状杆螺栓和空心螺栓,或者在螺母下面安装上弹性元件(图 10-30)。

为了增加被连接件的刚度,可不用垫片或采用刚性较大的垫片。但当被连接件接合面因需要密封而采用软垫片时(图 10-31a),应采用刚度较大的金属垫片或密封环较好(图 10-31b)。

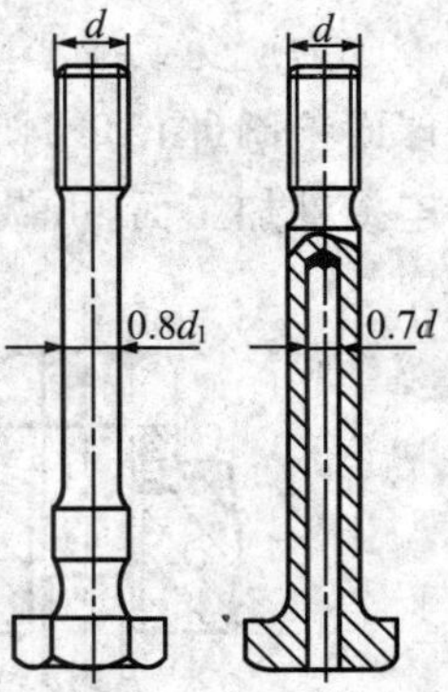

图 10-29 腰状杆螺栓和空心螺栓

10.8.3 避免或减轻附加应力

螺栓的附加应力主要是弯曲应力。由于制造误差、支承表面不平或被连接件刚度小(图 10-32)都将在螺栓中产生附加弯曲应力。螺纹牙根对弯曲应力很敏感,在相当大的拉应力作用下,弯曲应力将对螺栓的断裂破坏起到关键作用。图 10-33 所示的钩头螺栓连接,会使螺栓承受偏心载荷,除螺杆受拉伸外,还要产生附加的弯曲应力。螺栓螺纹部分的最大应力 σ_{max} 为拉伸应力 σ 及弯曲应力 σ_b 之和,因此,在设计中采用钩头螺栓连接是不合理的。

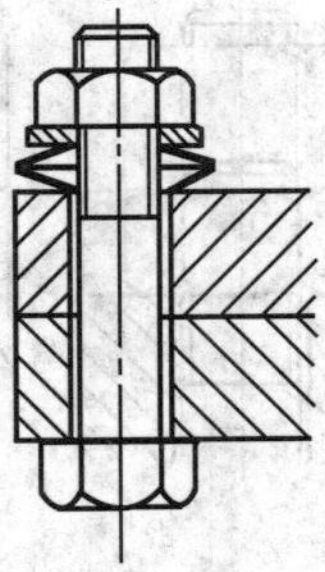

图 10-30 螺母下面装弹性元件

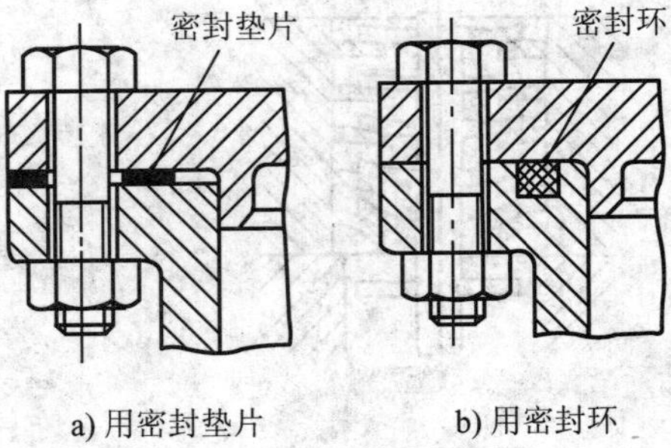

图 10-31 两种密封方案比较

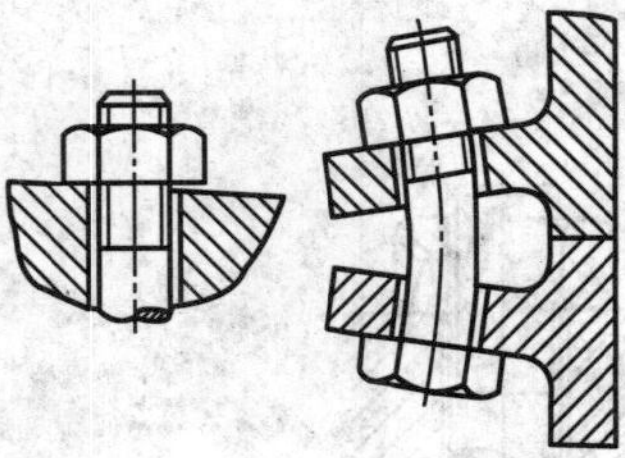

图 10-32 引起附加应力的原因

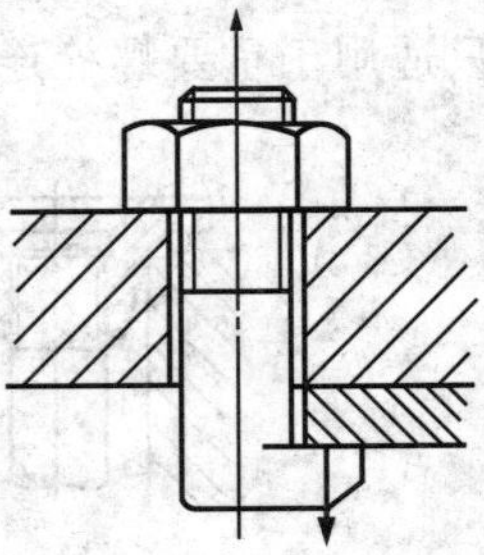

图 10-33 钩头螺栓连接

为避免或减小附加应力的影响，常在结构上采取一些措施，如：为防止螺栓轴线偏斜可采用球面垫圈(图 10-34a)或斜垫圈(图 10-34b)；螺栓头、螺母与被连接件支承面均应加工，为减少被连接件加工面，可做成凸台或沉头座(图 10-35a、b)。

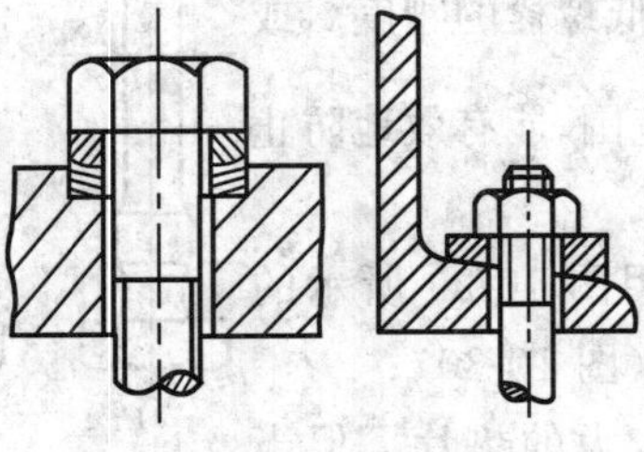

图 10-34 球面垫圈和斜垫圈

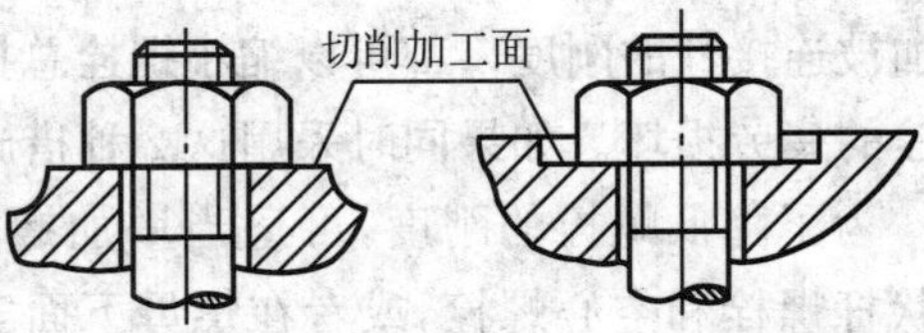

图 10-35 凸台和沉头座

10.8.4 减小应力集中

在螺栓的牙根和收尾处，螺栓头部与螺栓杆过渡圆角处，都存在着应力集中，是发生断裂的危险部位。采用较大的过渡圆角(图 10-36a)和卸载结构(图 10-36b、c)，都可以减小应力集中。

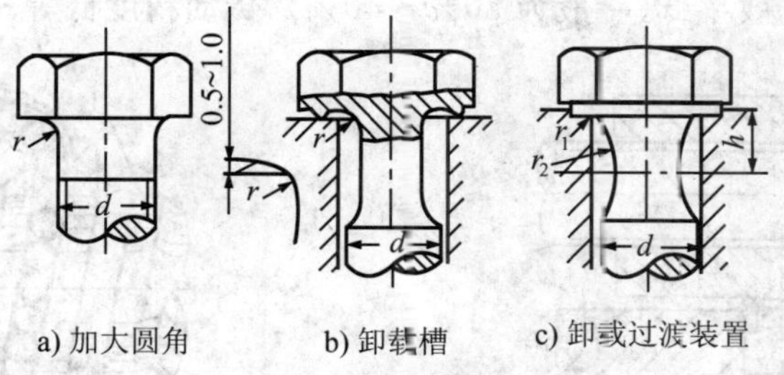

图 10-36 圆角和卸载结构

10.9 螺旋传动

10.9.1 螺旋传动的应用和类型

螺旋传动是利用螺杆和螺母实现传动要求的。它既能将回转运动转变为直线运动,又能将直线运动转变为回转运动,同时传递运动和动力。

根据用途,螺旋传动可分为以下 3 种类型:

1)传力螺旋:以传递动力为主,能承受较大的轴向力。传力螺旋一般为间歇性工作,每次工作时间较短,且工作速度不高。通常要求有自锁功能。如螺旋千斤顶(图 10-37a)或螺旋压力机(图 10-37b)的螺旋等。

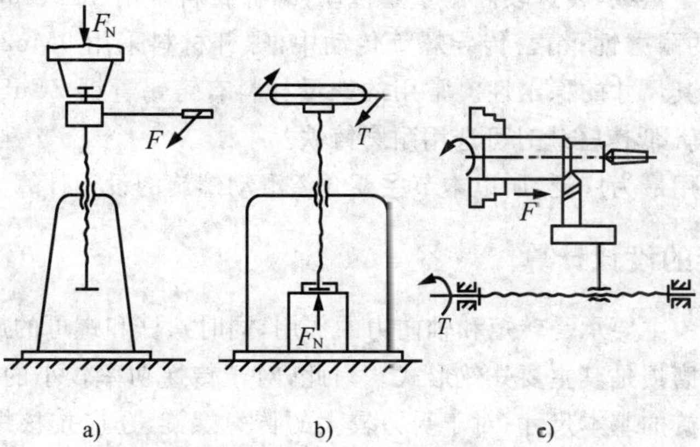

图 10-37 螺旋传动应用示意图

2)传导螺旋:以传递运动为主,有时也能承受较大的轴向力,如金属切削机床的进给机构(图 10-37c)的螺旋等。传导螺旋一般在一段时间内连续工作,工作速度较高,因此要求较高的传动精度。

3)调整螺旋:用于调整并固定零件或部件之间的相对位置,如机床卡盘、压力机的调整螺旋等。调整螺旋不经常转动,一般在空载下调整。

按照螺纹副的摩擦性质,螺旋传动又可分为滑动螺旋(图 10-38a)、滚动螺旋(图 10-38b)和静压螺旋(流体摩擦)。滑动螺旋结构简单,易于制造,传力大,易于自锁,所以应用广泛。但其缺点是摩擦阻力大，传动效率低(一般为30%～40%)，传动精度低等。

1. 螺杆 2. 回程通道 3. 滚珠 4. 螺母

图 10-38 滑动螺旋传动和滚动螺旋传动

滚动螺旋和静压螺旋的摩擦阻力小，传动效率高(一般为90%以上)，但结构复杂，制造要求高，一般多用于高精度、高效率的机构。

螺旋传动采用的螺纹类型有矩形、梯形和锯齿型，其中以梯形和锯齿型螺纹应用最广。螺杆常用右旋螺纹，只有在某些特殊的场合，才采用左旋螺纹。对于传导螺旋，为了提高其传动效率，可采用多头螺纹，常用的头数 n 为3～4，一般不超过6。

螺杆和螺母的材料要求有足够的强度，良好的耐磨性，且要求螺杆和螺母材料配合时摩擦系数要小。对于受力不大，经常运动但运动速度不高的工况，螺杆可选用Q235、Q275、45和50钢，可不经热处理；对于重载，转速较高的重要传动，螺杆材料常用T12、40Cr、65Mn等，并须经热处理，以提高材料的耐磨性；精密传导螺旋传动中，螺杆材料采用9Mn2V、38CrMoAl等，材料要经热处理以提高其尺寸的稳定性。常用的螺母材料有铸锡青铜ZCuSn10Pb1或铸铝青铜ZCuAl9Fe4Ni4Mn2等，低速轻载时可选用耐磨铸铁。

由于滑动螺旋应用最为广泛，所以本节主要介绍滑动螺旋的设计计算方法。

10.9.2 滑动螺旋的设计计算

滑动螺旋在工作中主要承受转矩和轴向力的作用，同时螺杆和螺母的旋合螺纹间存在着较大的相对滑动。因而磨损是其主要失效形式。因此，对于传递功率较小的螺旋，主要通过耐磨性计算来确定滑动螺旋的基本尺寸；对于受力较大的传力螺旋，还应校核螺杆危险截面以及螺纹牙的强度，以防止发生塑性变形或断裂；如果是受压螺杆且长径比较大，为防止螺杆受压后失稳，还须对其进行稳定性校核。

10.9.2.1 耐磨性计算

滑动螺旋的磨损受多种因素的影响，如螺纹工作面上的压力、滑动速度、螺纹表面粗糙度以及润滑状态等。其中最主要的影响因素是螺纹工作面上的压力。压力越大，螺纹副间越容易形成过度磨损。因此，滑动螺旋的耐磨性计算，主要是限制螺纹工作面间的平均压强 p，使其不超过材料的许用压强[p]。将螺纹沿中径 d_2 展开(图10-39)，耐磨性的计算公式为

$$p=\frac{F}{\pi d_2 h z}=\frac{FP}{\pi d_2 h H}\leqslant[p] \tag{10-30}$$

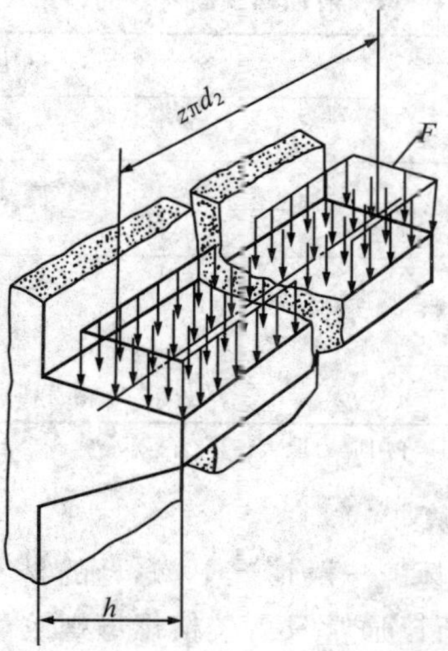

图 10-39 螺旋副计算压强

式中：F 为螺杆受的轴向力，N；d_2 为螺纹中径，mm；h 为螺纹工作高度，mm，梯形和矩形螺纹 $h=0.5P$，锯齿型螺纹 $h=0.75P$；z 为螺纹的旋合圈数，$z=H/P$；H 为螺母旋合段的长度，mm；P 为螺距，mm；$[p]$为许用压强，MPa，见表 10-13。

表 10-13 螺旋副的许用压强 $[p]$ MPa

配对材料		钢对铸铁	钢对青铜	淬火钢对青铜
许用压强$[p]$	速度 $v<12$ m/min	4～7	7～10	10～13
	低速，如人力驱动等	10～18	15～25	—

注：对于精密传动或要求使用寿命长时，可取表中值的 1/2～1/3。

令 $\phi=H/d_2$，将 $H=\phi d_2$ 代入式(10-30)，整理后可得设计式为

$$d_2 \geqslant \sqrt{\frac{FP}{\pi\phi h\,[p]}} \tag{10-31}$$

系数 ϕ 按结构特点选取：整体式螺母磨损后间隙不能调整，取 $\phi=1.2\sim2.5$；剖分式螺母，取 $\phi=2.5\sim3.5$；当载荷较大，传动精度较高，要求寿命较长时，允许取 $\phi=4$。

10.9.2.2 螺杆的强度计算

受力很大的螺杆需进行强度计算。螺杆工作时，转矩产生剪应力，轴向力产生拉(或压)应力。按第四强度理论，其强度条件为

$$\sigma_{ca}=\sqrt{\sigma^2+3\tau^2}=\sqrt{\left(\frac{4F}{\pi d_1^2}\right)^2+3\left(\frac{T}{0.2d_1^3}\right)^2}\leqslant[\sigma] \tag{10-32}$$

式中：F 为螺杆所受的轴向拉力(或压力)，N；d_1 为螺杆螺纹小径，mm；T 为螺杆所受转矩，N·mm，$T=F\frac{d_2}{2}\tan(\psi+\rho_v)$；$[\sigma]$为螺杆材料的许用应力，MPa，见表 10-14。

表 10-14 滑动螺旋副材料的许用应力

螺旋副材料		许用应力/MPa		
		$[\sigma]$	$[\sigma_b]$	$[\tau]$
螺杆	钢	$\frac{\sigma_S}{3\sim5}$		
螺母	青铜		40～60	30～40
	铸铁		45～55	40
	钢		$(1.0\sim1.2)[\sigma]$	$0.6[\sigma]$

注：1)σ_S 为材料屈服极限；2)载荷稳定时，许用应力取大值。

10.9.2.3 螺母螺纹牙的强度计算

螺纹牙多发生剪切和弯曲破坏。一般情况下，螺母的材料强度要低于螺杆的材料强度，所以通常只需校核螺母螺纹牙的强度。如图(10-40)所示，如果将一圈螺纹沿螺母的螺纹大径 D 处展开，则可将螺母的螺纹牙看作宽度为 πD 的悬臂梁。假设螺母每圈所承受的平均压力为 F/z，并作用在以螺纹中径 D_2 为直径的圆周上，则螺纹牙危险截面 a-a 的剪切强度条件为

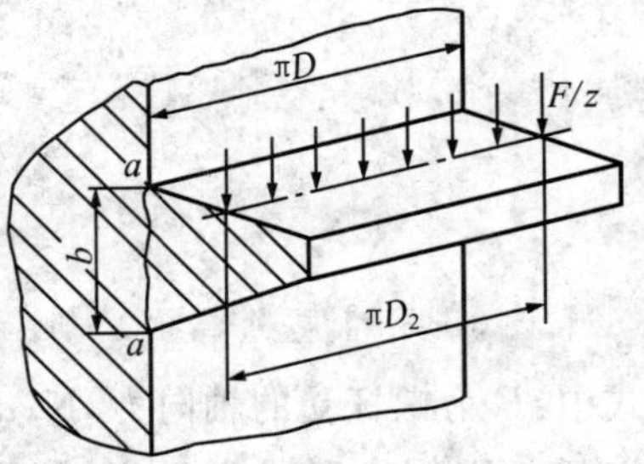

图 10-40 螺母螺纹牙的受力

$$\tau=\frac{F}{\pi Dbz}\leqslant[\tau] \tag{10-33}$$

螺纹牙危险截面 a-a 的弯曲条件为

$$\sigma_b=\frac{6Fh/2}{\pi Db^2z}=\frac{3Fh}{\pi Db^2z}\leqslant[\sigma_b] \tag{10-34}$$

式中：b 为螺纹牙根部的厚度，mm，对于矩形螺纹，$b=0.5P$；对于梯形螺纹，$b=0.65P$；对于 30°锯齿形螺纹，$b=0.75P$，P 为螺纹螺距；$[\tau]$为螺母材料的许用剪应力，MPa，见表 10-14；$[\sigma_b]$为螺母材料的许用弯曲应力，MPa，见表 10-14。

当螺杆和螺母材料相同时，应校核螺杆螺纹牙的强度。此时，式(10-33)、式(10-34)中的 D 应为 d_1。

10.9.2.4 螺杆的稳定性计算

对于长径比大的受压螺杆，当所受的轴向力 F 大于某一临界值时，螺杆有可能突然发生侧向弯曲，出现失稳现象，因此需验算其稳定性。根据材料力学，螺杆的稳定性条件为

$$S_c=\frac{F_c}{F}\geqslant[S] \tag{10-35}$$

式中：S_c 为螺杆稳定性的计算安全系数；$[S]$为螺杆稳定性许用安全系数，对于传力螺旋(如起重螺杆等)，$[S]=3.5\sim5.0$；对于传导螺旋，$[S]=2.5\sim4.0$；对于精密螺杆或水平螺杆，$[S]>4$；F_c 为螺杆的临界载荷，N。

F_c 可根据柔度 λ 大小选用下列公式求得：

1)当 $\lambda\geqslant85\sim90$ 时，临界载荷 F_c 可按欧拉公式计算，即

$$F_c=\frac{\pi^2 EI}{(\mu l)^2} \tag{10-36}$$

2)当 $\lambda<85\sim90$ 时,按下列公式确定 F_c

对于未淬火钢,$\lambda<90$ 时, $$F_c=\frac{340}{1+0.000\,13\left(\frac{\mu l}{i}\right)^2}\cdot\frac{\pi d_1^2}{4} \tag{10-37}$$

对于淬火钢,$\lambda<85$ 时, $$F_c=\frac{490}{1+0.000\,2\left(\frac{\mu l}{i}\right)^2}\cdot\frac{\pi d_1^2}{4} \tag{10-38}$$

3)当 $\lambda<40$ 时,可以不必进行稳定性计算。若上述结果不满足稳定性条件,应适当增加螺杆的小径 d_1。

上述式中:λ 为柔度,$\lambda=\frac{\mu l}{i}$;l 为螺杆的最大工作长度,mm;i 为螺杆危险截面的惯性半径,mm,若螺杆的危险截面面积 $A=\frac{\pi}{4}d_1^2$,mm²,螺杆危险截面的轴惯性矩 $I=\frac{\pi d_1^4}{64}$,mm⁴,则 $i=\sqrt{\frac{I}{A}}=\frac{d_1}{4}$;$\mu$ 为螺杆的长度系数,与螺杆端部结构支承情况有关,见表 10-15。

表 10-15 长度系数 μ

螺杆端部结构(注)	长度系数 μ
两端固定	0.5
一端固定、一端不完全固定	0.6
一端固定、一端铰支	0.7
两端铰支	1.0
一端固定、一端自由	2.0

注:采用滑动支承(d_0 为轴承孔直径,B 为轴承宽度),$B/d_0<1.5$ 为铰支 $B/d_0<1.5\sim3$ 为不完全固定,$B/d_0>3$ 为固定端;

采用滚动支承,只有径向约束为铰支,径向与轴向均有约束为固定端。

10.10 键连接和花键连接

10.10.1 键连接的类型及应用

键是一种标准零件,主要用来实现轴和轴上零件之间的周向固定并传递转矩。有些类型的键还能实现轴上零件的轴向固定或轴向滑动。键连接设计的主要问题是:根据各类键的结构特点、使用要求或工作条件选择键的类型;根据轴径 d 和标准确定键的剖面尺寸(参考表 10-16);参考轮毂的长度选取键的标准长度值;必要时进行强度校核;决定公差和表面粗糙度。

键连接的主要类型有:平键连接、半圆键连接、楔键连接和切向键连接。

10.10.1.1 平键连接

平键连接的特点是靠键和键槽的侧面传递转矩，键的两侧面是工作面，键的上表面和毂槽底面间留有间隙。平键连接结构简单、对中良好、装拆方便、加工容易，故应用广泛，但它不能承受轴向力，因此不能实现轴上零件的轴向固定。平键连接按用途分为3种：普通平键、导向平键和滑键。

(1)普通平键

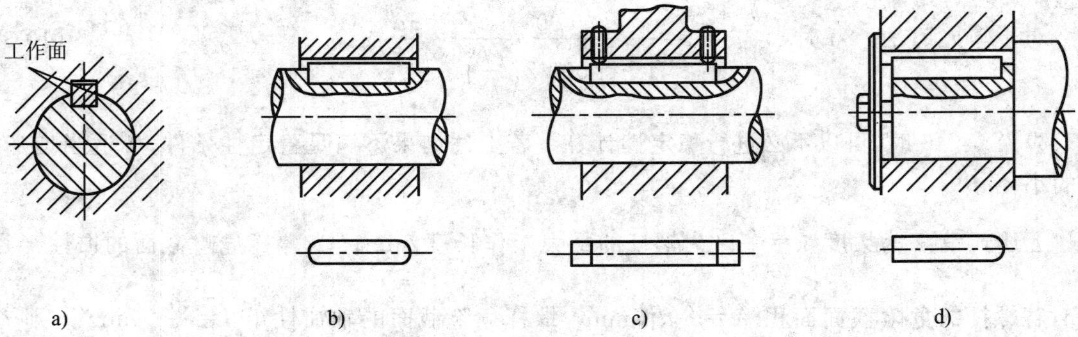

图 10-41 普通平键连接

普通平键用于静连接，即轴与轮毂间无轴向相对移动。按端部形状不同分为圆头(A型)、方头(B型)和单圆头(C型)3种(图10-41)。圆头平键(10-41b)用于指状铣刀加工的轴槽中，轴槽两端具有与键相同的形状，故键在槽中固定良好，但槽对轴引起的应力集中较大。平头键(图10-41c)的轴槽用盘形铣刀加工，轴的应力集中较小，但对于轴向尺寸较长的键，须用紧定螺钉固定在轴上的键槽中，以防止其松动。单圆头键(图10-41d)常用于轴端。普通平键连接应用最广，它也适用于高精度、高速或冲击、变载情况下的静连接。

表 10-16 普通平键和键槽尺寸(摘自 GB 1096—79) mm

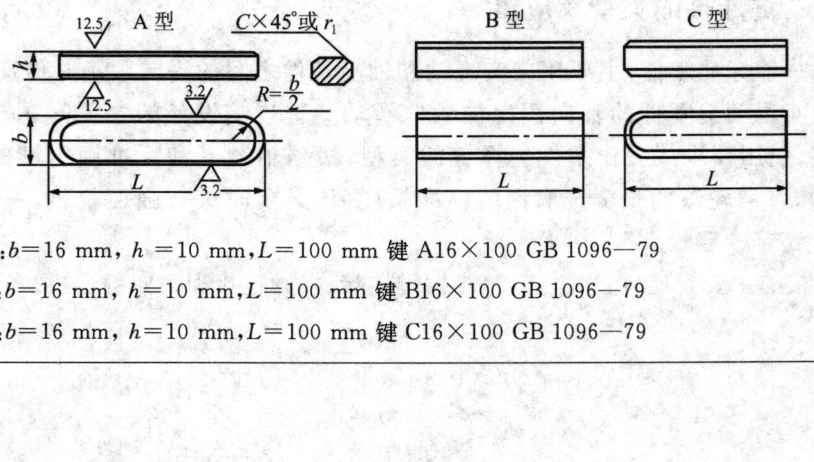

标记示例：A型：b=16 mm，h=10 mm，L=100 mm 键 A16×100 GB 1096—79

B型：b=16 mm，h=10 mm，L=100 mm 键 B16×100 GB 1096—79

C型：b=16 mm，h=10 mm，L=100 mm 键 C16×100 GB 1096—79

续表 10-16

轴的直径	键的尺寸				键槽尺寸		
d	b	h	C或r	L	t	t_1	半径 r
自 6～8	2	2	0.16～0.25	6～20	1.2	1	0.08～0.16
>8～10	3	3		6～36	1.8	1.4	
>10～12	4	4		8～45	2.5	1.8	
>12～17	5	5	0.25～0.4	10～56	3.0	2.3	0.16～0.25
>17～22	6	6		14～70	3.5	2.8	
>22～30	8	7		18～90	4.0	3.3	
>30～38	10	8	0.4～0.6	22～110	5.0	3.3	0.25～0.4
>38～44	12	8		28～140	5.0	3.3	
>44～50	14	9		36～160	5.5	3.8	
>50～58	16	10		45～180	6.0	4.3	
>58～65	18	11	0.6～0.8	50～200	7.0	4.4	0.4～0.6
>65～75	20	12		56～220	7.5	4.9	
>75～85	22	40		63～250	9.0	5.4	

注:1)在工作图中,轴槽深用 $d-t$ 或 t 标注,毂槽深用 $d+t_1$ 标注。

2)键长 L 系列:6,8,10,12,14,16,18,20,22,25,28,32,36,40,45,50,56,63,70,80,90,100,110,125,140,160,180,200,220,250。

(2)导向平键和滑键

当被连接件在工作过程中必须在轴上做轴向移动时,则须采用导键或滑键连接,二者均用于动连接。导向平键(图 10-42a)较长,用螺钉固定在轴槽中,为了便于拆卸,键上制有起键螺孔,需要拆卸键时,将螺钉拧入孔中使键退出键槽。轴上的传动零件可沿键做轴向滑动。当零件滑行的距离较大时,所需的导向平键长度过长,加工制造较为困难,此时宜采用滑键(图 10-42b)。滑键固定在轮毂上,轴上零件带着键做轴向滑动。

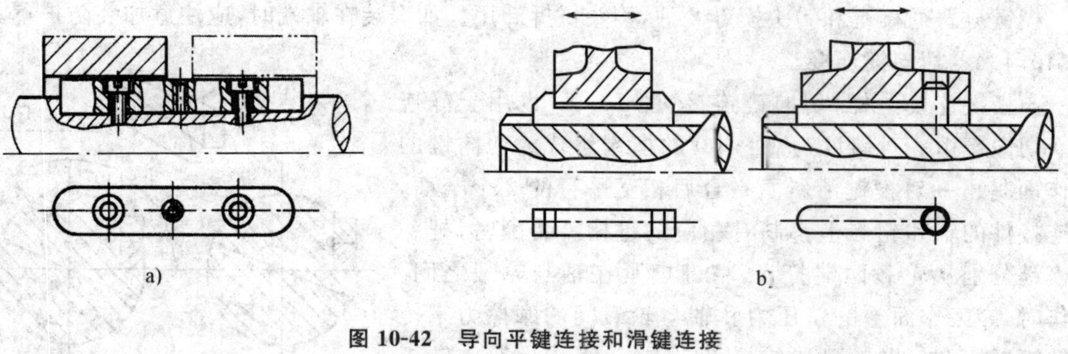

a) b)

图 10-42 导向平键连接和滑键连接

10.10.1.2 半圆键连接

半圆键(图 10-43)用于静连接。与平键一样,键的两侧面为工作面。轴上键槽用尺寸与半圆键相同的半圆键槽铣刀铣出,因而键能在槽中绕其几何中心摆动以适应轮毂中键槽的斜度。

半圆键连接的工艺性较好,装配方便。它的缺点是键槽较深,对轴的强度削弱较大,主要用于轻载和锥形轴端。

图 10-43 半圆键连接

10.10.1.3 楔键连接

楔键(图 10-44)用于静连接。键的上、下两面是工作面,键的上表面和与它相配合的轮毂键槽底面均具有 1∶100 斜度。装配时需将楔键打入槽中。工作时,靠键的楔紧作用来传递转矩,并能轴向固定零件或承受单向轴向力。其缺点是当楔键打入时,迫使轴和轮毂的配合产生偏心与偏载,因此主要用于定心精度要求不高,载荷平稳和低速的场合。

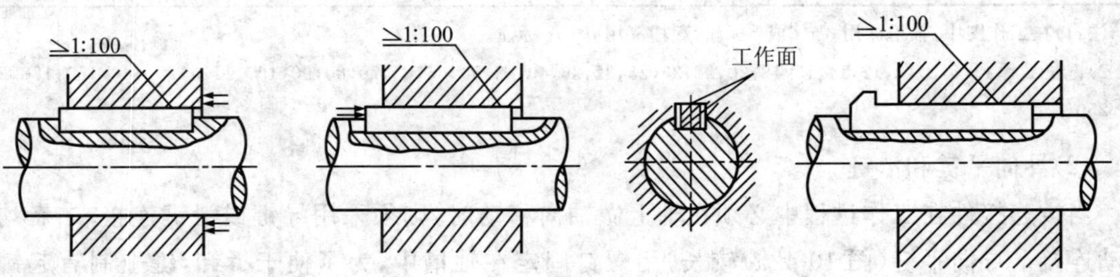

a) 用圆头键槽　b) 用平头键槽　c) 用钩头键槽

图 10-44 楔键连接

楔键分普通楔键和钩头楔键 2 种,钩头供拆卸用。如安装在轴端时,应注意加装防护罩。

10.10.1.4 切向键连接

与楔键连接一样,切向键连接(图 10-45)也用于静连接。切向键由一对斜度为 1∶100 的楔键组成。切向键的工作面是由一对楔键沿斜面拼合后相互平行的 2 个窄面,被连接件的轴和轮毂上都制有相应的键槽。装配时,把一对楔键分别从轮毂两端打入,将键楔紧在轴与轮毂之间。工作时,靠工作面上的挤压力和轴与轮毂间的摩擦力来传递转矩。一个切向键只能传递单向转矩;当传递双向转矩时,需用 2 个切向键,两键间的夹角为 120°～130°。切向键主要用于轴径大于 100 mm、对中要求不严而载荷很大的重型机械中。

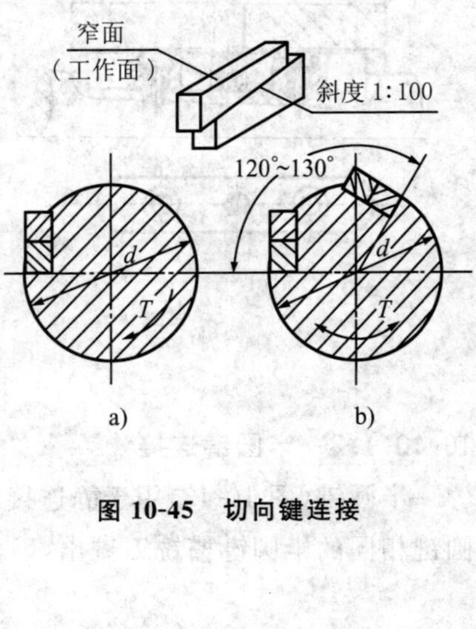

a)　b)

图 10-45 切向键连接

10.10.2 平键连接的强度计算

平静连接的主要失效形式对静连接为工作面被压溃(图 10-46a),除非有严重过载,一般不会出现键的剪断。因此,静连接通常按工作面的挤压应力进行强度计算。动连接的主要失效是工作面的过度磨损,所以动连接按工作面上的压强进行条件性的强度计算。

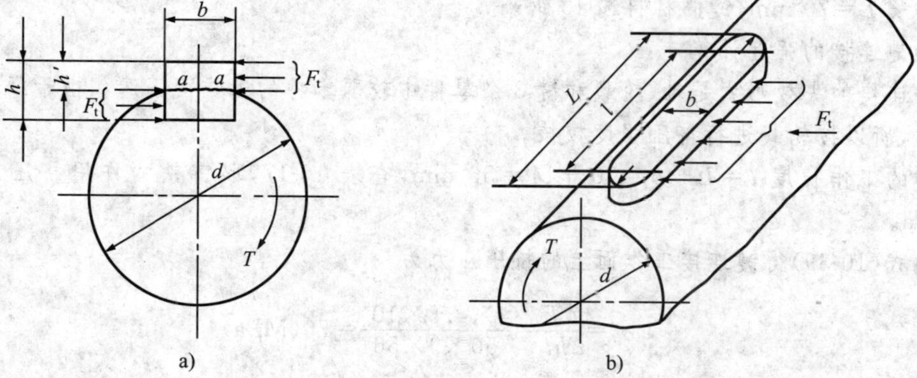

图 10-46 平键连接受力

假设载荷在键的工作面上均匀分布,平键连接的强度条件为

静连接(普通平键)

$$\sigma_p=\frac{2T}{dh'l}\approx\frac{4T}{dhl}\leqslant[\sigma_p] \tag{10-39}$$

动连接(导向平键、滑键)

$$p\approx\frac{4T}{dhl}\leqslant[p] \tag{10-40}$$

式中:σ_p 为挤压应力,MPa;T 为轴传递的转矩,N·mm;d 为轴的直径,mm;h'为键与轮毂的接触高度,取 $h'=\frac{h}{2}$,mm;h 为键的高度,mm;l 为键的工作长度,mm,A 型键 $l=L-b$;B 型键 $l=L$;C 型键 $l=L-\frac{b}{2}$,b 为键宽;若同一轴段相隔 180°设置两个键连接,则 l 按一个键长的 1.5 倍计算;$[\sigma_p]$为许用挤压应力,MPa,见表 10-17;p 为压强,MPa;$[p]$为许用压强,MPa,见表 10-17。

表 10-17 键连接的许用挤压应力$[\sigma_p]$和许用压强$[p]$ MPa

许用值	轮毂材料	载荷性质		
		静载荷	轻微冲击	冲击
$[\sigma_p]$	钢	125~150	100~120	60~90
	铸铁	70~80	50~60	30~45
$[p]$	钢	50	40	30

注:在键连接的组成零件(轴、键、轮毂)中,轮毂材料较弱。

例题 10-2 一 8 级精度的蜗轮与一钢轴用键构成静连接。已知：蜗轮轮毂材料为 HT200，轴的材料为 45 钢，蜗轮与轴的配合直径为 50 mm，蜗轮轮毂长为 80 mm，传递的转矩为 480 N·m，载荷平稳。试选择此键连接。

解：1）选择键连接的类型及其尺寸

8 级精度的蜗轮要求较高的定心性，因此选用平键连接。由于是静连接，选用圆头普通平键。查表 10-16，当 $d=44\sim50$ mm 时，键的剖面尺寸为：宽 $b=14$ mm，高 $h=9$ mm，参考轮毂长度取键长 $L=70$ mm，键的材料选 45 钢。

2）键连接的强度计算

静连接的失效形式是轴、轮毂和键 3 个零件中较弱零件的工作面压溃。由于蜗轮轮毂材料是铸铁，所以按轮毂进行挤压强度校核。

键的工作长度 $l=L-b=70-14=56$ mm，查表 10-17，取铸铁的许用挤压应力 $[\sigma_p]=80$ MPa。

由式（10-39）得键连接工作面上的挤压应力为

$$\sigma_p=\frac{4T}{dhl}=\frac{4\times4.8\times10^5}{50\times9\times56}=76(\text{MPa})$$

由于 $\sigma_p<[\sigma_p]=80$ MPa，所以选择的键连接强度足够。

10.10.3 花键连接

花键连接是由内花键和外花键构成的连接（图 10-47）。花键连接实际上为平键连接在数目上的发展与扩充。与平键相比，其对中性、导向性、载荷分布的均匀性均较好，花键的齿数多，接触面积大，承载能力高。由于键齿较浅，对轴的强度削弱较轻，故应力集中较小。花键连接适用于承受重载或变载和定心精度要求较高的动、静连接。尤其适用于经常滑移的动连接。它的缺点是，加工需要专用设备、量具和刃具，制造成本高。按其齿形的不同，可分为矩形花键（图 10-48）和渐开线花键（图 10-49）2 类，现均已标准化。

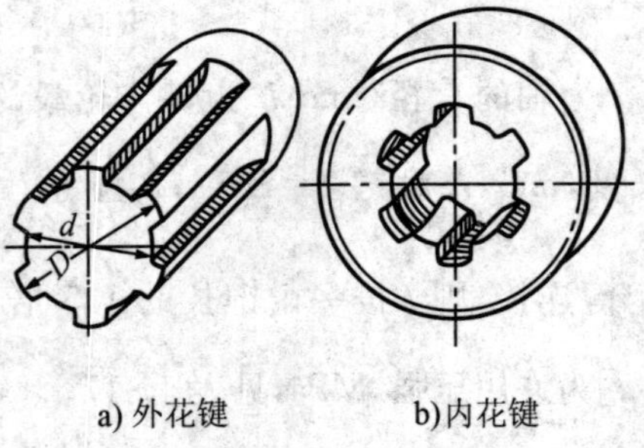

图 10-47 花键

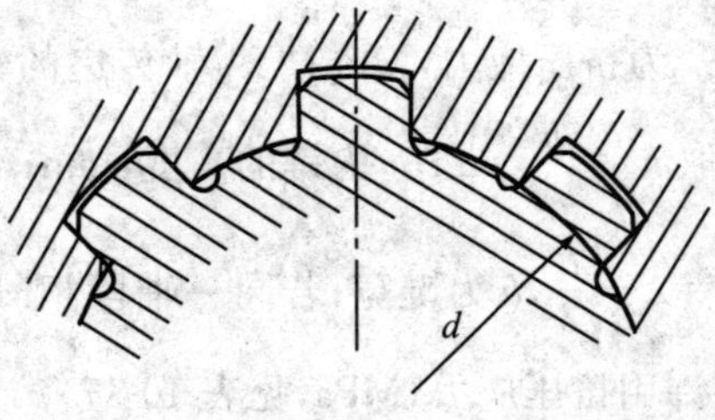

图 10-48 矩形花键连接

10.10.3.1 矩形花键

矩形花键连接（图 10-48），根据齿高的不同，在标准中将矩形花键规定了 2 个系列：轻系列和中系列。轻系列适用于轻载和静连接；中系列用于中等载荷的连接。

矩形花键在连接中按小径 d 定心，轴和毂的定心表面在热处理后都要磨削，定心精度较高。

10.10.3.2 渐开线花键

渐开线花键的齿廓为渐开线，分度圆压力角有 30°和 45° 2 种(图 10-49a、b)。与矩形花键相比，渐开线花键的齿根较厚，齿根圆角较大，连接强度高，易于定心，且可采用制造齿轮的各种加工方法，工艺性较好。适用于载荷较大、定心精度要求较高及尺寸较大的连接。

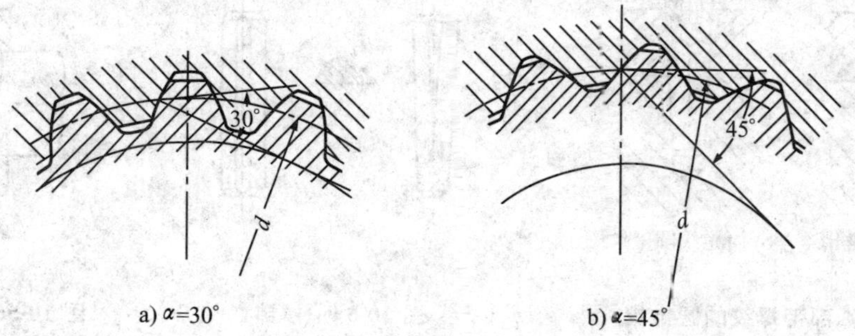

图 10-49 渐开线花键连接

花键的尺寸也是按轴径由标准选定的，其工作表面是花键齿的侧面，工作状况与平键连接相似。花键连接的主要失效形式是工作面被压溃(静连接)或工作面过度磨损(动连接)，其强度计算见有关参考书。

10.11 销连接

销连接主要用于定位(图 10-50)，即固定零件之间的相对位置，它是组合加工和装配时的主要辅助零件。销连接也用于轴与毂之间的连接，这种销称为连接销(图 10-51)，它只能传递不大的载荷。销还可以作为安全装置中的过载剪断元件，这种销称为安全销(图 10-52)。

销的基本形式有圆柱销和圆锥销，这些销均已标准化。圆柱销(图 10-50a)靠过盈配合固定在销孔中，多次装拆后会降低其定位精度；圆锥销(图 10-50b)具有 1∶50 的锥度，具有自锁功能，装拆较圆柱销方便，且定位精度也较高，多次装拆后对定位精度和可靠性影响较小。

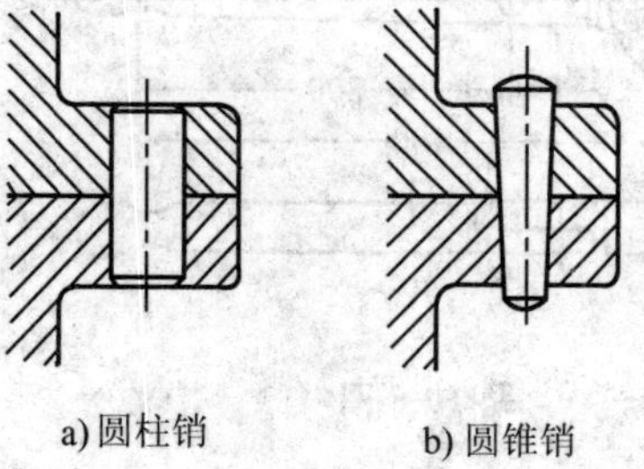

图 10-50 定位销

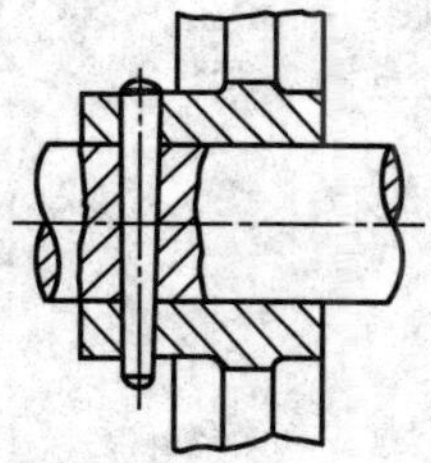

图 10-51 连接销

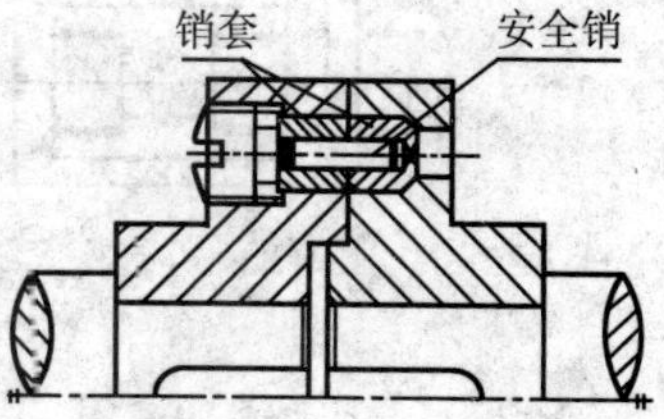

图 10-52 安全销

销还有一些特殊的形式，如带有外螺纹或内螺纹的圆锥销(图 10-53)，便于拆卸，可用于盲孔或拆卸困难的场所。槽销上有碾压或模锻出的 3 条纵向沟槽(图 10-54)，将槽销打入销孔后，利用材料的弹性变形使槽销紧挤在销孔中，能承受振动和变载荷。开尾圆锥销(图 10-55)不易松脱，适用于振动、冲击和变载场合。

销常用的材料为 Q235、35 和 45 钢。

连接销的直径可根据连接的结构特点，按经验或规范确定，必要时再按挤压和剪切强度条件作校核计算。

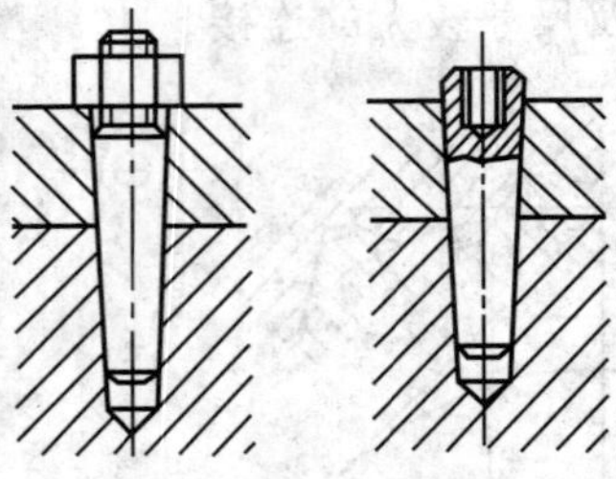

a) 螺尾圆锥销　b) 内螺纹圆锥销

图 10-53　端部带螺纹的圆锥销

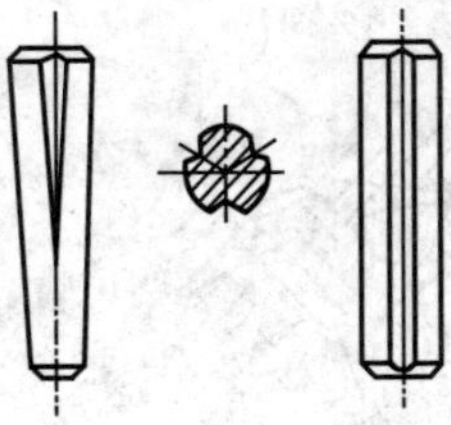

图 10-54　槽销

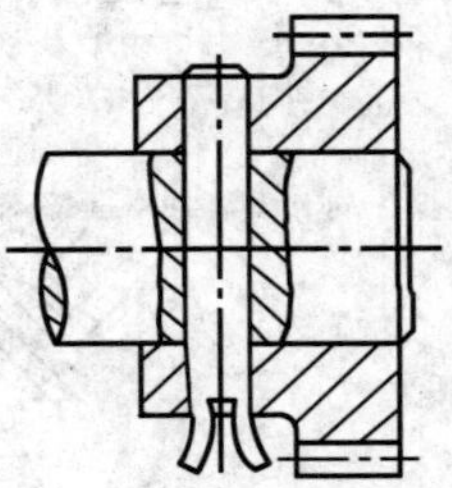

图 10-55　开尾圆锥销

习题 10

10-1　常用的螺纹是左旋还是右旋？为什么连接用的螺纹通常为单头的，而传动常用的螺纹头数则要 2 个以上？

10-2　试正确画出普通螺栓连接、铰制孔用螺栓连接，双头螺柱连接和螺钉连接的结构图。

10-3　当螺栓连接只承受横向工作载荷作用时，螺栓受什么力作用？怎样进行强度计算？

10-4　图示为拉杆螺栓连接，左端为左旋螺纹，右端为右旋螺纹。

1)已知两端均用普通螺纹，公称直径为 20 mm，螺距 $P=2$ mm，摩擦系数 $f=0.15$，求当拉紧力 $F=15$ kN 时所需的拧紧力距。

2)若将螺母旋转 13 周，求两边螺杆被拉紧的距离。

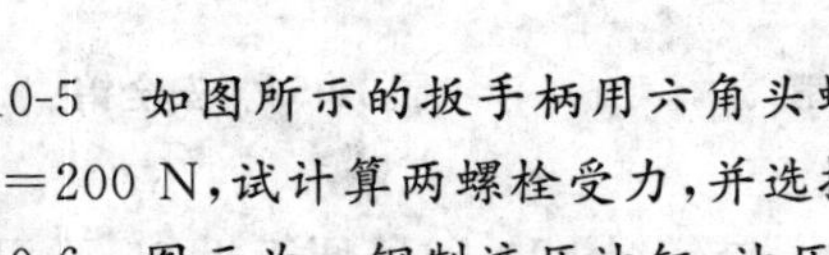

题 10-4 图

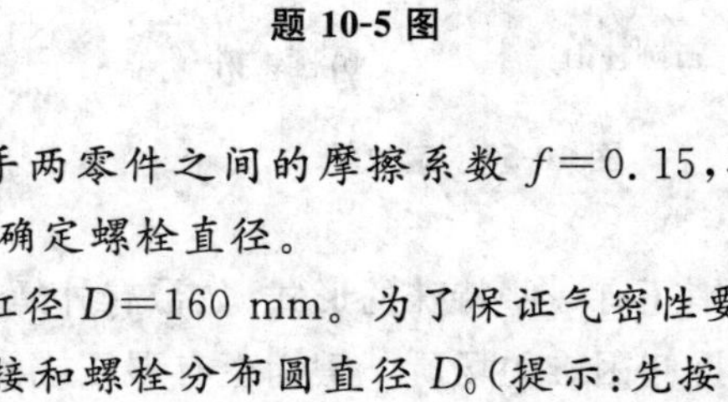

题 10-5 图

10-5　如图所示的扳手柄用六角头螺栓连接，扳手两零件之间的摩擦系数 $f=0.15$，拧板力 $F_p=200$ N，试计算两螺栓受力，并选择螺栓材料和确定螺栓直径。

10-6　图示为一钢制液压油缸，油压 $p=3$ MPa，缸径 $D=160$ mm。为了保证气密性要求，螺栓间距不得大于 100 mm。试计算其缸盖的螺栓连接和螺栓分布圆直径 D_0（提示：先按气密性要求假定螺钉数目）。

10-7　图示方形盖板用 4 个螺钉与箱体连接，盖板中心 O 点的吊环受拉力 $F_Q=10$ kN。

1)求单个螺钉的总拉力,取残余预紧力为工作拉力的0.6倍。

2)如因制造误差,吊环由 O 点移到 O' 点,$OO'=5\sqrt{2}$。求受力最大螺钉的总拉力。

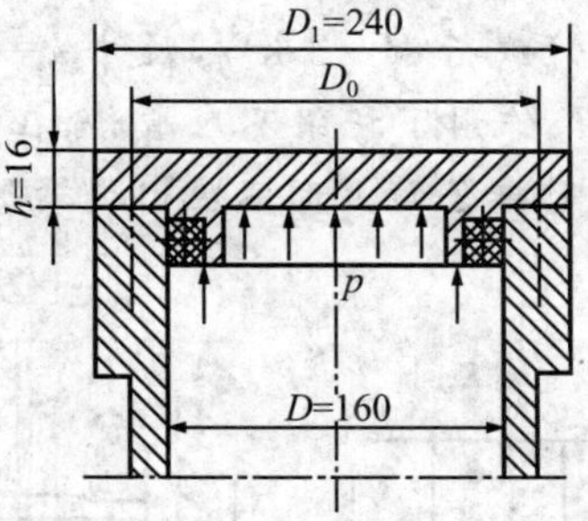

题 10-6 图

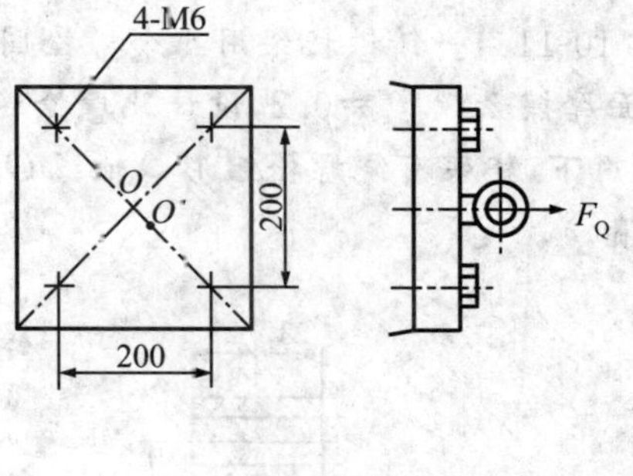

题 10-7 图

*10-8 计算起重卷筒双头螺柱直径。已知条件如下:钢丝绳起重量 $F_Q=50\ 000$ N,利用双头螺柱夹紧产生的摩擦力矩使转矩由齿轮传到卷筒上,8个螺柱均匀分布在直径 $D_1=500$ mm 的圆周上,连接接合面摩擦系数 $f=0.12$,可靠性系数 $K_f=1.2$,螺柱材料为 Q235。

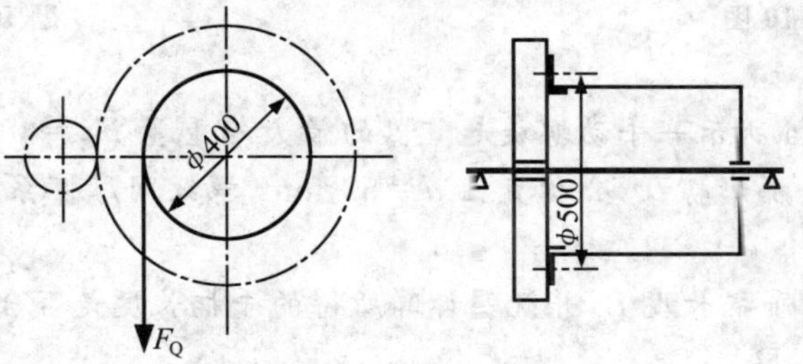

题 10-8 图

10-9 图示为龙门起重机导轨托架的螺栓连接。托架由2块边板和1块承重板焊成,2块边板各用4个螺栓与立柱相连接,支架所承受的最大载荷为20 kN。问:

1)此螺栓连接采用普通螺栓还是铰制孔用螺栓为宜?

2)如用铰制孔用螺栓连接,已知螺栓的许用剪应力为28 MPa,螺栓的直径应为多大?(工字钢尺寸可根据结构要求按标准选定)

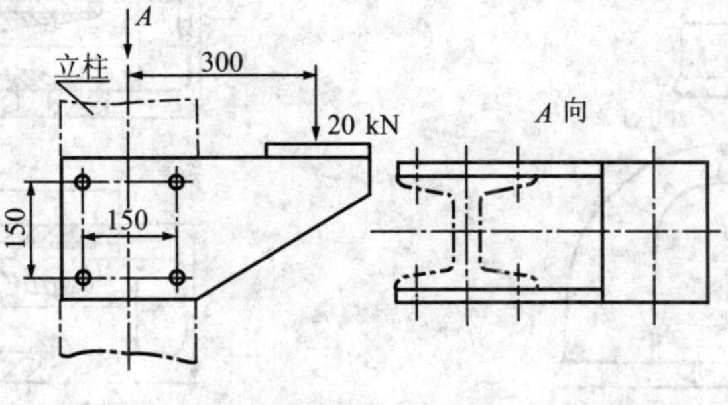

题 10-9 图

10-10 图示凸缘联轴器,允许传递的最大转矩 T 为 1 500 N·m(静载荷),材料为 HT250。联轴器用 4 个 M16 铰制孔用螺栓连成一体,螺栓材料为 35 钢,试选取合适的螺栓长度,并校核其剪切和挤压强度。

*10-11 一铸铁托架用 4 个螺栓固定在钢柱上,已知静载荷 P=3 kW,尺寸 l=150 mm,接合面摩擦系数 f_c=0.2,设计此螺栓连接。(提示:在力 P 作用下托架不应滑移;在倾覆力矩 Pl 作用下,托架有绕螺栓组形心轴线 O-O 翻转的趋势,此时接合面上部不应出现缝隙,下部不应压溃。)

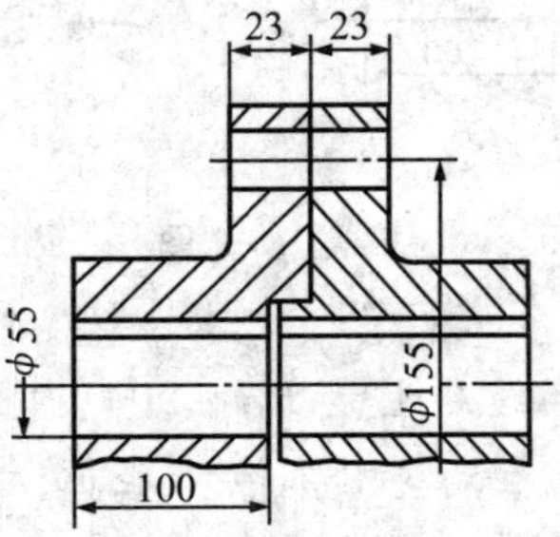

题 10-10 图

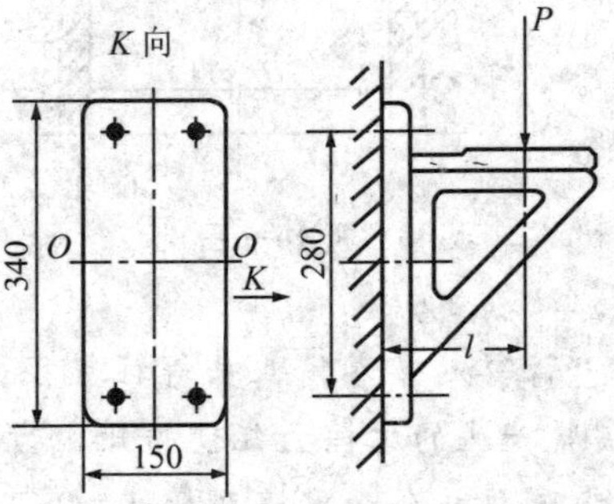

题 10-11 图

10-12 如图 10-37a 所示一手动螺旋起重器的最大起重量 F_N=40 kN,施加于手柄的力 F=250 N,螺旋采用单头梯形螺纹,公称直径 d=52 mm,螺纹间摩擦系数 f=0.15,支承面摩擦系数 f_c≈0。

1)确定此起重器的手柄长度 L,并说明计算所得的手柄长度是否合适。

2)计算螺母的高度 H。

10-13 一小型压力机的最大压力为 25 kN,螺旋副采用梯形螺纹,螺杆取 45 钢正火,[σ]=80 MPa,螺母材料为 ZCuAl10Fe3。设压头支承面平均直径 $D_m=d_2$(d_2 为螺纹中径),操作时螺旋副当量摩擦系数 f_v=0.12,压头支承面摩擦系数 f_c=0.10。试求螺纹参数(要求自锁)和手轮直径。

10-14 如图所示为套筒式联轴器,分别用平键及半圆键与两轴相连接。已知:轴径 d=38 mm,联轴器材料为灰铸铁,外径 D_1=90 mm。试分别计算 2 种连接允许传递的转矩,并比较其优缺点。

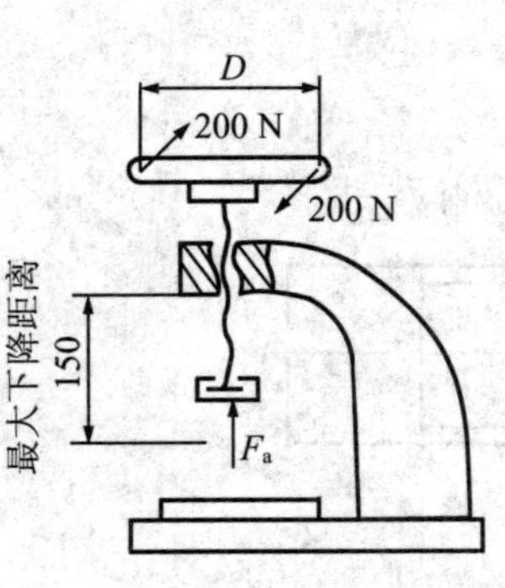

题 10-13 图

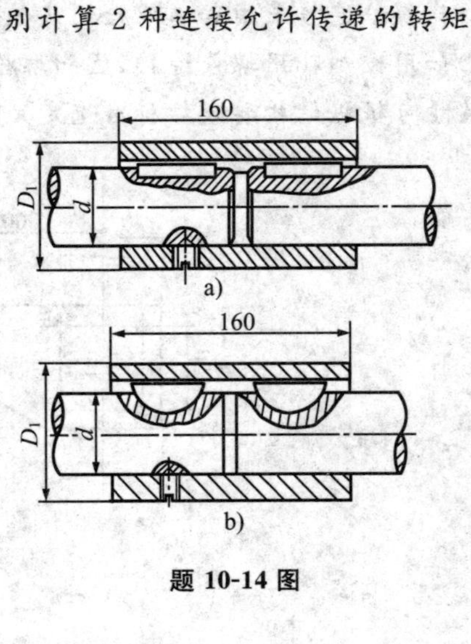

题 10-14 图

10-15 如图所示为变速箱中的双滑移齿轮，传递的额定功率 $P=4$ kW，转速 $n=250$ r/min，齿轮在空载下移动，工作情况良好。试选择花键类型和尺寸，并校核连接的强度。

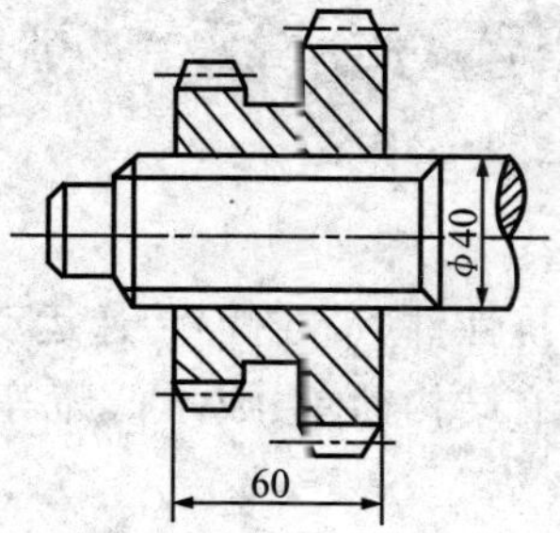

题 10-15 图

11 带传动与链传动

带传动和链传动都是通过中间挠性件(带或链)传递运动和动力,它们适用于两轴中心距较大的场合,与齿轮传动相比,它们具有结构简单、成本低廉等优点。因此,带传动和链传动得到了广泛的应用。

11.1 带传动的类型、特点及应用

带传动是由固连于主动轴上的主动带轮 1、固连于从动轴上的从动带轮 3 和被张紧在两轮上的传动带 2 组成。如图 11-1 所示,当主动带轮转动时,由于带和带轮间的摩擦(或啮合),便拖动从动轮一起转动,并传递一定动力。

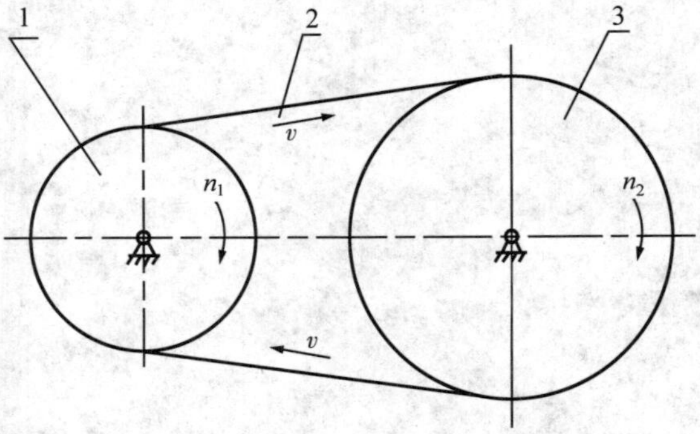

图 11-1 带传动示意图

11.1.1 带传动的类型

带传动的常用类型按横截面形状可分为平带传动(图 11-2a)、V 带传动(图 11-2b)、多楔带传动(图 11-2c)、圆带传动、同步带传动(图 11-2d)等。平带、V 带、多楔带、圆带传动都是靠带与带轮接触面之间的摩擦力来传递运动和动力;同步带传动则是靠带内侧的齿与带轮齿啮合来传递运动和动力。

平带的横截面为扁平矩形,其工作面是与轮面相接触的内表面;V 带的横截面为等腰梯形,其工作面是与轮槽相接触的两侧面,但 V 带与轮槽槽底不接触,由于轮槽的楔形效应,张紧力相同时,V 带传动较平带传动能产生更大的摩擦力,故具有较大的传递运动和动力的能力;多楔带以其扁平部分为基体,下面有几条等距纵向槽,其工作面是楔的侧面,这种带兼有平带的弯曲应力小和 V 带的摩擦力大等优点,常用于传递动力大而又要求结构紧凑的场合。圆带的牵引能力小,常用于仪器和家用器械中。

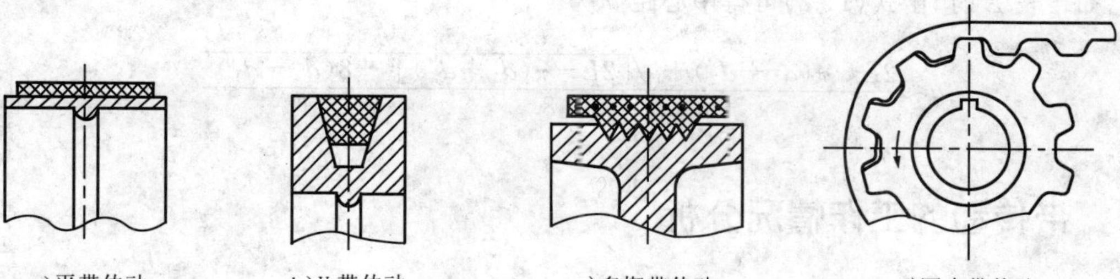

a)平带传动　b)V 带传动　c)多楔带传动　d)同步带传动

图 11-2 带传动的类型

11.1.2 带传动的特点

带传动具有中间挠性件，其主要优点是：①能缓冲吸振；②传动平稳，噪声小；③过载时，带将在带轮上打滑，可防止其他零件损坏；④结构简单、成本低；⑤允许有较大的中心距（可达 15 m）。带传动的主要缺点是：①由于带与带轮面之间的滑动，不能保证定传动比；②在传递相同大小圆周力时，结构尺寸和轴上压力都比啮合传动大；③传动效率低、带的寿命较短。

靠啮合工作的带传动，其优点是：①传动效率高，可达 0.98～0.995；②传动平稳，噪声小；③不打滑，传动比准确。其缺点是：①制造工艺较复杂；②安装精度要求较高。

11.1.3 带传动的应用

带传动通常用于中小功率电动机与工作机械之间的动力传递。目前 V 带传动应用最广，般带速为 $v=5\sim25$ m/s，传动比 $i<7$（最大可达 10），传动效率 $\eta=0.94\sim0.97$。

近年来平带传动的应用已大为减少。尽管如此，在高速（带速 $v>30$ m/s、高速轴转速 $n_1\geqslant$ 10 000 r/min）情况下，采用平带传动仍然是很有效的。

11.1.4 带传动的几何关系

带传动主要用于两轴平行且回转方向相同的场合，这种传动称为开口传动。如图 11-3 所示，当带处于规定的张紧力时，两带轮轴线间的距离称为中心距 a；带与带轮接触弧所对的中心角称为包角 α，相同条件下，包角越大，带的摩擦力和能传递的功率也越大。它是带传动的一个重要参数，设 d_1、d_2 分别为小带轮、大带轮的直径，L 为带长，则小带轮的包角为

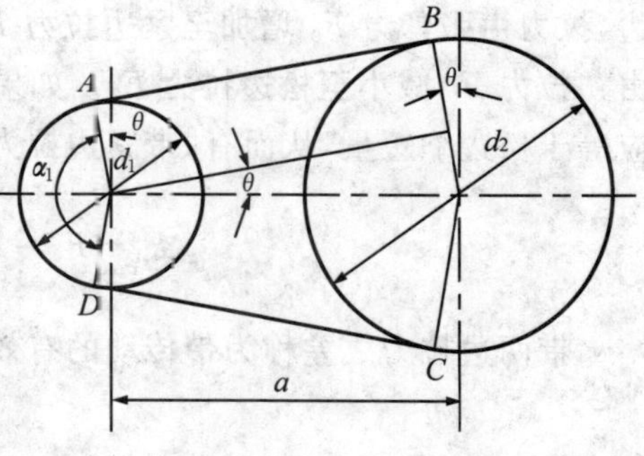

图 11-3 开口带传动的几何关系

$$\alpha_1 = 180° - \frac{d_2 - a_1}{a} \times 57.3° \tag{11-1}$$

带长 L 为

$$L = 2a + \frac{\pi}{2}(d_1 + d_2) + \frac{(d_2 - d_1)^2}{4a} \tag{11-2}$$

已知带长 L 时，由式(11-2)可得中心距 a 为

$$a \approx \frac{2L-\pi(d_1+d_2)+\sqrt{[2L-\pi(d_1+d_2)]^2-8(d_2-d_1)^2}}{8} \tag{11-3}$$

11.2 带传动的工作情况分析

11.2.1 带传动的受力分析

安装带传动时，带被预先装紧在带轮上。带传动不工作时，带的任何截面都受张紧力 F_0 的作用，同时带与带轮轮槽接触面产生正压力(图 11-4a)。

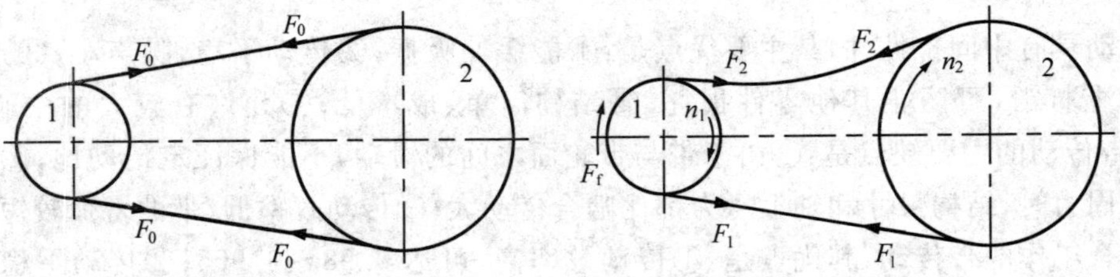

图 11-4 带传动的工作原理

带传动工作时(图 11-4b)，主动轮 1 以转速 n_1 转动，带与带轮的接触面间产生摩擦力，主动轮作用在带上的摩擦力 F_f 的方向和主动轮的圆周速度方向相同(图 11-5a)，主动轮即靠此摩擦力驱使带运动；带作用在从动轮 2 上的摩擦力的方向与带的运动方向相同，从动轮同样靠此摩擦驱使以转速 n_2 转动。在摩擦力作用下，进入主动轮一边的带被进一步拉紧并伸长，称为紧边，拉力由张紧力 F_0 增加至紧边拉力 F_1；退出主动轮一边的带被放松并收缩，称为松边，拉力由初拉力 F_0 减小至松边拉力 F_2。如果近似地认为带工作时的总长度不变，则带紧边的伸长量应等于松边缩短量，从而有，带紧边拉力的增加量应等于松边拉力的减少量。

$$F_1-F_0=F_0-F_2 \text{ 或 } F_0=\frac{1}{2}(F_1+F_2) \tag{11-4}$$

带两边拉力之差称为带传动的有效拉力，也就是带所传递的圆周力 F。即

$$F=F_1-F_2 \tag{11-5}$$

带传动所能传递的功率 P(单位为 kW)与圆周力 F (单位为 N)及带速 v(单位为 m/s)之间的关系为

$$P=\frac{Fv}{1\,000} \tag{11-6}$$

若带传动所传递的圆周力超过带与带轮面的极限摩擦力总和时，带与带轮将发生显著的相对滑动，这种现象称为打滑。经常出现打滑时，将使带的磨损加剧、传动效率降低，以致使传动失效。

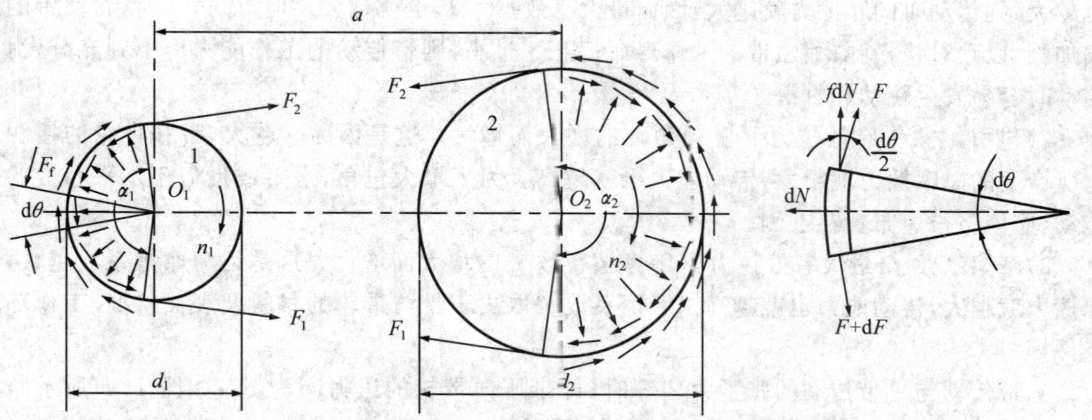

图 11-5 带传动的受力分析

现以平带传动为例,分析带在即将打滑时,紧边拉力 F_1 与松边拉力 F_2 之间的关系,此时的圆周力为最大有效拉力。如图 11-5b 所示,在带上取一微小段,其上作用有正压力、摩擦力及两边的拉力 F 和 $F+\mathrm{d}F$,根据力平衡条件有

$$2F\sin\frac{\mathrm{d}\theta}{2}+\mathrm{d}F\sin\frac{\mathrm{d}\theta}{2}=\mathrm{d}N$$

$$f\mathrm{d}N=\mathrm{d}F\cos\frac{\mathrm{d}\theta}{2}$$

因 $\mathrm{d}\theta$ 很小,可取 $\sin\frac{\mathrm{d}\theta}{2}\approx\frac{\mathrm{d}\theta}{2}$,$\cos\frac{\mathrm{d}\theta}{2}\approx1$,由上两式联立求解,并略去二阶微小量,得

$$\frac{\mathrm{d}F}{F}=f\mathrm{d}\theta$$

对上式两边积分

$$\int_{F_2}^{F_1}\frac{\mathrm{d}F}{F}=f\int_0^{\alpha}\mathrm{d}\theta$$

即

$$F_1=F_2\mathrm{e}^{f\alpha} \tag{11-7}$$

式(11-7)即为著名的柔韧体摩擦的欧拉公式。式中:e 为自然对数的底(e=2.718…);f 为摩擦系数;α 为带在带轮上的包角,rad。

将式(11-7)、式(11-5)、式(11-4)联立求解,可得

$$\left.\begin{aligned}F&=F_1-F_2=F_1\left(1-\frac{1}{\mathrm{e}^{f\alpha}}\right)\\F&=2F_0\,\frac{\mathrm{e}^{f\alpha}-1}{\mathrm{e}^{f\alpha}+1}=2F_0\,\frac{1-1/\mathrm{e}^{f\alpha}}{1+1/\mathrm{e}^{f\alpha}}\end{aligned}\right\} \tag{11-8}$$

由式(11-8)可知,带传动的最大有效拉力 F 取决于下列几个方面的因素:

1)张紧力 F_0:最大有效拉力 F 与 F_0 成正比。这是因为 F_0 越大,带与带轮接触面的正压力

也越大，则传动时的摩擦力就越大，因而最大有效拉力 F 也就越大。但 F_0 过大时，将使带的磨损加剧，以致过快松弛，缩短带的工作寿命；若 F_0 过小，则带传动的工作能力得不到充分发挥，传动时容易发生跳动和打滑。

2)包角 α：最大有效拉力 F 随包角 α 的增大而增大。这是因为 α 越大，带和带轮的接触面上所产生的总摩擦力就越大，传动能力也就越高。为了增大包角，水平或近似于水平布置的带传动，应该将松边布置在上侧。

3)摩擦系数 f：最大有效拉力 F 随摩擦系数 f 的增大而增大。这是因为摩擦系数越大，则摩擦力就越大，传动能力也就越高。摩擦系数 f 取决于带与带轮的材料及表面状况、工作环境条件等。

V 带传动与平带传动的张紧力相等时(即带压向带轮的压力同为 F_0，如图 11-6 所示)，它们的法向力 N 则不同。因此平带的极限摩擦力为 $Nf=F_0 f$，而 V 带的极限摩擦力为

$$Nf=\frac{F_0}{\sin\frac{\varphi}{2}}f=F_0 f_v$$

式中：φ 为 V 带轮的轮槽楔角；$f_v=f/\sin\frac{\varphi}{2}$ 为当量摩擦系数。显然，$f_v>f$，故在相同的条件下，V 带能传递较大的功率。

引用当量摩擦系数的概念，以 f_v 代替 f，即可将式(11-7)和式(11-8)应用于 V 带传动。

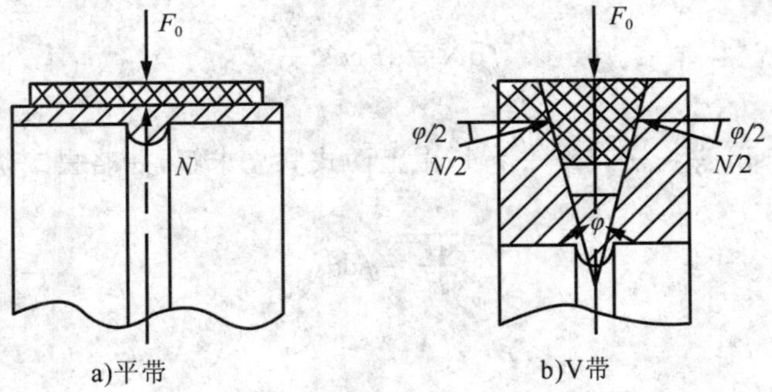

图 11-6 带与带轮之间的摩擦力

11.2.2 带的应力分析

11.2.2.1 紧边拉应力 σ_1 与松边拉应力 σ_2

带的紧边拉应力 σ_1 与松边拉应力 σ_2 由紧边拉力 F_1 与松边拉力 F_2 产生

$$\sigma_1=\frac{F_1}{A},\quad \sigma_2=\frac{F_2}{A} \tag{11-9}$$

式中：σ_1、σ_2 为带的紧边拉应力与松边拉应力，MPa；F_1、F_2 为紧边拉力与松边拉力，N；A 为带的截面面积(表 11-1)，mm^2。

11.2.2.2 离心应力 σ_c

当带以线速度 v 沿带轮轮缘作圆周运动时，如图 11-7 所示，在带的任意一微小段上，由于

带的自身质量将引起离心力 dC

$$dC=(r d\theta)q\frac{v^2}{r}=qv^2 d\theta$$

式中：q 为带单位长度的质量，kg/m；v 为带的线速度，m/s。

设离心力 dC 在该微弧段两边引起离心拉力 F_c，由微弧段上各力的平衡得

$$2F_c\sin\frac{d\theta}{2}=qv^2 d\theta$$

取 $\sin\frac{d\theta}{2}\approx\frac{d\theta}{2}$，则

$$F_c=qv^2$$

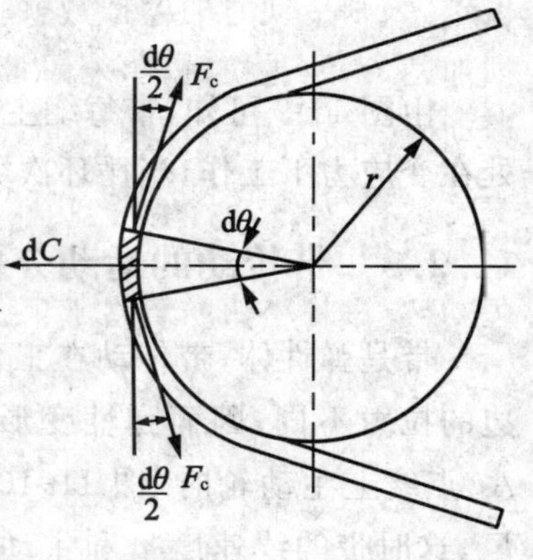

图 11-7 带的离心力

离心力虽只发生在带做圆周运动的部分，但由此引起的拉力却作用于带的全长。故离心应力 σ_c（单位为 MPa）为

$$\sigma_c=\frac{F_c}{A}=\frac{qv^2}{A} \tag{11-10}$$

11.2.2.3 弯曲应力 σ_b

带绕在带轮上时要引起弯曲应力，如图 11-8 所示。由材料力学公式得带的弯曲应力 σ_b（单位为 MPa）为

$$\sigma_b=\frac{2yE}{d} \tag{11-11}$$

式中：y 为带的节面以上的高度，mm；d 为带轮直径（对 V 带轮，d 为基准直径），mm；E 为带的弹性模量，MPa。显然，两带轮直径不相等时，带在两轮上的弯曲应力也不相等。

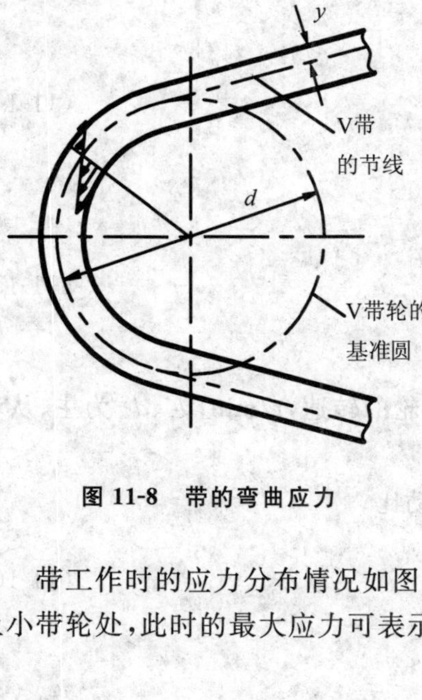

图 11-8 带的弯曲应力

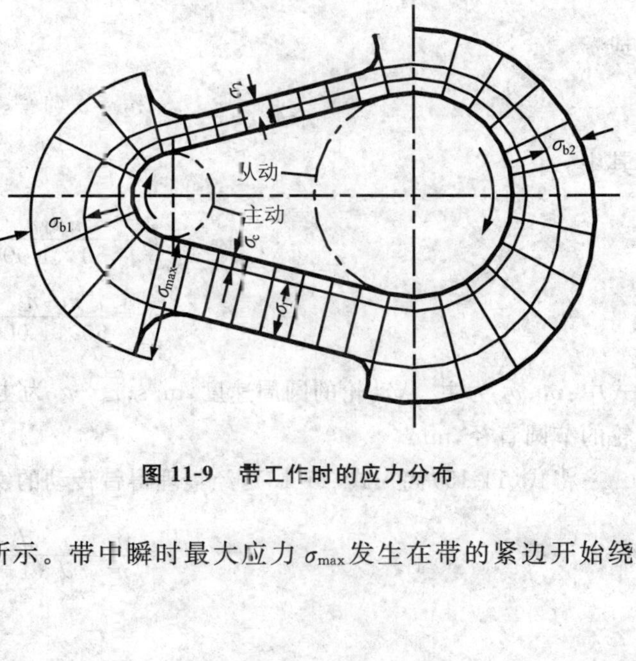

图 11-9 带工作时的应力分布

带工作时的应力分布情况如图 11-9 所示。带中瞬时最大应力 σ_{max} 发生在带的紧边开始绕上小带轮处，此时的最大应力可表示为

$$\sigma_{max}=\sigma_1+\sigma_{b1}+\sigma_c \tag{11-12}$$

由图 11-9 可知，带每绕主、从动轮循环一周，作用在带上某点的应力循环变化一次，即带是处在变应力下工作，当循环次数达到一定值后，将使带产生疲劳破坏。

11.2.3 带传动的运动分析

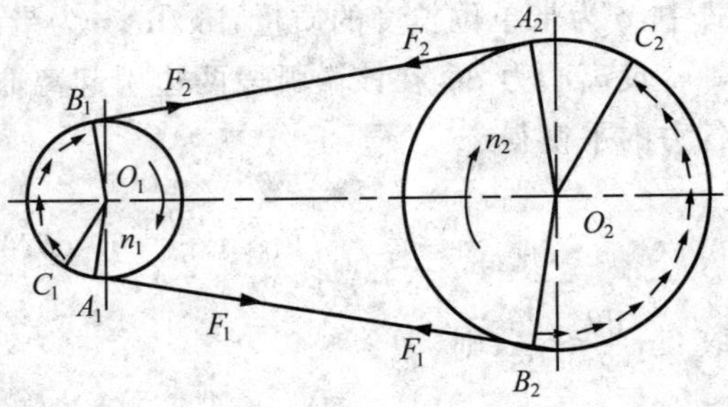

图 11-10 带的弹性滑动示意图

（箭头表示带轮对带的摩擦力）

带是弹性体，带传动在工作时，由于紧边和松边的拉力不同，因而弹性变形也不同。当紧边在 A_1 点绕上主动轮时（图 11-10），带所受的拉力为 F_1，这时带的线速度 v 和主动轮在节圆上的圆周速度 v_1 相等。在带由 A_1 点转到 B_1 点的过程中，带所受的拉力由 F_1 逐渐降低到 F_2，其弹性变形也就随之逐渐减小，因而带沿带轮的运动是在绕进的过程中向后收缩，所以带的速度便过渡到逐渐低于主动轮的圆周速度 v_1。这就说明了带在绕经主动轮缘的过程中，在带与主动轮缘之间发生了相对滑动。同样的现象也发生在从动轮上，但情况恰好相反，带绕过从动轮时，拉力由 F_2 增大到 F_1，弹性变形随之逐渐增加，因而带沿带轮的运动是在绕进的过程中向前伸长，所以带的速度便过渡到逐渐高于从动轮的圆周速度 v_2，也就是说带与从动轮间也发生相对滑动。这种由于带的弹性变形而引起的带与带轮之间的相对滑动，称为带传动的弹性滑动。弹性滑动是带传动正常工作时固有的特性，无法避免。

由于弹性滑动，使从动轮的圆周速度 v_2 低于主动轮的圆周速度 v_1，其降低量用滑动率 ε 来表示

$$\varepsilon=\frac{v_1-v_2}{v_1} \tag{11-13}$$

或

$$v_2=v_1(1-\varepsilon) \tag{11-14}$$

其中

$$\left.\begin{aligned} v_1&=\frac{\pi d_1 n_1}{60\times 1\ 000} \\ v_2&=\frac{\pi d_2 n_2}{60\times 1\ 000} \end{aligned}\right\} \tag{11-15}$$

式中：v_1、v_2 为主、从动轮的圆周速度，m/s；n_1、n_2 为主、从动轮的转速，r/min；d_1、d_2 为主、从动轮的节圆直径，mm。

将式(11-15)代入式(11-13)，经整理得带传动的实际传动比

$$i=\frac{n_1}{n_2}=\frac{d_1}{d_2(1-\varepsilon)} \tag{11-16}$$

或从动带轮的转速

$$n_2=\frac{n_1 d_1(1-\varepsilon)}{d_2} \tag{11-17}$$

在一般正常传动中，滑动率 ε 并不太大（$\varepsilon\approx1\%\sim2\%$），可不予考虑。

弹性滑动和打滑是两个截然不同的概念。打滑是由于过载而引起的带与带轮间的全面滑动。打滑将使带的磨损加剧，从动轮转速急剧降低，甚至使传动失效，这种情况应当避免。

例题 11-1 一平带传动，传递功率 $P=7.5$ kW，带速 $v=10$ m/s；带在小带轮上的包角 $\alpha_1=160°$，带的厚度 $\delta=4.8$ mm、宽度 $b=100$ mm；带的密度 $\rho=1\times10^{-3}$ kg/cm³，带与轮面的摩擦系数 $f=0.3$。试求：1）传递的圆周力；2）紧边、松边拉力；3）由于离心力在带中引起的拉力；4）所需的张紧力；5）作用在轴上的压力。

解：1）传递的圆周力：

$$F=\frac{1\,000P}{v}=\frac{1\,000\times7.5}{10}=750(\text{N})$$

2）紧边、松边拉力：因 $\alpha_1=\frac{160°\pi}{180°}=2.79(\text{rad})$；　故　$e^{f\alpha_1}=e^{0.3\times2.79}=2.31$

由式(11-5)和式(11-7)得

$$F_1-F_2=F=750(\text{N})$$

$$F_1=F_2e^{f\alpha_1}=2.31F_2$$

联解以上两式得　$F_1=1\,322.5(\text{N})$，$F_2=572.5(\text{N})$

3）离心力在带中引起的拉力：该平带每米长度的质量

$$q=100\delta\rho=100\times10\times0.48\times1\times10^{-3}=0.48\ (\text{kg/m})$$

离心力引起的拉力

$$F_c=qv^2=0.48\times10^2=48(\text{N})$$

4）所需的张紧力：由式(11-4)得

$$F_0=\frac{1}{2}(F_1+F_2)$$

带的离心力使带与轮面之间的压力减小，传动能力降低，为了补偿这种影响，所需张紧力为

$$F_0=\frac{1}{2}(F_1+F_2)+F_c=\frac{1\,322.5+572.5}{2}+48=995.5(\text{N})$$

5）作用在轴上的压力：如图 11-11 所示，作用在轴上的压力为

$$F_Q=2F_0\cos\frac{\gamma}{2}=2F_0\sin\frac{\alpha_1}{2}=2\times995.5\sin\frac{160°}{2}=1\,960.8(\text{N})$$

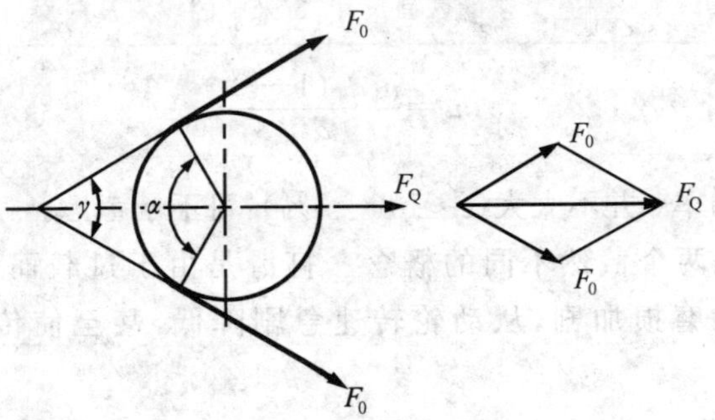

图 11-11 带传动作用在轴上的载荷

11.3 普通 V 带传动的设计计算

V 带分为普通 V 带、窄 V 带、宽 V 带、大楔角 V 带、齿形 V 带等多种类型。一般机械传动中，多使用普通 V 带，近年来窄 V 带也得到了广泛的应用。本节着重介绍普通 V 带传动的计算。

11.3.1 V 带的规格

普通 V 带制成无接头的环形，横截面呈等腰梯形，带轮上也做出相应的轮槽；传动时，V 带只和轮槽的两个侧面接触。V 带结构(图 11-12)由顶胶 1、承载层 2、底胶 3 和包布 4 部分组成。承载层有胶帘布或胶绳芯 2 种，绳芯结构柔韧性好，抗弯强度高，适用于转速较高，带轮直径较小的场合。

如图 11-13 所示，当带垂直其底边弯曲时，在带中保持原长度不变的任一条周线称为节线；由全部节线构成的面称为节面。带的节面宽度称为节宽 b_p，当带垂直其底边弯曲时，该宽度保持不变。

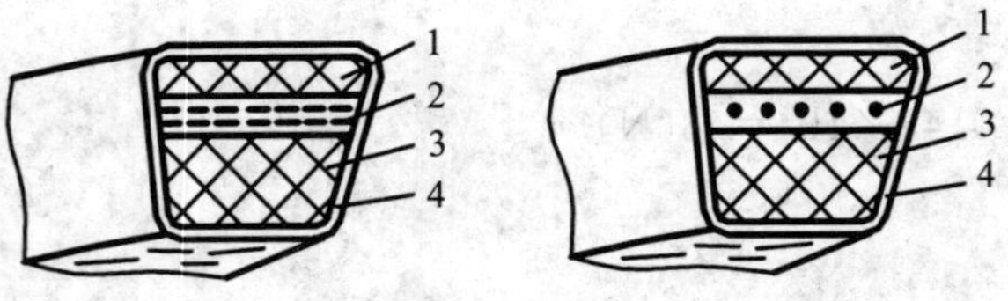

a) 帘布芯结构　b) 绳芯结构

图 11-12 普通 V 带结构

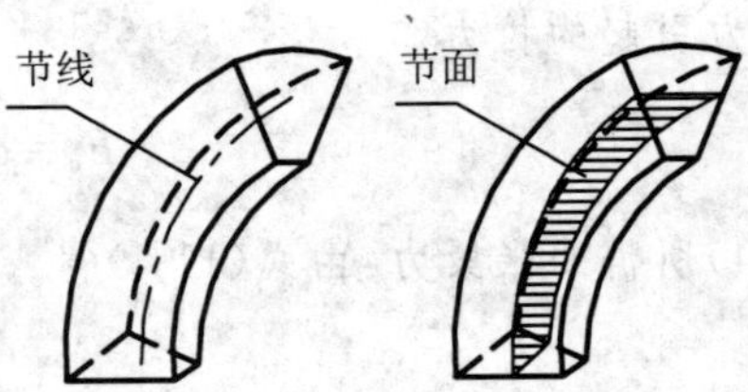

a)　b)

图 11-13 V 带的节线与节面

楔角 φ 为 40°、相对高度(h/b_p)为 0.7 的 V 带称为普通 V 带。普通 V 带已标准化，按截面尺寸的不同，分为七种型号，见表 11-1。

在 V 带轮上，与所配用 V 带的节面宽度 b_p 相对应的带轮直径称为基准直径 d(参见表 11-8 中的图)。V 带在规定的张紧力下，位于带轮基准直径上的周线长度称为基准长度 L_d。V 带的长度系列见表 11-2。

表 11-1　普通 V 带的截面尺寸、每米长的质量及截面面积

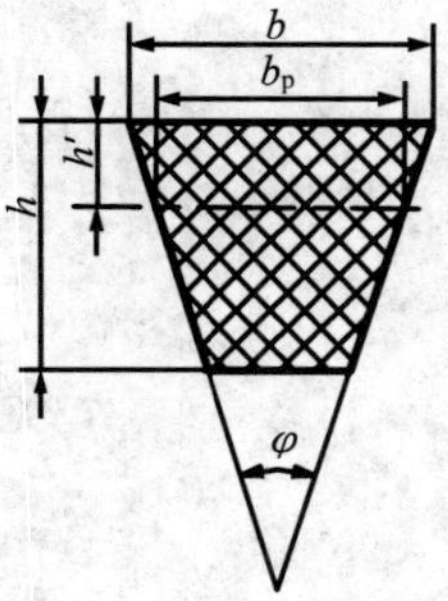

型号	顶宽 b/mm	节宽 b_p/mm	高度 h/mm	每米质量 q/(kg/m)	截面面积 A/mm²	楔角 φ
Y	6.0	5.3	4.0	0.04	18.0	40°
Z	10.0	8.5	6.0	0.06	47.0	
A	13.0	11.0	8.0	0.10	81.0	
B	17.0	14.0	10.5	0.17	138.0	
C	22.0	19.0	13.5	0.30	230.0	
D	32.0	27.0	19.0	0.60	476.0	
E	38.0	32.0	23.5	0.87	692.0	

表 11-2　V 带的基准长度 L_d 系列及长度系数 K_L

基准长度 L_d/mm	长度系数 K_L						
	Y	Z	A	B	C	D	E
355	0.92						
400	0.96	0.87					
450	1.00	0.89					
500	1.02	0.91					
560		0.94					
630		0.96	0.81				
710		0.99	0.82				
800		1.00	0.85				
900		1.03	0.87	0.81			
1 000		1.06	0.89	0.84			
1 120		1.08	0.91	0.86			
1 250		1.11	0.93	0.88			
1 400		1.14	0.96	0.90			
1 600		1.16	0.99	0.93	0.84		
1 800		1.18	1.01	0.95	0.85		
2 000			1.03	0.98	0.88		
2 240			1.06	1.00	0.91		
2 500			1.09	1.03	0.93		
2 800			1.11	1.05	0.95	0.83	
3 150			1.13	1.07	0.97	0.86	

11.3.2　单根普通 V 带的许用功率

带在带轮上打滑或带发生疲劳损坏(脱层、撕裂或拉断)时,就不能传递动力。因此带传动

的设计依据是保证带不打滑及具有一定的疲劳寿命。

为了保证带传动不出现打滑，以 V 带传动的当量摩擦系数 f_v 代替 f，由式(11-6)和式(11-8)得单根普通 V 带能传递的功率

$$P_0 = F_1\left(1-\frac{1}{e^{f_v \alpha}}\right)\frac{v}{1\ 000} = \sigma_1 A\left(1-\frac{1}{e^{f_v \alpha}}\right)\frac{v}{1\ 000} \tag{11-18}$$

式中：A 为带的截面面积，mm^2。

为了使带具有一定的疲劳寿命，应使

$$\sigma_{max} = \sigma_1 + \sigma_{b1} + \sigma_c \leqslant [\sigma]$$

即

$$\sigma_1 \leqslant [\sigma] - \sigma_{b1} - \sigma_c$$

式中：$[\sigma]$为根据疲劳强度和寿命决定的 V 带的许用拉应力，MPa。

将上式代入式(11-18)，得单根普通 V 带能传递的功率

$$P_0 = ([\sigma] - \sigma_{b1} - \sigma_c)\left(1-\frac{1}{e^{f_v \alpha}}\right)\frac{Av}{1\ 000} \tag{11-19}$$

在包角 $\alpha = 180°$、特定带长、载荷平稳的条件下，单根 V 带所能传递的功率 P_0。见表 11-3。

表 11-3 单根普通 V 带所能传递的功率 P_0 kW

带型	小带轮直径 d_1/mm	小带轮转速 n_1/(r/min)							
		400	730	800	980	1 200	1 460	1 600	2 800
Z	50	0.06	0.09	0.10	0.12	0.14	0.16	0.17	0.26
	63	0.08	0.13	0.15	0.18	0.22	0.25	0.27	0.41
	71	0.09	0.17	0.20	0.23	0.27	0.31	0.33	0.50
	80	0.14	0.20	0.22	0.26	0.30	0.36	0.39	0.56
	90	0.14	0.22	0.24	0.24	0.33	0.37	0.40	0.60
A	75	0.27	0.42	0.45	0.52	0.60	0.68	0.73	1.00
	90	0.39	0.63	0.68	0.79	0.93	1.07	1.15	1.64
	100	0.47	0.77	0.83	0.97	1.14	1.32	1.42	2.05
	112	0.56	0.93	1.00	1.18	1.39	1.62	1.71	2.51
	125	0.67	1.11	1.19	1.40	1.66	1.93	0.27	2.98
B	125	0.84	1.34	1.44	1.67	1.93	2.20	2.33	2.96
	140	1.05	1.69	1.82	2.13	2.47	2.83	3.00	3.85
	160	1.32	2.16	2.32	2.72	3.17	3.64	3.86	4.98
	180	1.59	2.61	2.81	3.30	3.85	4.41	4.68	5.76
	200	1.85	3.05	3.30	3.86	4.50	5.15	5.46	6.43

续表 11-3

带型	小带轮直径 d_1/mm	小带轮转速 n_1/(r/min)							
		400	730	800	980	1 200	1 460	1 600	2 800
C	200	2.41	3.80	4.07	4.66	5.29	5.86	6.07	5.01
	224	2.99	4.78	5.12	5.89	6.71	7.47	7.75	6.08
	250	3.62	5.82	6.23	7.18	8.21	9.06	9.38	6.56
	280	4.32	6.99	7.52	8.65	9.81	10.74	11.06	6.13
	315	5.14	8.34	8.92	10.23	11.53	12.48	12.72	4.16
	400	7.06	11.52	12.10	13.67	15.04	15.51	15.24	—
D	355	9.24	14.04	14.83	16.30	17.25	16.70	15.63	—
	450	13.85	21.12	22.25	24.16	24.84	22.42	19.59	—
	560	18.95	28.28	29.55	31.00	29.67	22.08	15.13	—
	710	25.45	35.97	36.87	35.58	27.88	—	—	—
	800	29.08	39.26	39.55	35.26	21.32	—	—	—

实际工作条件与上述特定条件不同时，应对 P_0 值加以修正。修正后即得实际工作条件下，单根普通 V 带所能传递的功率，称为许用功率$[P_0]$，故

$$[P_0]=(P_0+\Delta P_0)K_\alpha K_L \tag{11-20}$$

式中：ΔP_0 为单根 V 带 $i\neq1$ 时的功率增量(表 11-4)，kW；因 P_0 是按 $i=1$，即 $d_2=d_1$ 的条件计算的，而当传动比越大时，从动轮直径就越比主动轮直径大，带绕上从动轮时的弯曲应力就越比绕上主动轮时的小，故其传动能力有所提高；K_α 为包角系数，考虑包角不同时的影响系数（表 11-5)；K_L 为长度系数，考虑带的长度不同时的影响系数(表 11-2)。

表 11-4 单根普通 V 带 $i\neq1$ 时的功率增量 ΔP_0 kW

带型	小带轮转速 n_1/(r/min)	传动比 i									
		1.00~1.01	1.02~1.04	1.05~1.08	1.09~1.12	1.13~1.18	1.19~1.24	1.25~1.34	1.35~1.51	1.52~1.99	≥2
Z	400	0.00	0.00	0.00	0.00	0.00	0.00	0.00	0.00	0.01	0.01
	730	0.00	0.00	0.00	0.00	0.00	0.00	0.01	0.01	0.01	0.02
	800	0.00	0.00	0.00	0.00	0.01	0.01	0.01	0.01	0.02	0.02
	980	0.00	0.00	0.00	0.01	0.01	0.01	0.01	0.02	0.02	0.02
	1 200	0.00	0.00	0.00	0.01	0.01	0.01	0.02	0.02	0.02	0.03
	1 460	0.00	0.00	0.01	0.01	0.01	0.02	0.02	0.02	0.02	0.03
	1 600	0.00	0.01	0.01	0.01	0.01	0.02	0.02	0.02	0.03	0.03
	2 800	0.00	0.01	0.02	0.02	0.03	0.03	0.03	0.04	0.04	0.04

续表 11-4

带型	小带轮转速 n_1/(r/min)	传动比 i									
		1.00～1.01	1.02～1.04	1.05～1.08	1.09～1.12	1.13～1.18	1.19～1.24	1.25～1.34	1.35～1.51	1.52～1.99	≥2
A	400	0.00	0.01	0.01	0.02	0.02	0.03	0.03	0.04	0.04	0.05
	730	0.00	0.01	0.02	0.03	0.04	0.05	0.06	0.07	0.08	0.09
	800	0.00	0.01	0.02	0.03	0.04	0.05	0.06	0.08	0.09	0.10
	980	0.00	0.01	0.03	0.04	0.05	0.06	0.07	0.08	0.10	0.11
	1 200	0.00	0.02	0.03	0.05	0.07	0.08	0.10	0.11	0.13	0.15
	1 460	0.00	0.02	0.04	0.06	0.08	0.09	0.11	0.13	0.15	0.17
	1 600	0.00	0.02	0.04	0.06	0.09	0.11	0.13	0.15	0.17	0.19
	2 800	0.00	0.04	0.08	0.11	0.15	0.19	0.23	0.26	0.30	0.34
B	400	0.00	0.01	0.03	0.04	0.06	0.07	0.08	0.10	0.11	0.13
	730	0.00	0.02	0.05	0.07	0.10	0.12	0.15	0.17	0.20	0.22
	800	0.00	0.03	0.06	0.08	0.11	0.14	0.17	0.20	0.23	0.25
	980	0.00	0.03	0.07	0.10	0.13	0.17	0.20	0.23	0.26	0.30
	1 200	0.00	0.04	0.08	0.13	0.17	0.21	0.25	0.30	0.34	0.38
	1 460	0.00	0.05	0.10	0.15	0.20	0.25	0.31	0.36	0.40	0.46
	1 600	0.00	0.06	0.11	0.17	0.23	0.28	0.34	0.39	0.45	0.51
	2 800	0.00	0.10	0.20	0.29	0.39	0.49	0.59	0.69	0.79	0.89
C	400	0.00	0.04	0.08	0.12	0.16	0.20	0.23	0.27	0.31	0.35
	730	0.00	0.07	0.14	0.21	0.27	0.34	0.41	0.48	0.55	0.62
	800	0.00	0.08	0.16	0.23	0.31	0.39	0.47	0.55	0.63	0.71
	980	0.00	0.09	0.19	0.27	0.37	0.47	0.56	0.65	0.74	0.83
	1 200	0.00	0.12	0.24	0.35	0.47	0.59	0.70	0.82	0.94	1.06
	1 460	0.00	0.14	0.28	0.42	0.58	0.71	0.85	0.99	1.14	1.27
	1 600	0.00	0.16	0.31	0.47	0.63	0.78	0.94	1.10	1.25	1.41
	2 800	0.00	0.27	0.55	0.82	1.10	1.37	1.64	1.92	2.19	2.47
D	400	0.00	0.14	0.28	0.42	0.56	0.70	0.83	0.97	1.11	1.25
	730	0.00	0.24	0.49	0.73	0.97	1.22	1.46	1.70	1.95	2.19
	800	0.00	0.28	0.56	0.83	1.11	1.39	1.67	1.95	2.22	2.50
	980	0.00	0.33	0.66	0.99	1.32	1.60	1.92	2.31	2.64	2.97
	1 200	0.00	0.42	0.84	1.25	1.67	2.09	2.50	2.92	3.34	3.75
	1 460	0.00	0.51	1.01	1.51	2.02	2.52	3.02	3.52	4.03	4.53
	1 600	0.00	0.56	1.11	1.67	2.23	2.78	3.33	3.89	4.45	5.00
	1 800	0.00	0.63	1.24	1.88	2.51	3.13	3.74	4.98	5.01	5.62

表 11-5 包角系数 K_α

小带轮包角 α_1	180°	175°	170°	165°	160°	155°	150°	145°	140°	135°	130°	125°	120°
K_α	1.00	0.99	0.98	0.96	0.95	0.93	0.92	0.91	0.89	0.88	0.86	0.84	0.82

11.3.3 普通 V 带的型号和根数的确定

设 P 为传动的额定功率；K_A 为工作情况系数，见表 11-6，则计算功率为

$$P_c = K_A P$$

根据计算功率 P_c 和小带轮转速 n_1，按图 11-14 选用普通 V 带型号。若靠近 2 种型号的交界线时，可按两种型号同时计算，并进行分析比较决定取舍。V 带根数按下式确定。

$$z = \frac{P_c}{[P_0]} = \frac{P_c}{(P_0 + \Delta P_0) K_\alpha K_L} \tag{11-21}$$

表 11-6　工作情况系数 K_A

工　况		软起动 <10	软起动 10～16	软起动 >16	负载起动 <10	负载起动 10～16	负载起动 >16
载荷变动微小	液体搅拌机，通风机和鼓风机(≤7.5 kW)，离心式水泵和压缩机，轻型输送机	1.0	1.1	1.2	1.1	1.2	1.3
载荷变动小	带式输送机(不均匀载荷)，通风机(>7.5 kW)，旋转式水泵和压缩机，发电机，金属切削机床，印刷机，旋转筛，锯木机和木工机械	1.1	1.2	1.3	1.2	1.3	1.4
载荷变动较大	制砖机，斗式提升机，往复式水泵和压缩机，起重机，磨粉机，冲剪机床，橡胶机械，振动筛，纺织机械，重载输送机	1.2	1.3	1.4	1.4	1.5	1.6
载荷变动很大	破碎机(旋转式、颚式等)，磨碎机(球磨、棒磨、管磨)	1.3	1.4	1.5	1.5	1.6	1.8

注：1)软起动——电动机(交流起动、三角形起动、直流并励)，四缸以上的内燃机。

负载起动——电动机(联机交流起动、直流复励或串励)，四缸以下的内燃机。

2)反复起动、正反转频繁、工作条件恶劣等场合，K_A 应乘以 1.2。

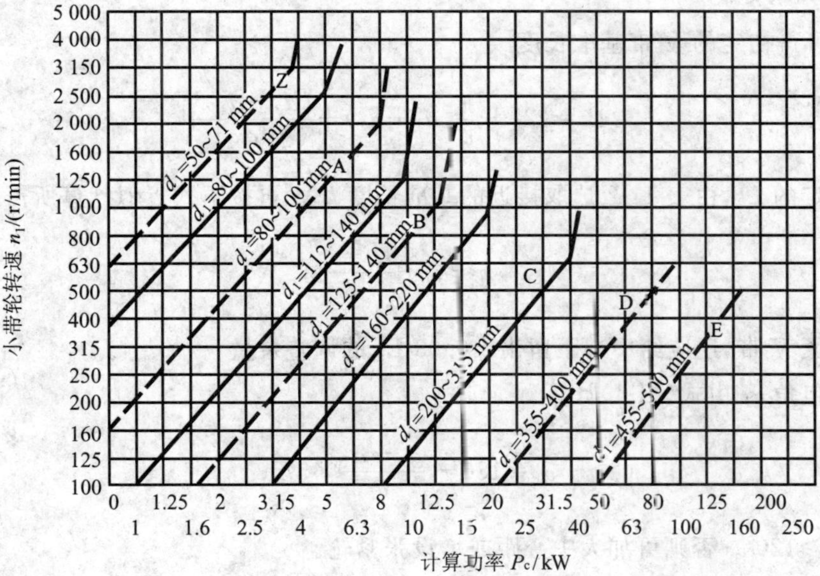

图 11-14　普通 V 带选型图

11.3.4 主要参数的选择

11.3.4.1 带轮直径 d_1、d_2 和带速 v

小轮直径 d_1 应大于或等于表 11-7 所示的最小直径 $d_{\min}$。若 d_1 过小，则带的弯曲应力将过大而导致带的寿命降低；反之，则传动的外廓尺寸增大。

表 11-7 V 带轮的最小直径 $d_{\min}$

带型	Y	Z	A	B	C	D	E
$d_{\min}$/mm	20	50	75	125	200	355	500

注：V 带轮直径系列为 50、56、63、71、80、90、100、112、125、140、160、180、200、224、250、280、315、355、400、450、500、560、630、710、800、900、1 000、1 120、1 250、1 600、2 000、2 500 等。

由式(11-17)得大带轮直径

$$d_2=\frac{n_1}{n_2}d_1(1-\varepsilon)$$

对 V 带轮，d_1、d_2 为带轮基准直径，应符合带轮直径尺寸系列，见表 11-7 的注。

带速 v

$$v=\frac{\pi d_1 n_1}{60\times 1\,000}$$

一般应使 v 在 5～25 m/s 的范围内。

11.3.4.2 中心距 a、带长 L_d 和包角 α

一般推荐按下式初步确定中心距 a_0，即

$$0.7(d_1+d_2)<a_0<2(d_1+d_2)$$

由式(11-2)可得初定的 V 带基准长度

$$L_0=2a_0+\frac{\pi}{2}(d_1+d_2)+\frac{(d_2-d_1)^2}{4a_0}$$

根据初定的 L_0，由表 11-2 选取接近的基准长度 L_d。再按下式近似计算所需的中心距 a：

$$a\approx a_0+\frac{L_d-L_0}{2} \tag{11-22}$$

为了张紧 V 带，还应给中心距留出 $\pm 0.03\,L_d$ 的调整余量。

小带轮包角 α_1 由式(11-1)计算。

$$\alpha_1=180^\circ-\frac{d_2-d_1}{a}\times 57.3^\circ$$

一般应使 $\alpha_1\geqslant 120^\circ$。否则可加大中心距或增设张紧轮。

11.3.4.3 张紧力

保持适当的张紧力是带传动正常工作的首要条件。张紧力不足，会出现打滑；张紧力过大，

将增大轴和轴承上的压力，并降低带的寿命。

单根普通V带所需张紧力可按下式计算

$$F_0 = 500\frac{P_c}{zv}\left(\frac{2.5}{K_\alpha}-1\right)+qv^2 \tag{11-23}$$

式中：P_c 为计算功率，kW；z 为V带根数；v 为V带速度，m/s；K_α 为包角系数(表11-5)；q 为V带每米长的质量(表11-1)，kg/m。

设计带传动的原始数据一般是：传动用途、载荷性质、传递的功率、带轮的转速以及对传动外廓尺寸的要求等。普通V带传动设计计算的主要任务是：选择合理的传动参数，确定V带的型号、长度和根数，确定带轮的材料、结构和尺寸。设计计算的一般步骤见例题11-2，带轮的结构设计见11.4节。

例题11-2 设计某鼓风机用普通V带传动。设已知动力机为Y系列三相异步电动机，其额定功率 $P=7.5$ kW，转速为 $n_1=1\,440$ r/min，传动比 $i=2.28$，一天运转时间为16 h。

解：1)选择V带型号

由表11-6查得工作情况系数 $K_A=1.2$，所以计算功率

$$P_c = K_A P = 1.2\times 7.5 = 9(\text{kW})$$

根据 P_c 和 n_1 由图11-14确定选用A型带。

2)确定带轮基准直径

由表11-7取主动轮基准直径 $d_1=125$ mm。由式(11-17)得

$$d_2=\frac{n_1}{n_2}d_1(1-\varepsilon)=2.28\times125\times(1-0.02)=279.3(\text{mm})$$

由表11-7取 $d_2=280$ mm。这时将使 n_2 降低，但其误差<±5%，故允许。

3)验算带的速度

根据式(11-15)，带的速度 v 为

$$v=\frac{\pi d_1 n_1}{60\times1\,000}=\frac{\pi\times125\times1\,440}{60\times1\,000}=9.425\ (\text{m/s})$$

带速在5～25 m/s范围内，带速合适。

4)确定V带的基准长度和传动的中心距

根据 $0.7(d_2+d_1)<a_0<2(d_2+d_1)$，初定中心距 $a_0=650$ mm。

由式(11-2)计算带的基准长度

$$\begin{aligned}L_0&=2a_0+\frac{\pi}{2}(d_1+d_2)+\frac{(d_2-d_1)^2}{4a_0}\\&=2\times650+\frac{\pi}{2}\times(125+280)+\frac{(280-125)^2}{4\times650}=1\,945.4(\text{mm})\end{aligned}$$

根据表11-2选取带的基准长度 $L_d=2\,000$ mm。

按式(11-22)计算实际中心距

$$a \approx a_0 + \frac{L_d - L_0}{2} = \frac{2\ 000 - 1\ 945.4}{2} \approx 677(\text{mm})$$

5)验算主动轮上的包角

根据式(11-1)得

$$\alpha_1 = 180° - \frac{d_2 - d_1}{a} \times 57.3° = 180° - \frac{280 - 125}{677} \times 57.3° = 166.7° \geqslant 120°$$

主动带轮上的包角合适。

6)确定带的根数

由式(11-21),可知 $$z = \frac{P_c}{(P_0 + \Delta P_0) K_\alpha K_L}$$

根据 $\alpha_1 = 166.7°$,查表 11-5,得 $K_\alpha = 0.968$;根据 $L_d = 2\ 000$ mm,查表 11-2,得 $K_L = 1.03$

由 $n_1 = 1\ 440$ r/min、$i = 2.28$、$d_1 = 125$ mm,查表 11-3 和表 11-4,得 $P_0 = 1.909$ kW,$\Delta P_0 = 0.168$ kW,则

$$z = \frac{9}{(1.909 + 0.168) \times 0.968 \times 1.03} = 4.35$$

取 $z = 5$ 根。

7)确定带的张紧力

由式(11-23)得单根 V 带得张紧力 $$F_0 = 500 \frac{P_c}{zv}\left(\frac{2.5}{K_\alpha} - 1\right) + qv^2$$

查表(11-1),A 型普通 V 带单位长度质量 $q = 0.10$ kg/m,所以

$$F_0 = 500 \frac{9}{5 \times 9.425}\left(\frac{2.5}{0.968} - 1\right) + 0.1 \times 9.425^2 = 160(\text{N})$$

8)计算带传动作用在轴上的载荷

$$F_Q = 2zF_0 \sin\frac{\alpha_1}{2} = 2 \times 5 \times 160 \times \sin\frac{166.7°}{2} = 1\ 589(\text{N})$$

9)带轮结构设计(略)。

11.4 带传动的结构设计

11.4.1 带轮材料及结构

带轮的材料主要采用铸铁 HT150 或 HT200;转速较高时宜采用铸钢(或用钢板冲压、焊接而成);小功率传动时可用铸铝或塑料等。

铸铁 V 带轮的典型结构有以下几种:①实心式(图 11-15a);②腹板式(图 11-15b);③孔板式(图 11-15c);④椭圆轮辐式(图 11-15d)。

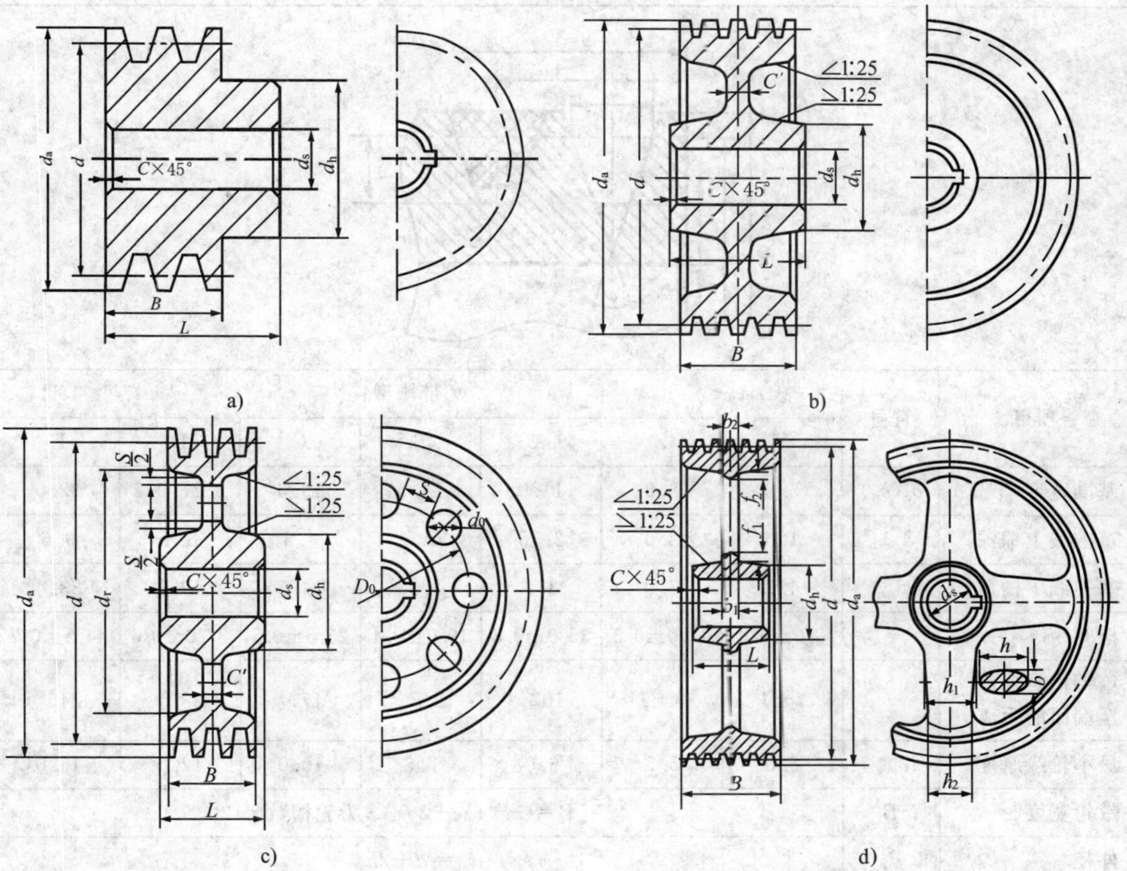

$d_h=(1.8\sim2.0)d_s$，d_s为安装带轮轴的直径　　$h_2=0.8\ h_1$

$D_0=0.5(d_r+d_h)$　　$b_1=0.4\ h_1$

$d_0=(0.2\sim0.3)\ (d_r-d_h)$　　$b_2=0.8\ b_1$

$h_1=290\sqrt[3]{\dfrac{P}{nz_a}}$　　$C'=\left(\dfrac{1}{7}\sim\dfrac{1}{4}\right)B$

$L=(1.5\sim2.0)d_s$，当$B<1.5\ d_s$时，$L=B$　　$S=C'$

$f_1=0.2\ h_1$　　$f_2=0.2\ h_2$

上述各式中：P 为传递的功率(kW)；n 为带轮的转速(r/min)；z_a为轮辐数。

图 11-15　V 带轮的结构

当带轮基准直径 $d\leqslant2.5d_s$（d_s 为安装带轮轴的直径）时，采用实心式；当 $d\leqslant300$ mm 时，可采用腹板式（当 $D_r-d_h\geqslant100$ mm 时，可采用孔板式）；当 $d>300$ mm 时，可采用轮辐式。

普通 V 带轮缘截面及轮槽尺寸见表 11-8。普通 V 带两侧面的夹角均为 40°，但在带轮上弯曲时，由于截面变形将使夹角变小。为了使 V 带仍能紧贴轮槽两侧，将轮槽楔角规定为 32°、34°、36°和 38°。

表 11-8 普通 V 带轮的轮槽尺寸 mm

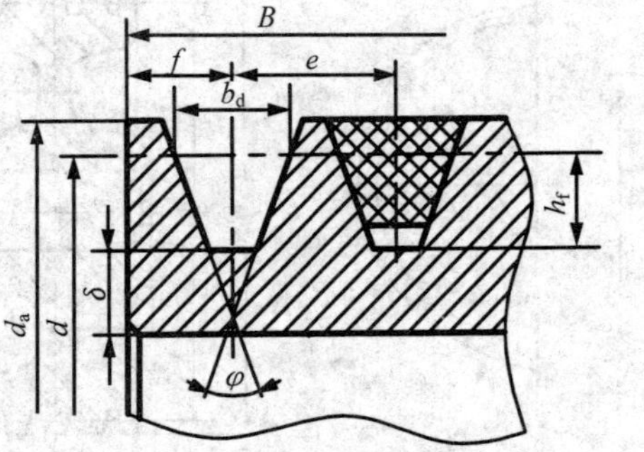

项目		符号	V带槽型						
			Y	Z	A	B	C	D	E
基准宽度(节宽)		$b_d(b_p)$	5.3	8.5	11.0	14.0	19.0	27.0	32.0
基准线上槽深		$h_{a\,min}$	1.6	2.0	2.75	3.5	4.8	8.1	9.6
基准线下槽深		$h_{f\,min}$	4.7	7.0	8.7	10.8	14.3	19.9	23.4
槽间距		e	8.0±0.3	12.0±0.3	15.0±0.3	19.0±0.4	25.5±0.5	37.0±0.6	44.5±0.7
第一槽对称面至端面的距离		f	7±1	8±1	10^{+2}_{-1}	12.5^{+2}_{-1}	17^{+2}_{-1}	23^{+3}_{-1}	24^{+4}_{-1}
最小轮缘厚度		δ_{min}	5.0	5.5	6.0	7.5	10.0	12.0	15.0
带轮宽度		B	$B=(z-1)e+2f$ z 为轮槽数						
外径		d_a	$d_a=d+2h_a$						
轮槽角 φ	32°	相应的基准直径 d	≤60	—	—	—	—	—	—
	34°		—	≤80	≤118	≤190	≤315	—	—
	36°		>60	—	—	—	—	≤475	≤600
	38°		—	>80	>118	>190	>315	>475	>600
	极限偏差		±1°				±30′		

带轮基本结构确定后，根据带的截面类型确定轮槽尺寸（表 11-8），带轮的其他结构尺寸可参照图 11-15 所列经验公式计算。确定带轮各部分尺寸后，即可绘制出零件图，并按工艺要求注出相应的技术条件等。

11.4.2 带传动的张紧

由于各种材质的 V 带都不是完全的弹性体，因而 V 带在张紧力的作用下，经过一定时间的运转后，就会由于塑性变形（伸长）而松弛，使张紧力 F_0 减小，传递动力的能力降低。因此，带传动必须设计张紧装置。常见的张紧装置有定期张紧和自动张紧两类。

11.4.2.1 定期张紧装置

当中心距可调时，采用定期改变中心距的方法来调节带的张紧力。在水平或倾斜不大的传动中，可用图 11-16 所示的滑轨式定期张紧装置，将装有带轮的电动机安装在有滑道的基板上。当需要调节带的张紧力时，松开基板上各螺栓，旋动调节螺钉，将电动机向右推移到所要求的适当位置，然后拧紧基板上各螺栓。在垂直的或接近垂直的传动中，可用图 11-17 所示的摆架式定期张紧装置，将装有带轮的电动机安装在可调的摆架上。

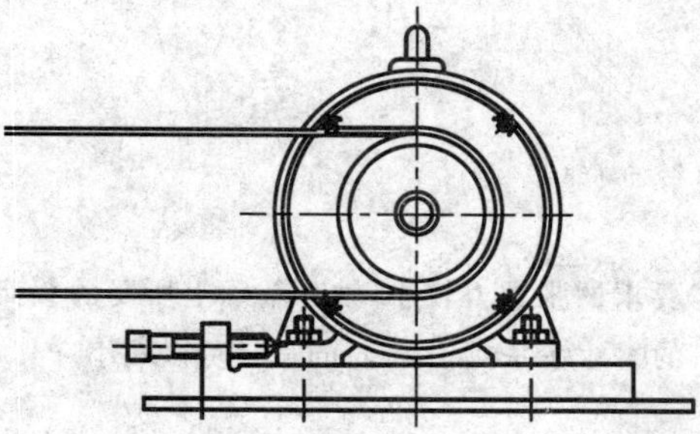

图 11-16　滑轨式定期张紧装置

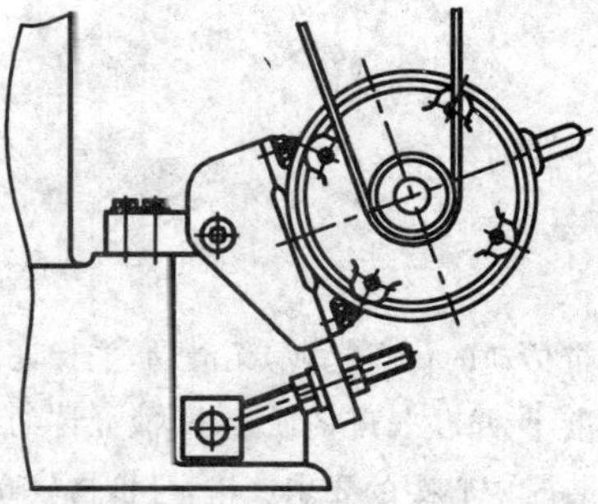

图 11-17　摆架式定期张紧装置

当中心距不可调时，可采用图 11-18 所示的张紧轮装置，张紧轮一般应放在松边的内侧，使带只受单向弯曲。同时张紧轮还应尽量靠近大带轮，以免过分影响带在小轮上的包角。张紧轮的轮槽尺寸与带轮相同，且直径小于小带轮直径。

11.4.2.2　自动张紧装置

将装有带轮的电动机安装在浮动的摆架上，如图 11-19 所示，利用电动机的自重，使带轮随同电动机绕固定轴摆动，以自动保持张紧力。

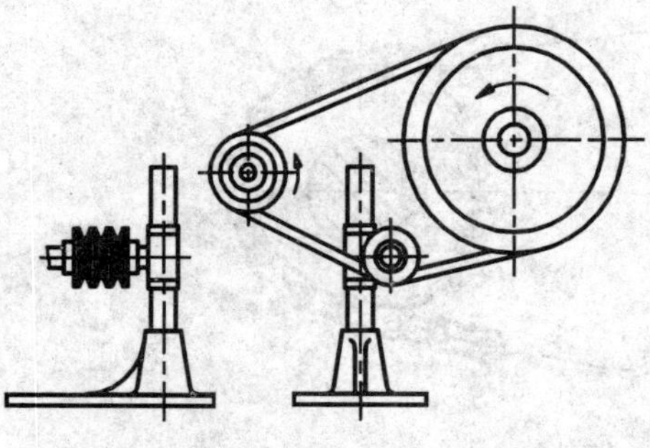

图 11-18　张紧轮定期张紧装置

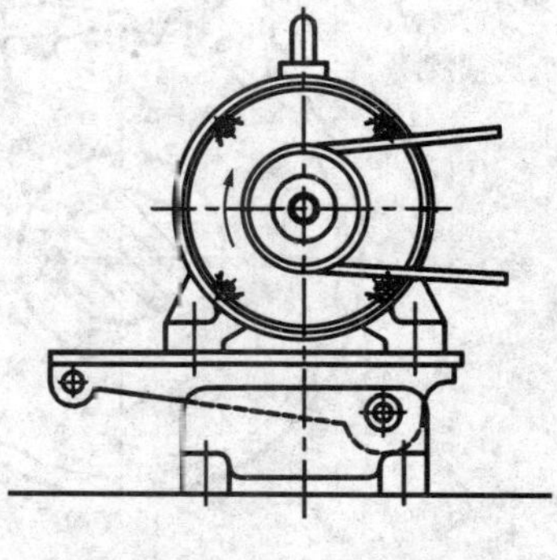

图 11-19　自动张紧装置

11.5　同步带传动简介

同步带传动综合了带传动和链传动的优点。同步带通常是以钢丝绳或玻璃纤维绳等为承载层、氯丁橡胶或聚氨酯橡胶为基体、工作面上带齿的环状带（图 11-20）。工作时，带内侧的凸齿与带轮外缘上的齿槽进行啮合传动（图 11-2d）。带与带轮间没有相对滑动，从而保证了同步传动。

同步带传动的线速度可达 50 m/s（有时允许达 100 m/s），传动功率可达 300 kW，传动比可达 10（有时允许达 20），传动效率可达 0.98。

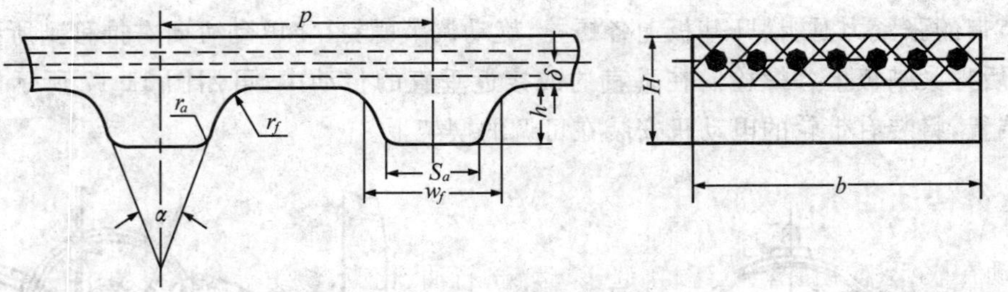

图 11-20 同步带

同步带传动的优点是：①无滑动，能保证固定的传动比；②要求的张紧力较小，轴和轴承上所受的载荷小；③带的厚度小，单位长度的质量小，故允许的线速度较高；④带的柔性好，故所用带轮的直径可以较小。其主要缺点是安装时中心距的要求严格，且价格较高。

同步带主要用于要求传动比准确的中、小功率传动中，如电子计算机、放映机、录音机、磨床、纺织机械等。

同步带传动的设计可参阅机械设计手册。

11.6 链传动的特点和应用

链传动是一种用链条做中间挠性件的啮合传动，它由链条、主动轮和从动轮组成，在两个或多个链轮之间用链条作为传动件，依靠链轮轮齿和链节的啮合来传递运动和动力(图 11-21)。

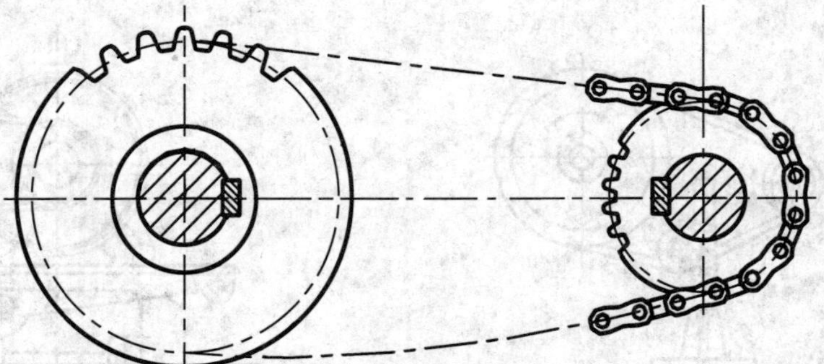

图 11-21 链传动简图

11.6.1 链传动的特点

与带传动相比，链传动具有如下优点：①无弹性滑动和打滑现象，平均传动比准确；②效率较高，$\eta=0.95\sim0.98$；③结构尺寸比较紧凑；④由于不需要很大的张紧力，所以作用在轴上的载荷较小；⑤可以在温度较高及灰尘较大的环境下工作。另外与齿轮传动相比，链传动的制造与安装精度要求较低；成本较小；尤其是在远距离传动中，有着齿轮传动无法具备的简单和轻便。

链传动的缺点:①不能保证恒定的瞬时传动比;②只能用于平行轴间同向回转的传动;③不适宜在载荷变化很大和急促反向的传动中应用;④工作时存在噪声;⑤制造费用比带传动高;⑥磨损链节伸长后运转不稳定,易跳齿等。

11.6.2 链传动的类型及应用

链传动在农业、矿山、冶金、建筑、起重、运输、石油、化工、纺织等机械设备中被广泛使用。

按用途不同,链可分为:传动链、输送链和起重链。输送链和起重链主要用在运输和起重机械中,一般的机械传动中,常用的是传动链。

链传动最大传递功率可以达到 5 000 kW,最高链速可以达到 40 m/s,最大传动比可以达到 15,最大中心距可以达到 8 m。由于经济性及其他原因,链传动的传动功率一般小于 100 kW,速度小于 15 m/s,传动比小于 8。

在两轴间距较大、多轴和平均传动比要求较准确的传动中;在工作环境比较恶劣的开式传动中;在低速重载传动和润滑良好的高速传动中,链传动凭借其经济性好、可靠度高等优点应用广泛。

11.7 链和链轮

按工作性质和用途不同,链可分为传动链、曳引链、起重链三种。在一般机械传动中,常用的是传动链,主要用来传递动力,通常都在中等速度($v \leqslant 20$ m/s)以下工作,传动链又可以分为滚子链、套筒链、齿形链和成型链。曳引链主要用于运输机械中移动重物,其工作速度不大于 2~4 m/s。起重链主要用于起重机械中提升重物,工作速度不大于 0.2 m/s。

11.7.1 滚子链

滚子链的结构如图 11-22,由滚子、套筒、销轴、内链板、外链板等组成。链板一般制成"8"字形,使得各个横截面有相等的抗拉强度,同时减少了链的质量。滚子与套筒、套筒与销轴之间为间隙配合,销轴与外链板、套筒与内链板用过盈配合固连。滚子是套在套筒上的,当滚子链和链轮进入啮合和脱离啮合时,滚子沿链轮齿廓滚动,起到变滑动摩擦为滚动摩擦的作用,可以减少齿廓的摩擦和磨损。滚子链的磨损主要是销轴和套筒间的接触面。因此,内、外链板间要留出一定间隙,使润滑油可以渗入接触面间。当内、外链板相对挠曲时,套筒可绕销轴自由转动。滚子链较昂贵,但工作时噪声较小,使用寿命较长,应用范围较广。

节距 p 是链的基本特性参数。滚子链的节距是指链在拉直情况下,相邻滚子外圆中心之间的距离。节距越大,链条各零件的尺寸也越大,所能传递的功率也越大。

把一根以上的单列链并列、用长销轴连接起来的链称为多排链,双排链见图 11-23。排数越多,各排链承受的载荷越不均匀,所以排数一般不超过 3 排或 4 排。当载荷大时可以采用双排链或三排链。

滚子链已经标准化,我国链条标准 GB/T 1234.1—1983 中规定用英制折算为米制的单位,其系列、尺寸、极限拉伸载荷见表 11-9。

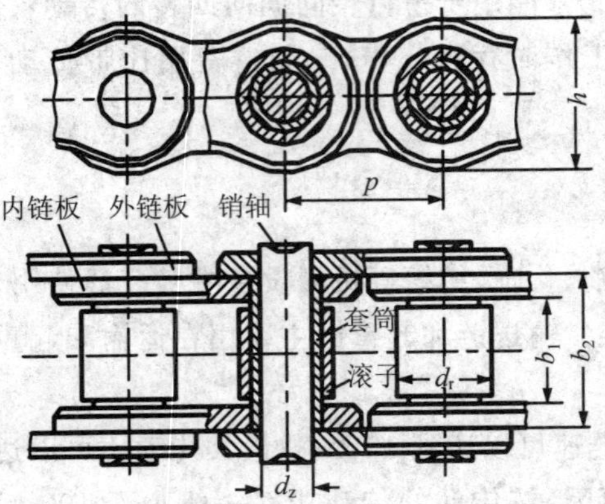

图 11-22　滚子链

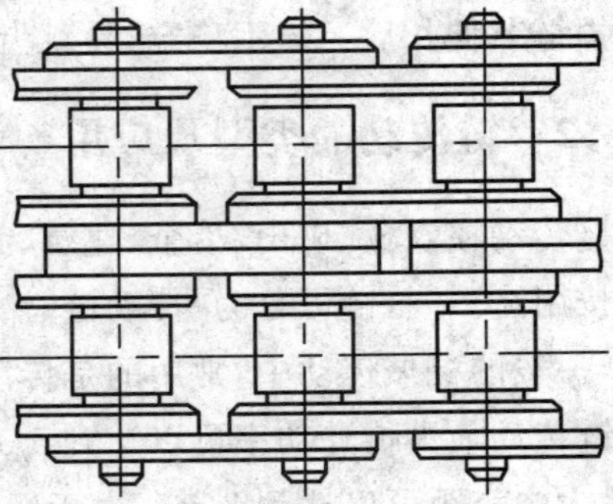

图 11-23　双排链

表 11-9　滚子链的主要尺寸和极限拉伸载荷　　mm

链号[1]	链节距 p	滚子外径 $d_{r\,max}$	排距 p_t	每米质量(单排) q /(kg/m)	极限拉伸载荷[2](单排) F_Q/N
08A	12.70	7.95	14.38	0.6	13 800
10A	15.875	10.16	18.11	1.0	21 800
12A	19.05	11.91	22.78	1.5	31 100
16A	25.40	15.88	29.29	2.6	55 600
20A	31.75	19.05	35.76	3.8	86 700
24A	38.10	22.23	45.44	5.6	124 600
28A	44.45	25.40	48.87	7.5	169 000
32A	50.80	28.58	58.55	10.10	222 400
40A	63.50	39.68	71.55	16.10	347 000
48A	76.20	47.63	87.83	22.60	500 400

注:1)链号中的后缀 A 表示 A 系列。
2)使用过渡链节时,其极限拉伸载荷按表列数值的 80%计算。

链条长度以链节数来表示。滚子链的链接头形式如图 11-24 所示。当链节数为偶数时,接头处采用连接链节。其形状与链节相同,只是连接链板与销轴为间隙配合,用弹簧卡片或开口销等将销轴与连接链板固定(图 11-24a、b);当链节数是奇数时,要加图 11-24c 所示的一个过渡链节,因为过渡链节的链板要承受附加弯距的作用,所以一般最好不用奇数链节。

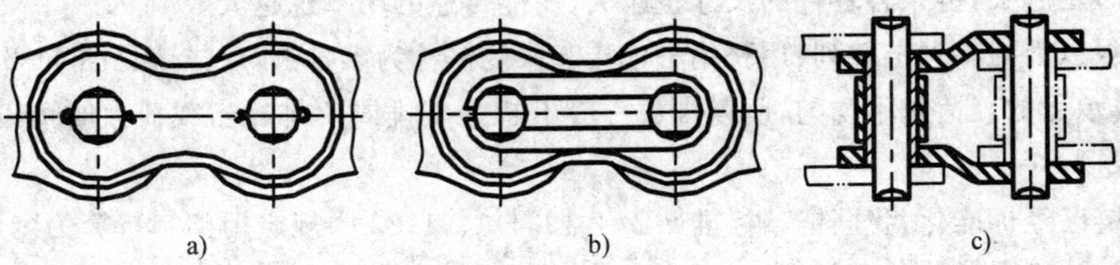

图 11-24　滚子链的接头型式

滚子链的标记为：

□ - □ × □			□
链号	排数	整链链节数	标准编号

例如：12A—1×78 GB1243.1—83 表示：A 系列、节距 19.05 mm、单排、78 节的滚子链。

11.7.2 链轮

链轮是链传动的主要零件，链轮齿形已经标准化。链轮的设计主要是确定其结构及尺寸，选择材料和热处理的方法。链轮轮齿的齿形应在保证链节和链轮间能自由地进入和退出啮合和啮合时有良好接触的基础上尽可能简单。

滚子链和链轮的啮合属于非共轭啮合，其链轮齿形的设计较灵活，GB/T 1244—1985 中没有规定具体的链轮齿形，只是规定了最大和最小齿槽形状及其极限参数。目前一般采用三圆弧一直线齿形（又称为凹齿形），它由 *aa*、*ab*、*cd* 圆弧和 *bc* 直线组成，*abcd* 为齿廓工作段（图 11-25）。这种齿形具有较好的啮合性能，并且容易加工。

链轮轴向齿形两侧呈圆弧状（图 11-27），以便于链节进入和退出啮合。

链轮上被链条节距等分的圆称为分度圆，其直径用 d 表示（图 11-25），对于三圆弧一直线齿形，若已知节距 p 和齿数 z 时，链轮主要尺寸的计算公式如下（参见图 11-25、图 11-26）。

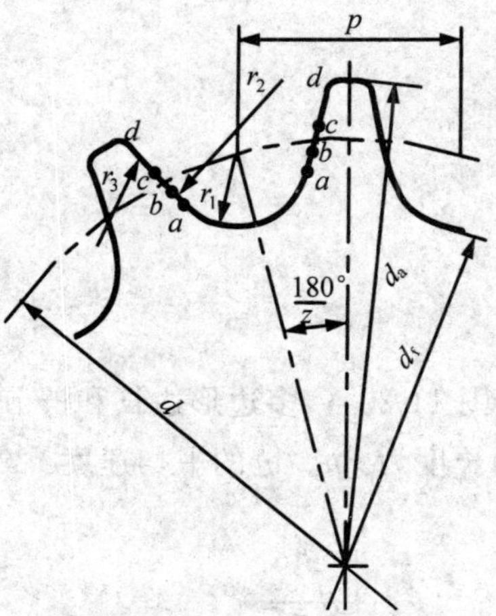

图 11-25 滚子链端面齿形

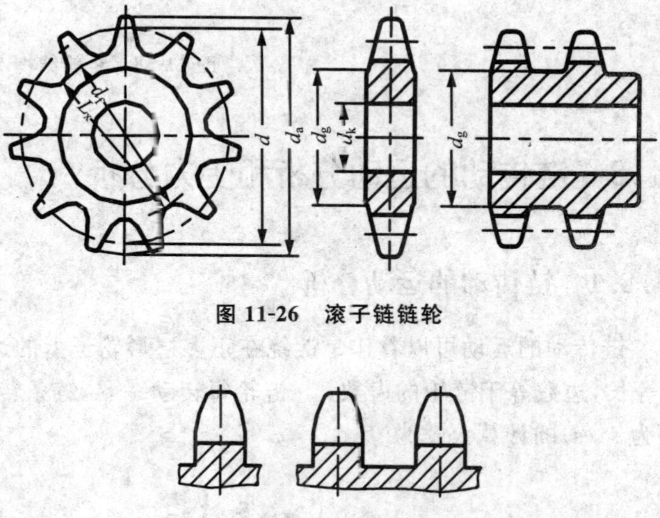

图 11-26 滚子链链轮

图 11-27 滚子链轴向齿形

分度圆直径

$$d=\frac{p}{\sin\dfrac{180^{\circ}}{z}} \tag{11-24}$$

齿顶圆直径

$$d_{a}=p\left(0.54+\cot\frac{180^{\circ}}{z}\right) \tag{11-25}$$

齿根圆直径

$$d_f = d - d_r\text{（}d_r\text{ 为滚子直径）} \tag{11-26}$$

滚子链链轮的轴向齿形如图 11-27 所示，其几何尺寸可查机械设计手册。

链轮齿应有足够的接触强度和耐磨性，故齿面多经热处理。小链轮的啮合次数比大链轮多，所受冲击力也大，故所用材料一般优于大链轮。常用的链轮材料有碳素钢（如 Q235、Q275、45、ZG310-570 等）、灰铸铁（如 HT 200）等。重要的链轮可采用合金钢（如 40Cr、35SiMn）。

图 11-28 所示为几种不同形式的链轮结构。小直径链轮可采用整体式（图 11-28a）；中等尺寸的链轮可制成孔板式（图 11-28b）；大直径的链轮最好采用齿圈可以更换的组合方式（图 11-28c）。

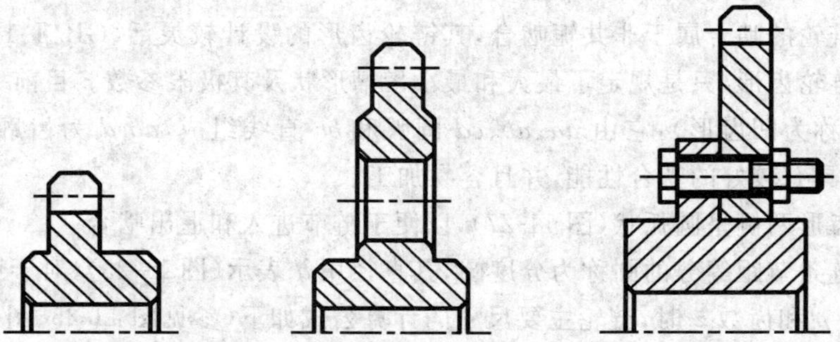

图 11-28 链轮结构

11.8 链传动的运动分析和受力分析

11.8.1 链传动的运动分析

链传动的运动可以看作是链绕在正多边形轮子上的运动（图 11-29）。多边形边长和链节距 p 等长，边数等于链轮的齿数 z。链轮每转动一圈，链条转过的长度为 zp。链的平均速度 v（单位为 m/s）的计算公式为

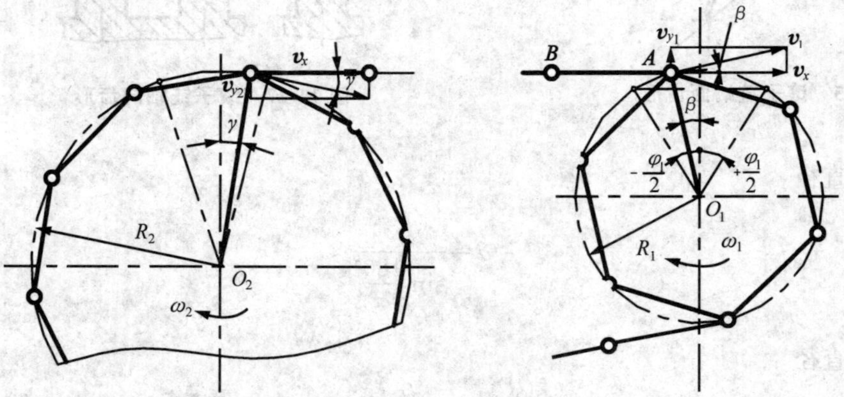

图 11-29 链传动的运动不均匀性

$$v=\frac{z_1pn_1}{60\times1\ 000}=\frac{z_2pn_2}{60\times1\ 000} \tag{11-27}$$

式中：z_1、z_2 为主、从动链轮的齿数；n_1、n_2 为主、从动链轮的转速，r/min；p 为链条的节距，mm。

利用上式，可得链传动的传动比为

$$i=\frac{n_1}{n_2}=\frac{z_2}{z_1} \tag{11-28}$$

式(11-27)和式(11-28)求出的链速和传动比都是平均值。事实上，即使主动链轮的角速度 ω_1＝常数，其瞬时链速、从动链轮角速度 ω_2 和瞬时传动比都是变化的，且按每一链节的啮合过程作周期性变化。

如图 11-29 所示，当链节进入主动轮时，其销轴总是随链轮的转动而不断改变其位置。当位于 β 角的瞬间，链传动瞬时速度 v_1 应为销轴圆周速度（$=R_1\omega_1$），将 v_1 分解为沿链条前进方向的水平分速度 v_x 和使链条作上下运动的垂直分速度 v_{y1}

$$v_x=v_1\cos\beta=R_1\omega_1\cos\beta \tag{11-29}$$

$$v_{y1}=v_1\sin\beta=R_1\omega_1\sin\beta \tag{11-30}$$

式中：β 为主动链轮上最后进入啮合的链节的销轴 A 的圆周速度 v_1 与水平线的夹角，也是链节销轴在主动链轮上的相位角。显然，β 角是在 $-\frac{\varphi_1}{2}$ 和 $+\frac{\varphi_1}{2}$ 之间变化的（$\varphi_1=360°/z_1$）。

当 $\beta=\pm\frac{\varphi_1}{2}$ 时，

$$v_x=v_{x\min}=R_1\omega_1\cos\frac{180°}{z_1} \qquad v_{y1}=v_{y1\max}=\pm R_1\omega_1\sin\frac{180°}{z_1}$$

当 $\beta=0$ 时，

$$v_x=v_{x\max}=R_1\omega_1 \qquad v_{y1}=v_{y1\min}=0$$

由此可知，虽然主动链轮作等角速度回转，链传动瞬时速度却周期性地由小变大，又由大变小，每转过一个链节，链速的变化就重复一次。链轮的节距越大，齿数越少，β 角的变化范围也就越大，链传动的速度就越不均匀。链在水平方向上的分速度 v_x 作周期性变化的同时，铰链销轴做上下运动的垂直分速度 v_{y1} 也在作周期性的变化，导致链条沿铅垂方向产生有规律的振动。

从动链轮由于链的水平分速度速度 $v_x\neq$常数，链节铰链在从动链轮上的相位角 γ 也不断在 $\pm180°/z_2$ 的范围内变化，所以从动链轮角速度为

$$\omega_2=\frac{v_x}{R_2\cos\gamma}=\frac{R_1\omega_1\cos\beta}{R_2\cos\gamma} \tag{11-31}$$

因此，链传动的瞬时传动比为

$$i_s=\frac{\omega_1}{\omega_2}=\frac{R_2\cos\gamma}{R_1\cos\beta} \tag{11-32}$$

由式(11-32)可知，随着 β 角和 γ 角的不断变化，链传动的瞬时传动比 i_s 也是不断变化的。当主动链轮以等角速度回转时，从动链轮的角速度将周期性的变化。只有当两链轮 $z_1=z_2$（即 $R_1=R_2$），并且传动的中心距为链节距 p 的整数倍时（这时 γ 角和 β 角时时相等），传动比才能在

整个啮合过程中始终不变，即恒等于1。

上述链传动的运动不均匀性，是由于链条绕在链轮上形成了正多边形这一特点所造成的，因此，链传动的运动不均匀性又称为链传动的多边形效应。

由于链速的变化，链传动工作时不可避免地要产生振动和动载荷。

11.8.2 链传动的受力分析

安装链传动时，要使链条受到一定的张紧力，其张紧力是通过使链条保持适当的垂度所产生的悬垂拉力来获得的。链传动张紧的目的是使松边不致过松，防止影响链条正常退出啮合和产生振动、跳齿和脱链等现象，所需的张紧力比带传动小得多。

链在工作过程中，紧边和松边的拉力是不同的。如果不考虑动载荷，链在传动中的作用力由三部分组成：

1）有效拉力 F（单位为 N）：

$$F=\frac{1\ 000P}{v} \tag{11-33}$$

式中：P 为传动功率，kW；v 为链速，m/s。

2）离心拉力 F_c（单位为 N）：

$$F_c=qv^2 \tag{11-34}$$

式中：q 为单位长度链条的质量（表 11-9），kg/m；v 为链速，m/s。

3）垂度拉力 F_f（单位为 N）：垂度拉力 F_f 是由于松边垂度引起的，它取决于传动的布置方式及链在工作时允许的垂度。如果允许垂度过小，则要以较大的力 F_f 拉紧，从而使链的磨损和轴承承受的载荷增加；如果允许垂度过大，则又会使链和链轮的啮合变坏。可按求悬索拉力的方法求垂度拉力（图 11-30）。

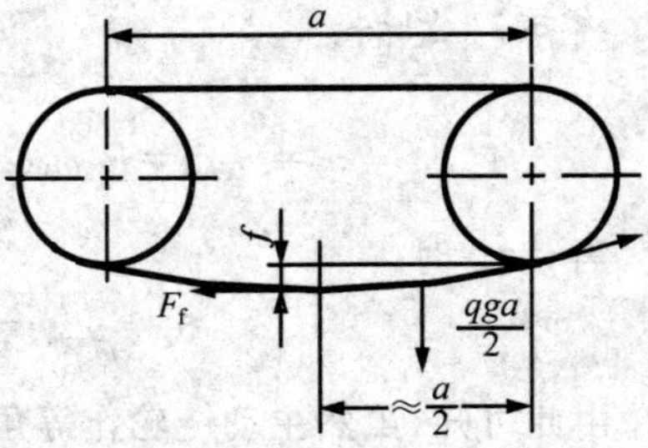

图 11-30 链传动的垂度拉力

$$F_f\approx\frac{1}{f}\left(\frac{qga}{2}\times\frac{a}{4}\right)=\frac{qga}{8\left(\frac{f}{a}\right)}=k_f qga \tag{11-35}$$

式中：f 为悬索垂度，m；g 为重力加速度，m/s²；a 为链传动的中心距，m；k_f 为垂度系数。对于水平传动，$k_f\approx6$（允许 $f/a\approx0.02$）；对于倾斜角（即两链轮中心线与水平面所成的夹角）小于40°的传动，取 $k_f=4$；大于 40°的传动，取 $k_f=2$；垂直传动，取 $k_f=1$。

由此可得链紧边和松边拉力为

$$\left.\begin{array}{ll}\text{紧边拉力} & F_1=F+F_c+F_f\\ \text{松边拉力} & F_2=F_c+F_f\end{array}\right\} \tag{11-36}$$

作用在安装链轮轴上的载荷 F_p 可近似地取为紧边和松边拉力之和。因为离心拉力对 F_p 没有影响，不应计算在内，所以 $F_p\approx F+2F_f$。又由于垂度拉力 F_f 不太大，故 F_p 可近似地按下式计算

$$F_p = 1.2K_A F \tag{11-37}$$

式中：K_A 为链传动工作情况系数（表 11-10）。

表 11-10 链传动工作情况系数 K_A

工况		输入功率种类		
		内燃机—液力传动	电动机或汽轮机	内燃机—机械传动
平稳载荷	液体搅拌机，中小型离心式鼓风机，离心式压缩机，谷物机械，均匀载荷输送机，发电机，均匀载荷不反转的一般机械	1.0	1.0	1.2
中等冲击	半液体搅拌机，三缸以上往复压缩机，大型或不均匀负载输送机，中型起重机和升降机，重载天轴传动，金属切削机床，食品机械，木工机械，印染纺织机械，大型风机，中等脉动载荷不反转的一般机械	1.2	1.3	1.4
严重冲击	船用螺旋桨，制砖机，单、双缸往复压缩机，挖掘机，往复式、振动式输送机，破碎机，重型起重机械，石油钻井机械，锻压机械，线材拉拔机械，冲床，严重冲击、油反转的机械	1.4	1.5	1.7

例题 11-3 一单排滚子链传动，已知，链轮齿数 $z_1=17$，$z_2=25$，采用 08A 链条，中心距 $a=40p$，水平布置；传递功率 $P=1.5$ kW，载荷平稳；小链轮主动，其转速 $n_1=150$ r/min。求：1）离心拉力 F_c；2）悬垂拉力 F_f；3）链的紧边拉力和松边拉力；4）链的静力强度安全系数。

解：1）离心拉力：由表 11-9 查得 08A 链条的节距 $p=12.7$ mm，链条每米长度质量 $q=0.60$ kg/m。根据式（11-27）得链速

$$v=\frac{z_1 p n_1}{60\times 1\,000}=\frac{17\times 12.7\times 150}{60\times 1\,000}=0.54(\text{m/s})$$

由式（11-34）得离心拉力

$$F_c=qv^2=0.60\times 0.54^2=0.175(\text{N})$$

2）悬垂拉力：水平布置时垂度系数 $k_f=6$

$$F_f=k_f qga=6\times 0.60\times 9.81\times\frac{12.7}{1\,000}=17.94(\text{N})$$

3）紧边拉力和松边拉力：

圆周力 $F=\dfrac{1\,000P}{v}=\dfrac{1\,000\times 1.5}{0.54}=2\,777.78(\text{N})$

紧边拉力 $F_1=F+F_c+F_f=2\,777.78+0.18+17.94=2\,795.90\ (\text{N})$

松边拉力 $F_2=F_c+F_f=0.18+17.94=18.12(\text{N})$

4）静力强度安全系数：由表 11-9 查得 08A 链条的极限拉伸载荷 $F_Q=13\,800$N，故安全系数为

$$S=\frac{F_Q}{F_1}=\frac{13\,800}{2\,795.90}=4.94$$

11.9　链传动的主要参数及其选择

11.9.1　链轮齿数

由上节分析可知，为使链传动的运动平稳，小链轮齿数 z_1 不宜过少。对于滚子链，可按链速由表 11-11 选取 z_1，然后按传动比确定大链轮的齿数 $z_2=iz_1$。

表 11-11　小链轮齿数 z_1 的选择

链速 $v/(\mathrm{m/s})$	0.6～3.0	3.0～8.0	>8.0	>25.0
齿数 z_1	≥17	≥21	≥25	≥35

若链条铰链发生磨损，将使链节的节距由 p 增大到 $p+\Delta p$，链节将沿着轮齿齿廓向外移动，因而分度圆直径将由 d 增加到 $d+\Delta d$，如图 11-31 所示，Δp 与 Δd 有如下关系

$$\Delta p=\Delta d\sin\frac{180^\circ}{z}$$

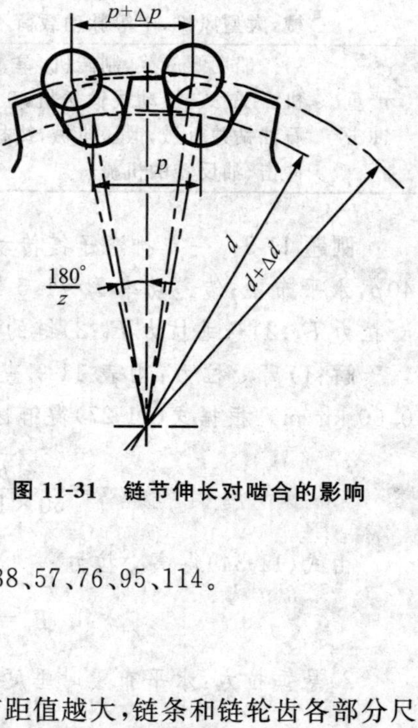

图 11-31　链节伸长对啮合的影响

当链条节距 p 一定时，齿高就一定，也就是说允许不发生脱齿的分度圆外移量 Δd 就一定。链节磨损后的伸长量 Δp 一定，链轮齿数 z 越多，则分度圆直径的增量 Δd 也越大，也就越容易造成脱齿，链的使用寿命也就越短。因此，一般应使 $z_2\leqslant 120$。

在选取链轮齿数时，还应考虑均匀磨损的问题。因为链节数通常应选为偶数，所以链轮齿数最好取与链节数互为质数的奇数，并优先选用以下数列：17、19、21、23、25、38、57、76、95、114。

11.9.2　链的节距

链节距的大小决定了链条和链轮各部分尺寸的大小。节距值越大，链条和链轮齿各部分尺寸也越大，链的承载能力也就越大，但传动的速度不均匀性、振动、冲击、噪声等都将增加。因此设计时，在满足承载要求的情况下，应选择较小节距的单排链。高速重载时，可选择小节距的多排链。一般地，载荷大、传动比大、中心距小时，选小节距多排链；速度不太高、传动比小、中心距大时选大节距单排链。

11.9.3　中心距和链节数

若链传动的中心距过小，链条在小链轮上的包角也小，同时参与啮合的链轮齿数也减少；但中心距如果太大，会出现松边垂度过大，传动时出现松边上下颤动的现象，使传动不平稳。一般情况下，取初定中心距为 $a=(30\sim50)p$，最大中心距 $a_{max}\leqslant 80p$。

链条的长度用链节数 L_p(链节距 p 的倍数)表示。与带传动相似，链节数 L_p 与中心距 a 之

间的关系为

$$L_{\mathrm{p}}=\frac{2a}{p}+\frac{z_1+z_2}{2}+\left(\frac{z_2-z_1}{2\pi}\right)^2\frac{p}{a} \tag{11-38}$$

由此计算出的链节数必须圆整为整数，且最好为偶数。

运用式(11-38)可解得由链节数 L_{p} 求中心距 a 的计算公式

$$a=\frac{p}{4}\left[\left(L_{\mathrm{p}}-\frac{z_1+z_2}{2}\right)+\sqrt{\left(L_{\mathrm{p}}-\frac{z_1+z_2}{2}\right)^2-8\left(\frac{z_2-z_1}{2\pi}\right)^2}\right] \tag{11-39}$$

为了保证链条松边有一个合适的安装垂度 f，实际中心距 a' 应比理论中心距 a 小一些，即

$$a'=a-\Delta a$$

式中：$\Delta a=(0.002\sim0.004)a$，对于中心距可调整的链传动，$\Delta a$ 可取偏大的值；对于中心距不可调整和没有张紧装置的链传动，则应取较小的值。

11.10　滚子链传动的设计计算

11.10.1　链传动的失效形式

链传动的主要失效形式有以下几种：

1)链条元件的疲劳破坏：由链传动的受力分析可知，链板是在变应力作用下工作，经过一定循环次数后，链板将会出现疲劳断裂，由于多边形效应引起的冲击动载荷，将使套筒、滚子出现冲击疲劳点蚀。链条元件的疲劳强度是决定链传动承载能力的主要因素。

2)链条铰链的磨损：链传动工作时，由于铰链的销轴与套筒之间承受有较大的压力，同时又产生相对转动，将导致铰链销轴磨损使链节距伸长(在标准实验条件下允许伸长率为3%)，使松边垂度变化，动载荷增大，产生振动、噪声，进而造成跳齿和脱链现象。当销轴过度磨损时，还会造成销轴强度不够而断裂。

3)链条铰链的胶合：链轮转速较高时，链节啮入受到的冲击能量增大，套筒和销轴之间的润滑油膜被破坏，造成润滑不良，使套筒和销轴的工作表面在很高的温度和压力下直接接触，从而发生胶合。胶合在一定程度上限制了链传动的极限转速。

4)链条静力拉断：低速($v<0.6$ m/s)重载的链传动，铰链元件易发生因静力强度不够而被拉断。

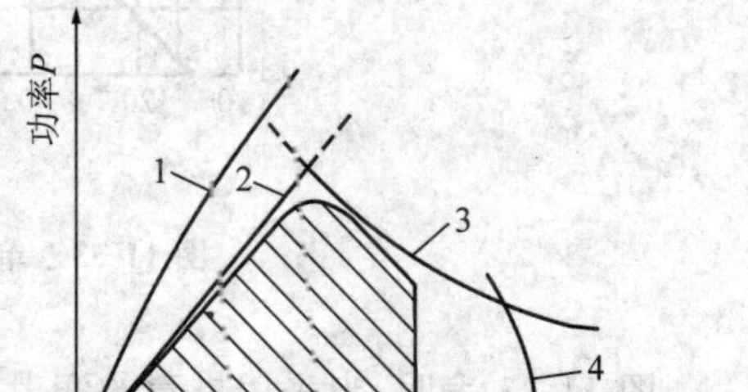

1. 铰链磨损限定的极限功率曲线
2. 链板疲劳强度限定的极限功率曲线
3. 滚子、套筒冲击疲劳强度限定的极限功率曲线
4. 销轴、套筒胶合限定的极限功率曲线

图 11-32　极限功率曲线

11.10.2　功率曲线图

链传动的各种失效形式限制了它的承载能力。通过实验，在具有一定的使用寿命和润滑良好的情况下，单排链传动的各种失效形式的极限功率曲线如图11-32所示。图中阴影部分为实际使用的区域。由图可知：中

等速度和工作环境不太恶劣的承载能力主要取决于链板的疲劳强度。随着转速的增高，链传动的多边形效应也增大，承载能力主要取决于滚子和套筒的冲击疲劳强度。若转速进一步增高，链传动将由于出现胶合现象，承载能力迅速降低。若润滑密封不良及工作环境恶劣时，磨损将很严重，链传动的极限功率大幅度下降，如图中虚线所示。

图 11-33 所示为 A 系列滚子链所能传递的功率曲线，它是在特定条件下由实验得到的，特定实验条件为：①小链轮齿数 $z_1=19$、链长 $L_p=100$ 节；②单排链，两链轮安装在水平轴上，并且共面；③载荷平稳、工作环境正常；④按推荐的润滑方式润滑（图 11-34）；⑤使用寿命为 15 000 h；⑥链条因为磨损而引起链节距的相对伸长量 $\Delta p/p \leqslant 3\%$。

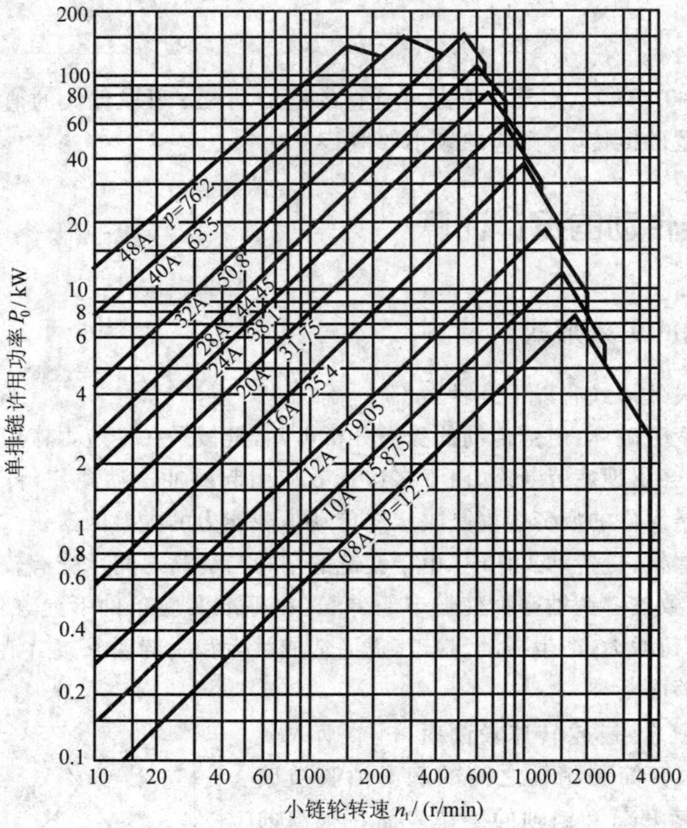

图 11-33 单排 A 系列滚子链的许用功率曲线

图 11-33 表明，当采用推荐的润滑方式时，单排链所能传递的功率 P_0、小链轮转速 n_1 和链号三者之间的关系。

如果不能满足图 11-34 中所推荐的润滑方式时，则从图 11-33 查得的功率 P_0 值应下降：当 $v \leqslant 1.5$ m/s，润滑不良时，许用功率下降到 $(0.3 \sim 0.6)P_0$；当 $v \leqslant 1.5$ m/s，没有润滑时，许用功率下降到 $0.15P_0$；当 1.5 m/s $< v <$ 7 m/s，润滑不良时，许用功率下降到 $(0.15 \sim 0.3)P_0$；当 $v >$ 7 m/s，润滑不良时，传动不可靠，一般不采用。

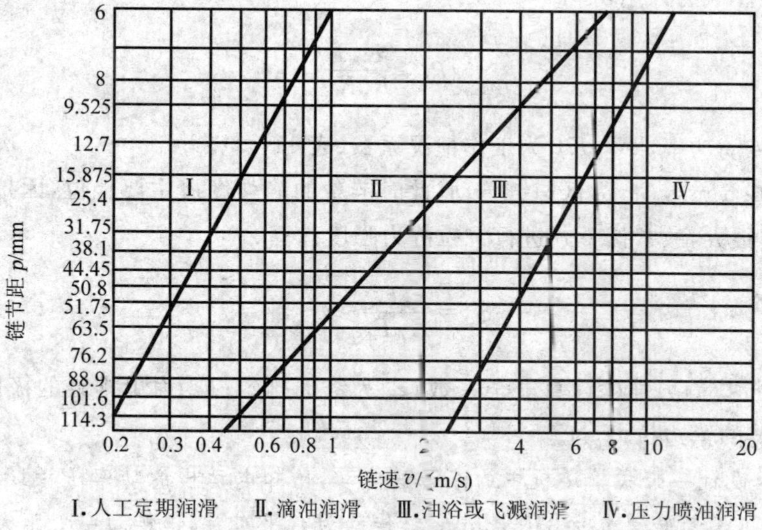

图 11-34 推荐使用的润滑方法

11.10.3 链传动的计算

实际工作条件与上述特定条件不同时，应对 P_0 加以修正。故实际工作条件下链条所能传递的功率，即实际条件下链条的许用功率 $[P_0]$ 可表示为

$$[P_0]=P_0K_zK_p \tag{11-40}$$

式中：K_p 为多排链排数系数（表 11-12）；K_z 为小链轮齿数系数（表 11-13）。当工作点落在图 11-33 功率曲线顶点左侧（链板疲劳）时，取表中 K_z 值，当工作点落在功率曲线顶点右侧（滚子、套筒冲击疲劳）时，取表中 K'_z 值。

表 11-12 多排链排数系数 K_p

排数 z_p	1	2	3	4	5
K_p	1	1.7	2.5	3.3	4.1

表 11-13 小链轮齿数系数 K_z

z_1	9	11	13	15	17	19	21	23	25	27	29	31	33	35
K_z	0.446	0.554	0.664	0.775	0.887	1.00	1.11	1.23	1.34	1.46	1.58	1.70	1.82	1.93
K'_z	0.326	0.441	0.566	0.701	0.846	1.00	1.16	1.33	1.51	1.69	1.89	2.08	2.29	2.50

设计链传动时应使

$$P_c\leqslant[P_0]=P_0K_zK_p \tag{11-41}$$

单排链在特定条件下的许用功率

$$P_0 \geqslant \frac{K_A P}{K_z K_p} \tag{11-42}$$

式中：P 为名义传动功率，kW；K_A 为工作情况系数（表 11-10）。

当链速 $v<0.6$ m/s 时，为低速链传动，此时链条的静强度占主要地位，因抗拉静力强度不够而破坏的几率很大，故常按下式进行抗拉静力强度计算

$$S_{ca} = \frac{z_p F_Q}{K_A F_1} \geqslant 4 \sim 8$$

式中：S_{ca} 为链的抗拉静力强度计算安全系数；z_p 为链的排数；F_Q 为单排链的极限拉伸载荷（表 11-9），N；F_1 为链的紧边拉力，N。

例题 11-4 设计一带式输送机中的滚子链传动，已知电动机的功率 $P=10$ kW，转速 $n_1=970$ r/min，输送机滚筒转速 $n_2=330$ r/min，链传动为水平布置，链传动中心距大于 600 mm，载荷平稳。

解： 1）确定链轮齿数 z_1、z_2：

传动比 $$i=n_1/n_2=970/330=2.94$$

假设链速 $v=3.0\sim8.0$ m/s，根据表 11-11 选取 $z_1=23$，则 $z_2=iz_1=68$

2）确定链节数 L_p：初选中心距 $a_0=40p$，由式（11-38）得链节数 L_p

$$L_p = \frac{2a_0}{p} + \frac{z_1+z_2}{2} + \left(\frac{z_2-z_1}{2\pi}\right)\frac{p}{a_0} = \frac{80p}{p} + \frac{23+68}{2} + \left(\frac{68-23}{2\pi}\right)^2 \frac{p}{40p} \approx 127（节）$$

取 $L_p=126$ 节

3）计算功率 P_c：由表 11-10 查得工作情况系数 $K_A=1.0$，故

$$P_c = K_A P = 1.0\times10 = 10.0\text{(kW)}$$

4）确定链节距 p：由表 11-13 查得小链轮齿数系数 $K_z=1.23$（估计工作点落在图 11-33 中曲线顶点左侧）；采用单排链，由表 11-12 查得多排链排数系数 $K_p=1$。由式（11-42）得

$$P_0 \geqslant \frac{P_c}{K_z K_p} = \frac{10.0}{1.23\times1} = 8.13\text{(kW)}$$

根据 $P_0\geqslant8.13$ kW、$n_1=970$ r/min，由图 11-33 查得选用链号为 10A 的单排滚子链。同时原估计工作点落在图 11-33 中曲线顶点左侧正确。由表 11-9 查得链节距 $p=15.875$ mm。

5）计算实际中心距 a：根据式（11-39）得

$$\begin{aligned} a &= \frac{p}{4}\left[\left(L_p - \frac{z_1+z_2}{2}\right) + \sqrt{\left(L_p - \frac{z_1+z_2}{2}\right)^2 - 8\left(\frac{z_2-z_1}{2\pi}\right)^2}\right] \\ &= \frac{15.875}{4}\left[\left(126 - \frac{23+68}{2}\right) + \sqrt{\left(126 - \frac{23+68}{2}\right)^2 - 8\left(\frac{68-23}{2\pi}\right)^2}\right] \\ &= 628.69\text{(mm)} \end{aligned}$$

实际中心距应比理论中心距小一些，因此，取 $a'=628$ mm

6)验算链速 v：由式(11-27)得

$$v=\frac{n_1 z_1 p}{60\times 1\,000}=\frac{970\times 23\times 15.875}{60\times 1\,000}=5.90\ (\mathrm{m/s})$$

与原假设相符。

7)计算有效拉力 F：由式(11-33)得

$$F=\frac{1\,000P}{v}=\frac{1\,000\times 10}{5.90}=1\,694.92\ (\mathrm{N})$$

8)计算轴上载荷 F_P：根据式(11-37)得

$$F_p=1.2K_A F=1.2\times 1.0\times 1\,694.92=2\,033.90\ (\mathrm{N})$$

9)确定润滑方式：根据链速 v、节距 p 由图 11-34 查得采用油浴或飞溅润滑。

10)链轮主要尺寸(略)。

11.11 链传动的润滑与布置

11.11.1 链传动的润滑

链传动的润滑非常重要，对高速、重载的链传动更为重要。良好的润滑可缓和冲击，减少摩擦和减轻磨损，延长链条使用寿命。

链传动的润滑方式可以根据图 11-34 选取。人工定期润滑方式，用刷子或油壶定期在链条松边内、外链板间隙中注油，每班注油一次。滴油润滑方式，链传动装有简单外壳，采用油杯滴油，对于单排链，每分钟供油 5～20 滴，速度高时取大值。油浴供油方式，要求采用不漏油的外壳，使链条从油槽中通过，若链条浸入油面过深，搅油损失大，油易发热变质，一般浸油深度为 6～12 mm。飞溅润滑方式，要求采用不漏油的外壳，在链轮侧边安装甩油盘，甩油盘圆周速度 $v>3$ m/s，当链条宽度大于 125 mm 时，链轮两侧应各装一个甩油盘，甩油盘浸油深度为 12～35 mm。压力供油方式，采用不漏油的外壳，油泵强制供油，喷油管口设在链条啮入处，循环油可起冷却作用，每个喷油口供油量可根据链节距及链速大小查阅有关手册。

对于开式传动和不易润滑的链传动，可定期拆下用煤油清洗，干燥后，浸入 70～80℃润滑油中，待铰链间隙中充满油后安装使用。

11.11.2 链传动的布置

链传动的布置，一般应使两链轮回转平面在同一铅垂平面内，尽量避免布置在水平面或倾斜平面内，如果必须布置在水平面或倾斜平面内时，则应增加托板或张紧轮等装置，并且要使中心距较紧凑。表 11-14 列出了一般的布置原则。

表 11-14 链传动的布置

传动参数	正确布置　　　不正确布置	说　　明
$i=2\sim3$ $a=(30\sim50)p$ （i 与 a 较好场合）	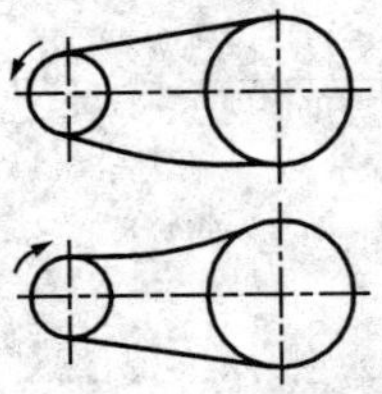	两链轮轴线在同一水平面内，紧边可以在上或在下，但在上要好一些
$i>2$ $a<30p$ （i 大 a 小场合）	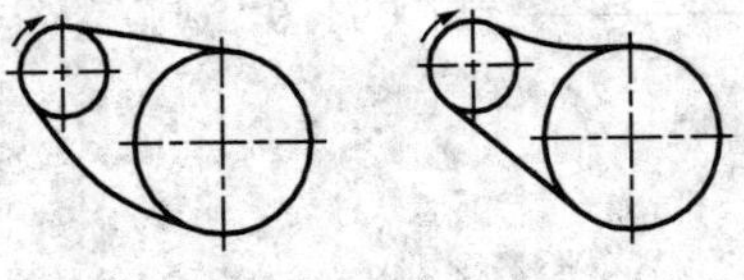	两链轮轴线不在同一水平面内，紧边应在上面，否则松边下垂量增大后，链条容易与链轮卡死
$i<1.5$ $a>60p$ （i 小 a 大场合）	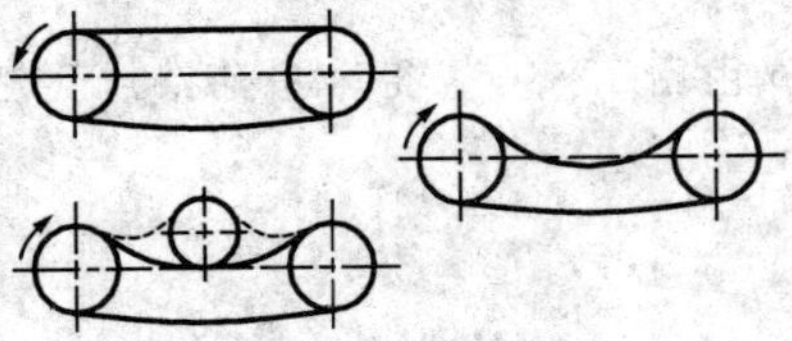	两链轮轴线在同一水平面内，紧边应在上面，否则松边下垂量增大后，松边会与紧边相碰，需要经常调整中心距
i、a 为任意值 （垂直传动场合）	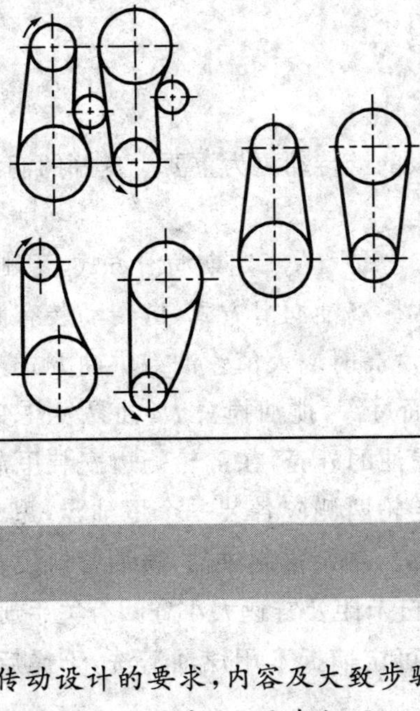	两链轮轴线在同一铅垂面内，链节磨损伸长后，会减少下链轮的有效啮合齿数，降低传动能力。为此应采用： 1)中心距可调； 2)设置张紧轮； 3)上下两链轮偏置

习题 11

11-1　试述 V 带传动设计的要求，内容及大致步骤。

11-2　试分析在 V 带传动设计中，主要参数 d_1、α_1、v、i、a 对 V 带传动有哪些影响？如何选取各主要参数？

11-3　V 带轮槽角 φ 一般制成 32°、34°、36°、38°，而 V 带的截面楔角 φ 却为 40°，试分析这是为什么？

11-4　带传动中的弹性滑动和打滑有什么区别？为什么说弹性滑动是不可避免的？

11-5　试述带传动的主要失效形式和设计准则。

11-6　链传动有何特点？滚子链由哪些元件组成？

11-7　链传动中，主动链轮匀速转动，从动链轮是否也匀速转动？为什么？

11-8 链轮的齿数、链条的节距、链传动的中心距对链传动有何影响？

11-9 已知一普通V带传动，主动轮转速 $n_1=1\ 450$ r/min，$d_1=100$ mm，传动比 $i=3.15$，中心距 $a=560$ mm，普通V带为A型，根数为3根，原动机为电动机，载荷变动小，双班制工作。试求此V带所能传递的功率。

11-10 设计一带式运输机中的普通V带传动。原动机为三相异步电动机，电机功率 $P=7.5$ kW，转速为960 r/min，主动带轮直接安装在电动机输出轴上，要求从动带轮转速 $n_2=380$ r/min，中心距 $a<700$ mm，三班制工作。

11-11 已知滚子链的极限拉伸载荷为55.6 kN，主动链轮齿数 $z_1=21$，从动链轮齿数 $z_2=89$，主动链轮转速 $n_1=830$ r/min，中心距 $a=40\ p$，工作情况系数 $K_A=1$，试求此链传动所能传递的功率。

11-12 设计一螺旋输送机的链传动。已知传动功率 $P=7.5$ kW，主动链轮转速 $n_1=960$ r/min，从动链轮转速 $n_2=250$ r/min，两链轮轴心连线与水平面呈30°倾角，电动机驱动，载荷平稳，按规定条件润滑。

12 齿轮传动

齿轮传动是机械传动中重要的传动之一。它由装在两轴上的主、从动齿轮所组成，通过轮齿间的啮合不仅用来传递运动，而且用于传递动力。因此，齿轮传动必须解决 2 个基本的问题——传动平稳和足够的承载能力。有关齿轮传动平稳的问题，已在第 4 章论述。本章则着重讨论齿轮传动的承载能力问题。

按齿轮传动的工作状况，齿轮传动可分为闭式、开式和半开式传动 3 种。闭式传动的齿轮装在经过精确加工的封闭严密的箱体内，能保证良好的润滑和工作条件。重要的齿轮传动都采用闭式传动。开式传动的齿轮完全暴露在外边，不能保证良好的润滑，而且易落入灰尘、杂质，但成本低。半开式齿轮传动则装有简单的防护罩，有时还把大齿轮部分地浸入油池中。开式或半开式齿轮传动往往用于低速、不很重要或尺寸过大不易封闭严密的场合。

齿轮传动设计的一般步骤：根据齿轮的工作要求、失效形式等因素选择其材料、热处理方式和齿面硬度；选择齿轮精度；根据主要的失效形式和相应的设计准则，进行强度计算，确定其主要尺寸，然后对其他失效形式进行必要的校核；进行齿轮的结构设计和绘制零件工作图；选择齿轮传动的润滑。

12.1 齿轮传动的失效形式和计算准则

12.1.1 失效形式

正常情况下，齿轮传动的失效主要发生在轮齿。轮齿的失效形式很多，但归结起来可分为齿体损伤失效（如轮齿折断）和齿面损伤失效（如点蚀、胶合、磨损、塑性变形）两大类。

12.1.1.1 轮齿折断

就损伤机理来说，轮齿折断分为疲劳折断和过载折断 2 种。轮齿工作时相当于一个悬臂梁，齿根处产生的弯曲变应力最大，而且有较大的应力集中。当轮齿重复受载后，其弯曲应力超过弯曲疲劳极限时，齿根受拉一侧将产生微小的疲劳裂纹。随着变应力的反复作用，裂纹不断扩展，最终将引起轮齿折断，这种折断称为疲劳折断。由于冲击载荷过大或短时严重过载，或轮齿磨损严重减薄，导致静强度不足而引起的轮齿折断，称为过载折断。

从形态上看，轮齿折断有整体折断和局部折断。直齿轮的轮齿一般发生整齿折断（图 12-1a）。接触线倾斜的斜齿轮和人字齿轮，以及齿宽较大而载荷沿齿向分布不均的直齿轮，多发生轮齿局部折断（图 12-1b）。

增大齿根过渡圆角半径、降低表面粗糙度、齿面进行强化处理、减轻齿面加工损伤等，均有利于提高轮齿抗疲劳折断能力。尽可能消除载荷的分布不均匀现象，则有可能避免轮齿的局部折断。

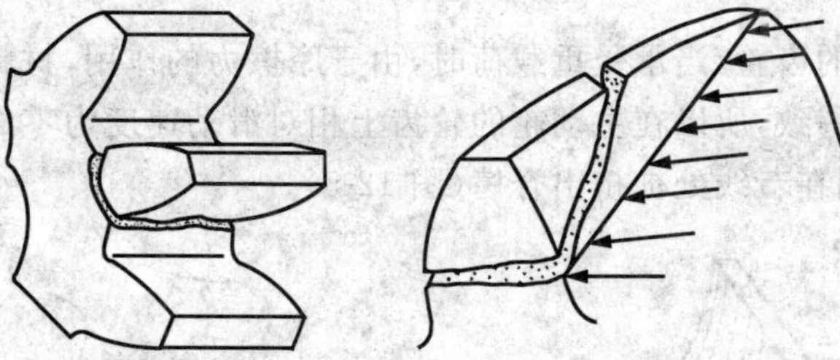

a) 整体折断　　　b) 局部折断

图 12-1　轮齿折断

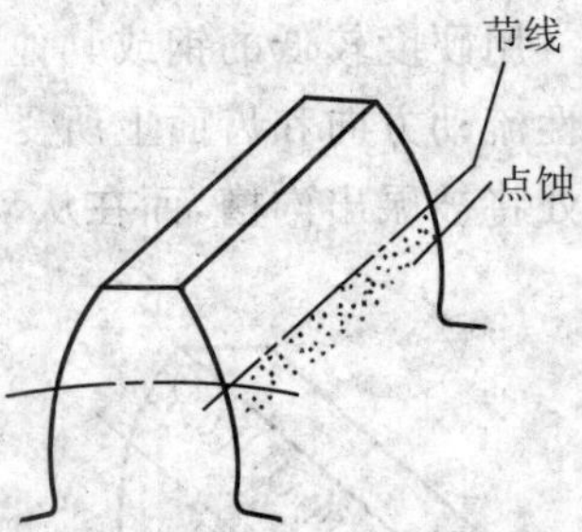

图 12-2　齿面点蚀

12.1.1.2　齿面点蚀

点蚀又称鳞剥。轮齿工作时，其工作表面上任一点处所产生的接触应力是按脉动循环变化的。齿面长时间在这种应力作用下，可能会出现微小的金属剥落而形成一些浅坑（麻点），这种现象称为齿面点蚀。齿面点蚀通常发生在润滑良好的闭式齿轮传动中。在开式传动中，由于齿面磨损较快，点蚀还来不及出现或扩展即被磨掉，所以一般看不到点蚀现象。

实践证明，点蚀的部位多发生在轮齿节线附近靠齿根的一侧（图 12-2）。这是由于齿面节线附近，相对滑动速度小，难以形成润滑油膜，摩擦力较大，特别是直齿轮传动，在节线附近通常只有一对轮齿啮合，接触应力也较大。总之，靠近节线处的齿根面抵抗点蚀的能力最差（即接触疲劳强度最低）。

提高齿面硬度，降低齿面粗糙度，采用合理的变位，采用黏度较高的润滑油，减小动载荷等，都能防止或减轻点蚀发生。

12.1.1.3　齿面胶合

胶合是相啮合齿面的金属在一定压力下直接接触发生黏着，同时随着齿面的相对运动使相黏结的金属从齿面上撕脱，在轮齿表面沿滑动方向形成沟痕。齿轮传动中，齿面上瞬时温度越高、滑动系数越大的地方，越易发生胶合，轮齿顶部最为明显（图 12-3）。

一般来说，胶合总是在重载条件下发生。按其形成的条件，可分为热胶合和冷胶合。热胶合发生于高速重载齿轮传动中。由于相对运动速度高，齿面压力大，使齿面油膜破裂，啮合处的高温使两齿面接触点处金属融焊而黏着。冷胶合发生于低速重载的齿轮传动中。由于齿面接触处局部压力过大，且速度低不易形成油膜，使两接触齿面间的表面膜被刺破而产生黏着。

提高齿面硬度，降低齿面粗糙度，采用黏度较大的润滑油或加入抗胶合添加剂的润滑油等，均可防止或减轻齿面胶合。

12.1.1.4　齿面磨损

齿面磨损通常有磨粒磨损和跑合磨损两种。由于灰尘、硬屑粒等进入齿面间而引起的磨粒磨损，在开式齿轮传动中是难以避免的。磨粒磨损不仅导致轮齿失去正确的齿形（图 12-4），而且还会由于齿厚不断减薄最终引起断齿。新的齿轮副，由于加工后表面具有一定的粗糙度，受载时实际上只有部分峰顶接触，接触处压强很高，因而在开始运转期间，磨损速度和磨损量都较大，磨损到一定程度后，摩擦面逐渐光洁，压强减小、磨损速度缓慢，这种磨损称为跑合。人们有意使齿轮副在轻载下进行跑合，为随后的正常磨损创造有利条件。

改用闭式齿轮传动是避免齿面磨粒磨损最有效的方法。

12.1.1.5 齿面塑形变性

用硬度较低的钢或其他较软材料制造的齿轮，当承受重载荷时，由于摩擦力的作用，材料的塑性流动方向和齿面上所受的摩擦力方向一致，所以在主动轮的轮齿上相对滑动速度为零的节线处将被碾出沟槽，而在从动轮的轮齿上则在节线处被挤出脊棱(图 12-5)。

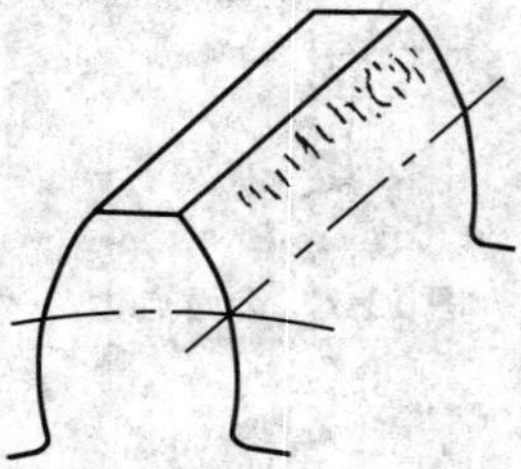

图 12-3 齿面胶合

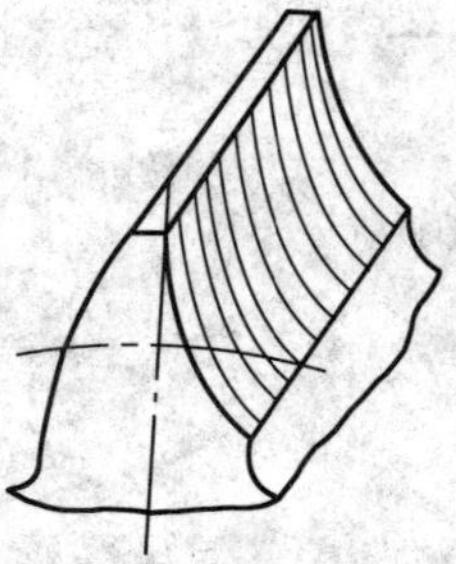

图 12-4 齿面过度磨损

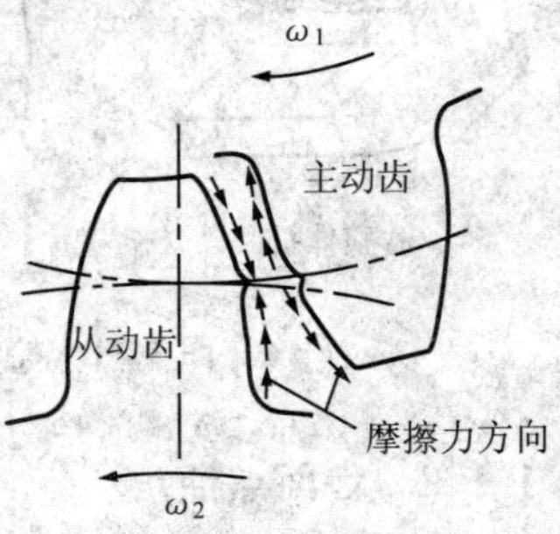

图 12-5 齿面的塑性变形

提高轮齿齿面硬度，采用高黏度的或加有极压添加剂的润滑油均有利于减缓或防止齿面塑性变形。

12.1.2 计算准则

齿轮传动在具体的工作情况下，有着不同的失效形式，不同的失效形式对应于不同的设计准则。因此，设计齿轮传动时，应根据具体的条件，分析其主要失效形式，选用相应的设计准则，进行设计计算。由于目前对于齿面磨损、塑性变形尚未建立起实用、完整的设计计算方法和数据；对于一般齿轮传动，齿轮抗胶合能力的计算又不太必要，且计算方法复杂。所以目前设计一般的齿轮传动时，通常只按齿根弯曲强度和齿面接触强度 2 种准则进行计算。

对于闭式软齿面——一对齿轮或一个齿轮为软齿面(≤350 HBS)的齿轮传动，其主要失效形式为齿面点蚀，故通常先按齿面接触强度进行设计，然后校核轮齿弯曲强度。

对于闭式硬齿面——一对齿轮均为硬齿面(＞350 HBS)的齿轮传动，其主要失效形式为轮齿折断，故通常先按轮齿弯曲强度进行设计，然后校核齿面接触强度。

对于开式、半开式齿轮传动，其主要失效形式是齿面磨损和因磨损导致的轮齿折断。通常只进行齿根弯曲强度计算，考虑到磨损对齿厚的影响，采用降低轮齿许用弯曲应力的办法(如将闭式传动的许用弯曲应力乘以 0.7～0.8)或将计算出来的模数增大 5%～15%的办法来解决。

12.2 齿轮材料及其热处理

由轮齿的失效形式可知，设计齿轮传动时，应使齿面有较高的抗点蚀、抗胶合、抗磨损及抗塑性变形的能力，齿体有较高的抗折断的能力。因此，对齿轮材料的基本要求是：齿面要硬，齿芯要韧。

常用的齿轮材料有钢、铸铁和非金属材料。钢材的韧性好，耐冲击、强度高，还可通过适当的热处理改善其力学性能及提高齿面的硬度，故钢材是最理想的齿轮材料。锻钢的力学性能比铸钢好，中等或中等以下尺寸，要求较高的齿轮常用锻钢制造；铸钢的耐磨性及强度均较好，铸钢常用于尺寸较大(顶圆直径 $d_a \geqslant 400$ mm)或结构形状复杂的齿轮;尺寸较小而又要求不高的齿轮,可选用圆钢。灰铸铁常用于工作平稳,速度较低,功率不大的齿轮。对高速、轻载及精度不高的齿轮传动,可采用夹布塑胶、尼龙等非金属材料做小齿轮。

齿轮常用的热处理方法有:

1)调质:一般用于中碳钢和中碳合金钢,如45、40Cr、40MnB等。经调质处理后齿面硬度一般为220~260 HBS,故可在热处理后精切齿形。

2)正火:正火处理后可使材料晶粒细化,增大机械强度和韧性,消除内应力,改善切削性能。对机械强度要求不高的齿轮可用中碳钢正火处理。对于大直径的齿轮可采用铸钢正火处理。

3)表面淬火:常用材料为中碳钢或中碳合金钢。齿面硬度可达50 HRC左右,而齿芯部仍有较高的韧性,用于承受中等冲击载荷。表面淬火后轮齿变形不大,可不磨齿。

4)渗碳淬火:渗碳钢为含碳量0.15%~0.25%的低碳钢或低碳合金钢,例如20、20Cr等。渗碳淬火后齿面硬度可达56~62 HRC,而芯部仍保持有较高的韧性,常用于受冲击载荷的重要齿轮传动。但齿轮经渗碳淬火后,轮齿变形较大,需进行磨齿或用硬质合金滚刀进行滚刮。

5)渗氮:齿面经渗氮(氮化)处理后,齿面硬度可达60~62 HRC。氮化处理温度低,轮齿的变形小,不需磨齿,但渗氮层很薄,容易压碎,故不适用于受冲击载荷和有严重磨损的场合。

上述热处理中,调质和正火处理后的齿面硬度较低(≤350 HBS),为软齿面;其他处理后的齿面硬度较高(>350 HBS),为硬齿面。软齿面齿轮适用于尺寸紧凑性和精度要求不高,载荷和速度一般或较低的传动中;硬齿面齿轮常用于高速、重载、要求尺寸紧凑的传动中。

常用的齿轮材料及其热处理见表12-1。

表12-1 常用齿轮材料及其热处理

类别	牌号	热处理	硬度(HBS或HRC)
优质碳素钢	35	正火	150~180 HBS
		调质	180~210 HBS
		表面淬火	40~45 HRC
	45	正火	170~210 HBS
		调质	210~230 HBS
		表面淬火	43~48 HRC
合金结构钢	40Cr	调质	240~285 HBS
		表面淬火	52~56 HRC
	35SiMn	调质	200~260 HBS
		表面淬火	40~45 HRC
	40MnB	调质	240~280 HBS
		表面淬火	45~55 HRC
	20Cr 20CrMnTi 12Cr2Ni4	渗碳后淬火	56~62 HRC
	38CrMoAlA	渗氮	60 HRC

续表 12-1

类别	牌号	热处理	硬度(HBS 或 HRC)
铸钢	ZG270-500	正火	140～170 HBS
	ZG310-570		160～200 HBS
	ZG340-640		180～220 HBS
	ZG35SiMn	正火	160～220 HBS
		调质	200～250 HBS
	ZG50CrMo	调质	220～260 HBS
灰铸铁	HT250		170～241 HBS
	HT300		187～255 HBS
	HT350		197～269 HBS
球墨铸铁	QT500-5		147～241 HBS
	QT600-2		229～302 HBS
夹布塑胶			25～35 HBS

一对齿轮中材料的搭配很重要。设计中，对于软齿面齿轮传动，通常其小齿轮硬度要比大齿轮高出 20～50 HBS 或更多，且传动比越大，其硬度差也应越大。当大、小齿轮都是硬齿面时，小齿轮的硬度应略高，也可和大齿轮相等。为了提高抗胶合性能，建议小齿轮和大齿轮采用不同牌号的钢来制造。

12.3 齿轮传动的精度

齿轮传动的精度是齿轮传动时满足传动要求的精确程度，往往用公差来控制。在渐开线圆柱齿轮和锥齿轮精度的国家标准(GB 10095—1988 和 GB 11365—1989)中，对齿轮及齿轮副规定了 12 个精度等级(即公差等级)，分别用 1，2，3，…，12 表示。

$$\underbrace{1,\quad 2,}_{\text{远景级}}\quad \underbrace{3,\quad 4,\quad 5,}_{\text{高精度级}}\quad \underbrace{6,\quad 7,\quad 8,\quad 9,}_{\text{中等精度级}}\quad \underbrace{10,\quad 11,\quad 12}_{\text{低精度级}}$$

齿轮副中的 2 个齿轮的精度一般应相同，也允许相差一级。

按照误差的特性及其对传动性能的主要影响，每个精度等级的各项公差分成 3 个组。第Ⅰ公差组用来控制以相啮合齿轮一转为周期的误差，这种误差主要影响传递运动的准确性；第Ⅱ公差组用来控制在齿轮一周内多次周期的重复出现的误差，这种误差主要影响齿轮传动的平稳性、振动和噪声；第Ⅲ公差组用来控制齿向误差，这种误差主要影响载荷分布的均匀性。

根据使用的要求不同，允许各公差组选用不同的精度等级。但在同一公差组内，各项公差与极限偏差应保持相同的精度等级。

齿轮精度等级应根据传动的用途、使用条件、传动功率、运动精度和圆周速度等确定。一般情况是按节圆圆周速度，首先确定第Ⅱ公差组的精度等级，如无特殊要求，其他 2 组精度应与第Ⅱ组精度相同。表 12-2 给出了常用 5～9 级精度齿轮的允许最大圆周速度，供确定精度等级时参考。

表 12-2 动力齿轮传动的最大圆周速度 m/s

第Ⅱ公差组精度等级	圆柱齿轮传动		锥齿轮传动	
	直齿	斜齿	直齿	斜齿
5 级及其以上	≥15	≥30	≥12	≥20
6 级	<15	<30	<12	<20
7 级	<10	<15	<8	<10
8 级	<6	<10	<4	<7
9 级	<2	<4	<1.5	<3

注：锥齿轮传动的圆周速度按平均直径计算。

12.4 直齿圆柱齿轮传动的受力分析及计算载荷

为了计算齿轮强度，设计支承齿轮的轴和轴承装置等，必须先分析齿轮轮齿上的作用力。

12.4.1 轮齿的受力分析

在理想情况下，齿轮工作时作用于轮齿上的力是沿接触线均匀分布的，为简化分析，常用作用在齿宽中点处的集中力代替，并忽略摩擦力（齿轮传动一般均加以润滑）。

图 12-6 所示为直齿圆柱齿轮传动的轮齿受力情况。轮齿间的作用力沿着啮合线作用在齿面上，该力的方向即为齿面在该点的法线方向，称为法向力 F_n。为了明确力的作用效果，将法向力 F_n 分解为正交的圆周力 F_t（切于分度圆的圆周力）和径向力 F_r。

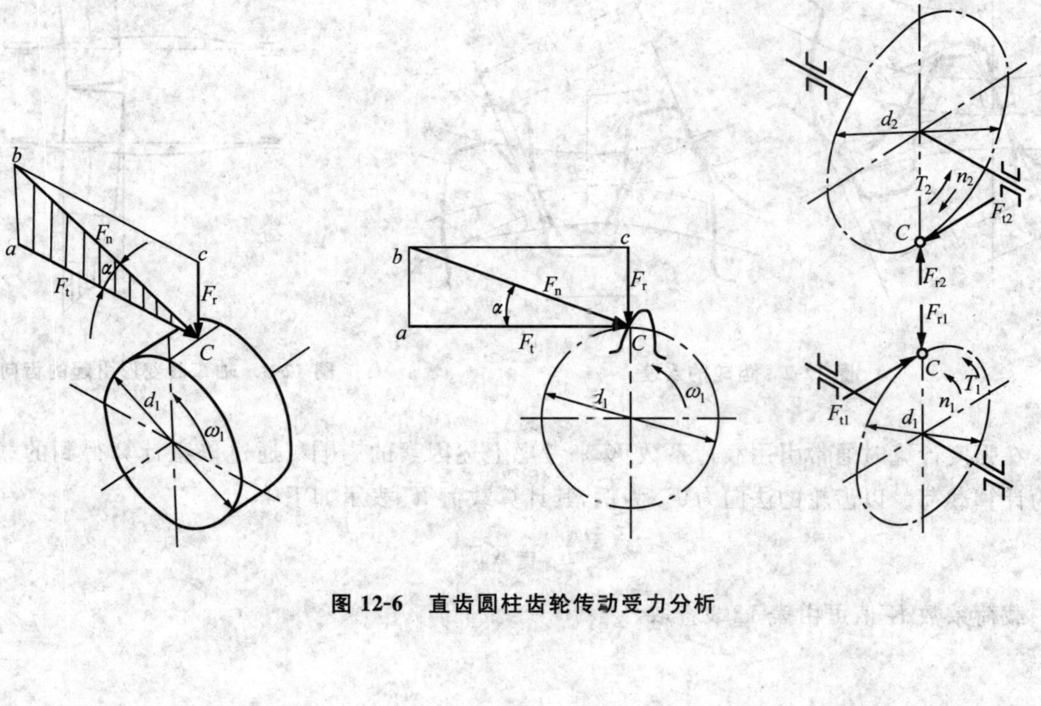

图 12-6 直齿圆柱齿轮传动受力分析

力的大小为

$$\left.\begin{aligned}&\text{圆周力}\qquad F_t=\frac{2T_1}{d_1}=\frac{2T_2}{d_2}\\&\text{径向力}\qquad F_r=F_t\tan\alpha\\&\text{法向力}\qquad F_n=\frac{F_t}{\cos\alpha}\end{aligned}\right\}\tag{12-1}$$

式中：d_1、d_2分别为小、大齿轮的分度圆直径，mm；T_1、T_2分别为小、大齿轮的名义转矩，$T_1=9.55\times10^6\dfrac{P_1}{n_1}$，N · mm；$P_1$为小齿轮传递的功率，kW；$n_1$为小齿轮的转速，r/min；$\alpha$为分度圆压力角。

力的方向判断：圆周力F_t，在从动轮上为驱动力，与其回转方向相同；在主动轮上为工作阻力，与其回转方向相反。径向力F_r，对于外齿轮，指向其齿轮中心；对于内齿轮，则背离其齿轮中心。

两轮所受力之间的关系：作用在主动轮和从动轮上同名力大小相等、方向相反，即

$$F_{t1}=-F_{t2}，F_{r1}=-F_{r2}$$

12.4.2 计算载荷

前面讨论的各力F_n、F_t、F_r以及转矩T_1、T_2均为齿轮的所谓名义载荷（公称载荷），而实际工作时，还应考虑齿轮传动中原动机和工作机的性能、轴和联轴器系统的质量等齿轮啮合外部因素而引起附加动载荷影响；齿轮啮合误差和运转速度引起的内部附加动载荷的影响（图 12-7）；轴的弯曲变形引起齿向偏载（图 12-8）等因素的影响。

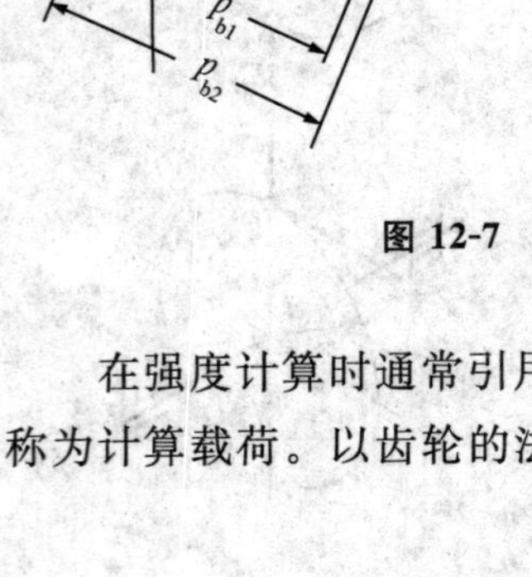

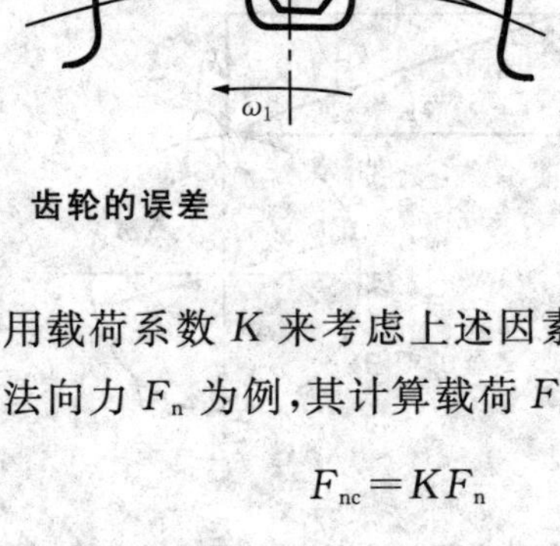

图 12-7 齿轮的误差

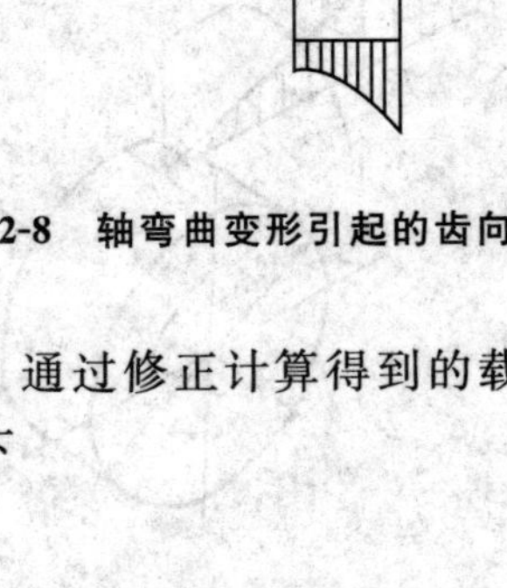

图 12-8 轴弯曲变形引起的齿向偏载

在强度计算时通常引用载荷系数K来考虑上述因素的影响。通过修正计算得到的载荷，称为计算载荷。以齿轮的法向力F_n为例，其计算载荷F_{nc}表示如下

$$F_{nc}=KF_n$$

式中载荷系数K值可由表 12-3 查取。

表 12-3 齿轮传动载荷系数 K

原动机	工作机工作特性		
	平稳	中等冲击	较大冲击
电动机、汽轮机	1～1.2	1.2～1.6	1.6～1.8
多缸内燃机	1.2～1.6	1.6～1.8	1.9～2.1
单缸内燃机	1.6～1.8	1.8～2.0	2.2～2.4

注：斜齿、圆周速度低、精度高、齿宽系数较小的齿轮传动，取小值；直齿、圆周速度高、精度低、齿宽系数较大的齿轮传动，取大值；齿轮在两轴承之间并对称布置时，取小值；齿轮不在两轴承中间或悬臂布置时，取大值。

12.5 直齿圆柱齿轮传动的齿面接触强度计算

齿面疲劳点蚀与齿面接触应力的大小有关。为防止齿面发生疲劳点蚀，应使齿面最大接触应力 σ_H 小于或等于许用接触应力$[\sigma_H]$。

12.5.1 齿面接触强度计算公式

一对齿轮的啮合，可以看作以啮合点处齿廓曲率半径 ρ_1、ρ_2 为半径的两圆柱体的接触。齿面最大接触应力 σ_H 可用赫兹公式计算，即

$$\sigma_H=\sqrt{\frac{F_{nc}}{\pi L}\cdot\frac{\frac{1}{\rho_1}\pm\frac{1}{\rho_2}}{\frac{1-\mu_1^2}{E_1}+\frac{1-\mu_2^2}{E_2}}}$$

式中："＋"用于外啮合，"－"用于内啮合。各符号的意义见 9.5 节。

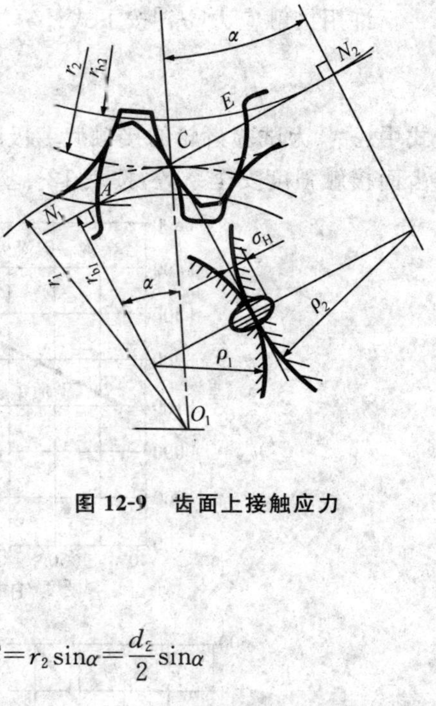

图 12-9 齿面上接触应力

1)综合曲率半径 ρ：在齿轮工作过程中，齿廓啮合点的位置是变化的，因此渐开线齿廓上各点的曲率半径不等。但实践已证明，点蚀多发生在轮齿节线附近靠齿根一侧，故常取节点处的接触应力为计算依据。

由图 12-9 可知，节点处的齿廓曲率半径

$$\rho_1=N_1C=r_1\sin\alpha=\frac{d_1}{2}\sin\alpha \qquad \rho_2=N_2C=r_2\sin\alpha=\frac{d_2}{2}\sin\alpha$$

令$\frac{d_2}{d_1}=\frac{z_2}{z_1}=u$，则中心距 $a=\frac{1}{2}(d_2\pm d_1)=\frac{d_1}{2}(u\pm1)$，式中 u 为大轮与小轮的齿数比。由此可得

$$\frac{1}{\rho_1}\pm\frac{1}{\rho_2}=\frac{\rho_2\pm\rho_1}{\rho_1\rho_2}=\frac{2(d_2\pm d_1)}{d_1d_2\sin\alpha}=\frac{u\pm1}{u}\cdot\frac{2}{d_1\sin\alpha} \tag{12-2}$$

2)轮齿法向计算载荷 F_{nc}、轮齿工作宽度 L：

$$F_{nc}=KF_n=\frac{KF_t}{\cos\alpha}=\frac{2KT_1}{d_1\cos\alpha} \tag{12-3}$$

在节点处一般仅有一对轮齿啮合，即载荷由一对轮齿承担，轮齿工作宽度 L 就为轮齿宽 b。

3)齿面接触强度计算公式：

一对钢制齿轮，$E_1=E_2=2.06\times10^5$ MPa，$\mu_1=\mu_2=0.3$，标准压力角 $\alpha=20°$。将式(12-2)、

式(12-3)及上述参数代入赫兹公式，可得一对钢制直齿圆柱标准齿轮传动的齿面接触强度验算公式为

$$\sigma_H = 335\sqrt{\frac{(u\pm1)^3KT_1}{uba^2}} \leqslant [\sigma_H] \tag{12-4}$$

式中：b 为轮齿啮合宽度，mm；T_1 为小齿轮上的转矩，N·mm；a 为齿轮传动中心距，mm；$[\sigma_H]$ 为许用接触应力，MPa。

引入齿宽系数 $\psi_a = b/a$，则式(12-4)变为齿面接触强度设计公式

$$a \geqslant (u\pm1)\sqrt[3]{\left(\frac{335}{[\sigma_H]}\right)^2\frac{KT_1}{\psi_a u}} \tag{12-5}$$

由式(12-5)可知，当齿轮的材料、齿数比和齿宽系数一定时，齿轮传动的齿面接触强度取决于其传动的外廓尺寸——中心距 a 或分度圆直径，而与模数 m 的大小无关。

12.5.2 许用接触应力

许用接触应力$[\sigma_H]$按下式计算

$$[\sigma_H] = \frac{\sigma_{Hlim}}{S_H} \tag{12-6}$$

式中：σ_{Hlim} 为试验齿轮的接触疲劳极限，由各种材料的试验齿轮测得，可按图 12-10 查取；S_H 为齿面接触强度安全系数，按表 12-4 查取。

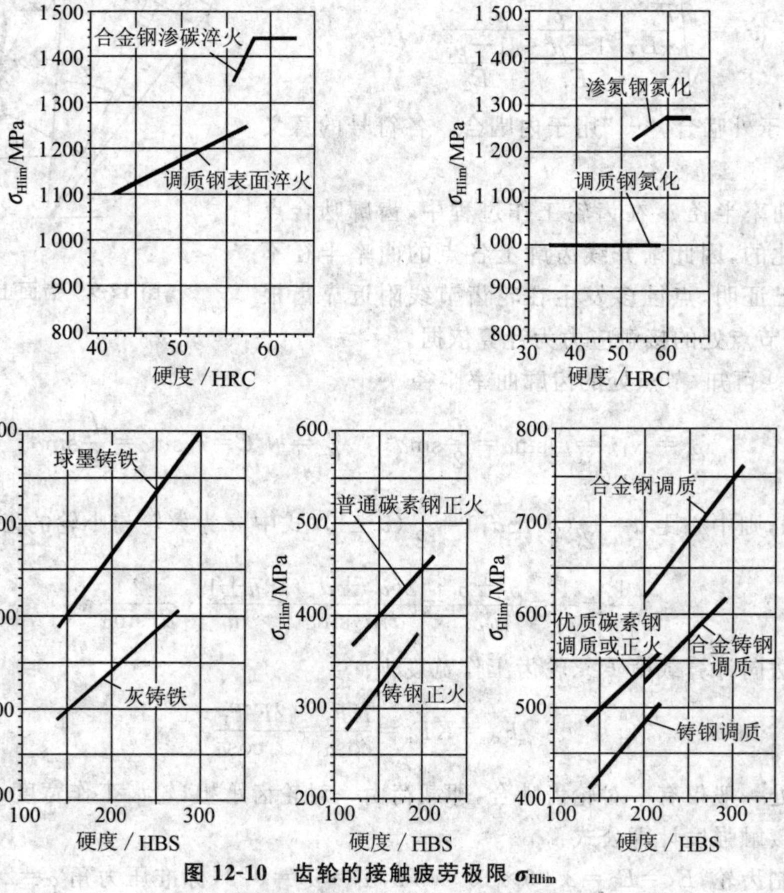

图 12-10 齿轮的接触疲劳极限 σ_{Hlim}

表 12-4 安全系数 S_H 和 S_F

安全系数	软齿面	硬齿面	重要的传动、渗碳淬火齿轮或铸造齿轮
S_H	1.0～1.1	1.1～1.2	1.3
S_F	1.3～1.4	1.4～1.6	1.6～2.2

12.5.3 齿面接触强度计算说明

1)若两齿轮的许用接触应力$[\sigma_H]_1$和$[\sigma_H]_2$的值不同,则应代以其中较小者计算。因配对齿轮的接触应力皆一样$\sigma_{H1}=\sigma_{H2}$,且2个齿轮中只要有一个齿轮出现齿面点蚀便可导致传动失效,即$[\sigma_H]$小者首先破坏。

2)计算公式(12-4)和式(12-5)是计算齿轮传动齿面接触强度的2种形式,使用中视具体条件选其一。式中"+"用于外啮合,"−"用于内啮合。

3)计算公式(12-4)和式(12-5)仅适用于一对钢制齿轮。若配对齿轮材料为钢对铸铁或铸铁对铸铁,则应将公式中的系数335分别改为285和250。

4)提高接触强度措施是:增大中心距a或分度圆直径d_1、d_2;提高许用接触应力$[\sigma_H]$;增加齿宽b,但不宜过大。

5)当设计齿轮为有限寿命时,需引入寿命系数Z_N,以提高其极限应力,可参考有关资料进行设计。

12.6 直齿圆柱齿轮传动的齿根弯曲强度计算

轮齿的疲劳折断与齿轮的材料和轮齿的弯曲应力大小有关。为了防止轮齿折断,除了合理选材料外,还必须使轮齿最大的弯曲应力σ_F小于其许用弯曲应力$[\sigma_F]$。

12.6.1 齿根弯曲强度计算公式

计算轮齿弯曲应力时,考虑到加工和安装的误差,通常假定全部载荷由一个齿承受;另外,当法向力F_n作用在齿顶时,齿根弯曲应力最大,轮齿弯曲折断的可能性最大,所以,一般按力作用于齿顶来计算弯曲应力。计算时将轮齿看作悬臂梁(图12-11)。

齿根危险截面的具体位置可用30°切线法确定:作与轮齿对称线呈30°角的两直线与齿根圆角过渡曲线相切,过两切点并平行于齿轮轴线的截面即为齿根的危险截面。危险截面齿厚为s_F。

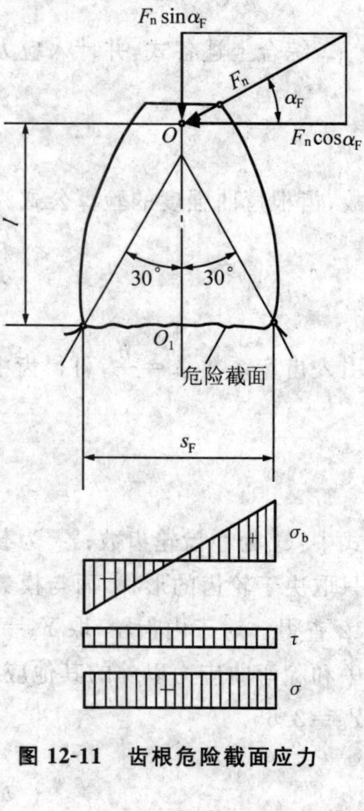

图 12-11 齿根危险截面应力

作用于齿顶的名义载荷F_n与轮齿对称中心线交于点O,将F_n分解为正交的2个分力$F_n\cos\alpha_F$和$F_n\sin\alpha_F$,其中α_F为法向力与轮齿对称中心线的垂线的夹角。

$F_n\cos\alpha_F$ 在齿根产生弯曲应力 σ_b 和切应力 τ，$F_n\sin\alpha_F$ 产生压应力 σ。切应力 τ 和压应力 σ 与弯曲应力 σ_b 相比均很小，故计算时暂可以忽略，因此，齿根危险截面的弯曲强度条件为

$$\sigma_F \approx \sigma_b = \frac{M}{W} \leqslant [\sigma_F]$$

齿根危险截面的弯曲力矩为

$$M = KF_n l\cos\alpha_F = K\frac{2T_1}{d_1\cos\alpha}\cdot l\cos\alpha_F$$

危险截面的弯曲截面系数为

$$W = \frac{bs_F^2}{6}$$

故危险截面的弯曲应力为

$$\sigma_F = \frac{M}{W} = \frac{2KT_1}{bd_1}\ \frac{6l\cos\alpha_F}{s_F^2\cos\alpha} = \frac{2KT_1}{bd_1 m}\frac{6\left(\dfrac{l}{m}\right)\cos\alpha_F}{\left(\dfrac{s_F}{m}\right)^2\cos\alpha}$$

令
$$Y_F = \frac{6\left(\dfrac{l}{m}\right)\cos\alpha_F}{\left(\dfrac{s_F}{m}\right)^2\cos\alpha}$$

综合上述各式，并计入应力修正系数 Y_S，则得

$$\sigma_F = \frac{2KT_1Y_FY_S}{bd_1m} = \frac{2KT_1Y_FY_S}{bm^2z_1}$$

故，齿根弯曲强度的验算公式为

$$\sigma_F = \frac{2KT_1Y_FY_S}{bd_1m} = \frac{2KT_1Y_FY_S}{bm^2z_1} \leqslant [\sigma_F] \tag{12-7}$$

引入齿宽系数 $\psi_a = \dfrac{b}{a}$，可得齿根弯曲强度设计公式为

$$m \geqslant \sqrt[3]{\frac{4KT_1Y_FY_S}{\psi_a(u\pm1)z_1^2[\sigma_F]}} \tag{12-8}$$

式中：z_1 为小齿轮齿数；Y_F 为载荷作用于齿顶的齿形系数。由于 l 和 s_F 均与模数成正比，故 Y_F 只取决于轮齿的形状，而与模数 m 大小无关。对于基本齿廓渐开线圆柱外齿轮 Y_F 可由图 12-12 查得。对于内齿轮，取 $Y_F=2.053$。Y_S 为应力修正系数，用以考虑齿根过渡圆角处的应力集中和除弯曲应力以外的其他应力对齿根应力的影响，其值可由图 12-13 查取。对于内齿轮，取 $Y_S=2.65$。

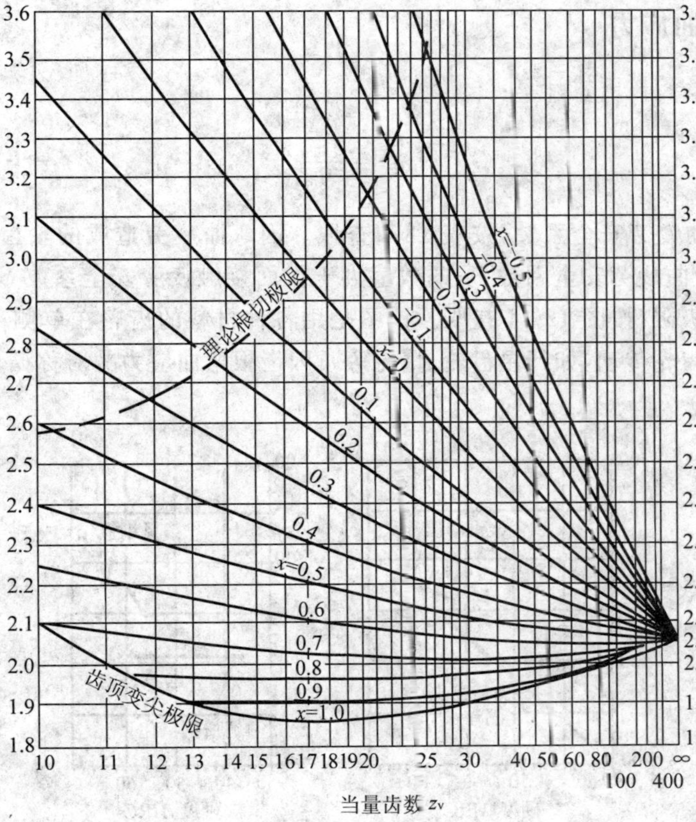

图 12-12 外齿轮齿形系数 Y_F

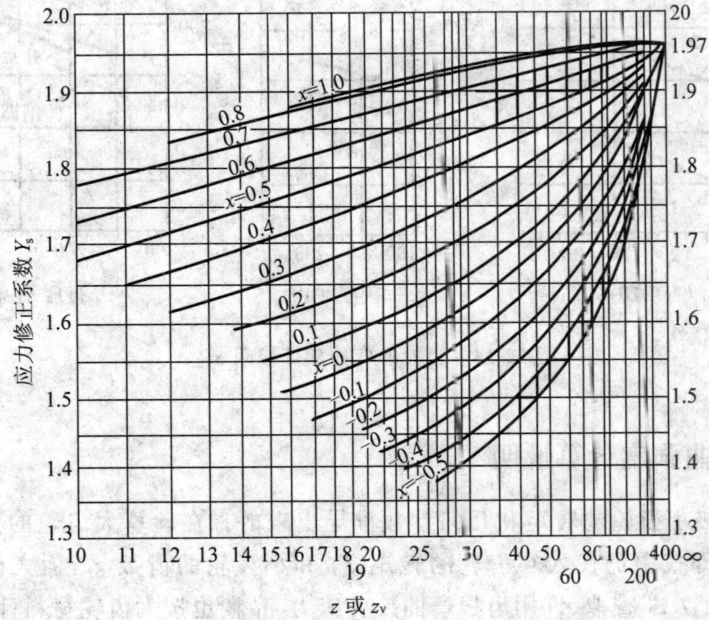

图 12-13 外齿轮齿根应力修正系数 Y_S

12.6.2 许用弯曲应力

许用弯曲应力$[\sigma_F]$按下式计算：

$$[\sigma_F]=\frac{\sigma_{Flim}}{S_F} \tag{12-9}$$

式中：S_F 为齿根弯曲疲劳安全系数，按表 12-4 查取。因弯曲疲劳造成的轮齿折断有可能造成重大事故，故轮齿弯曲疲劳安全系数 S_F 的数值大于齿面接触疲劳安全系数 S_H。σ_{Flim}为试验齿轮的齿根弯曲疲劳极限，按图 12-14 查取。该图是用各种材料的齿轮在单侧工作时测得的，对于长期双侧工作的齿轮传动（如行星齿轮、惰轮等），因齿根弯曲应力为对称循环变应力，应将图中 σ_{Flim}的数据乘以 0.7。

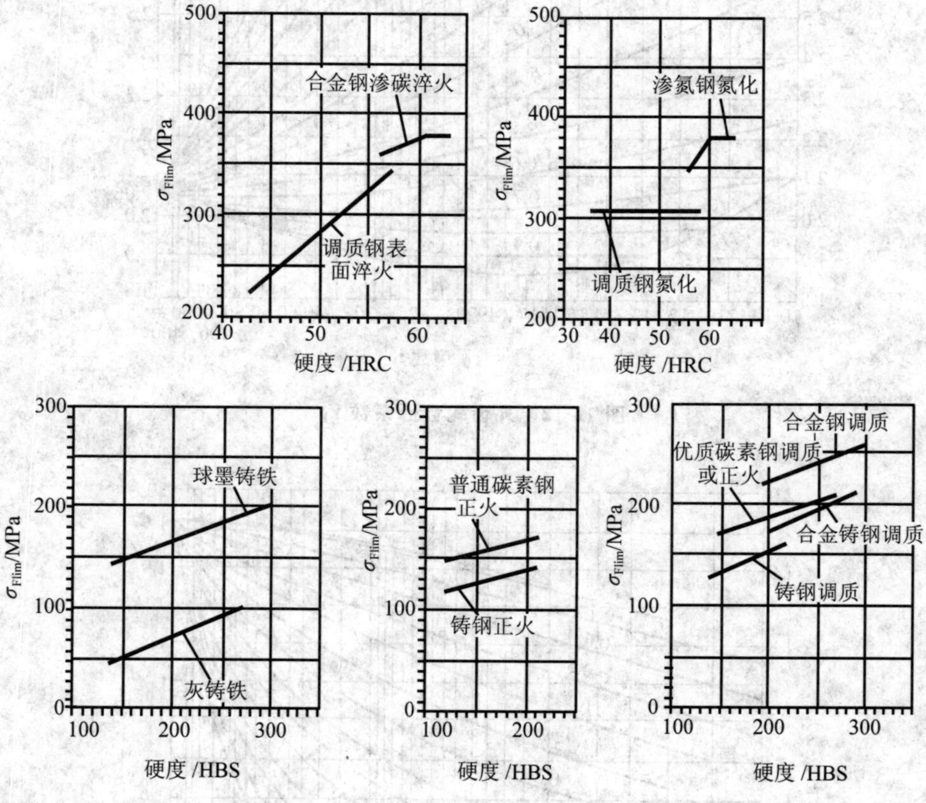

图 12-14 齿轮的弯曲疲劳极限 σ_{Flim}

12.6.3 齿根弯曲强度计算说明

1）式(12-7)是按小齿轮的转矩和几何参数推导出来的。在验算大齿轮的齿根弯曲疲劳强度时，仍可用该式，即式中仍代入小齿轮的转矩 T_1 和小齿轮的齿数 z_1，但大齿轮的齿形系数 Y_{F2}应按大齿轮的齿数 z_2 查取，许用齿根弯曲疲劳应力$[\sigma_F]_2$ 也按大齿轮材料计算。

2）一般情况下，配对齿轮的齿数和材料均不同，在使用式(12-8)设计时，$Y_F Y_S/[\sigma_F]$应代入两齿轮的 $Y_{F1}Y_{S1}/[\sigma_F]_1$ 和 $Y_{F2}Y_{S2}/[\sigma_F]_2$ 中的较大者。

3)由于配对齿轮的齿数不等，齿形系数不等，故配对齿轮的齿根弯曲应力不相等；配对齿轮的材料未必相同，许用弯曲应力也可能不同，因此，应分别对配对齿轮进行齿根弯曲强度校核计算。

4)由设计式(12-8)求得模数后，应圆整成标准模数系列值。为防止轮齿太小引起意外断齿，传递动力的齿轮模数一般不小于1.5～2 mm。

5)当设计齿轮为有限寿命时，需引入寿命系数 Y_N，以提高其极限应力，可参考有关资料进行设计。

12.6.4　齿轮主要参数的选择

在齿轮传动设计中，齿宽系数和齿轮齿数选择如何，将直接影响到齿轮传动的外廓尺寸及传动质量。

12.6.4.1　齿宽系数 ψ_a

齿宽系数 ψ_a 表示齿轮传动的宽度尺寸与径向尺寸的比例。当载荷一定时，增大 ψ_a，可使齿宽 b 增大，齿轮传动径向尺寸减小，圆周速度降低；但齿宽 b 过大，则由于结构的刚性不够，齿轮制造、安装误差等原因，使得载荷沿齿向分布不均的现象严重，使齿轮承载能力降低。因此，齿宽系数 ψ_a 应适当选择。轻型减速器可取 $\psi_a=0.2\sim0.4$；中型减速器可取 $\psi_a=0.4\sim0.6$；重型减速器可取 $\psi_a=0.8$；特殊情况下可取 $\psi_a=1\sim1.2$(如人字齿轮)；当 $\psi_a\geqslant0.4$ 时，通常采用斜齿或人字齿。直齿轮取较小值，斜齿轮取较大值；载荷平稳取较大值，否则取较小值。

根据 a 和 ψ_a 可计算出齿轮的工作齿宽(啮合宽度)$b=\psi_a a$。为便于装配和调整，保证齿轮传动时有足够的啮合宽度，一般取小齿轮的齿宽 $b_1=b+(5\sim10)$ mm，取大齿轮的齿宽 $b_2=b$。

12.6.4.2　齿数 z

中心距 a 一定时，齿轮齿数增多，齿轮传动的重合度增大，改善传动的平稳性；齿数多，则模数小，齿顶圆直径小，降低齿高，可节省材料、减轻重量；模数小则齿槽小，可减少加工量，降低成本；此外，降低齿高能减小滑动速度，减小磨损及胶合的危险性。但模数过小，轮齿弯曲强度可能不足。因此，当齿轮传动的承载能力主要取决于齿面接触强度时，如闭式软齿面齿轮传动，可选取较多的齿数，通常取 $z_1=20\sim40$；当齿轮传动的承载能力主要取决于轮齿的抗弯强度时，如硬齿面或开式(半开式)齿轮传动，应适当取较小的齿数，一般可取 $z_1=17\sim20$。

对于高速齿轮传动，不论闭式还是开式，软齿面还是硬齿面，应取 $z_1\geqslant25$。

大齿轮齿数 $z_2=iz_1$。对于载荷平稳的齿轮传动，为利于跑合，两轮齿数 z_1 和 z_2 取为简单的整数比；对于载荷不稳定的齿轮传动，两轮齿数 z_1 和 z_2 应互为质数，以防止轮齿失效集中发生在几个齿上。

例题 12-1　设计一闭式软齿面的标准直齿圆柱齿轮减速器。动力机为电动机，传动不逆转，工作有中等冲击，传动比为 $i=3.3$，$n_1=740$ r/min，传动功率 $P=15$ kW。

分析：本题为设计题，其步骤应为：选择材料，确定许用应力，根据对承载能力的要求进行强度计算并确定齿轮传动参数和尺寸；本设计为闭式软齿面齿轮传动，因此其设计准则为：先按齿面接触强度设计公式确定传动的尺寸，再按轮齿弯曲强度公式进行校核。

解：1)选择齿轮材料及确定许用应力

小齿轮用40Cr，调质，齿面硬度为260 HBS(表12-1)；大齿轮用45钢，调质，齿面硬度为225 HBS(表12-1)。

查图 12-10 和图 12-14，得：$\sigma_{\mathrm{Hlim1}}=700\ \mathrm{MPa}$，$\sigma_{\mathrm{Hlim2}}=570\ \mathrm{MPa}$，$\sigma_{\mathrm{Flim1}}=240\ \mathrm{MPa}$，$\sigma_{\mathrm{Flim2}}=190\ \mathrm{MPa}$。

查表 12-4，得：$S_H=1.1$，$S_F=1.3$。于是许用应力为

$$[\sigma_H]_1=\frac{\sigma_{\mathrm{Hlim1}}}{S_H}=\frac{700}{1.1}=636(\mathrm{MPa}),\quad [\sigma_H]_2=\frac{\sigma_{\mathrm{Hlim2}}}{S_H}=\frac{570}{1.1}=518(\mathrm{MPa})$$

$$[\sigma_F]_1=\frac{\sigma_{\mathrm{Flim1}}}{S_F}=\frac{240}{1.3}=185(\mathrm{MPa}),\quad [\sigma_F]_2=\frac{\sigma_{\mathrm{Flim2}}}{S_F}=\frac{190}{1.3}=146(\mathrm{MPa})$$

2) 按齿面接触强度设计

初选 8 级精度齿轮，由表 12-3 查取载荷系数 $K=1.4$，齿宽系数 $\psi_a=0.4$。

小齿轮上的转矩 $T_1=9.55\times10^6\times\dfrac{P}{n_1}=9.55\times10^6\times\dfrac{15}{740}=1.94\times10^5(\mathrm{N\cdot mm})$

在减速器中，齿数比 $u=i=3.3$

计算中心距

$$a\geqslant(u+1)\sqrt[3]{\left(\frac{335}{[\sigma_H]}\right)^2\frac{KT_1}{\psi_a u}}=(3.3+1)\times\sqrt[3]{\left(\frac{335}{518}\right)^2\times\frac{1.4\times1.94\times10^5}{0.4\times3.3}}=189.8(\mathrm{mm})$$

取 $z_1=30$，则 $z_2=iz_1=3.3\times30=99$，取 $z_2=99$

则模数 $m=\dfrac{2a}{z_1+z_2}=\dfrac{2\times189.8}{30+99}=2.94(\mathrm{mm})$ 圆整为标准值，取 $m=3\ \mathrm{mm}$

确定中心距 $a=\dfrac{m}{2}(z_1+z_2)=\dfrac{3}{2}(30+99)=193.5(\mathrm{mm})$

齿宽 $b=\psi_a a=0.4\times193.5=77.4(\mathrm{mm})$

取 $b_2=78\ \mathrm{mm}$，$b_1=85\ \mathrm{mm}$。

3)校核轮齿弯曲强度

由图 12-12，查取 $Y_{F1}=2.51$，$Y_{F2}=2.19$；由图 12-13，查取 $Y_{S1}=1.62$，$Y_{S2}=1.8$；

轮齿弯曲强度（按最小齿宽计算）

$$\sigma_{F1}=\frac{2KT_1Y_{F1}Y_{S1}}{bm^2z_1}=\frac{2\times1.4\times1.94\times10^5\times2.51\times1.62}{78\times3^2\times30}=104.879(\mathrm{MPa})<[\sigma_F]_1$$

$$\sigma_{F2}=\sigma_{F1}\frac{Y_{F2}Y_{S2}}{Y_{F1}Y_{S1}}=104.879\times\frac{2.19\times1.8}{2.51\times1.62}=101.676(\mathrm{MPa})<[\sigma_F]_2$$

4)齿轮的圆周速度 $v=\dfrac{\pi d_1n_1}{60\times1\,000}=\dfrac{\pi\times3\times30\times740}{60\times1\,000}=3.49(\mathrm{m/s})$

对照表 12-2 知选取 8 级精度齿轮是合宜的。

12.7 斜齿圆柱齿轮传动的强度计算

12.7.1 轮齿上的作用力

斜齿圆柱齿轮传动中齿轮受力分析如图 12-15 所示。忽略齿间的摩擦，则作用于齿面的分

布力用作用于齿宽中点且垂直于齿面的集中力 F_n 代替，F_n 可以分解为 3 个互相垂直的分力，即圆周力 F_t、径向力 F_r、轴向力 F_a。

各力的大小为

$$\left.\begin{aligned}&\text{圆周力}\quad F_t=\frac{2T_1}{d_1}=\frac{2T_2}{d_2}\\&\text{径向力}\quad F_r=F_t\tan\alpha_t=\frac{F_t}{\cos\beta}\tan\alpha_n\\&\text{轴向力}\quad F_a=F_t\tan\beta\\&\text{法向力}\quad F_n=\frac{F_t}{\cos\alpha_n\cos\beta}=\frac{F_t}{\cos\alpha_t\cos\beta_b}\end{aligned}\right\}\tag{12-10}$$

式中：α_t 为端面压力角；β 为分度圆螺旋角；β_b 为基圆螺旋角；α_n 为法向压力角，标准斜齿轮 $\alpha_n=20°$。

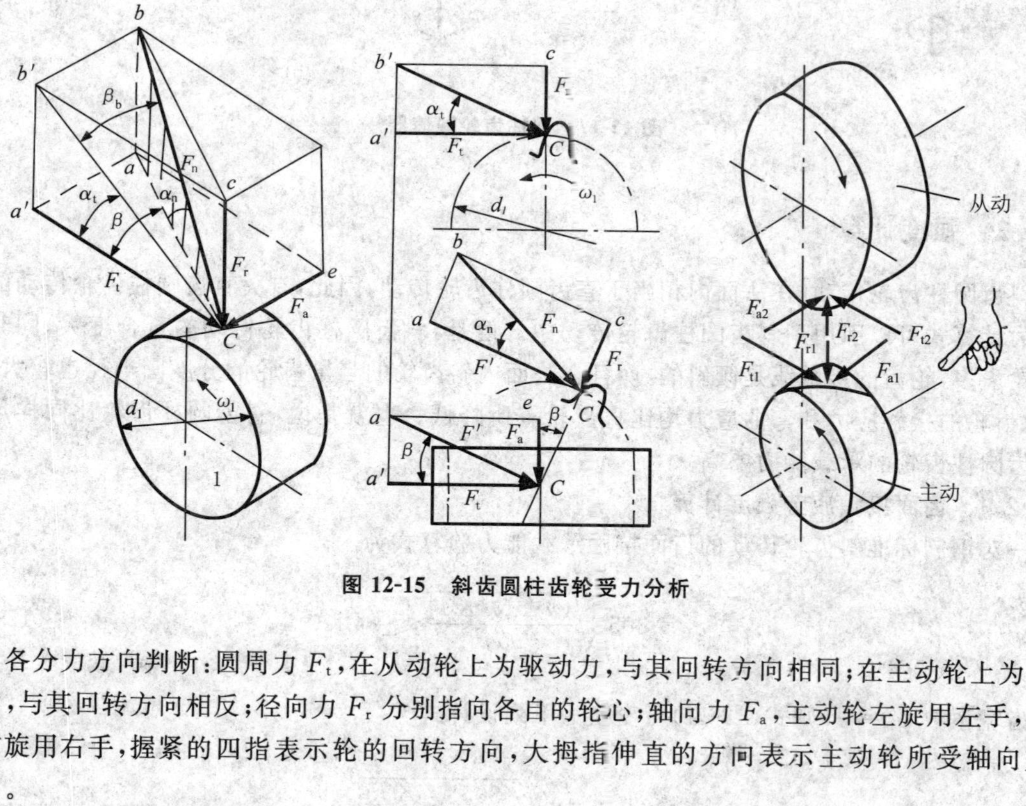

图 12-15 斜齿圆柱齿轮受力分析

各分力方向判断：圆周力 F_t，在从动轮上为驱动力，与其回转方向相同；在主动轮上为工作阻力，与其回转方向相反；径向力 F_r 分别指向各自的轮心；轴向力 F_a，主动轮左旋用左手，主动轮右旋用右手，握紧的四指表示轮的回转方向，大拇指伸直的方向表示主动轮所受轴向力的方向。

主、从两轮所受力之间的关系：作用在主动轮和从动轮上的同名力大小相等、方向相反，即

$$F_{t1}=-F_{t2},\ F_{r1}=-F_{r2},\ F_{a1}=-F_{a2},\ F_{n1}=-F_{n2}$$

由式(12-10)可知，轴向力 F_{a1} 随螺旋角的增大而增大。当 F_{a1} 过大时，给轴承部件设计带来困难。通常螺旋角 $\beta=8°\sim20°$，人字齿轮和双斜齿轮 $\beta=27°\sim45°$。为消除过大轴向力的影响，亦可采用人字齿轮或双斜齿轮以抵抗其轴向力，如图 12-16 所示。

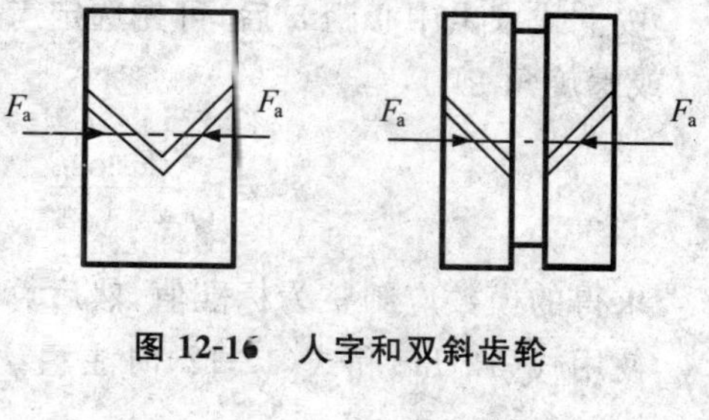

图 12-16 人字和双斜齿轮

例题 12-2 如图 12-17a 所示，在二级展开式斜齿圆柱齿轮减速器中，已知输入轴Ⅰ的转向和齿轮 1 的旋向，欲使中间轴Ⅱ上的齿轮 2 和齿轮 3 的轴向力互相抵消一部分，试确定齿轮 2、3、4 的旋向，并在图中标出各轴转向及各齿轮在啮合点处所受各力。

分析：应先明确一对斜齿轮正确啮合的条件，分清主、从动轮，再根据斜齿轮受力分析的知识求解。

解：见图 12-17b。

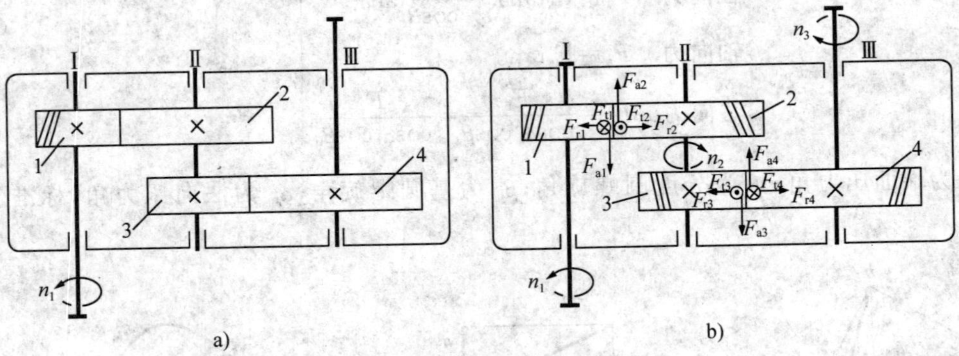

图 12-17 圆柱齿轮减速器

12.7.2 强度计算

斜齿圆柱齿轮传动，在法面内相当于直齿圆柱齿轮传动，因此，有关直齿圆柱齿轮传动的承载能力计算式可以引用到斜齿圆柱齿轮传动中。但是，斜齿圆柱齿轮传动的重合度大，同时啮合的轮齿多，轮齿的接触线是倾斜的，而且在法面内斜齿轮的当量齿轮的分度圆半径也较大，因此，斜齿轮的接触应力和弯曲应力均比直齿轮有所降低。也就是说，斜齿圆柱齿轮比同样尺寸的直齿圆柱齿轮的承载能力要高。

12.7.2.1 齿面接触疲劳强度计算

一对钢制标准斜齿轮传动的齿面接触承载能力验算式为

$$\sigma_H = 305\sqrt{\frac{(u\pm1)^3 KT_1}{uba^2}} \leqslant [\sigma_H] \tag{12-11}$$

引入齿宽系数 $\psi_a = \dfrac{b}{a}$，则式(12-11)可变换为下列设计式

$$a \geqslant (u\pm1)\sqrt[3]{\left(\frac{305}{[\sigma_H]}\right)^2 \frac{KT_1}{\psi_a u}} \tag{12-12}$$

按上式求出中心距 a 后，可先选定齿数 z_1、z_2 和螺旋角 β(或模数 m_n)，再按下式计算模数 m_n(或螺旋角 β)

$$m_n = \frac{2a\cos\beta}{z_1+z_2}, \qquad \beta = \arccos\frac{m_n(z_1+z_2)}{2a}$$

求得的模数应圆整为标准值，然后算出螺旋角 β，螺旋角的计算精度应为“秒”。

使用式(12-11)和式(12-12)时注意：

1)式中 T_1 的单位为 N·mm；b 和 a 的单位为 mm；σ_H 和 $[\sigma_H]$ 的单位为 MPa；K 为载荷系数。

2)若配对齿轮材料改变，两式中系数 305 应加以修正。钢对铸铁时，应将 305 乘以 $\frac{285}{335}$；铸铁对铸铁应将 305 乘以 $\frac{250}{335}$。

12.7.2.2 齿根弯曲疲劳强度计算

斜齿轮轮齿弯曲疲劳强度的验算式为

$$\sigma_F=\frac{1.6KT_1Y_FY_S}{bm_nd_1}=\frac{1.6KT_1Y_FY_S\cos\beta}{bm_n^2z_1}\leqslant[\sigma_F] \tag{12-13}$$

引入齿宽系数 $\psi_a=\frac{b}{a}$，则式(12-13)可变换为下列设计式：

$$m_n\geqslant\sqrt[3]{\frac{3.2KT_1Y_FY_S\cos^2\beta}{\psi_a(u\pm1)z_1^2[\sigma_F]}} \tag{12-14}$$

式中：m_n 为法向模数，mm；Y_F 为齿形系数，应根据当量齿数 $z_v=\frac{z}{\cos^3\beta}$，由图 12-12 查得；$Y_S$ 为应力修正系数，应根据当量齿数 $z_v=\frac{z}{\cos^3\beta}$，由图 12-13 查取。

例题 12-3 某闭式二级斜齿圆柱齿轮减速器传递功率为 19 kW，电动机驱动，电动机转速 $n=1\ 470$ r/min，双向传动，载荷有中等冲击，高速级传动比为 $i=3.5$，要求结构紧凑，试设计此高速级齿轮传动。

分析：本题属设计题，其设计步骤同例 12-1 题；考虑到要求结构紧凑，采用硬齿面齿轮，其设计准则为：先按轮齿弯曲强度进行设计，再按齿面接触强度进行校核；因双向传动，轮齿的弯曲疲劳极限值应乘以 0.7。

解：1)选择齿轮材料及确定许用应力：小齿轮用 20Cr，渗碳淬火，齿面硬度为 60 HRC(表 12-1)；大齿轮用 40Cr，表面淬火，齿面硬度为 54 HRC(表 12-1)。

查图 12-10 和图 12-14，得：$\sigma_{Hlim1}=1\ 440$ MPa，$\sigma_{Hlim2}=1\ 220$ MPa，$\sigma_{Flim1}=380$ MPa，$\sigma_{Flim2}=320$ MPa 。

查表 12-4，得：$S_H=1.2$，$S_F=1.5$。于是许用应力为

$$[\sigma_H]_1=\frac{\sigma_{Hlim1}}{S_H}=\frac{1\ 440}{1.2}=1\ 200(\text{MPa}),\qquad [\sigma_H]_2=\frac{\sigma_{Hlim2}}{S_H}=\frac{1\ 220}{1.2}=1\ 017(\text{MPa})$$

$$[\sigma_F]_1=\frac{0.7\sigma_{Flim1}}{S_F}=\frac{0.7\times380}{1.5}=177(\text{MPa}),\qquad [\sigma_F]_2=\frac{0.7\sigma_{Flim2}}{S_F}=\frac{0.7\times320}{1.5}=149(\text{MPa})$$

2)按轮齿弯曲强度设计：选 8 级精度齿轮，由表 12-3 查取载荷系数 $K=1.4$，齿宽系数 $\psi_a=0.4$。小齿轮上的转矩

$$T_1=9.55\times10^6\frac{P}{n_1}=9.55\times10^6\times\frac{19}{1\ 470}=1.23\times10^5(\text{N}\cdot\text{mm})$$

初选螺旋角　$\beta=10°$，取 $z_1=18$，则 $z_2=iz_1=3.5\times18=63$

当量齿数 $z_{v1}=\dfrac{z_1}{\cos^3\beta}=\dfrac{18}{\cos^3 10^\circ}=18.85$，$z_{v2}=\dfrac{z_2}{\cos^3\beta}=\dfrac{63}{\cos^3 10^\circ}=65.96$

故由图 12-12 查得 $Y_{F1}=2.85$；$Y_{F2}=2.26$；由图 12-13 查得 $Y_{S1}=1.54$；$Y_{S2}=1.74$

$$\frac{Y_{F1}Y_{S1}}{[\sigma_F]_1}=\frac{2.85\times1.54}{177}=0.0248,\ \frac{Y_{F2}Y_{S2}}{[\sigma_F]_2}=\frac{2.26\times1.74}{149}=0.0264$$

故取$\dfrac{Y_{F2}Y_{S2}}{[\sigma_F]_2}$代入公式计算

$$m_n\geqslant\sqrt[3]{\frac{3.2KT_1Y_{F2}Y_{S2}\cos^2\beta}{\psi_a(u+1)z_1^2[\sigma_F]_2}}=\sqrt[3]{\frac{3.2\times1.4\times1.23\times10^5\times0.0264\times\cos^2 10^\circ}{0.4\times(3.5+1)\times18^2}}=2.89(\text{mm})$$

取标准模数 $m_n=3$ mm。

中心距 $$a=\frac{m_n(z_1+z_2)}{2\cos\beta}=\frac{3\times(18+63)}{2\cos10^\circ}=123.37(\text{mm})$$

取 $a=125$ mm，则螺旋角为

$$\beta=\arccos\frac{3\times(18+63)}{2\times125}=13^\circ35'26''$$

齿宽 $b=\psi_a a=0.4\times125=50(\text{mm})$，取 $b_2=50$ mm，$b_1=55$ mm。

3)按齿面接触强度校核：

$$\sigma_H=305\sqrt{\frac{(u+1)^3KT_1}{uba^2}}=305\times\sqrt{\frac{(3.5+1)^3\times1.4\times1.23\times10^5}{3.5\times50\times125^2}}=730.6(\text{MPa})<[\sigma_H]$$

安全。

4)齿轮的圆周速度：

$$v=\frac{\pi d_1 n_1}{60\times1000}=\frac{\pi\times3\times18\times1470}{60000\times\cos13^\circ35'26''}=4.28(\text{m/s})$$

由表 12-3 可知选 8 级精度齿轮是合适的。

12.8 直齿锥齿轮传动的强度计算

锥齿轮用于传递两相交轴之间的运动和动力，其类型很多，本节只介绍最常用的轴交角 $\Sigma=90^\circ$的直齿锥齿轮传动。

12.8.1 齿轮上的作用力

锥齿轮轮齿刚度大端大，小端小，故沿齿宽的载荷分布不均匀。忽略摩擦力和载荷集中的影响，假设法向力 F_n 集中作用在齿宽节线中点处。集中力 F_n 可分解为圆周力 F_t、径向力 F_r、轴向力 F_a 3 个分力。图 12-18 所示为直齿锥齿轮轮齿受力情况。

各力的大小为

$$\left.\begin{aligned}&\text{圆周力}\quad F_t=\frac{2T_1}{d_{m1}}=\frac{2T_2}{d_{m2}}\\&\text{径向力}\quad F_{r1}=F_{t1}\tan\alpha\cos\delta_1\\&\text{轴向力}\quad F_{a1}=F_{t1}\tan\alpha\sin\delta_1\\&\text{法向力}\quad F_n=\frac{F_{t1}}{\cos\alpha}\end{aligned}\right\}\tag{12-15}$$

式中：T_1、T_2 分别为小、大锥齿轮转矩，N·mm；d_{m1}、d_{m2} 分别为小、大锥齿轮齿宽中点分度圆直径，mm；δ_1 为小锥齿轮的分度圆锥角。

各力方向的判断：主动轮圆周力方向与轮的回转方向相反，从动轮圆周力方向与轮的回转方向相同；径向力分别指向各轮轮心；轴向力分别指向各轮大端。

主、从两轮所受力之间的关系：

$$F_{t1}=-F_{t1}\,,\ F_{r1}=-F_{a2}\,,\ F_{a1}=-F_{r2}$$

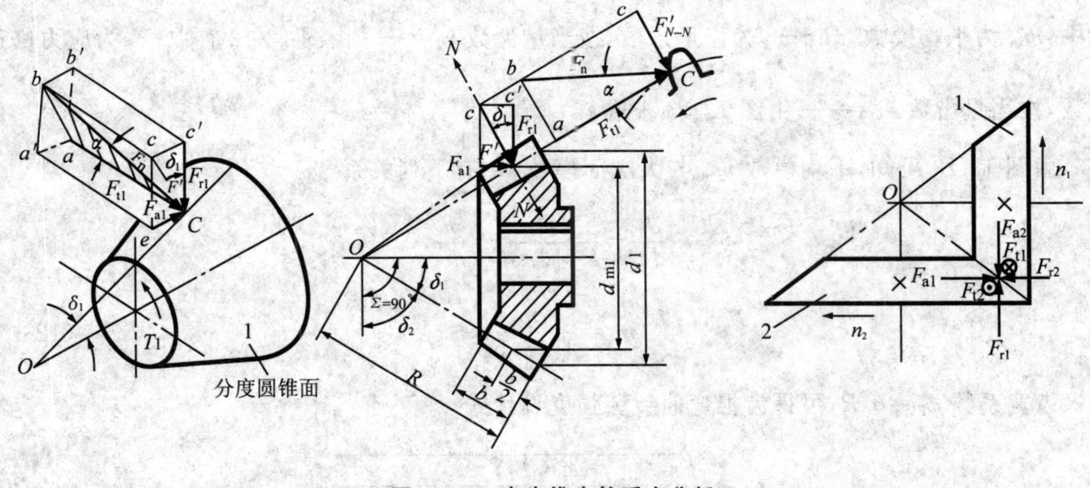

图 12-18　直齿锥齿轮受力分析

12.8.2　强度计算

直齿锥齿轮传动的强度计算比较复杂。可以近似认为，一对直齿锥齿轮传动和位于齿宽中点处的当量圆柱齿轮的强度相等。这样直齿锥齿轮传动的强度计算即可引用直齿圆柱齿轮传动的相应公式。

12.8.2.1　齿面接触疲劳强度计算

轴夹角为 90°的一对钢制直齿圆锥齿轮的齿面接触强度验算公式

$$\sigma_H=\frac{335}{R-0.5b}\sqrt{\frac{(u^2+1)^3KT_1}{ub}}\leqslant[\sigma_H]\tag{12-16}$$

若取齿宽 b 与外锥距 R 之比为齿宽系数，即 $\psi_R=\dfrac{b}{R}$，两轮的齿数为 z_1、z_2，大端端面模数为 m_e，

则

$$R=\frac{m_e}{2}\sqrt{z_1^2+z_2^2}=\frac{m_e z_1}{2}\sqrt{u^2+1}=\frac{d_1}{2}\sqrt{u^2+1}$$

式(12-16)可转换为设计公式

$$d_1 \geqslant 2\sqrt[3]{\left[\frac{335}{(1-0.5\psi_R)[\sigma_H]}\right]^2 \frac{KT_1}{\psi_R u}} \tag{12-17}$$

式中：T_1 的单位为 N·mm；b 和 R 的单位为 mm；σ_H 和 $[\sigma_H]$ 的单位为 MPa；K 为载荷系数，见表 12-3；u 为齿数比，齿宽系数一般取 $\psi_R=0.25\sim0.3$。

若配对齿轮材料改变时，以上两式中的系数 335 应加以修正，修正方法见 12.5 节。

12.8.2.2 齿根弯曲疲劳强度计算

根据当量圆柱齿轮，仿照式(12-7)可得齿根弯曲疲劳强度验算式

$$\sigma_F=\frac{2KT_1Y_FY_S}{bd_{m1}m_m}=\frac{2KT_1Y_FY_S}{bm_m^2 z_1}\leqslant[\sigma_F] \tag{12-18}$$

式中：m_m 为平均模数，mm；Y_F 为齿形系数，按当量齿数 $z_v=\frac{z}{\cos\delta}$ 由图 12-12 查取；Y_S 为应力修正系数，按当量齿数 $z_v=\frac{z}{\cos\delta}$ 由图 12-13 查取。

由图 12-18 可知，平均模数 m_m 与大端面模数 m_e 有下列关系

$$\frac{d_1}{d_{m1}}=\frac{R}{R-0.5b}=\frac{m_e}{m_m}$$

故

$$m_e=\frac{m_m}{1-0.5\psi_R} \tag{12-19}$$

引入齿宽系数 $\psi_R=b/R$，可得齿根弯曲疲劳强度设计式

$$m_e \geqslant \sqrt[3]{\frac{4KT_1Y_FY_S}{\psi_R(1-0.5\psi_R)^2 z_1^2\sqrt{u^2+1}[\sigma_F]}} \tag{12-20}$$

求得 m_e，并圆整为标准值。

12.9 齿轮的构造

齿轮由轮缘、轮辐和轮毂 3 部分组成。齿轮的结构形式由齿轮的几何尺寸、材料、毛坯类型、生产批量、加工方法、使用要求和经济性等因素确定，通常是按齿轮的直径大小，选定合适的结构形式，其余各部分尺寸由经验公式来定。

对于直径很小的圆柱齿轮，如果从齿根到键槽底部的距离 $x\leqslant2.5\ m_n$（m_n 为齿轮模数）时，或对于直径很小的锥齿轮，如果从小端齿根到键槽底部的距离 $x\leqslant1.6\ m$（m 为大端模数）时，须将齿轮与轴做成整体，称为齿轮轴（图 12-19）。若 x 值超过上述尺寸，齿轮与轴分开制造较合理。

当顶圆直径 $d_a\leqslant200$ mm 时，可做成实心结构的齿轮（图 12-20）。使用锻钢或轧制圆钢

毛坯。

当顶圆直径 $d_a \leqslant 500$ mm 时，通常做成腹板式结构的齿轮(图 12-21)，以减轻质量。常用锻钢毛坯，腹板上开孔的数目按结构尺寸大小及需要而定。

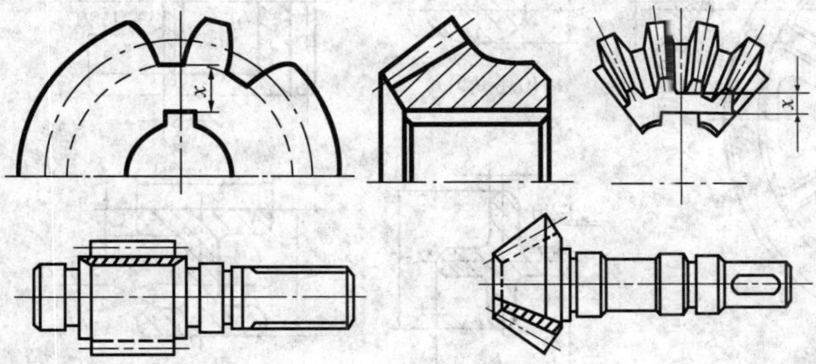

图 12-19 齿轮轴

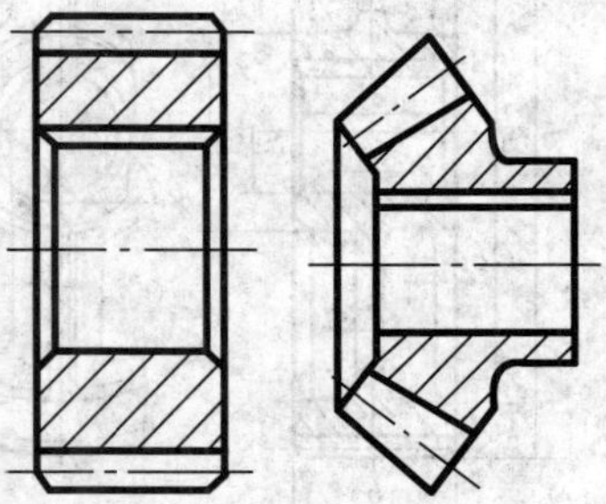

图 12-20 实心齿轮

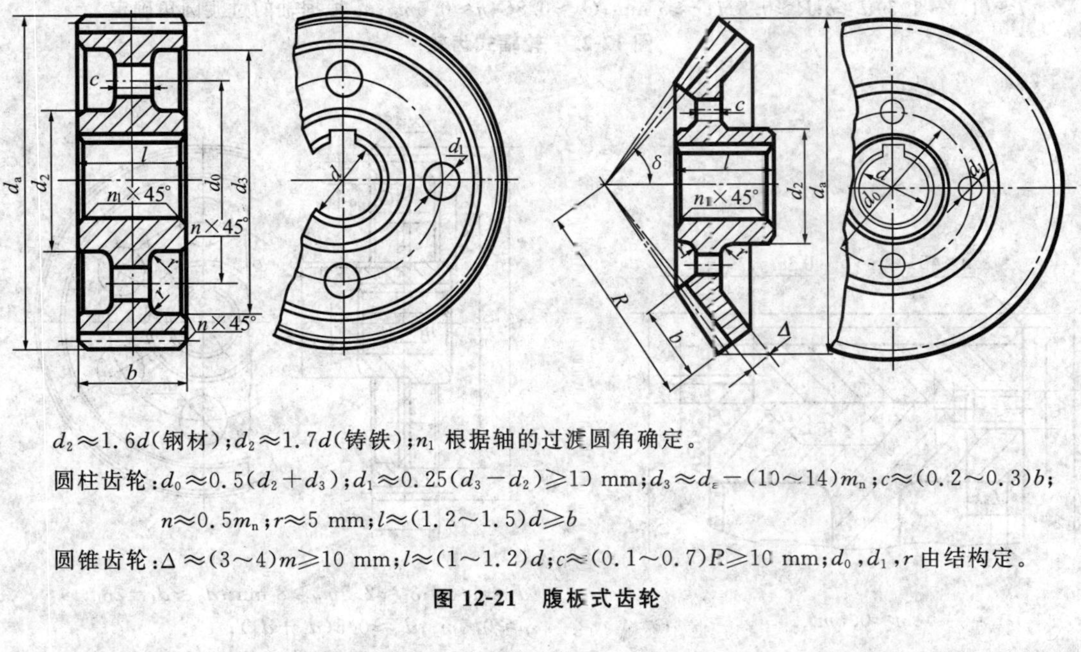

$d_2 \approx 1.6d$(钢材)；$d_2 \approx 1.7d$(铸铁)；n_1 根据轴的过渡圆角确定。

圆柱齿轮：$d_0 \approx 0.5(d_2 + d_3)$；$d_1 \approx 0.25(d_3 - d_2) \geqslant 10$ mm；$d_3 \approx d_a - (10 \sim 14)m_n$；$c \approx (0.2 \sim 0.3)b$；

$n \approx 0.5m_n$；$r \approx 5$ mm；$l \approx (1.2 \sim 1.5)d \geqslant b$

圆锥齿轮：$\Delta \approx (3 \sim 4)m \geqslant 10$ mm；$l \approx (1 \sim 1.2)d$；$c \approx (0.1 \sim 0.7)R \geqslant 10$ mm；d_0，d_1，r 由结构定。

图 12-21 腹板式齿轮

当顶圆直径 $d_a \geqslant 400$ mm 时，常做成轮辐式结构的齿轮(图 12-22)，不宜锻造毛坯，常用铸铁或铸钢的铸造毛坯。

为了节约优质钢材，大型齿轮可采用镶套式结构。如用优质锻钢做轮缘，用铸钢或铸铁做轮芯，两者用过盈连接，再在配合接缝上用螺钉连接起来(图 12-23)。

单件生产的大型齿轮，不便于铸造时，可采用焊接式结构(图 12-24)。

齿轮和轴的连接，通常采用单键连接。但当齿轮转速较高时，要考虑轮芯的平衡和对中性，这时齿轮和轴的连接应采用花键或双键连接。

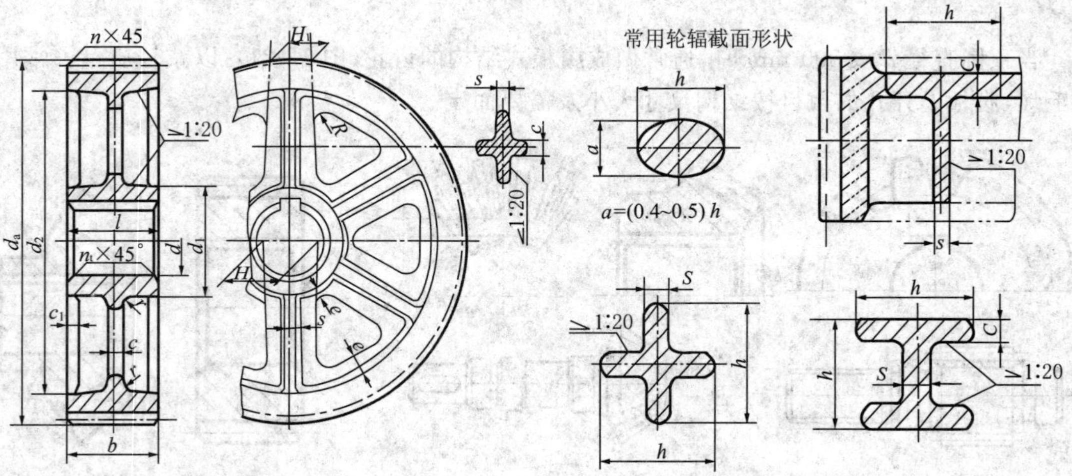

$C\approx0.2H$；$H\approx0.8d$；$s\approx\frac{1}{6}H\geqslant10$ mm；$e\approx0.2d$；$H_1\approx0.8H$；$d_1\approx(1.6\sim1.8)d$；

$l\approx(1.2\sim1.5)d\geqslant b$；$R\approx0.5H$；$r\approx5$ mm；$C_1\approx0.8C$；$n\approx0.5m_n$；n_1 根据轴的过渡圆角确定。

图 12-22　轮辐式齿轮

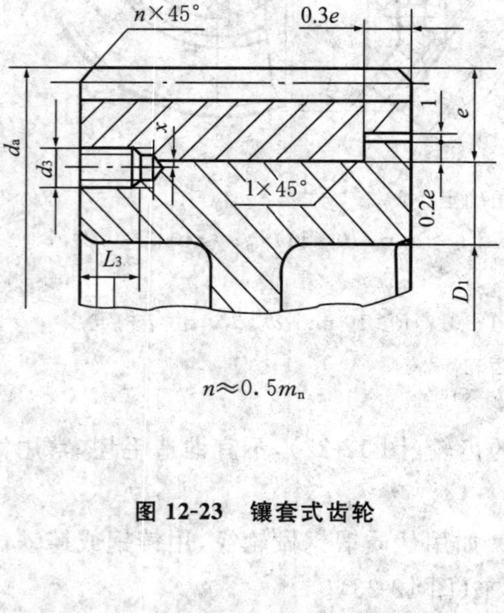

$n\approx0.5m_n$

图 12-23　镶套式齿轮

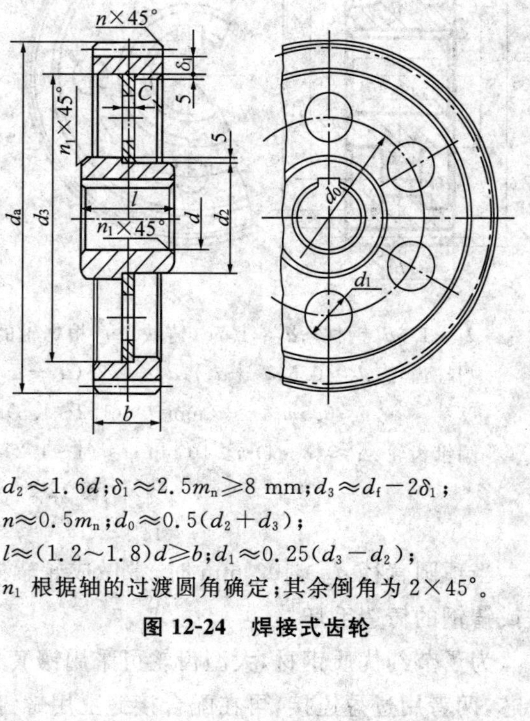

$d_2\approx1.6d$；$\delta_1\approx2.5m_n\geqslant8$ mm；$d_3\approx d_f-2\delta_1$；

$n\approx0.5m_n$；$d_0\approx0.5(d_2+d_3)$；

$l\approx(1.2\sim1.8)d\geqslant b$；$d_1\approx0.25(d_3-d_2)$；

n_1 根据轴的过渡圆角确定；其余倒角为 $2\times45°$。

图 12-24　焊接式齿轮

12.10　齿轮传动的润滑和效率

12.10.1　齿轮传动的润滑

齿轮传动为啮合传动，工作中会产生摩擦和磨损。润滑则是改善摩擦、减缓磨损的有效方法；同时，润滑剂还有散热、防锈蚀和缓和冲击等改善工作条件的作用。

12.10.1.1 润滑方式

齿轮传动的润滑方式主要取决于齿轮的圆周速度。

对于开式或半开式齿轮传动，因圆周速度 v 低，通常采用人工定期加油(脂)润滑及油杯滴油润滑。

一般的闭式齿轮传动的润滑方式常根据齿轮的圆周速度大小而定。

1)浸油润滑：当齿轮的圆周速度 $v\leqslant 12$ m/s 时，多采用浸油润滑(图 12-25)，将大齿轮浸入油池中一定的深度，齿轮运转时把润滑油带入啮合区。圆柱齿轮浸油深度以一齿高为宜，但不小于 10 mm；圆锥齿轮应将全齿宽浸入油中。当齿轮圆周速度很低时，浸油深度可达齿顶圆半径的 1/3。

对于闭式多级齿轮传动，如果高速级和低速级大齿轮直径相差较大时，可以采用惰轮蘸油润滑(图 12-26)。

2)喷油润滑：当齿轮圆周速度 $v>12$ m/s 时，速度高离心力大，齿轮上的油大多被甩掉而达不到啮合区；同时，搅油过于激烈，使油温升高，降低其润滑性能，并会搅起箱底沉淀的杂质，加速齿轮的磨损。故此时最好采用喷油润滑(图 12-27)，用油泵将一定压力的润滑油直接喷到啮合区。

当 $v\leqslant 25$ m/s 时，喷油嘴置于轮齿啮入边和啮出边均可；当 $v>25$ m/s 时，喷油嘴位于啮出边。

喷油润滑也常用于齿轮速度不很高但工作较繁重、散热条件不好的重要闭式齿轮传动中。

图 12-25 浸油润滑

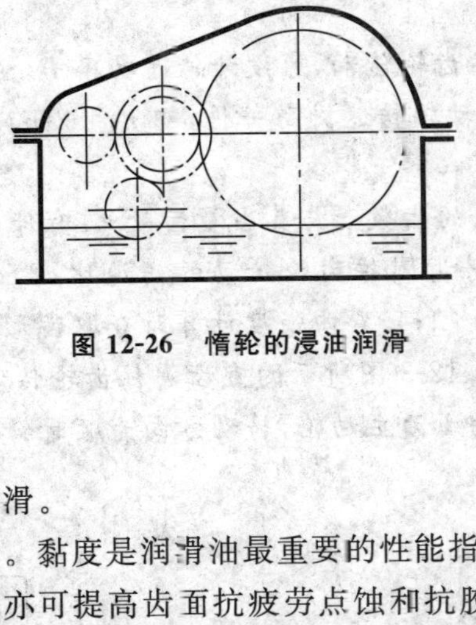

图 12-26 惰轮的浸油润滑

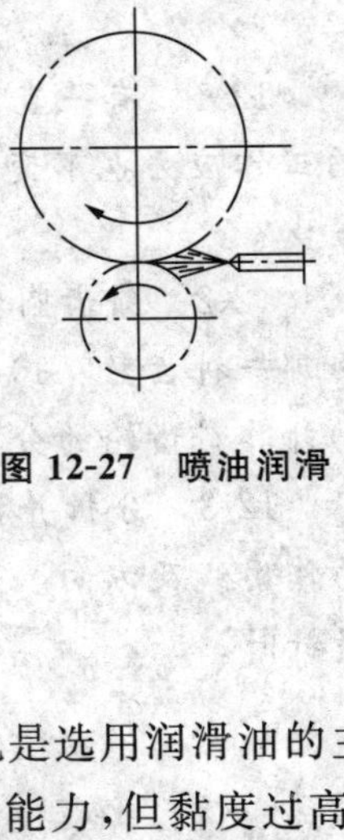

图 12-27 喷油润滑

12.10.1.2 润滑剂的选择

开式齿轮传动主要采用润滑脂润滑。

闭式齿轮传动一般用润滑油润滑。黏度是润滑油最重要的性能指标，也是选用润滑油的主要依据。黏度高，可减轻齿面的磨损，亦可提高齿面抗疲劳点蚀和抗胶合的能力，但黏度过高，动力损耗大、温升高，油易氧化。润滑油的黏度一般是根据齿轮的圆周速度选择的。可按表 12-5 查取其黏度，然后根据查得的黏度选定润滑油的牌号。

表 12-5 齿轮传动润滑油黏度荐用值

齿轮材料	强度极限 σ_B /MPa	圆周速度 v/(m/s)						
		<0.5	0.5～1	1～2.5	2.5～5	5～12.5	12.5～25	>25
		运动黏度 ν/cSt(40℃)						
塑料、铸铁、青铜	—	350	220	150	100	80	55	—
钢	450～1 000	500	350	220	150	100	80	55
	1 000～1 250	500	500	350	220	150	100	80
渗碳或表面淬火钢	1 250～1 580	900	500	500	350	220	150	100

注：对于多级齿轮传动，按各级传动圆周速度的平均值选其润滑油黏度。

12.10.2 齿轮传动的效率

闭式齿轮传动的功率损耗一般包括 3 部分，即啮合摩擦损失、搅动润滑油的油阻损失和轴承中的摩擦损失。因此总效率为

$$\eta=\eta_1\eta_2\eta_3$$

式中：η_1 为考虑齿轮啮合损失的效率；η_2 为考虑搅油损失的效率；η_3 为轴承的效率。

当齿轮速度不高且采用滚动轴承时，计入上述 3 种损失后的传动效率可由表 12-6 查取。

表 12-6 采用滚动轴承时齿轮传动的效率

传动类型	闭式传动(油润滑)		开式传动(脂润滑)
	6 级或 7 级精度	8 级精度	
圆柱齿轮传动	0.98	0.97	0.95
圆锥齿轮传动	0.97	0.96	0.94

习题 12

12-1 有一直齿圆柱齿轮传动，原设计传递功率 P，主动轴转速 n_1。若其他条件不变，轮齿的工作应力也不变，当主动轴转速提高一倍，即 $n_1'=2n_1$ 时，该齿轮传动能传递的功率 P 应为多少？

12-2 斜齿圆柱齿轮的齿数 z 与其当量齿数 z_v 有什么关系？在下列几种情况下应分别采用哪一种齿数？1)计算斜齿圆柱齿轮传动的角速比；2)用成型法切制斜齿轮时选盘形铣刀；3)计算斜齿轮的分度圆直径；4)弯曲强度计算时查取齿形系数。

12-3 分析并标出题 12-3 图所示的直齿圆柱齿轮传动的各轮转动的方向和啮合点处各力的作用线及方向。1)当轮 1 为主动轮，转动方向为顺时针时；2)当轮 2 为主动轮，转动方向为逆时针时。

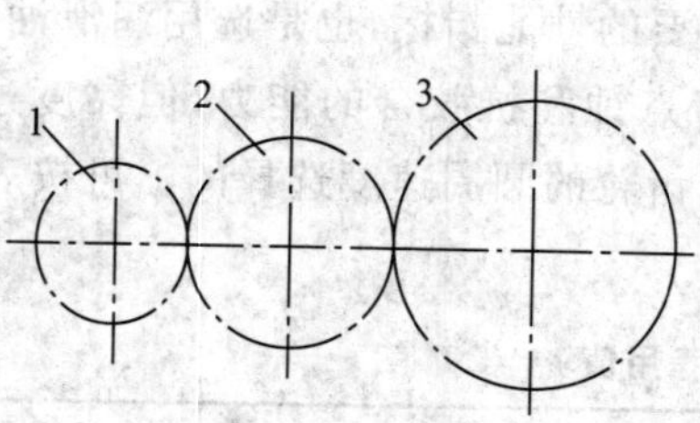

题 12-3 图 齿轮传动

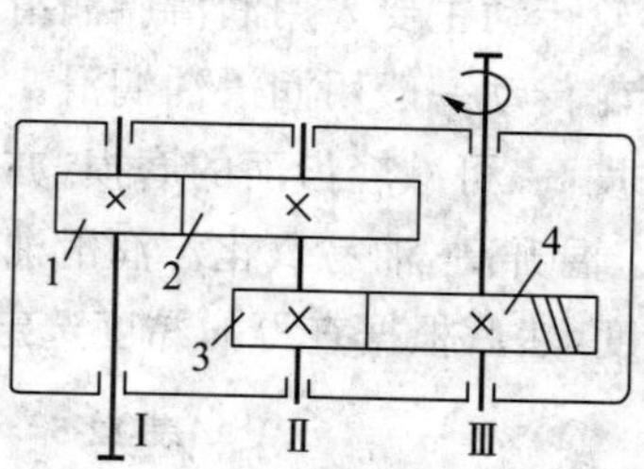

题 12-5 图 二级圆柱斜齿轮减速器

12-4 在题 12-3 图所示的齿轮传动中，齿轮 1、2 和 3 的材料都是中碳钢调质处理，其硬度：齿轮 1 为 240 HBS，齿轮 2 为 260 HBS，齿轮 3 为 220 HBS。试确定下列 2 种条件下，齿轮 2 的许用接触应力$[\sigma_H]_2$ 和许用弯曲应力$[\sigma_F]_2$。1)齿轮 2 为"惰轮"，齿轮 1 为主动轮，齿轮 3 为从动轮；2)齿轮 2 为主动轮，齿轮 1 和齿轮 3 均为从动轮。

12-5 在题 12-5 图所示的二级展开式斜齿圆柱齿轮减速器中，已知：动力从Ⅰ轴输入，Ⅲ

轴输出，其转动方向如图所示，齿轮 4 的轮齿旋向为左旋。试解答：1)标出输入轴Ⅰ和中间轴Ⅱ的转向；2)确定并标出齿轮 1、2 和 3 的轮齿旋向，要求使Ⅱ轴上所受的轴向力尽可能小；3)标出各齿轮在啮合点处所受各分力的作用线和方向。

12-6 题 12-6 图所示二级斜齿圆柱齿轮减速器和一开式锥齿轮传动所组成的传动系统。已知动力由Ⅰ轴输入，转动方向如图示。为使Ⅱ轴和Ⅲ轴上的轴向力尽可能小，试确定图中各斜齿轮的轮齿旋向，并标出各轮在啮合点处所受圆周力 F_t、径向力 F_r、轴向力 F_a 的作用线和方向。

12-7 已知直齿圆锥-斜齿圆柱齿轮减速器布置和转向如题 12-7 图所示，欲使中间轴Ⅱ上的轴向力尽可能小，试画出作用在斜齿轮 3、4 和锥齿轮 1、2 上的圆周力 F_t、径向力 F_r、轴向力 F_a 的作用线和方向。

12-8 在题 12-7 图中，若锥齿轮 $m_e=5$ mm，齿宽 $b=50$ mm，$z_1=25$，$z_2=60$；斜齿轮 $m_n=6$ mm，$z_3=21$，$z_4=84$。欲使轴Ⅱ上的轴向力在轴承上的作用完全抵消，求斜齿轮 3 的螺旋角 β_3 的大小和旋向。

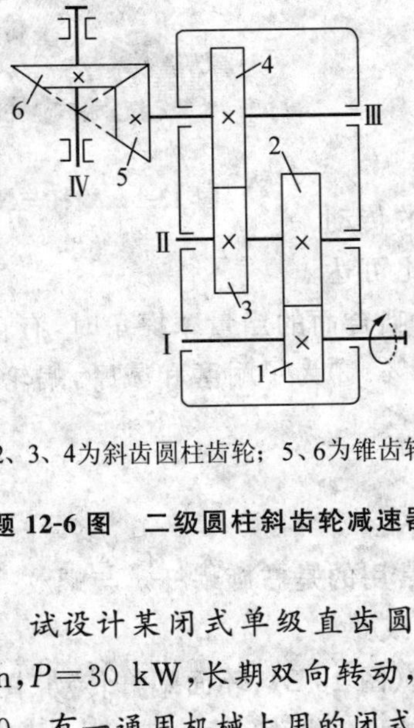

1、2、3、4为斜齿圆柱齿轮；5、6为锥齿轮

题 12-6 图 二级圆柱斜齿轮减速器

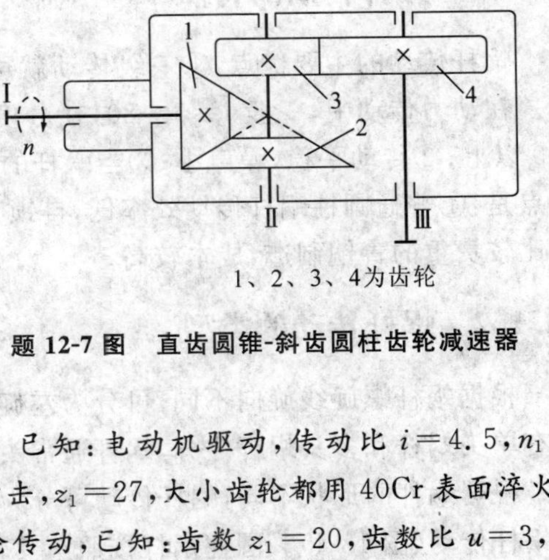

1、2、3、4为齿轮

题 12-7 图 直齿圆锥-斜齿圆柱齿轮减速器

12-9 试设计某闭式单级直齿圆柱齿轮传动。已知：电动机驱动，传动比 $i=4.5$，$n_1=720$ r/min，$P=30$ kW，长期双向转动，载荷有中等冲击，$z_1=27$，大小齿轮都用 40Cr 表面淬火。

12-10 有一通用机械上用的闭式斜齿圆柱齿轮传动，已知：齿数 $z_1=20$，齿数比 $u=3$，模数 $m=6$ mm，齿宽 $b_1=125$ mm，$b_2=120$ mm，齿轮制造精度为 8 级，螺旋角 $\beta=16°13'36''$，小齿轮用 45 钢调质 255 HBS，大齿轮用 45 钢正火 200 HBS；传递功率 $P_1=22$ kW，转速 $n_1=740$ r/min，单向转动，电动机驱动，工作中有中等冲击，试校核该齿轮传动的强度。

12-11 已知单级闭式斜齿轮传动，传递功率 $P=10$ kW，转速 $n_1=1\ 240$ r/min，传动比 $i=4.3$，电动机驱动，双向转动，中等冲击，小齿轮用 40 MnB 调质，大齿轮用 45 钢调质，$z_1=21$，试计算此斜齿轮传动。

12-12 某开式直齿圆锥齿轮传动，载荷均匀，原动机为电动机，单向转动，传递功率 $P=19$ kW，转速 $n_1=10$ r/min，$z_1=26$，$z_2=83$，$m=8$ mm，$b=90$ mm，小齿轮材料为 45 钢调质，大齿轮材料为 ZG310-570 正火，试验算其强度。

13 蜗杆传动

蜗杆传动由蜗杆和蜗轮组成(图 13-1)。蜗杆外形和螺旋相似,在齿根圆柱上具有完整的螺旋齿;与蜗杆相啮合的构件为蜗轮,蜗轮外形和斜齿轮相似,只不过齿顶呈弧形,以包住蜗杆。蜗杆传动常用于传递空间两交错轴间的运动和动力。两交错轴的交错角一般为 90°。通常以蜗杆 1 为主动件,蜗轮 2 为从动件。蜗杆传动广泛应用于各种机器和仪器中。

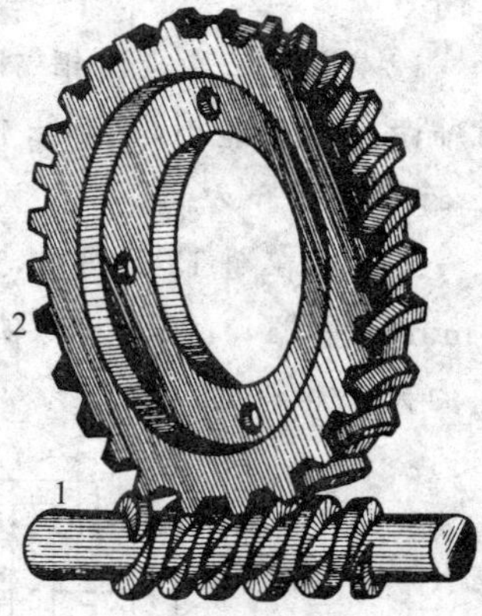

图 13-1　蜗杆与蜗轮

13.1　蜗杆传动的特点和类型

13.1.1　蜗杆传动的特点

蜗杆传动的主要优点:①一级传动就可以得到较大的传动比。在动力传动中,一般 $i=5\sim80$,在分度机构中传动比可达 300 以上;②传动平稳,噪声小;③当蜗杆的螺旋升角小于啮合面的当量摩擦角时,有自锁性能。缺点是:①普通圆柱蜗杆传动效率低,自锁时效率低于 50%;②为了耐磨和减摩,蜗轮齿圈常需用比较贵重的青铜制造,成本较高。

13.1.2　蜗杆传动的类型

根据蜗杆螺旋线旋向不同,可分为左旋、右旋蜗杆。常用的是右旋蜗杆。与螺纹一样,蜗杆也有单头蜗杆和多头蜗杆之分,蜗杆通常头数 $z_1=1$、2、4 或 6。

根据蜗杆的形状不同,蜗杆传动可分为圆柱蜗杆传动(图 13-2)、环面蜗杆传动(图 13-3)和锥蜗杆传动(图 13-4)。圆柱蜗杆按照与其轴线垂直截面的齿廓曲线不同,又可分为阿基米德蜗杆(ZA 蜗杆)、渐开线蜗杆(ZI 蜗杆)、法向直廓蜗杆(ZN 蜗杆)、锥面包络蜗杆(ZK 蜗杆)等。

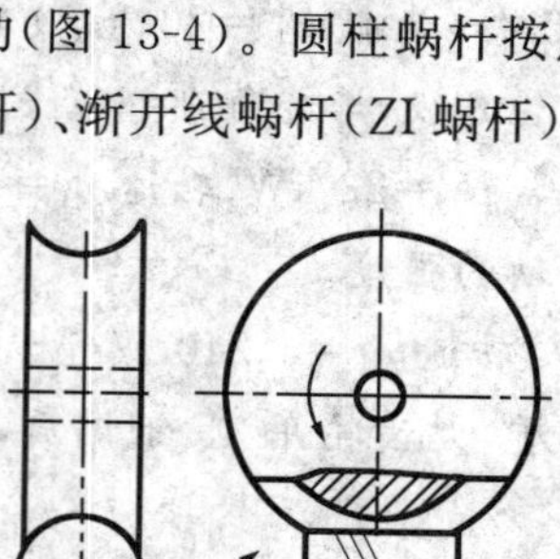
图 13-2　圆柱蜗杆传动

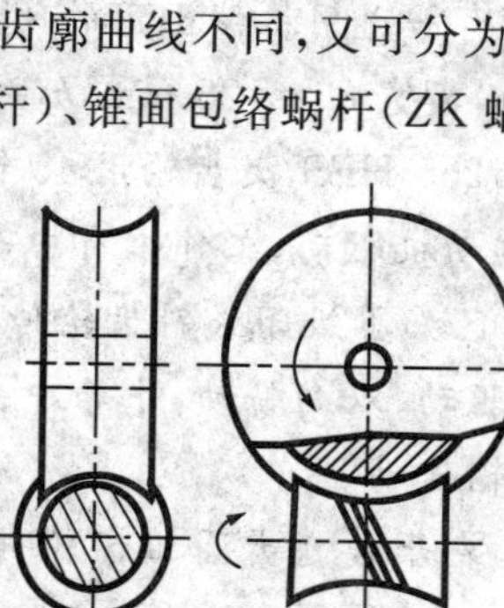
图 13-3　环面蜗杆传动

阿基米德蜗杆的加工与车削普通螺旋相似。直线刃车刀的切削刃通过蜗杆轴线，车削完成后，在垂直于轴线的截面(即端面)内的齿廓为阿基米德螺旋线(图 13-5)，在包含轴线的截面内的齿廓(即轴向齿廓)为直线，其齿形角 $\alpha=20^{\circ}$。

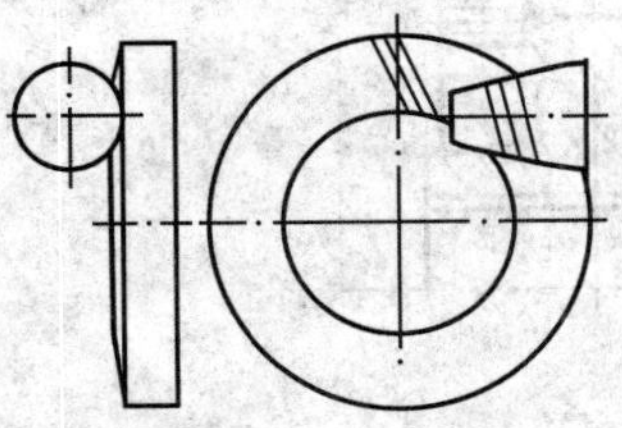

图 13-4 锥蜗杆传动

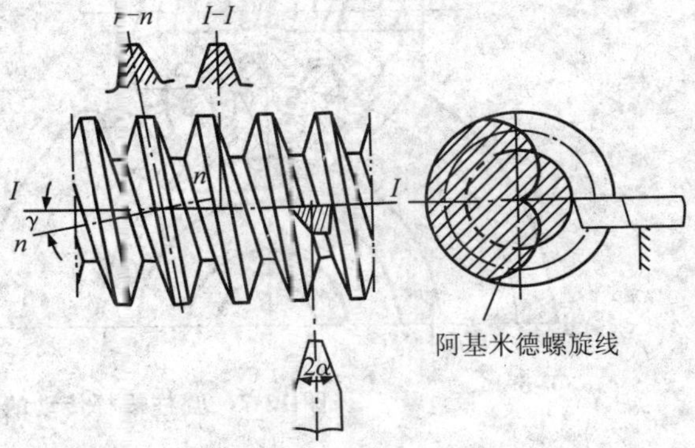

图 13-5 阿基米德蜗杆

渐开线蜗杆可以车削加工也可用滚刀铣削加工。车削时，用两把直线刃车刀加工，刀刃顶面与基圆柱相切，其中一把刀具高于蜗杆轴线，另一把刀具低于蜗杆轴线(图 13-6)。渐开线蜗杆的端面齿廓为渐开线，轴向齿廓为凸廓。

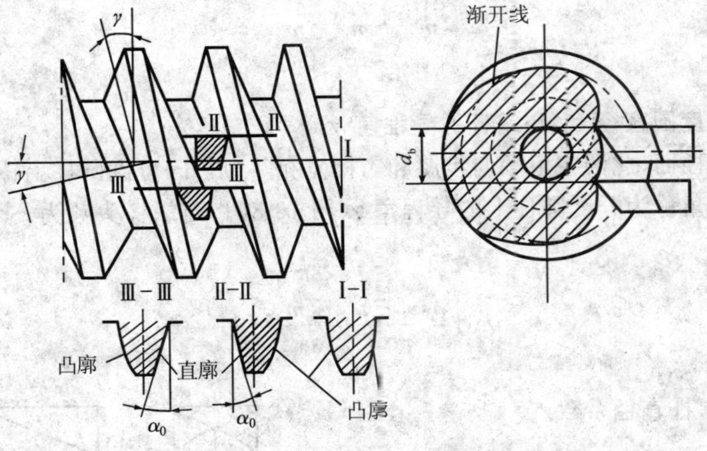

图 13-6 渐开线蜗杆

13.2 圆柱蜗杆传动的主要参数和尺寸

13.2.1 主要参数

如图 13-7 所示，通过蜗杆轴线并垂直于蜗轮轴线的平面称为中间平面。被中间平面所截的圆柱蜗杆的齿形和齿条的齿形相同，两侧边为直线，夹角 $2\alpha=40^{\circ}$，在中间平面内蜗轮的齿廓为渐开线。即中间平面内蜗杆与蜗轮的啮合就相当于齿条与渐开线齿轮的啮合传动。蜗杆传动的设计计算都是以中间平面上的参数和几何尺寸为基准，并沿用齿轮传动的计算关系。

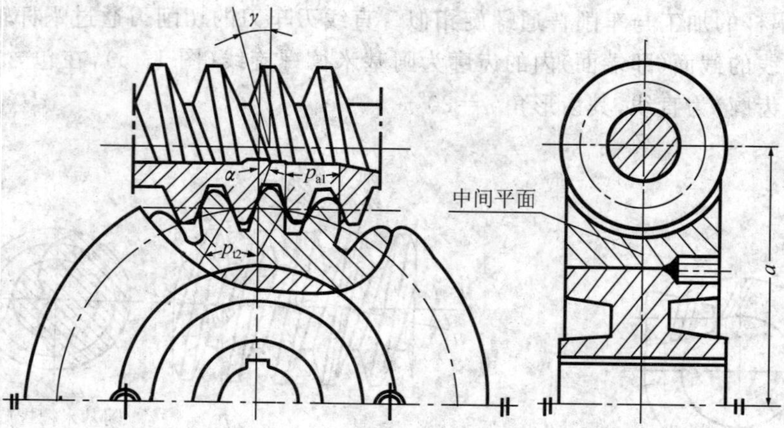

图 13-7 圆柱蜗杆传动的主要参数

13.2.1.1 模数 m 和压力角 α

国标规定中间平面内的模数 m 为标准值。模数的标准值见表 13-1，压力角的标准值为 20°，ZA 蜗杆取轴向压力角为标准值，ZI 蜗杆取法向压力角为标准值。

要保证蜗杆和蜗轮正确啮合，蜗杆的轴面模数 m_{a1} 和轴面压力角 α_{a1} 应分别等于蜗轮的端面模数 m_{t2} 和端面压力角 α_{t2}，即

$$m_{a1}=m_{t2}=m$$
$$\alpha_{a1}=\alpha_{t2}$$

13.2.1.2 蜗杆分度圆直径 d_1 和蜗杆的导程角 γ

将蜗杆分度圆柱面(此圆柱上轴向齿厚和齿槽宽相等)展开，分度圆柱上螺旋线与其底圆圆周展开线之间的夹角称为分度圆柱上的导程角 γ(图 13-8)。当蜗杆头数为 z_1，模数为 m 时，其导程为 $z_1\pi m$，则

$$\tan\gamma=\frac{z_1\pi m}{\pi d_1}=\frac{z_1 m}{d_1}=\frac{z_1}{q} \tag{13-1}$$

式中：$q=\dfrac{d_1}{m}$，称为蜗杆直径系数。

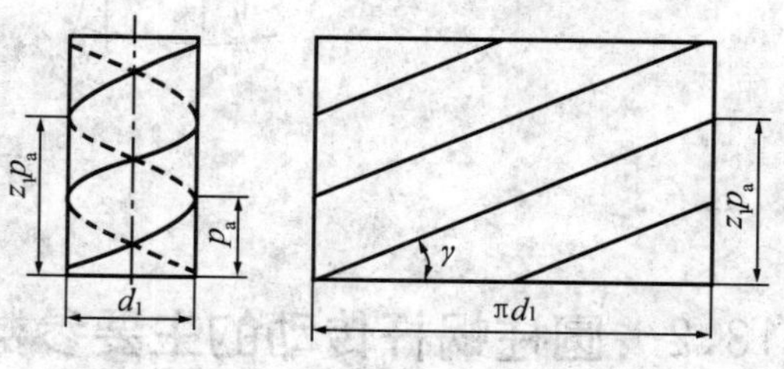

图 13-8 蜗杆导程

由于蜗轮是用与蜗杆形状相仿的滚刀按范成原理切制轮齿的，蜗轮滚刀的齿形和直径必须与相啮合的蜗杆相同(为了保证轮齿啮合时的径向间隙，滚刀外径稍大于蜗杆齿顶圆直径)。这样，每一种尺寸的蜗杆，就应对应有一把蜗轮滚刀。而由式(13-1)可知，即使 z_1、m 一定时，不同的导程角 γ，分度圆直径 d_1 也不同。如果蜗杆分度圆直径 d_1 不作必要的限制，蜗轮滚刀的品种和数量势必太多。为减少刀具数量并便于标准化，规定蜗杆分度圆直径 d_1 应取标准值，且与模数相搭配，其对应关系见表 13-1。

表 13-1 圆柱蜗杆的基本尺寸和参数

m /mm	d_1 /mm	z_1	q	m^2d_1 /mm³
1	18	1	18.000	18
1.25	20	1	16.000	31.25
	22.4	1	17.920	35
1.6	20	1,2,4	12.500	51.2
	28	1	17.500	71.68
2	22.4	1,2,4,6	11.200	89.6
	35.5	1	17.500	142
2.5	28	1,2,4,6	11.200	175
	45	1	18.000	281
3.15	35.5	1,2,4,6	11.270	352
	56	1	17.778	556
4	40	1,2,4,6	10.000	640
	71	1	17.750	1 136
5	50	1,2,4,6	10.000	1 250
	90	1	18.000	2 250

m /mm	d_1 /mm	z_1	q	m^2d_1 /mm³
6.3	63	1,2,4,6	10.000	2 500
	112	1	17.778	4 445
8	80	1,2,4,6	10.000	5 120
	140	1	17.500	8 960
10	90	1,2,4,6	9.000	9 000
	160	1	16.000	16 000
12.5	112	1,2,4	8.960	17 500
	200	1	16.000	31 250
16	140	1,2,4	8.750	35 840
	250	1	15.625	64 000
20	160	1,2,4	8.000	64 000
	315	1	15.750	126 000
25	200	1,2,4	8.000	125 000
	400	1	16.000	250 000

注:1)本表取材于 GB 10085—88,本表所列 d_1 数值为国标规定的优先使用值。

2)表中同一模数有 2 个 d_1 值,当选取其中较大的 d_1 值时,蜗杆导程角 γ 小于 3°30′,有较好的自锁性。

当蜗杆蜗轮两轴的交错角为 90°时,要使蜗杆蜗轮正确啮合,还需保证蜗杆的分度圆柱上的导程角 γ 应等于蜗轮分度圆柱上的螺旋角 β,且旋向相同,即 $\gamma=\beta$。

13.2.1.3 传动比 i、蜗杆头数 z_1 和蜗轮齿数 z_2

当蜗杆转一周时,蜗杆将转过 z_1 个齿。因此,其传动比为

$$i=\frac{n_1}{n_2}=\frac{z_2}{z_1} \tag{13-2}$$

式中:n_1 和 n_2 分别为蜗杆和蜗轮的转速,r/min。

通常蜗杆头数 z_1 很小(一般 $z_1=1、2、4$),因而一级蜗杆传动就可以得到较大的传动比。z_1、z_2 的推荐值见表 13-2。为了避免蜗轮轮齿发生根切,z_2 不应少于 26,但也不宜大于 80。若 z_2 过多,会使结构尺寸过大,蜗杆长度也随之增加,致使蜗杆刚度和啮合精度下降。

表 13-2 蜗杆头数 z_1 与蜗轮齿数 z_2 的荐用值

传动比 i	z_1	z_2
7～13	4	28～52
14～27	2	28～54
28～40	2、1	28～80
>40	1	>40

13.2.1.4 齿面间滑动速度 v_s

蜗杆与蜗轮在节点处的相对速度即为滑动速度 v_s。设蜗杆圆周速度为 v_1,蜗轮圆周速度为 v_2。由图 13-9 可得

$$v_s=\frac{v_1}{\cos\gamma}=\frac{\pi d_1 n_1}{60\ 000\cos\gamma} \tag{13-3}$$

滑动速度的大小对啮合齿面的润滑状况、失效形式以及传动效率等都有很大的影响。

13.2.1.5 **标准中心距 a**

当蜗杆节圆与分度圆重合时为标准传动，其中心距 a 为

$$a=\frac{1}{2}(d_1+d_2)=\frac{1}{2}m(q+z_2) \tag{13-4}$$

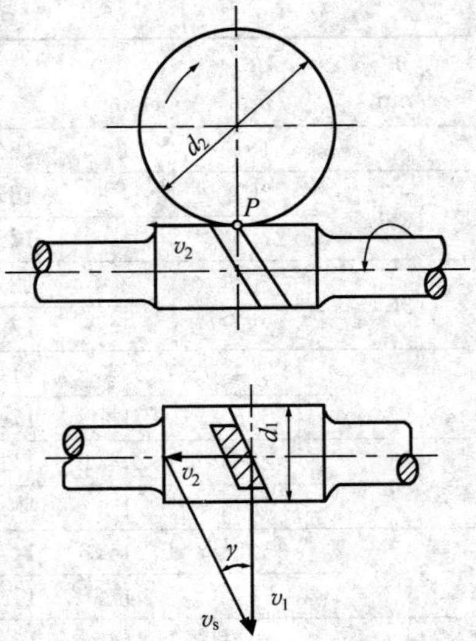

图 13-9 滑动速度

13.2.2 几何尺寸计算

设计蜗杆传动时，一般是先根据传动的功用和传动比的要求选择蜗杆头数 z_1 和蜗轮齿数 z_2，然后再按强度计算确定模数 m 和蜗杆分度圆直径 d_1（或 q），最后可根据表 13-3 计算出蜗杆和蜗轮的几何尺寸。

表 13-3 圆柱蜗杆传动的几何尺寸计算公式

名称	计算公式	
	蜗杆	蜗轮
模数	$m=m_a=\frac{m_n}{\cos\gamma}$	$m=m_t$
蜗杆头数	z_1	—
蜗杆直径系数	$q=\frac{d_1}{m}$	—
蜗轮齿数	—	z_2
蜗杆导程角	$\tan\gamma=\frac{mz_1}{d_1}=\frac{z_1}{q}$	—
渐开线蜗杆基圆导程角	$\cos\gamma_b=\cos\gamma\cos\alpha_n$	—
渐开线蜗杆基圆直径	$d_{b1}=\frac{d_1\tan\gamma}{\tan\gamma_b}=\frac{mz_1}{\tan\gamma_b}$	—
中心距	$a=\frac{d_1+d_2}{2}=\frac{m(q+z_2)}{2}$	
蜗杆轴向齿距 蜗轮端面齿距	$p_a=\pi m=\pi m_a$	$p_t=\pi m=\pi m_t$
蜗杆导程	$p_z=\pi m z_1$	—
分度圆直径	$d_1=mq$	$d_2=mz_2=2a-d_1$
蜗杆齿顶圆直径 蜗轮喉圆直径	$d_{a1}=d_1+2h_{a1}=d_1+2h_a^* m$	$d_{a2}=d_2+2h_{a2}$
齿根圆直径	$d_{f1}=d_1-2h_{f1}=d_1-2(h_a^*+c^*)m$	$d_{f2}=d_2-2h_{f2}$
蜗杆顶隙	$c=c^* m$	—

续表 13-3

名称	计算公式	
	蜗杆	蜗轮
齿顶高	$h_{a1}=h_a^* m=\frac{d_{a1}-d_1}{2}$	$h_{a2}=h_a^* m=\frac{d_{a2}-d_2}{2}$
齿根高	$h_{f1}=(h_a^*+c^*)m=\frac{d_1-d_{f1}}{2}$	$h_{f2}=(h_a^*+c^*)m=\frac{d_2-d_{f2}}{2}$
齿宽	b_1	b_2
节圆直径	$d'_1=d_1=mq$	$d'_2=d_2$
蜗杆轴向齿厚 蜗轮齿厚	$s_a=\frac{\pi m}{2}$	按蜗杆节圆处 轴向齿槽宽 e'_a 确定
蜗杆法向齿厚	$s_n=s_a\cos\gamma$	—

注：蜗杆传动中心距标准系列为 40,50,63,80,100,125,160,(180),200,(225),250,(280),315,(355),400,(450),500。

13.3 蜗杆传动的失效形式、材料和结构

13.3.1 蜗杆传动的失效形式

蜗杆传动的失效形式有点蚀、齿面胶合、磨损和轮齿折断等。由于蜗杆的材料一般用碳钢或合金钢，而蜗轮的材料常用青铜或铸铁，蜗杆螺旋齿部分的强度总高于蜗轮轮齿的强度，因此，蜗杆传动的失效常常仅发生在蜗轮轮齿上。故一般只对蜗轮轮齿进行承载能力计算。另外，由于蜗杆传动在齿面间存在较大的相对滑动，发热量较大，润滑油因温度升高而变稀，润滑性能下降。因胶合而失效的可能性较大，蜗杆传动的承载能力往往受到抗胶合能力的限制。

在开式传动或润滑密封不良的闭式传动中，多发生齿面磨损和轮齿折断，因此，应以保证齿根弯曲疲劳强度作为开式传动的主要设计准则。

在闭式传动中，蜗杆副多因齿面胶合或点蚀而失效。因此，通常是按齿面接触疲劳强度进行设计，而按齿根弯曲疲劳强度进行校核。此外，闭式蜗杆传动，由于散热较为困难，还应做热平衡核算。

13.3.2 蜗杆的材料及结构

蜗杆常用碳素钢或合金钢制造，并进行热处理。对高速重载传动的蜗杆常用 20Cr、20CrMnTi(渗碳淬火到硬度为 56～62 HRC)，或 45、40Cr、42SiMn(齿面淬火到 45～55 HRC)等，并经过磨削。一般蜗杆可采用 40、45 等碳素钢(调质硬度为 220～250 HBS)。

蜗杆一般和轴做成一体，称为蜗杆轴。只有当蜗杆直径很大且与轴所用的材料不同时，才分别制造，然后再套装在一起。蜗杆切齿部分的长度称为齿宽，用 b_1 表示(图 13-10)，可取为

当 $z_1=1$、2 时，$b_1\geqslant(11+0.06z_2)m$；

当 $z_1=4$ 时，$b_1\geqslant(12.5+0.09z_2)m$。

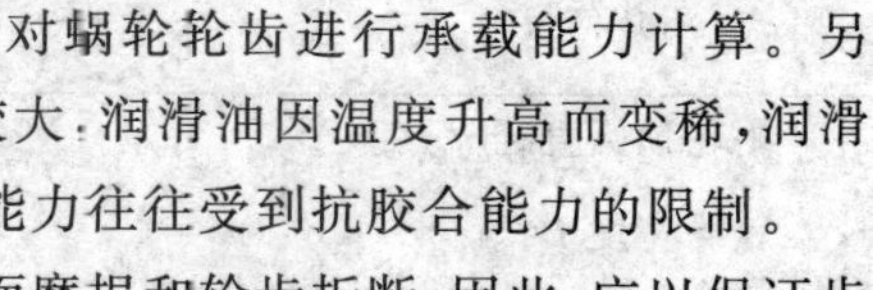

图 13-10 蜗杆的结构

13.3.3　蜗轮的材料及结构

由于蜗杆传动的特点，蜗杆蜗轮的材料不仅要求有足够的强度，而且要有良好的减摩性、耐磨性能和抗胶合性能。蜗轮（齿圈）常用的材料是铸造锡青铜和铸造铝青铜。锡青铜的耐磨性能、抗胶合性能及切削性能均好，但价格贵、强度低，一般用于滑动速度 $v_s \geqslant 3$ m/s 的重要传动，常用的是锡青铜 10-1（ZCuSn10P1）及锡青铜 5-5-5（ZCuSn5Pb5Zn5）；铝青铜强度较高、价廉，但抗胶合性能差，一般用于滑动速度 $v_s \leqslant 6 \sim 10$ m/s 的传动，常用的是铝青铜 10-3（ZCuAl10Fe3）及铝青铜 10-3-2（ZCuAl10Fe3Mn2）。对于速度很低（$v_s \leqslant 2$ m/s）而尺寸较大的蜗轮，可采用灰铸铁 HT150、HT200 等。

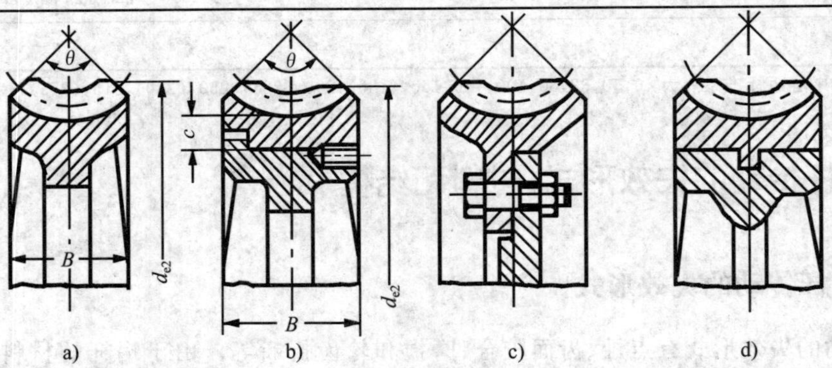

几何尺寸	蜗杆头数 z_1		
	1	2	4
蜗轮顶圆直径 $d_{e2} \leqslant$	$d_{a2}+2m$	$d_{a2}+1.5m$	$d_{a2}+m$
轮缘宽度 $B \leqslant$	$0.75d_{a1}$		$0.67d_{a1}$
蜗轮齿宽角 $\theta=$	$90° \sim 130°$		
轮圈厚度 $c \approx$	$1.6m+1.5$ mm		

图 13-11　蜗轮的结构

蜗轮的结构形式有以下几种：

1）整体式（图 13-11a）：主要用于铸铁蜗轮或尺寸很小的青铜蜗轮。

2）齿圈式（图 13-11b）：这种结构由青铜齿圈和铸铁轮芯组成。齿圈和轮芯常用 H7/r6 的过盈配合连接，为了保证工作可靠，沿结合面圆周加装 4～6 个紧定螺钉。为了便于钻孔，应将螺孔中心线向材料较硬的轮芯部分偏斜 2～3 mm。这种结构用于尺寸不太大且工作温度变化较小的地方。尺寸较大或容易磨损的场合，齿圈与轮芯也可用螺栓连接（图 13-11c），装拆方便。

3）拼铸式（图 13-11d）：在铸铁轮芯上加铸青铜齿圈，然后切齿。常用于成批制造的蜗轮。

13.4 蜗杆传动的受力分析和强度计算

13.4.1 受力分析

蜗杆传动的受力分析和斜齿轮相似。忽略摩擦力的影响。作用在蜗杆螺旋面上的法向力 F_n 可分解为 3 个互相垂直的分力：圆周力 F_t、轴向力 F_a 和径向力 F_r。当蜗杆轴和蜗轮轴交错呈 90°时，蜗杆的圆周力 F_{t1} 等于蜗轮的轴向力 F_{a2}，蜗杆轴向力 F_{a1} 等于蜗轮的圆周力 F_{t2}，蜗杆径向力 F_{r1} 等于蜗轮的径向力 F_{r2}。即

$$F_{t1}=F_{a2}=\frac{2T_1}{d_1} \tag{13-5}$$

$$F_{r1}=F_{r2}=F_{t2}\tan\alpha \tag{13-6}$$

$$F_{a1}=F_{t2}=\frac{2T_2}{d_1} \tag{13-7}$$

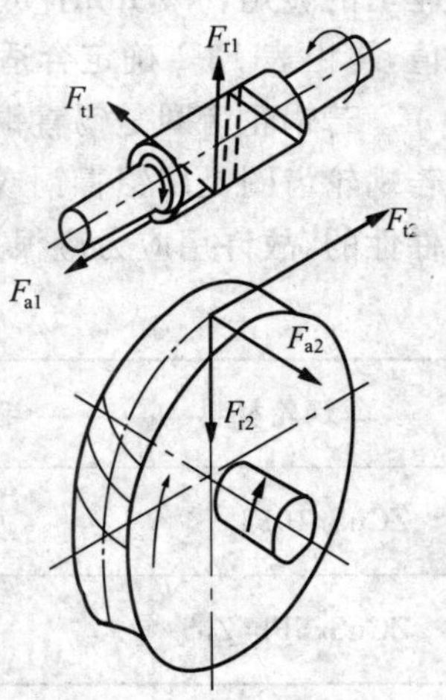

图 13-12 蜗杆与蜗轮的作用力

式中：T_1 和 T_2 分别为作用在蜗杆和蜗轮上的转矩；$T_2=T_1 i\eta$，η 为蜗杆传动的效率。

蜗杆或蜗轮的作用力的方向与其螺旋线的方向、蜗杆蜗轮的转动方向等有关，在受力分析时，应特别注意。具体方法是：以右手代表右旋蜗杆（左手代表左旋蜗杆），四指代表蜗杆的旋转方向，则拇指的指向代表蜗杆轴向力的方向，而蜗轮的转动方向与拇指所指的方向相反。如图 13-12 所示，作用在主动蜗杆上的圆周力 F_{t1} 与其转动方向相反，而作用在蜗轮上的圆周力 F_{t2} 与其转动方向相同。

13.4.2 强度计算

如前所述，蜗杆传动的主要失效形式是胶合和磨损，但要按磨损和胶合设计，当前还没有广为工程实际采用的可靠的计算方法。另外，由于蜗杆材料的强度比蜗轮的高得多。因此，蜗杆传动的强度计算主要是计算蜗轮的齿面接触强度和齿根弯曲强度。而蜗轮齿根弯曲强度所限定的承载能力，大多超过齿面点蚀和热平衡计算所限定的承载能力。只在蜗杆传动受强烈冲击或针对铸铁蜗轮时，计算弯曲强度才有意义。

13.4.2.1 蜗轮齿面接触强度计算

蜗轮齿面接触强度计算仍以赫兹公式为基础。如前所述，蜗杆蜗轮在中间平面内的啮合相当于一齿条和一齿轮的啮合传动。所以，以蜗杆蜗轮节点处的相应参数代入赫兹公式，便可以得到蜗轮齿面接触强度的验算公式

$$\sigma_H=\frac{510}{d_2}\sqrt{\frac{KT_2}{d_1}}\leqslant[\sigma_H] \tag{13-8}$$

式(13-8)适用于钢制蜗杆对青铜或铸铁蜗轮（指齿圈）。以 $d_2=mz_2$ 代入式(13-8)，整理后可得设计公式

$$m^2 d_1 \geqslant \left(\frac{510}{z_2[\sigma_H]}\right)^2 KT_2 \tag{13-9}$$

式中：K 为载荷系数，主要是考虑载荷集中和动载荷的影响，可取 $K=1.1\sim1.3$；T_2 为作用在蜗轮上的转矩，N·mm；$[\sigma_H]$为蜗轮轮齿的许用接触应力，MPa。设计时，按式(13-9)算出 m^2d_1 值，再由表 13-1 确定合适 m 及相应的 d_1 值。

若蜗轮齿圈是锡青铜制造的，蜗轮的失效形式主要是疲劳点蚀，其许用接触应力查表 13-4。若蜗轮齿圈是用铝青铜或铸铁制造，蜗轮的主要失效形式是胶合，这时接触疲劳强度计算是条件性的，故许用应力应根据材料组合和滑动速度来确定。其许用接触应力查表 13-5。

表 13-4 铸锡青铜的许用接触应力$[\sigma_H]$ MPa

蜗轮材料	毛坯铸造方法	滑动速度 v_s/(m/s)	蜗杆表面硬度	
			≤350 HBS	>45 HRC
ZCuSn10P1	砂模	≤12	180	200
	金属模	≤25	200	220
ZCuSn5Pb5Zn5	砂模	≤10	110	125
	金属模	≤12	135	150

表 13-5 铸铝青铜及铸铁蜗轮的许用接触应力$[\sigma_H]$ MPa

蜗轮材料	蜗杆材料	滑动速度 v_s/(m/s)						
		0.5	1	2	3	4	6	8
ZCuAl10Fe3Mn2	淬火钢①	250	230	210	180	160	120	90
HT150,HT200	渗碳钢	130	115	90	—	—	—	—
HT150	调质钢	110	90	70	—	—	—	—

注：①蜗杆未经淬火，需将表中的$[\sigma_H]$值降低 20%。

13.4.2.2 蜗轮齿根弯曲强度计算

蜗轮的齿形比较复杂，且齿根是曲面，要精确计算蜗轮齿根弯曲应力是困难的。一般参照斜齿圆柱齿轮作近似计算，其验算公式为

$$\sigma_F = \frac{1.53KT_2}{d_1 d_2 m\cos\gamma} Y_{F2} \leqslant [\sigma_F] \tag{13-10}$$

其设计公式为：

$$m^2 d_1 \geqslant \frac{1.53KT_2}{z_2\cos\gamma[\sigma_F]} Y_{F2} \tag{13-11}$$

式中：γ 为蜗杆导程角，$\gamma=\arctan\dfrac{z_1}{q}$；$[\sigma_F]$为蜗轮许用弯曲应力，MPa，查表 13-6；$Y_{F2}$ 为蜗轮齿形系数，由当量齿数 $z_{v2}=z_2/\cos^3\gamma$ 查直齿圆柱齿轮齿形系数图 12-12。由求得的 m^2d_1 值查表 13-1 可确定圆柱蜗杆传动的主要尺寸和参数。

表 13-6 蜗轮的许用弯曲应力$[\sigma_F]$ MPa

蜗轮材料	ZCuSn10P1		ZCuSn5Pb5Zn5		ZCuAl10Fe3		HT150	HT200
铸造方法	砂模铸造	金属模铸造	砂模铸造	金属模铸造	砂模铸造	金属模铸造	砂模铸造	
单侧工作	50	70	32	40	80	90	40	47
双侧工作	30	40	24	28	63	80	25	30

13.5 蜗杆传动的效率、润滑和热平衡计算

13.5.1 蜗杆传动的效率

蜗杆传动的总效率包括 3 部分：考虑啮合摩擦损失的效率 η_1；考虑轴承摩擦损失效率 η_2；考虑搅动箱体内的润滑油的损失的效率 η_3，即

$$\eta=\eta_1\cdot\eta_2\cdot\eta_3$$

蜗杆与蜗轮间的滑动情况与螺旋副的滑动情况相似。因而蜗杆主动时，啮合效率可由下式求得：

$$\eta_1=\frac{\tan\gamma}{\tan(\gamma+\rho_v)} \tag{13-12}$$

式中：ρ_v 为当量摩擦角，$\rho_v=\mathrm{arctgan} f_v$，当量摩擦系数 f_v 主要与蜗杆蜗轮的材料、表面状况以及滑动速度有关(表 13-7)。

表 13-7　当量摩擦系数 f_v 和当量摩擦 ρ_v

滑动速度 v_s/(m/s)	蜗轮材料					
	锡青铜				无锡青铜	
	蜗杆齿面硬度>45 HRC		其他情况		蜗杆齿面硬度>45 HRC	
	f_v	ρ_v	f_v	ρ_v	f_v	ρ_v
0.01	0.11	6.28°	0.12	6.84°	0.18	10.2°
0.10	0.08	4.57°	0.09	5.14°	0.13	7.4°
0.50	0.055	3.15°	0.065	3.72°	0.09	5.14°
1.00	0.045	2.58°	0.055	3.15°	0.07	4°
2.00	0.035	2°	0.045	2.58°	0.055	3.15°
3.00	0.028	1.6°	0.035	2°	1.045	2.58°
4.00	0.024	1.37°	0.031	1.78°	0.04	2.29°
5.00	0.022	1.26°	0.029	1.66°	0.035	2°
8.00	0.018	1.03°	0.026	1.49°	0.03	1.72°
10.0	0.016	0.92°	0.024	1.37°		
15.0	0.014	0.8°	0.020	1.15°		
24.0	0.013	0.74°				

轴承和搅油损失功率不大，一般取 $\eta_2\cdot\eta_3=0.95\sim0.97$。则总效率 η 为：

$$\eta=(0.95\sim0.97)\frac{\tan\gamma}{\tan(\gamma+\rho_v)} \tag{13-13}$$

由式(13-10)可知，增大导程角可提高效率，故常用多头蜗杆。但导程角过大，蜗杆加工困难，而且导程角 $\gamma>28°$ 时，效率提高很少。因此，实用上导程角不超过 30°。

在设计时，为了近似地求出蜗轮轴上的转矩 T_2，η 值可如下估取：

蜗杆头数 z_1	1	2	4	6
总效率 η	0.7	0.8	0.9	0.95

13.5.2 蜗杆传动的润滑

润滑对蜗杆传动具有特别重要的意义。如果润滑不良，传动效率将显著降低，并且会使轮齿过早发生胶合或磨损。所以常用黏度大的矿物油进行润滑。

滑动速度 $v_s < 5\sim10$ m/s 的蜗杆传动常用油池浸油润滑。为减少搅油损失，下置式蜗杆和侧置式蜗杆传动浸油深度为蜗杆的一个齿高。蜗杆线速度 $v_1 > 4$ m/s 时，常将蜗杆上置，由蜗轮带油润滑，浸油深度约为蜗轮外径的 1/3。当滑动速度 $v_s \geq 10\sim15$ m/s，则应采用压力喷油润滑（压力为 0.1～0.3 MPa）。

13.5.3 蜗杆传动的热平衡计算

蜗杆传动工作时，蜗杆与蜗轮齿面间存在较大的相对滑动速度，发热量较大，在闭式传动中，热量不及时散发，箱体内润滑油的温度会升高，润滑油变稀，润滑性能下降，从而加剧轮齿的磨损，甚至产生胶合。因此，对连续工作的闭式蜗杆传动要进行热平衡计算。

单位时间内蜗杆传动由于摩擦产生的热量 Q_1(W)为：

$$Q_1 = 1\,000P_1(1-\eta)$$

式中：P_1 为蜗杆传递的功率，kW。

以自然冷却方式从箱体外壁散发到空气中的热量 Q_2(W)为：

$$Q_2 = \alpha_t A(t-t_0)$$

要达到热平衡，即要求 $Q_1 = Q_2$，则

$$t = t_0 + \frac{1\,000P_1(1-\eta)}{\alpha_t A} \tag{13-14}$$

式中：α_t为表面传热系数，一般取 $\alpha_t = 8\sim17$ W/(m^2·℃)，当周围空气流通良好时，取大值；A 为散热面积，m^2，指箱体内壁被油溅到而外壁又与空气接触的面积；t_0为周围环境温度，℃，常温情况可取 20℃；t 为箱体内油的温度，℃，一般限制在 60～70℃，最大不超过 80℃。

如果油温超过了允许用值，则可以采取以下措施提高散热能力：

1)加装散热片以增大散热面积，见图 13-13。

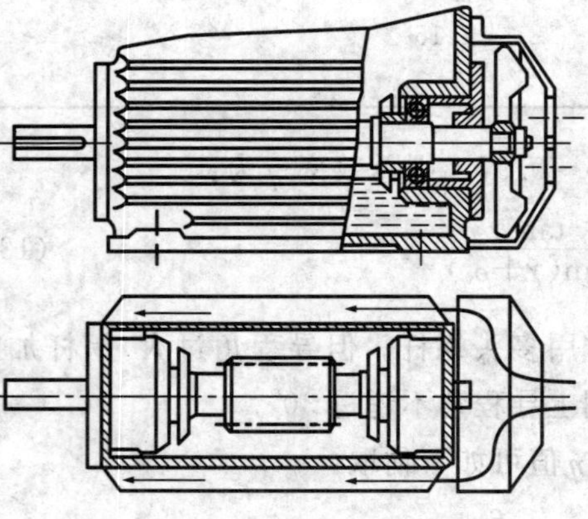

图 13-13 散热片和轴端风扇

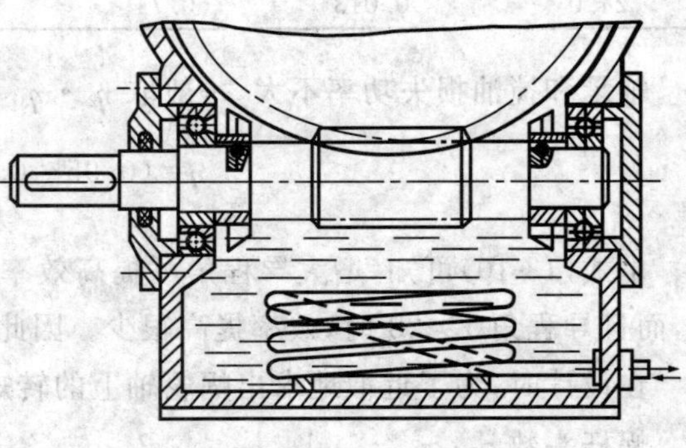

图 13-14 加装循环冷却水管

2)在蜗杆轴端加装轴端风扇(图 13-13)以加速空气的流通。这时表面传热系数 $\alpha_t=20\sim28\ W/(m^2\cdot℃)$。

3)在箱体油池中装循环冷却水管,见图 13-14。

例题 13-1 已知一单级圆柱蜗杆减速器的输入功率 $P_1=5.5\ kW$,转速 $n_1=960\ r/min$,传动比 $i=21$,载荷平稳,单向长期连续回转,试设计此蜗杆减速器。

解:1)选择材料并确定许用应力:蜗杆选用 40Cr,蜗杆螺旋部分表面淬火,齿面硬度 45~50 HRC;蜗轮选用 ZCuAl10Fe3Mn2 铸铝青铜。

估计 $v_s=5\ m/s$,根据表 13-5,查得蜗轮的许用接触应力 $[\sigma_H]=140\ MPa$。

2)选择蜗杆头数:由传动比 $i=21$,查表 13-2 选取 $z_1=2$,则

$$z_2=iz_1=21\times2=42$$

3)确定蜗轮轴的转矩:估计传动效率为 $\eta=0.8$

$$T_2=T_1 i\eta=\frac{9.55\times10^6 P_1}{n_1}i\eta=\frac{9.55\times10^6\times5.5\times21\times0.8}{960}=9.19\times10^5(N\cdot mm)$$

4)确定模数和分度圆直径:按齿面接触强度计算,取 $K=1.2$

$$m^2 d_1\geqslant\left(\frac{510}{z_2[\sigma_H]}\right)^2 KT_2=\left(\frac{510}{42\times140}\right)^2\times1.2\times9.19\times10^5=8\ 296(mm^3)$$

由表 13-1 查得:$z_1=2$,$m^2d_1=9\ 000\ mm^3$,$m=10\ mm$,$d_1=90\ mm$,$q=9$。

5)确定中心距

$$a=0.5m(q+z_2)=0.5\times10(9+42)=255(mm)$$

6)确定几何尺寸(略)。

7)计算滑动速度:

$$v_1=\frac{\pi d_1 n_1}{60\times1\ 000}=\frac{\pi\times90\times960}{60\times1\ 000}\approx4.52(m/s)$$

$$\gamma=\arctan\frac{z_1}{q}=\arctan\frac{2}{9}=12.528\ 8^\circ$$

$$v_s=\frac{v_1}{\cos\gamma}=\frac{4.52}{\cos12.528\ 8^\circ}=4.63(m/s)$$

与原估计的 v_s 值相近。

8)计算传动效率:按 $v_s=4.63\ m/s$,由表 13-6 查得钢蜗杆与铝青铜蜗轮材料的当量摩擦角 $\rho_v\approx2.11^\circ$,则

$$\eta=(0.95\sim0.97)\frac{\tan\gamma}{\tan(\gamma+\rho_v)}=(0.95\sim0.97)\frac{\tan12.528\ 8^\circ}{\tan(12.528\ 8^\circ+2.11^\circ)}=0.81\sim0.83$$

与原估计的 η 值相近。

9)散热计算:取 $\alpha_t=15\ W/(m^2\cdot℃)$,环境温度 $t_0=20℃$,箱体内许用油温 $t=65℃$,则由式(13-12)可求得所需散热面积

$$A=\frac{1\ 000P_1(1-\eta)}{\alpha_t(t-t_0)}=\frac{1\ 000\times5.5(1-0.82)}{15(65-20)}=1.47(m^2)$$

减速器结构设计初步确定后，应计算散热面积是否满足要求。若不满足要求应采取其他散热措施，如设置散热片或在蜗杆轴端装风扇。

习题 13

13-1 有一标准圆柱蜗杆传动，已知模数 $m=6.3$ mm，传动比 $i=25$，蜗杆分度圆直径 $d_1=63$ mm，头数 $z_1=2$，试计算该蜗杆传动的主要几何尺寸及蜗轮的螺旋角 β。

13-2 如图所示，蜗杆主动，$T_1=20\times10^3$ N·mm，$m=4$ mm，$z_1=2$，$d_1=50$ mm，蜗轮齿数 $z_2=50$，传动的啮合效率 $\eta=0.75$。试确定：1）蜗轮的转向；2）蜗杆与蜗轮上作用力的大小和方向。

13-3 如图所示为蜗杆传动和圆锥齿轮传动的组合。已知输出轴上的锥齿轮 z_4 的转向 n。1）欲使中间轴上的轴向力能部分抵消，试确定蜗杆传动的螺旋线方向和蜗杆的转向；2）在图中标出各轮轴向力的方向。

13-4 手动起重装置如图所示。已知手柄半径 $l=200$ mm，卷筒直径 $D=200$ mm。蜗杆传动参数为 $m=5$ mm，$z_1=1$，$d_1=50$ mm，$z_2=50$，蜗杆与蜗轮间的当量摩擦系数 $f_v'=0.14$，手柄上的作用力 $P=200$ N，问：1）欲使重物 W 上升 1 m，手柄应转多少转？并判断重物举升时蜗杆的转向；2）该装置的最大起重量 W；3）提升过程中松手，重物能否自行下降？

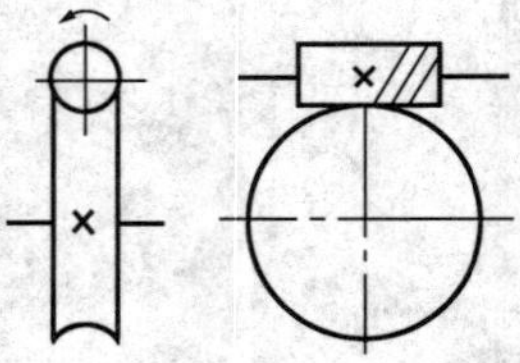

题 13-2 图

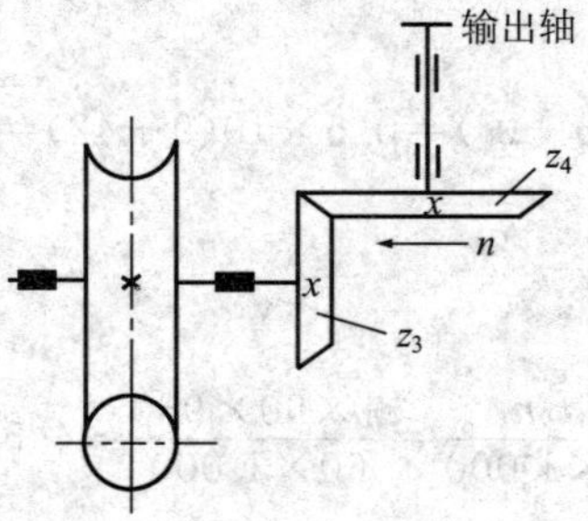

题 13-3 图

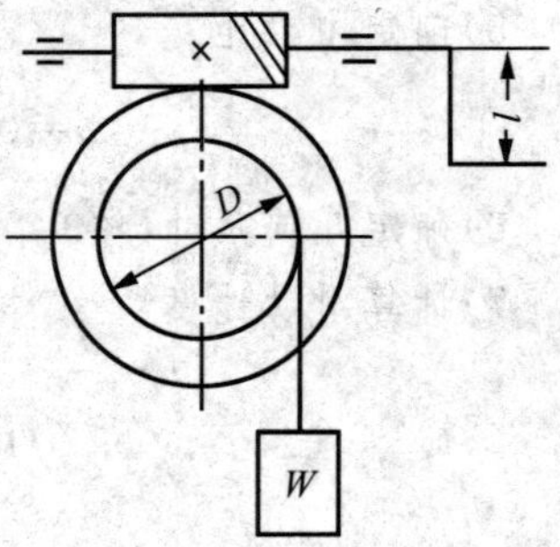

题 13-4 图

13-5 设计某带式输送机的圆柱蜗杆传动。已知传递的功率 $P_1=8$ kW，蜗杆转速 $n_1=960$ r/min，传动比 $i=18$，由电动机驱动，载荷稳定，长期工作。

13-6 搅拌机用的圆柱蜗杆减速器，蜗杆轴功率 $P_1=2.2$ kW，转速 $n_1=1\,430$ r/min，蜗杆下置。已知主要参数有 $z_1=2$，$z_2=40$，$a=125$ mm，单向传动，载荷平稳。试通过计算确定该蜗杆传动使用何种材料组合为宜？

13-7 一单级蜗杆减速器输入功率 $P_1=3$ kW，$z_1=2$，箱体散热面积约为 1 m^2，通风条件较好，室温 20℃，试验算油温是否满足使用要求。

14 轴

14.1 概述

14.1.1 轴的功用

在各种机器中都有很多的旋转零件，如齿轮、带轮、链轮等，从而使机器满足不同的工作要求。而机器中的旋转零件，都需要有轴进行支承，并使它们旋转，同时传递转矩。因此，轴是用来支承旋转零件，并传递运动和转矩的零件。

14.1.2 轴的类型

因为轴的应用非常广泛，为了满足不同的应用要求，轴的外部形状、轴线和受力的形式也各不相同。可以按不同的方法，把轴分为不同的种类。

1)按轴线的形状不同，可以把轴分为：直轴（图 14-1)、曲轴（图 14-2)和挠性钢丝软轴（图 14-3)。其中直轴的应用最为广泛，是本章研究的主要对象，曲轴只在往复式机械中应用，而钢丝软轴由于轴线可任意弯曲，可以方便地把旋转运动和转矩传到任意位置，故经常用于扳手、螺丝刀等自动工具中。

2)按外形不同，可以把直轴分为：光轴（图 14-4)和阶梯轴（图 14-1)。光轴一般只在某些机械中应用，如农业机械、纺织机械等，为了实现轴和轴上零件的标准化、系列化，而采用直径不变的光轴。在一般机械中，为了满足轴上旋转零件的安装、定位和等强度要求，轴的外形经常加工成阶梯状，这也是在机器中应用最为广泛的一类轴。本章中重点研究阶梯轴。

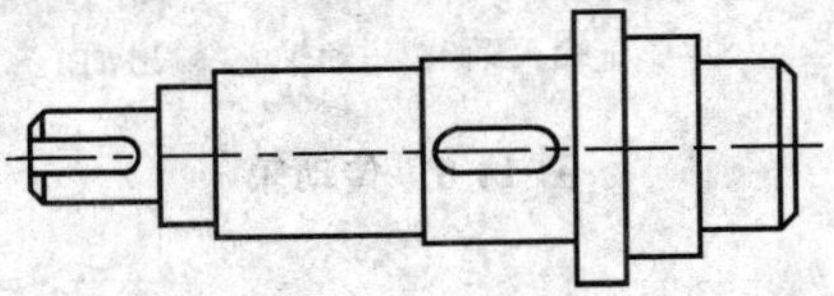

图 14-1 直轴

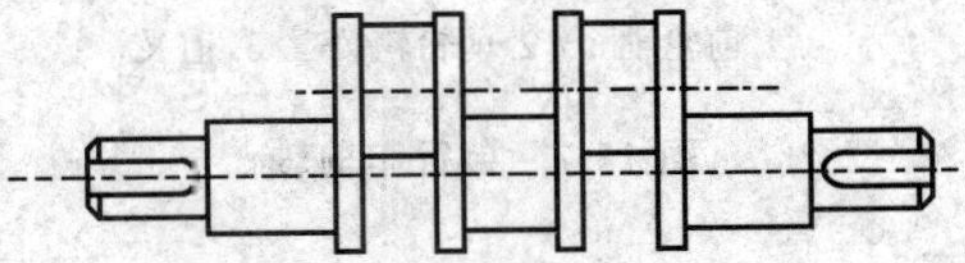

图 14-2 曲轴

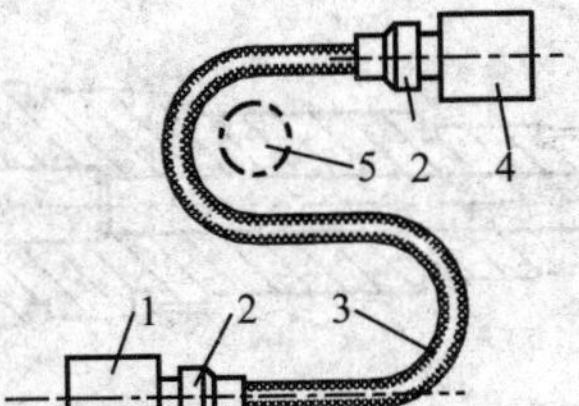

1.动力源 2.接头 3.挠性轴
4.被驱动装置 5.设备

图 14-3 挠性钢丝软轴

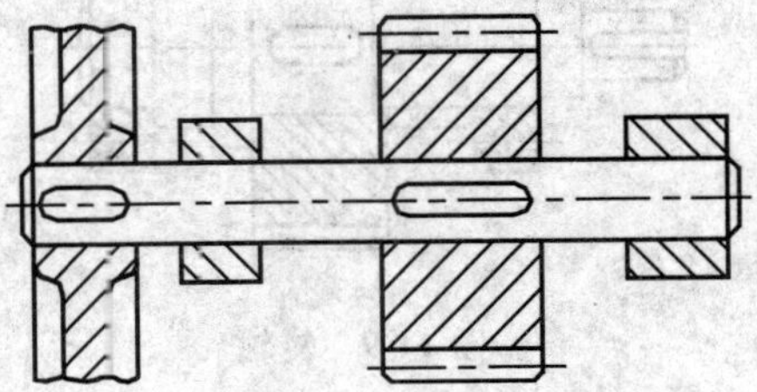

图 14-4 光轴

3)按轴的受力不同,可以把轴分为:心轴、传动轴和转轴。心轴是只承受弯矩而不传递转矩的轴,心轴又分为转动心轴和固定心轴,如铁路车辆的车轮轴(图 14-5)、滑轮轴(14-6)和自行车的前轴(图 14-7);传动轴是只传递转矩而不承受弯矩或承受很小弯矩的轴,如汽车的传动轴(图 14-8);转轴是既传递转矩又承受弯矩的轴,它的应用非常普遍,如齿轮减速器中的轴(图 14-9),机床中的主轴(图 14-10)等。

另外,轴还可以按轴的心部情况不同,分为实心轴(图 14-9)和空心轴(图 14-10)。一般的轴都制成实心的,而空心轴主要是为了某些特殊要求,如从空心处输送润滑油、冷却液、安装其他零件和通过待加工棒料等,同时空心轴也可以在保证强度的条件下,减轻轴的重量,节约材料,提高轴的刚度。

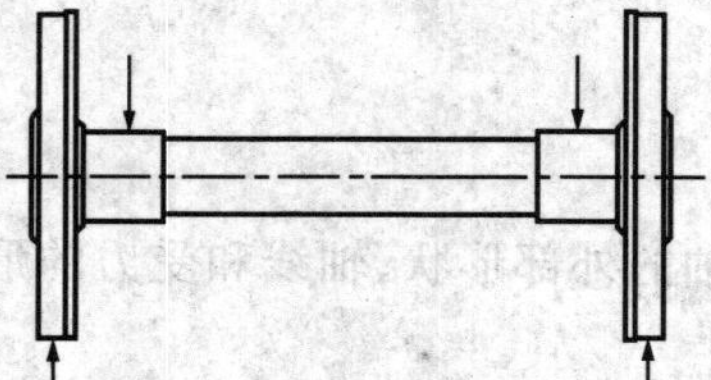

图 14-5 火车轮轴

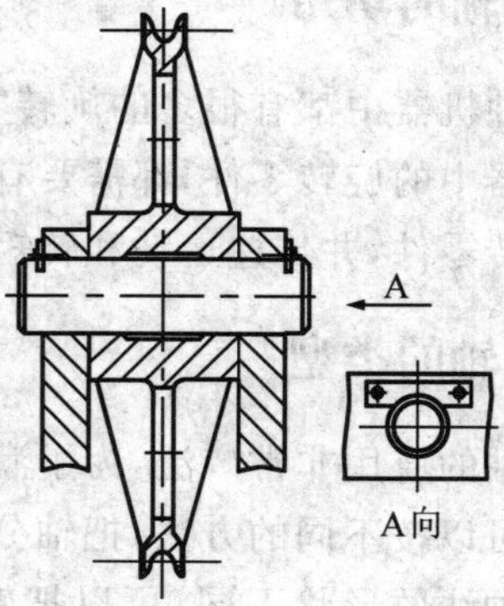

图 14-6 固定心轴

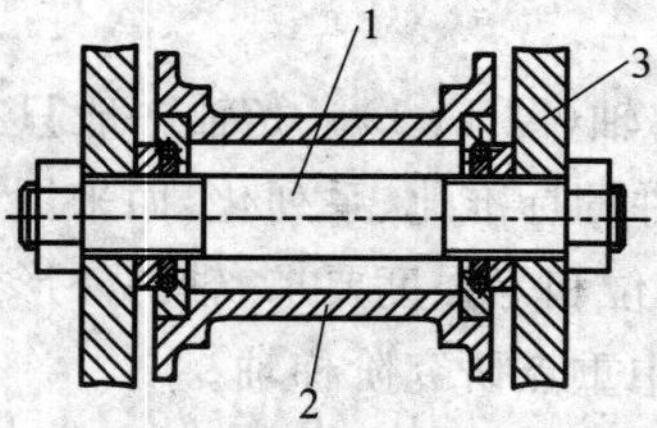

1.前轮轴 2.前轮轮毂 3.前叉

图 14-7 自行车前轴

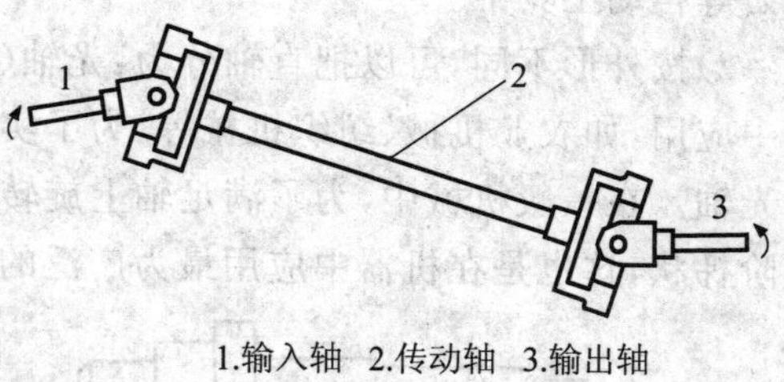

1.输入轴 2.传动轴 3.输出轴

图 14-8 传动轴

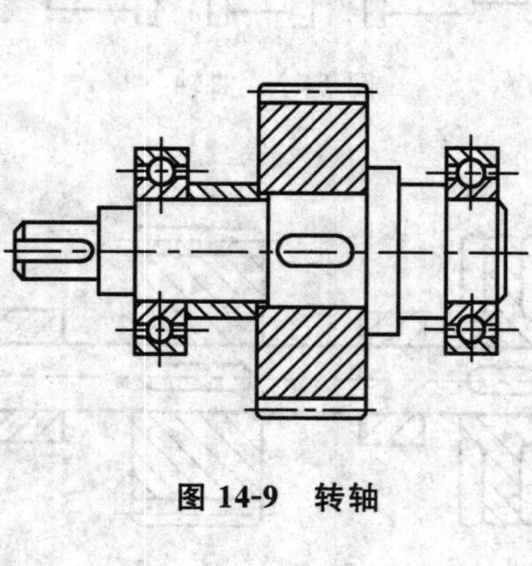

图 14-9 转轴

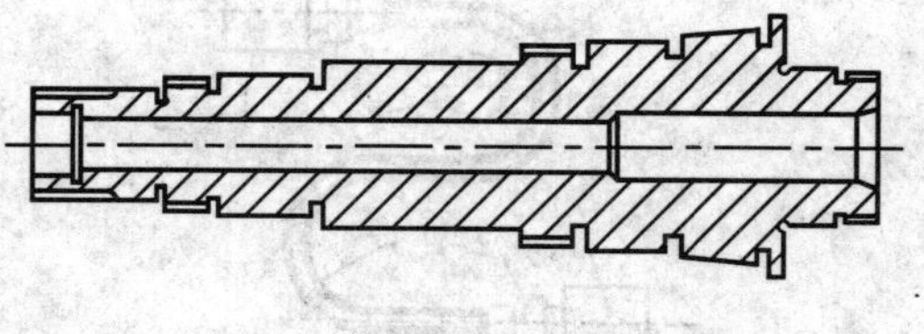

图 14-10 空心轴

14.1.3 轴的失效形式及设计准则

轴在转矩和弯矩的作用下，将产生扭转剪切应力和弯曲应力，其应力一般是变化的；而在轴的截面尺寸发生突变处又会产生应力集中。因此，轴的主要失效形式是疲劳断裂。设计时一般应进行疲劳强度校核。此外，在弯矩的作用下，轴将产生弯曲变形，如弯曲刚度不足，则会发生挠度和在轴承处的偏转角过大，而影响轴及轴上零件的正常工作；在转矩的作用下，轴将产生扭转变形，如扭转刚度不足，也会因扭转角过大影响轴上零件的正常工作。在高速下工作的轴，当轴的固有频率和激振频率相接近时，轴将发生共振，从而导致轴及轴上零件不能正常工作或发生破坏。

在进行轴的设计时，主要是进行轴的结构设计和工作能力计算两方面的工作，即根据工作要求和考虑制造工艺及安装调整等因素，选用合适的材料，进行轴的结构设计和强度计算，确定轴的外形结构和尺寸，必要时还应进行轴的刚度计算和振动稳定性的计算。对于重型机器中的轴，在设计时还要考虑毛坯的制造、探伤检测和运输等特殊问题。

14.2 轴的材料

可以用作轴的材料品种很多，但应满足轴对材料的要求。设计时主要是根据对轴的强度、刚度、耐磨性、耐腐蚀性等方面的要求，以及为实现这些要求而采用的热处理方式，同时考虑制造工艺、市场供需、经济性等因素来合理选用材料。

针对轴的主要失效形式和结构要求，轴的材料应具有较高的疲劳强度、较低的应力集中敏感性和良好的加工工艺性等特点。

轴的常用材料主要是碳钢和合金钢。钢轴的毛坯通常是用轧制圆钢和锻件。

碳钢比合金钢价廉，对应力集中的敏感性较低，同时可以用热处理的方法提高材料的抗疲劳强度和耐磨性，所以应用比较广泛。常用的材料有 30、35、45、50 钢等，其中以 45 钢最为常用，一般经调质或正火处理。对于不重要或受力较小的轴还可采用 Q235、Q275 等碳素结构钢。

合金钢与碳钢相比，具有较高的机械强度和良好的热处理性能，但对应力集中比较敏感，价格较贵。多用在传递较大功率，且要求重量轻、尺寸小、耐磨性高或有特殊要求的地方。常用的有 20Cr、20CrMnTi、38CrMoAlA、40Cr 等合金钢。在选择材料时应注意的是，钢材的种类和热处理对材料的弹性模量影响很小，因此，想要通过采用合金钢来提高轴的刚度没有明显效果。

另外，对于形状复杂和大型的阶梯轴的毛坯，可以采用合金铸铁和球墨铸铁。这些材料具有良好的耐磨性和吸振性，对应力集中不敏感，且价格便宜。其缺点是冲击韧性低，铸造品质不易控制，可靠性较低。

表 14-1 列出了轴的常用材料及其主要性能，供设计时参考选用。

表 14-1 轴的常用材料及其主要力学性能和应用

材料	热处理	毛坯直径/mm	硬度/HBS	强度极限 σ_B (MPa)	屈服极限 σ_S (MPa)	弯曲疲劳极限 σ_{-1} (MPa)	剪切疲劳极限 τ_{-1} (MPa)	应用范围
Q235				440	235	200	105	用于不重要或载荷不大的轴
35	正火	≤100	143～187	520	270	250	125	有好的塑性和适当的强度，可用于一般的轴
	正火 回火	>100～300		500	260	240	120	
	调质	≤100	163～207	560	300	265	135	
45	正火	≤100	170～217	600	300	275	140	用于较重要的轴，应用最为广泛
	回火	>100～300	162～217	580	290	270	135	
	调质	≤200	217～255	650	360	300	155	
40Cr	调质	≤100	241～286	750	550	350	200	用于载荷较大而无很大冲击的重要轴
		>100～300	241～266	700		340	195	
40MnB	调质	≤200	241～286	750	500	335	195	性能接近 40Cr，可作其代用品
35SiMn	调质	≤100	229～286	800	520	400	205	
42SiMn		>100～300	217～269	750	450	350	185	
35CrMo	调质	≤100	207～269	750	550	390	200	用于重载荷的轴
20Cr	渗碳 淬火 回火	≤60	表面 50～60 HRC	650	400	280	160	用于强度、韧性及耐磨性较高的轴
QT450-10			160～210	450	310	160	140	多用于铸造形状复杂的曲轴、凸轮轴等
QT600-3			190～270	600	370	215	185	

14.3 轴的结构设计

14.3.1 对轴结构设计的主要要求

轴的结构设计就是根据轴的工作条件和受载情况来确定轴的结构形状和尺寸，使其满足下列主要要求：

1)轴及轴上零件具有确定的工作位置，且固定可靠；

2)轴的尺寸必须符合有关的尺寸标准系列；

3)轴的结构形状和尺寸应有利于提高其强度和刚度，使轴的受力合理，尽量避免或减小应力集中；

4)应具有良好的加工和装配工艺性。

以上要求，总的来说，就是在满足工作能力的条件下，应尽量使轴的尺寸小、重量轻，工艺性好。

轴与轴承配合的部分称为轴颈，轴与传动零件轮毂配合的部分称为轴头，连接轴颈和轴头的部分称为轴身。

14.3.2 轴上零件的定位和固定

轴上零件的定位和固定分为轴向及周向两个方向的定位和固定。所谓轴上零件的定位，就是给轴上零件确定一个准确的位置。而固定则是使零件在工作过程中始终保持该位置。从结构作用上，往往同一个结构，既起定位作用，又起固定作用。在此统一讨论。

1)轴上零件的轴向定位和固定:轴上零件的轴向定位和固定可采用轴肩、轴环、套筒、弹性挡圈、紧定螺钉、圆螺母、轴端挡圈等方式，其结构形式、特点和应用见表 14-2。

2)轴上零件的周向定位和固定:轴上零件的周向定位和固定可采用键连接、花键连接、销连接、过盈配合连接等轴毂连接方式，其结构形式、特点和应用详见第 10 章。

表 14-2 轴上零件的轴向定位和固定方法

序号	定位和固定方式	结构简图	特点和应用
1	轴肩轴环	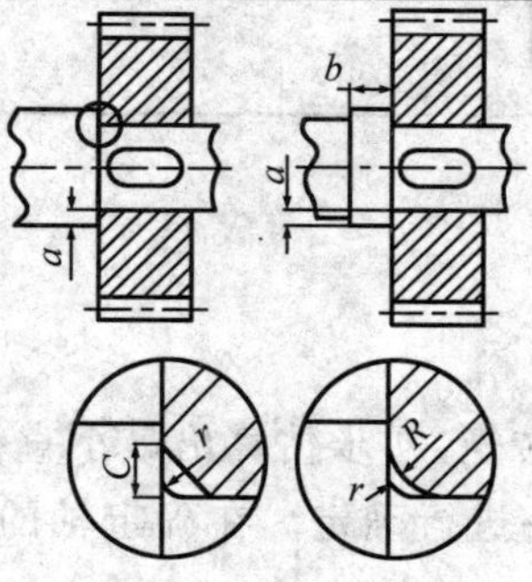	结构简单，工作可靠，可承受较大载荷。为了保证工作可靠，轴上圆角半径 r 应小于零件毂孔的圆角半径 R 或倒角高度 C，即 $r<R$ 或 $r<C$;同时在定位时还需保证 $a>R$(或 C)。一般 $a\approx0.07d+3$ mm，$b\approx(1\sim1.5)a$
2	套筒	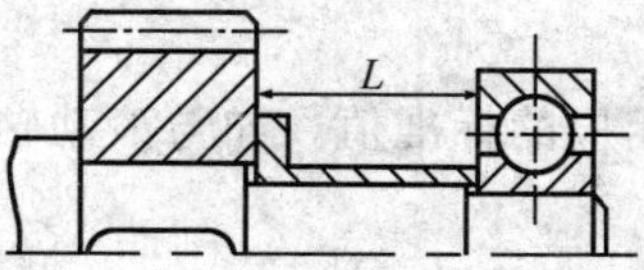	当轴上两零件间隔距离不大时，可用套筒作轴向定位和固定零件，其结构简单，定位可靠。应注意装零件的轴段长度要比轮毂的宽度短 2～3 mm，保证套筒靠紧零件端面，但不宜用于转速较高的轴
3	圆螺母	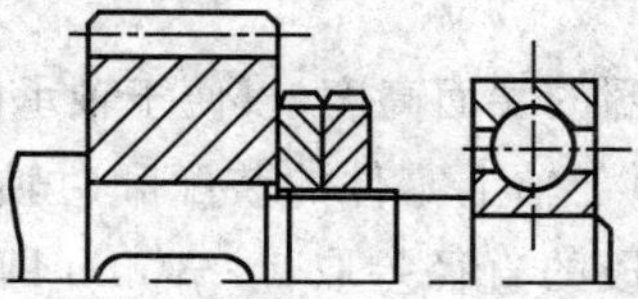	固定可靠，可承受较大的轴向力，用于固定轴中部的零件时，可避免采用长套筒，以减轻重量。但轴上要切制螺纹和退刀槽，应力集中较大．一般常用于轴端零件的固定，螺纹采用细牙螺纹
4	轴端挡圈	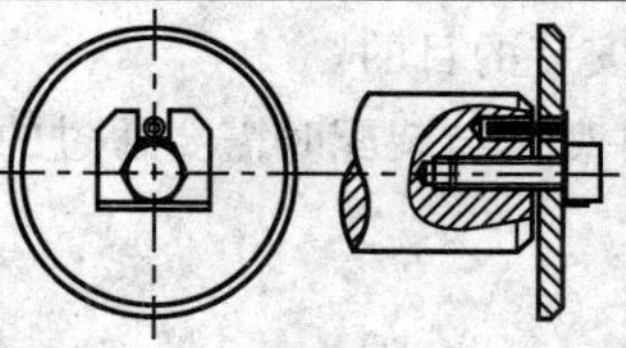	用于轴端零件的固定，可承受较大的轴向力。应注意装零件的轴段长度要比轮毂的宽度短 2～3 mm，保证轴端挡圈能压紧零件端面
5	弹性挡圈	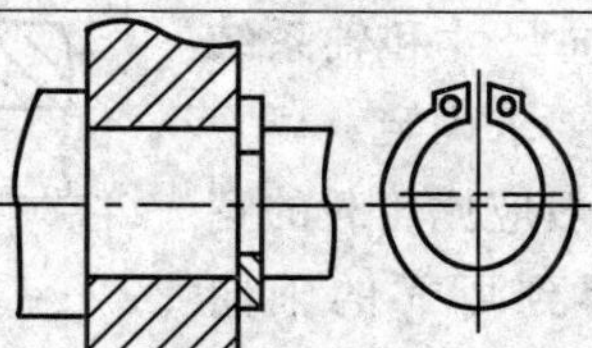	结构简单、紧凑，装拆方便。但只能承受较小的轴向力，且可靠性较差，对轴的强度削弱较大

续表 14-2

序号	定位和固定方式	结构简图	特点和应用
6	挡环与紧定螺钉	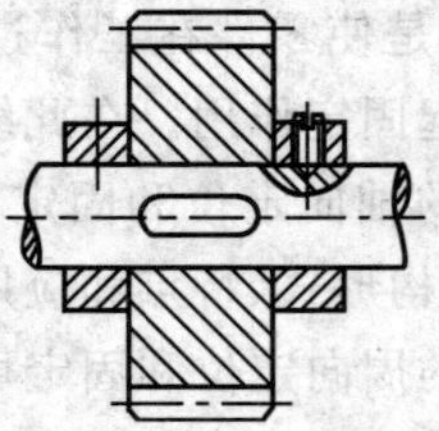	用紧定螺钉把挡环与轴固定，结构简单，定位方便，但只能承受较小的轴向力，且转速较低的场合
7	销连接	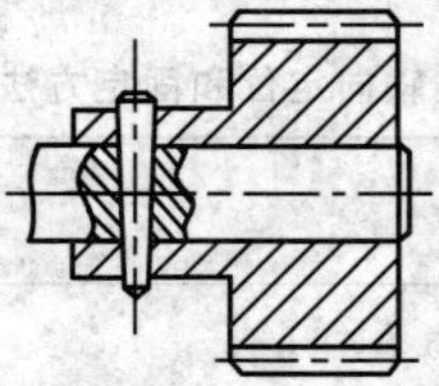	结构简单，可同时起周向固定作用，但轴上的应力集中较大，对轴的强度削弱较大

14.3.3 各段轴径和长度的确定

14.3.3.1 轴径的确定原则

轴的各段直径通常是先根据轴所传递的转矩，初步估算出最小直径，再根据轴上零件的装配、定位和固定要求等因素由两端向中间逐一进行确定。在确定轴的各段直径时应遵循以下原则：

1)有配合要求的轴段取标准直径。

2)与标准件相配合的轴段直径，应采用相应的标准值。如与滚动轴承相配合的轴颈，应按滚动轴承的内孔标准直径选取。

3)对有定位要求的轴肩高度应按表 14-2 给定的原则确定，相邻两段的轴径相差通常在 5～10 mm。

4)滚动轴承的定位高度必须低于轴承内圈的端面高度，以便于轴承的拆卸。

5)对没有定位要求的轴肩，主要是为了便于轴上零件的装配和对轴径的加工要求不同，而设置的工艺轴肩，其高度可以很小，相邻两轴段的直径差取 1～3 mm 即可，但也应尽量符合标准直径的要求。有时为了减少轴的阶梯数，也可以不设非定位轴肩，采用相同的公称直径，不同的轴段采用不同的公差来达到便于轴上零件安装的目的。

6)在轴中间装有过盈配合零件时，该零件毂孔与装配时需要通过的其他轴段之间应留有间隙，便于安装。

14.3.3.2 长度应满足的要求

轴的各段长度主要是依据轴上零件的轴向尺寸和轴系结构的总体布置来确定的，设计时一般应按以下要求确定：

1)轴与传动件轮毂相配合部分的长度，一般应比轮毂的宽度短 2～3 mm(图 14-11)，以保证传动件得到可靠的轴向固定。

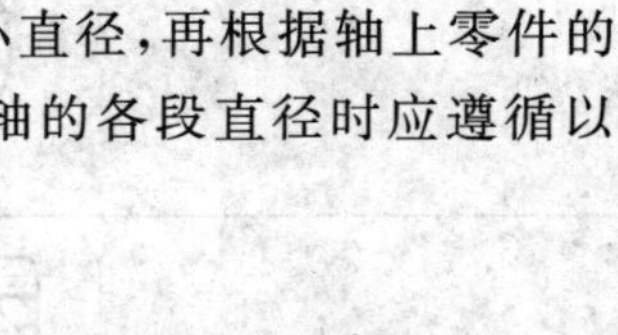

图 14-11 轴头长度

2)其余各轴段的长度,可根据总体结构的要求(如零件间的相对位置、装拆要求、轴承间隙的调整等)来确定。

14.3.4 避免或减小应力集中

对于承受变应力的轴来说,应力集中往往是使轴发生破坏的根源。为了提高轴的疲劳强度,就应从结构设计、加工工艺等方面采取措施,尽量减小应力集中,特别是对合金钢轴尤其重要。这里仅讨论从结构设计方面避免或减小应力集中的问题。

1)要尽量避免在轴上开横孔、凹槽和加工螺纹,这些结构会产生较大的应力集中。当必须开横孔时,应在孔边倒角。

2)在轴的截面和尺寸发生突变处都会造成应力集中,变化越大,应力集中越大,所以对阶梯轴来说,相邻两段轴径的变化不宜过大,而且应尽量增大过渡处的圆角半径。对于有定位要求的轴肩,由于轴上零件的端面应与轴肩定位面靠紧,过渡圆角半径要受到限制,这时可采用轴上设卸载槽(图 14-12a)、轮毂上设卸载槽(图 14-12b)、凹切圆槽(图 14-12c)或过渡定位套(图 14-12d)等结构。

此外,提高轴的表面质量,降低轴的表面粗糙度,对轴的表面采用辗压、喷丸、渗碳淬火等强化处理,均可提高轴的疲劳强度。

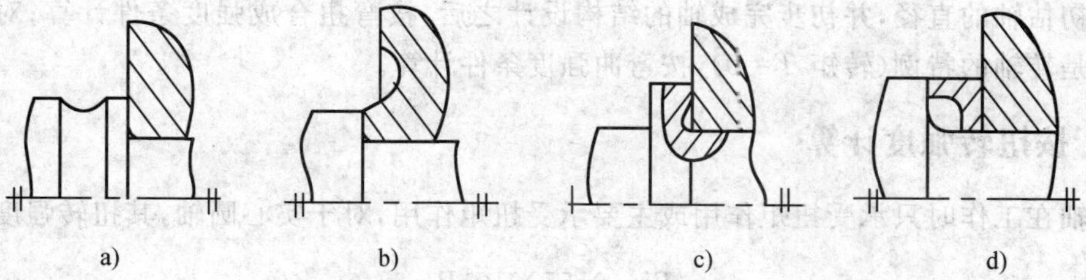

图 14-12 减少应力集中的措施

14.3.5 改善轴的结构工艺性

轴的结构形状应简单,便于加工和装配,以提高生产效率,降低成本。如为了车螺纹和磨削轴段,应在轴上设有螺纹退刀槽和砂轮越程槽(图 14-13)。轴上沿长度方向开有几个键槽时,应将键槽安排在同一加工直线上(图 14-1)。同一根轴上的所有圆角半径和倒角的尺寸应尽可能一致,以减少刀具规格和换刀次数。为了使轴上零件易于装拆,轴端和各轴段端面都应有 45°的倒角。对于过盈配合零件在装入端应加工出导向锥面。

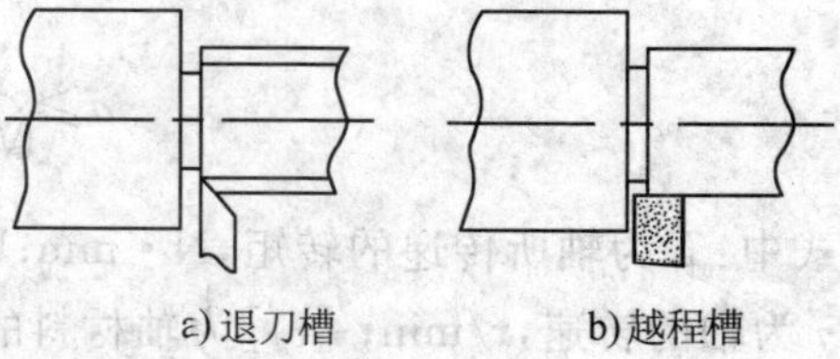

图 14-13 退刀槽和越程槽

14.3.6 改善轴的受力情况

在结构设计时,可以采用改变轴的受力情况和零件在轴上的位置等措施来提高轴的强度。如:当轴所传递的动力需由 2 个轮输出时,其布置如图 14-14a 所示,则轴传递的最大转矩等于输入转矩,为 T_1+T_2;若将输入轮布置在中间,如图 14-14b 所示,则轴传递的最大转矩将减小为 T_1 或 T_2。又如图 14-15 所示的起重机卷筒机构,大齿轮和卷筒装配在一起,转矩经大齿轮直接传给卷筒，使卷筒轴只受弯矩，不受转矩，减小了该轴所受的载荷。

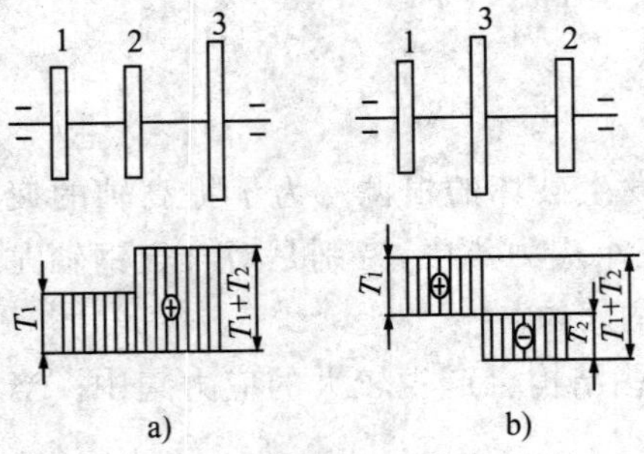

1，2. 输出齿轮　3. 输入齿轮

图 14-14　轴上零件的合理布置

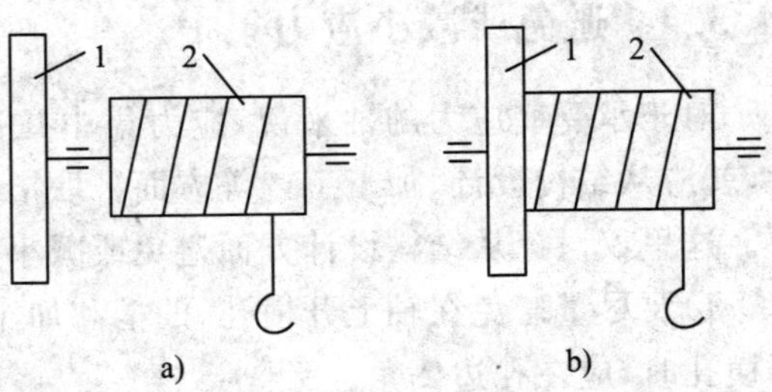

1. 齿轮　2. 卷筒

图 14-15　起重机卷筒

14.4　轴的强度计算

轴的强度计算应根据轴的承载情况，采用相应的计算方法。传动轴按扭转强度条件计算；转轴是在初估轴的直径，并初步完成轴的结构设计之后，按弯扭合成强度条件计算；对于心轴，则可看成是转轴的特例（转矩 $T=0$），按弯曲强度条件计算。

14.4.1　按扭转强度计算

传动轴在工作时只承受扭矩作用或主要承受扭矩作用，对于实心圆轴，其扭转强度条件为

$$\tau_T=\frac{T}{W_T}=\frac{9.55\times10^6 P}{0.2d^3 n}\leqslant[\tau_T] \tag{14-1}$$

写成设计公式时，轴的最小直径 d(mm)为

$$d\geqslant\sqrt[3]{\frac{9.55\times10^6}{0.2[\tau_T]}}\sqrt[3]{\frac{P}{n}}=C\sqrt[3]{\frac{P}{n}} \tag{14-2}$$

式中：T 为轴所传递的转矩，N·mm；W_T 为轴的抗扭截面系数，mm^3；P 为轴传递的功率，kW；n 为轴的转速，r/min；$[\tau_T]$为轴材料的许用扭转剪应力，MPa，见表 14-3；C 为与轴的材料有关的常数，见表 14-3。

表 14-3　轴常用材料的$[\tau_T]$值和 C 值

轴的材料	Q235，20	35	45	40Cr，35SiMn
$[\tau_T]$/MPa	12～20	20～30	30～40	40～52
C	160～135	135～118	118～107	107～98

注：1）当弯矩作用相对于扭矩很小或只传递扭矩时，$[\tau_T]$取较大值，C 取较小值；反之，$[\tau_T]$取较小值，C 取较大值。2）当用 35SiMn 钢时，$[\tau_T]$ 取较小值，C 取较大值。

对于既传递转矩又承受弯矩的转轴，可用式(14-2)初步估算轴的最小直径，但必须将轴的许用扭转剪应力$[\tau_T]$适当降低，以补偿弯矩对轴的影响。

当轴上开有键槽时，还应考虑键槽对轴的强度削弱的影响。一般情况下，按式(14-2)求得的直径，若开有一个键槽时，轴径应增加3%～5%；若在一个轴段上开有2个键槽时，则轴径应增加7%～10%，然后再取标准直径。

例题 14-1 某减速器输出端齿轮传动，已知主动轴输入功率为 $P=10$ kW，转速为 $n_1=350$ r/min，传动比 $i=4.5$，轴的材料选用45钢调质处理。不考虑传动中的摩擦功率损失。试初步估算主、从动轴的最小直径。

解：1)计算从动轴的转速：

$$n_2=\frac{n_1}{i}=\frac{350}{4.5}=77.78(\text{r/min})$$

2)确定主、从动轴的最小直径：根据轴的材料，并考虑弯矩的影响，查表14-4取 $C=118$，由式(14-2)计算该传动主、从动轴的最小直径分别为

$$d_1\geqslant C\sqrt[3]{\frac{P}{n_1}}=118\times\sqrt[3]{\frac{10}{350}}=36.07(\text{mm})$$

$$d_2\geqslant C\sqrt[3]{\frac{P}{n_2}}=118\times\sqrt[3]{\frac{10}{77.78}}=59.56(\text{mm})$$

考虑到键槽对轴强度削弱的影响，轴径应加大5%，则

$$d_1=1.05\times36.07=37.87(\text{mm})$$
$$d_2=1.05\times59.56=62.54(\text{mm})$$

3)把计算直径圆整成标准直径：因 d_1、d_2 分别为转矩的输入端和输出端轴径，均属有配合要求的轴段，查机械设计手册取标准直径为 $d_1=40$ mm，$d_2=63$ mm。

14.4.2 按弯扭合成强度计算

对于转轴，在初估轴径和初步完成轴的结构设计以后，轴的支点位置及轴所受的载荷大小、方向和作用点均为已知。这时，即可计算轴的支反力，并画出轴的弯矩图和扭矩图，按弯曲和扭转合成强度条件校核轴的强度。

14.4.2.1 轴的支点位置的确定

对于滑动轴承和滚动轴承来说，轴的支点位置都不全是在轴承的宽度中点上，其中滑动轴承可按表14-4来确定，而滚动轴承可查轴承样本或有关手册。但是，为了简化计算，通常可将支点位置取在轴承的宽度中点上。当轴的支点位置确定后，就可以对轴进行受力分析，并绘制轴的弯矩图和扭矩图。

表 14-4 滑动轴承支点位置的确定

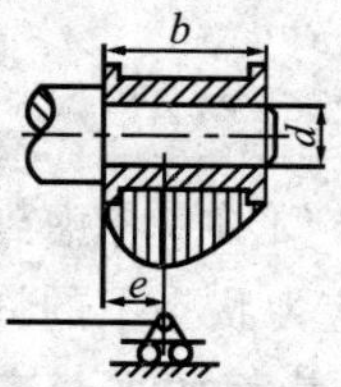	b/d	≤1	>1～2	>2
	e	$0.5b$	$(0.5\sim0.25)b$	$0.25b$

14.4.2.2 轴的强度计算

根据弯矩图和扭矩图可初步判断轴的危险截面，并依据危险截面上产生的弯曲应力 σ_b 和扭转剪应力 τ_T，可按第三强度理论（即最大剪应力理论）计算一般钢制轴在复合应力作用下危险截面的当量弯曲应力 σ_{eb}，即

$$\sigma_{eb}=\sqrt{\sigma_b^2+4\tau_T^2} \tag{14-3}$$

对于直径为 d 的实心圆轴

$$\sigma_b=\frac{M}{W}\approx\frac{M}{0.1d^3},\ \tau_T=\frac{T}{W_T}\approx\frac{T}{0.2d^3}=\frac{T}{2W}$$

式中：W、W_T 分别为轴的抗弯截面系数和抗扭截面系数。将 σ_b 和 τ_T 代入式(14-3)得

$$\sigma_{eb}=\sqrt{\left(\frac{M}{W}\right)^2+4\left(\frac{T}{2W}\right)^2}=\frac{\sqrt{M^2+T^2}}{W} \tag{14-4}$$

对于一般转轴，σ_b 为对称循环变应力，而 τ_T 的循环特性则随转矩 T 的性质而定。考虑扭转剪应力与弯曲应力变化情况的差异，将上式中的转矩 T 乘以校正系数 α，则弯扭合成强度条件为

$$\sigma_{eb}=\frac{\sqrt{M^2+(\alpha T)^2}}{W}=\frac{M_e}{W}\leqslant[\sigma_{-1b}] \tag{14-5}$$

式中：M_e 为当量弯矩，$M_e=\sqrt{M^2+(\alpha T)^2}$，N·mm；$\alpha$ 为根据转矩所产生应力的性质而定的应力校正系数，对于不变的转矩，取 $\alpha=\frac{[\sigma_{-1b}]}{[\sigma_{+1b}]}\approx0.3$；对于脉动循环变化的转矩，取 $\alpha=\frac{[\sigma_{-1b}]}{[\sigma_{0b}]}\approx0.6$；对于对称循环变化的转矩，取 $\alpha=\frac{[\sigma_{-1b}]}{[\sigma_{-1b}]}=1$。$[\sigma_{-1b}]$、$[\sigma_{0b}]$、$[\sigma_{+1b}]$ 分别为对称循环、脉动循环和静应力状态下的许用弯曲应力，MPa，见表 14-5。

表 14-5 轴的许用弯曲应力 MPa

材料	σ_B	$[\sigma_{+1b}]$	$[\sigma_{0b}]$	$[\sigma_{-1b}]$	材料	σ_B	$[\sigma_{+1b}]$	$[\sigma_{0b}]$	$[\sigma_{-1b}]$
碳素钢	400	130	70	40	合金钢	800	270	130	75
	500	170	75	45		900	300	140	80
	600	200	95	55		1 000	330	150	90
	700	230	110	65		1 200	400	180	110

计算轴的直径 d(mm)时，式(14-5)可写成

$$d\geqslant\sqrt[3]{\frac{M_e}{0.1[\sigma_{-1b}]}} \tag{14-6}$$

这种方法同样适用于心轴和传动轴。对于心轴，转矩 $T=0$，其中固定心轴，考虑到载荷的波动，其弯曲应力可按脉动循环处理，因此，许用弯曲应力应为脉动循环应力状态下的许用弯曲应力 $[\sigma_{0b}]$；对于传动轴，弯矩 $M=0$。需要说明的是，由于同一轴上各个截面的当量弯矩值不同，轴径 d 的值也不相同，所以，强度校核时，要确定几个较危险的截面进行计算。例如，当量弯

矩最大的截面；当量弯矩较大而轴径相对较小的截面等。

对于一般用途的轴，按照以上设计计算即能满足使用要求。对于重要的轴，还需考虑应力集中、表面状况及尺寸的影响，要用安全系数法作进一步的强度校核，其计算方法可参考有关机械设计教材或参考书。

例题 14-2 如图 14-16 所示为用于带式运输机的单级斜齿圆柱齿轮减速器。减速器由电机驱动，已知输出轴传递的功率 $P=11$ kW，转速 $n=210$ r/min，该轴受力如图 14-17b 所示。轴上大齿轮分度圆直径 $d=382$ mm，轮毂宽度 $B=80$ mm，作用在齿轮上的圆周力 $F_t=2\ 618$ N，径向力 $F_r=982$ N，轴向力 $F_a=653$ N，传动不逆转，试设计该减速器的输出轴。

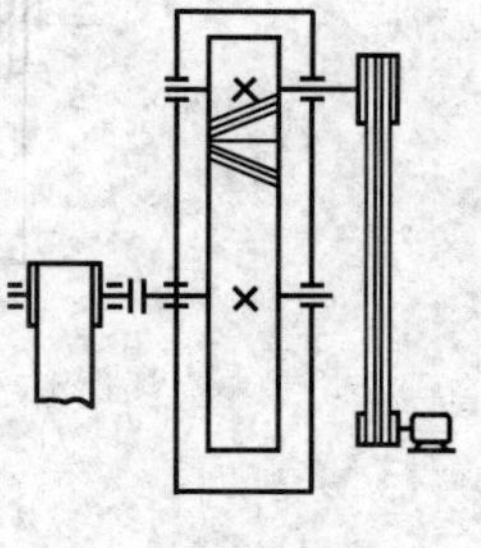

图 14-16 带式运输机传动系统

解：1）选择轴的材料，并确定许用应力：选用 45 钢正火处理，由表 14-1 查得强度极限 $\sigma_B=600$ MPa，由表 14-5 查得其许用弯曲应力 $[\sigma_{-1b}]=55$ MPa。

2）确定轴输出端直径：按扭转强度估算轴输出端直径，由表 14-2 取 $C=110$，则

$$d=C\sqrt[3]{\frac{P}{n}}=110\sqrt[3]{\frac{11}{210}}=41.2(\text{mm})$$

考虑轴上有键槽，将轴的直径增大 5%，则 $d=41.2\times(1+5\%)=43.3$(mm)

此段轴的直径和长度应与联轴器相符，联轴器选用 TL7 型弹性圈柱销联轴器，其轴孔直径为 45 mm，与轴配合部分长度为 84 mm，故轴输出端直径取 45 mm。

3）轴的结构设计：①轴上零件的定位、固定和装配。单级减速器中，可将齿轮安排在箱体中央，相对两轴承对称布置（图 14-17），齿轮右边由轴肩定位，左边用套筒进行轴向固定，其周向固定靠 A 型平键。两轴承分别以轴肩和套筒定位，而周向固定则采用过渡配合或过盈配合。联轴器用轴肩进行轴向定位，而用 A 型平键作周向固定。把轴做成阶梯形，右边轴承从右边装入，而齿轮、套筒、左边轴承（及左边轴承端盖）和联轴器均从左边装入轴上。

②确定轴的各段直径和长度。Ⅰ段即轴的输出端直径为 45 mm，其长度应比联轴器轴孔的长度略短一些，取 $L_1=80$ mm。

Ⅱ段轴径 $d=54$ mm（由机械设计手册查得轮毂孔的倒角 $C_1=2.5$ mm，取轴肩高度 $h=4.5$ mm，故 $d=d_1+2h=45+2\times4.5=54$(mm)），主要是考虑安装轴承方便和对安装轴承的轴段加工要求不同而设立。考虑到通过带有密封的轴承端盖的轴段长度，应根据轴承端盖的厚度，并考虑联轴器和箱体外壁应有一定距离来确定，由此取Ⅱ段轴的长度为 $L_2=55$ mm。

Ⅲ段轴径 $d=55$ mm，主要是按轴承内径尺寸系列确定。初选轴承类型为深沟球轴承，型号为 6 311，其内径为 55 mm，宽度为 29 mm。

考虑齿轮端面和箱体内壁、轴承端面与箱体内壁应有一定距离，则取套筒长为 20 mm。安装齿轮轴段的长度应比轮毂的宽度小 2 mm，故Ⅱ轴段的长度取 $L_3=(2+20+29)$ mm $=51$ mm。

Ⅳ段轴径 $d_4=60$ mm，考虑到轴承与轴和齿轮与轴的配合不同，加工精度要求不同，同时考虑到装配的方便，因此取该轴段的直径为 60 mm。该轴段的长度为 $L_4=(80-2)$ mm $=78$ mm。

Ⅴ段轴径为 $d_{51}=72$ mm 和 $d_{52}=65$ mm，主要是考虑该轴段同时要给齿轮和轴承进行定

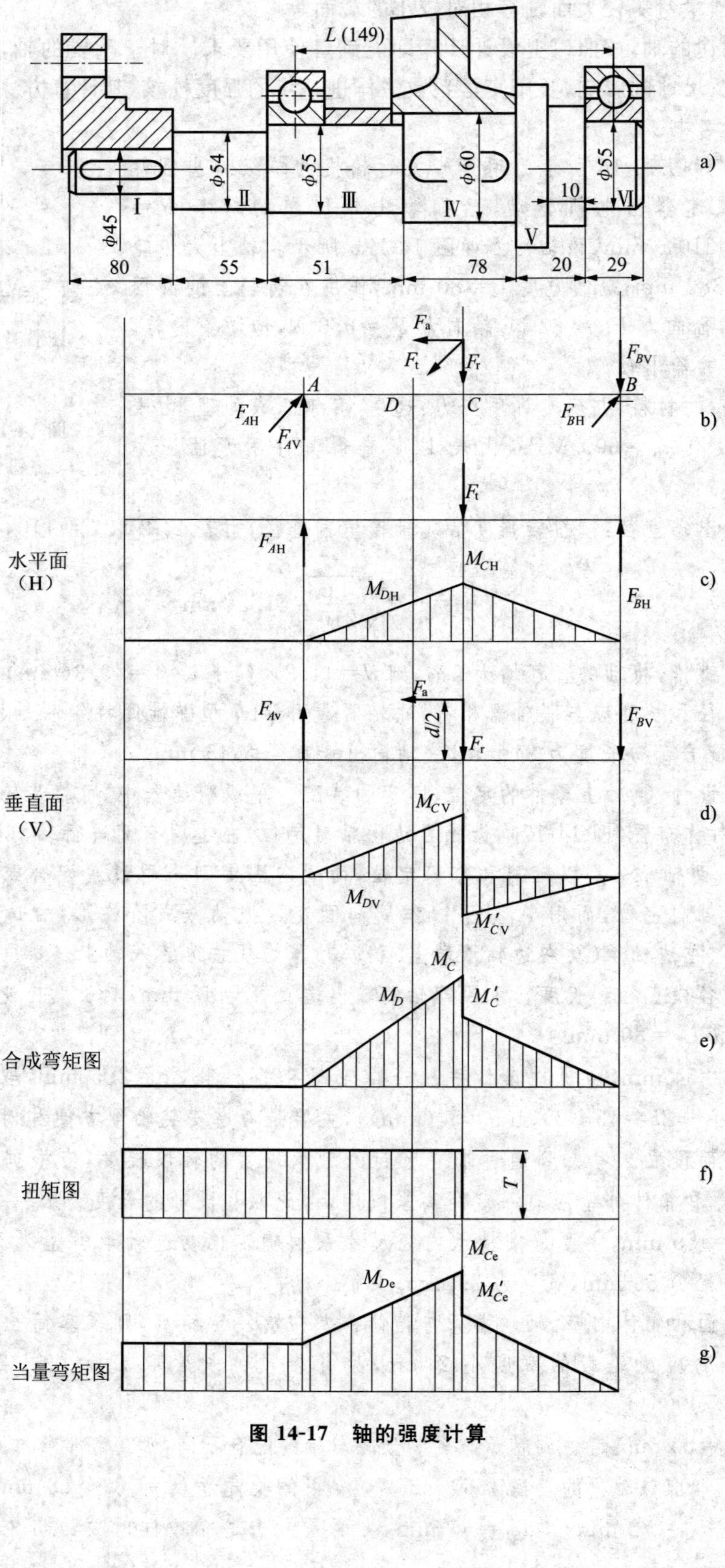

图 14-17 轴的强度计算

位,且考虑到轴承的拆卸,轴承定位高度不能超过轴承的内圈,故把该轴段分成两段,由手册查得 $C_1=3$ mm,取 $h=2C_1=2\times3$ mm=6 mm,$d_{51}=d_4+2h=72$ mm;按轴承的安装要求,该轴段的直径为 $d_{52}=65$ mm。Ⅴ轴段的长度应与左面套筒长度相同,取 $L_5=20$ mm,如图 14-17a 所示。

Ⅵ段轴径 $d_6=55$ mm,主要是考虑同一根轴上的 2 个轴承应相同。其长度取 $L_6=29$ mm。

通过以上对轴的结构设计,得出轴的结构设计草图,如图 14-17a 所示。

由以上轴的结构设计草图可得轴的支承跨度为 $L=149$ mm。

4)按弯扭合成校核轴的强度:

①绘制轴的受力简图(图 14-17b)。

②求水平面支反力(图 14-17c):

$$F_{AH}=F_{BH}=\frac{F_t}{2}=\frac{2\ 618}{2}=1\ 309(\text{N})$$

③绘制水平面弯矩图(图 14-17c):

$$M_{CH}=F_{AH}\frac{L}{2}=1\ 309\times\frac{149}{2}=9.75\times10^5(\text{N}\cdot\text{mm})$$

④求垂直面支反力(图 14-17d):

由 $\sum M_B=0$ 得
$$F_r\frac{L}{2}+F_a\frac{d}{2}-F_{AV}L=0$$

则
$$F_{AV}=\left(F_r\frac{L}{2}+F_a\frac{d}{2}\right)/L=\left(982\times\frac{149}{2}+653\times\frac{382}{2}\right)/149=1\ 328(\text{N})$$

由 $\sum F=0$ 得
$$F_{AV}-F_r-F_{BV}=0$$

则
$$F_{BV}=F_{AV}-F_r=1\ 328-982=346(\text{N})$$

⑤绘制垂直面弯矩图(图 14-17d):截面 C 左侧弯矩

$$M_{CV}=F_{AV}\frac{L}{2}=1\ 328\times149/2=9.89\times10^4(\text{N}\cdot\text{mm})$$

截面 C 右侧弯矩

$$M'_{CV}=F_{BV}\frac{L}{2}=346\times149/2=2.58\times10^4(\text{N}\cdot\text{mm})$$

⑥绘制合成弯矩图(图 14-17e):根据 $M=\sqrt{M_H^2+M_V^2}$ 得

$$M_C=\sqrt{M_{CH}^2+M_{CV}^2}=\sqrt{(9.75\times10^4)^2+(9.89\times10^4)^2}=1.39\times10^5(\text{N}\cdot\text{mm})$$
$$M_C'=\sqrt{M_{CH}^2+M_{CV}^{2'}}=\sqrt{(9.75\times10^4)^2+(2.58\times10^4)^2}=1.01\times10^5(\text{N}\cdot\text{mm})$$

⑦绘制扭矩图(图 14-17f):

$$T=F_t\frac{d}{2}=2\ 618\times\frac{382}{2}=5\times10^5(\text{N}\cdot\text{mm})$$

⑧绘制当量弯矩图(图 14-17g):

$$M_e=\sqrt{M^2+(\alpha T)^2}$$

由当量弯曲图和轴的结构图可知，C和D处都有可能是危险截面，应分别计算其当量弯矩。此处可将轴的扭转剪应力看作脉动循环，取$\alpha\approx0.6$，则

C截面：$M_{Ce}=\sqrt{M_C^2+(\alpha T)^2}=\sqrt{(1.39\times10^5)^2+(0.6\times5\times10^5)^2}=3.31\times10^5(\text{N}\cdot\text{mm})$

$M'_{Ce}=M'_C=1.01\times10^5(\text{N}\cdot\text{mm})$

在两项中，取大者计算。

D截面：$M_{DH}=F_{AH}(L-(78+20+29/2))=1\ 309\times(149-112.5)=4.78\times10^4(\text{N}\cdot\text{mm})$

$M_{DV}=F_{AV}(L-(78+20+29/2))=1\ 328\times(149-112.5)=4.85\times10^4(\text{N}\cdot\text{mm})$

$M_D=\sqrt{M_{DH}^2+M_{DV}^2}=\sqrt{(4.78\times10^4)^2+(4.85\times10^4)^2}=6.81\times10^4(\text{N}\cdot\text{mm})$

$M_{De}=\sqrt{M_D{}^2+(\alpha T)^2}=\sqrt{(6.81\times10^4)^2+(0.6\times5\times10^5)^2}=3.08\times10^5(\text{N}\cdot\text{mm})$

⑨校核危险截面处的强度：

C截面：$\sigma_{eb}=\dfrac{M_{Ce}}{W_C}=\dfrac{M_{Ce}}{0.1d_4^3}=\dfrac{3.31\times10^5}{0.1\times60^3}=15.32\text{ MPa}<[\sigma_{-1b}]=55(\text{MPa})$

D截面：$\sigma_{De}=\dfrac{M_{De}}{W_D}=\dfrac{M_{De}}{0.1d_3^3}=\dfrac{3.08\times10^5}{0.1\times55^3}=18.51\text{ MPa}<[\sigma_{-1b}]=55(\text{MPa})$

故轴的强度足够。

14.5 轴的刚度计算

轴在受载后会产生弹性变形，机械中若轴的刚度不足，变形量过大，就会影响机器的正常工作。如机床主轴的变形过大时（图14-18），将影响机床的加工精度；电机转子轴弯曲变形过大时，就会使转子和定子的间隙改变，而影响电机的工作性能，所以，对于刚度要求较高的轴，必须进行刚度计算。

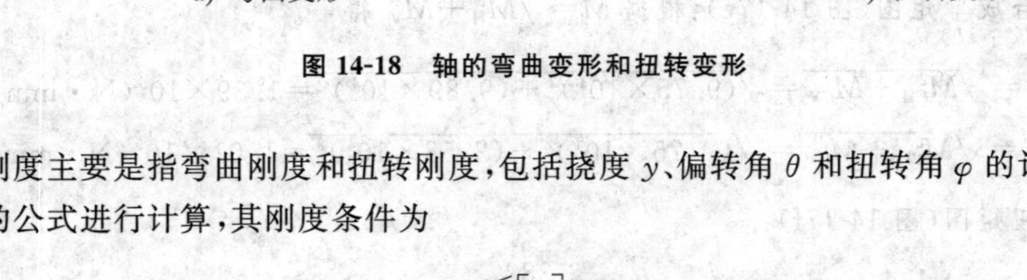

a) 弯曲变形　　b) 扭转变形

图14-18 轴的弯曲变形和扭转变形

轴的刚度主要是指弯曲刚度和扭转刚度，包括挠度y、偏转角θ和扭转角φ的计算，可按材料力学中的公式进行计算，其刚度条件为

$$\left.\begin{aligned}y&\leqslant[y]\\\theta&\leqslant[\theta]\\\varphi&\leqslant[\varphi]\end{aligned}\right\}\tag{14-7}$$

式中：$[y]$、$[\theta]$、$[\varphi]$分别为挠度、偏转角和扭转角的许用值，其值查有关参考书。

习题 14

14-1 轴的作用是什么？心轴、转轴、传动轴的区别是什么？试列举它们的应用实例各2个。

14-2 若轴的强度不足，可采取哪些措施？若刚度不足可采取哪些措施？

14-3 轴上零件的周向固定及轴向固定的常用方法有哪些？各有什么特点？

14-4 轴的强度计算公式 $M_e=\sqrt{M^2+(\alpha T)^2}$ 中，α 的含义是什么？其大小如何确定？

14-5 题 14-5 图为带式运输机 2 种传动方案，若工作情况相同，传递功率一样，试比较：

1）按方案 a 设计的双级减速器，如果改用方案 b，减速器的哪根轴的强度需要重新校核？为什么？

2）两方案中，电动机轴受力是否相同？为什么？

14-6 指出题 14-6 图中轴的结构设计不合理及不完善的地方，并画出改正后轴的结构图。

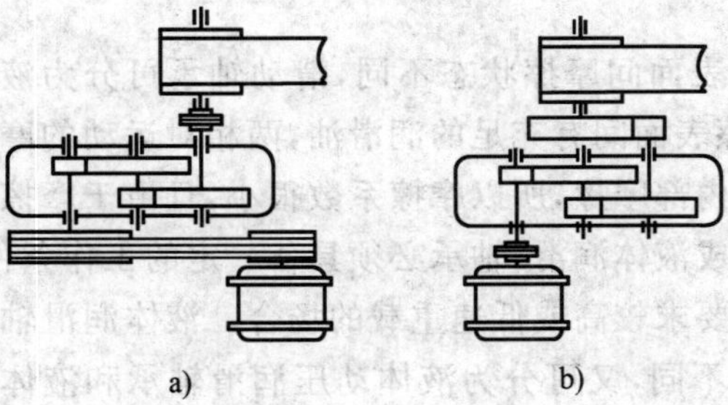

题 14-5 图

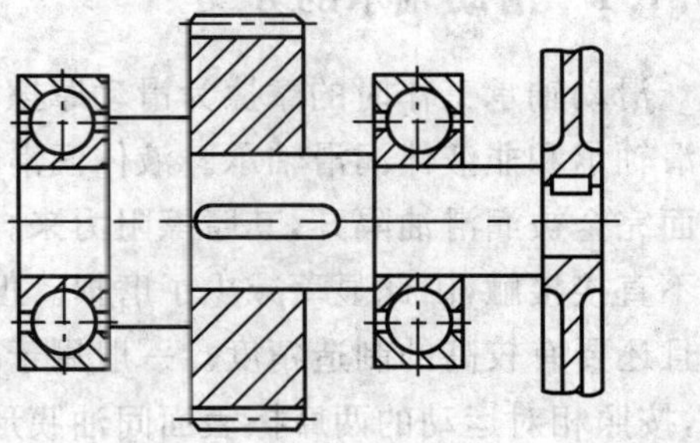

题 14-6 图

14-7 设计如题 14-7 所示的单级斜齿圆柱齿轮减速器的输出轴Ⅱ。已知该轴传递的功率 $P=11$ kW，转速 $n=225$ r/min，从动齿轮齿数 $z_2=72$，模数 $m_r=4$ mm，分度圆螺旋角 $\beta=14.8°$，轮毂宽度 $B=75$ mm，选用中系列角接触球轴承，轴承型号为 7311C，轴承内径为 55 mm，轴承宽度为 29 mm，两轴承中心间距离为 160 mm。

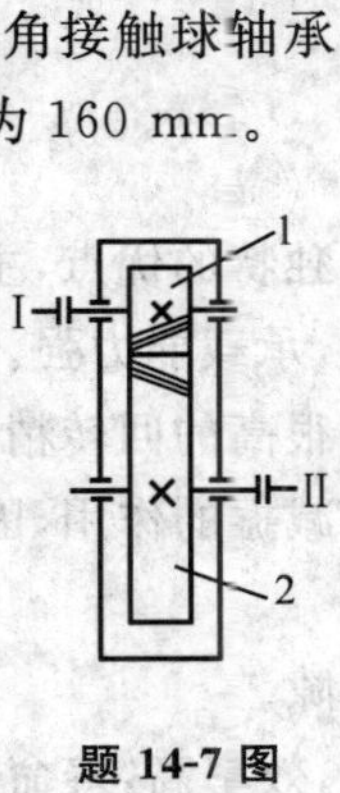

题 14-7 图

15 滑动轴承

用来支承轴和轴上零件的装置称为轴承，其作用是保证轴的旋转精度，承受轴上零件作用的载荷，减小轴与支承间的摩擦和磨损。

按工作时的摩擦性质不同，轴承可分为滑动轴承和滚动轴承两大类。

滑动轴承在高速、重载、旋转精度要求高、径向尺寸受限或在腐蚀性介质中工作等场合下，显示出它的独特优势和优异性能，因而得到了广泛应用。在许多农业机械中，如联合收割机、播种机、圆盘耙、牛奶分离机等机器中采用了滑动轴承。本章主要介绍滑动轴承。

15.1 概述

15.1.1 滑动轴承的分类

滑动轴承工作时的摩擦为滑动摩擦，按照滑动表面间摩擦状态不同，滑动轴承可分为液体润滑轴承和非液体润滑轴承。液体润滑轴承两摩擦表面间有充足的润滑油，两相对运动的摩擦表面完全被润滑油隔开，其摩擦阻力来自润滑油的内部摩擦，所以摩擦系数很小，且由于摩擦表面不直接接触，因此显著减少了磨损。但是为了形成液体润滑，轴承必须具备一定的工作条件，而且还要有较高的制造精度。一般用于高速、精度要求较高或低速重载的场合。液体润滑轴承中，按照相对运动的两摩擦表面间油膜形成原理的不同，又可分为液体动压润滑轴承和液体静压润滑轴承。非液体润滑轴承摩擦表面不能完全被润滑油隔开，处于干摩擦、边界摩擦和液体摩擦的混合状态，因此摩擦系数较大，摩擦表面容易磨损，但是轴承结构简单，运行成本低，维护方便，常用于一般转速、载荷不大和精度要求不高的场合。

另外，按照承受载荷方向不同，滑动轴承也可分为径向滑动轴承（承受径向载荷）和推力滑动轴承（承受轴向载荷）。

15.1.2 滑动轴承的特点

与滚动轴承相比，滑动轴承具有一些独特的优点，主要体现在以下几个方面。

1)滑动轴承采用面接触，接触面积大，承载能力强。

2)影响精度的零件数目较少，可达到很高的回转精度。

3)工作面上的润滑油膜可起到缓冲、减振的作用，因而工作平稳、噪声低。

4)结构简单，径向尺寸小。

5)可做成剖分式，便于安装和调整间隙。

6)处于液体润滑状态时，摩擦系数小，效率高，寿命长。

7)能在特殊条件下工作，例如在水下、腐蚀介质或无润滑介质等条件下工作。

15.1.3 滑动轴承设计的内容

滑动轴承设计的主要内容包括：①确定滑动轴承的类型和结构形式；②选择轴瓦和轴承衬的材料；③确定轴承的结构参数；④选择润滑剂和润滑方法；⑤计算轴承的工作能力。

15.2 滑动轴承的结构型式

15.2.1 径向滑动轴承

15.2.1.1 整体式滑动轴承

整体式滑动轴承主要由轴承座和轴套组成，如图 15-1 所示。轴承座用螺栓与机座连接，在其顶部开有安装油杯的螺纹孔，轴套镶入轴承座中，开有油孔，并在内表面开有油沟，以便均布润滑油。这种轴承结构简单，易于制造，成本低廉，但装拆时需进行轴向移动，使装拆不方便，且无法用于有中轴颈的场合，轴套磨损后轴承的径向间隙无法调整。因此，这种轴承通常用于低速、轻载或间歇工作的场合。

15.2.1.2 剖分式滑动轴承

剖分式滑动轴承是由轴承座、轴承盖、剖分式轴瓦和双头螺柱等组成，如图 15-2 所示。在剖分面上设有阶梯形的定位止口，来保证轴承座和轴承盖的准确定位。剖分面一般为水平方向，但当轴承所受径向载荷方向不与底座垂直或其他原因使得剖分面不宜开在水平方向时，也可将剖分面开在与水平方向成一定角度的平面内。图 15-3 所示为剖分面与水平方向呈 45°的斜剖分式滑动轴承。在剖分面间有垫片，轴瓦磨损后可通过减少垫片厚度来调整轴承的径向间隙。由于剖分式滑动轴承装拆时不需要轴向移动，故装拆方便，应用广泛。但比整体式滑动轴承结构复杂，制造费用较高。

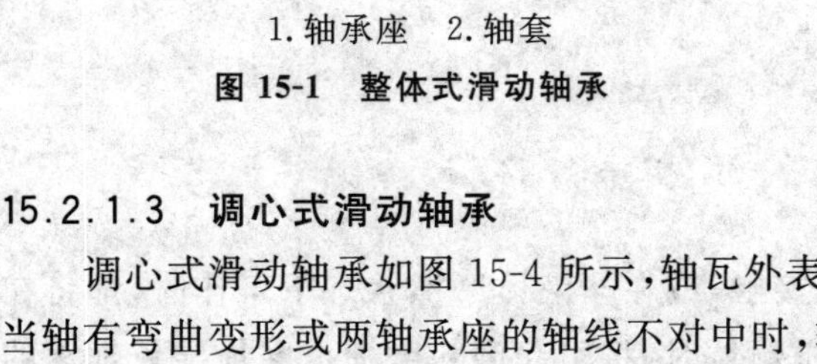

1.轴承座 2.轴套

图 15-1 整体式滑动轴承

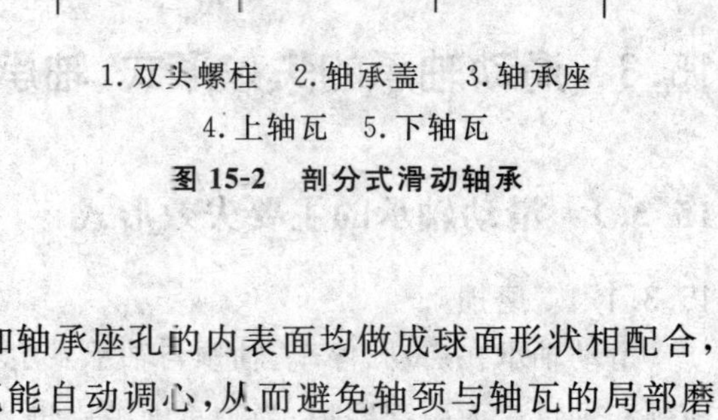

1.双头螺柱 2.轴承盖 3.轴承座
4.上轴瓦 5.下轴瓦

图 15-2 剖分式滑动轴承

15.2.1.3 调心式滑动轴承

调心式滑动轴承如图 15-4 所示，轴瓦外表面和轴承座孔的内表面均做成球面形状相配合，当轴有弯曲变形或两轴承座的轴线不对中时，轴瓦能自动调心，从而避免轴颈与轴瓦的局部磨损。这种轴承主要用于刚性较小的结构和轴承宽度 B 与轴颈直径 d 之比大于 1.5 的轴承。

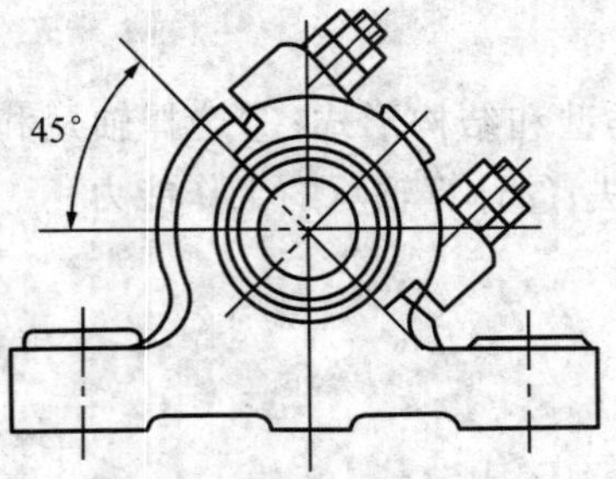

图 15-3 斜剖分式滑动轴承

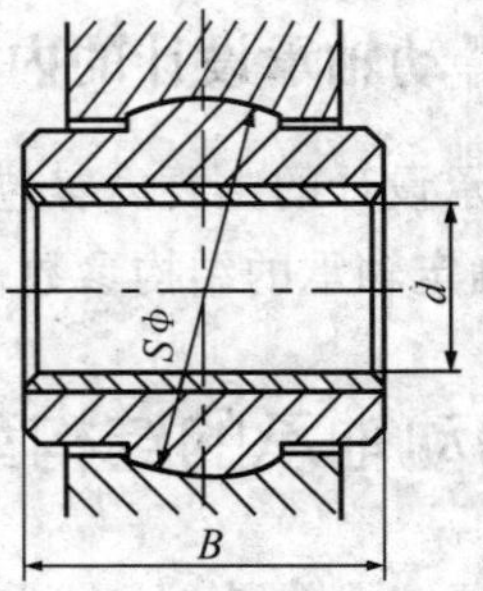

图 15-4 调心式滑动轴承

15.2.2 推力滑动轴承

用来承受轴向载荷的滑动轴承称为推力滑动轴承。常见的推力滑动轴承的结构型式如图 15-5 所示。图 15-5a 为实心端面推力轴承，这种轴承沿直径方向速度变化大，靠近边缘部分磨损较快，压强分布不均匀，靠近中心处压强很大，对润滑极为不利，因此很少使用。图 15-5b 为空心端面推力轴承，由于靠近轴心处不承载，润滑条件有所改善，避免了实心式的一些缺点。图 15-5c 为单环式推力轴承，可以利用轴颈的环形端面承载，结构简单，常用于低速轻载的场合。当载荷较大时可用图 15-5d 所示的多环式推力轴承，由于采用多个环承担轴向载荷，提高了承载能力，还可以承受双向载荷。但由于各环受力不均，环数不宜过多，结构设计时要考虑可装配性。

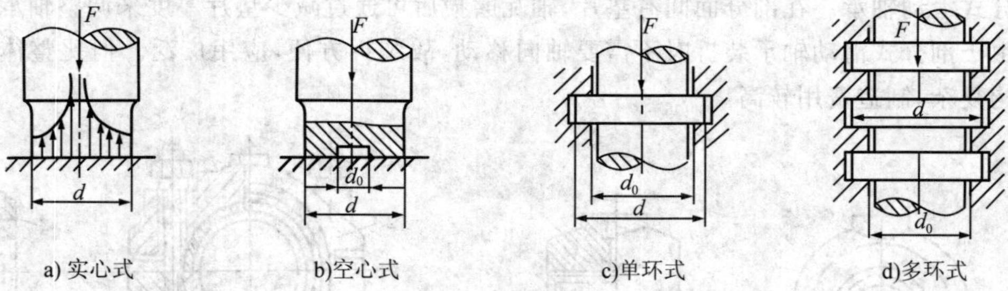

图 15-5 推力滑动轴承

15.3 滑动轴承的失效形式、轴承材料和轴瓦结构

15.3.1 滑动轴承的主要失效形式

15.3.1.1 磨损

滑动轴承在启动、停车、轴颈与轴承发生边缘接触，或在非液体摩擦状态下工作时，都将在轴颈和轴承表面引起磨损；当轴承间隙中进入硬质颗粒时，将引起磨粒磨损。磨损导致轴承的几何形状改变、精度降低，轴承间隙加大，使轴承性能急剧恶化。

15.3.1.2 胶合

当轴承温升过高，载荷过大，油膜破裂时，或由于润滑油供应不足而导致润滑不充分时，将加剧轴径和轴承表面的磨损，并可能发生胶合破坏。严重的胶合有时甚至导致相对运动中止。

此外，在变载荷作用下，轴承还可能产生疲劳破坏及轴承衬材料的疲劳剥落等。

15.3.2 滑动轴承的设计准则

15.3.2.1 非液体摩擦滑动轴承

对于非液体摩擦滑动轴承主要是保证边界油膜不被破坏，尽量减少轴承材料的磨损。但是，影响边界油膜强度的因素很复杂，目前没有完善的计算方法，一般都是采用简化的条件进行计算，即对摩擦表面的压强 p 和摩擦表面的相对滑动速度 v 进行限制。另外，考虑到轴承摩擦产生的热量过多会引起轴承的胶合破坏，因此要对其单位面积上的发热量进行限制（见 9.2 节）。

15.3.2.2 液体摩擦滑动轴承

对于液体摩擦滑动轴承要形成润滑油膜，就必须保证在两摩擦表面间的最小油膜厚度大于零。考虑到摩擦表面的凹凸不平，所以最小油膜厚度应大于两摩擦表面的不平量的总和；另外，由于有摩擦，有热量产生，使润滑油温度升高，黏度下降，从而影响润滑油膜的承载能力，即轴承的承载能力，因此要限制润滑油的温升。具体设计与计算可参考有关机械设计教材。

15.3.3 轴承材料

15.3.3.1 对轴承材料的要求

轴瓦和轴承衬的材料统称为轴承材料。为了保证轴承能安全有效地工作，轴承材料应满足以下要求。

1)强度要求：轴承是用来支承轴颈的，而轴又是用来支承传动零件的。传动零件传递的载荷要通过轴作用到轴承上。因此，轴承就必须具备足够的强度，以保证轴颈的正常工作。其强度包括冲击强度、抗压强度和疲劳强度。

2)塑性要求：为了使轴承能够更好地工作，要求轴承应具有良好的顺应性、嵌藏性和跑合性。顺应性是指轴承材料适应轴承表面的几何形状误差的能力；嵌藏性是指轴承材料嵌藏硬质颗粒避免刮伤滑动表面的性能；而跑合性（又称磨合性）是指轴承材料和轴颈表面经过短期较轻载荷的运转后，易于降低摩擦表面粗糙度，形成相互吻合的摩擦表面，从而提高承载能力的性能。这些性能均与材料的塑性有关，一般来说，塑性越大，这些性能越好。

3)其他要求：除以上的性能要求以外，对轴承的材料还有一些要求，如良好的减摩性、耐磨性、导热性、耐腐蚀性、加工工艺性及经济性等。

需要注意的是，没有哪种材料能满足以上对材料的所有要求，且有些要求相互之间就是矛盾的，因此在实际选用材料时，必须针对具体情况仔细分析后合理选用，以满足其主要要求为主。

15.3.3.2 轴承的常用材料

轴承的常用材料可分为三大类：金属材料、非金属材料、粉末冶金材料。

(1)金属材料

1)轴承合金（又称巴氏合金或白合金）：轴承合金是以锡或铅作基体，在其中加入锑-锡（Sb-

Sn)或铜-锡(Cu-Sn)等硬的晶粒构成的。在工作时,硬的晶粒起耐磨作用,而软的基体用来增加材料的塑性,从而使这种材料具有良好的顺应性、嵌藏性和跑合性,其抗胶合能力也较好,热膨胀性较小,但它的强度较低,而且价格昂贵,一般不单独使用,通常是作轴承衬的材料。锡基轴承合金适用于高速、重载的场合,铅基轴承合金不宜承受冲击载荷,适用于中速、中载的场合。在所有轴承材料中,轴承合金的嵌藏性及摩擦顺应性最好,很容易与轴颈磨合。

2)铜合金:铜合金具有较高的强度、较好的减摩性和耐磨性及抗胶合能力,导热性能也较好。虽然嵌藏性和顺应性不如轴承合金,但价格便宜,因此比轴承合金应用广泛。铜合金中又有青铜和黄铜之分,黄铜的减摩性和耐磨性比青铜差,一般用于低速平稳载荷的轴承。而青铜又可分为锡青铜、铅青铜和铝青铜等几种,其中锡青铜的减摩性和耐磨性最好,但价格较高,适用于中速重载的场合。铅青铜的疲劳强度较高,抗胶合能力强,在高温时可析出铅,在铜的基体上形成一层薄膜,起到润滑的作用,一般应用于高速重载轴承。铝青铜的强度和硬度较高,抗胶合能力较差,一般用于低速重载的场合。

3)铝基轴承合金:铝基轴承合金具有很好的抗腐蚀性和较高的疲劳强度,摩擦性能也较好,价格比轴承合金和铜合金要便宜,应用越来越多。

4)铸铁:灰口铸铁和耐磨铸铁均可作为轴承材料。灰口铸铁中的游离石墨能起到润滑作用,但其硬度高且脆,跑合性差。耐磨铸铁中石墨细小而且分布均匀,耐磨性较好。这类材料应用较少,主要用于低速轻载和不受冲击的场合。

(2)非金属材料

1)塑料:塑料包括酚醛树脂、聚酰胺(尼龙)、聚四氟乙烯等。其特点是摩擦系数低、自润滑性能好、耐磨性和磨合性较好、耐腐蚀能力和抗胶合能力强,在低速轻载下可以作为干摩擦轴承材料。但塑料导热性差,线胀系数大,吸水吸油后体积膨胀,在载荷作用下会逐渐产生塑性流动或变形,所以其尺寸稳定性差。

2)其他非金属材料:除塑料外,橡胶和木材也是滑动轴承常用的非金属材料。橡胶主要用于以水作润滑剂且环境脏污的场合。木材具有多孔结构,加入填充剂能提高尺寸稳定性和减少吸湿性,而且能提高强度,主要用于灰尘极多的场合。

(3)粉末冶金材料:粉末冶金是由不同的金属粉末或在金属粉末中加入石墨粉末混合后经过压制、烧结而形成的多孔性材料。这种材料组织疏松,其孔隙占体积的10%～35%。使用前先把轴瓦放在热油中浸渍数小时,使其孔隙加热扩张充满润滑油,当取出时温度降低,孔隙收缩,润滑油的黏度增大,润滑油就包含在材料中,故把这种材料做成的轴承称为含油轴承。工作时,由于轴颈转动的抽吸作用及轴颈与轴承摩擦产生热量,使孔隙扩张,润滑油黏度下降,从孔隙中渗出,进入摩擦表面起到润滑作用。停车时,因毛细管作用,油又被吸回到轴承孔内。即使长时间内不补充润滑油,轴承也能较好地工作。但此种材料机械强度和韧性差,工作噪声大而且易损坏与其相匹配的摩擦副表面。因此,粉末冶金轴承适用于平稳无冲击的载荷作用及中低速度条件,或不便加润滑油的情况。

轴承常用金属材料的性能见表15-1。

表 15-1 轴承常用金属材料的性能

材料		许用值			最高工作温度 /℃	轴颈最小硬度 /HBS	应用范围
名称	牌号	[p] /MPa	[v] /(m/s)	[pv] /(MPa·m/s)			
锡基轴承合金	ZSnSb11Cu6 ZSnSb8Cu4	平稳载荷			150	150	用于高速、重载条件下的重要轴承，变载荷下易于疲劳
		25	80	20			
		冲击载荷					
		20	60	15			
铅基轴承合金	ZPbSb16Sn16Cu2	15	12	10	150	150	用于中速、中载的轴承，不宜受显著冲击
	ZPbSb16Sn5	5	8	5			
	ZPbSb16Sn10	20	15	15			
锡青铜	ZCuSn10P1	15	10	15	280	300～400	用于中速、重载及受变载荷的轴承
	ZCuSn5Pb5Zn5	5	3	10			用于中速、中载轴承
铅青铜	ZCuPb30	25	12	30	280	300	用于高速、重载轴承，能承受变载和冲击
铝青铜	ZCuAl10Fe3	15	4	12	280	300	用于润滑良好的低速、重载轴承
黄铜	ZCuZn16Si4	12	2	10	200	200	用于低速、中载轴承
铝基轴承合金	2%铝锡合金	28～35	14	—	140	300	用于高速、中载轴承，其强度高、耐腐蚀、表面性能好
耐磨铸铁	HT300	0.1～6	3～0.75	0.3～4.5	150	<150	用于低速、轻载的不重要轴承
灰口铸铁	HT150～HT250	1～4	2～0.5	—	—	—	

15.3.4 轴瓦结构

轴瓦是轴承与轴颈直接接触的零件，它的结构是否合理对轴承的性能影响很大。轴承体上采用轴瓦是为了节约贵重的轴承材料和便于维修。其结构有整体式(图 15-6)和剖分式(图 15-7)2 种。整体式轴瓦通常称为轴套。剖分式轴瓦由上、下两半轴瓦组成，通常下轴瓦承受载荷，上轴瓦不承受载荷。

为了改善轴瓦表面的摩擦性能，往往在轴瓦内表面附着上 1 层或 2 层很薄的减摩材料，称为轴承衬。为了使轴承衬能与轴瓦很好地结合，防止脱落，常在轴瓦内表面上制出各种形状的榫头、凹槽或螺纹(图 15-8)。

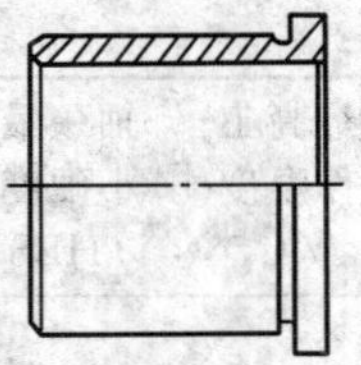

图 15-6 整体式轴瓦

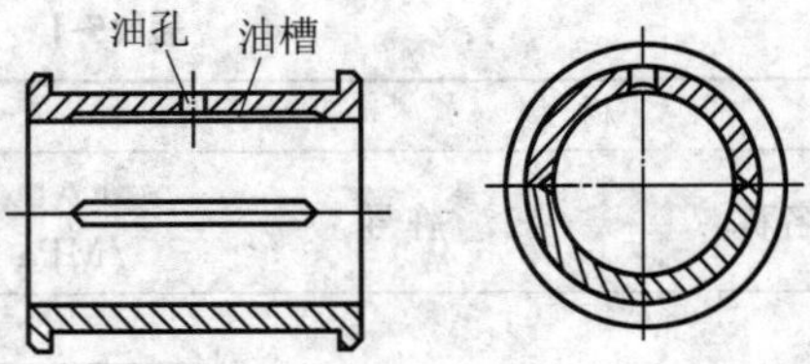

图 15-7 剖分式轴瓦

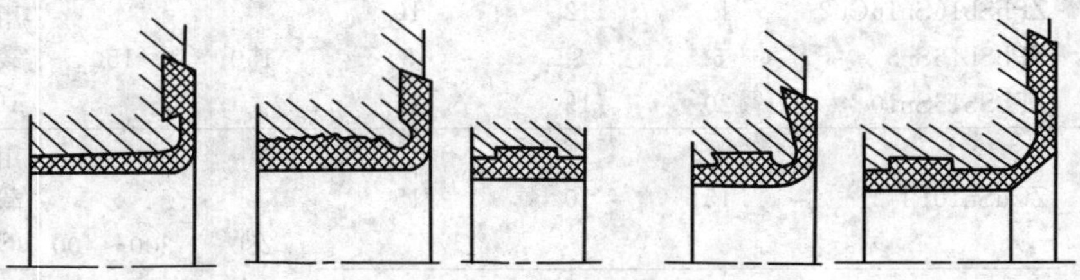

图 15-8 轴瓦与轴承衬的结合形状

为了防止轴瓦与轴承座发生相对移动,在轴瓦两端制出凸缘以作轴向定位,或在轴瓦的剖分面处制出定位唇(又称凸耳)进行定位。

为了使轴承得到良好的润滑,轴瓦上开有油孔和油沟。油孔是从轴承外部向轴承内输送润滑油的通道;而油沟则是在轴承内对润滑油进行分布的,有轴向和周向 2 种。轴向油沟应有足够的长度,通常可取轴瓦长度的 80%,但不能开通,以免油从两端大量流失,影响承载能力。周向油沟常开成半环状。油孔和油沟不能开设在轴瓦的承载区域,以免降低油膜的承载能力。对于剖分式轴瓦,轴向油沟应开在轴瓦剖分处。轴瓦常见的油孔和油沟的型式如图 15-9 所示。

图 15-9 油孔和油沟

15.4 滑动轴承的润滑

轴承润滑是为了减小摩擦和磨损、降低轴承温度、利用油膜缓冲吸振和防锈等。为了保证轴承正常工作,延长轴承使用寿命,必须正确选择润滑剂和润滑装置。

15.4.1 润滑剂

15.4.1.1 润滑剂的分类

润滑剂按形态可分为气体、液体、半固体(膏状)和固体四种基本类型。润滑多用液体润滑剂(润滑油)和半固体润滑剂(润滑脂),速度特别高时可以用气体(如空气),当工作温度特别高或低速重载条件下也可用固体润滑剂(如二硫化钼、石墨、聚四氟乙烯等)。

15.4.1.2 润滑油

润滑油的润滑性能较好,摩擦阻力小,流动性好,可通过其流动把摩擦表面的热量带走,从而降低摩擦表面的温度,但易流失泄漏,污染环境。在选择润滑油时,应根据实际情况,按润滑油的主要性能指标来选择。润滑油的主要性能指标包括:润滑油的黏度、油性、闪点、凝点等,其中黏度是最重要的指标,也是选择轴承用油的主要依据。

15.4.1.3 润滑脂

润滑脂是在润滑油中添加稠化剂而形成的膏状混合物,是除润滑油以外应用最多的一种润滑剂。根据所加皂基不同,润滑脂可分为:钙基润滑脂、钠基润滑脂、锂基润滑脂和铝基润滑脂,其主要性能指标是锥入度和滴点。它具有不易流失,容易密封,不用经常添加等优点。润滑脂对载荷和速度变化的适应性较大,受温度变化的影响较小,但摩擦阻力较大,机械效率较低,一般不宜用于高速的滑动轴承。

15.4.2 润滑剂的选用原则

15.4.2.1 润滑油的选用原则

如前所述,黏度是润滑油最重要的性能指标,在选用润滑油时首先根据具体的工作条件和要求,确定润滑油的种类,然后再根据机器的实际工作情况和要求,选定润滑油的黏度指标。选择润滑油时,一般应根据以下几个方面的要求进行。

1)工作温度:因润滑油的黏度受温度的影响很大,所以要特别注意润滑油的工作温度。当工作温度较高时,应采用高黏度的润滑油,反之,则采用黏度较低的润滑油。在温度很高或很低时,为了保证润滑效果,就必须采用有适当添加剂的润滑油。一般润滑油的工作温度最好不要超过 60℃。

2)工作速度:润滑油的黏度越高,内摩擦阻力就越大。因此,在高速时应选用低黏度的润滑油,以减小内摩擦阻力,降低温升。反之,则应采用高黏度的润滑油,有利于提高轴承的承载能力。

3)工作性质:机器工作中有冲击、振动,受变载荷作用,工作转速不稳定,经常起动、停车和正反转时,不利于润滑油膜的形成,应采用高黏度的润滑油,甚至可采用润滑脂。一是可减少润滑油的流失,二是利用润滑油膜起到缓冲吸振的作用。

4)工作载荷:工作载荷越大,润滑油越容易从摩擦表面间挤出,故润滑油的黏度应越大。

除以上选用原则外,还有一些因素在选用润滑油时需注意,如腐蚀性介质及供油方式等。

15.4.2.2 润滑脂的选用原则

润滑脂通常应用于一般转速、温度和载荷的场合。它与润滑油相比,锥入度受温度变化的影响较小,适用的温度范围较大,黏附能力好,油膜强度高,缓冲吸振能力强,承载能力大,不易流失,密封性能好,维护与密封装置简单。但因其流动性差,摩擦阻力大,不利于散热,因此不宜用于高速场合和循环润滑。一般选择润滑脂应注意下列原则。

1)工作温度:工作温度应低于润滑脂的滴点 20～30℃,以免工作时润滑脂过多地流失。

2)工作速度:工作速度较高,应选用锥入度较大的润滑脂,以减少内摩擦,提高效率。

3)工作载荷:工作载荷较大和有严重冲击振动时,应选用锥入度较小的润滑脂,从而提高油膜的承载能力。

4)工作环境:在有水或潮湿的环境下,应选择耐水性好的润滑脂,例如钙基或钠基润滑脂。

除上述原则外,当工作环境不便进行经常添加润滑油和有密封要求时,也可采用润滑脂。

润滑油和润滑脂的牌号及主要性能指标参见 9.6 节。

15.4.3 润滑方法与润滑装置

为了获得良好的润滑效果,除了正确选择润滑剂外,还要选用适当的润滑方法和相应的润滑装置。

15.4.3.1 油润滑

润滑油的供应可以采取间歇式或连续式。间歇式供油只适用于小型、低速或做间歇运动的工作场合,连续式供油比较可靠,对于重要的轴承必须采用连续供油的方式。

间歇式供油一般采用定期用油壶或油枪向轴承油孔中注油的方式。为了防止灰尘或杂物进入轴承,在油孔上应加装油杯。通常用压配式油杯(图 15-10a)和旋套式油杯(图 15-10b)。

针阀式油杯(图 15-11)可以做到连续滴油供油。当手柄直立时,使针阀杆提起,油杯底部的油孔被打开,润滑油通过油孔自动流入轴承。当手柄扳倒时,针阀杆在弹簧的作用下堵住油孔,油杯即停止供油。旋转调节螺母可改变针阀杆的提升量,从而控制加油量。

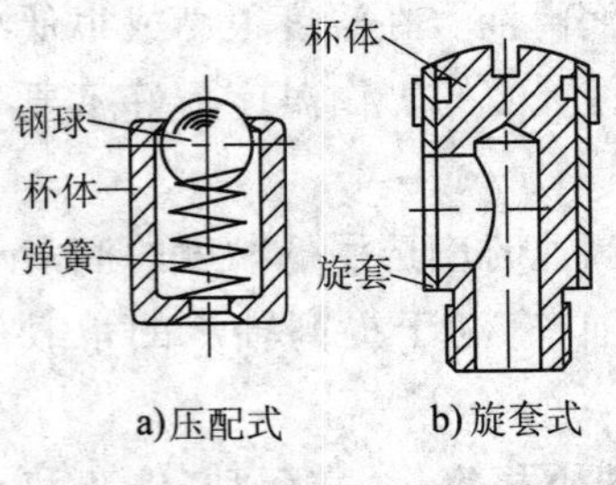

图 15-10 油杯

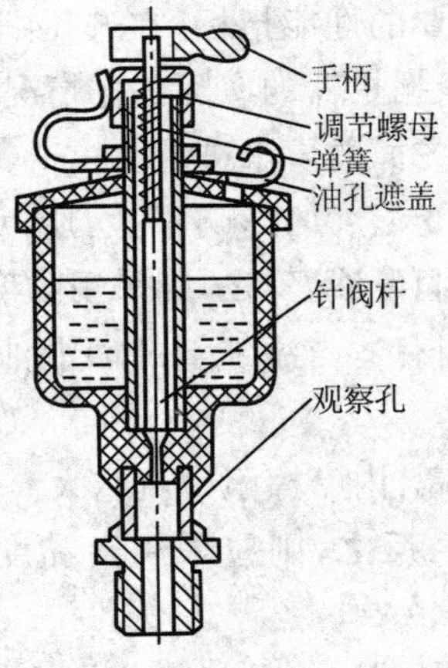

图 15-11 针阀式油杯

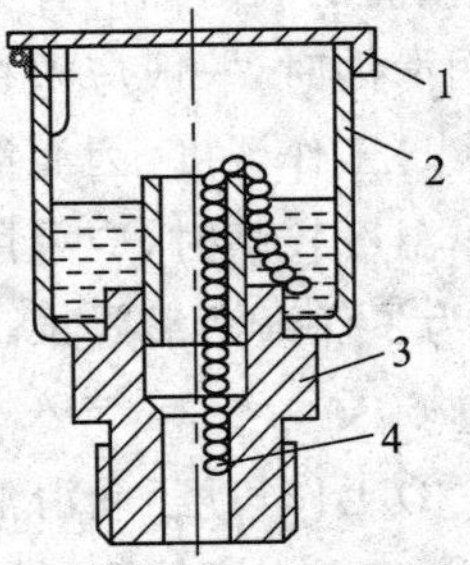

图 15-12 油芯油杯

油芯油杯(图 15-12)是把毛线或棉线拧成的芯捻浸在油槽内,利用毛细管作用把油吸到轴承里。这种油杯不能调节供油量,并且在停车时仍继续供油,造成无用的消耗。

油环润滑(图 15-13)是把油环套在轴颈上,下部浸在油池中。当轴颈转动时,依靠摩擦力带动油环转动,将油带到轴颈表面使轴承得到润滑。这种装置只能用于轴水平布置,且连续工作。轴颈速度过高或过低,油环带的油量都会不足,通常用于轴颈转速在 100～2 000 r/min 范围内的轴承。

飞溅润滑是利用浸入润滑油中的轴上回转零件回转时将润滑油飞溅到箱壁上，再通过箱壁上的油沟把润滑油引到轴承的输油孔中，对轴承进行润滑。

压力循环润滑(图 15-14)是利用油泵把润滑油供给轴承进行润滑和冷却，可保证供油充分，能带走摩擦热量以冷却轴承，但压力润滑系统较复杂，成本较高，多用于高速、重载轴承。

15.4.3.2 脂润滑

由于润滑脂不流动，所以只能间歇供应。旋盖式油脂杯(图 15-15)是应用最多的脂润滑装置。转动杯盖即可把杯体中的润滑脂挤入轴承中。

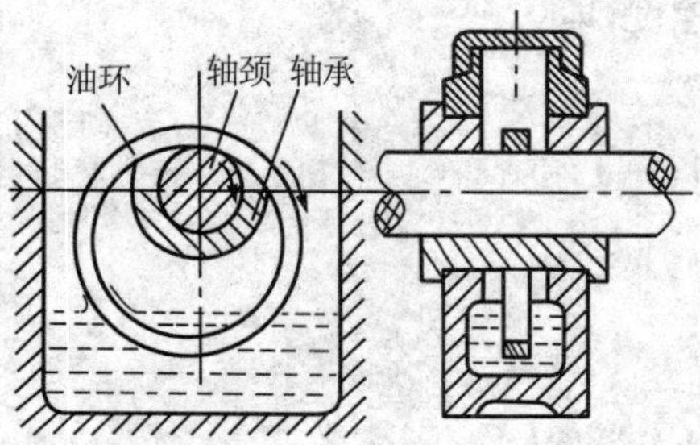

图 15-13 油环润滑

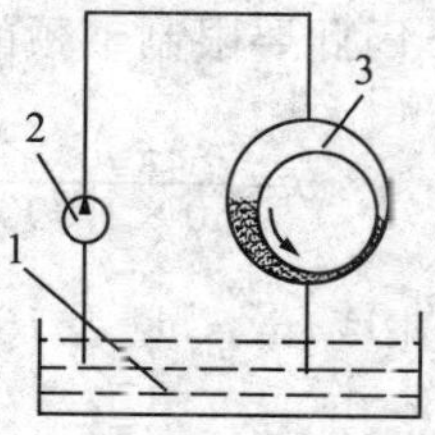

1.油箱 2.油泵 3.轴承

图 15-14 压力循环润滑

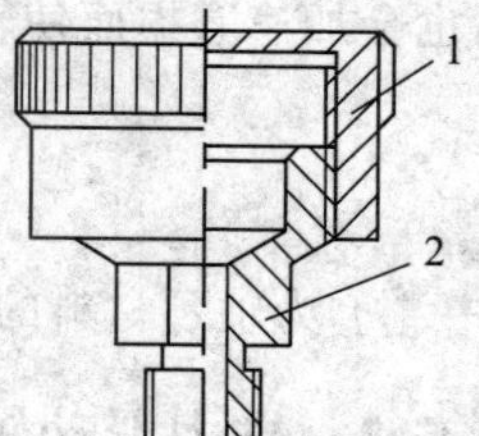

1.杯盖 2.杯体

图 15-15 旋盖式油脂杯

15.5 非液体摩擦滑动轴承的设计计算

非液体摩擦滑动轴承常见的失效形式有磨粒磨损、刮伤、胶合、疲劳剥落及腐蚀等。设计时应针对其主要失效形式进行设计计算，但目前对这些失效形式尚没有完善的设计计算方法，只能采取简化的条件性计算方法。设计时，通常已知轴颈直径 d、轴颈转速 n 及载荷 F 大小，其主要任务是：根据工作条件，选择轴承的类型、轴瓦材料，确定轴承的宽度尺寸 B，对轴承的工作能力进行校核计算和正确选择润滑油。

15.5.1 径向滑动轴承的设计计算

15.5.1.1 确定轴承结构型式及轴瓦材料

根据工作条件和要求，确定轴承的结构型式，并按表 15-1 选取轴瓦的材料。

15.5.1.2 选取轴承的宽径比

一般情况下取轴承的宽径比为 $B/d=0.5\sim1.5$。在选定了轴承的宽径比后，就可由轴径计算轴承的宽度。

15.5.1.3 校核轴承的工作能力

1)轴承的平均压强 p：为了防止轴承发生过度磨损，应限制轴承的平均压强。即

$$p=\frac{F}{Bd}\leqslant[p] \tag{15-1}$$

式中：F 为轴承承受的径向载荷，N；B 为轴瓦的宽度，mm；$[p]$为轴瓦材料的许用压强，MPa，见表 15-1。

2)轴承的 pv 值：为了防止轴承工作时产生过高的热量，从而导致摩擦表面发生胶合破坏，

应限制轴承单位面积上的摩擦功耗(fpv)。由于摩擦系数可近似认为是常数,因此 pv 值越大,摩擦功耗越大,温升越高。故要限制温升,就应限制 pv 值,即

$$pv=\frac{F}{Bd}\cdot\frac{\pi nd}{60\times 1\ 000}=\frac{Fn}{19\ 100B}\leqslant[pv] \tag{15-2}$$

式中:v 为轴颈圆周速度,m/s;n 为轴的转速,r/min;$[pv]$为轴承材料的许用 pv 值,MPa·m/s,见表 15-1。

3)轴颈圆周速度 v:对于平均压强 p 和 pv 值都满足要求的轴承,由于轴颈的圆周速度过高,也会加速磨损而使轴承破坏。因此要限制轴颈的圆周速度,即

$$v=\frac{\pi nd}{60\times 1\ 000}\leqslant[v] \tag{15-3}$$

式中:$[v]$为轴颈材料的许用圆周速度,m/s,见表 15-1。

15.5.2 推力滑动轴承的设计计算

15.5.2.1 验算轴承的压强 p

$$p=\frac{F}{\frac{\pi}{4}(d^2-d_0^2)kz}\leqslant[p] \tag{15-4}$$

式中:F 为轴承所受的轴向载荷,N;d 为轴环直径,mm;d_0 为轴承孔直径,mm;z 为轴环的数目;k 为考虑轴承环面上开有油沟而使面积减小的百分数,通常取 0.85~0.95;$[p]$为轴承材料的许用压强,MPa,见表 15-2。

15.5.2.2 验算轴承的 pv_m 值

$$pv_m\leqslant[pv] \tag{15-5}$$

$$v_m=\frac{\pi nd_m}{60\times 1\ 000} \tag{15-6}$$

式中:v_m 为轴承环形支撑面平均直径处的圆周速度,m/s;d_m 为轴环的平均直径,mm,$d_m=(d+d_0)/2$;$[pv]$为轴承材料的许用 pv 值,MPa·m/s,见表 15-2。

表 15-2 推力滑动轴承的$[p]$与$[pv]$值

轴瓦材料	未淬火钢			淬火钢		
	铸铁	青铜	轴承合金	铸铁	青铜	轴承合金
$[p]$/MPa	2~2.5	4~5	5~6	7.5~8	8~9	12~15
$[pv]$/(MPa·m/s)	1~2.5					

注:由于多环式推力滑动轴承各环间载荷分布不均,其许用值比表中值要降低 20%~30%。

例题 15-1 已知一起重机卷筒的滑动轴承所承受的径向载荷 $F=10^5$ N,轴颈直径 $d=85$ mm,转速 $n=10$ r/min,试按非液体摩擦状态设计此轴承。

解:1)选择轴承类型和材料:因为轴承承受径向载荷的作用,因此选用剖分式径向滑动轴承。此轴承的载荷大、速度低,根据表 15-1 选取轴瓦材料为 ZCuAl10Fe3,其许用平均压强$[p]=15$ MPa,$[pv]=12$ MPa·m/s,$[v]=4$ m/s。

2)选取轴承的宽径比 $B/d=1$，则轴承的宽度 $B=d=85$ mm。

3)校核轴承的工作能力

计算轴承的平均压强 p

$$p=\frac{F}{Bd}=\frac{10^5}{85\times85}=13.84(\text{MPa})$$

计算轴承的 pv 值

$$pv=p\frac{\pi nd}{60\times1\,000}=13.84\times\frac{\pi\times10\times85}{60\times1\,000}=0.62(\text{MPa}\cdot\text{m/s})$$

计算轴颈的圆周速度 v

$$v=\frac{\pi dn}{60\times1\,000}=\frac{\pi\times85\times10}{60\times1\,000}=0.045(\text{m/s})$$

满足 $p\leqslant[p]$，$pv\leqslant[pv]$，$v\leqslant[v]$条件，故选用铝青铜 ZCuAl10Fe3 作为轴承材料满足要求。

15.6 液体动压润滑径向滑动轴承

液体摩擦滑动轴承是用润滑油把两个摩擦表面完全分隔开，由于两个摩擦表面不直接接触，所以这种摩擦的性质取决于所使用润滑油的黏度，而与两个摩擦表面的材料无关。

获得液体摩擦主要有 2 种方法：①在两个摩擦表面间输入足以平衡外载荷的压力润滑油，利用压力润滑油把两个表面分开，也就是说，用油压把轴颈支承起来，用这种方法实现液体润滑的轴承称为液体静压润滑轴承。液体静压润滑轴承需要附加设备，一般应用在低速重载及重要的场合；②利用轴颈与轴孔的相对运动，把润滑油带入轴承间隙中，形成较厚的压力油膜，油膜压力足以平衡外载荷，使轴颈悬浮，把两个摩擦表面分开。在这种状态下工作的轴承称为液体动压润滑轴承。液体动压润滑轴承在实际中应用较为普遍。

15.6.1 液体动压润滑的基本方程

为了说明动压润滑的基本原理，先来分析两平板被润滑油分隔开的情况。为了分析方便，首先进行一些假设：①润滑油为牛顿液体；②润滑油为层流状态；③润滑油具有一定的油性；④润滑油沿 z 方向没有流动；⑤忽略压力对润滑油黏度的影响；⑥不计润滑油的惯性力和重力的影响；⑦润滑油不可压缩；⑧因油膜很薄而认为油膜压力沿膜厚不变化。

如图 15-16 所示，两平板被润滑油隔开，设 A 板沿 x 轴方向以速度 v 运动；而 B 板静止不动。A、B 两板沿 z 方向无限宽。现从两板间的润滑油中，取出一微单元体进行分析。

由图可知，作用在此单元体左面和右面的油压分别为 p 和 $\left(p+\frac{\partial p}{\partial x}\mathrm{d}x\right)$，作用在单元体上、下两面的内摩擦切应力分别为 τ 和 $\left(\tau+\frac{\partial\tau}{\partial y}\mathrm{d}y\right)$。根据 x 方向力的平衡条件，得

$$p\mathrm{d}y\mathrm{d}z-\left(p+\frac{\partial p}{\partial x}\mathrm{d}x\right)\mathrm{d}y\mathrm{d}z+\tau\mathrm{d}x\mathrm{d}z-\left(\tau+\frac{\partial\tau}{\partial y}\mathrm{d}y\right)\mathrm{d}x\mathrm{d}z=0$$

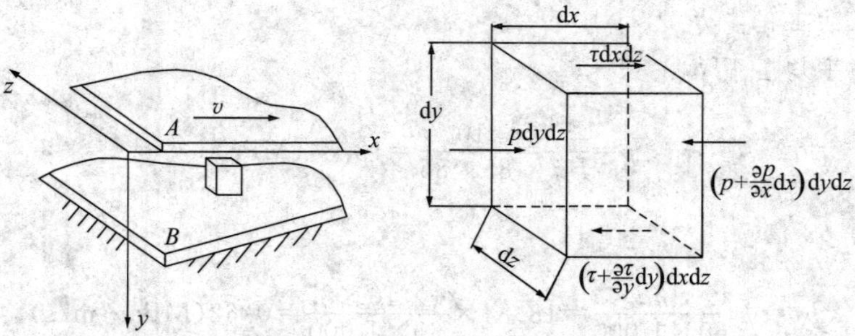

图 15-16 动压油膜承载分析

经整理后得

$$\frac{\partial p}{\partial x}=-\frac{\partial \tau}{\partial y} \tag{15-7}$$

由于润滑油为牛顿液体,引入牛顿黏性定律 $\tau=-\eta\frac{\partial u}{\partial y}$,代入式(15-7),得

$$\frac{\partial p}{\partial x}=\eta\frac{\partial^2 u}{\partial y^2} \tag{15-8}$$

式(15-8)表示了油膜压力沿 x 轴方向的变化与速度沿 y 轴方向的变化关系。

将式(15-8)对 y 进行两次积分,得

$$u=\frac{1}{2\eta}\frac{\partial p}{\partial x}y^2+C_1y+C_2$$

式中:C_1、C_2 为积分常数,根据边界条件来确定。当 $y=0$ 时,$u=v$(随移动件运动);$y=h$(油膜厚度)时,$u=0$(随静止件不动)。则

$$C_1=-\frac{h}{2\eta}\frac{\partial p}{\partial x}\frac{v}{h};\quad C_2=v$$

代入上式得

$$u=\frac{v}{h}(h-y)+\frac{1}{2\eta}\frac{\partial p}{\partial x}(y-h)y \tag{15-9}$$

由式(15-9)可知,油层的速度 u 由 2 部分组成,前一项表示速度呈线性分布,是由动板的移动引起的,称为剪切流;而后一项表示速度呈抛物线分布,这是由油压沿 x 轴方向的变化引起的,称为压力流。

下面再来分析任意截面处单位宽度的流量

$$q=\int_0^h u\mathrm{d}y=\frac{v}{2}h-\frac{1}{12\eta}\frac{\partial p}{\partial x}h^3 \tag{a}$$

设油膜压力最大处的间隙为 h_0(即$\frac{\partial p}{\partial x}=0$ 时,$h=h_0$),在这一截面上的流量为

$$q=\frac{1}{2}vh_0 \tag{b}$$

由于润滑油连续流动时流量不变(润滑油不可压缩),故(a)=(b),可得

$$\frac{1}{2}vh_0=\frac{1}{2}vh-\frac{1}{12\eta}\frac{\partial p}{\partial x}h^3$$

整理后得

$$\frac{\partial p}{\partial x}=6\eta v\frac{h-h_0}{h^3} \tag{15-10}$$

式(15-10)称为一维雷诺方程式,即液体动压润滑基本方程式。

15.6.2 液体动压润滑的承载机理

由一维雷诺方程式可知,油膜压力的变化与润滑油的黏度、摩擦表面的相对滑动速度及油膜厚度的变化有关。根据该方程式可得出油膜中各点的油膜压力,全部的油膜压力的总和即为油膜的承载能力。

由式(15-10)和图 15-16 可以看出,在油膜厚度 $h>h_0$(即在 h_0 的左边)时,$\frac{\partial p}{\partial x}>0$,即油膜压力随 x 的增加而增大;当油膜厚度 $h=h_0$ 时,$\frac{\partial p}{\partial x}=0$,即油膜压力为最大值;在油膜厚度 $h<h_0$(即在 h_0 的右边)时,$\frac{\partial p}{\partial x}<0$,即油膜压力随 x 的增加而减小。这表明油膜压力沿 x 方向开始由入口压力逐渐增大,当达到最大值后,又逐渐减小,减小到出口压力。也就是说,油膜必须呈收敛性楔形,即移动表面带着润滑油从大口走向小口,才能使油膜各处的压力均大于入口和出口压力,因而能承受一定的外载荷。

若两相对滑动的表面相互平行,则任何截面处的油膜厚度均相等,即 $h=h_0$,亦即$\frac{\partial p}{\partial x}=0$。这表明平行油膜各处油膜压力均一样,与入口和出口压力相同,因此不能产生高于外界压力的油膜压力来平衡外载荷。

若两相对滑动的摩擦表面呈发散性楔形,即移动件带着润滑油从小口走向大口,油膜各处压力必将低于入口和出口压力,不仅不能使油膜承载,而且形成负压。

由以上分析可知,形成液体动压润滑(即形成动压油膜)所必须的条件可表述为:

1)相对滑动的两摩擦表面必须形成收敛的楔形间隙。

2)两摩擦表面必须具有一定的相对滑动速度。

3)润滑油必须具有一定的黏度,且供油量充分。

15.6.3 液体动压滑动轴承的油膜形成过程

为了使径向滑动轴承的轴颈与轴承孔之间能相对转动,就必须留有间隙。如图 15-17a 所示,当轴颈静止时,轴颈处于轴承孔的最低位置,并与轴瓦相接触。轴颈表面与轴承孔表面自然形成了 2 个弯曲的楔形间隙,一个是收敛的楔形,一个是发散的楔形。当轴颈开始转动时,由于速度较低,带入楔形间隙的油量很少,这时轴瓦对轴颈的摩擦力较大,摩擦力的方向与轴颈表面

圆周速度的方向相反，在摩擦力的作用下，轴颈将沿轴承孔壁向右爬升，如图 15-17b 所示。随着转速的增大，轴颈表面的圆周速度增大，带入楔形间隙的油量也逐渐增多，右侧的楔形间隙中的油膜也产生了一定的压力，使轴颈表面逐渐与轴承孔壁分离。当轴颈表面与轴承孔壁一旦发生分离，摩擦力则迅速减小，在轴颈重力和外载荷的作用下，轴颈向左下方回落，但在油膜压力的作用下，使轴颈向左浮起。当达到稳定运转时，轴颈便处于一定的偏心位置上，如图 15-17c 所示。这时，轴承处于液体动压润滑状态，油膜所产生的动压力与外载荷相平衡。由于这时轴承内部的摩擦阻力仅为液体的内摩擦阻力，故摩擦系数显著下降。在其他条件不变的情况下，轴颈的转速继续增大时，轴颈中心将逐渐移向轴承孔中心。理论上，当轴颈转速达到无穷大时，轴颈中心与轴承孔中心重合，但实际上是不可能的，因为当两中心一旦重合时，就不存在收敛的楔形间隙，而成为平行的间隙了，这时是不能承载的。根据以上分析可知，在一般情况下，轴颈的转速 n 越高、润滑油的黏度 η 越大、外载荷 F 越小，则轴颈与轴承孔之间的油膜厚度 h 就越大；反之，油膜厚度就越小。

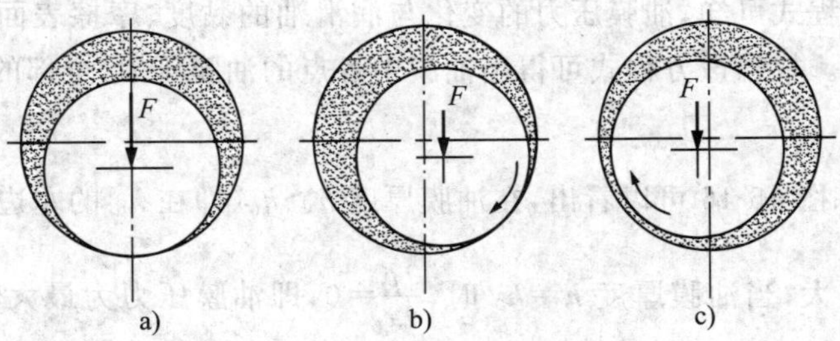

图 15-17 动压油膜的形成过程

15.7 其他形式滑动轴承简介

15.7.1 多油楔滑动轴承

前面讲述的液体动压径向滑动轴承只能形成一个油楔来产生动压油膜，称为单油楔轴承。如果轴承的轴颈受到一个微小的外力干扰，轴心很容易偏离平衡位置，作有规则或无规则的运动，而难以自动返回到原来的平衡位置，这种状态称为轴承失稳。而且载荷越轻、转速越高，轴承越容易失稳。为了提高轴承工作的稳定性和旋转精度，常把轴承的轴瓦做成多油楔形状。这种轴瓦可分为固定式和可倾瓦式 2 类。

15.7.1.1 固定式多油楔轴承

图 15-18a 为双油楔椭圆轴承，图 15-18b 为双油楔错位轴承。与单油楔轴承相比，上瓦和下瓦椭圆表面与旋转轴颈之间分别形成楔形间隙，这样就产生了上、下 2 个动压油膜，有助于提高轴承的稳定性。但与相同条件下的单油楔轴承相比，摩擦损耗将会有所增加，承载能力有所下降。

图 15-19a 为固定式三油楔轴承，图 15-19b 为固定式四油楔轴承。工作时各油楔同时产生油膜压力，使轴承的旋转精度和稳定性得到了进一步提高。但同时，摩擦损耗将增大，承载能力将降低（因各油膜产生的压力有一部分相互抵消），而且这种轴承只能单方向转动。

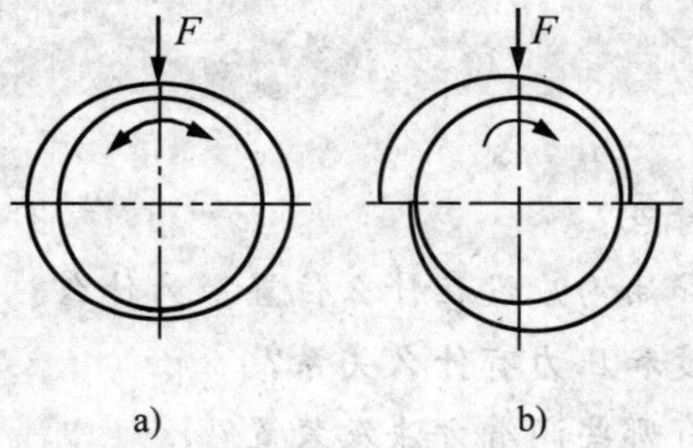

图 15-18 双油楔轴承

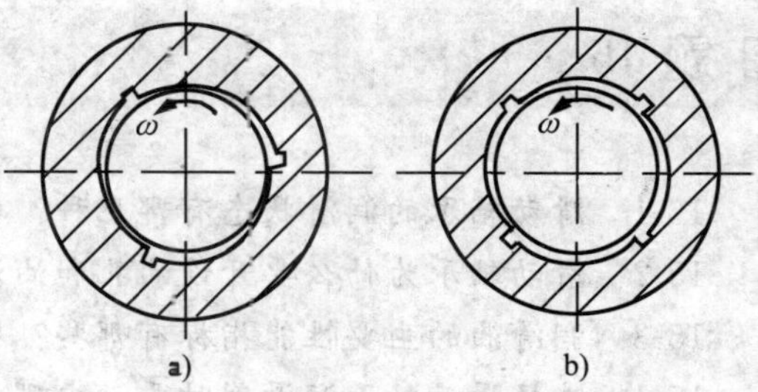

图 15-19 多油楔轴承示意图

15.7.1.2 可倾瓦式多油楔轴承

图 15-20 为可倾瓦式多油楔轴承。这种轴承通常采用 3 片轴瓦，也有 4 片、5 片的，轴瓦背面由带球端的螺钉支承。单向回转时，支点不安置在瓦背正中，而是偏向一侧。轴瓦的倾斜程度可以随轴颈的位置不同而自动调整，以适应不同的载荷、转速和轴的弹性变形及偏斜等。轴瓦与轴颈之间的间隙大小可通过支承螺钉进行调整。

15.7.2 液体静压滑动轴承

液体静压滑动轴承是利用外部供油系统，把具有一定压力的液体送入轴承油腔，强制形成压力油膜，从而使两摩擦表面分隔开，以保证轴颈在任何转速和预定载荷下都与轴承处于液体润滑状态。

图 15-21 为静压径向滑动轴承的示意图。轴承有 4 个完全相同的油腔，分别通过各自的节流器与供油管路相连接。压力油经节流器同时进入 4 个对称的油腔，然后经轴承两端和油槽流回油箱。节流器是静压轴承系统中的重要元件，具有阻尼性能，能使来自油泵的压力油产生压力降，从而起到调压作用。当无外载荷作用时（忽略轴颈的自重），各油腔压力均相等，这时轴颈与轴承孔同心。当轴颈上作用有外载荷时，油腔压力发生变化，这时依靠节流器的自动调节使各油腔压力与外载荷保持平衡，轴承仍然处于液体润滑状态，但轴颈与轴承孔有少许偏心。

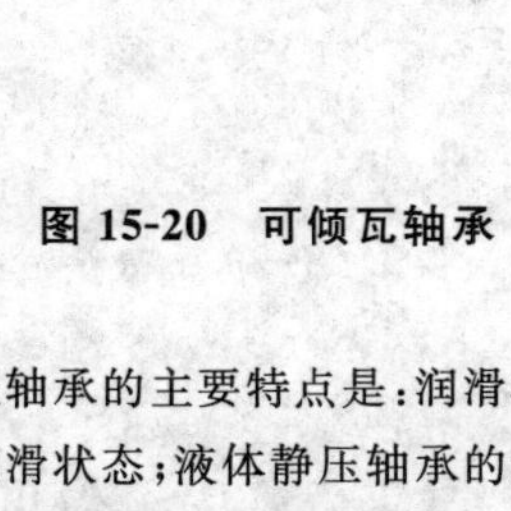

图 15-20 可倾瓦轴承

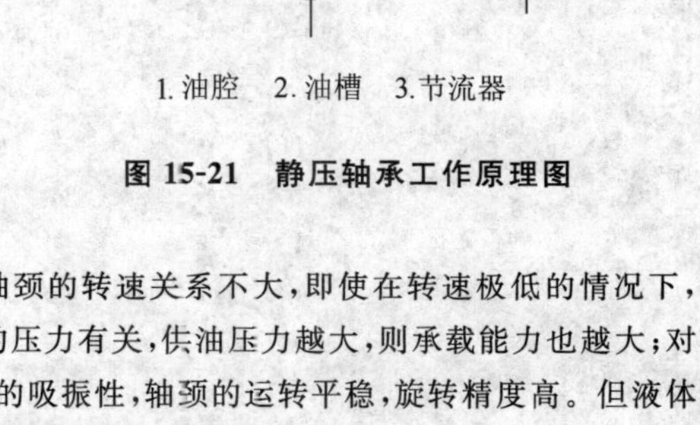

1. 油腔 2. 油槽 3. 节流器

图 15-21 静压轴承工作原理图

液体静压轴承的主要特点是：润滑状态和油膜压力与轴颈的转速关系不大，即使在转速极低的情况下，也能获得液体润滑状态；液体静压轴承的承载能力与压力油的压力有关，供油压力越大，则承载能力也越大；对轴承材料、轴承间隙量和表面粗糙度要求不高；油膜具有良好的吸振性，轴颈的运转平稳，旋转精度高。但液体静压轴承必须有一套复杂的供油系统，设备费用较高，且维护管理也比较麻烦。

习题 15

15-1 滑动轴承的润滑状态有哪几种？各有什么特点？

15-2 滑动轴承为什么要开设油孔和油沟？油孔和油沟应设在什么位置？为什么？

15-3 润滑油的主要性能指标有哪些？黏度与温度和压力有什么关系？

15-4 选择滑动轴承润滑剂时要考虑哪些问题？有哪些润滑方法及装置？

15-5 非液体摩擦轴承的主要失效形式是什么？其设计准则是什么？

15-6 对轴瓦材料有哪些主要要求？常用的轴承材料有哪些？为什么有些材料只适合做轴承衬而不能做轴瓦？

15-7 形成液体动压润滑必须满足的条件是什么？

15-8 试设计一非液体摩擦径向滑动轴承。已知径向载荷 $F_r=2\times10^4$ N，轴径 $d=90$ mm，转速为 $n=850$ r/min。

15-9 现有一非液体摩擦径向滑动轴承，轴径 $d=100$ mm，轴承宽度 $B=100$ mm，轴的转速为 $n=1\ 200$ r/min，轴承选用的材料是 ZCuSn10P1。试问该轴承最大能够承受多大的径向载荷？

15-10 什么是液体动压润滑？什么是液体静压润滑？它们有什么区别？

16 滚动轴承

16.1 概述

16.1.1 滚动轴承的作用及特点

滚动轴承依靠其主要元件间的滚动接触来支承轴的，其相对运动表面间的摩擦为滚动摩擦。

与滑动轴承比较，滚动轴承的主要特点为：滚动轴承具有摩擦阻力小、易启动、效率高、润滑和维护简便、易于互换、运转精度高、轴承组合结构较简单、轴向结构紧凑、不需用有色金属、标准化程度高、大多数类型的轴承能同时承受径向和轴向载荷，以及设计简单等优点；而其缺点主要是抗冲击能力较差、高速重载下寿命较低、振动及噪声较大、径向尺寸比滑动轴承大。

由于以上特点，因此滚动轴承广泛地用于中速、中载和一般工作条件下运转的机器中。

16.1.2 滚动轴承的基本结构

滚动轴承一般由内圈 1、外圈 2、滚动体 3 和保持架 4 组成，如图 16-1 所示。内圈装在轴颈上，外圈装在轴承座孔内。工作时通常内圈随轴转动，外圈不动；但也可用于内圈不动而外圈回转；或内、外圈同时回转的情况。当内、外圈作相对回转时，滚动体即在内、外圈的滚道间滚动。常见滚动体如图 16-2 所示，有球、圆柱滚子、滚针、圆锥滚子、球面滚子、非对称球面滚子等。保持架使滚动体沿圆周均匀分布，避免滚动体在运动中相互接触。

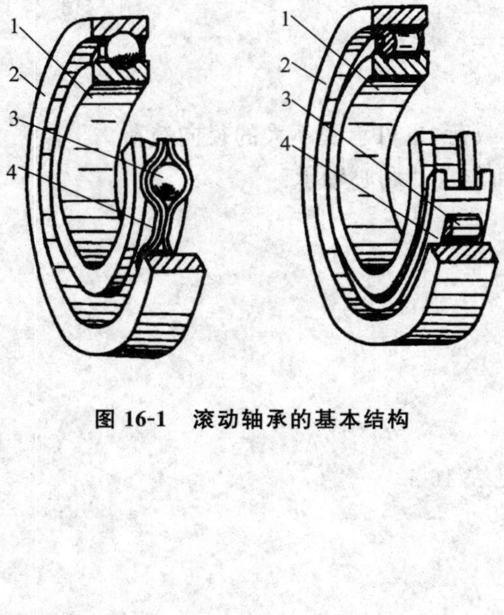

图 16-1　滚动轴承的基本结构

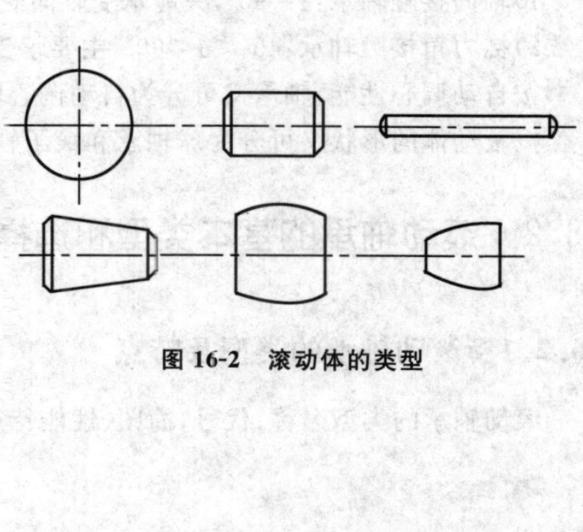

图 16-2　滚动体的类型

16.1.3 滚动轴承的材料

滚动体和内、外圈的材料一般采用轴承钢，如 GCr15、GCr15SiMn 等，淬火后的硬度一般不低于 60 HRC；保持架通常选用低碳钢、有色金属或塑料等较软材料制造。

滚动轴承已标准化，并由轴承厂专门生产。因此，滚动轴承的设计主要是正确选择轴承的类型、尺寸以及进行轴承的组合设计。

16.1.4 滚动轴承的分类

滚动轴承中滚动体与外圈滚道接触点的法线和垂直于轴承轴心线的平面间的夹角 α 称为公称接触角。α 角越大，轴承承受轴向载荷的能力越大，如图 16-3 所示。

滚动轴承按所承受载荷方向与公称接触角的不同分为两大类：

16.1.4.1 向心轴承

主要承受径向载荷，$0° \leqslant \alpha \leqslant 45°$。向心轴承又可分为：

1)径向接触轴承：$\alpha = 0°$，如图 16-3a 所示，主要承受径向载荷，有的也可承受不大的轴向载荷。

2)向心角接触轴承：$0° < \alpha \leqslant 45°$，如图 16-3b 所示，能同时承受径向载荷和轴向载荷。

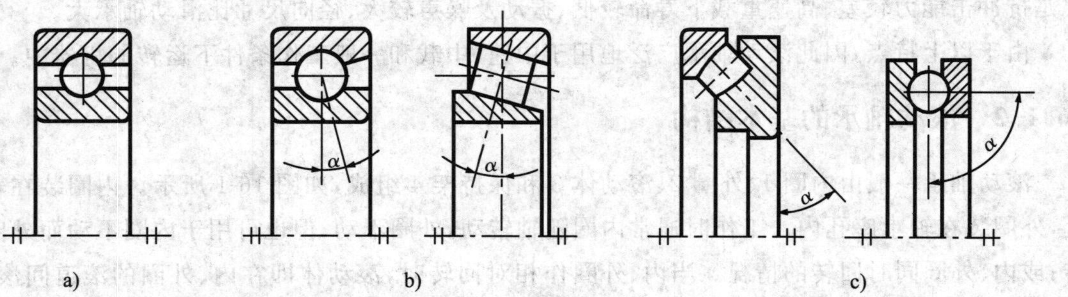

图 16-3 滚动轴承的接触角

16.1.4.2 推力轴承

主要承受轴向载荷，$45° < \alpha \leqslant 90°$，如图 16-3c 所示。

1)轴向接触轴承：$\alpha = 90°$，只能承受轴向载荷。

2)推力角接触轴承：$45° < \alpha < 90°$，主要承受轴向载荷，也可承受不大的径向载荷。

按自动调心性能，轴承又可分为自动调心轴承和非自动调心轴承。

按滚动体的形状又可分为球轴承和滚子轴承。

16.2 滚动轴承的基本类型和选择

16.2.1 滚动轴承的类型及特点

滚动轴承的类型名称、代号、简图、性能特点等见表 16-1。

表 16-1 常用滚动轴承的类型、主要性能和特点

类型代号	简图	类型名称	结构代号	基本额定动载荷比①	极限转速比②	轴向承载能力	轴向限位能力③	性能和特点
1 (1)④	 GB/T 281	调心球轴承	10000 (1000)④	0.6～0.9	中	少量	Ⅰ	外圈滚道为内球面形，具有自动调心性能，允许内圈（轴）对外圈（外壳）轴线偏斜量≤2°～3°。一般不宜承受纯轴向载荷
2 (3)	 GB/T 288	调心滚子轴承	20000 (3000)	1.8～4	低	少量	Ⅰ	性能、特点类似于调心球轴承，但有较大的径向承载能力，允许内圈对外圈轴线偏斜量≤1.5°～2.5°
3 (7)	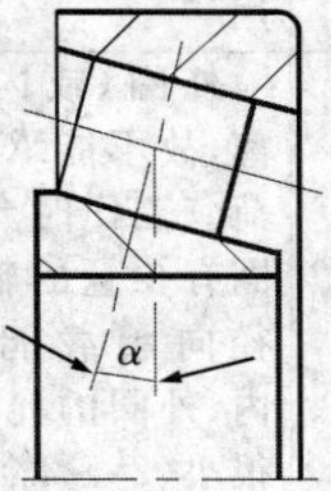 GB/T 297	圆锥滚子轴承	分为 30000 (7000)、 30000B (27000)	1.1～2.5	中	较大 很大	Ⅱ	可同时承受径向载荷及轴向载荷（30000型以径向载荷为主，30000B型以轴向载荷为主）。内、外圈可分离，安装时可调整轴承游隙。一般成对使用
5 (8)	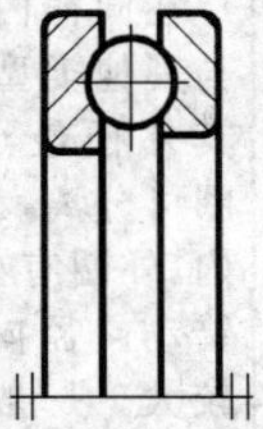 GB/T 301	推力球轴承	51000 (8000)	1	低	只能承受单向的轴向载荷	Ⅱ	工作时必须加有一定的轴向载荷。高速时离心力大，钢球和保持架磨损、发热严重，寿命降低，故极限转速很低。安装时轴线必须与轴承座底面垂直，载荷必须与轴线重合
	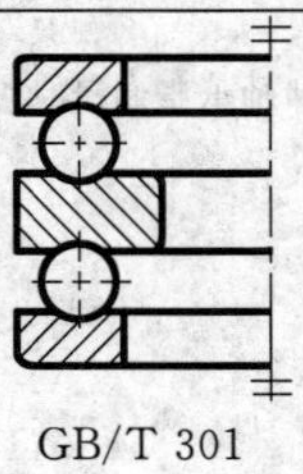 GB/T 301	双向推力球轴承	52000 (38000)	1	低	能承受双向的轴向载荷	Ⅰ	

续表 16-1

类型代号	简图	类型名称	结构代号	基本额定动载荷比①	极限转速比②	轴向承载能力	轴向限位能力③	性能和特点
6 (0)	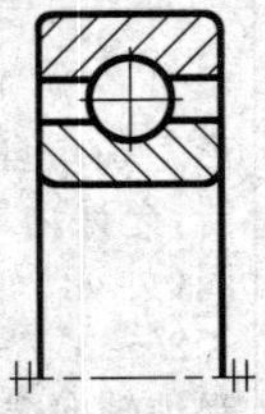 GB/T 276	深沟球轴承	60000⑤ (0000)	1	高	少量	Ⅰ	主要承受径向载荷，也可同时承受不大的轴向载荷。当量摩擦系数最小。高速时可用来承受纯轴向载荷。允许内、外圈轴线的偏斜量$\leqslant 8'\sim 16'$。应用范围最广
7 (6)	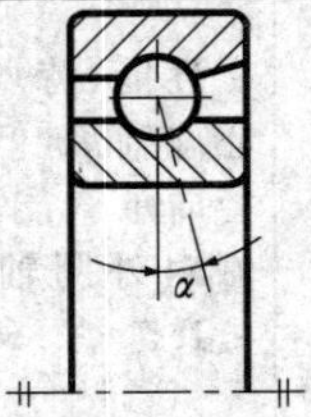 GB/T 292	角接触球轴承⑥	分为 70000C (36000)、 70000AC (46000)、 70000B (66000)	1.0～1.4	高	一般 较大 更大	Ⅱ	可同时承受径向载荷及轴向载荷，也可单独承受轴向载荷。可在较高转速下正常工作。接触角 α 越大，承受轴向载荷的能力也越高。一般须成对使用
N (2)	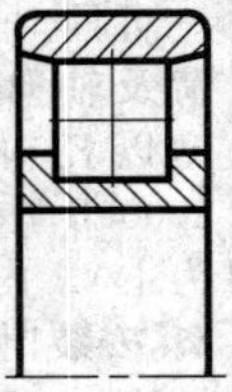 GB/T 283	圆柱滚子轴承	分为 N0000 (2000)、 NU0000 (32000)、 NJ0000 (42000)	1.5～3	高	无 无 少量	Ⅲ Ⅲ Ⅱ	外圈(或内圈)可分离，故不能承受轴向载荷。工作时允许内、外圈有少量的轴向错动。径向承载能力较大。内、外圈的允许偏斜量很小($2'\sim 4'$)。这类轴承还可以不带内圈或外圈
NA (4)	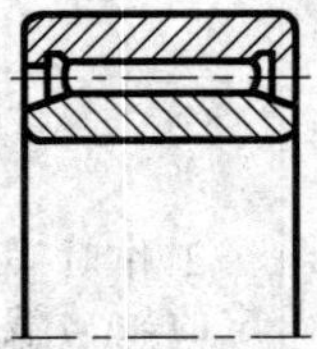 GB/T 5801	滚针轴承	NA0000 (544000)	—	低	无	Ⅲ	在同样内径条件下，与其他类型轴承相比，其外径最小。内或外圈可分离，工作时允许内、外圈有少量的轴向错动。径向承载能力较大。一般不带保持架，摩擦系数较大

注：①基本额定动载荷比：指同一尺寸系列(直径及宽度)各种类型和结构形式的轴承的基本额定动载荷与单列深沟球轴承(推力轴承则与单向推力轴承)的基本额定动载荷之比。

②极限转速比：指同一尺寸系列0级公差的各类轴承脂润滑时的极限转速与单列深沟球轴承脂润滑时极限转速之比。高、中、低的含义为：

高——单列深沟球轴承极限转速的90%～100%；

中——单列深沟球轴承极限转速的60%～90%；

低——单列深沟球轴承极限转速的60%以下。

③轴向限位能力：

Ⅰ——轴的双向轴向位移限制在轴承的轴向游隙范围以内；

Ⅱ——限制轴的单向轴向位移；

Ⅲ——不限制轴的轴向位移。

④为了便于理解新、旧代号对照，括号中标出了对应的旧代号。

⑤双列深沟球轴承类型代号为4。

⑥双列角接触轴承类型代号为0。

16.2.2　滚动轴承类型的选择

选择滚动轴承的类型时，必须在充分了解各类轴承的特点和性能的基础上，结合考虑轴承所受的载荷（大小、性质和方向）、轴承的转速、轴承的调心性能以及轴承的安装和拆卸等因素来进行选择。其选择原则如下：

由于滚子轴承各元件间的接触为线接触，而球轴承各元件间的接触为点接触，因此在同样条件下滚子轴承的承载能力比球轴承高。故载荷大时应选用滚子轴承；而载荷小时应选用球轴承。

当轴承承受的载荷为纯径向载荷时，选用深沟球轴承、圆柱滚子轴承或滚针轴承；而当轴承承受的载荷为纯轴向载荷且载荷较大时，应选用推力滚子轴承，而载荷较小时选用推力球轴承。

若轴承同时承受径向载荷和轴向载荷，且当径向载荷较大，轴向载荷较小时，可选用深沟球轴承或接触角较小的角接触球轴承；而当轴向载荷较大，径向载荷较小时，可选用接触角较大的角接触球轴承或圆锥滚子轴承，也可选用向心轴承（如深沟球轴承、圆柱滚子轴承）和推力轴承组合在一起的结构，分别承担径向载荷和轴向载荷。

由于球轴承的摩擦阻力比滚子轴承小，因此在尺寸、精度相同时，球轴承比滚子轴承的极限转速高，故在高速时宜选用球轴承；在内径相同的条件下，外径越小，则滚动体的尺寸越小，运转时的离心惯性力就越小，故高速时宜选用超轻、特轻或轻系列的轴承；重及特重系列的轴承，只用于低速重载场合；推力轴承的极限转速很低，当工作转速高时，若轴向载荷不大，可采用角接触球轴承来承受纯轴向力；轴承的精度等级越高，则极限转速越高；改善轴承润滑也可提高轴承的极限转速。

使用各类轴承时，内、外圈轴线的偏斜角应控制在允许的范围内，否则会降低轴承寿命。当轴的跨距大、刚性差或两端轴承孔的不同轴度难以保证时，宜选用调心轴承。

为了便于安装、拆卸和调整轴承间隙，常采用内、外圈可分离的分离型轴承，如圆柱滚子轴承、圆锥滚子轴承或滚针轴承。

选择轴承时还应考虑经济性。球轴承比滚子轴承价廉；轴承的精度等级越高，价越贵。

16.3　滚动轴承的代号

由于滚动轴承的种类繁多，为了便于设计、制造和选用，国家标准 GB/T 272—93 中规定了轴承代号的表示方法。滚动轴承代号由基本代号、前置代号、后置代号 3 部分组成，如表 16-2 所示。

表 16-2　滚动轴承代号的组成

前置代号	基本代号					后置代号							
	五	四	三	二	一								
轴承分部件代号	类型代号	尺寸系列代号		内径代号		内部结构代号	密封与防尘结构代号	保持架及其材料代号	特殊轴承材料代号	公差等级代号	游隙代号	多轴承配置代号	其他代号
		宽度系列代号	直径系列代号										

注：基本代号下面的一至五表示代号自右向左的位置序数。

16.3.1 基本代号

这是轴承代号的核心部分，用来表明轴承的内径大小、直径系列、宽度系列和轴承类型，一般最多为五位数。现表述如下：

16.3.1.1 内径代号

轴承内径用基本代号右起的第一、二位数字表示。对常用内径 $d=20\sim480$ mm 的轴承，代号数字乘以 5 即为轴承的内径尺寸 d，如 08 表示 $d=40$ mm。对于内径 $d<20$ mm 的 00、01、02 和 03 轴承则分别表示内径 d 为 10 mm、12 mm、15 mm 和 17 mm。对于内径小于 10 mm 和大于 500 mm 的轴承内径表示方法见 GB/T 272—93。

16.3.1.2 尺寸系列代号

对于同一类型同一内径的轴承，为了适应于不同载荷大小的需要，采用不同大小的滚动体，因此轴承的外径和宽度也随之变化，这种变化用尺寸系列代号表示。尺寸系列代号包括右起第三位的直径系列代号和右起第四位的宽度系列代号。

1)轴承的直径系列代号：指结构相同、内径相同的轴承在外径和宽度方面的变化系列。有超特轻、超轻、特轻、轻、中、重等系列，用 0～9 的数字表示。如对向心轴承和向心推力轴承，0、1 表示特轻系列；2 表示轻系列；3 表示中系列；4 表示重系列。各系列间的尺寸对比如图 16-4 所示。推力轴承除了用 1 表示特轻系列外，其余与向心轴承的表示一致。

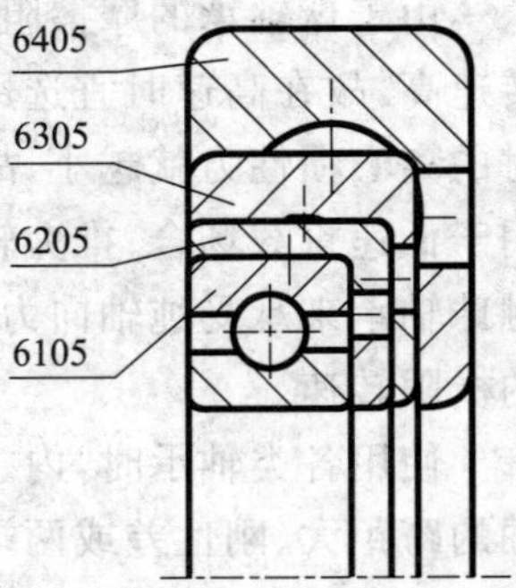

图 16-4 直径系列对比

2)轴承的宽度(或高度)系列代号：指结构、内径和直径系列都相同的轴承在宽度(或高度)方面的变化系列，用 0～9 的数字表示。对向心轴承代号按 8、0、1、2、3、4、5、6 顺序表示轴承的宽度依次递增，其中 8 表示特窄系列；0 表示窄系列；1 表示正常系列；2 表示宽系列；3～6 表示特宽系列。对推力轴承，按 7、9、1、2 顺序表示轴承高度的依次递增，其中 1、2 表示正常系列；7 表示特低系列；9 表示低系列。在轴承代号中宽度系列代号为 0 时常被省略(但对于调心滚子轴承和圆锥滚子轴承，宽度系列代号 0 不能省略)，有时甚至代号为 1 或 2 时也被省略。

16.3.2 前置代号

前置代号用字母表示，用来说明成套轴承部件特点的补充代号。前置代号及其含义参阅 GB/T 272—93。

16.3.3 后置代号

轴承的后置代号是用字母和数字等表示轴承的结构、公差及材料的特殊要求。后置代号置于基本代号右边，并与基本代号空半个汉字距离或用“—”、“/”分隔。后置代号的内容很多，如表 16-2，下面仅介绍几种常用的代号：

16.3.3.1 内部结构代号

表示同一类型轴承的不同内部结构，用字母紧跟着基本代号表示。如角接触球轴承公称接触角 $\alpha=15°$、25°、40°不同值时，内部结构代号分别为 C、AC、B 表示。例如 7210 B、7210 AC。

16.3.3.2 公差等级代号

公差等级代号为/P0、/P6、/P6X、/P5、/P4、/P2 时，分别表示标准规定的 0、6、6X、5、4、2 六个等级的轴承公差等级，由/P0 到/P2 精度依次递增。0 级为普通级，在后置代号中不标出。如 6207、6207/P6。

16.3.3.3 游隙代号

有/C1、/C2、—、/C3、/C4、/C5 6 个代号，分别表示标准中规定的轴承径向游隙 1、2、0、3、4、5 组(游隙量自小而大)。0 组为常用游隙组。在轴承代号中不标出。如 6207，6207/C4。

其余有关轴承代号的详细表示方法可参阅 GB/T 272—93。

16.3.4 代号示例

7310 AC/P4——表示轴承内径为 50 mm，直径系列为中系列，宽度系列为窄系列(宽度系列代号 0 已省略)，接触角 $\alpha=25°$，4 级公差等级，0 组游隙的角接触球轴承。

30215——表示轴承内径为 75 mm，直径系列为轻系列，宽度系列为窄系列(圆锥滚子轴承的宽度系列代号 0 不能省略)，0 级公差，0 组游隙的圆锥滚子轴承。

16.4 滚动轴承的选择计算

16.4.1 向心滚动轴承内部的载荷分布及应力变化情况

滚动轴承工作时，轴承内滚动体的受载情况与外载荷和轴承类型有关。滚动轴承在通过轴心线的轴向载荷 F_a 作用下，可认为各滚动体所受的载荷是相等的。但向心滚动轴承在径向载荷 F_r 作用下，该载荷通过轴颈作用于内圈，并通过内圈的下半圈将其传递到下半圈的滚动体再传到外圈，由于弹性变形的作用，内圈将随轴颈一齐沿 F_r 力的作用方向下沉一个 δ，因此轴承中上半周各滚动体不承受载荷，而下半周各滚动体则分别承受大小不等的载荷，其中处于载荷作用线上的滚动体所受载荷最大，变形量也最大；而远离载荷作用线的各滚动体所受载荷向两边依次减小，变形量也依次减小。我们把各滚动体从开始受力到受力终止所经过的区域叫作承载区。如图 16-5 所示。可以证明受载最大的滚动体所受载荷为

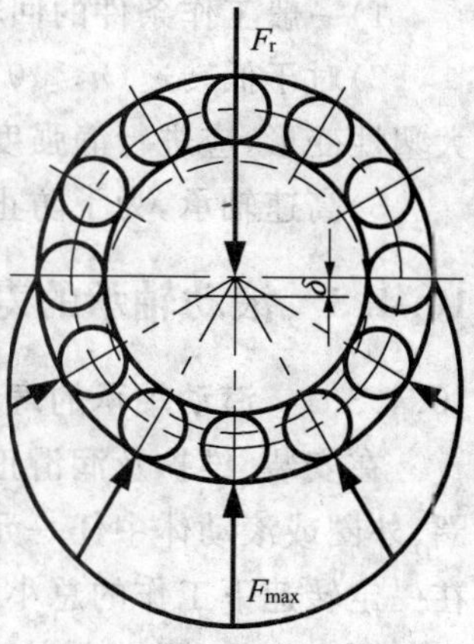

图 16-5 径向载荷分布

$$\left.\begin{aligned} F_{max}&=\frac{4.37}{z}F_r\approx\frac{5}{z}F_r\ (\text{点接触轴承})\\ F_{max}&=\frac{4.08}{z}F_r\approx\frac{4.6}{z}F_r\ (\text{线接触轴承})\end{aligned}\right\}\qquad(16\text{-}1)$$

式中：z 为轴承中滚动体的个数。

滚动轴承工作时，各元件所受的载荷及产生的应力是变化的。当某个滚动体进入承载区后，其所受的载荷由零逐渐增加到最大载荷 F_{max} 这时该滚动体表面接触应力也为最大，随后，该滚动体所受的载荷逐渐减小，表面接触应力也逐渐减小，直到载荷及应力都减小到零。当该滚动体继续转动到上半圈时，该滚动体不受载荷 应力也为零，随后又进入承载区，重复刚才的

过程。不过,滚动体所受的载荷及表面接触应力是不稳定变化的,可近似看作脉动循环变化。同样,套圈(内圈或外圈)的表面接触应力也是变化的,可近似为脉动循环变化。

16.4.2 滚动轴承的失效形式及计算准则

16.4.2.1 滚动轴承的主要失效形式

1)疲劳点蚀:从上面分析可知,滚动轴承工作时,滚动体和内、外圈分别受到不同的脉动循环接触应力,当轴承工作了一段时间后,各元件的接触表面就可能产生疲劳点蚀。点蚀将会引起噪声和振动的增加,发热加剧,最终导致轴承失效。安装、润滑、维护良好的条件下工作的轴承常发生这种失效形式,这是滚动轴承的主要失效形式。

2)塑性变形:低速旋转($n<10$ r/min)或间歇摆动的轴承,通常不发生疲劳点蚀。但在很大的静载荷或冲击载荷的作用下,会使轴承各元件的工作表面产生塑性变形而形成凹坑,使轴承工作时产生振动、噪声、旋转精度降低,甚至不能正常工作。

3)磨损、胶合:在多尘的条件下,若润滑不良、密封不可靠,外面的微粒可能进入轴承的相对运动表面间而造成磨粒磨损。若载荷较大,速度较高时,当润滑不充分还会发生黏着磨损,引起表面发热而产生胶合。

除以上几种失效形式外,还可能出现内、外圈破裂,滚动体破碎,保持架损坏等失效形式。

16.4.2.2 滚动轴承的计算准则

1)一般工作条件的回转轴承,为了防止疲劳点蚀,应进行接触疲劳寿命计算。

2)对于低转速($n\leqslant10$ r/min)轴承,不动、间歇摆动或受冲击、重载的轴承,为了防止产生过大塑性变形,应进行静强度计算。

3)高速轴承,为了防止过度磨损和烧伤,除进行寿命计算外,还应进行极限转速校核。

16.4.3 滚动轴承的寿命

16.4.3.1 滚动轴承的寿命与基本额定寿命

在安装、维护及润滑正常的情况下,大部分的滚动轴承均由于疲劳点蚀而失效。轴承的内圈、外圈或滚动体中任一元件出现疲劳点蚀前,一个套圈相对于另一个套圈所转过的总转数或在一定转速下工作的总小时数称为轴承寿命。

同一型号、同批生产的一批轴承,在相同的运转条件下,由于材料、热处理、加工、装配等因素的影响,使各轴承的寿命并不相同,有时甚至相差很多倍。因此,对一个具体的轴承,很难预知其确切的寿命,故不能以单个轴承的寿命作为计算的依据。

对一组同型号的滚动轴承,在相同的运转条件下进行疲劳试验,得到轴承的疲劳寿命与轴承的可靠性关系曲线,如图16-6所示。可靠性用可靠度 R 来衡量,指一组同型号轴承能达到或超过规定寿命的百分率。显然,既不能用同一批轴承中的最大寿命,也不能用最小寿命作为轴承寿命。因此,引入一个基本额定寿命来作为轴承寿命。

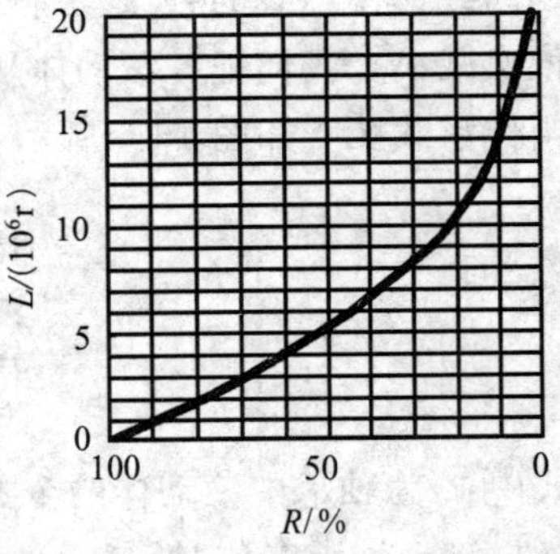

图16-6 轴承寿命曲线

基本额定寿命是指一组同型号的轴承在相同的运转条件下运转,其可靠度 R 为90%所能达到的寿命,表示为 L(单位为 10^6 r)或 L_h(单位为 h)。换言之,一批轴承在达到额定寿命时，已有 10%的轴承发生了疲劳破坏，而剩余 90%的轴承还是完好的。

16.4.3.2 基本额定动载荷

轴承的寿命与所受载荷的大小有关，载荷越大，轴承各元件间的接触应力越大，发生点蚀前轴承所转过的总转数就越小，因此轴承的寿命越短。为了衡量轴承的承载能力，引入基本额定动载荷这一指标，它是指轴承的基本额定寿命刚好为 10^6 r 时轴承所承受的载荷值，用字母 C 表示。不同型号的轴承有不同的基本额定动载荷，轴承的基本额定动载荷值越大，则轴承抗疲劳的承载能力越强。对于向心轴承，基本额定动载荷是在纯径向载荷作用下进行寿命试验得到的，因此又叫作径向基本额定动载荷，用 C_r 表示；对于推力轴承，基本额定动载荷是在纯轴向载荷作用下进行寿命试验得到的，因此又叫作轴向基本额定动载荷，用 C_a 表示。常用轴承的 C_r 和 C_a 值见附录或查滚动轴承手册。

轴承的基本额定动载荷 C 值是在温度小于 120℃的情况下得到的，若轴承的工作温度高于 120℃，轴承的基本额定动载荷值会有所下降，因此，引入一个温度系数 f_t 来对 C 值进行修正，即修正后的基本额定动载荷 $C_t = f_t C$。f_t 的值见表 16-3。

表 16-3 温度系数 f_t

轴承工作温度/℃	≤120	125	150	175	200	225	250	300
f_t	1.00	0.95	0.90	0.85	0.80	0.75	0.70	0.60

16.4.3.3 滚动轴承的寿命计算

由大量试验表明，滚动轴承的基本额定寿命 L(10^6 r)与基本额定动载荷 C(N)、当量动载荷 P(N)之间存在如下关系：

$$L=\left(\frac{C}{P}\right)^{\varepsilon} \tag{16-2}$$

式中：C 为基本额定动载荷，对向心轴承为 C_r，对推力轴承为 C_a。C_r 和 C_a 值见附录或查滚动轴承手册。ε 为寿命指数，对于球轴承 $\varepsilon=3$，对于滚子轴承 $\varepsilon=10/3$。

若轴承的工作转速为 n(r/min)，可以求出用小时为单位表示的基本额定寿命 L_h：

$$L_h=\frac{10^6}{60n}\left(\frac{C}{P}\right)^{\varepsilon}=\frac{16\ 670}{n}\left(\frac{C}{P}\right)^{\varepsilon} \tag{16-3a}$$

设计时应使 $L_h \geqslant L'_h$。L'_h为轴承的预期使用寿命。各种机器中的轴承，对其寿命要求是不同的，通常参照机器大修期限决定轴承的预期使用寿命。表 16-4 的推荐值可供参考。

当已知轴承的当量动载荷 P 和预期使用寿命 L'_h，则可按下式求得轴承所应具有的基本额定动载荷 C'(N)：

$$C'=P\sqrt[\varepsilon]{\frac{nL'_h}{16\ 670}} \tag{16-4a}$$

所选轴承的基本额定动载荷 C 值必须大于或等于轴承应具有的基本额定动载荷 C'，即 $C \geqslant C'$。

表 16-4 滚动轴承预期使用寿命 L_h'

机器类型	预期使用寿命 L_h'/h
不经常使用的仪器或设备,如闸门开闭装置等	300～3 000
短期或间断使用的机械,中断使用不致引起严重后果,如手动机械、农业机械、装配吊车、自动送料装置等	3 000～8 000
间断使用的机械,中断使用后果严重,如发动机辅助设备、流水作业线自动传送装置、升降机、车间吊车等	8 000～12 000
每日 8 h 工作的机械(利用率不高),如一般齿轮传动、压碎机、起重机和一般机械等	12 000～20 000
每日 8 h 工作的机械(利用率较高),如机床、连续使用的起重机、木材加工机械、印刷机械等	20 000～30 000
24 h 连续工作的机械,如电机、泵、纺织机械、矿山升降机等	40 000～60 000
24 h 连续工作的机械,中断使用后果严重,如纤维生产机械、造纸设备、电站主要设备、给排水设备、矿用泵、矿用通风机等	≥100 000

当工作温度高于 120℃时,式(16-3a)和式(16-4a)修正为:

$$L_h=\frac{16\ 670}{n}\left(\frac{f_tC}{P}\right)^{\varepsilon} \tag{16-3b}$$

$$C'=\frac{P}{f_t}\sqrt[\varepsilon]{\frac{nL_h'}{16\ 670}} \tag{16-4b}$$

16.4.4 滚动轴承的当量动载荷

由于滚动轴承的基本额定动载荷是在一定的载荷条件下确定的,如对于向心轴承只承受纯径向载荷 F_r,而推力轴承仅承受纯轴向载荷 F_a。但是在实际工作中,滚动轴承常常同时受到径向载荷 F_r 与轴向载荷 F_a 的联合作用。为了计算轴承寿命,需要将滚动轴承所受的实际载荷转换为一个与基本额定动载荷的载荷条件相一致的假想载荷,这个假想载荷叫做当量动载荷,用 P 表示。在当量动载荷的作用下,滚动轴承的寿命与实际联合载荷作用下轴承的寿命相同。其计算式为

$$P=XF_r+YF_a \tag{16-5}$$

式中:X、Y 分别为径向和轴向载荷系数,其值见表 16-5;F_r、F_a 分别为轴承所受的径向与轴向载荷,N。

表 16-5 中的 e 是一个判断系数,用来确定轴向载荷对轴承承载能力的影响,其值与轴承类型和比值 F_a/C_{0r}有关。径向和轴向载荷系数 X、Y 的数值与 F_a/F_r 的值有关,可按 $F_a/F_r\leqslant e$ 或 $F_a/F_r>e$ 这两种情况分别查取。

轴承在工作时还可能受到一些附加载荷,如冲击、振动、不平衡作用力、惯性力以及轴和轴承座变形产生的附加力等。考虑这些因素,引入一个载荷系数 f_P,见表 16-6。这时轴承的当量动载荷按下式计算:

表 16-5 径向载荷系数 X 和轴向载荷系数 Y

轴承类型		F_a/C_{0r}	e	单列轴承			
				$F_a/F_r \leqslant e$		$F_a/F_r > e$	
				X	Y	X	Y
深沟球轴承		0.014	0.19	1	0	0.56	2.30
		0.028	0.22				1.99
		0.056	0.26				1.71
		0.084	0.28				1.55
		0.11	0.30				1.45
		0.17	0.34				1.31
		0.28	0.38				1.15
		0.42	0.42				1.04
		0.56	0.44				1.00
角接触轴承	$\alpha=15°$	0.015	0.38	1	0	0.44	1.47
		0.029	0.40				1.40
		0.058	0.43				1.30
		0.087	0.46				1.23
		0.120	0.47				1.19
		0.170	0.50				1.12
		0.290	0.55				1.02
		0.440	0.56				1.00
		0.580	0.56				1.00
	$\alpha=25°$	—	0.68	1	0	0.41	0.87
	$\alpha=40°$	—	1.14	1	0	0.35	0.57
圆锥滚子轴承		—	$1.5\tan\alpha$	1	0	0.40	$0.4\cot\alpha$
调心球轴承		—	$1.5\tan\alpha$	1	0	0.40	$0.4\cot\alpha$
推力调心滚子轴承		—	1/0.55	—	—	1.2	1

注：①相对轴向载荷 F_a/C_{0r} 中的 C_{0r} 为轴承的径向基本额定静载荷，由手册查取。与 F_a/C_{0r} 中间值相应的 e、Y 值可用线性插值法求得。

②由接触角 α 确定的各项 e、Y 值也可由轴承型号在手册中直接查取。

$$P=f_P(XF_r+YF_a) \tag{16-6}$$

对于只承受纯径向载荷的轴承

$$P=f_PF_r \tag{16-7}$$

对于只承受纯轴向载荷的轴承

$$P=f_PF_a \tag{16-8}$$

表 16-6 载荷系数 f_P

载荷性质	机 器 举 例	f_P
无冲击或轻微冲击	电机、汽轮机、通风机、水泵等	1.0～1.2
中等冲击或中等惯性力	车辆、机床、起重机、冶金设备、内燃机、传动装置、减速器等	1.2～1.8
强大冲击	破碎机、轧钢机、钻探机、振动筛等	1.8～3.0

16.4.5 向心角接触轴承轴向力的计算

16.4.5.1 内部轴向力

由于存在接触角 α，因此，当向心角接触轴承（如角接触球轴承、圆锥滚子轴承）受纯径向载荷 F_r 时，会产生一个内部轴向力 F'。作用在承载区内的第 i 个滚动体上的法向反力 F_i 分解为径向分力和轴向分力，如图 16-7 所示。各滚动体上所受的轴向分力之和即为由径向载荷引起的轴承内部轴向力 F'。F' 力的方向总是沿轴向由外圈的宽边端面指向窄边端面，即使内、外圈分离的方向。该力大小可按表 16-7 中公式计算。

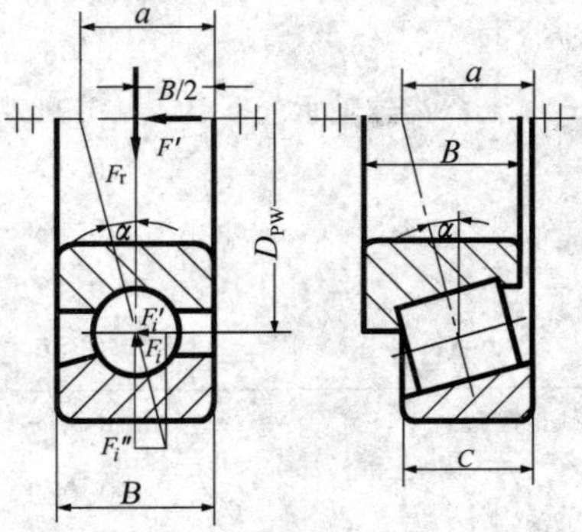

图 16-7 角接触轴承的载荷作用中心及内部轴向力

表 16-7 向心角接触轴承的内部轴向力 F'

角接触球轴承			圆锥滚子轴承
70000C(α=15°)	70000AC(α=25°)	70000B(α=40°)	
eF_r	$0.68F_r$	$1.14F_r$	$F_r/(2Y)$ （Y 是 $F_a/F_r>e$ 时的轴向系数）

16.4.5.2 载荷作用中心

向心角接触轴承在计算支反力时，首先需要确定载荷的作用中心 O，它为各滚动体的法向反力与轴承轴心线的交点，此点也是支反力的作用点。载荷作用中心 O 点与轴承外圈宽边端面的距离为 a，角接触球轴承的 a 值可由下式计算，也可从手册查得。

$$a=\frac{B}{2}+\frac{D_{pw}}{2}\tan\alpha$$

式中：D_{pw} 为滚动体中心圆直径，$D_{pw}=(D+d)/2$；d、D 为轴承内径、外径；B 为轴承宽度。

为了简化计算，常假设轴承宽度中点就是载荷作用中心。圆锥滚子轴承的 a 值从手册查取。

16.4.5.3 向心角接触轴承的轴向载荷计算

向心角接触轴承在径向力的作用下会产生内部轴向力 F'，该力在轴承工作时有可能引起轴承产生轴向窜动。因此，向心角接触球轴承和圆锥滚子轴承通常都成对使用。如图 16-8 所示。向心角接触轴承的安装方式通常有 2 种：图 16-8a 为正安装（又叫面对面安装），即外圈窄边相对，这时支承的跨距较短；图 16-8b 为反安装（又叫背对背安装），即外圈宽边相对，这时支承的跨距较长。

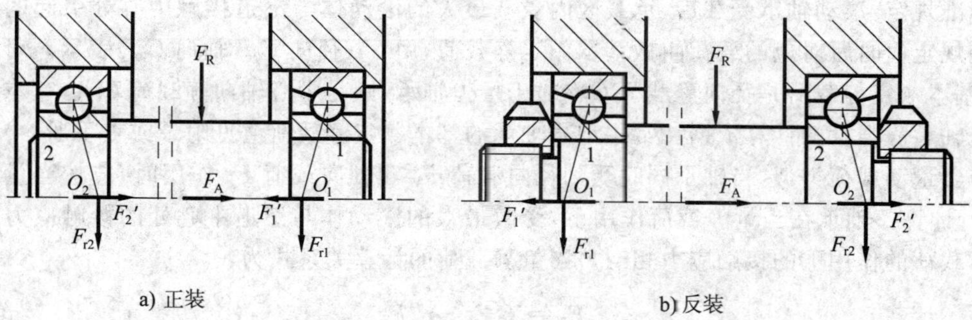

图 16-8 角接触轴承的轴向力分析

当轴受到径向载荷 F_R 和轴向载荷 F_A 时，根据力的径向平衡条件，很容易求出两轴承上所受的径向载荷 F_{r1} 和 F_{r2}，由于这 2 个径向载荷在 2 个轴承上要产生内部轴向力 F_1' 和 F_2'。因此在计算式(16-6)中的 F_a 力时，不仅要考虑 F_A 载荷的影响，还要考虑 F_1' 和 F_2' 力的影响。

把内部轴向力的方向与外加轴向力 F_A 的方向一致的轴承设为 2 轴承，另一个即为 1 轴承。取轴和轴承内圈为分离体，根据平衡关系，按下面 2 种情况分析轴承所受的轴向力。

1)若 $F_A+F_2'>F_1'$，则轴将有向右移动的趋势，由于轴承 1 的右端已被固定，轴不能向右移动，故轴承 1 被压紧，轴承 2 被放松。为了保持平衡，轴承 1 处必然产生一个附加的轴向力 F_1''，这时轴承 1 所受的总轴向力为 $F_1'+F_1''$。根据平衡关系可得：

$$F_{a1}=F_1'+F_1''=F_A+F_2'$$

而轴承 2 是放松的轴承，因此轴承 2 所受的轴向力 $F_{a2}=F_2'$。故有

$$\left.\begin{aligned}F_{a1}&=F_A+F_2'\\F_{a2}&=F_2'\end{aligned}\right\}\tag{16-9}$$

2)若 $F_A+F_2'<F_1'$，则轴有向左移动的趋势，这时轴承 2 被压紧，轴承 1 被放松，轴承 2 处也会产生一个附加的轴向力 F_2''。同理可得，轴承 1、2 所受的轴向力为：

$$\left.\begin{aligned}F_{a1}&=F_1'\\F_{a2}&=F_1'-F_A\end{aligned}\right\}\tag{16-10}$$

综上所述，计算角接触球轴承和圆锥滚子轴承轴向力的方法为：首先判明轴上全部轴向力(包括外加轴向力和轴承内部轴向力)合力的指向；其次判断出“压紧”轴承和“放松”轴承；最后即可确定被“压紧”轴承的轴向力为除本身内部轴向力外其余各轴向力的代数和，而被“放松”轴承的轴向力等于其自身的内部轴向力。

16.4.6 滚动轴承的静强度计算

对于不回转、缓慢摆动或低速转动($n<10$ r/min)的轴承，这时的主要失效形式将不再是疲劳点蚀，而是其滚动体及内、外圈接触处产生的过大塑性变形。因此，这时应校核轴承的静强度。

对于旋转的轴承，如作用在轴承上的载荷变化较大，特别是有较大冲击载荷作用时，在按额定动载荷选择轴承后，还须按静强度进行校核。

标准规定：滚动轴承受载后，承载区内受载最大的滚动体与滚道接触中心处引起的接触应力达到规定值时所对应的载荷叫做基本额定静载荷，用 C_0（径向 C_{0r}，轴向 C_{0a}）表示。对于向心轴承，基本额定静载荷是径向静载荷 C_{0r}；对于推力轴承，则是中心轴向静载荷 C_{0a}。基本额定静载荷是轴承静强度的计算依据。常用型号轴承的基本额定静载荷值见附录或查手册。

与当量动载荷类似，当轴承同时受到径向载荷 F_r 和轴向载荷 F_a 作用时，应按当量静载荷 P_0 进行计算。轴承在当量静载荷作用下，受载最大的滚动体与滚道中心处的接触应力和轴承在实际载荷的作用下的接触应力相同。当量静载荷的计算关系式为：

$$P_0 = X_0 F_r + Y_0 F_a \tag{16-11}$$

式中：X_0、Y_0 分别为静径向载荷系数、静轴向载荷系数，其值见表 16-8 或查手册。

滚动轴承静强度校核公式为：

$$C_0 \geqslant S_0 P_0 \tag{16-12}$$

式中：S_0 为轴承静强度安全系数，其值见表 16-9。

表 16-8 静径向载荷系数 X_0 和静轴向载荷系数 Y_0

轴承类型		单列轴承	
		X_0	Y_0
深沟球轴承		0.6	0.5
角接触轴承	$\alpha=15°$	0.5	0.46
	$\alpha=25°$	0.5	0.38
	$\alpha=40°$	0.5	0.26
调心球轴承		0.5	$0.22\cot\alpha$①
圆锥滚子轴承		0.5	$0.22\cot\alpha$

注 ①由接触角 α 确定的 Y_0 值可在手册中查取。

表 16-9 静强度安全系数

旋转条件	使用要求及载荷性质	S_0
旋转轴承	旋转精度和平稳性要求较高或承受较大的冲击载荷	1.2～2.5
	正常使用	0.8～1.2
	旋转精度或平稳性要求较低或基本无冲击、振动	0.5～0.8
静止、缓慢摆动或转速很低的轴承	桥式起重机	≥1.5
	附加动载荷较小的大型起重机吊钩、水坝闸门装置	≥1.0
	附加动载荷很大的小型起重机吊钩、吊桥	≥1.6
	各种应用情况下的推力调心滚子轴承	≥2.0

例题 16-1 已知某传动装置中高速轴的直径 $d=40$ mm，转速 $n=1\,400$ r/min，两轴承所受的径向载荷分别为 $F_{r1}=1\,000$ N、$F_{r2}=1\,500$ N；轴所受的轴向载荷 $F_A=300$ N，并指向轴承 1。使用中有轻微冲击，工作温度低于 120℃，要求轴承寿命 $L_h=20\,000$ h，试选择合适的轴承。

解：1)选择轴承类型：由于该轴的转速较高，而轴向载荷相对于径向载荷又较小，故选择深沟球轴承。又由于轴颈直径 $d=40$ mm，因此初选轴承型号为 6208。查附表 2 或手册可得 $C=$

22 800 N，C_0＝15 800 N。

2)计算当量动载荷：由题可知轴所受的轴向载荷 F_A＝300 N，并指向轴承 1，因此，该轴向载荷全部由 1 轴承承受。故 1、2 轴承所受的轴向载荷分别为：$F_{a1}=F_A=300$ N、$F_{a2}=0$。

由 $\dfrac{F_{a1}}{C_0}=\dfrac{300}{15\ 800}=0.019$，用插入法查表 16-5 得 $e=0.2$。

而 $\dfrac{F_{a1}}{F_{r1}}=\dfrac{300}{1\ 000}=0.3>e=0.2$，因此，用插入法查得，$X_1=0.56$、$Y_1=2.189$。

由于轴承的工作条件为有轻微冲击，工作温度低于 120℃，故查表 16-3 和表 16-6 分别得 $f_t=1.0$、$f_P=1.1$。因此，由式(16-6)得两轴承的当量动载荷分别为

$$P_1=f_P(X_1F_{r1}+Y_1F_{a1})=1.1\times(0.56\times1\ 000+2.189\times300)=1\ 217(\text{N})$$

由于轴承 2 只承受径向载荷，故 $X_2=1$、$Y_2=0$，因此

$$P_2=f_P(X_2F_{r2}+Y_2F_{a2})=f_PF_{r2}=1.1\times1\ 500=1\ 650(\text{N})$$

3)计算轴承应具有的基本额定动载荷：由于 $P_2>P_1$，为了保证同轴度和尽量减少轴承类型，同一根轴上的两轴承尽量采用同一型号。因此，按 P_2 进行计算。由式(16-4b)得(由于是球轴承，故 $\varepsilon=3$)

$$C'=\frac{P}{f_t}\sqrt[\varepsilon]{\frac{nL_h}{16\ 670}}=\frac{1\ 650}{1}\times\sqrt[3]{\frac{1\ 400\times20\ 000}{16\ 670}}=19\ 614(\text{N})$$

因 C＝22 800 N，且略大于轴承应具有的基本额定动载荷 C'＝19 614 N，故所选 6208 轴承合适。

例题 16-2 如图 16-9 某传动轴用 2 个 30208 圆锥滚子轴承正安装支承。该轴所受的轴向载荷 F_A＝800 N，两轴承受的径向载荷 $F_{r1}=F_{r2}$＝2 500 N，轴的转速 n＝970 r/min，工作中有中等冲击，工作温度低于 120℃，试求该轴承的寿命。

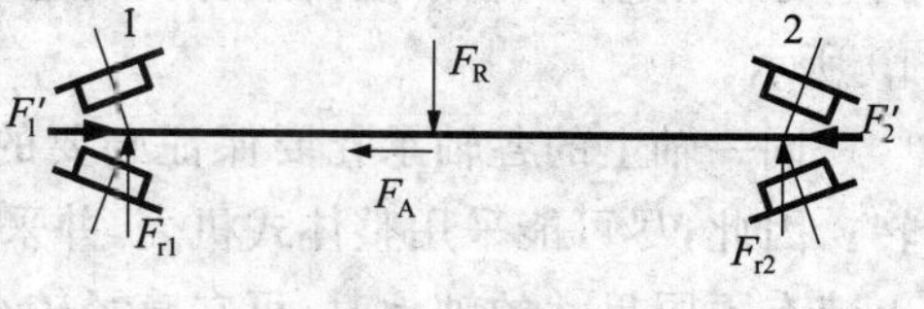

图 16-9 例题 16-2 图

解：1)计算内部轴向力：查附表 4 或手册可得，30208 轴承的 $e=0.37$、$Y=1.6$、C＝59 800 N。由表 16-7 可得两轴承的内部轴向力

$$F_1'=F_2'=\frac{F_{r1}}{2Y}=\frac{F_{r2}}{2Y}=\frac{2\ 500}{2\times1.6}=781(\text{N})$$

2)计算两轴承所受的轴向载荷：因 $F_A+F_2'=300+781=1\ 581$ N$>F_1'=781$ N，故轴承 1 被“压紧”，轴承 2 被“放松”，因此，两轴承所受轴向力分别为

$$F_{a1}=F_A+F_2'=1\ 581(\text{N})$$
$$F_{a2}=F_2'=781(\text{N})$$

3)计算当量动载荷：由 $\dfrac{F_{a1}}{F_{r1}}=\dfrac{1\ 581}{2\ 500}=0.632>e=0.37$，查表 16-5 和附录可得 $X_1=0.4$、$Y_1=1.6$；

又由 $\dfrac{F_{a2}}{F_{r2}}=\dfrac{781}{2\ 500}=0.31<e=0.37$，查表 16-5 可得 $X_2=1$、$Y_2=0$。

由于在工作中有中等冲击，并且工作温度小于 120℃故分别查表 16-6、表 16-3 可得，$f_P=1.5$、$f_t=1.0$。

由式(16-6)可得，两轴承得当量动载荷分别为

$$P_1=f_P(X_1F_{r1}+Y_1F_{a1})=1.5\times(0.4\times2\ 500+1.6\times1\ 581)=5\ 294(\mathrm{N})$$

$$P_2=f_P(X_2F_{r2}+Y_2F_{a2})=1.5\times(1\times2\ 500+0\times781)=3\ 750(\mathrm{N})$$

4)计算轴承寿命：由于 $P_2<P_1$，故按 P_1 进行计算。由式(16-3b)可得该滚动轴承的寿命(对滚子轴承 $\varepsilon=10/3$)

$$L_\mathrm{h}=\frac{16\ 670}{n}\left(\frac{f_tC}{P}\right)^{\varepsilon}=\frac{16\ 670}{970}\times\left(\frac{1\times59\ 800}{5\ 294}\right)^{\frac{10}{3}}=55\ 572(\mathrm{h})$$

16.5 滚动轴承的组合设计

为了保证轴承正常工作，除了正确地选择轴承类型及尺寸外，还必须正确地进行滚动轴承的组合设计。也就是根据轴承的具体要求及结构特点，全面地考虑轴承支承的刚度、轴系的固定、间隙的调整以及密封、润滑、配合、装拆等。

16.5.1 支承的刚度和同轴度

轴和安装轴承的轴承座或机体必须有足够的刚度，否则会因这些零件的变形使滚动体的运动受到阻碍，影响轴承的旋转精度，甚至使轴承过早损坏。因此，安装轴承的机体和轴承座孔应具有足够的壁厚；轴承座的悬臂长度应尽可能短，并用加强肋来增加支承部分的刚度。如图 16-10 所示。

同一轴上的各轴承孔要保证必要的同轴度，否则，轴安装后会产生较大变形，影响轴承运转。因此，尽可能采用整体式机壳，并采用直径相同的轴承孔，以便加工时一次镗出。若一根轴上装有不同尺寸的轴承时，可在直径较小的轴承处加套杯，以使各轴承孔具有相同的尺寸而能一次镗出。如图 16-11 所示。对于剖分式的机壳，轴承孔被剖分面分成了两部分，加工时应将两个外壳组合后再进行镗孔。

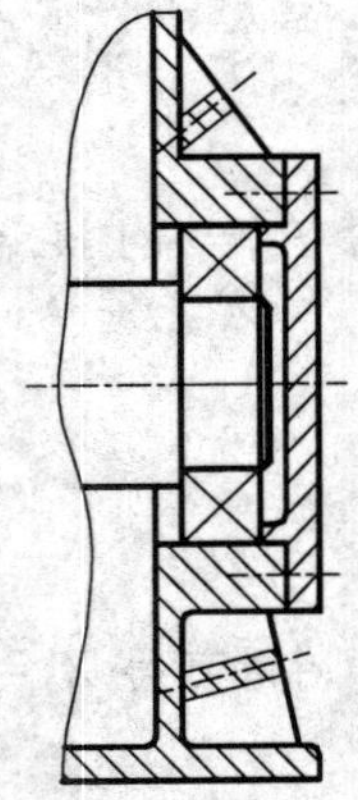

图 16-10 轴承座的刚度

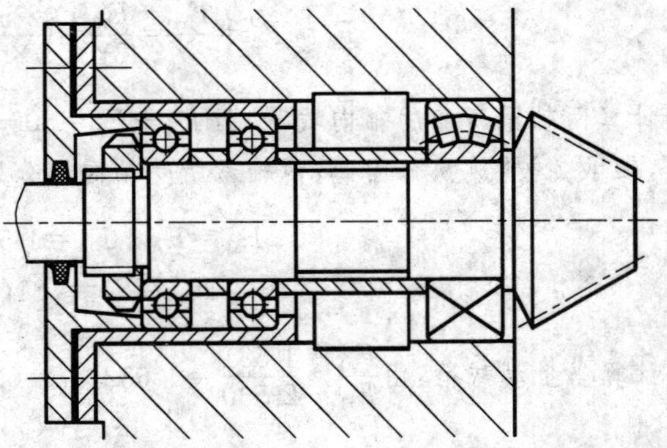

图 16-11 带衬套的轴承座孔

16.5.2 滚动轴承轴系支点固定的结构形式

为了使轴、轴承和轴上零件在工作中有正确的位置，并能承受轴向载荷，轴承的轴向位置必须进行固定。同时还应考虑在温度发生变化时，轴系应能进行自由的伸缩，以免产生过大的附加应力，甚至影响轴系的正常工作。

16.5.2.1 双支点单向固定

这种方式是利用轴肩顶住两轴承的一侧内圈，用轴承盖顶住两轴承的另一侧外圈，每个支承只能限制轴单方向的移动，即两个支承分别承受一个方向的轴向力。当轴向力不太大时，可采用一对深沟球轴承，考虑温升后轴的伸长，进行轴承安装时，在不受轴向力的一端，使轴承外圈与端盖间留有 $\delta=0.25\sim0.4$ mm 的轴向间隙，如图 16-12 所示。当轴向力较大时，可选用一对内部游隙可调的角接触球轴承或一对圆锥滚子轴承。此支承结构形式简单，装拆方便，常用于温升不高的短轴（跨距 $l<350$ mm）。

16.5.2.2 单支点双向固定

当轴较长或工作温度较高时，由于轴的热伸长量大，因此，宜采用一端双向固定、一端游动的支承结构，如图 16-13 所示。由固定端轴承承受双向轴向载荷，因此，固定端轴承内、外圈均须双向固定。而游动端轴承应能在轴伸长缩短时自由游动，游动端轴承当采用内、外圈不可分离型如深沟球轴承时，内圈须双向固定，而外圈不固定；若采用内、外圈可分离型轴承如圆柱滚子轴承，则内、外圈均须轴向固定，这时补偿轴的伸长、缩短是靠滚子与套圈间的游动实现的。当轴向载荷较大时，固定端可采用多个轴承组合的形式。这种支承结构形式常用于跨距较大（$l>350$ mm），且工作温度较高，热伸长量大的轴。

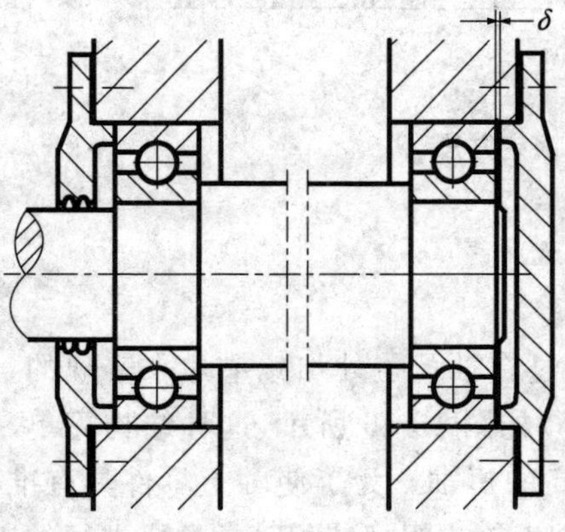

图 16-12　两端固定的深沟球轴承

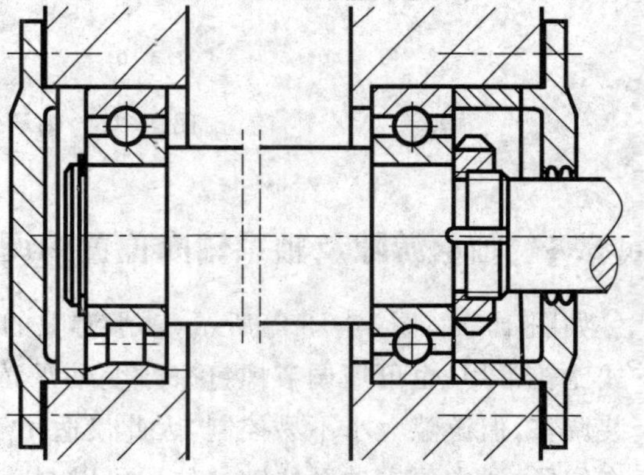

图 16-13　一端固定、一端游动轴系

16.5.3 滚动轴承内、外圈的固定

16.5.3.1 内圈的轴向固定

滚动轴承在轴上通常用轴肩或套筒固定其一端的位置。而另一端可采用：用轴用弹性挡圈嵌入轴的沟槽内固定，此方式主要用于深沟球轴承且轴向力不大及转速不高时，如图 16-14a 所示；用螺钉加轴端挡圈固定，此方式可用于中等轴向力及转速较高时，如图 16-14b 所示；用圆螺母和止动垫圈固定，此方式可用于轴向力较大及转速高的地方，如图 16-14c 所示。

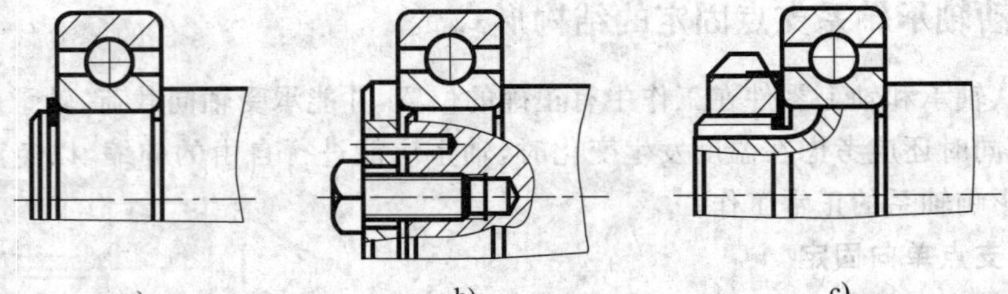

图 16-14 轴承内圈的固定

16.5.3.2 外圈的轴向固定

外圈轴向固定的常用方法有：用孔用弹性挡圈嵌入轴承座孔内沟槽中固定，此方式用于向心轴承且当轴向力较小时，如图 16-15a 所示；用止动环嵌入轴承外圈的止动槽内固定，此方式用于带有止动槽的深沟球轴承且轴向力不大时，以及当外壳不便设凸肩和外壳为剖分结构时，如图 16-15b 所示；用轴承盖固定，此方式可用于转速很高及轴向力很大的各类轴承，如图 16-15c 所示；用螺纹环固定，此方式用于转速高、轴向力大，而不宜用轴承盖固定的情况，如图 16-15d 所示。

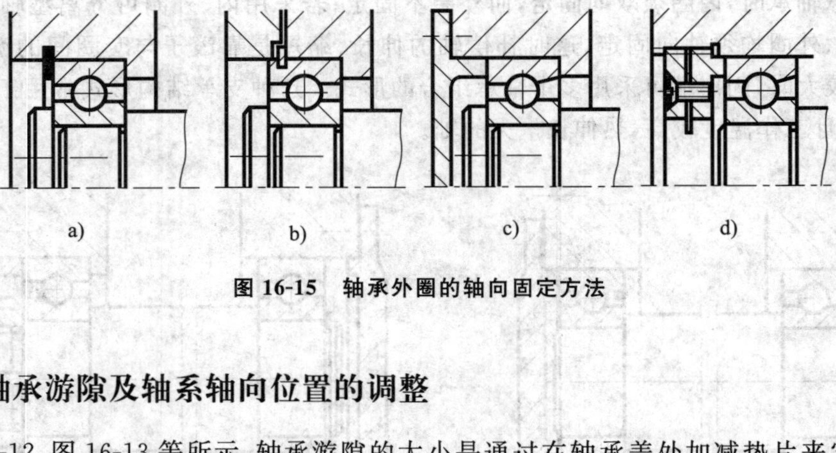

图 16-15 轴承外圈的轴向固定方法

16.5.4 轴承游隙及轴系轴向位置的调整

如图 16-12、图 16-13 等所示，轴承游隙的大小是通过在轴承盖处加减垫片来实现的，这种方式比较常用；也可用调节螺钉来改变轴承游隙的大小，如图 16-16 所示，这种结构简单、便于安装调整，但游隙大小不易控制，因此仅适用于温升不高的短轴。为了使轴上零件具有准确的工作位置，通常要求轴系的轴向位置可以调整，这是圆锥齿轮或蜗杆装配时常常要进行的工作。如图 16-17 所示的锥齿轮传动，要求两齿轮的锥顶重合于一点，因此需要调整两锥齿轮的轴向位置，可以通过在套杯与机体之间加减垫片 1 来调整锥齿轮轴系的轴向位置，而垫片 2 则是用来调整轴承游隙。

16.5.5 滚动轴承的配合

轴承的周向固定及径向游隙的大小是通过轴承与轴和轴承座孔的配合来实现的，配合的松紧将直接影响轴承的旋转精度和寿命，配合过紧会使游隙减少甚至影响轴承的正常运转；而配合过松，游隙增大又会影响旋转精度，且使同时受载的滚动体减少，轴承的承载能力降低。

由于滚动轴承是标准件，因此，轴承内圈孔与轴颈的配合采用基孔制，而轴承外圈与轴承座孔的配合采用基轴制。轴承的配合代号不用标注，只标注与其配合零件的配合代号。

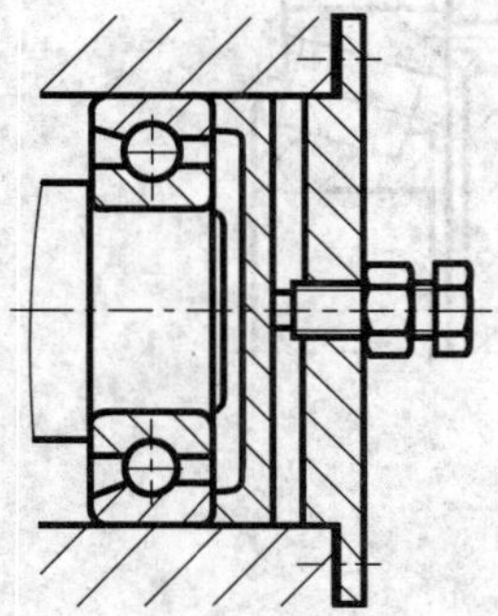

图 16-16 轴承间隙的调整

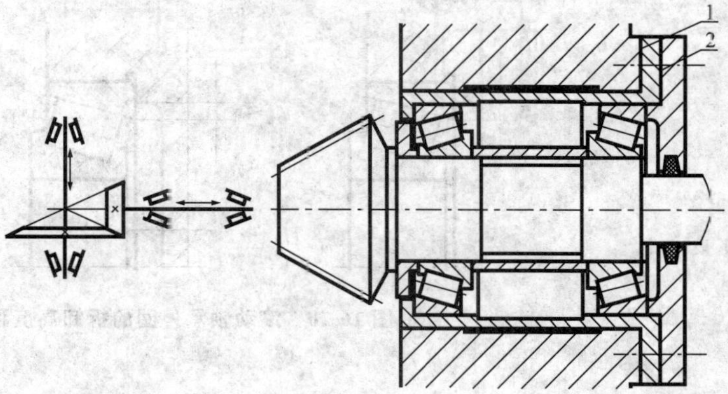

图 16-17 锥齿轮轴向位置的调整

选择配合时，应考虑载荷的大小、方向和性质，以及轴承类型、转速和使用条件等因素。通常转动套圈（一般是内圈）的配合选得要紧些，并且当转速越高，载荷及振动越大以及工作温度变化越大时，配合应越紧，如当内圈为转动圈时，轴的公差常用 n6、m6、k6、js6 等；不转动套圈（一般是外圈），或经常拆卸的轴承应选用较松的配合，这时轴承座孔的公差常用 Js7、J7、H7 等；当轴承作为游动支承时，轴承座孔的公差常用 G7。具体的选择还可以查机械设计手册。

16.5.6 滚动轴承的装拆

在进行轴承组合设计时，应考虑到轴承的装拆。在轴承装拆过程中，不应损害轴承及其他零件，并且装拆的作用力应作用于内圈，或同时作用于内圈和外圈，但不能通过滚动体传力。通常内圈与轴的配合较紧，在进行装配时，对于中、小型轴承可用压力法，即将装配套筒放在轴承内圈上，然后在压力机上将轴承压到轴颈上，如图 16-18 所示；对于大型轴承，可采用变温装配法，即将轴承放在 80～120℃的油中加热后进行热装。轴承内圈拆卸须用专用的拆卸工具，如图 16-19 所示。

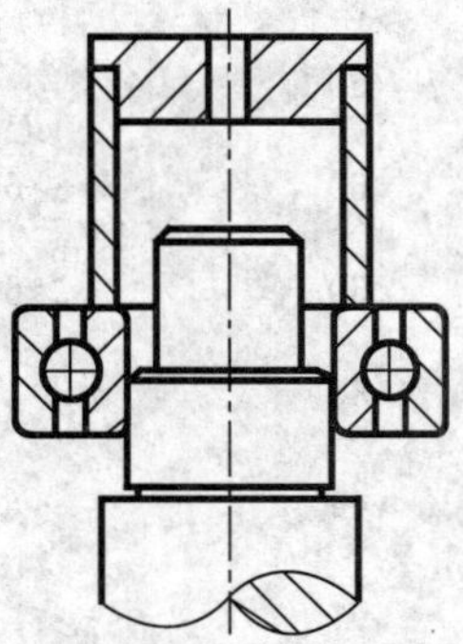

图 16-18 滚动轴承的安装

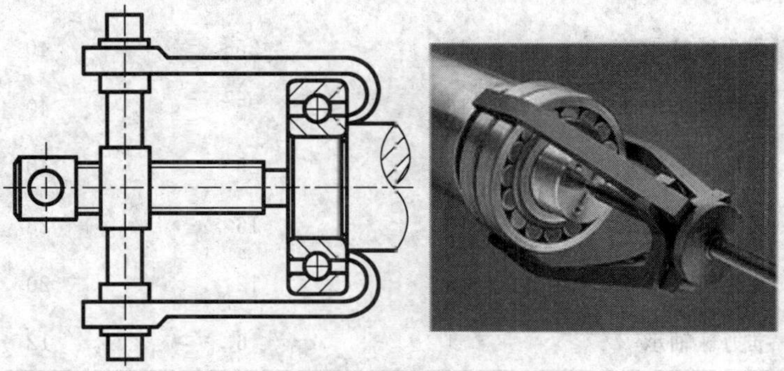

图 16-19 滚动轴承的拆卸

为了便于轴承的拆卸，轴上定位轴肩的高度应小于轴承内圈的高度，同样，对于外圈也应留出拆卸高度，或设计拆卸孔，如图 16-20 所示。

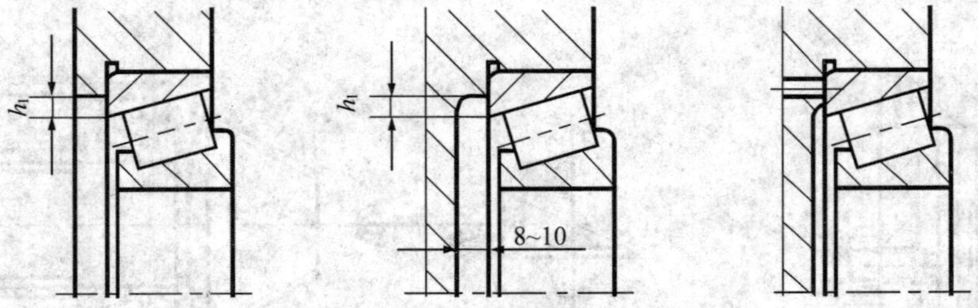

图 16-20 滚动轴承外圈的拆卸高度和拆卸孔

16.6 滚动轴承的润滑和密封

16.6.1 滚动轴承的润滑

滚动轴承润滑的主要目的是为了降低摩擦阻力和减轻磨损，同时还可起到冷却、吸振、防锈、减少噪声以及提高效率和延长使用寿命的作用。

滚动轴承常用的润滑方式有油润滑及脂润滑，特殊情况如高温和真空条件下还可采用固体润滑方式。一般高速时采用油润滑，而低速时采用脂润滑。润滑方式的选择与轴承的速度有关，通常根据速度因素 dn（d 为轴颈直径 mm，n 为轴承工作转速 r/min）进行选择，一般当 $dn > 16\times10^4$ mm・r/min 时应采用油润滑。见表 16-10。

表 16-10 适用于脂润滑和油润滑的 dn 值界限　　$\times10^4$ mm・r/min

轴承类型	脂润滑	油润滑			
		油浴	滴油	循环油（喷油）	油雾
深沟球轴承	16	25	40	60	>60
调心球轴承	16	25	40	50	
角接触球轴承	16	25	40	60	>60
圆柱滚子轴承	12	25	40	60	>60
圆锥滚子轴承	10	16	23	30	
调心滚子轴承	8	12	20	25	
推力球轴承	4	6	12	15	

采用脂润滑可承受较大的载荷，结构简单，易于密封，维护方便，且润滑脂的更换时间可相对较长。润滑脂通常用于转速不大，温度不高，不经常加油的场合。润滑脂的装填量一般不超过轴承内部空间的 1/3～1/2，过多，易引起摩擦发热。

当采用油润滑时，摩擦阻力小，冷却效果好。通常速度较大、温度较高时采用油润滑。根据工作温度和 dn 值，由图 16-21 可选出润滑油应具有的黏度值，然后根据黏度从润滑油产品目录或机械设计手册中选出相应的润滑油牌号。如果轴承采用浸油润滑，油面高度不应高于最下方滚动体的中心，否则，搅油损失大。

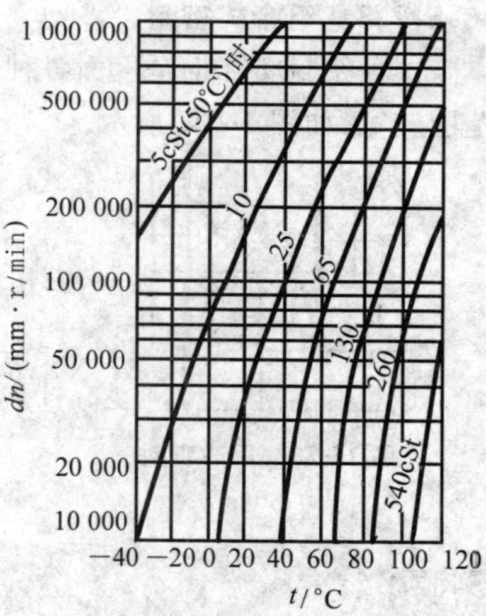

图 16-21 滚动轴承润滑油黏度的选择

16.6.2 滚动轴承的密封

密封是为了防止润滑剂的流失，也是为了防止外界灰尘、水分及其他物质浸入轴承。

16.6.2.1 接触式密封

毡圈密封，如图 16-22 所示。这种密封结构简单，密封效果不是很好。通常这种密封用于轴颈的圆周速度 $v \leqslant 4 \sim 5$ m/s，工作温度不超过 90℃的脂润滑的轴承。

皮碗密封，如图 16-23 所示。皮碗密封可靠，使用方便，可用于脂或油润滑的场合，使用中应使轴颈的圆周速度 $v \leqslant 4 \sim 12$ m/s，工作温度范围 t 在 −40～100℃。

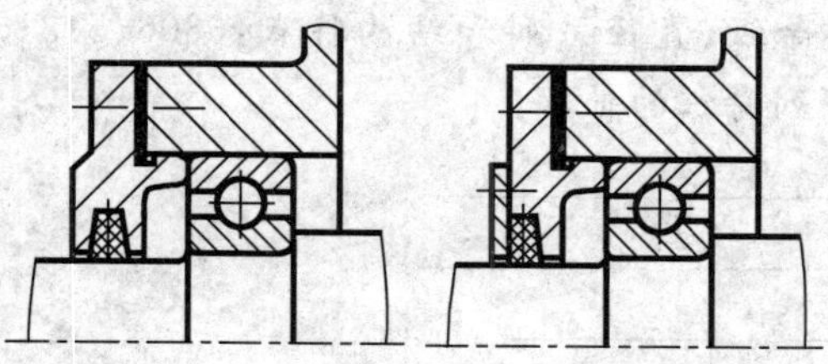
图 16-22 毡圈密封

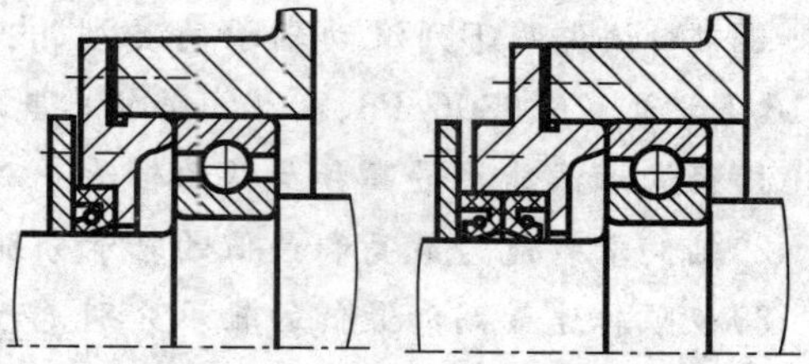
图 16-23 皮碗密封

16.6.2.2 非接触式密封

由于接触式密封在接触处会产生摩擦磨损。因此，当轴颈的圆周速度较高时，可采用非接触式密封。

间隙式密封，如图 16-24 所示。这种密封方式在轴与轴承盖之间有一个 0.1～0.3 mm 的较小间隙，使用时在此间隙中填满润滑脂进行密封。该结构简单，用于脂润滑或低速油润滑场合。

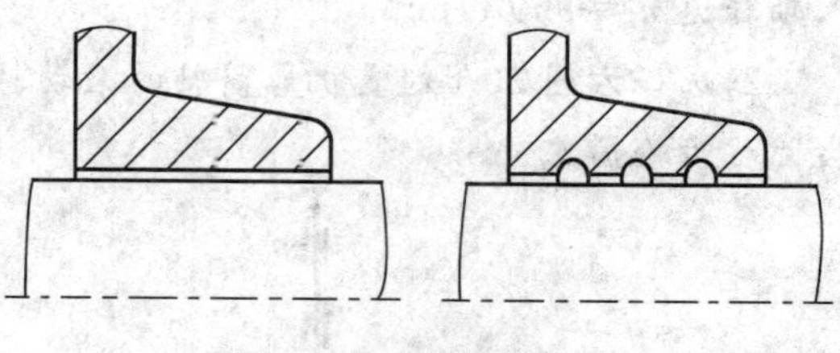
图 16-24 间隙密封

甩油密封，如图 16-25 所示。这种密封方式是利用离心力将油甩掉，然后经过导油槽将油导回油箱。

迷宫式密封，如图 16-26 所示。利用密封的旋转件与固定件之间形成的 0.2～0.5 mm 的间隙，并在此间隙中填充润滑脂来进行密封。此密封方式对油润滑和脂润滑都有效，可用于高速(圆周速度可达 30 m/s)，适用于环境较脏和比较潮湿时。密封效果可靠。

16.6.2.3 组合式密封

这种密封实际上是上面各种密封方式的组合，可用于脂润滑和油润滑，密封效果较好，适用范围较宽，如图 16-27 所示。

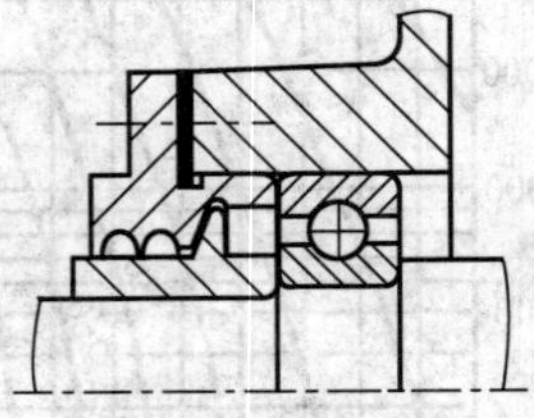

图 16-25 甩油密封

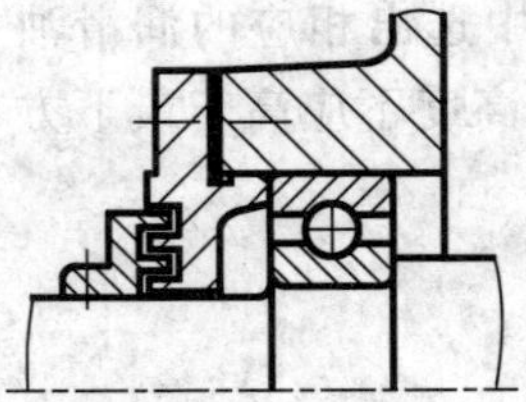

图 16-26 迷宫式密封

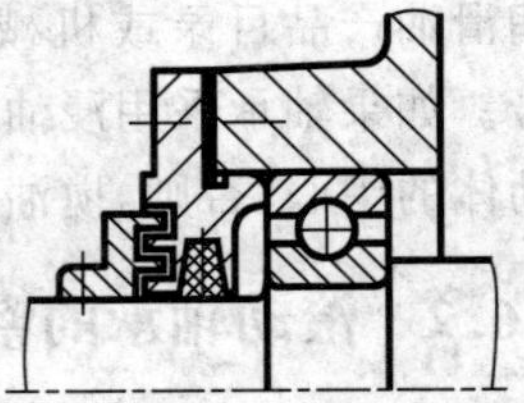

图 16-27 组合式密封

习题 16

16-1 滚动轴承的主要失效形式有哪些？其设计准则是什么？

16-2 向心角接触轴承的内部轴向力是怎样产生的？其计算规律是什么？

16-3 滚动轴承支承的基本结构形式有哪些？它们各有什么特点？

16-4 试说明下列滚动轴承的类型、内径、公差等级、直径系列和结构特点：6306、51316、N316/P6、30306、6306/P5、30206，并指出其中具有下列特征的轴承：

1)径向承载能力最高和最低的轴承分别是______和______；

2)轴向承载能力最高和最低的轴承分别是______和______；

3)极限转速最高和最低的轴承分别是______和______；

4)公差等级最高的轴承是______；

5)承受轴向径向联合载荷能力最高的轴承是______；

16-5 试选择如题图所示机械轴上滚动轴承的类型。

1)选择左图圆锥-圆柱齿轮减速器各轴滚动轴承的类型。锥齿轮 $z_1=16$，$z_2=64$，$m=4$ mm；斜齿轮 $z_3=14$，$z_4=70$，$m=5$ mm，$\beta=17°20'29''$，$a=220$ mm；输入功率 $P=5.5$ kW，输入轴转速 $n_1=960$ r/min。

2)选择右图 20 t 起重机卷筒轴的滚动轴承类型。$Q=2\times10^5$ N，$n=26.5$ r/min，动力由直齿圆柱齿轮输入。

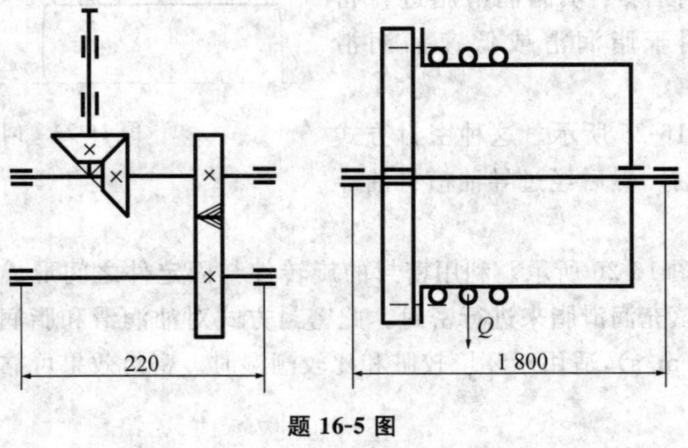

题 16-5 图

16-6 如题图所示，某轴由一对深沟球轴承支承。已知：两轴承所受的径向载荷分别为 $F_{r1}=5\ 000$ N，$F_{r2}=10\ 000$ N，而轴所受的轴向力为 $F_A=2\ 500$ N，轴的转速 $n=400$ r/min。载荷系数 $f_P=1.1$，轴承工作温度为常温，要求轴承寿命 $L_h=10\ 000$ h。若此轴的轴颈直径不小于50 mm，试选择这对轴承的型号。

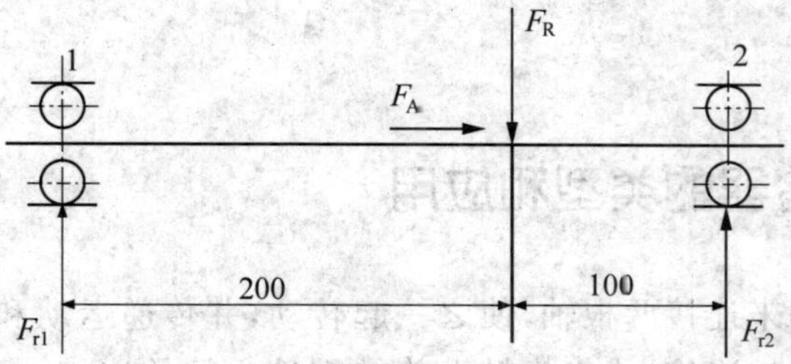

题 16-6 图

16-7 如题图所示，某传动装置的传动轴由两个角接触轴承支承，型号为 7308AC。已知：两轴承所受的径向载荷分别为 $F_{r1}=1\ 000$ N，$F_{r2}=2\ 060$ N，轴所受的轴向载荷 $F_A=880$ N，转速 $n=5\ 000$ r/min，有中等冲击，预期寿命 $L'_h=2\ 500$ h。试校核所选轴承型号是否恰当。

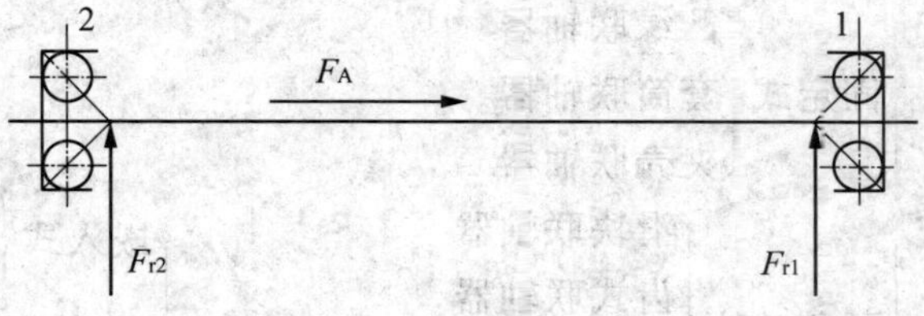

题 16-7 图

16-8 试指出如图所示轴系的错误结构，说明原因，并画出正确的结构图。其中齿轮、轴承均用油润滑。

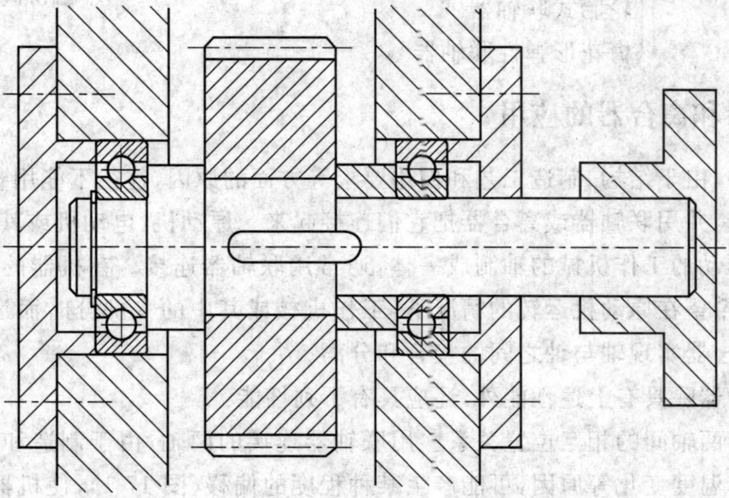

题 16-8 图

17 联轴器和离合器

17.1 联轴器、离合器的类型和应用

联轴器和离合器是用来连接两根轴，使之一起转动，并传递运动和转矩。它们也可以用作轴和齿轮或带轮等零件间的连接，或作为轴上旋转零件之间的连接。联轴器牢固地连接两轴，只有在机器停止运转时将其拆卸，才能使两轴分离。离合器则可以在机器的运转过程中根据工作需要随时完成两轴的接合和分离。

17.1.1 联轴器和离合器的类型

联轴器和离合器的类型很多，常用联轴器和离合器的主要类型如下：

- 联轴器
  - 刚性联轴器
    - 固定式
      - 凸缘联轴器
      - 套筒联轴器
      - 夹壳联轴器
    - 可移动式
      - 滑块联轴器
      - 齿式联轴器
      - 万向联轴器
      - 滚子链联轴器
  - 弹性联轴器
    - 弹性套柱销联轴器
    - 弹性柱销联轴器
    - 轮胎式联轴器
    - 梅花形弹性联轴器

- 离合器
  - 嵌入式
    - 牙嵌离合器
    - 齿轮离合器
  - 摩擦式
    - 单圆盘摩擦离合器
    - 多片式摩擦离合器
    - 圆锥式摩擦离合器
  - 电磁式
    - 电磁多片摩擦离合器
    - 磁粉离合器

17.1.2 联轴器和离合器的应用

在机械设备中，由于结构、制造工艺和使用要求等方面的原因，往往不能用整体的长轴。这时轴可以分段制造，并用联轴器或离合器把它们连接起来。原动机（电动机或其他动力机械）的轴显然不便与被驱动的工作机械的轴制成一体，通常用联轴器连接。在机器的运转过程中，根据工作需求，有时希望在原动机运转的情况下，工作机械或其中的一部分时而运转时而停止运转，这时可采用离合器实现轴与轴之间的接合和分离。

联轴器和离合器除具有上述性能外，还应具有下列性能：

1)适应被连接两轴间的相互位置关系。用联轴器连接的两轴，由于制造和安装误差，受载后的变形以及工作温度变化等原因，可能产生某种程度的偏移（图 17-1），使机器的工作情况恶化。因此，要求联轴器具有补偿两轴偏移的能力。

2)具有吸收振动及缓和冲击的能力。当轴转速较高或工作载荷不平稳时，轴将发生冲击振

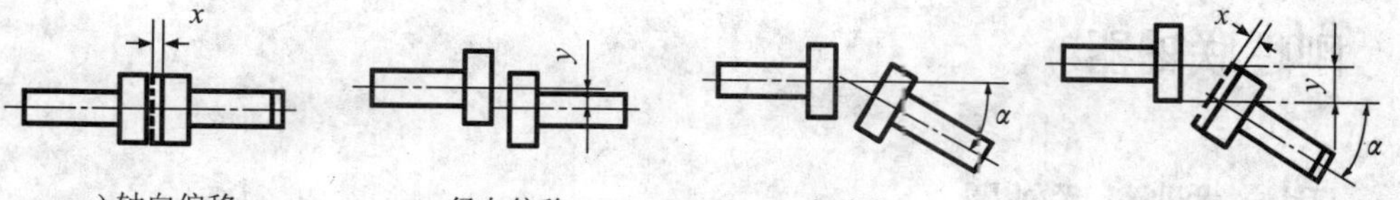

图 17-1 两轴线相对偏移的型式

动，为缓冲吸振，可在联轴器内设置弹性元件。

3)其他使用要求。为了保护机器在过载时不致损坏，可以使联轴器或离合器的某个元件在预定过载值下折断或松脱，以切断连接，来保护机器中的重要零件不致损坏。又如果要求工作机械能在满载下起动，同时需要保护原动机，避免它受过大的起动载荷，这时可以限制联轴器或离合器传递转矩的能力，在起动过程中容许被连接的两轴有适量的转速差，使工作机械以较低的加速度逐渐起动。

联轴器和离合器大多已标准化，设计者的主要任务是合理选用。一般选择步骤为：①根据机器的工作条件和使用要求选择合适的类型；②按轴的直径、工作转矩和转速选定具体的型号；③必要时对其易损零件进行强度校核。如果根据工作要求需要自行设计，则可参考同类联轴器和离合器的主要尺寸关系来确定结构尺寸，然后作必要的校核计算。

在计算联轴器和离合器所需传递的转矩 T 时，通常引入一个工作情况系数 K_A 来考虑机器起动时的动载荷和使用中可能出现的过载现象。即计算转矩为

$$T_c = K_A T \leqslant [T] \tag{17-1}$$

式中：T 为名义转矩，N · mm；T_c 为计算转矩，N · mm；K_A 为工作情况系数，见表 17-1；$[T]$为联轴器或离合器的许用转矩，N · mm；可以从机械设计手册中查出。

表 17-1 工作情况系数 K_A

原动机	工作机					
	Ⅰ	Ⅱ	Ⅲ	Ⅳ	Ⅴ	Ⅵ
电动机、汽轮机	1.3	1.5	1.7	1.9	2.3	3.1
单缸内燃机	2.2	2.4	2.6	2.8	3.2	4.0
双缸内燃机	1.8	2.0	2.2	2.4	2.8	3.6
四缸以上内燃机	1.5	1.7	1.9	2.1	2.5	3.3

注：工作机分类：Ⅰ类指转矩变化很小的机械，如发电机、小型通风机、小型离心泵；Ⅱ类指转矩变化小的机械，如透平压缩机、木工机械、输送机；Ⅲ类指转矩变化中等的机械，如搅拌机、增压泵、有飞轮的压缩机；Ⅳ类指转矩变化和冲击载荷中等的机械，如织布机、水泥搅拌机、拖拉机；Ⅴ类指转矩变化和冲击载荷较大的机械，如挖掘机、碎石机、造纸机械；Ⅵ类指转矩变化和冲击载荷大的机械，如压延机、重型初轧机。

联轴器和离合器的种类很多，后面几节仅介绍常用的几种类型。

17.2 刚性联轴器

17.2.1 固定式刚性联轴器

这类联轴器结构简单、成本较低，但其各零件间不能作相对运动且零件都是刚性的，故无法补偿两轴间的相对位移，并且缺乏缓冲吸振能力。所以，这种联轴器常用于无冲击、轴的对中良好的场合。

17.2.1.1 凸缘联轴器

凸缘联轴器由两个半联轴器和连接螺栓等组成(图 17-2)。其结构简单，制造方便，成本较低，装拆和维修较方便，传递转矩较大，但要求两轴具有较高的对中精度。一般常用于载荷平稳、中高速或传动精度要求较高的场合，是应用广泛的一种刚性联轴器，这种联轴器已经标准化(GB/T 5843—86)。

凸缘联轴器按对中方式不同又分为两种型式：①YL 型(图 17-2a)，两半联轴器用铰制孔用螺栓对中并实现连接；②YLD 型(图 17-2b)，由两半联轴器上分别具有的对中榫与凹槽相配合而对中，用普通螺栓实现连接。前者装拆较方便，只需装拆螺栓而不必作轴向移动，且能传递较大转矩，但需精配连接螺栓，半联轴器上的螺栓孔需铰制。

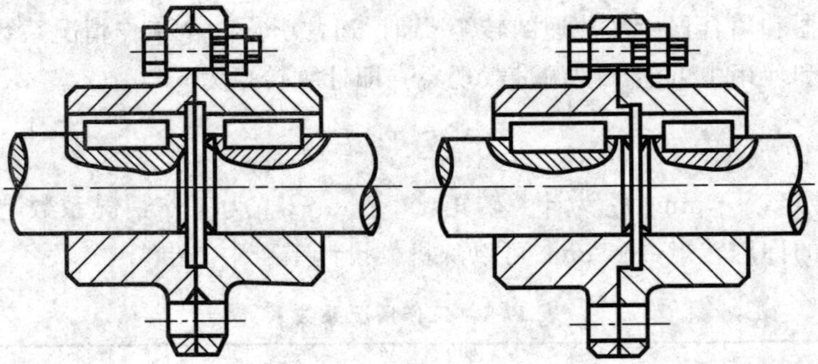

a)　　b)

图 17-2　凸缘联轴器

17.2.1.2 套筒联轴器

套筒联轴器由套筒、销或键组成(图 17-3)。其优点是结构简单紧凑、径向尺寸小、组成零件

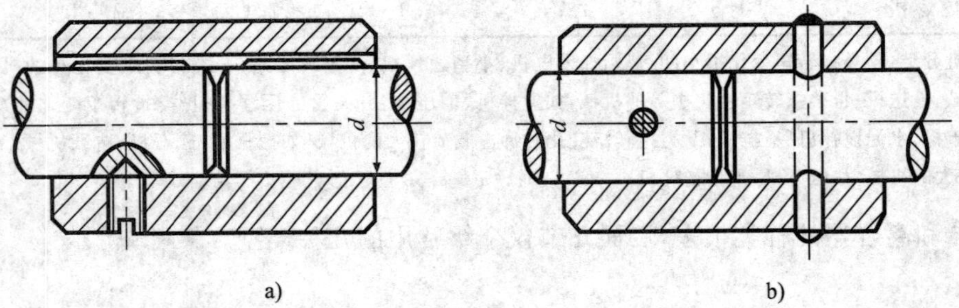

a)　　b)

图 17-3　套筒联轴器

少。缺点是装拆不方便,装拆时轴需作较大的轴向移动。套筒联轴器适用于载荷不大、工作平稳、两轴能严格对中且径向尺寸受限制的场合。比种联轴器尚无标准,需要自行设计。

17.2.2 可移式刚性联轴器

这类联轴器的零件均是刚性的,缺乏缓冲吸振能力,但因其工作零件间存在动连接,所以具有补偿相对位移的能力。动连接会造成相关零件的磨损和摩擦,磨损会加大间隙,进而增大冲击,又会因摩擦阻力过大不但使零件移动困难还会使轴及联轴器受到附加载荷。所以要求这类联轴器工作表面硬度高、润滑好。但因无弹性元件,故又称之为"无弹性元件挠性联轴器"。

17.2.2.1 十字滑块联轴器

十字滑块联轴器是由两个端面带槽的套筒 1、3 和两侧面各具有凸块的浮动盘 2 组成(图 17-4),浮动盘两侧的凸块相互垂直,分别嵌装在两个套筒的凹槽中。浮动盘的凸块可在套筒的凹槽中滑动,故允许一定的径向位移 $y \leqslant 0.04d$(d 为轴径)和角位移 $\alpha \leqslant 30'$。

该联轴器结构简单、价廉,缺点是当转速较高时,因浮动盘作偏心圆周运动所产生的离心力较大,轴系受到附加动载荷,使联轴器滑动零件磨损加剧,故一般适用于径向位移较大,转矩较大、低速($n < 250$ r/min)、无冲击的场合。

17.2.2.2 万向联轴器

万向联轴器的种类很多,其中十字轴万向联轴器(图 17-5)最为常用。十字轴万向联轴器由两个叉形的半联轴器、一个十字轴以及销钉、套筒、圆锥销等组成。销钉与圆柱销互相垂直配置,分别将两个半联轴器与十字轴连接起来,形成一个可动的连接。这种连接允许两轴间具有较大的偏角位移,最大夹角可达 $\alpha = 35° \sim 45°$,并且允许工作中两轴间夹角变化。

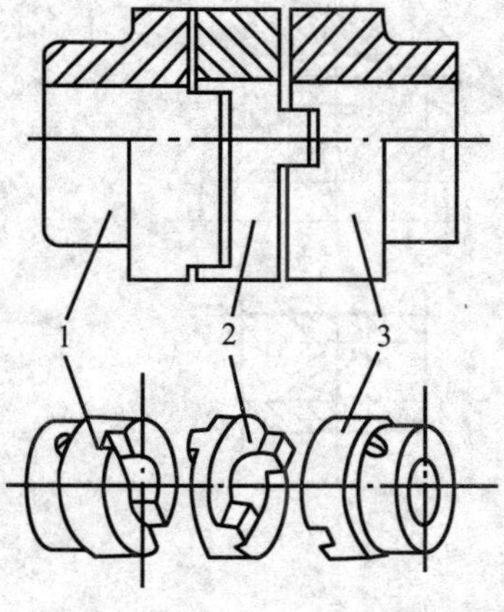

图 17-4 十字滑块联轴器

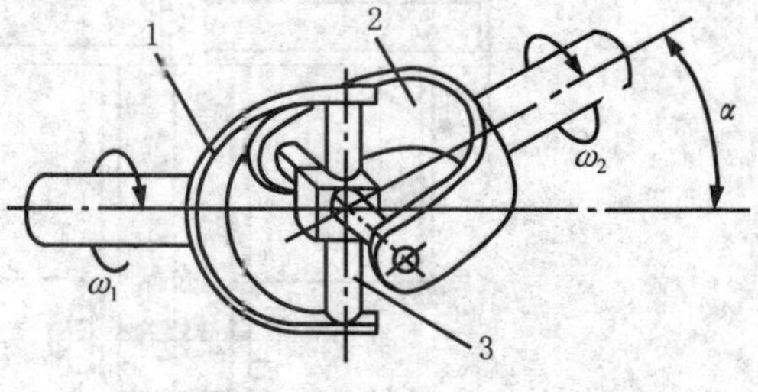

图 17-5 十字轴万向联轴器

为了消除工作中从动轴转速不均匀现象,使从动轴与主动轴的角速度相等,常将十字轴万向联轴器成对使用,制成双十字轴万向联轴器(图 17-6a),用于连接两平行轴或相交轴。使用时必须保证主动轴、从动轴与中间轴的轴线位于同一平面内,主动轴和从动轴与中间轴之间的夹角相等,并且使中间轴两端的叉形接头位于同一平面内(图 17-6b)。这种联轴器可适应两轴间较大的综合位移,且结构紧凑维护方便,因而在农业机械、汽车、多头钻床中得到广泛应用。

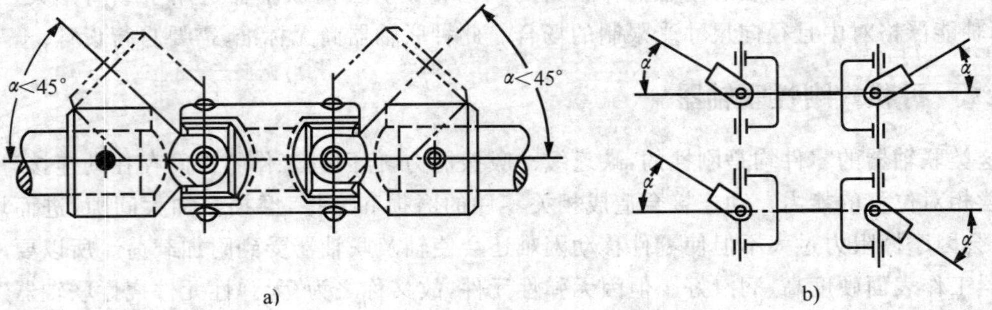

a) b)

图 17-6 双十字轴万向联轴器

17.2.2.3 齿式联轴器

齿式联轴器(Q/ZB104-73、Q/ZB105-73)由两个带有外齿的半联轴器 1、4 和两个带有内齿的外套 2、3 构成(图 17-7a)。两个外套用螺栓组联成一体,两个半联轴器分别用键与两轴连接,靠内外齿的啮合传递转矩。内外齿轮的齿数相等,一般齿数 $z=30\sim80$,且常采用压力角为 20°的渐开线齿廓。由于外齿的齿顶制成球面形,其球心位于联轴器轴线上,齿厚制成鼓形,并且与内齿啮合后具有一定的顶隙和侧隙(图 17-7b),传动时可补偿两轴间的径向位移、偏角位移及综合位移(图 17-8)。为了减少磨损,联轴器内注有润滑剂,并在联轴器左、右两侧装有密封圈,以防止润滑油的泄漏。

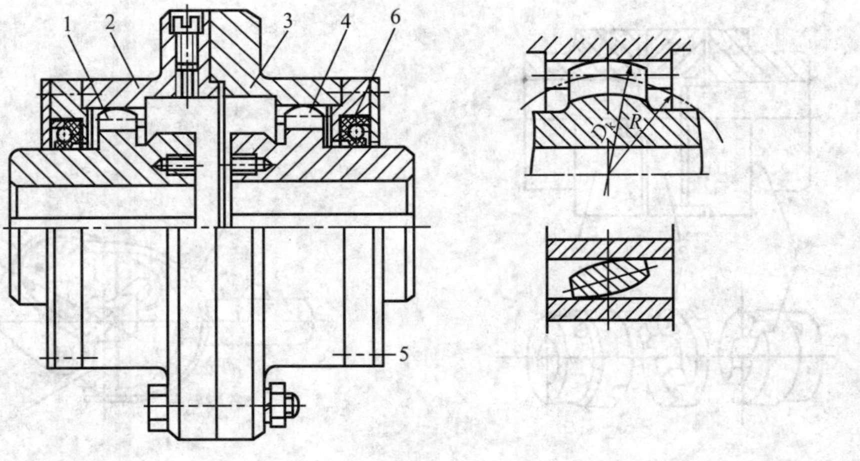

a) b)

图 17-7 齿式联轴器

齿式联轴器同时啮合的齿多,承载能力大,外廓尺寸较紧凑,可靠性高,但结构复杂、制造困难、成本高,通常在高速重载的重型机械中应用较广。

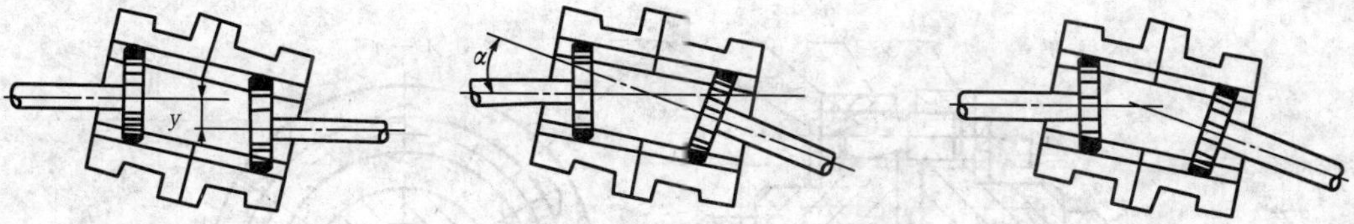

a) 补偿径向位移 b) 补偿偏角位移 c) 补偿综合位移

图 17-8 齿式联轴器工作时补偿位移情况

17.3 弹性联轴器

弹性联轴器由于装有弹性元件，因此它不仅能补偿两轴间的偏移，而且还具有缓冲、吸振的能力。弹性元件储存的能量越多则联轴器缓冲吸振的能力就越强；弹性元件的弹性滞后性能越好则联轴器的减振性能就越好。因此，它常用在启动频繁、变载荷、高速及经常正反转和两轴不能严格对中的场合。

17.3.1 弹性套柱销联轴器

弹性套柱销联轴器的结构（图 17-9）与凸缘联轴器相似，只是用带有弹性套的柱销代替螺栓来连接。弹性套可做成梯形剖面以提高其弹性；弹性套材料一般采用耐油橡胶，也有用皮革衬套的，以提高耐磨性和寿命。半联轴器与轴的配合孔可做成圆柱形孔或圆锥形孔。

弹性套柱销联轴器通过弹性套传递转矩可缓冲减振。这种联轴器允许的轴向位移 $x=2\sim7.2$ mm；径向位移 $y\leqslant0.2\sim0.6$ mm；角位移 $\alpha=1°30'$。它结构简单，制造容易、成本较低，但弹性套易损坏，寿命较低。它适用于载荷平稳，工作环境在−20～70℃的范围内，需正反转或启动频繁，传递中、小转矩的场合。

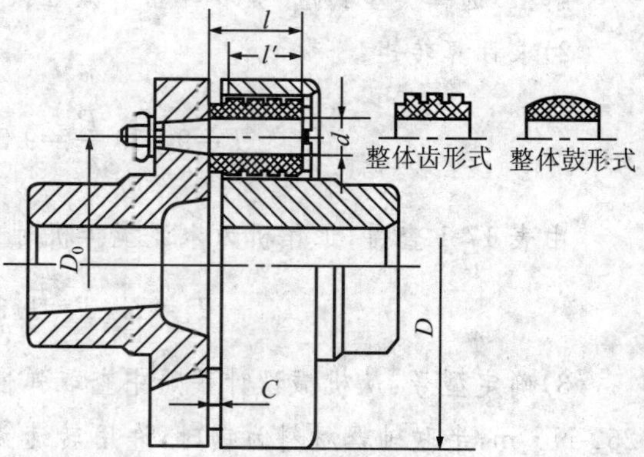

图 17-9 弹性套柱销联轴器

17.3.2 弹性柱销联轴器

弹性柱销联轴器结构（图 17-10）与弹性套柱销联轴器相似，只是用弹性柱销 3 代替了弹性套和金属销。为了防止柱销 3 滑出，在柱销两端配置了挡圈 4。这种联轴器的柱销材料多为尼龙，有一定的弹性且耐磨性好，因而可补偿两轴间的相对偏移，但允许量较小，轴向位移 $x\leqslant0.5\sim3$ mm；径向位移 $y\leqslant0.15\sim0.25$ mm；角位移 $\alpha=30'$。

弹性柱销联轴器结构简单，两半联轴器可以互换，加工容易，维修方便，尼龙柱销的弹性不如橡胶，但强度高，耐磨性好。当两轴相对位移不大时，这种联轴器的性能比弹性套柱销联轴器还要好些，特别是寿命长、结构尺寸紧凑，更适用于冲击不大，经常正反转的中、低速以及大转矩

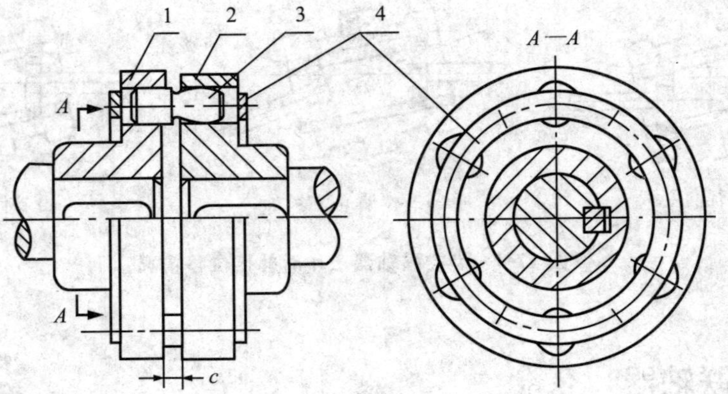

图 17-10 弹性柱销联轴器

的传动轴系。但这种联轴器对温度影响较敏感，工作温度为－20～70℃。应用时参见标准GB 5014—85。

例题 17-1 电动机经减速器拖动水泥搅拌机工作。已知电动机的功率 $P=11$ kW，转速 $n=970$ r/min，电动机轴的直径和减速器输入轴的直径均为 42 mm，试选择电动机与减速器之间的联轴器。

解：1）选择类型：为了缓和冲击和减轻振动，选用弹性套柱销联轴器。

2）求计算转矩：

$$T=9\ 550\frac{P}{n}=9\ 550\times\frac{11}{970}=108(\mathrm{N\cdot m})$$

由表 17-1 查得，工作机为水泥搅拌机时工作情况系数 $K_A=1.9$，故计算转矩

$$T_c=K_A T=1.9\times108=205(\mathrm{N\cdot m})$$

3）确定型号：从机械设计手册中查取弹性套柱销联轴器 TL6，其公称转矩（即许用转矩）为 250 N·m，半联轴器材料为钢时，许用转速为 3 800 r/min，允许的轴孔直径在 32～42 mm 之间。以上数据均能满足本题的要求，故合用。

17.4 牙嵌式离合器

牙嵌式离合器是一种借助于专门的操纵机构来实现两轴的接合与分离；其操纵是靠人力、电磁的吸力、气压或液压传动的压力来实现的。对其要求是接合分离迅速可靠，平稳；操纵方便，省力，调整维护方便；散热好，使用寿命长等。

17.4.1 牙嵌式离合器的结构与特点

牙嵌式离合器由两个端面上具有凸齿的半离合器组成（图 17-11）。其中，半离合器 1 固定在主动轴上，半离合器 2 用导向平键或花键 3 与从动轴连接，并可用操纵系统带动拨叉 4 使其

作轴向移动，实现两半离合器的接合或分离。在三动轴上的半离合器 1 中用螺钉固定一导向环 5，以实现导向和定心作用。必须指出，可移动的半离合器不应装在主动轴上，否则将使离合器分离后，半离合器与拨叉之间仍处于摩擦状态。

牙嵌式离合器常用的牙形有矩形、梯形和锯齿形等，如图 17-12 所示。矩形牙不便于接合；梯形牙易接合，牙根部强度高，能自动补偿牙磨损，因而应用较广；锯齿形牙具有和梯形牙相似的特点，但只能在牙倾角较小的侧面单向受力，传递单向力矩，反向时自动分离。

牙嵌离合器的特点是结构简单、尺寸紧凑、工作可靠、承载能力大、传动准确。为了防止牙齿因受冲击载荷而断裂，离合器的接合必须在两轴转速差很小或停转时进行。

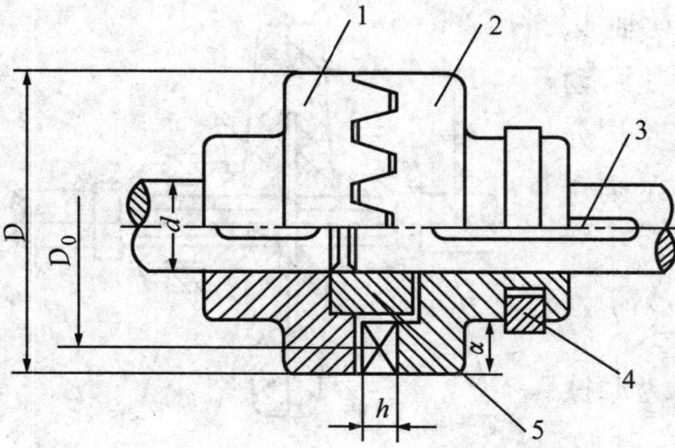

图 17-11 牙嵌式离合器

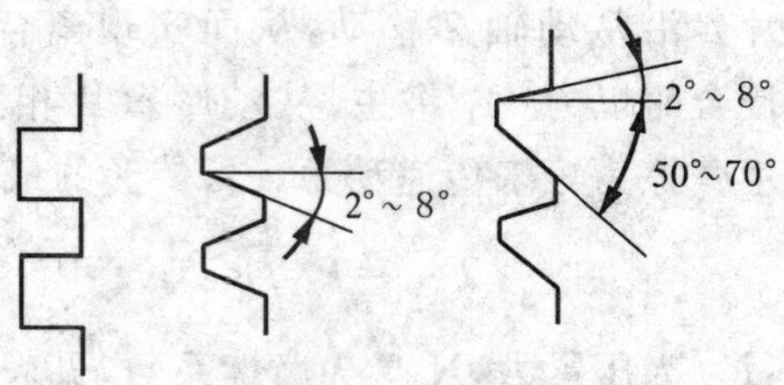

a) 矩形 b) 梯形 c) 锯齿形

图 17-12 牙嵌式离合器的牙形

17.4.2 牙嵌式离合器的材料及强度验算

17.4.2.1 材料及热处理

牙嵌离合器因经常离合，并有冲击，故要求工作表面有较高的硬度，而内部应有足够的韧性。常用材料为低碳钢经渗碳淬火处理，硬度达到 52～62 HRC；或中碳钢表面淬火处理，硬度达到 48～52 HRC；对于不重要的和在静止时接合的离合器也可以采用铸铁。

17.4.2.2 强度验算

牙嵌式离合器主要验算单位齿面上的压力 p 和齿根的弯曲应力 σ_b，即

$$p=\frac{2K_A T}{zD_0 A}\leqslant[p] \tag{17-2}$$

$$\sigma_b=\frac{K_A Th}{zD_0 W}\leqslant[\sigma_b] \tag{17-3}$$

式中：z 为半离合器上的牙数；A 为每个齿的有效工作面在径向平面上的投影面积，mm^2；h 为牙的高度，mm；D_0 为牙的平均直径，mm；W 为齿根的抗弯截面系数，mm^3；$[p]$为许用压强，MPa，停车时接合，$[p]$＝90～120 MPa；运转时接合，$[p]$＝35～45 MPa；$[\sigma_b]$为许用弯曲应力，MPa，停车时接合，$[\sigma_b]=\sigma_S/1.5$ MPa；运转时接合，$[\sigma_b]=\sigma_S/(3\sim4)$MPa。

17.5 圆盘摩擦离合器

利用主、从动半离合器接触表面之间的摩擦力来传递转矩的离合器，统称为摩擦离合器。它是能在高速下离合的机械操纵式离合器。摩擦离合器主要有圆盘式、圆锥式、摩擦块式和鼓式离合器等，其中以圆盘式离合器应用最广，圆盘式离合器有单片式和多片式两种。

17.5.1 单片离合器

单片离合器(图 17-13)，主要由主动摩擦片 3、从动摩擦片 4 的接触面间产生摩擦力矩来传递转矩的，主动摩擦片 3、从动摩擦片 4 分别与主动轴 1、从动轴 2 通过键实现连接。操纵时，操纵环 5 可以使从动摩擦片 4 沿从动轴 2 移动，从而实现离合器的接合与分离。接合时以力 F_Q 将主、从动摩擦片相互压紧，在接合面产生摩擦力矩来传递动力。可传递的最大转矩为

$$T_{max}=F_Q fR\geqslant K_A T \tag{17-4}$$

式中：F_Q 为压紧力，N；f 为摩擦系数，见表 17-2；R 为摩擦半径，通常取摩擦面平均半径，mm。

单片离合器的结构最为简单，但其直径会随传递转矩的增大而很快增加。这种离合器主要用于直径不受限制的地方。

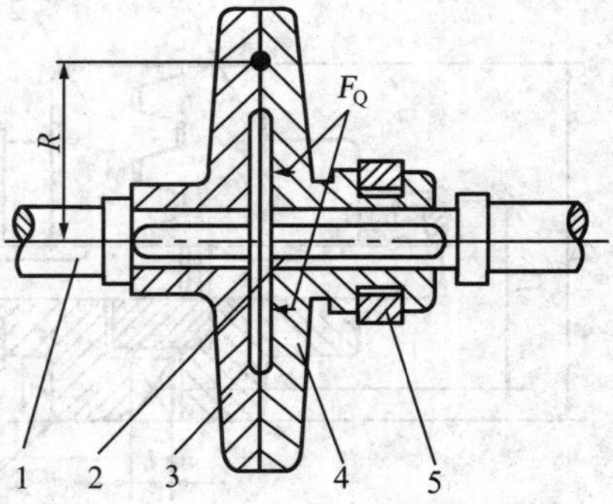

图 17-13 单片摩擦离合器

17.5.2 多片离合器

多片离合器如图 17-14a 所示，主动轴 1 与鼓轮 2，从动轴 3 与套筒 4 均用键连接。鼓轮外壳内缘上开有纵向槽，与一组外摩擦片 5 上的凸齿相连接，因此外摩擦片与主动轴一起转动，其内孔不与任何零件接触。另一组内摩擦片 6 外缘不与任何零件接触，而内孔的凹槽与从动轴上套筒 4 外缘的凸齿相嵌合，故内摩擦片与从动轴 3 一起转动，也可沿轴向移动。内、外摩擦片相间安装。当滑环 7 向左移动到图示位置时，曲臂压杆 8 经压板 9 将所有内、外摩擦片压紧在调压螺母 10 上，从而实现接合；当滑环向右移动时，则实现分离。当内、外片磨损后，调节螺母可用来调节内、外片之间的压力。内、外片的结构见图 17-14b、c。内片可以做成碟形，使其具有一定弹性、接合时在轴向压力的作用下可被压平，与外片贴紧。脱开时，由于内片的弹力作用可以与外片迅速分离。

根据摩擦片是否浸油工作，多片摩擦离合器又可分为干式和湿式。干式反应灵敏；湿式磨损小，散热快。

多片式离合器能传递的最大转矩 T_{max} 和作用在摩擦面的压强 p 为

$$T_{max}=zf\ F_Q R=zf\ F_Q\frac{D_1+D_2}{4}\geqslant K_A T \tag{17-5}$$

$$p=\frac{4F_Q}{\pi(D_2^2-D_1^2)}\leqslant[p] \tag{17-6}$$

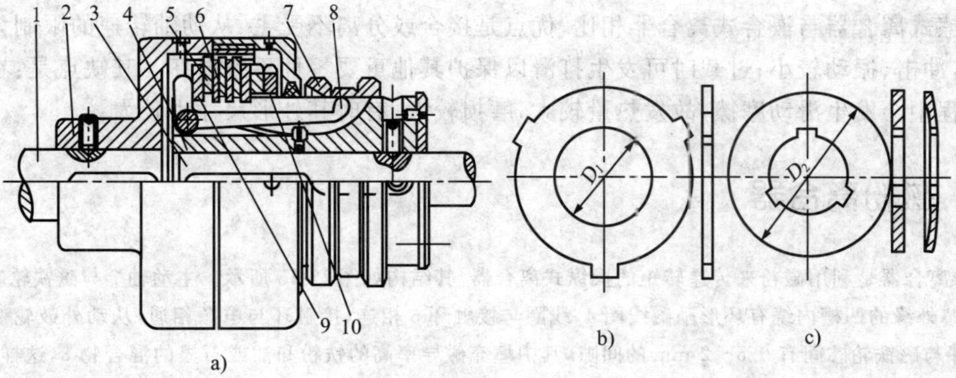

图 17-14 多片摩擦离合器

式中：z 为接合面数目；D_1、D_2 为摩擦片接合面内，外径，mm；$[p]$ 为许用压强，$[p]=[p]_0K_aK_bK_c$，$[p]_0$ 为基本许用压强，见表 17-2；K_a，K_b，K_c 分别为根据离合器圆周速度、主动摩擦片的数目，每小时的接合次数等不同而引入的修正系数，其值见表 17-3。

表 17-2 摩擦离合器的材料及其性能

摩擦副的材料及工作条件		摩擦系数 f	圆盘摩擦离合器 $[p]_0$[1] /MPa
在油中工作	淬火钢-淬火钢	0.06	0.6～0.8
	淬火钢-青铜	0.08	0.4～0.5
	铸铁-铸铁或淬火钢	0.08	0.6～0.8
	钢-夹布胶木	0.12	0.4～0.6
	淬火钢-陶质金属	0.1	0.8
不在油中工作	压制石棉-钢或铸铁	0.3	0.2～0.3
	淬火钢-陶质金属	0.4	0.3
	铸铁-铸铁或淬火钢	0.15	0.2～0.3

注：①基本许用压强为标准情况下的许用压强。

表 17-3 系数 K_a，K_b，K_c 值

平均圆周速度/(m/s)	1	2	2.5	3	4	6	8	10	15
K_a	1.35	1.08	1	0.94	0.86	0.75	0.68	0.63	0.55
主动摩擦盘数目	≤3	4	5	6	7	8	9	10	11
K_b	1	0.97	0.94	0.91	0.88	0.85	0.82	0.79	0.76
每小时接合次数	≤100		120	180	240		300		≥360
K_c	1		0.95	0.8	0.7		0.6		0.5

设计时，可先选定摩擦面材料，并根据结构要求确定摩擦片直径 D_1，D_2。在油中工作的离合器，可取 $D_1=(1.5\sim2)d$，d 为轴径，$D_2=(1.5\sim2)D_1$；对干式摩擦离合器，可取 $D_1=(2\sim3)d$，$D_2=(1.5\sim2.5)D_1$；然后根据式(17-6)求出允许的轴向压紧力 F_Q，根据式(17-5)求出所需接合面数 z。z 增加过大时，传递转矩并不是随之成正比增加的，故一般对湿式取 $z=5\sim15$，对干式

取 $z=1\sim6$。一般摩擦片总数不大于 25～30。

摩擦式离合器与嵌合式离合器相比，优点是接合或分离不受主、从动轴转速的限制，接合过程平稳，冲击、振动较小；过载时可发生打滑以保护其他重要零件不致损坏。其缺点是：在接合、分离过程中会发生滑动摩擦，故发热量较大，磨损较大，有时其外形尺寸也较大。

17.6 磁粉离合器

磁粉离合器是利用磁粉来传递转矩的操纵式离合器，其结构如图 17-15 所示。主动轴 7 与磁铁轮芯 5 相固连，在轮芯外缘的凹槽内绕有环形励磁线圈 4，线圈与接触环 6 相连，接触环与电源相通，从动外鼓轮 2 与齿轮 1 相连，并与磁铁轮芯间有 0.5～2 mm 的间隙，其中填充磁导率高的铁粉和油或石墨的混合物 3，这样，当线圈通电时，形成一个经轮芯、外鼓轮又回到轮芯的闭合磁通，使铁粉磁化。当主动轴旋转时，由于磁粉的作用，带动外鼓轮一起旋转来传递转矩。当断电时，铁粉恢复为松散状态，离合器即行分离。

这种离合器接合平稳，动作迅速，使用寿命长，可以远距离操纵，并有过载保护作用。但尺寸和质量较大。它适宜用作自动控制元件和高频快速离合，如数控机床、电子计算机中的控制机构，也宜用于过载保护和带负荷起动的重型机械。

17.7 定向离合器

定向离合器是一种随速度的变化或回转方向的变换而能自动接合或分离的离合器，它只能单向传递转矩。如锯齿形牙嵌离合器，只能单方向传递转矩，反向时即行分离。还有棘轮机构也可用作定向离合器。但它们在空程时（分离状态运转）噪声大，故只宜用于低速场合。

图 17-16 所示为应用较广的滚柱式定向离合器。它主要由星轮 1、外圈 2、滚柱 3 和弹簧顶杆 4 组成。弹簧顶杆 4 的作用是将滚柱压向星轮的楔形槽内与星轮、外圈相接触。

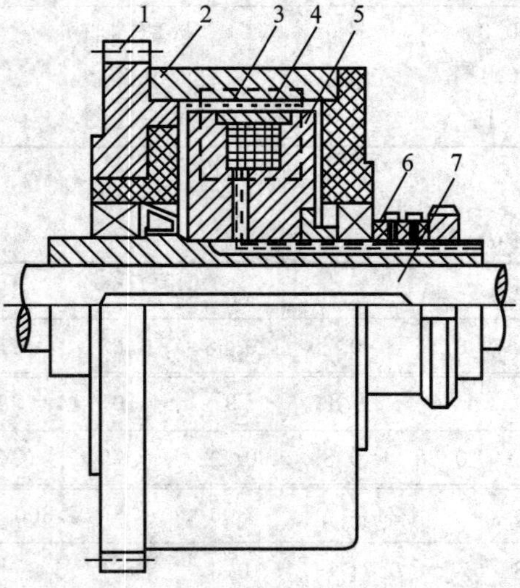

图 17-15 磁粉离合器

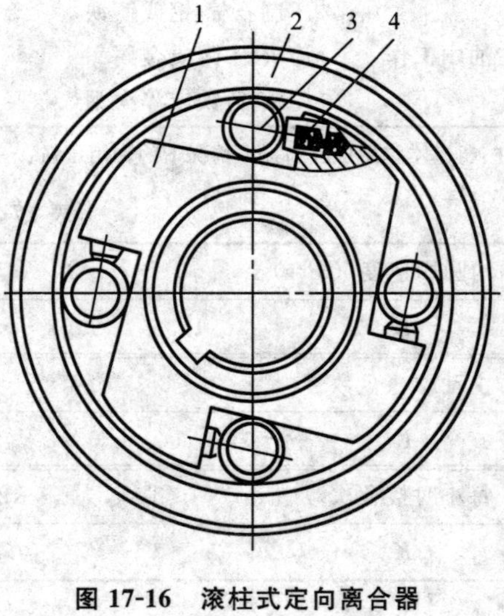

图 17-16 滚柱式定向离合器

星轮和外圈均可作为主动件。当星轮为主动件并按顺时针方向旋转时，滚柱受摩擦力的作用被楔紧在槽内，因而带动外圈一起转动，这时离合器处于接合状态。当星轮反转时，滚柱受摩擦力的作用，被推到楔槽较宽的部分，这时离合器处于分离状态，故可在机械中用来防止逆转并完成单向传动。当星轮和外圈按顺时针方向作同向旋转时，若外圈转速不大于星轮转速，则离合器处于接合状态；反之，若外圈转速大于星轮转速，则离合器处于分离状态，此时两者以各自的转速旋转，即从动件的转速超越主动件转速。因此，称这种离合器为超越离合器。

在汽车的起动机中，装上这种定向离合器，起动时电动机通过定向离合器的外圈（此时外圈转向按逆时针方向旋转）、滚柱、星轮带动发动机，当发动机发动以后，反过来带动星轮，使其获得与外圈转向相同但转速较大的运动，使离合器处于分离状态，以避免发动机带动起动电动机超速旋转。

定向离合器具有定向及超越作用，尺寸小，工作时无噪声，可实现高速中接合，因而广泛用于车辆、飞机、机床及轻工机械中。

习题 17

17-1 联轴器和离合器的主要功能是什么？二者功能的主要区别是什么？

17-2 刚性联轴器和弹性联轴器的主要区别是什么？

17-3 已知电动机功率 $P=15$ kW，转速 $n=970$ r/min，电动机外伸轴端的直径为 48 mm，水泵轴端的直径为 38 mm。若将电动机与水泵之间用联轴器相连。

1）试为其选择一种恰当类型的联轴器，并陈述理由；

2）根据已知条件，定出型号。

17-4 为什么有的联轴器要求严格对中，而有的联轴器则可以允许有较大的综合位移？

17-5 常用离合器有哪些类型？它们的特点和使用条件如何？列举你所知道的应用实例。

18 弹簧

18.1 概述

弹簧是一种用途很广的弹性元件，在机械设备、电器、仪表、交通运输工具及日常生活器具等方面得到了广泛应用。它具有以下特性：刚性小、弹性大，在受到外载荷作用时产生弹性变形，把机械功或动能转化为变形能；在卸载后变形消失恢复原状，将变形能转化为机械功或动能。

18.1.1 弹簧的功用

弹簧由于材料的弹性和自身的结构特点，在工作时可以产生较大的弹性变形，其主要功用有：

1)缓冲和吸振，如各种车辆中的悬挂弹簧、各种缓冲器和弹性联轴器中的弹簧等。

2)控制机构的运动或零件的位置，如内燃机上的气门弹簧，凸轮机构、离合器、阀门以及各种调速器中的弹簧。

3)储存及释放能量，如自动控制机构中的原动弹簧，经常开闭的容器中的弹簧，钟表和仪表中的发条等。

4)测量力或力矩，如测力器、弹簧秤中的弹簧等。

18.1.2 弹簧的类型

弹簧的种类繁多，按材料的不同可分为金属弹簧和非金属弹簧；按形状的不同可分为螺旋弹簧、碟形弹簧、环形弹簧和板弹簧等；按承受载荷的不同可分为拉伸弹簧、压缩弹簧、扭转弹簧和弯曲弹簧等。弹簧的主要类型及特点见表18-1。弹簧所受载荷与变形之间的关系用弹簧的特性线表示。特性线为直线的弹簧称为线性弹簧，否则称为非线性弹簧。

18.2 弹簧的制造、材料和许用应力

18.2.1 弹簧的制造

螺旋弹簧的制造工艺过程包括：①卷绕；②两端面加工（压缩弹簧）或制作挂钩（拉伸弹簧）；③热处理；④工艺性试验。必要时，还需要进行强压或喷丸处理。

大批生产时，弹簧的卷制在自动机床上进行，小批生产则常在普通车床上或者手工卷制。弹簧的卷绕方法分为冷卷和热卷两种。当弹簧钢丝直径小于 10 mm 时，常用冷卷法。冷卷时将已经热处理的冷拉碳素弹簧钢丝在常温下卷制成型，卷成后一般不再进行淬火处理，只经低

温回火以消除内应力。弹簧钢丝较粗时，常采用热卷法。热卷时，热卷温度根据弹簧钢丝直径来选择，一般在 800～1 000℃范围内，卷成后再进行淬火及回火处理。弹簧在卷绕和热处理后应进行表面检验及工艺试验，以鉴定弹簧的质量。为了提高承载能力，可对弹簧进行强压处理和喷丸处理。强压处理是将弹簧预先压缩到超过材料的屈服极限，并保持 6～48 h 后卸载，使簧丝表面层产生与工作应力方向相反的残余应力，受载时可抵消一部分工作应力，从而提高了弹簧的承载能力。受变载荷的压簧，可采用喷丸处理提高其疲劳寿命。值得注意的是，经强压处理后的弹簧，不宜在高温、变载荷及有腐蚀性介质的条件下应用。因为在上述情况下，强压处理产生的残余应力是不稳定的。

表 18-1 弹簧的三要类型和特点

类型		简图	特性曲线	特点和应用
螺旋压缩弹簧	圆柱形	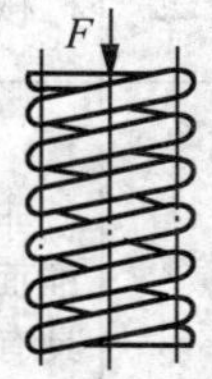	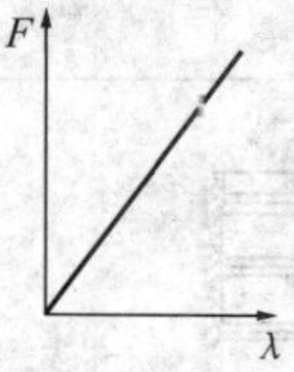	线性弹簧，刚度稳定，能承受的载荷和变化范围比较大，结构简单，制造方便，应用最广
	圆锥形	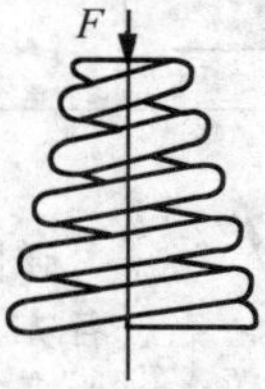	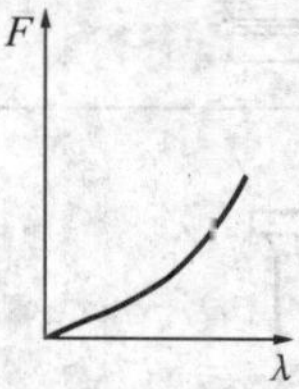	非线性弹簧，刚度逐渐增大，自振频率为变值，利于消除或缓和共振的影响。结构紧凑，稳定性好，多用于支承高速变载机构
螺旋拉伸弹簧	圆柱形		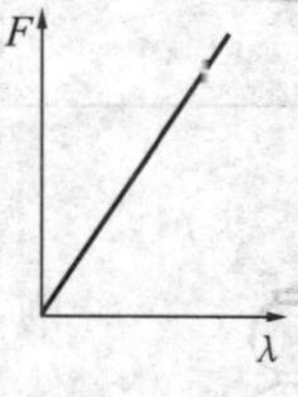	特性线为直线，刚度稳定，结构简单，应用广泛
螺旋扭转弹簧	圆柱形	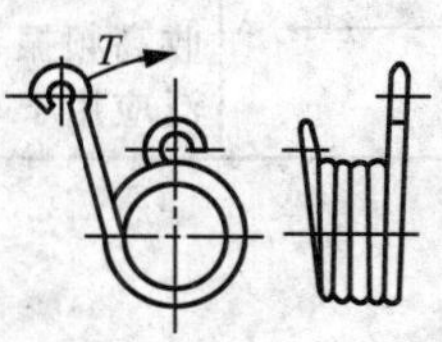	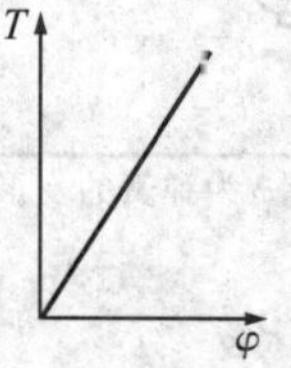	承受扭矩。主要用于压紧和储能以及传动系统中的弹性环节
盘簧		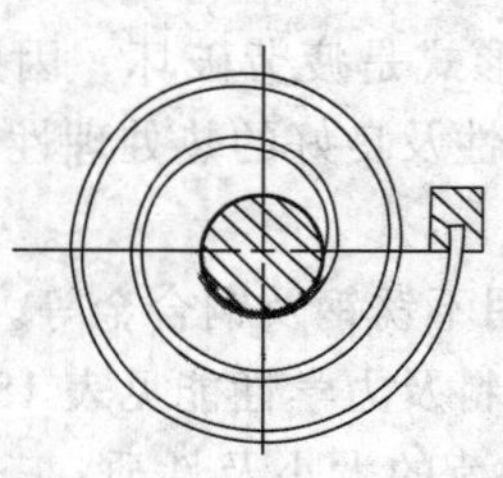	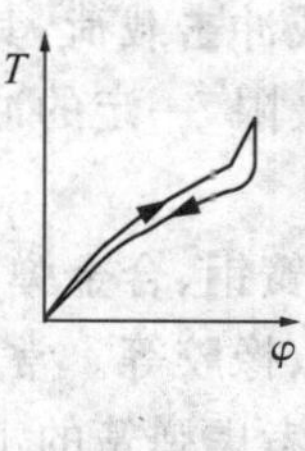	非线性弹簧，承受转矩，圈数多，变形角大，储存能量大。多用于储存能量

续表 18-1

类型	简图	特性曲线	特点和应用
板弹簧	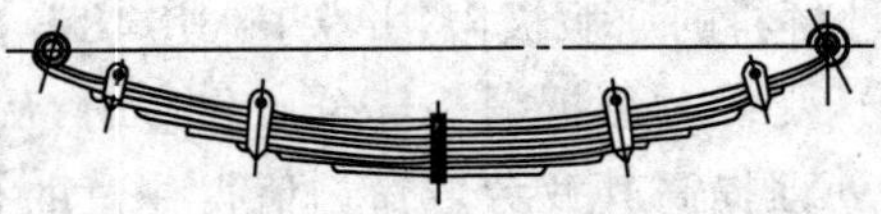	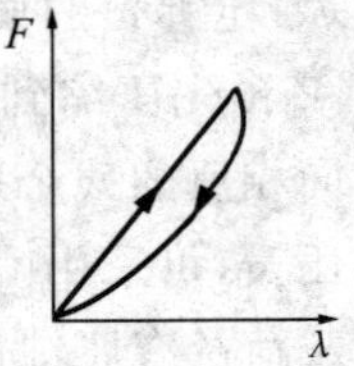	非线性弹簧，承受弯矩。主要用于各种车辆的悬挂系统中，起缓冲和减振作用
碟形弹簧	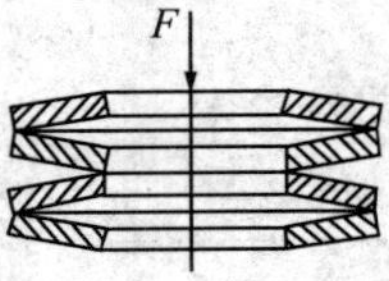	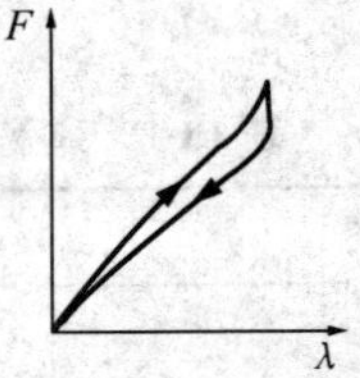	非线性弹簧，承受压力。缓冲、吸振能力强。采用不同的组合可以得到不同的特性线，用于有缓冲、减振要求的重型机械
环形弹簧	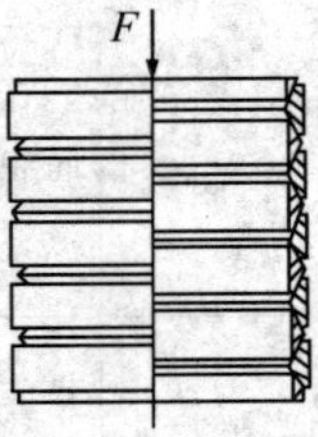	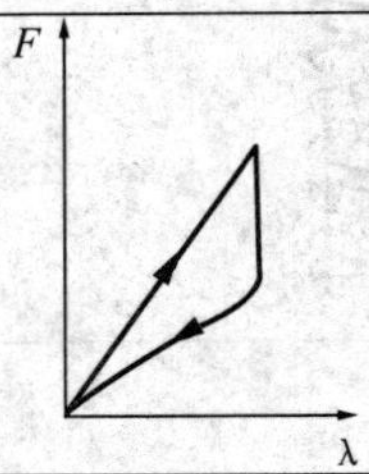	非线性弹簧，承受压力。圆锥面间有较大的摩擦力，所以具有很强的减振能力。常用于重型设备，起缓冲作用
非金属弹簧 橡胶弹簧	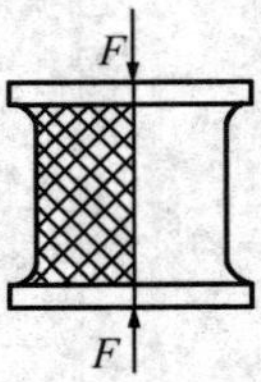	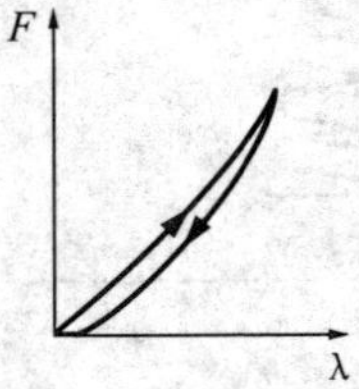	弹性模量小，形状不受限制，各方向刚度可自由选择，可承受多方向的载荷
非金属弹簧 空气弹簧	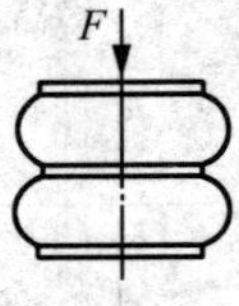	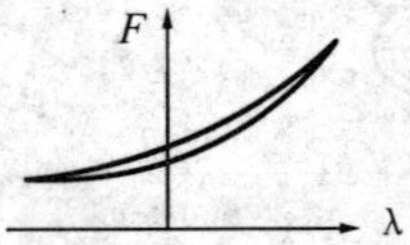	它是在柔性密闭容器中贮入压力空气而成，具有良好的弹性，可根据需要将特性线设计成理想形状，而且高度可调节。可以承受多方面载荷，具有吸收高频振动和隔音的能力。广泛应用于车辆的悬挂装置

注：表中 F、T 为弹簧所受的外载荷，λ、φ 为弹簧的变形。

18.2.2 弹簧材料

弹簧在工作中承受变载荷或冲击载荷，其主要失效形式是疲劳破坏。因此，要求弹簧材料必须具有高的弹性极限和疲劳极限，一定的冲击韧性、塑性及良好的热处理性能。同时，价格要便宜，以降低成本。

常用的弹簧材料有：碳素弹簧钢、合金弹簧钢、弹簧用不锈钢及铜合金等。近年来非金属弹簧材料也有很大的发展，如塑料、橡胶等。常用的弹簧材料及力学性能见表 18-2、表 18-3。

选择弹簧的材料时，应综合考虑弹簧的工作条件（载荷的大小及性质、工作温度、周围介质的情况）、作用、重要程度及经济性等因素。同时，也可参照同类设备中使用的弹簧作类比分析，从而选出合适的弹簧材料。一般应优先选用碳素弹簧钢丝。

18.2.3 弹簧的许用应力

影响弹簧许用应力的因素很多，如材料种类、质量、热处理方法、载荷性质、弹簧的工作条件、重要程度以及弹簧丝直径等，都是确定许用应力时应考虑的。

根据变载荷的作用次数以及弹簧的重要程度将弹簧分为三类：

Ⅰ类：受变载荷作用次数大于 10^6 或很重要的弹簧，如内燃机气门弹簧、电磁制动器弹簧等。

Ⅱ类：受变载荷作用次数在 $10^3 \sim 10^5$ 及受冲击载荷的弹簧，如调速器弹簧，一般车辆弹簧等。

Ⅲ类：受变载荷作用次数在 10^3 次以下的弹簧及受静载荷的一般弹簧，如一般安全阀弹簧、摩擦式安全离合器弹簧等。

表 18-2 弹簧常用材料及其使用性能

材料		许用剪应力[τ]/MPa			剪切弹性模量 G/MPa	推荐使用温度/℃	推荐硬度范围/HRC	特性及用途
类别	牌 号	Ⅰ类弹簧	Ⅱ类弹簧	Ⅲ类弹簧				
碳素弹簧钢丝	65、70	$0.3\sigma_B$	$0.4\sigma_B$	$0.5\sigma_B$	d=0.5～4 mm 时，81 400～78 500；d>4 mm 时，78 500	−40～120	—	强度高、性能好、适用于做小弹簧
合金弹簧钢丝	60Si2Mn	480	640	800	80 000	−40～200	45～50	弹性好，回火稳定性好，易脱碳，用于承受大载荷的弹簧
	50CrVA	450	600	750	80 000	−40～500	43～47	高温时强度高，淬透性好，用于变载荷高温下工作的弹簧
不锈钢丝	1Cr18Ni9Ti	330	440	550	73 000	−250～300	—	耐腐蚀，耐高温，工艺性好，适合于做小弹簧
	4Cr13	450	600	750	77 000	−40～300	48～53	耐腐蚀，耐高温，适用于做大尺寸弹簧
青铜丝	QSi3-1	270	360	450	40 200	−40～120	90～100 HBS	耐腐蚀，防磁好
	QSn4-3				39 200			

注：①弹簧的工作极限应力：Ⅰ类取 $\tau_{lim}=1.67[\tau]$；Ⅱ类取 $\tau_{lim}=1.25[\tau]$；Ⅲ类取 $\tau_{lim}=1.12[\tau]$。

②表中许用剪应力为压缩弹簧的许用值，拉伸弹簧的许用应力为压缩弹簧的 80%。

③强压处理的弹簧，许用应力可增大 25%；喷丸处理的弹簧，许用应力可增大 20%。

④对重要的、其损坏会引起整个机械损坏的弹簧，其许用剪应力应适当降低；受静载荷的重要弹簧，可按Ⅱ类选取许用应力。

表 18-3 碳素弹簧钢丝的抗拉强度 σ_B

代号		钢丝直径 d/mm															
		0.2	0.3	0.5	0.8	1.0	1.2	1.6	2.0	2.5	3.0	3.5	4.0	4.5	5.0	6.0	8.0
σ_B/MPa	Ⅰ组	2 700	2 700	2 650	2 600	2 500	2 400	2 200	2 000	1 800	1 700	1 650	1 600	1 500	1 500	1 450	—
	Ⅱ、Ⅱa 组	2 250	2 250	2 200	2 150	2 050	1 950	1 850	1 800	1 650	1 650	1 550	1 500	1 400	1 400	1 350	1 250
	Ⅲ组	1 750	1 750	1 700	1 700	1 650	1 550	1 450	1 400	1 300	1 300	1 200	1 150	1 150	1 100	1 050	1 000

注:①按机械性能的不同,碳素弹簧钢丝可分为Ⅰ组、Ⅱ(Ⅱa)组、Ⅲ组共三组,在抗拉强度相同的情况下,Ⅱa 较Ⅱ有更好的塑性。

②表中 σ_B 均为下限值。

18.3 圆柱形压缩(拉伸)螺旋弹簧的结构和尺寸

18.3.1 圆柱形压缩(拉伸)螺旋弹簧的结构

18.3.1.1 圆柱形压缩螺旋弹簧的结构

在自由状态下,圆柱螺旋压缩弹簧(图 18-1)各圈之间应有适当的间距 δ,以便弹簧受压时能产生相应的变形。压缩弹簧的两端各有 0.75~1.75 圈与邻圈并紧,工作中不参与变形,只起支承作用,称为支承圈(又称死圈)。当弹簧的工作圈数 $n \leqslant 7$ 时,弹簧每端的死圈为 0.75 圈;当 $n > 7$ 时,每端的死圈为 1~1.75 圈。压缩弹簧的端部有多种形式(图 18-2)。其中,YⅠ型(图 18-2a)为两端面圈并紧且磨平,可保证两支承端面与弹簧轴线垂直,防止弹簧工作时产生歪斜,常用于重要场合;YⅡ型(图 18-2b)为两端面圈并紧磨平或不磨平,当弹簧丝直径 $d \leqslant 0.5$ mm 时可不磨平,用于对支承要求不高的情况;YⅢ型(图 18-2c)两端面圈不并紧,结构最简单,一般用于不太重要的弹簧。

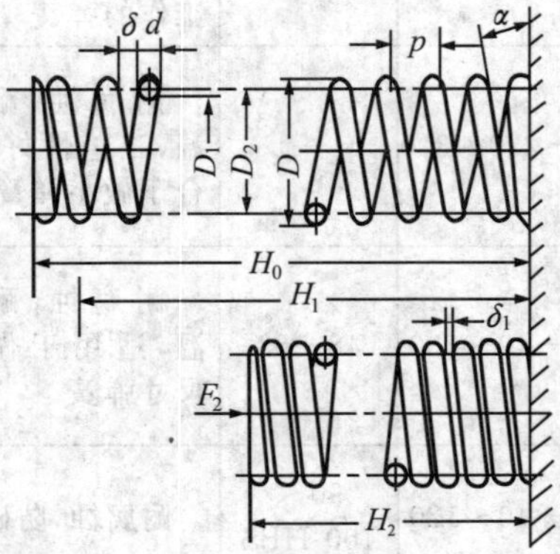

图 18-1 圆柱形压缩螺旋弹簧结构

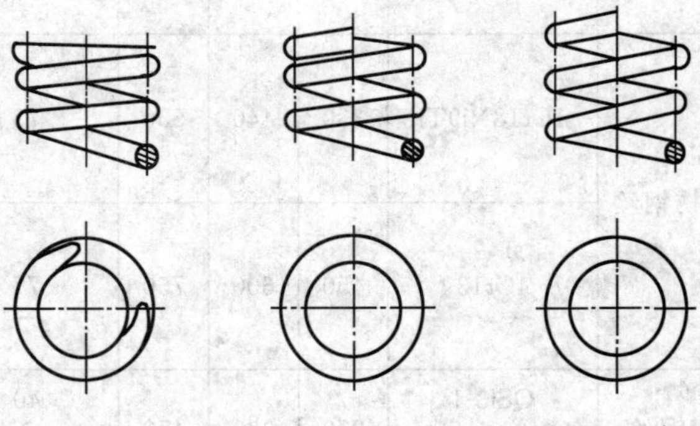

a)YⅠ型 b)YⅡ型 c)YⅢ型

图 18-2 圆柱螺旋压缩弹簧的端部

18.3.1.2 圆柱形拉伸螺旋弹簧的结构

圆柱形拉伸螺旋弹簧(图 18-3)分为无预应力和有预应力 2 种,空载时弹簧各圈应相互并紧。无预应力的拉伸弹簧受拉时各圈间产生间隙。有预应力的拉伸弹簧各圈间具有一定的压紧力,只有在外加拉力大于压紧力后各圈才开始分离,因而可节省弹簧的轴向工作空间。

拉伸弹簧的两端部制有挂钩，以便安装和加载。挂钩的形式有 LⅠ～LⅧ型共 8 种，图 18-4 给出了其中的 3 种。LⅠ～LⅥ型的钩环由弹簧丝弯曲制成，制造方便，应用很广。但因在钩环弯折处会产生很大的弯曲应力，降低了拉伸弹簧的强度，故只宜用于弹簧丝直径 $d\leqslant 10$ mm 的弹簧中。LⅦ～LⅧ型两端的钩环不与弹簧丝连成一体，弹簧强度不受钩环的影响，并且钩环可以转到任意方向，便于安装，适用于受力较大的场合，但其价格较高。

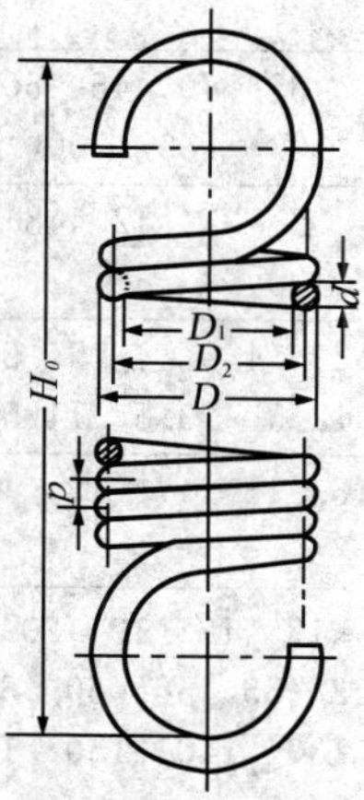

图 18-3 圆柱形拉伸螺旋弹簧结构

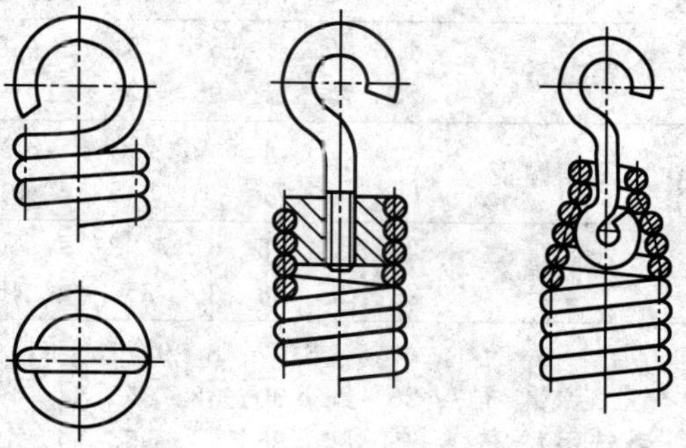

a)LⅡ型 b)LⅦ型 c)LⅧ型

图 18-4 圆柱螺旋拉伸弹簧挂钩形式

18.3.2 圆柱形压缩(拉伸)螺旋弹簧的几何尺寸计算

圆柱形螺旋弹簧主要几何尺寸的计算公式见表 18-4。

表 18-4 圆柱形螺旋弹簧几何尺寸计算公式

名称与代号	压缩弹簧	拉伸弹簧
弹簧丝直径 d	由强度计算公式确定	
弹簧中径 D_2	$D_2=Cd$，C 为弹簧指数	
弹簧外径 D	$D=D_2+d$	
弹簧内径 D_1	$D_1=D_2-d$	
弹簧工作圈数 n	根据工作条件确定	
弹簧总圈数 n_1	$n_1=n+n_2$，n_2 为死圈数	$n_1=n$
弹簧自由高度 H_0	两端并紧磨平：$H_0=np+(n_2-0.5)d$ 两端并紧不磨平：$H_0=np+(n_2+1)d$	$H_0=nd+$钩环轴向尺寸
节距 p	$p=d+\delta\approx\left(\frac{1}{3}\sim\frac{1}{2}\right)D_2$	$p=d$
螺旋升角 α	$\alpha=\arctan\frac{p}{\pi D_2}$ 对于螺旋压缩弹簧，推荐 $\alpha=5°\sim9°$	
两圈的间隙 δ	$\delta=p-d\geqslant\frac{\lambda_{\max}}{0.8n}$	$\delta=0$
弹簧丝展开长度 L	$L=\frac{\pi D_2 n_1}{\cos\alpha}$	$L=\pi D_2 n_1+$钩环展开长度

普通圆柱螺旋弹簧尺寸参数系列见表18-5。

表18-5 普通圆柱螺旋弹簧尺寸参数系列

弹簧丝直径 d/mm	第一系列	1 1.2 1.6 2 2.5 3 3.5 4 4.5 5 6 8 10 12 16 20 25 30 35 40 45 50 60 70 80
	第二系列	1.4 (1.5) 1.8 2.2 2.8 3.2 3.8 4.2 5.5 7 9 14 18 22 28 32 38 42 55 65
弹簧中径 D_2/mm	第一系列	4 4.5 5 6 7 8 9 10 12 16 20 25 30 35 40 45 50 55 60 70 80 90 100 110 120 130 140 150 160 180 200
	第二系列	4.8 5.5 6.5 7.5 8.5 9.5 14 18 22 28 32 38 42 48 52 58 65 75 85 95 105 115 125 135 145 170 190
弹簧工作圈数 n	压缩弹簧	2 2.25 2.5 2.75 3 3.25 3.5 3.75 4 4.25 4.5 4.75 5 5.5 6 6.5 7 7.5 8 8.5 9 9.5 10 10.5 11.5 12.5 13.5 14.5 15
	拉伸弹簧	2 3 4 5 6 7 8 9 10 11 12 13 14 15 16 17 18 19 20 22 25 28 30 35 40 45 50
自由高度 H_0/mm	压缩弹簧(推荐选用)	4 5 6 7 8 9 10 11 12 13 14 15 16 17 18 19 20 22 24 26 28 30 32 35 38 40 42 45 48 50 52 55 58 60 65 70 75 80 85 90 95 100 105 110 115 120 130 140 150 160 170 180 190 200 220 240 260 280 300

注:①本表适用于压缩、拉伸和扭转的圆截面圆柱螺旋弹簧。

②应优先采用第一系列,括号内的尺寸只限于老产品。

③拉伸弹簧有效圈数除按表规定外,由于钩环相对位置不同,其尾数还可为0.25,0.5,0.75。

18.4 圆柱形压缩(拉伸)螺旋弹簧的设计计算

18.4.1 圆柱螺旋弹簧的特性线

18.4.1.1 压缩螺旋弹簧的特性线

如图18-5所示,H_0为未受载荷时弹簧的自由高度。安装弹簧时通常要使弹簧预受一压缩力F_1,使其能稳定地安装在规定位置上,这时弹簧的高度由H_0被压缩至H_1,其相应的弹性变形为λ_1;当弹簧受到最大工作载荷F_2时,弹簧的高度为H_2,其相应的弹性变形为λ_2;弹簧的工作行程$h=H_1-H_2=\lambda_2-\lambda_1$。在$F_2$作用下,弹簧中产生的剪应力$\tau$常设计成接近其许用应力$[\tau]$,即$\tau \leqslant [\tau]$。$F_{lim}$为弹簧的极限载荷,即试验载荷,此时弹簧丝内的应力达到了弹簧材料的剪切屈服极限τ_{lim},相应弹簧的高度为H_{lim},变形量为λ_{lim}。

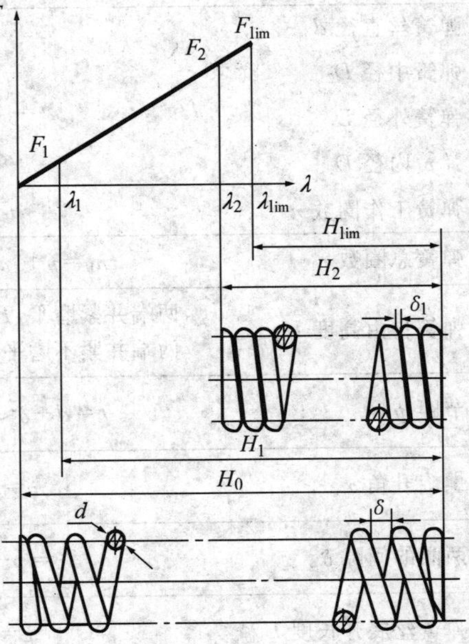

图18-5 压缩螺旋弹簧特性线

设计时,为保持其线性特性线,弹簧的最大工作载荷应小于极限载荷,通常取$F_2 \leqslant 0.8F_{lim}$,$F_1=(0.1\sim0.5)F_2$。为使弹簧具有比较稳定的刚度,弹簧的工作变形量应取在(0.2～0.8)λ_{lim}范围内。

18.4.1.2 拉伸螺旋弹簧的特性线

按绕卷方式不同，拉伸弹簧分为无初应力和有初应力2种情况。前者在卷绕时，弹簧圈仅并拢，弹簧没有初应力，其特性曲线与压缩弹簧的特性曲线类似，如图18-6b所示。后者在卷绕时，边卷绕边使弹簧丝绕其自身轴线产生扭转，各圈相互间即具有一定的压紧力，弹簧丝中也产生一定的初应力。当弹簧工作时，必须以载荷的一部分F_0克服簧圈之间的压紧力后，弹簧才开始伸长，其特性曲线如图18-6a所示。其中X_0为一段假想的压缩变形量，相应的拉力F_0是使弹簧开始变形时所需的初拉力。当弹簧受到最大工作拉伸载荷F_2时，其拉伸变形量λ_2相对应的载荷为F_2-F_0。

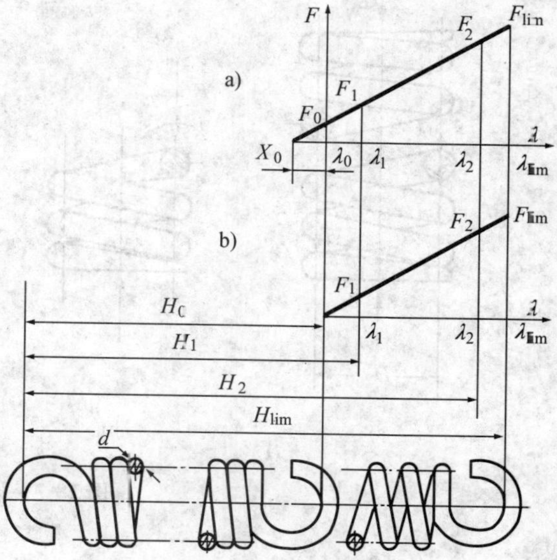

图18-6 拉伸弹簧特性线

初拉力F_0可按下列范围选取：当弹簧指数$C\leqslant10$时，取$F_0=(0.2\sim0.3)F_{lim}$；当$C>10$时，取$F_0=(0.1\sim0.2)F_{lim}$。也可按钢丝直径d选取：当$d\leqslant5$ mm时，$F_0<F_2/3$；当$d>5$ mm时，$F_0<F_2/4$。

上述等节距的圆柱形螺旋弹簧的特性线是直线，载荷与变形呈线性关系，因而其刚度为常数，即

$$k=\frac{F_1}{\lambda_1}=\frac{F_2}{\lambda_2}=\text{常数}$$

18.4.2 圆柱压缩(拉伸)弹簧的计算

18.4.2.1 弹簧强度计算

强度计算的目的是根据工作条件来确定弹簧丝直径d和弹簧中径D_2。

圆柱形螺旋弹簧轴向受压或受拉时，弹簧丝的受力情况完全相同，现就圆柱形螺旋压缩弹簧进行受力及应力分析。由于弹簧的螺旋升角α很小，进行受力分析时，可忽略α的影响，则垂直于弹簧丝轴线的横截面可近似看成通过弹簧轴线。如图18-7a、b所示，在轴向力F作用下，在弹簧丝的横截面$a-b$上作用有剪力F和扭矩$T=\frac{FD_2}{2}$。

在剪力F作用下，弹簧丝截面$a-b$上产生剪应力，假设此应力为均匀分布，如图18-7c所示，其值为$\tau_F=\frac{F}{A}=\frac{4F}{\pi d^2}$。在扭矩$T$作用下，弹簧丝截面$a-b$上产生扭转剪应力，其分布如图18-7d所示，在截面的外层处为最大，其值为$\tau_T=\frac{T}{W_T}=\frac{FD_2/2}{\pi d^3/16}=\frac{8FD_2}{\pi d^3}$。

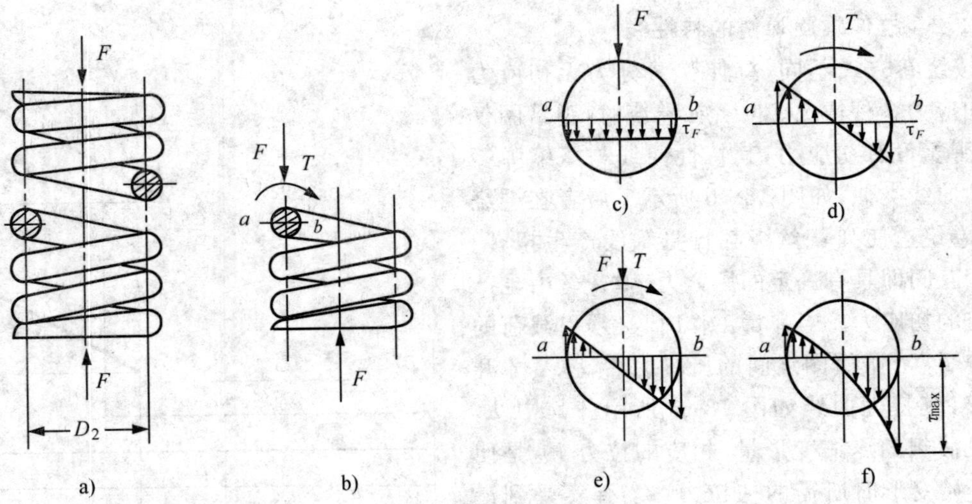

图 18-7 弹簧的受力分析

弹簧丝截面 $a-b$ 上的最大剪应力 $\tau_{\max}$ 由 τ_F 和 τ_T 合成，产生于弹簧丝的内侧点 b 处，如图 18-7e 所示，其值为

$$\tau_{\max}=\tau_F+\tau_T=\frac{8FD_2}{\pi d^3}\left(\frac{d}{2D_2}+1\right)=\frac{8FD_2}{\pi d^3}\left(\frac{1}{2C}+1\right) \tag{18-1}$$

式中：$C=D_2/d$，称为弹簧指数（旋绕比）。

在弹簧丝材料和直径相同时，C 越小，弹簧就越硬，曲率也越大，卷制也就越困难；C 值越大，则弹簧越软，卷制虽易，但容易出现颤动。所以弹簧指数 C 既不能过大，也不宜过小。C 值的选取可参考表 18-6，常用范围为 5～8。

表 18-6 圆柱形螺旋弹簧的常用弹簧指数 C

弹簧丝直径 d/mm	0.2～0.4	0.5～1	1.1～2.2	2.5～6	7～16	18～40
C	7～14	5～12	5～10	4～10	4～8	4～6

考虑弹簧螺旋升角和曲率对弹簧丝应力的影响，此时弹簧丝截面上的应力分布如图 18-7f 所示。因此要对式(18-1)进行修正，即

$$\tau_{\max}=K\frac{8FD_2}{\pi d^3}=K\frac{8FC}{\pi d^2} \tag{18-2}$$

式中：K 为曲度系数（或称补偿系数），其值按下式计算

$$K=\frac{4C-1}{4C-4}+\frac{0.615}{C} \tag{18-3}$$

弹簧丝的强度条件为

$$\tau=\frac{8KF_2D_2}{\pi d^3}=\frac{8FK_2C}{\pi d^2}\leqslant[\tau] \tag{18-4}$$

弹簧丝直径 d 的设计式为

$$d \geqslant \sqrt{\frac{8KF_2C}{\pi[\tau]}} = 1.6\sqrt{\frac{FK_2C}{[\tau]}} \tag{18-5}$$

式中：F_2 为最大工作载荷，N；$[\tau]$为许用剪应力，MPa，见表 18-2；d 为弹簧丝直径，mm。

18.4.2.2 弹簧刚度计算

弹簧刚度计算的目的是要确定弹簧的工作圈数 n。

(1)弹簧的变形

圆柱形螺旋弹簧在轴向载荷 F 作用下产生的轴向变形量 λ 可由材料力学中的公式求得，即

$$\lambda = \frac{8FD_2^3 n}{Gd^4} = \frac{8FC^3 n}{Gd} \tag{18-6}$$

式中：n 为弹簧的工作圈数；G 为材料的剪切弹性模量，见表 18-2；其他符号含义同前。

在最大的轴向载荷 F_2 作用下，弹簧将产生最大的轴向变形量 λ_2，其计算式为

对于压缩弹簧和无初应力的拉伸弹簧

$$\lambda_2 = \frac{8F_2C^3 n}{Gd} \tag{18-7}$$

对于有初应力的拉伸弹簧

$$\lambda_2 = \frac{8(F_2 - F_0)C^3 n}{Gd} \tag{18-8}$$

式中的初拉力 F_0 可按弹簧指数或弹簧钢丝直径选取，也可按下式计算：

$$F_0 = \frac{\pi d^3 \tau_0'}{8KD_2} \tag{18-9}$$

式中：τ_0'为弹簧丝横截面上的初应力，在图 18-8 阴影区内选取。

设计时注意：用不需淬火弹簧钢丝制成的拉伸弹簧均有初拉力，而经过淬火的无初拉力。如不需要初拉力时，弹簧各圈之间应有间隙。

设计时弹簧工作圈数 n 是根据最大变形量 λ_2 决定的，由式(18-7)和式(18-8)可得工作圈数 n 的计算式：

对于压缩弹簧和无初应力的拉伸弹簧

$$n = \frac{Gd\lambda_2}{8F_2C^3} \tag{18-10}$$

对于有初应力的拉伸弹簧

$$n = \frac{Gd\lambda_2}{8(F_2 - F_0)C^3} \tag{18-11}$$

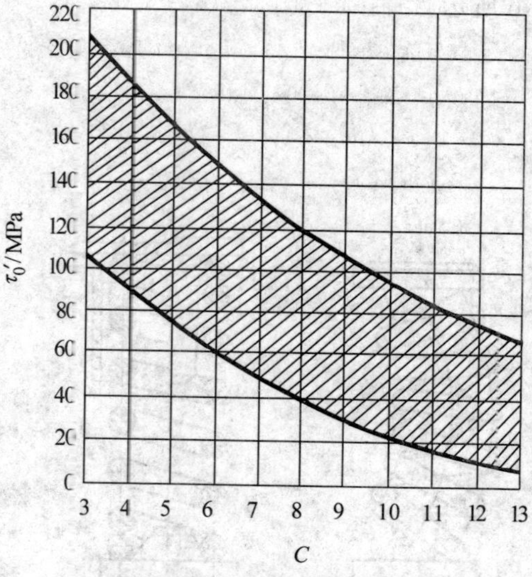

图 18-8 弹簧初应力的选择范围

为方便制造，当计算出的 $n \leqslant 15$ 时，取 n 为 0.5 的整数倍；当 $n > 15$ 时，取 n 为整数。弹簧的工作圈数不得少于 2 圈。

(2)弹簧的刚度

由式(18-6)可得弹簧刚度为

$$k=\frac{F}{\lambda}=\frac{Gd}{8C^3n}=\frac{Gd^4}{8D_2^3n} \tag{18-12}$$

由式(18-12)可以看出，弹簧刚度 k 与 C、G、d 和 n 有关，其中弹簧指数 C 对刚度的影响最大。

18.4.2.3 压缩弹簧的稳定性

对于圈数较多的压缩弹簧，如果弹簧自由高度 H_0 和中径 D_2 比例不当，在受载时可能失稳，发生侧弯而导致弹簧失效，如图 18-9a 所示。为了保证压缩弹簧的稳定性，弹簧的高径比 $b=H_0/D_2$ 不能太大，设计时应控制高径比 b 值。当弹簧两端均固定时，则应取 $b<5.3$；当弹簧一端固定，另一端自由转动时，应取 $b<3.7$；当两端均可自由转动时，应取 $b<2.6$。

当高径比 b 大于上列数值时，要进行稳定性验算，其稳定条件为

$$F_c=C_u k H_0>F_2 \tag{18-13}$$

式中：F_c 为稳定时的临界载荷，N；F_2 为弹簧的最大工作载荷，N；C_u 为不稳定系数，由图 18-10 查得；k 为弹簧刚度。

如果 $F_c<F_2$，应重新选取参数，改变 b 值，提高 F_c 值，使其大于 F_2 值，以保证弹簧的稳定性。若受结构限制不能改变参数时，可外加导向套或内加导向杆来增加弹簧的稳定性，如图 18-9b 所示。

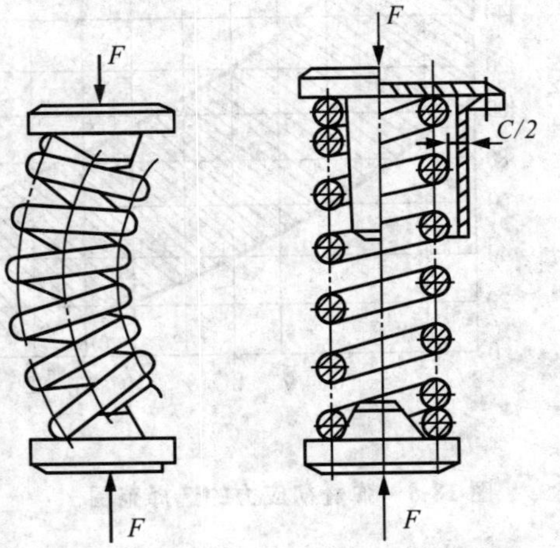

a) 失稳　　b) 加装导杆或导套

图 18-9　弹簧失稳及其防止方法

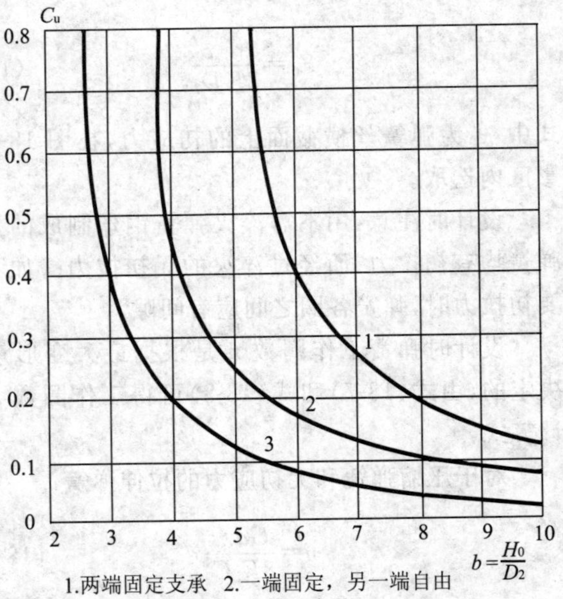

1.两端固定支承　2.一端固定，另一端自由转动支承　3.两端自由转动支承

图 18-10　不稳定系数线图

18.4.2.4 弹簧的设计步骤和实例

弹簧设计的已知条件是：弹簧的最大工作载荷 F_2 和相应的变形量 λ_2，以及结构要求和工作条件等。弹簧的设计步骤如下：

1)根据工作条件，选择弹簧材料，并查出其机械性能数据。

2)估取弹簧丝直径 d，初选弹簧指数 C，按照强度条件试算弹簧丝直径 d。

3)按刚度条件确定弹簧工作圈数 n。

4)计算弹簧的其他尺寸，主要参数要圆整到符合圆柱螺旋弹簧的标准尺寸系列。

5)验算压缩弹簧的稳定性。

6)绘制弹簧零件工作图。

例题 18-1 试设计一圆柱压缩螺旋弹簧，两端固定。已知：最大工作载荷 $F_2=1\,400$ N，最小工作载荷 $F_1=700$ N，弹簧工作行程 $h=\lambda_2-\lambda_1=15$ mm，弹簧外径不大于 40 mm。该弹簧属Ⅲ类载荷，YⅠ型支承圈结构。

解：1)选择材料：选用Ⅰ组碳素弹簧钢丝，由表 18-2 查得$[\tau]=0.5\sigma_B$，初步估计 $d=6$ mm，查表 18-3 取 $\sigma_B=1\,450$ MPa，得

$$[\tau]=0.5\times1\,450=725(\text{MPa})$$

2)按强度条件试算弹簧丝直径 d：初选弹簧指数 $C=5$。

由式(18-3)计算曲度系数 $K=\dfrac{4C-1}{4C-4}+\dfrac{0.615}{C}=\dfrac{4\times5-1}{4\times5-4}+\dfrac{0.615}{5}=1.31$

由式(18-5)得 $d\geqslant1.6\sqrt{\dfrac{KF_2C}{[\tau]}}=1.6\times\sqrt{\dfrac{1.31\times1\,400\times5}{725}}=5.69(\text{mm})$

与估取值相差不大，按表 18-5 圆整为标准值 $d=6$ mm。

弹簧中径 $D_2=Cd=5\times6=30$ mm（符合标准尺寸系列）

弹簧外径 $D=D_2+d=30+6=36\text{ mm}<40\text{ mm}$（符合要求）

3)按刚度条件计算弹簧工作圈数 n：由弹簧刚度概念可知

$$\frac{F_1}{\lambda_1}=\frac{F_2}{\lambda_2}=\frac{F_2-F_1}{\lambda_2-\lambda_1}$$

故 $$\lambda_2=\frac{\lambda_2-\lambda_1}{F_2-F_1}\times F_2=\frac{15}{1\,400-700}\times1\,400=30(\text{mm})$$

由表 18-2 查得 $G=785\,000$ MPa。

由式(18-10)得 $$n=\frac{Gd\lambda_2}{8F_2C^3}=\frac{78\,500\times6\times30}{8\times1\,400\times5^3}=10.09$$

按表 18-5 取 $n=10$ 圈。

由于 n 取成 10 圈，为保证最大工作载荷 F_2 和工作行程 h 不变，必须重新求最小工作载荷 F_1。

$$\lambda_2=\frac{8F_2C^3n}{Gd}=\frac{8\times1\,400\times5^3\times10}{78\,500\times6}=29.72(\text{mm})$$

$$\lambda_1=\lambda_2-h=29.72-15=14.72(\text{mm})$$

$$F_1=F_2\frac{\lambda_1}{\lambda_2}=1\ 400\times\frac{14.72}{29.72}=693.4(\text{N})$$

4)求工作极限载荷 F_{lim} 及工作极限变形 λ_{lim}：由表 18-2 注 1 知Ⅲ类载荷弹簧的工作极限剪切应力

$$\tau_{\text{lim}}\leqslant 1.12[\tau]=1.25\times 725=906.25(\text{MPa})$$

由式(18-2)得　$F_{\text{lim}}=\dfrac{\pi d^2\tau_{\text{lim}}}{8KC}=\dfrac{3.14\times 6^2\times 906.25}{8\times 1.31\times 5}=1\ 955.01(\text{N})$

工作极限变形 λ_{lim}

$$\lambda_{\text{lim}}=\frac{\lambda_2 F_{\text{lim}}}{F_2}=\frac{29.72\times 1\ 955.01}{1\ 400}=41.5(\text{mm})$$

5)求弹簧的几何尺寸：

弹簧内径　$D_1=D_2-d=30-6=24\ (\text{mm})$

有效工作圈数　$n=10$

总圈数　$n_1=n+n_2=10+2=12$，n_2 为死圈数

两圈的间隙　$\delta\geqslant\dfrac{\lambda_{\max}}{0.8n}=\dfrac{29.72}{0.8\times 10}=3.715(\text{mm})$

取 $\delta=4$ mm。

节距　$p=d+\delta=10(\text{mm})$

螺旋升角　$\alpha=\arctan\dfrac{p}{\pi D_2}=\arctan\dfrac{10}{\pi\times 30}=6.1^\circ$(在 5°～9°，合适)

自由高度　$H_0=np+(n_2-0.5)d=10\times 10+1.5\times 6=109\ (\text{mm})$

弹簧丝展开长度　$L=\dfrac{\pi D_2 n_1}{\cos\alpha}=\dfrac{\pi\times 30\times 12}{\cos 6.1^\circ}=1\ 136.83(\text{mm})$

6)验算稳定性：

高径比为　$b=\dfrac{H_0}{D_2}=\dfrac{109}{30}=3.63<5.3$

满足稳定性要求。

7)绘制弹簧零件工作图(略)。

18.5　其他弹簧简介

18.5.1　碟形弹簧

碟形弹簧是具有圆锥外形的碟状弹簧，一般由薄钢板冲压而成，如图 18-11a 所示。在承受轴向载荷后，截面的锥底角 θ 减小，弹簧产生轴向变形。碟形弹簧的特性曲线如图 18-11b 所示，随弹簧高度 h 与碟片厚度 t 的比值而变化。当 $h/t<1$ 时，近似直线；当 $h/t>1.5$ 时，特性曲线经过高峰后下降，显出负刚度，即越过高峰值后，外载降低，变形仍然增大，这个特点可用来操纵大行程机构，特别省力。

由于单片碟形弹簧的变形量与承载能力都很小，所以通常将多片碟形弹簧叠合使用。要求大变形时，可

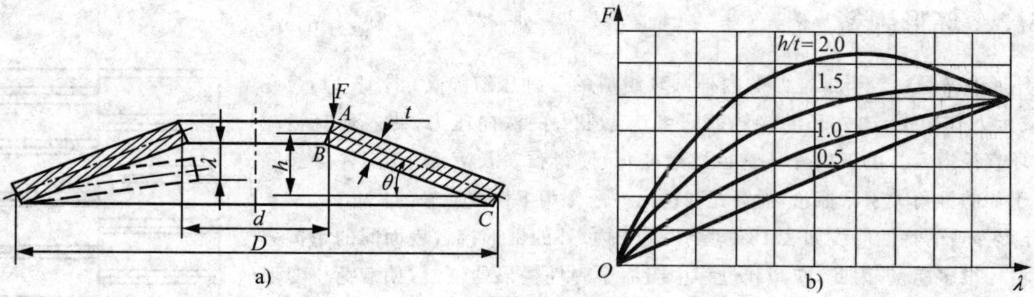

图 18-11 碟形弹簧

将其串联，变形量与串联的片数成正比；要求承受较大载荷时，可将其并联，理论上并联的碟形弹簧承载能力与片数成正比，但由于各片间有摩擦存在，使其改变了这一关系，但也增加了吸振能力；要求承载能力和变形均增大时，可用并串组合的复合系统，如图 18-12 所示。

碟形弹簧应用范围非常广泛，常用于重型机械设备、飞机、大炮中作强力缓冲和减振弹簧，用于汽车和拖拉机离合器及安全阀的压紧弹簧，还可作为机动器械的储能元件。其缺点是作为高精度控制弹簧时，对材料和制造工艺等要求较严，制造困难。

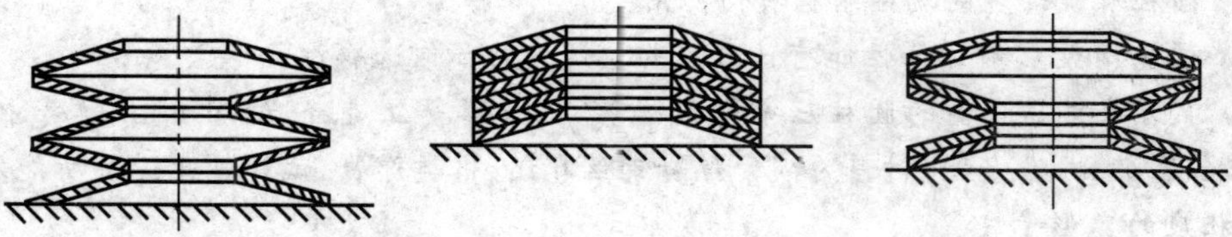

图 18-12 组合碟形弹簧

18.5.2 板弹簧

板弹簧一般是由 6～15 片长度不等的弹簧钢板重叠而成。图 18-13 所示为汽车前悬挂系统的板形弹簧，其主簧两端各有吊耳，连接在汽车车架上，中部连接在车轴上。

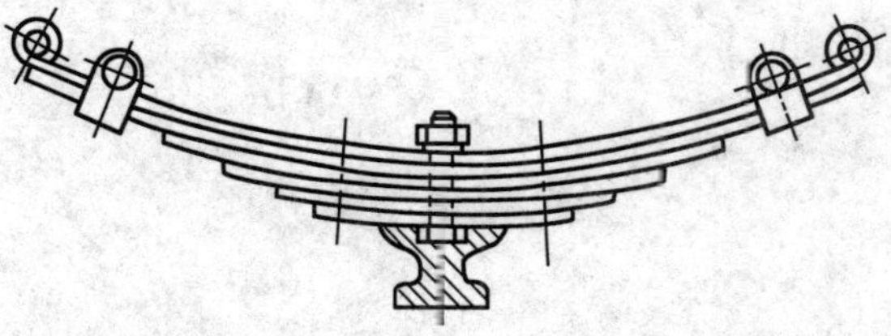

图 18-13 板弹簧

组合时，通常先将每片钢板冲压成不同长度和不同曲率半径，然后，用弹簧夹或中心螺栓将板片夹紧并组装在一起。因装配后各板片的曲率半径发生了变化，从而使各板片未受外载荷之前，就生产了初应力，提高了板片的强度。板簧受力后，产生弯曲变形，即产生一定的挠度，其加载和卸载的特性曲线组成回路。这种弹簧减振能力强，主要用于各种车辆的悬挂装置。

18.5.3 环形弹簧

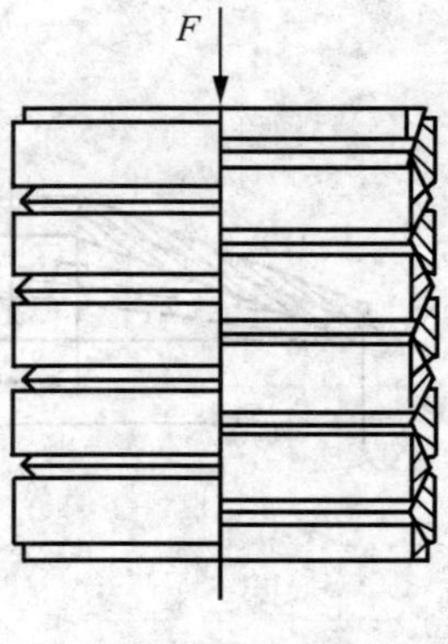

图 18-14 环形弹簧

环形弹簧是由若干带锥面的内外圆环组成的一种压缩弹簧(图 18-14)。在轴向载荷 F 作用下,内外环的接触面间将产生很大的法向压力,使内环直径减小,外环直径增大。由于内外环直径发生变化,使得弹簧长度缩短;当外力卸除后,由于环的锥角大于摩擦角,弹簧在弹性内力的作用下恢复原来的尺寸。

环形弹簧的特性曲线如表 18-1 所示,由于内、外的锥形接触表面间的摩擦力很大,消耗很多能量,因此,在卸载过程中阻滞了弹性变形的恢复,使载荷—变形曲线有一个远离加载曲线的滞后回路,即在一个循环中,摩擦消耗的功很大,故环形弹簧具有很高的缓冲和吸振的能力,常用于重型机械的缓冲装置。

习题 18

18-1 常用的弹簧材料有哪些?简述弹簧材料应具备的性质。

18-2 简述冷卷和热卷螺旋弹簧的方法和应用场合,螺旋弹簧有哪些强化方法?

18-3 圆柱螺旋弹簧的端部结构有何功用?

18-4 弹簧指数 C 对弹簧性能有什么影响?设计时如何选取?

18-5 某牙嵌式离合器的圆柱压缩螺旋弹簧,已知弹簧丝直径 $d=6$ mm,弹簧中径 $D_2=40$ mm,工作圈数 $n=6.5$ 圈,材料为碳素弹簧钢丝Ⅱ组、Ⅲ类弹簧,试计算此弹簧所能承受的最大载荷和相应的变形量。

18-6 试设计一气门弹簧(圆柱压缩螺旋弹簧)。已知条件:弹簧最小工作载荷 $F_1=220$ N,弹簧最大工作载荷 $F_2=500$N,阀门的(即弹簧的)工作行程 $h=9$ mm,由于结构限制,弹簧最小允许内径为 16 mm,最大允许外径为 30 mm,Ⅰ类弹簧。

18-7 试设计一圆柱螺旋压缩弹簧,已知最小载荷 $F_1=15\ 000$ N,最大载荷 $F_2=32\ 000$ N,工作行程 $h=100$ mm,弹簧中径 $D_2=150$ mm,材料为 60Si2Mn,Ⅱ类弹簧,支承端部并紧磨平。

附　录

附表 1　渐开线函数表($\mathrm{inv}\alpha_K=\theta_K=\tan\alpha_K-\alpha_K$)

α_K	次	0′	5′	10′	15′	20′	25′	30′	35′	40′	45′	50′	55′
1°	0.000	00177	00225	00281	00346	00420	00504	00598	00704	00821	00950	01092	01248
2°	0.000	01418	01603	01804	02020	02253	02503	02771	03058	03364	03689	04035	04402
3°	0.000	04790	05201	05634	06091	06573	07078	07610	08167	08751	09362	10000	10668
4°	0.000	11364	12090	12847	13634	14453	15305	16189	17107	18059	19045	20067	21125
5°	0.000	22220	23352	24522	25731	26978	28266	29594	30963	32374	33827	35324	36864
6°	0.00	03845	04008	04175	04347	04524	04706	04892	05083	05280	05481	05687	05898
7°	0.00	06115	06337	06564	06797	07035	07279	07528	07783	08044	08310	08582	08861
8°	0.00	09145	09435	09732	10034	10343	10659	10980	11308	11643	11984	12332	12687
9°	0.00	13048	13416	13792	14174	14563	14960	15363	15774	16193	16618	17051	17492
10°	0.00	17941	18397	18860	19332	19812	20299	20795	21298	21810	22330	22859	23396
11°	0.00	23941	24495	25057	25628	26208	26797	27394	28001	28616	29241	29875	30518
12°	0.00	31171	31832	32504	33185	33875	34575	35285	36005	36735	37474	38224	38984
13°	0.00	39754	40534	41325	42126	42938	43760	44593	45437	46291	47157	48033	48921
14°	0.00	49819	50729	51650	52582	53526	54481	55448	56427	57417	58420	59434	60460
15°	0.00	61498	62548	63611	64686	65773	66873	67985	69110	70248	71398	72561	73738
16°	0.0	07493	07613	07735	07857	07982	08107	08234	08362	08492	08623	08756	08889
17°	0.0	09025	09161	09299	09439	09580	09722	09866	10011	10158	10307	10456	10608
18°	0.0	10760	10915	11071	11228	11387	11547	11709	11873	12038	12205	12373	12543
19°	0.0	12715	12888	13063	13240	13418	13598	13779	13963	14148	14334	14523	14713
20°	0.0	14904	15098	15293	15490	15689	15890	16092	16296	16502	16710	16920	17132
21°	0.0	17345	17560	17777	17996	18217	18440	18665	18891	19120	19350	19583	19817
22°	0.0	20054	20292	20533	20775	21019	21266	21514	21765	22018	22272	22529	22788
23°	0.0	23049	23312	23577	23845	24114	24386	24660	24936	25214	25495	25778	26062
24°	0.0	26350	26639	26931	27225	27521	27820	28121	28424	28729	29037	29348	29660
25°	0.0	29975	30293	30613	30935	31260	31587	31917	32249	32583	32920	33260	33602
26°	0.0	33947	34294	34644	34996	35352	35709	36069	36432	36798	37166	37537	37910
27°	0.0	38287	38666	39047	39432	39819	40209	40602	40997	41395	41797	42201	42607
28°	0.0	43017	43430	43845	44264	44685	45110	45537	45967	46400	46837	47276	47718
29°	0.0	48164	48612	49063	49518	49976	50437	50901	51368	51838	52312	52788	53268
30°	0.0	53751	54238	54728	55221	55717	56217	56720	57226	57736	58249	58765	59285

续附表 1

α_K	次	0′	5′	10′	15′	20′	25′	30′	35′	40′	45′	50′	55′
31°	0.0	59809	60335	60866	61400	61937	62478	63022	63570	64122	64677	65236	65798
32°	0.0	66364	66934	67507	68084	68665	69250	69838	70430	71026	71626	72230	72838
33°	0.0	73449	74064	74684	75307	75934	76565	77200	77839	78483	79130	79781	80437
34°	0.0	81097	81760	82428	83100	83777	84457	85142	85832	86525	87223	87925	88631
35°	0.0	89342	90058	90777	91502	92230	92963	93701	94443	95190	95942	96698	97459
36°	0.	09822	09899	09977	10055	10133	10212	10292	10371	10452	10533	10614	10696
37°	0.	10778	10861	10944	11028	11113	11197	11283	11369	11455	11542	11630	11718
38°	0.	11806	11895	11985	12075	12165	12257	12348	12441	12534	12627	12721	12815
39°	0.	12911	13006	13102	13199	13297	13395	13493	13592	13692	13792	13893	13995
40°	0.	14097	14200	14303	14407	14511	14616	14722	14829	14936	15043	15152	15261
41°	0.	15370	15480	15591	15703	15815	15928	16041	16156	16270	16386	16502	16619
42°	0.	16737	16855	16974	17093	17214	17335	17457	17579	17702	17826	17951	18076
43°	0.	18202	18329	18457	18585	18714	18844	18975	19106	19238	19371	19505	19639
44°	0.	19774	19910	20047	20185	20323	20463	20603	20743	20885	21028	21171	21315
45°	0.	21460	21606	21753	21900	22049	22198	22348	22499	22651	22804	22958	23112
46°	0.	23268	23424	23582	23740	23899	24059	24220	24382	24545	24709	24874	25040
47°	0.	25206	25374	25543	25713	25883	26055	26228	26401	26576	26752	26929	27107
48°	0.	27285	27465	27646	27828	28012	28196	28381	28567	28755	28943	29133	29324
49°	0.	29516	29709	29903	30098	30295	30492	30691	30891	31092	31295	31498	31703
50°	0.	31909	32116	32324	32534	32745	32957	33171	33385	33601	33818	34037	34257
51°	0.	34478	34700	34924	35149	35376	35604	35833	36063	36295	36529	36763	36999
52°	0.	37237	37476	37716	37958	38202	38446	38693	38941	39190	39441	39693	39947
53°	0.	40202	40459	40717	40977	41239	41502	41767	42034	42302	42571	42843	43116
54°	0.	43390	43667	43945	44225	44506	44789	45074	45361	45650	45940	46232	46526
55°	0.	46822	47119	47419	47720	48023	48328	48635	48944	49255	49568	49882	50199
56°	0.	50518	50838	51161	51486	51813	52141	52472	52805	53141	53478	53817	54159
57°	0.	54503	54849	55197	55547	55900	56255	56612	56972	57333	57698	58064	58433
58°	0.	58804	59178	59554	59933	60314	60697	61083	61472	61863	62257	62653	63052
59°	0.	63454	63858	64265	64674	65086	65501	65919	66340	66763	67189	67618	68050

附表 2 深沟球轴承的基本额定动载荷和基本额定静载荷(摘自 GB/T 276—94) kN

轴承型号	C	C_0	轴承型号	C	C_0	轴承型号	C	C_0	轴承型号	C	C_0
6204	9.88	6.18	6213	44.0	34.0	6304	12.2	7.78	6313	72.2	56.5
6205	10.8	6.95	6214	46.8	37.5	6305	17.2	11.2	6314	80.2	63.2
6206	15.0	10.0	6215	50.8	41.2	6306	20.8	14.2	6315	87.2	71.5
6207	19.8	13.5	6216	55.0	44.8	6307	25.8	17.8	6316	94.5	80.0
6208	22.8	15.8	6217	64.0	53.2	6308	31.2	22.2	6317	102	89.2
6209	24.5	17.5	6218	73.8	60.5	6309	40.8	29.8	6318	112	100
6210	27.0	19.8	6219	84.8	70.5	6310	47.5	35.6	6319	122	112
6211	33.5	25.0	6220	94.0	79.0	6311	55.2	41.8	6320	132	132
6212	36.8	27.8				6312	62.8	48.5			

附表 3 角接触球轴承的基本额定动载荷和基本额定静载荷(摘自 GB/T 292—94) kN

轴承型号		C		C_0		轴承型号		C		C_0	
		C 型	AC 型	C 型	AC 型			C 型	AC 型	C 型	AC 型
7204C	7204AC	11.2	10.8	7.46	7.00	7304C	7304AC	14.2	13.8	9.68	9.0
7205C	7205AC	12.8	12.2	8.95	7.88	7305C	7305AC	21.5	20.8	15.8	14.8
7206C	7206AC	17.8	16.8	12.8	12.2	7306C	7306AC	26.2	25.2	19.8	18.5
7207C	7207AC	23.5	22.5	17.5	16.5	7307C	7307AC	34.2	32.8	26.8	24.8
7208C	7208AC	26.8	25.8	20.5	19.2	7308C	7308AC	40.2	38.5	32.8	30.5
7209C	7209AC	29.8	28.2	23.8	22.5	7309C	7309AC	49.2	47.5	39.8	37.2
7210C	7210AC	32.8	31.5	26.8	25.2	7310C	7310AC	55.5	53.5	47.2	44.5
7211C	7211AC	40.8	38.8	33.8	31.8	7311C	7311AC	70.5	67.2	60.5	56.8
7212C	7212AC	44.8	42.8	37.8	35.5	7312C	7312AC	80.5	77.8	70.2	65.8
7213C	7213AC	53.8	51.2	46.0	43.2	7313C	7313AC	91.5	89.8	80.5	70.5
7214C	7214AC	56.0	53.2	49.2	46.2	7314C	7314AC	102	98.5	91.5	86.0
7215C	7215AC	54.2	50.8	60.8	57.8	7315C	7315AC	112	108	105	97
7216C	7216AC	63.2	59.2	68.8	65.5	7316C	7316AC	118	115	118	108
7217C	7217AC	69.8	65.5	76.8	72.8	7317C	7317AC	132	122	128	122
7218C	7218AC	87.8	82.2	94.2	89.8	7318C	7318AC	142	135	142	135
7219C	7219AC	95.5	89.9	102	98.8	7319C	7319AC	152	158	158	148
7220C	7220AC	140	108	115	100	7320C	7320AC	162	165	175	178

附表 4　圆锥滚子轴承的基本额定动载荷基本额定静载荷(GB/T 297—94)

轴承型号	基本额定载/kN		计算系数			轴承型号	基本额定载/kN		计算系数		
	C	C_0	e	Y	Y_0		C	C_0	e	Y	Y_0
30204	26.8	18.25	0.35	1.7	1	30304	31.5	20.8	0.3	2	1.1
30205	32.2	23	0.37	1.6	0.9	30305	44.8	30	0.3	2	1.1
30206	41.2	29.5	0.37	1.6	0.9	30306	55.8	38.5	0.31	1.9	1
30207	51.5	37.2	0.37	1.6	0.9	30307	62.2	44.5	0.31	1.9	1
30208	59.8	42.8	0.37	1.6	0.9	30308	86.2	63.8	0.35	1.7	1
30209	64.2	47.8	0.4	1.5	0.8	30309	104	78.1	0.35	1.7	1
30210	72.2	55.2	0.42	1.5	0.8	30310	122	92.5	0.35	1.7	1
30211	86.5	65.5	0.4	1.5	0.8	30311	145	112	0.35	1.7	1
30212	97.8	74.5	0.4	1.5	0.8	30312	162	125	0.35	1.7	1
30213	112	86.2	0.4	1.5	0.8	30313	185	142	0.35	1.7	1
30214	125	97.5	0.42	1.4	0.8	30314	208	162	0.35	1.7	1
30215	130	105	0.44	1.4	0.8	30315	238	188	0.35	1.7	1
30216	150.8	120	0.42	1.4	0.8	30316	262	208	0.35	1.7	1
30217	168	135	0.42	1.4	0.8	30317	288	228	0.35	1.7	1
30218	188	152	0.42	1.4	0.8	30318	322	260	0.35	1.7	1
30219	215	175	0.42	1.4	0.8	30319	348	282	0.35	1.7	0.8
30220	240	198	0.42	1.4	0.8	30320	382	310	0.35	1.7	1

注：Y 为 $F_a/F_r>e$ 时的轴向载荷系数。

参考文献

[1] 张祖立,程玉来,陶栋材.机械设计基础.北京:中国农业大学出版社,2004.
[2] 孙桓,陈作模,葛文杰.机械原理.7版.北京:高等教育出版社,2006.
[3] 申永胜.机械原理教程.2版.北京:清华大学出版社,2005.
[4] 谢进,万朝燕,杜立杰.机械原理.2版.北京:高等教育出版社,2010.
[5] 杨家军.机械原理.武汉:华中科技大学出版社,2009.
[6] 郭卫东.机械原理.北京:科学出版社,2010.
[7] 杨可桢,程光蕴.机械设计基础.4版.北京:高等教育出版社,1999.
[8] 杨可桢,程光蕴,李仲生.机械设计基础.5版.北京:高等教育出版社,2006.
[9] 黄华梁,彭文生.机械设计基础.3版.北京:高等教育出版社,2001.
[10] 黄华梁,彭文生.机械设计基础.4版.北京:高等教育出版社,2007.
[11] 陈秀宁.机械设计基础.3版.杭州:浙江大学出版社,2007.
[12] 李威,王小群.机械设计基础.2版.北京:机械工业出版社,2007.
[13] 李宝筏.农业机械学.北京:中国农业出版社,2003.
[14] 濮良贵,纪名刚.机械设计.6版.北京:高等教育出版社,1998.
[15] 濮良贵,纪名刚.机械设计.7版.北京:高等教育出版社,2001.
[16] 濮良贵,纪名刚.机械设计.8版.北京:高等教育出版社,2006.
[17] 邱宣怀.机械设计.4版.北京:高等教育出版社,1997.
[18] 黄祖德.机械设计.北京:北京理工大学出版社,1992.
[19] 卢玉明.机械设计基础.6版.北京:高等教育出版社,1998.
[20] 龙振宇.机械设计.北京:机械工业出版社,2002.
[21] 吴克坚,等.机械设计.北京:高等教育出版社,2003.
[22] 安琦,等.机械设计.北京:科学出版社,2008.
[23] 王宁侠,等.机械设计.西安:西安电子科技大学出版社,2008.
[24] 吴宗泽.机械设计.北京:高等教育出版社,2003.
[25] 张永宇,等.机械设计基础.北京:清华大学出版社,2009.
[26] 黄平,等.机械设计基础.北京:科学出版社,2009.
[27] 刘瑛,等.机械设计基础.北京:中国电力出版社,2009.
[28] 朱龙英.机械设计基础.2版.北京:机械工业出版社,2010.
[29] 隋秀梅,等.机械设计基础.北京:北京理工大学出版社,2010.
[30] 刘江南,等.机械设计基础.长沙:湖南大学出版社,2009.
[31] 师素娟,等.机械设计基础.武汉:华中科技大学出版社,2008.
[32] 陈良玉,等.机械设计基础.沈阳:东北大学出版社,2000.
[33] 李继庆,等.机械设计基础.北京:高等教育出版社,1999.
[34] 黄劲枝,等.机械设计基础.北京:机械工业出版社,2002.

[35] 初嘉鹏,等.机械设计基础.北京:中国计量出版社,2002.
[36] 张鄂.机械设计学习指导重点难点及典型题精解.西安:西安交通大学出版社,2002.
[37] 徐灏.机械设计手册.2版.北京:机械工业出版社,2003.
[38] 李育锡.机械设计作业集.2版.北京:高等教育出版社,2001.
[39] 朱理.机械设计基础.大连:大连理工大学出版社,2011.
[40] 吴宗泽.机械设计.北京:高等教育出版社,2001.
[41] 张建中.机械设计基础.北京:高等教育出版社,2007.
[42] 范顺成.机械设计基础.4版.北京:机械工业出版社,2007.